AF390503

LES

PLANTES POTAGÈRES

Motteroz, Adm.-Direct. des Imprimeries réunies, A. Paris, rue Mignon, 2.

LES
PLANTES POTAGÈRES

DESCRIPTION ET CULTURE

DES

PRINCIPAUX LÉGUMES DES CLIMATS TEMPÉRÉS

PAR

VILMORIN-ANDRIEUX et Cie

MARCHANDS GRAINIERS

4, Quai de la Mégisserie, 4

PARIS

CHEZ VILMORIN-ANDRIEUX et Cie

MARCHANDS GRAINIERS

Quai de la Mégisserie, 4, à PARIS

ET CHEZ TOUS LES LIBRAIRES

1883

INTRODUCTION

En préparant le travail que nous mettons aujourd'hui entre les mains du public, nous n'avons jamais eu la prétention d'écrire un traité complet sur les plantes potagères. Un tel ouvrage serait au-dessus de nos forces, et ne répondrait pas au programme que nous nous sommes tracé et qui est celui-ci : appeler l'attention du plus grand nombre de lecteurs possible sur l'extrême diversité des plantes potagères connues et sur l'utilité qu'il y a à faire un bon choix parmi elles ; rappeler brièvement les aptitudes variées et les qualités principales de chacune, et surtout indiquer les caractères au moyen desquels on peut distinguer les diverses variétés les unes d'avec les autres. C'est ce cadre modeste que nous nous sommes efforcés de remplir de notre mieux, cherchant autant que possible à n'en pas sortir.

Nous avons eu quelque embarras, tout d'abord, pour en tracer les limites. Il n'est pas toujours aisé de définir exactement ce qu'est un légume, et de déterminer quelles sont les plantes auxquelles cette désignation s'applique et celles qu'elle exclut. Il nous a semblé qu'à ce point de vue, il valait mieux être un peu trop accueillants que trop sévères, et nous avons fait place dans cet ouvrage non seulement aux plantes qui sont usuellement cultivées pour la consommation à l'état frais, mais à celles aussi qui servent simplement à l'assaisonnement des autres, et à quelques-unes même de celles qui ont en général disparu aujourd'hui des cultures potagères, mais que l'on trouve mentionnées comme plantes légumières dans les anciens ouvrages d'horticulture. Cependant nous avons borné notre énumération aux plantes des climats tempérés, laissant en dehors les légumes exclusivement tropicaux, avec lesquels nous ne sommes pas suffisamment familiers, et qui n'intéresseraient, au surplus, qu'une classe restreinte de lecteurs. Il est à peine nécessaire d'ajouter que dans tout le cours de cet ouvrage nous avons tâché de proportionner le développement de la notice consacrée à chaque plante à son intérêt réel et pratique.

Le peu de fixité et de précision qu'ont en général les dénominations horticoles, lesquelles ne sont le plus souvent que des désignations empruntées au langage vulgaire, nous a engagés à préciser immédiatement, par l'emploi du nom scientifique de l'espèce dont elle dérive, l'identité botanique de toute plante dont nous parlons dans cet ouvrage. — Non pas que nous forgions un nom latin, d'aspect scientifique, pour chaque variation, comme on a proposé de le faire il y a quelques années : nous voulons dire qu'avant d'aborder la description d'aucune forme végétale cultivée, nous tenons à indiquer d'une façon rigoureuse la place occupée dans la classification botanique par le type sauvage ou primitif d'où cette forme est regardée comme procédant. — Nous commençons donc tout article consacré à une ou plusieurs plantes domestiques en donnant un nom botanique à l'ensemble des êtres réunis dans cet article, nom qui indique le genre et l'espèce auxquels toutes ces formes plus ou moins modifiées par la culture doivent être rapportées. Ainsi toutes les races de pois potagers, toutes nombreuses qu'elles sont, se rapportent au *Pisum sativum* L. ; celles de betteraves au *Beta vulgaris* L. ; celles de haricots aux *Phaseolus vulgaris* L., *Ph. lunatus* L., et *Ph. multi-florus* Willd., et ainsi des autres.

Et à ce propos il nous sera permis de faire la réflexion que la fixité de l'espèce botanique (quelle qu'en soit la valeur absolue si on la considère dans l'ensemble des temps) est bien remarquable et bien digne d'admiration si on l'envisage seulement dans la période que nos investigations peuvent embrasser avec quelque certitude. Nous voyons en effet des espèces soumises à la culture dès avant les temps historiques, exposées à toutes les influences modificatrices qui accompagnent les semis sans cesse répétés, le transport d'un pays à un autre, les changements les plus marqués dans la nature des milieux qu'elles traversent, et ces espèces conservent néanmoins leur existence bien distincte, et, tout en présentant perpétuellement des variations nouvelles, ne dépassent jamais les limites qui les séparent des espèces voisines.

Dans les courges, par exemple, plantes annuelles si anciennement cultivées, qu'elles ont vu assurément plusieurs milliers de générations se succéder dans les conditions les plus propres à amener des modifications profondes de caractères, on retrouve, pour peu qu'on veuille y regarder, les trois espèces qui ont donné naissance à toutes les courges comestibles cultivées ; et ni les influences de la culture et du climat, ni les croisements qui peuvent se produire de temps en temps, n'ont créé de type permanent ni même de forme qui ne retourne promptement à l'une des trois espèces primitives. Dans chacune, le nombre des variations est presque indéfini ; mais la limite de ces variations semble fixe, ou plutôt elle semble pouvoir se reculer indéfiniment sans jamais atteindre ni pénétrer les limites de variation d'une autre espèce.

Est-il une plante qui présente de plus nombreuses et de plus grandes variations de forme que le chou cultivé ? Quelles plus profondes dissemblances que celles qui existent entre un chou pommé et un chou-navet, entre un chou-fleur et un chou de Bruxelles, entre un chou-rave et un chou cavalier? Et cependant ces variations si étonnamment amples des organes de la végétation n'ont pas influé sur les caractères des organes essentiels de la plante, sur les organes de la fructification, de façon à masquer ni même à obscurcir l'évidente identité spécifique de toutes ces formes. Jeunes, on pourra prendre ces choux pour des plantes d'espèces différentes; pris en fleur et en graine, ce sont tous des *Brassica oleracea* L.

Il nous semble que la culture prolongée d'un très grand nombre de plantes potagères, en même temps qu'elle fait toucher du doigt l'extrême variabilité des formes végétales, confirme la croyance dans la fixité des espèces contemporaines de l'homme, et les fait concevoir chacune comme une sorte de système ayant un centre précis, quoiqu'il ne soit pas toujours représenté par une forme type, et autour de ce centre un champ de variation presque indéfini et cependant contenu dans des limites positives, tout en étant indéterminées.

Mais revenons au plan de notre ouvrage. Après avoir fait connaître la place qu'occupe dans la classification des espèces végétales chacune des plantes dont nous parlons, nous nous efforçons d'indiquer les différents noms sous lesquels la plante en question est connue, tant en France que dans les principaux pays étrangers. Vu le peu de rigueur des dénominations usuelles, cette synonymie nous a paru indispensable dans un ouvrage qui a pour but de faire connaître un peu partout les plantes potagères. Il ne faut pas que nos descriptions et les renseignements que nous donnons profitent uniquement aux Parisiens; il faut que les horticulteurs et amateurs disséminés dans la France entière puissent reconnaître dans nos articles les légumes qui leur sont familiers, et pour cela il faut qu'ils les trouvent sous leurs noms locaux, qui parfois sont tout à fait différents des dénominations parisiennes.

Nous avons fait de même pour les noms étrangers, nous appliquant par-dessus tout à ne donner que des noms réellement usuels et répandus, et non pas de simples traductions du nom français. Il y a bien des cas cependant où les noms vulgaires étrangers ne sont que le nom français traduit, c'est lorsqu'une race française a été adoptée à l'étranger. Le même cas se présente en sens inverse quand une race étrangère est devenue usuelle en France: dans ce cas, le nom est adopté en même temps que la plante. Mais fréquemment aussi les races potagères ont à l'étranger des noms tout à fait différents de leur appellation française. On trouvera dans l'ouvrage que nous publions aujourd'hui des indications que ne pourrait fournir aucun livre qui nous soit connu, indications de synonymie et de concordance entre les divers noms de variétés et de sous-variétés qui sont extrêmement difficiles à obtenir autrement que par des relations internationales très étendues et très prolongées.

Dans la publication des synonymes, tant français qu'étrangers, nous avons été très circonspects, nous attachant par-dessus tout à n'accepter que des synonymies parfaitement établies et le plus souvent vérifiées par une culture comparative des plantes que nous croyions identiques. Le temps et l'expérience n'ont fait que fortifier chez nous l'opinion déjà exprimée en 1851 par M. Louis Vilmorin dans l'Introduction à son *Catalogue synonymique des Froments*, à savoir, que, dans l'étude des races végétales cultivées, *il y a moins d'inconvénient à distinguer inutilement qu'à réunir à tort.*

L'identité de la plante à l'étude se trouvant bien précisée et déterminée par son nom botanique et ses divers noms vulgaires, nous en faisons connaître le pays d'origine et en quelques mots l'histoire, quand nous possédons à ce sujet quelques données positives. Nous devons exprimer à ce propos un vif regret, c'est que notre ouvrage se soit trouvé presque complètement imprimé quand a paru le très remarquable livre de M. A. De Candolle sur l'*Origine des plantes cultivées*. Nous y aurions puisé de précieux renseignements, de nature à nous permettre de rectifier quelques indications inexactes données sur la foi d'auteurs moins bien informés.

Après les données sur la patrie et l'histoire de la plante vient l'indication de son mode de végétation, selon qu'elle est annuelle, bisannuelle ou vivace. On doit remarquer ici que bien des plantes sont cultivées comme annuelles dans le potager, qui sont bisannuelles ou vivaces au point de vue de la fructification. Il suffit pour cela qu'elles atteignent dans le cours de la première année le degré de développement où elles sont utilisables comme légumes. C'est le cas notamment de la plupart des plantes dont on consomme la racine, carottes, betteraves, navets, radis d'hiver, etc...

Les descriptions proprement dites des diverses plantes potagères ont été pour nous l'objet d'un long travail et de beaucoup de soin. Quelques personnes les trouveront peut-être un peu vagues et élastiques dans leurs termes. Nous reconnaissons que pour beaucoup d'entre elles cette remarque est juste; mais, d'un autre côté, nous affirmons que plus précises et formulées en termes plus absolus, les descriptions auraient été moins vraies. Il faut en effet tenir compte de la variabilité d'aspect des plantes cultivées suivant les conditions diverses dans lesquelles elles se sont développées. Une saison plus ou moins favorable, ou, dans la même saison, un semis plus ou moins tardif, suffisent à modifier assez profondément l'aspect d'une plante, et alors une description trop précise semble exclure des formes qu'elle aurait dû embrasser. Rien n'est plus facile que de décrire de la façon la plus rigoureuse un individu unique, de même qu'il est extrêmement aisé de tirer des conclusions précises d'une seule expérience ; mais, quand la description doit s'appliquer à un grand nombre d'individus, fussent-ils d'une même variété et d'une même race, la tâche est plus difficile, comme lorsqu'il s'agit de conclure à la suite d'une série d'expériences donnant des résultats divergents et parfois opposés. Presque toutes nos descriptions, faites une première fois avec les plantes vivantes sous les yeux, ont été, à plusieurs reprises, et dans des saisons successives, relues en présence de nouvelles cultures des mêmes sujets, et ce sont les variations constatées dans les dimensions et dans l'aspect de plantes identiques, mais s'étant développées dans des conditions différentes, qui nous ont amenés à donner aux descriptions une largeur qui leur permît d'embrasser les formes diverses que revêt une même race végétale suivant les circonstances variables qui en accompagnent la croissance.

Quand nous avons pu saisir un trait saillant et tout à fait fixe dans les caractères d'une race, qu'il résidât dans une particularité matérielle ou dans un rapport constant entre les dimensions ou les formes d'organes variables, nous nous sommes attachés à le mettre en relief comme le plus sûr moyen de reconnaître la variété en question. Le plus souvent, en effet, le véritable connaisseur en plantes potagères reconnaît les différentes variétés les unes d'avec les autres à un certain aspect d'ensemble, à un *facies* particulier qui tient plus souvent à de certains rapports dans la situation et les proportions relatives des divers organes qu'à des caractères de structure précis. Ces signes distinctifs auxquels ne se trompe pas un regard exercé échappent en général à la description et à la définition ; l'observation et l'habitude peuvent seules enseigner à les percevoir et à les reconnaître sûrement : aussi est-on heureux, quand une race est distinguée par un caractère fixe et tangible, de pouvoir la différencier des autres par un seul mot ou par une courte phrase. On tire des indications caractéristiques de ce genre de la présence des épines sur la feuille du cardon de Tours, de leur absence sur celle de l'ananas de Cayenne, de la courbure renversée des cosses dans le pois sabre, de la couleur verdâtre des fleurs dans le pois nain vert impérial, et ainsi de beaucoup d'autres.

Une partie de la description à laquelle nous avons donné une grande attention, c'est celle qui concerne la graine. Outre ses caractères d'aspect extérieur, nous avons tenu à en indiquer aussi exactement que nous avons pu le faire le volume réel et le poids spécifique ; enfin, nous avons fait connaître la durée de la faculté germinative de chaque espèce. Ce renseignement, comme on le comprendra facilement, ne peut être exprimé que par un chiffre représentant une moyenne. La durée de la faculté germinative dépend grandement en effet des conditions plus ou moins favorables dans lesquelles les graines ont été récoltées et conservées. Les chiffres que nous publions sont la moyenne d'essais extrêmement nombreux et faits avec le plus grand soin. Le nombre d'années indiqué est celui pendant lequel les graines en expérience ont continué à germer d'une façon tout à fait satisfaisante. Nous avons considéré, pour l'objet que nous avons ici en vue, les graines comme ne levant plus quand il en germait moins de 50 pour 100 reconnues bonnes par le premier essai, fait l'année même de la récolte. Si, par exemple, un lot de graines germait à raison de 90 pour 100 la première année, nous le regardions comme ne levant plus quand il commençait à ne germer qu'à raison de moins de 45 pour 100. Dans un tableau qu'on trouvera à la fin du volume nous indiquons, à côté de cette durée germinative moyenne, les durées extrêmes que nous avons constatées en semant les mêmes graines jusqu'au moment où elles n'ont plus levé du tout. On arrive de cette façon à des chiffres bien autrement élevés. Telle graine dont la faculté germinative se conserve en moyenne quatre ou cinq ans ne l'a pas encore complètement perdue au bout de dix ans et plus. Il convient d'ajouter que les essais ont été faits sur des graines bien conservées. Rien, en effet, ne contribue plus à faire perdre aux semences leur faculté germinative que l'influence de l'humidité et de la chaleur; c'est ce qui fait que le transport à travers les régions tropicales est si souvent fatal à la bonne qualité des graines. On n'a pas jusqu'ici trouvé de meilleur procédé de conservation que de mettre les graines, enfermées en sacs de toile, dans un endroit sec, frais et bien aéré.

Le plus souvent que nous l'avons pu, nous avons complété nos descriptions par une figure de la plante elle-même. Le format du livre ne nous a pas permis de donner en général de grandes dimensions à ces figures, mais nous avons tâché de les rendre au moins comparatives, en ce sens que les diverses variétés d'un même légume ont été, autant que faire se pouvait, représentées avec une échelle de réduction uniforme. La réduction a dû nécessairement être plus forte pour les très gros légumes, comme les betteraves, les choux et les courges, que pour les plantes de petit volume; cependant nous espérons que, grâce au talent du dessinateur, M. E. Godard, les figures même les plus réduites donneront encore une idée suffisamment exacte de la plante qu'elles représentent. Les fraises, les pois en cosses et les pommes de terre sont à peu près les seuls objets qu'il ait été possible de reproduire en grandeur naturelle. Nous indiquons, au reste, sous chaque figure, l'échelle de réduction en fractions du diamètre réel de la plante : quand un objet est dit réduit au sixième, par exemple, cela veut dire que dans la nature il est six fois aussi haut et six fois aussi large que la figure que le lecteur a sous les yeux. Nous nous sommes attachés à ne prendre comme modèles pour nos figures que des individus parfaitement caractérisés et de dimensions moyennes. Il peut se faire que là, comme dans l'appréciation des caractères, nous nous soyons quelquefois trompés. Nous reconnaîtrons volontiers nos erreurs et les rectifierons quand ce sera possible. Notre seule prétention, en rédigeant cet ouvrage, a été de le faire de bonne foi et sans aucun parti pris.

Longtemps nous avons hésité à donner des indications sur la culture des divers légumes. La *Description des plantes potagères* publiée en 1855, qui

était l'ébauche plutôt que la première édition de notre travail actuel, ne
contenait pas de renseignements culturaux et renvoyait aux articles consacrés
à chaque légume dans le *Bon Jardinier*. Depuis lors l'industrie horticole,
comme toutes les autres, s'est spécialisée : il a paru un bon nombre de traités
sur la culture de certaines espèces ou de certains groupes d'espèces de plantes
potagères ; il s'est formé, en un mot, une bibliothèque horticole spéciale,
qui oblige à des recherches assez longues si l'on veut réunir, en les prenant
aux meilleures sources, toutes les indications nécessaires à la conduite d'un
potager. Nous avons pensé rendre service à nos lecteurs en leur donnant très
brièvement, en tête de l'article concernant chaque légume, des indications
sommaires sur les principaux soins de culture qu'il exige ; mais nous nous
empressons d'ajouter que ces indications ne doivent être considérées que
comme un *aide-mémoire*, et que nous ne les donnons en aucune façon comme
propres à suppléer aux enseignements des ouvrages classiques d'horticulture,
ni à ceux des traités spéciaux dont nous parlions tout à l'heure.

Enfin, nous terminons l'article consacré à chaque plante par quelques
données sur l'usage auquel on l'emploie et sur les parties de la plante qui
sont utilisées. Dans bien des cas ce renseignement peut paraître oiseux, et
pourtant il aurait été utile quelquefois de l'avoir dès les premiers essais de
culture de plantes nouvelles. C'est ainsi que pendant longtemps on a traité
de détestable épinard la bardane géante du Japon, parce qu'on voulait en utiliser les feuilles, tandis qu'elle est cultivée dans son pays pour ses racines
tendres et charnues.

Voilà le plan que nous avons suivi dans la rédaction de l'ouvrage que nous
présentons aujourd'hui au public. Nous n'avons pas réussi, nous le savons
bien, à donner un tableau exact de ce qu'est l'ensemble des plantes potagères
connues, et cela par la simple raison qu'on ne saurait fixer par le langage, pas
plus que par le dessin, ce qui est par son essence instable et perpétuellement
changeant. Si le règne végétal présente sans cesse à l'observateur le spectacle
de modifications de toutes sortes dans les caractères des plantes, c'est surtout
dans les végétaux soumis à la culture que ces changements de forme, d'aspect, d'importance relative des différents organes sont principalement remarquables et importants. Profitant de la tendance qu'ont tous les végétaux
à varier sous l'influence des conditions extérieures où ils se trouvent placés,
mettant en œuvre l'action de la reproduction sexuelle, qui combine et parfois
exagère dans le produit les particularités individuelles de structure ou d'aptitudes des deux auteurs, l'homme pétrit, pour ainsi dire, à son gré la matière
vivante, et façonne les plantes suivant ses besoins ou ses caprices, les pliant
aux formes les plus imprévues et leur faisant subir les transformations les
plus étonnantes; mais toujours dans les limites de variation de l'espèce.
Cette action de l'homme n'a en définitive pour résultat que la production et

la fixation de races plus ou moins différentes de celles que l'on connaissait antérieurement ; elle ne modifie en rien le nombre ni la position des espèces botaniques légitimes. L'espèce, en effet, est fondée sur ce fait que tous les individus qui la composent sont indéfiniment féconds entre eux et ne le sont qu'entre eux. Or, tant qu'on n'aura pas prouvé qu'une race produite de main d'homme a cessé d'être féconde croisée avec des individus de l'espèce dont elle est sortie, tandis qu'elle se reproduit indéfiniment fécondée par elle-même, on ne pourra pas dire qu'on a créé une espèce nouvelle, — et jusqu'ici personne, que nous sachions, n'a avancé chose semblable.

Au contraire, cette fécondité par elle-même, et seulement par elle-même, c'est pour ainsi dire l'espèce tout entière. C'est à la fois ce qui assure sa perpétuité, sa flexibilité et sa faculté d'adaptation aux divers milieux où il lui faut vivre. On peut concevoir que, dans les conditions ordinaires de l'habitat primitif d'une plante, l'espèce se maintient semblable à elle-même par le fait de fécondations croisées continuelles, qui noient, pour ainsi dire, les quelques cas rares et faibles de variation qui peuvent se produire (car partout et toujours les êtres vivants tendent à varier). Dans le cas d'un transport de l'espèce vers une localité nouvelle, où les conditions de vie sont un peu différentes, des caractères nouveaux, en harmonie avec le milieu, se manifestent chez un certain nombre d'individus, et du croisement des mieux adaptés devra sortir, semble-t-il, une race locale qui se fixera par l'influence de l'hérédité agissant dans le même sens que celle du milieu. Mais, dans notre hypothèse, cette race reste intimement liée à l'espèce dont elle est sortie, en ce sens qu'elle est toujours féconde avec elle. Du croisement des deux formes naissent des individus intermédiaires à divers degrés entre leurs parents, mais aussi, nous croyons en être sûrs par de nombreuses observations, quelques-uns chez lesquels les variations déjà survenues dans les caractères primitifs sont amplifiées et pour ainsi dire exagérées par la fécondation croisée. Dans l'état spontané, la plupart de ces formes nouvelles, sans doute, sont perdues et disparaissent, ou elles rentrent graduellement dans le niveau commun de l'espèce ou de la race dont elles sont sorties ; mais dans les cultures elles sont conservées, protégées, multipliées à l'abri de l'influence d'individus de la même espèce qui les solliciterait à retourner au type primitif, et alors les variations qu'elles ont présentées sont fixées par l'intervention de l'homme, quand elles lui sont utiles ou agréables. Voilà, croyons-nous, pourquoi tant de races nouvelles ont pour point de départ une fécondation croisée.

La pratique horticole a depuis longtemps mis ce fait à profit pour l'obtention des variétés, appelant à tort *hybrides* les formes qui proviennent d'un simple métissage, mais reconnaissant avec raison la tendance à varier de la descendance de parents un peu différents l'un de l'autre. Or il est facile de s'expliquer, dans cet ordre d'idées, pourquoi l'apparition des races et variétés nouvelles est aujourd'hui plus fréquente que jamais : c'est que la facilité des échanges entre les divers pays rend beaucoup plus communs les croisements de races diverses d'une même espèce, croisements qui ont lieu dans les cultures, soit spontanément, soit par la volonté de l'homme, et qui sont le point de départ de variations sans nombre, parmi lesquelles celles qui ont un intérêt quelconque ont de grandes chances d'être remarquées et propagées.

Mais il y a une erreur contre laquelle doivent se tenir en garde les semeurs de profession et les amateurs, ceux surtout qui n'ont pas encore beaucoup d'expérience. C'est l'illusion qui consiste à se figurer qu'on est en possession d'une race nouvelle parce qu'on a trouvé dans un semis une forme qui paraît intéressante. Les individus issus d'un semis de graines obtenues par croisement ne doivent être d'abord considérés que comme des unités, pouvant avoir une certaine valeur s'il s'agit d'arbres ou de plantes à existence prolongée et se multipliant par division, mais enfin comme de simples unités. Leur ensemble ne mérite le nom de race ou de variété que si la reproduction s'en fait, pendant plusieurs générations, avec un certain degré de fixité dans les caractères ; et presque toujours le travail vraiment difficile et méritoire, c'est celui de la fixation, travail long et délicat, par lequel on parvient, quand il est couronné de succès, à donner à la race nouvelle la régularité et l'uniformité de caractères sans lesquelles elle ne mérite pas d'être décrite et mise dans le commerce.

Beaucoup de races ainsi obtenues restent locales faute d'être connues suffisamment ; quelques-unes ne peuvent pas se reproduire fidèlement en dehors des conditions où elles ont pris naissance, et doivent être tirées à nouveau de leur lieu d'origine si l'on veut les conserver bien pures ; de là ces réputations locales qui sont un des ressorts du commerce horticole. On peut dire d'une façon générale, que la plupart des races domestiques, tout en se conservant suffisamment pures et franches quand elles sont cultivées et reproduites avec soin, gagnent néanmoins à être rajeunies de temps en temps par l'importation de semence reprise au berceau même de la race, ou dans l'endroit où l'expérience a démontré qu'elle se conserve le plus pure et le plus semblable à elle-même.

On peut se figurer aisément à combien de races diverses les plantes potagères les plus usuelles, répandues avec la civilisation sur la surface de la terre entière, ont dû donner naissance sous l'influence de climats si variés. Il serait impossible d'en dresser une liste tant soit peu complète ; aussi n'avons-nous cherché à décrire que les plus distinctes et les plus dignes d'être cultivées, mentionnant en outre quelques-unes des plus intéressantes à divers titres, parmi celles que nous ne pouvions décrire.

Autant que possible nous avons cultivé et vu vivantes les variétés décrites ou même simplement mentionnées ; mais aux renseignements ainsi recueillis *de visu* nous avons dû en joindre d'autres que nous avons puisés auprès des autorités horticoles et botaniques des divers pays, ainsi que dans les publications spéciales tant étrangères que françaises. Nous devons en particulier des remercîments, et nous sommes heureux de les exprimer ici, à M. le docteur Robert Hogg, secrétaire général, et à M. A. F. Barron, jardinier en chef de la Société Royale d'horticulture de Londres, pour l'obligeance avec laquelle ils nous ont aidés à éclaircir les questions de synonymie des diverses variétés anglaises et françaises ; nous avons les mêmes obligations à M. G. Carstensen, de Copenhague, pour les synonymies danoises. Nous donnons en outre, ci-après, la liste des principaux ouvrages que nous avons consultés utilement pour la rédaction de notre travail.

Bien loin de nous dissimuler les imperfections du livre que nous offrons au public, nous avons commencé, avant que l'impression en fût achevée, à prendre des notes pour le corriger, si nous en avons plus tard l'occasion. C'est dire que nous serons reconnaissants à tous ceux de nos lecteurs qui voudront bien nous faire part de leurs observations et de leurs critiques, nous donnant ainsi le moyen de faire disparaître non seulement les fautes que nous aurons remarquées nous-mêmes, mais aussi celles qui nous auraient échappé.

Paris, 31 octobre 1882.

LISTE DES OUVRAGES CONSULTÉS

Collection du **Bon Jardinier** et de la **Revue horticole**, publiés par la LIBRAIRIE AGRICOLE.

— — **Nouveau Jardinier illustré**, publié par la LIBRAIRIE CENTRALE D'AGRICULTURE ET DE JARDINAGE.

- - **Bulletin de la Société royale toscane d'horticulture** de Florence.

· — **Garden**, publié par W. ROBINSON, F. L. S.

— — **Gardeners' Chronicle**, publié par M. T. MASTERS, F. R. S.

— — **Journal of Horticulture** et du **Gardeners' Year-book**, publiés par ROBERT HOGG, L. L. D, F. L. S.

Cultivo perfeccionado de las hortalizas, par don DIEGO NAVARRO SOLER.

Culture de l'Asperge, par T. LENORMAND.

Culture des asperges en plein air, par LHÉRAULT-SALBŒUF.

Culture forcée du Fraisier par le thermosiphon, par le comte LÉONCE DE LAMBERTYE.

Culture ordinaire et forcée de toutes les plantes potagères connues, par F. GERARDI, président du Comice agricole de Virton (Luxembourg).

Histoire naturelle du Fraisier, par DUCHESNE.

Illustrirte Gemüse und Obstgärtnerei, par TH. RÜMPLER.

L'Ecole du jardin potager, par de C..., auteur du *Traité du pêcher*. Paris, 1749.

La Culture maraîchère, traité pratique pour le Midi, etc., par A. DUMAS, professeur d'horticulture à l'École normale d'Auch.

La Culture maraîchère pratique des environs de Paris, par I. PONCE.

La Culture potagère à la portée de tous, par F. BURVENICH, professeur à l'École d'horticulture de l'État à Gendbrugge.

Le Champignon, sa culture en plein air, dans les caves et dans les carrières, par LAIZIER.

Le Cresson, par AD. CHATIN, directeur de l'École de pharmacie.

Le Fraisier, sa culture en pleine terre et à l'air libre, par le comte LÉONCE DE LAMBERTYE.

Le Jardin potager, par P. JOIGNEAUX.

Le Théâtre d'agriculture et Ménage des champs, par OLIVIER DE SERRES, seigneur du Pradel.

Les Ananas à fruit comestible, par GONTIER.

Les Plantes alimentaires, par HEUZE, inspecteur général de l'agriculture.

Manuel de l'amateur des jardins, par J. DECAISNE, professeur de culture au Muséum d'histoire naturelle, et CH. NAUDIN, membres de l'Institut.

Manuel pratique de culture maraîchère, par COURTOIS-GÉRARD.

Pommes de terre, choix. culture ordinaire et forcée, par LE MÊME.

Semis, plantation et culture des asperges, méthode d'Argenteuil, par BOSSIN.

Synopsis of the vegetable products of Scotland. in the **Museum of the** Royal Botanic gardens of Kew, par PETER LAWSON AND SON.

The Gardener's Assistant, par ROBERT THOMPSON.

The Treasury of Botany, par JOHN LINDLEY, M. D., F. R. S., et THOMAS MOORE, F. L. S.

Traité général de la culture forcée, par le thermosiphon, des fruits et légumes de primeur, par le comte LÉONCE DE LAMBERTYE.

Tratado completo del cultivo de la Huerta, par D. BUENAVENTURA ARAGO

LISTE DES AUTEURS CITÉS

AIT.........	AITON.	L..........	LINNÉ.
ALL...........	ALLIONI.	LAMK........	LAMARCK.
DC.........	DE CANDOLLE.	LINDL........	LINDLEY.
DCNE........	DECAISNE.	LODD........	LODDIGES.
DESF........	DESFONTAINES.	LOZANO......	LOZANO.
DESV........	DESVAUX.	MÉRAT......	MÉRAT.
DON.........	DON.	MILL., MILLER.	MILLER.
DUCH........	DUCHESNE.	MŒNCH......	MŒNCH.
DUN.........	DUNAL.	NDN.........	NAUDIN.
EHRH........	EHRHARD.	PERS........	PERSOON.
FISCH........	FISCHER.	R. et P......	RUIZ et PAVON.
GÆRTN......	GÆRTNER.	R. BR........	ROBERT BROWN.
GOUAN.......	GOUAN.	SAVI.........	SAVI.
H. B.........	HUMBOLDT et BONPLAND.	SCHRAD......	SCHRADER.
H. BN........	HENRI BAILLON.	SCOP........	SCOPOLI.
HOFFM.......	HOFFMANN.	SER.........	SERINGE.
HORT........	HORTULANORUM (Nom horti-coles.	SIMS........	SIMSON.
JACQ.........	JACQUIN.	WALL........	WALLICH.
KOCH........	KOCH	WILL., WILLD.	WILLDENOW.

LES
PLANTES POTAGÈRES

ABSINTHE

Artemisia Absinthium L.

Fam. des *Composées.*

Synonymes : Aluyne, Artémise amère.

Noms étrangers : angl. Wormwood. all. Wermuth. flam. Alsem. dan. Malurt. ital. Assenzio. esp. Ajenjo.

Indigène. — *Vivace.* — Cette plante est souvent cultivée dans les jardins à cause de ses propriétés médicinales. Les tiges, rudes et hautes de 1 mètre à 1^m,50, sont rameuses et abondamment garnies d'un feuillage léger, très découpé et grisâtre, surtout à la face inférieure. Les fleurs, très insignifiantes et verdâtres, sont réunies en grappes au bout des rameaux. La graine est grise, très fine, au nombre d'environ 11 500 dans un gramme; elle pèse 650 grammes par litre, et sa durée germinative moyenne est de quatre années.

Culture. — On multiplie l'absinthe par semis ou par division des pieds. Comme elle peut quelquefois souffrir des hivers rigoureux, il est bon de la placer, en pleine terre, à une exposition un peu abritée; elle ne réclame aucun autre soin et peut se conserver productive pendant dix ans et plus.

Usage. — L'absinthe est quelquefois employée comme assaisonnement ; mais surtout elle entre dans la composition de différentes liqueurs.

ACHE DE MONTAGNE

Levisticum officinale Koch. — Ligusticum Levisticum L.

Fam. des *Ombellifères.*

Synonyme : Livêche.

Noms étrangers : angl. Lovage. all. Liebstock. esp. Apio de monte.

Indigène. — *Vivace.* — Très grande plante à feuilles radicales grandes, luisantes, d'un vert foncé, deux ou trois fois divisées en segments pinnés, entiers et cunéiformes à la base, incisés-lobés dans leur partie supérieure; tige épaisse, creuse, dressée, se divisant au sommet en rameaux opposés et verticillés; fleurs jaunes, en ombelle. Graine fortement aromatique, concave d'un côté, très aplatie, pour ainsi dire creusée en nacelle et relevée, du côté convexe, de trois côtes saillantes; un gramme en contient 300; elle pèse 200 grammes par litre, et sa durée germinative est de trois années.

Culture. — L'ache de montagne se multiplie par semis ou par division des touffes. La graine se sème aussitôt qu'elle est mûre, c'est-à-dire vers le mois d'août. Dès l'automne ou le commencement du printemps, on met les jeunes plantes en place, en bonne terre fraîche, profonde et bien amendée. C'est aussi au printemps que doit se faire la multiplication par division des racines. La plantation peut durer plusieurs années sans être renouvelée. Les soins à lui donner sont exactement ceux que demande l'angélique.

Usage. — Aujourd'hui l'A. de montagne n'est plus guère employée que pour la confiserie ; autrefois les pétioles et la base des tiges se mangeaient blanchis, de la même manière que le céleri.

ACHE DOUCE. — Voy. CÉLERI.

AIL ORDINAIRE

Allium sativum L.

Fam. des *Liliacées.*

SYNONYME : Thériaque des paysans.

NOMS ÉTRANGERS : ANGL. Common garlic. ALL. Gewöhnlicher Knoblauch. FLAM. Look. HOLL. Knoflook. DAN. Hvidlog. ITAL. Aglio. ESP. Ajo vulgar. PORT. Alho.

Europe méridionale. — *Vivace.* — Plante bulbeuse dont toutes les parties, et principalement la portion souterraine, possèdent une saveur forte et brûlante bien connue. Les bulbes, ou têtes d'ail, se composent d'une dizaine de caïeux ou gousses réunis par une pellicule très mince, blanche ou rosée. L'ail ne fleurit presque jamais, au moins sous notre climat, et se multiplie exclusivement par ses caïeux. On préfère pour la plantation ceux du pourtour de la tête à ceux du centre, qui sont moins bien développés.

Ail ordinaire.
réd. au quart.

Culture. — L'ail se plante le plus ordinairement, sous le climat de Paris, à la sortie de l'hiver ; quelquefois, et surtout dans le Midi, on peut planter en octobre pour récolter au commencement de l'été. L'ail aime une terre riche, profonde et saine ; dans les sols humides, ou sous l'influence d'arrosements trop copieux, il lui arrive souvent de pourrir. Quand la tige de l'ail a pris tout son développement, les jardiniers ont l'habitude de la tordre et de la nouer pour favoriser l'accroissement des bulbes. On arrache ces derniers à mesure que les tiges se dessèchent, et on les conserve facilement d'une année sur l'autre.

L'A. ordinaire est la variété la plus communément cultivée; l'enveloppe des têtes y est d'un blanc argenté.

Usage. — On fait grand usage de l'ail dans la cuisine des pays méridionaux; dans le Nord, ce condiment est beaucoup moins apprécié : il est vrai de dire que la saveur en est plus âcre et plus violente dans les climats froids que dans les pays chauds.

AIL ROSE HATIF.

Noms étrangers : ANGL. Early pink garlic. ALL. Früher rosenrother Knoblauch.

Variété plus précoce que l'A. commun, s'en distinguant aussi par la teinte rose de la pellicule qui enveloppe les caïeux. Aux environs de Paris, cette variété se plante presque toujours à l'automne, et passe pour ne pas bien réussir quand elle est faite de printemps.

Il a été question, il y a une quinzaine d'années, sous le nom d'*A. rond du Limousin*, d'une variété qui ne nous a pas semblé différer sensiblement de l'A. commun. On peut toujours obtenir de celui-ci des têtes arrondies en le plantant tard en saison. Ces mêmes têtes, replantées entières l'année suivante, donnent naissance à des bulbes d'un volume énorme.

AIL ROCAMBOLE

Allium Scorodoprasum L.

Synonymes : Ail rouge, Ail d'Espagne, Échalote d'Espagne, Rocambole.

Noms étrangers : ANGL. Rocambol. ALL. Roccambol. DAN. Rokambol. ITAL. Aglio d'India. PORT. Alho de Hespanha.

Europe méridionale. — Vivace. — La tige, contournée en spirale à sa partie supérieure, porte à son sommet un groupe de bulbilles pouvant servir à la reproduction; mais ce moyen est peu employé, la plantation des caïeux donnant des résultats plus rapides.

Culture. — La plantation doit se faire à l'automne ou au plus tard en février.

Usage. — L'usage en est le même que celui de l'A. ordinaire.

AIL D'ORIENT

Allium Ampeloprasum L.

Synonymes : Ail à cheval, Pourrat, Pourriole.

Noms étrangers : ANGL. Great headed garlic. ALL. Pferde-Knoblauch. ITAL. Porrandello.

Europe méridionale. — Vivace. — Cette plante donne un bulbe très gros et divisé en caïeux à la manière de l'A. ordinaire; la saveur en est moins prononcée. La tige, les feuilles et l'inflorescence ressemblent si parfaitement à celles du poireau, qu'il y a tout lieu de croire que les deux plantes sortent d'un même type sauvage, modifié différemment par la culture, selon que l'on a cherché à y développer le bulbe ou les parties foliacées. Quand les poireaux donnent des caïeux, ce qui arrive assez fréquemment, ces caïeux sont tout à fait semblables à ceux de l'A. d'Orient. Les fleurs, qui forment une tête ronde et assez volumineuse, donnent des graines fertiles ; néanmoins la multiplication par caïeux est préférée comme étant plus rapide.

Culture et usage. — La culture et l'usage de l'A. d'Orient sont les mêmes que ceux des plantes précédentes.

ALKÉKENGE JAUNE DOUX

Physalis pubescens L.

Fam. des *Solanées.*

Synonyme : Coqueret comestible.

Noms étrangers : angl. Alkekengi, Strawberry tomato, Barbadoes gooseberry. all. Judenkirsche, Capische Stachelbeere, Gelber Alkekengi. flam. Jodekers. ital. Alchechengi giallo, Erba rara, Agro-dolce. esp. Alquequenje. port. Alkekengi.

Amérique méridionale. — *Annuel.* — Plante à tige anguleuse, de 0ᵐ,70 à 1 mètre de haut, très rameuse ; feuilles cordiformes ou ovales, molles, velues, un peu visqueuses ; fleurs solitaires, petites, jaunâtres, marquées au centre

Alkékenge jaune doux.
réd. au huitième.

d'une tache brune ; calice vésiculeux, très ample, renfermant un fruit juteux, jaune orange, de la grosseur d'une cerise. Graine petite, lenticulaire, lisse, jaune pâle ; un gramme en contient environ 1000 ; le litre pèse 650 grammes ; sa durée germinative est de huit années.

Culture. — Dans le Midi, l'alkékenge réussit en pleine terre sans réclamer aucun soin particulier ; sous le climat de Paris, il est bon de le semer sur couche et de lui donner la culture des aubergines et des tomates.

Usage. — Dans les pays méridionaux, on recherche le fruit à cause de sa saveur légèrement acide. Il se mange cru.

L'*Alkékenge du Pérou*, ou *Capuli* (*Ph. peruviana* Hort.), se cultive pour ses baies jaunes, qui se mangent fraîches ou en confitures. Il diffère peu, par ses caractères, de l'A. jaune doux. On cultive encore le *Phys. barbadensis* Jacq.

La plante introduite ces années dernières sous le nom de *petite tomate du Mexique*, est probablement le *Ph. edulis* Sims. Cette espèce, franchement annuelle et d'une croissance rapide, mûrit parfaitement ses fruits sous le climat de Paris. On doit la considérer comme plante médicinale plutôt qu'alimentaire.

L'*Alkékenge officinal*, espèce vivace, se cultive quelquefois comme plante ornementale, sous le nom de Cerise d'hiver, Amour en cage (angl. *Wintercherry* ; all. *Blasenkirsche*).

AMARANTE DE CHINE

Amarantus spec.

Fam. des *Amarantacées*.

Chine. —Annuelle.— Plusieurs formes (espèces ou variétés) d'amarantes sont fréquemment cultivées et employées comme légumes dans les parties chaudes de l'Asie, principalement en Chine et dans les Indes. Il en a été, à plusieurs reprises, apporté des graines en Europe, où il ne semble pas que ces plantes aient jamais été admises dans les cultures usuelles, malgré les avantages incontestables qu'elles présentent. Le produit, en effet, en est considérable, la qualité, comme légume, tout à fait égale à celle des épinards, et la culture extrêmement facile.

C'est notamment le cas pour l'*A. de Chine* importée en 1839 par le capitaine Geoffroy. C'est une plante rameuse, qui ressemble beaucoup à l'*Amarantus tricolor* lorsque celui-ci dégénère et tourne au vert ou au rouge brun. Son principal défaut est d'être tardive et de mûrir difficilement ses graines sous le climat de Paris.

Culture. — L'A. de Chine se cultive en pleine terre ; on la sème en place au mois de mai, et l'on doit l'arroser abondamment pendant l'été. En la semant sur couche pour la mettre en pleine terre à la fin de mai, on peu l'avancer de plusieurs semaines.

Usage. — Les feuilles s'emploient de la même manière que celles de l'épinard cultivé.

Deux autres variétés potagères d'amarante ont été introduites en Europe, mais ne sont pas plus cultivées que la précédente, malgré l'intérêt qu'elles pourraient présenter pour les localités chaudes et sèches. Ce sont l'*A. Mirza*, originaire des Indes orientales, et l'*A. Hantsi-Shangaï*, rapporté par Robert Fortune à la Société d'horticulture de Londres.

ANANAS

Bromelia Ananas L. — Ananassa sativa Lindl.

Fam. des *Broméliacées*.

Noms étrangers : angl. Pine-apple. all. Ananaspflanze. ital. Ananasso. esp. Ananas, Pina de Indias, Pina de America. port. Ananaz.

Amérique tropicale. — *Vivace.* —L'ananas paraît avoir été cultivé de tout temps aux Indes occidentales. La culture en a été introduite en Europe dans la seconde moitié du dix-huitième siècle et n'a cessé de se perfectionner depuis lors. Bien qu'elle demande des soins tout particuliers et, jusqu'à un certain point, un matériel spécial, nous n'avons pas cru devoir l'exclure de ce travail, car on peut dire qu'aujourd'hui elle peut se faire partout sans entraîner de dépense excessive.

La plante se compose d'une tige courte, portant de nombreuses feuilles canaliculées, beaucoup plus longues que larges, garnies sur les bords de dents très dures et très aiguës, au moins dans la plupart des variétés. Les fleurs, assez insignifiantes, sont sessiles et réunies tout autour de la tige, au-dessus des feuilles, en un épi allongé, couronné d'un bouquet de feuilles semblables aux autres, mais beaucoup plus courtes. Après la floraison, l'épi tout entier se gonfle et devient charnu, formant à la maturité un fruit oblong dont la surface imite assez bien les écailles d'un cône de pin pignon. C'est cette apparence qui a fait donner au fruit ses noms anglais et espagnol qui signifient l'un et l'autre « pomme de pin ».

Ananas de Cayenne.
réd. au vingtième.

Culture. — La culture des ananas demande beaucoup de soins et de précautions, qu'il n'est pas possible de mentionner ici par le détail; nous en indiquerons simplement les principales opérations, renvoyant pour le reste aux traités spéciaux.

Originaire de pays tropicaux, où la chaleur est presque constante sans être excessive, l'ananas n'exige pas une période de repos annuel. La végétation doit au contraire en être poussée constamment au moyen de la chaleur artificielle. Pour en obtenir de beaux fruits dans le plus court espace de temps possible, il faut faire en sorte que les plantes soient constamment tenues à une température à peu près régulière de 22 à 25 degrés l'hiver et de 25 à 30 degrés l'été. Les bâches à ananas peuvent être chauffées soit au thermosiphon, soit par le moyen de réchauds composés de fumier, de tannée ou d'autres substances végétales en fermentation. Le chauffage au thermosiphon est plus coûteux, mais par contre il permet de régler la température d'une manière bien plus sûre et plus facile.

La multiplication se fait par graines, par œilletons, ou par boutures de couronnes : on appelle couronne le bouquet de feuilles qui surmonte le fruit. Le semis n'est guère employé qu'en vue d'obtenir des variétés nouvelles; il faut trois ou quatre ans au moins pour obtenir des fruits sur les plantes de semis. Les couronnes ont été longtemps employées pour la multiplication de l'ananas : on leur préfère aujourd'hui les œilletons, dont l'emploi donne des résultats beaucoup plus rapides. Les œilletons doivent être détachés avec soin, parés à la base, et plantés immédiatement autant que possible avec toutes leurs feuilles. Ceux qui sont pris le plus près de la base des tiges sont les meilleurs. On peut laisser les œilletons attachés à la tige mère après que le fruit en a été coupé, si la saison est peu avancée : ils prennent alors de la force avant d'être sevrés; mais il est désirable que cette opération ne se fasse pas plus tard que le mois d'août ou de septembre.

La terre qui convient le mieux aux ananas est une terre légère, moelleuse, contenant une forte proportion de matière végétale à l'état fibreux, et ne se battant pas par les arrosements. On peut l'obtenir en mélangeant un tiers de bonne terre avec un tiers de terre de bruyère et un tiers de terreau de feuilles. Ce mélange doit être ensuite enrichi, suivant le besoin, avec du fumier bien décomposé.

Pendant le premier hiver, les jeunes plants sont tenus en bâche aussi près du verre que possible; pendant l'été, on peut les dépoter et les tenir dans une bâche ouverte, que l'on couvre seulement quand l'abaissement de la température l'exige. A la fin de l'été, on rempote les plantes dans des pots plus grands et on les hiverne de nouveau dans une bâche bien chauffée. Au printemps, la plupart des plantes doivent se préparer à fleurir. On en choisit alors quelques-unes prises parmi les plus belles, pour les faire fructifier en pleine terre en serre, si l'on en a le moyen; le reste fructifie en pots, et l'on peut échelonner la production en poussant d'abord les pieds les plus avancés, puis les autres successivement, au fur et à mesure des besoins et de l'espace dont on dispose.

En opérant dans les meilleures conditions et avec les variétés les plus précoces, on peut arriver à obtenir des fruits en dix-huit mois, ou même un peu moins, à compter du moment où l'œilleton a été détaché de la plante mère.

Usage. — Le fruit se mange cru, ou apprêté et confit de diverses manières.

Les horticulteurs distinguent un assez grand nombre de variétés d'ananas. Les plus estimées sont les suivantes :

I. Variétés à feuilles lisses.

A. *de Cayenne* ou *Maïpouri*. Fruit pyramidal, très gros. Variété assez tardive.

A. *de la Havane*. Bonne variété, mais inférieure à l'A. de Cayenne.

II. Variétés à feuilles épineuses.

1° Variétés hâtives.

A. *de la Providence*. Fruit oblong ou ovale, d'un jaune rougeâtre, d'une beauté remarquable, et très précoce.

A. *du Montserrat*. Fruit cylindrique, quelquefois plus large au sommet qu'à la base, de couleur cuivrée; chair ferme, juteuse et d'une qualité excellente.

A. *Enville*. Fruit pyramidal, de couleur orangé foncé, couronne petite; chair jaune pâle, juteuse, parfumée.

2° Variétés de moyenne saison.

A. *de la Martinique* ou *A. commun*. Fruit moyen ou petit, orangé; chair ferme, extrêmement parfumée.

A. comte de Paris. Variété sortie de l'A. commun; s'en distingue par son fruit beaucoup plus gros et plus beau.

A. de la Jamaïque. Fruit ovale-allongé, brunâtre, de grosseur médiocre, mais à chair ferme, juteuse et très parfumée. Excellente variété pour l'hiver.

A. Enville Pelvillain. Gros fruit pyramidal.

A. Enville Gonthier. Gros fruit cylindrique.

A. pain de sucre. Fruit cylindrique, jaune foncé; chair jaune, sucrée et parfumée. Il en existe une variété à feuilles rayées de blanc.

3° Variétés tardives.

A. Charlotte Rothschild. Fruit cylindrique ou un peu ovale, jaune d'or; chair jaune, très juteuse. Bonne variété d'hiver. Plante vigoureuse et prompte à se mettre à fruit.

A. d'Antigoa vert. Bonne variété d'hiver, très juteuse, très parfumée.

ANETH

Anethum graveolens L.

Fam. des *Ombellifères*.

SYNONYME : Fenouil bâtard.

NOMS ÉTRANGERS: ANGL. et ALL. Dill. FLAM. Dille. DAN. Dild. ITAL. Aneto. ESP. Eneldo.

Europe méridionale. — *Annuel*. — Plante de 0^m,60 à 0^m,80, à feuilles excessivement découpées, à divisions filiformes; tige d'un vert glauque, creuse, très lisse, ramifiée; ombelles composées, sans bractées; fleurs jaunâtres, à pétales très petits, roulés en dedans et très caducs. Graine très aplatie, d'une saveur forte et amère; au nombre de 900 dans un gramme et pesant 300 grammes par litre; sa durée germinative est de trois années.

L'ensemble de la plante rappelle beaucoup par son aspect celui du fenouil commun; toutes les parties vertes ont une saveur qui se rapproche à la fois de celle du fenouil et de celle de la menthe.

Culture. — L'aneth réussit bien en pleine terre dans tout sol bien sain, et surtout à une exposition chaude. Semer en place en avril.

Usage. — Les graines sont souvent employées comme condiment ou pour confire avec les cornichons; on s'en sert fréquemment dans le Nord pour aromatiser les conserves d'hiver.

ANGÉLIQUE OFFICINALE

Angelica Archangelica L. — Archangelica officinalis HOFFM.

Fam. des *Ombellifères*.

SYNONYMES : Angélique de Bohême, Archangélique.

NOMS ÉTRANGERS : ANGL. Angelica. ALL. Angelica, Engelwurz. FLAM. Engelkruid. HOLL. Engelwortel. ITAL., ESP. et PORT. Angelica.

Alpes. — *Vivace*. — Tige herbacée, très grosse, creuse, haute d'environ 1^m,30; feuilles radicales très grandes, engaînantes, de 0^m,30 à 1 mètre, rouge violet à la base, à pétiole long, terminées par trois divisions principales dentées, qui se subdivisent elles-mêmes en trois; fleurs petites, nombreuses, jaune pâle, en ombelles, formant par leur réunion une tête arrondie. Graine jaunâtre, oblongue, aplatie d'un côté, convexe de l'autre, marquée de trois côtes saillantes, membraneuse sur les bords; un gramme en contient 170 et le litre pèse 150 grammes; durée germinative un an ou deux.

Culture. — L'angélique demande une bonne terre, riche, fraîche et profonde. La graine se sème au printemps ou en été, en pépinière; le plant est mis en place à l'automne, et peut commencer à donner dès l'année suivante, pourvu qu'on ne le laisse manquer ni d'eau ni d'engrais. On peut commencer à couper des feuilles dès la seconde année. La troisième année, au plus tard, la plante monte à graine; on coupe alors les tiges et les feuilles, et l'on détruit la plantation.

Usage. — On mange, confits au sucre, la tige et les pétioles des feuilles, qui sont aussi employés comme légume dans les pays du Nord. La racine, qui est fusiforme, est employée en médecine; on l'appelle quelquefois *racine du Saint-Esprit*. Les graines entrent dans la composition de diverses liqueurs.

ANIS

Pimpinella Anisum L.

Fam. des *Ombellifères.*

Noms étrangers : ANGL. Anise. ALL. Anis. FLAM. et HOLL. Anijs. DAN. Anis. ITAL. Aniso, Anacio. ESP. Anis, Matalahuga ou Matalahuva. PORT. Anis.

Orient. — *Annuel.* — Plante de 0^m,35 à 0^m,40, ayant les feuilles radicales à divisions larges, dans le genre de celles du céleri, et les feuilles caulinaires extrêmement découpées, à divisions presque filiformes comme celles du fenouil. La graine, petite, oblongue et grisâtre, est connue de tout le monde à cause de son goût fin et parfumé; un gramme en contient 200 et le litre pèse 300 grammes; sa durée germinative est de trois années.

Culture. — L'anis se sème en place au mois d'avril; il préfère un sol chaud et bien sain. La végétation en est très rapide, et il ne réclame aucun soin. La graine mûrit au mois d'août.

Usage. — Les graines sont fréquemment employées comme condiment ou pour la composition des liqueurs et la fabrication des dragées. Quelquefois, en Italie, on en met dans le pain.

ANSÉRINE BON-HENRI

Chenopodium Bonus-Henricus L.

Fam. des *Chénopodées.*

Synonymes : Bon-Henry, Épinard sauvage, Patte-d'oie triangulaire, Sarron, Serron.

Noms étrangers: ANGL. Goosefoot, Good king Henry. ALL. Gemeiner Gänsefuss. FLAM. et HOLL. Ganzevoet. ITAL. Bono Enrico.

Indigène. — *Vivace.* — Tige de 0^m,80, légèrement cannelée, glabre;

feuilles alternes, longuement pétiolées, sagittées, ondulées, glabres, d'un vert foncé, pruineuses à la surface inférieure, assez épaisses et charnues ; fleurs petites, nombreuses, verdâtres, en grappe resserrée, compacte. Graine noire, réniforme, petite, au nombre de 430 dans un gramme et pesant 625 grammes par litre ; durée germinative cinq ans.

Culture. — L'A. Bon-Henri, vivace et extrêmement rustique, peut durer et produire abondamment pendant plusieurs années sans autres soins que quelques binages. La multiplication se fait facilement par graines, qui se sèment de préférence au printemps, en place ou mieux en pépinière. On repique une fois le plant avant de le mettre en place à environ 0m,40 en tous sens.

Usage. — On mange les feuilles en guise d'épinards. On a proposé d'employer comme légume très hâtif, à la manière des asperges, les pousses blanchies au moyen d'un simple buttage.

ANSÉRINE QUINOA BLANC

Chenopodium Quinoa WILLD.

Fam. des *Chénopodées.*

SYNONYME : Quinoa blanc.

NOMS ÉTRANGERS : ANGL. White quinoa. ALL. Peruanischer Reis-Spinat,
Reis-Gewächs.

Pérou. —*Annuelle.* — Tige de 1m,30 à 1m,80 ; feuilles sagittées, découpées en lobes très peu profonds, glabres, glauques, pruineuses, d'une contexture mince ; fleurs petites, verdâtres, disposées en corymbe compacte. Graine discoïde, blanche, petite, au nombre de 500 dans un gramme et pesant 700 grammes par litre ; sa durée germinative est de quatre années.

Culture.— La culture du quinoa blanc est la même que celle de l'arroche : on sème, à partir du mois d'avril, en place ; les soins ultérieurs se réduisent à éclaircir largement, pour laisser les plantes à 0m,20 au moins en tous sens, et à arroser abondamment dans les grandes chaleurs. La graine mûrit en août ou septembre.

Usage. — On mange les feuilles en guise d'épinards ; au Pérou, on consomme les graines en potages, en gâteaux, et même elles servent à fabriquer une sorte de bière. Il est nécessaire, avant d'employer la graine, de la faire bouillir dans une première eau, pour la débarrasser d'un principe âcre qui, autrement, en rendrait le goût très désagréable.

APIOS TUBÉREUX

Apios tuberosa MOENCH. — **Glycine Apios** L.

Fam. des *Légumineuses.*

SYNONYME : Glycine tubéreuse.

NOM ÉTRANGER : ANGL. Tuberous glycine.

Amérique septentrionale. — *Vivace.* — Racines traçantes, garnies de renflements tubéreux de la grosseur d'un œuf de poule ; tiges velues, volubiles, s'élevant à plusieurs mètres ; feuilles ailées, à six folioles avec impaire, pubescentes ; fleurs portées par des pédoncules axillaires en grappes serrées, de plusieurs nuances de pourpre. La graine ne mûrit pas en France.

Culture. — L'A. tubéreux, ne donnant pas de graine sous notre climat, se multiplie par division des pieds, en mars-avril ou à la fin de l'été. On plante les divisions en bonne terre, légère et saine, à 1 mètre ou 1^m,50 de distance en tous sens ; les tiges doivent être soutenues au moyen de perches ou de rames, comme celles de l'igname de Chine. Les soins d'entretien se bornent à quelques binages pour maintenir la terre propre. Ce n'est guère que la seconde ou la troisième année que les renflements des racines sont assez développés pour mériter d'être récoltés.

Usage. — Les racines, dont les renflements peuvent atteindre la grosseur du poing, sont féculentes et d'un goût agréable, lorsqu'elles sont cuites à l'eau comme les pommes de terre. On a proposé cette plante comme succédanée de la pomme de terre ; elle a l'inconvénient d'être très traçante, d'exiger des rames, et d'ailleurs le développement de ses racines est assez lent.

ARACACHA

Conium moschatum H.B. — **Aracacha esculenta** DC.

Fam. des *Ombellifères*.

Nom étranger : esp. (Am.) Apio.

Amérique méridionale. — *Vivace*. — On n'a pas réussi, jusqu'à présent, à faire prospérer en Europe cette plante, qui est très estimée et très cultivée dans l'Amérique méridionale, et particulièrement en Colombie. Elle produit, dans ce pays, des racines fasciculées, à peu près à la manière de notre chervis, mais beaucoup plus volumineuses, atteignant environ la grosseur du bras. On en distingue plusieurs variétés, différant par le volume, la précocité et la couleur de la peau.

Culture. — L'aracacha peut se multiplier de graines, mais les variétés ne se reproduisent pas exactement par ce moyen ; d'ordinaire, après la récolte des racines, on replante, en les divisant, les pieds qu'on vient d'arracher, et ils donnent, au bout d'un an, une nouvelle récolte.

Usage. — Les racines sont employées comme légume en Amérique, à la manière des pommes de terre ou des patates.

ARACHIDE

Arachis hypogea L.

Fam. des *Légumineuses*.

Synonymes : Pistache de terre, Souterraine, Anchic, Arachine, Fève de terre, Noisette de terre, Pistache d'Amérique, Pois de terre.

Noms étrangers : angl. Pea-nut, Earth-nut, Ground-nut, Grass-nut, Pindar, Earth-almond. all. Erdnuss, Erdeichel. ital. Cece di terra. esp. Chufa, Cocahueta, Alfonsigo. port. Amenduinas.

Amérique méridionale. — *Annuelle*. — Plante à tiges faibles, presque rampantes ; feuilles portant deux paires de folioles ovales, accompagnées à la base du pétiole d'une large stipule échancrée ; fleurs jaunes, solitaires dans les aisselles des feuilles ; fruits ou gousses oblongs, souvent étranglés vers le

Arachide.
réd. au dixième ; les fruits
à la moitié.

centre, ou en calebasse, de forme irrégulière, réticulés, jaunâtres, contenant deux ou trois amandes de la grosseur d'un beau pois, oblongues, revêtues d'une peau brune ou rougeâtre ; 10 grammes en contiennent environ 25 et le litre pèse 400 grammes ; la durée germinative n'est que d'un an.

Une particularité remarquable dans cette plante, c'est que les fleurs insinuent leurs ovaires dans la terre, où ils achèvent leur évolution et où les graines mûrissent à $0^m,05$ ou $0^m,10$ de profondeur.

En Amérique, on en distingue plusieurs variétés, qui diffèrent surtout par le volume des amandes ou leur nombre dans la cosse.

Culture. — L'arachide se sème au printemps, dès que les gelées ne sont plus à craindre ; elle vient de préférence dans les terres légères. C'est une plante tropicale qui peut vivre et quelquefois mûrir ses fruits sous notre climat, mais qui ne peut pas y être cultivée avec profit.

Usage. — L'amande se mange souvent, dans les pays chauds, crue ou grillée. L'huile qu'on en extrait a des emplois économiques très importants.

ARMOISE

Artemisia vulgaris L.

Fam. des *Composées.*

Synonymes : Couronne de Saint-Jean, Herbe à cent goûts.

Noms étrangers : all. Beifuss. holl. Bijvoet. ital. Santolina.

Indigène. — *Vivace.* — Plante extrêmement rustique, formant des touffes très durables ; feuilles d'un vert foncé en dessus, blanchâtres en dessous, pennées, à segments ovales-lancéolés, les inférieures pétiolées, les caulinaires sessiles et auriculées ; tiges de $0^m,60$ à 1 mètre, rougeâtres, sillonnées ; capitules floraux petits, verdâtres, formant au sommet des tiges et des rameaux de grandes grappes dressées, pyramidales et irrégulières. Graine très petite, oblongue, grisâtre, lisse, au nombre d'environ 8000 dans un gramme et pesant 600 grammes par litre ; sa durée germinative est de trois années.

Culture. — L'armoise ne demande pas plus de soins de culture que l'absinthe. On doit la traiter comme cette plante.

Usage. — Les feuilles de l'armoise ont un goût fort, amer, aromatique ; on les emploie quelquefois comme condiment.

ARROCHE

Atriplex hortensis L.

Fam. des *Chénopodées*.

Synonymes : Armol, Arrode, Arronse, Belle-Dame, Bonne-Dame, Éripe, Érode, Follette, Iribe, Irible, Prude femme.

Noms étrangers : angl. Orach, Mountain spinach. all. Gartenmelde. flam. et holl. Melde, Hofmelde. ital. Atreplice. esp. Armuelle. port. Armolas.

Arroche.

réd. au trentième.

Tartarie. — Annuelle. — Plante à feuilles sagittées, larges, légèrement cloquées, molles et souples ; tiges de 1ᵐ,60 à 2 mètres, anguleuses, cannelées ; fleurs apétales, très petites, verdâtres ou rouges, suivant la variété ; graine plate, rousse, entourée d'une membrane foliacée d'un jaune blond. L'arroche produit aussi des graines noires, petites, discoïdes, sans enveloppe ; ces dernières ne sont pas toujours fertiles. Les bonnes graines pèsent environ 140 grammes par litre et le gramme en contient 250 ; leur durée germinative est de six ans.

Culture. — L'arroche se sème en place, en pleine terre, à partir du mois de mars. Le semis se fait d'ordinaire en rayons ; le plant doit être éclairci quand il a trois ou quatre feuilles, après cela il ne demande d'autres soins que quelques arrosages en cas de grande sécheresse. Cette plante résiste assez bien à la chaleur, mais elle monte assez promptement à graine : pour obvier à cet inconvénient, il est bon de faire plusieurs semis successifs de mois en mois.

Usage. — On emploie les feuilles, cuites, comme les épinards et l'oseille ; on les mêle fréquemment à celle-ci pour en adoucir l'acidité.

On cultive habituellement en France trois principales variétés d'arroche :

ARROCHE BLONDE.

Noms étrangers : angl. White *or* pale green orach. all. Gelbe Gartenmelde. holl. Gele melde. ital. Atreplice bianca.

Cette variété est la plus communément cultivée ; les feuilles en sont d'un vert très pâle, presque jaune.

ARROCHE ROUGE FONCÉ.

Noms étrangers : angl. Dark red orach. all. Blutrothe Gartenmelde. holl. Roode melde.

La tige et les feuilles de cette variété sont d'une couleur rouge foncé qui leur donne un aspect très distinct. Cette couleur disparaît par la cuisson.

ARROCHE VERTE.

Noms étrangers : ANGL. Green orach, Lee's giant O. ALL. Grüne Gartenmelde.

Variété très vigoureuse, à tige forte, anguleuse, à rameaux développés ; feuilles plus arrondies et moins dentées que celles de l'A. blonde, dont elles diffèrent surtout par leur teinte vert foncé.

On cultive encore une variété d'arroche dont les feuilles sont d'un rouge pâle ou cuivré. Elle ne se distingue par aucun mérite spécial.

On a beaucoup recommandé, ces années dernières, le *Chenopodium auricomum* Lindl., grande plante branchue à assez petites feuilles, qui ne paraît en rien supérieure à l'arroche des jardins, si ce n'est peut-être pour les pays chauds.

ARTICHAUT

Cynara Scolymus L.

Fam. des *Composées.*

Noms étrangers : ANGL. Artichoke. ALL. Artischoke. FLAM. et HOLL. Artisjok. DAN. Artiskok. ITAL. Carciofo, Articiocca. ESP. Alcachofa. PORT. Alcachofra.

Barbarie et Europe méridionale. — Vivace (mais, par le fait, *bisannuel* ou *trisannuel* dans la culture). — Tige de 1 mètre à 1^m,20, droite, cannelée ; feuilles grandes, longues d'environ 1 mètre, d'un vert blanchâtre en dessus, cotonneuses en dessous, décurrentes sur la tige, pinnatifides, à lobes étroits ; fleurs terminales très grosses, composées d'une réunion de fleurons de couleur bleue, recouverts par des écailles membraneuses imbriquées et charnues à la base dans les variétés cultivées. Graine oblongue, légèrement déprimée, un peu anguleuse, grise, rayée ou marbrée de brun foncé, au nombre d'environ 25 dans un gramme et pesant en moyenne 610 grammes par litre ; sa durée germinative est de six années.

Culture. — L'artichaut peut se multiplier par semis ou par éclats de pieds ou œilletons ; ce dernier procédé est de beaucoup le plus généralement suivi, car il est le seul par lequel on conserve sûrement les diverses variétés avec leurs caractères propres. Les vieux pieds d'artichauts produisent en terre, autour de leur collet, un certain nombre de rejetons destinés à remplacer les tiges qui ont fleuri l'année précédente. Ces rejets sont généralement en trop grand nombre sur chaque tige pour pouvoir se développer tous également. On est dans l'usage de déchausser, au printemps, jusqu'au-dessous du point d'insertion des œilletons, les vieux pieds qu'on avait garantis pendant l'hiver avec de la terre ou des feuilles. On détache alors du pied tous les œilletons, à l'exception des deux ou trois plus beaux, qui sont laissés en place et qui devront servir à la production de l'année.

L'opération de l'œilletonnage doit se faire avec précaution et demande une main assez exercée, car il est important de détacher avec le rejet une portion de la plante mère à laquelle il est adhérent, et qu'on appelle le *talon*, et en même temps il faut éviter de blesser trop gravement le vieux pied, ce qui pourrait en amener la pourriture. Les œilletons, une fois détachés, doivent être parés et dressés à la serpette, c'est-à-dire qu'on doit retrancher du talon les portions froissées ou déchirées et raccourcir un peu les feuilles. C'est dans cet état que les œilletons destinés à la plantation sont apportés sur les marchés.

La plantation peut se faire immédiatement en place. On doit choisir, pour établir une plantation d'artichauts, une terre bien défoncée, riche, profonde, fraîche et presque humide, sans cesser d'être saine. Les plaines basses, les fonds de vallée à terre noire et presque tourbeuse, conviennent tout particulièrement à la culture de l'artichaut. Les pieds sont plantés en ligne et espacés entre eux en tous sens de 0^m,80 à 1^m,20, selon la richesse de la terre et selon la variété à cultiver. On affermit solidement l'œilleton en terre au moment de la plantation, sans l'enterrer très profondément, puis on donne un bon arrosage, et l'on se contente ensuite de tenir la terre propre pendant toute la belle saison par des binages répétés, et d'arroser abondamment toutes les fois que cela est nécessaire. Si l'eau et l'engrais ne manquent pas à la jeune plantation d'artichauts, presque tous les pieds devront produire dès l'automne. Quelquefois, au lieu de planter à demeure tout de suite après l'œilletonnage, on plante d'abord les œilletons en pépinière et on les met en place à la fin de juin ou en juillet. La réussite de la plantation est ainsi plus assurée et la production au moins aussi abondante à l'automne.

Les semis d'artichauts doivent se faire sur couche tiède en février ou en mars, et l'on met le plant en place au mois de mai. Les plantes ainsi obtenues peuvent produire dès l'automne de la première année. On peut aussi semer en place à la fin d'avril ou en mai, mais la production est alors retardée jusqu'à l'année suivante.

A l'entrée de l'hiver, il faut s'occuper de protéger les plants d'artichauts contre les froids, qui peuvent souvent les faire périr dans notre climat. Pour cela, on nettoie les pieds en les débarrassant des tiges qui ont fleuri, et que l'on coupe aussi près que possible de la racine. On retranche aussi les feuilles les plus longues, et l'on butte les pieds en ramenant la terre tout à l'entour jusqu'à 0^m,20 ou 0^m,25 au-dessous du collet de la racine, mais en évitant d'en faire pénétrer dans le cœur de la plante. Si les gelées sont très fortes, il est bon de recouvrir, en outre, les pieds d'artichauts de feuilles sèches ou de paille; mais il est important de les découvrir quand le temps se radoucit, afin d'éviter la pourriture. A la fin de mars ou au commencement d'avril, quand les gelées ne sont plus à craindre, on laboure la terre, on fume s'il y a lieu, on détruit les buttes qui entouraient chaque pied, et l'on procède à l'œilletonnage tel qu'il a été décrit plus haut.

Il est bon de renouveler partiellement tous les ans ses plantations d'artichauts, et de ne pas les faire durer au delà de quatre ans.

Usage. — On mange la base des écailles de la fleur et le réceptacle ou fond de l'artichaut, soit cuits, soit crus. Les tiges et les feuilles peuvent être utilisées blanchies comme celles des cardons et ne leur sont pas inférieures en qualité.

ARTICHAUT GROS VERT DE LAON.

Noms étrangers : ANGL. Large green Paris or Laon artichoke.
ALL. Grösste Artischoke von Laon.

Plante vigoureuse, relativement rustique, de moyenne hauteur, à feuillage grisâtre argenté, côtes rougeâtres, surtout à la base, non épineuses. Tiges raides, dressées, portant ordinairement deux ou trois ramifications secondaires. Pommes grosses, plus larges que hautes, remarquables surtout par la largeur du réceptacle ou *fond* de l'artichaut. Les écailles sont très charnues à la base, d'abord très fortement appliquées les unes sur les autres, puis brisées pour ainsi dire et un peu renversées en arrière dans les deux tiers supérieurs. Elles sont entièrement d'un vert pâle, sauf à la base, où elles sont légèrement teintées de violet, peu ou point épineuses. La hauteur des tiges ne dépasse pas $0^m,75$ à $0^m,85$; les touffes de deux ans en portent trois ou quatre.

Artichaut gros vert de Laon.
réd. au tiers.

Cette variété est la plus répandue aux environs de Paris ; elle n'est pas très hâtive, mais c'est la meilleure pour la production des artichauts à toute venue. Aucune n'a le fond aussi large, aussi épais ni aussi charnu ; en outre elle se reproduit assez bien par le semis.

ARTICHAUT VERT DE PROVENCE.

Nom étranger : ANGL. Green *or* french artichoke.

Plante de hauteur moyenne, à feuillage d'un vert assez foncé ; pommes vertes un peu plus allongées, mais moins grosses que celles de l'A. de Laon. Les écailles, d'un vert uni, sont longues, assez étroites et épineuses ; elles sont médiocrement charnues à la base. Cette variété, très cultivée dans le Midi, est particulièrement estimée pour manger crue, à la poivrade.

Les graines de cet artichaut donnent toujours par le semis une forte proportion de plantes très épineuses.

ARTICHAUT VIOLET DE PROVENCE.

Plante assez basse, ne dépassant guère $0^m,60$ à $0^m,70$ de hauteur ; feuillage gris, très découpé ; pommes renflées, courtes, obtuses, d'un violet assez foncé dans le jeune âge et verdissant de plus en plus à mesure qu'elles grossissent ; écailles échancrées, non épineuses, assez étroitement imbriquées les unes sur les autres. Variété très fertile, mais ne produisant abondamment qu'au printemps et un peu sensible au froid.

ARTICHAUT CAMUS DE BRETAGNE.

Plante haute et vigoureuse, atteignant 1 mètre et 1^m,30 ; feuillage ample ; pommes larges, courtes, grosses, de forme presque globuleuse, aplaties au sommet ; écailles vertes, brunâtres ou légèrement violacées sur les bords, courtes, élargies, assez charnues à la base.

Cette variété est très répandue dans l'Anjou et la Bretagne, provinces qui en envoient, dès le mois de mai, de grandes quantités à la halle de Paris.

Le nombre des variétés d'artichauts étant extrêmement grand, nous nous contenterons de mentionner ci-après les variétés que nous considérons comme les plus remarquables après les quatre précédentes, qui sont les plus généralement cultivées.

A. cuivré de Bretagne. Plante assez basse ; têtes rondes, grosses, d'abord violettes, prenant en se développant une teinte rougeâtre cuivrée ; écailles pointues.

A. gris (syn. A. violet long). Variété à pommes allongées, assez minces et assez lâches, élargies du bout ; elle se cultive spécialement aux environs de Perpignan, est très précoce et franchement remontante. Il en arrive en grandes quantités à la halle de Paris pendant l'hiver et au premier printemps.

A. noir d'Angleterre. Race très distincte, à pommes nombreuses, de grosseur moyenne, presque rondes et tout à fait camuses, d'un beau violet noir.

A. de Roscoff. Plante très haute ; pommes ovoïdes, d'un vert assez pâle ; écailles épineuses.

A. de Saint-Laud oblong. Pommes grosses, allongées, à écailles peu serrées à la base et beaucoup plus rapprochées au sommet, peu échancrées et légèrement mucronées.

A. sucré de Gênes. Plante assez délicate ; pommes d'un vert pâle, allongées, épineuses ; la chair du réceptacle est jaune, sucrée et très fine.

A. violet quarantain de Camargue. Plante moyenne ; têtes assez petites, à écailles rondes, dressées, d'un vert teinté de violet. Plante précoce.

A. violet de Saint-Laud. Têtes moyennes ; écailles vertes dans leur portion libre, violettes dans la partie recouverte par les autres ; queues violettes.

A. violet de Toscane. Pommes très nombreuses, allongées, pointues, d'un violet intense. Cette variété est très cultivée aux environs de Florence. Les pommes, cueillies très jeunes et tendres, sont généralement mangées cuites et entières.

ARTICHAUT DE JÉRUSALEM. — Voy. Courge Patisson.

ASPERGE

Asparagus officinalis L.

Fam. des *Liliacées*.

Noms étrangers : angl. Asparagus. all. Spargel. flam. et holl. Aspersie.
dan. Asparges. ital. Sparagio. esp. Esparrago. port. Espargo.

Indigène. — *Vivace.* — Plante à racines nombreuses, simples, renflées,
constituant un ensemble désigné sous le nom de *griffe*, et d'où s'élèvent plusieurs tiges de 1m,30, droites, rameuses, très glabres, légèrement glauques,
à feuilles extrêmement menues, cylindriques, fasciculées ; fleurs pendantes,
petites, d'un jaune verdâtre, auxquelles succèdent des baies sphériques de
la grosseur d'un pois, se colorant à l'automne d'un vermillon très vif. Graines
noires, triangulaires, assez grosses, au nombre de 50 dans un gramme ; pesant
800 grammes par litre et conservant leur qualité germinative pendant cinq
années au moins.

Culture. — L'asperge, un des premiers légumes que nous ramène le printemps, est aussi un des plus généralement appréciés et cultivés. Dans beaucoup de localités, et notamment aux environs de Paris, la production et la
vente des asperges constituent une industrie de première importance. S'il est
incontestablement des terrains et des localités où l'asperge réussit d'une façon
toute spéciale, il n'en est guère où l'on ne puisse créer de plantation de ce légume moyennant quelques soins et quelques travaux d'établissement et d'entretien. Quoique les sols sains et légers soient ceux qui conviennent le mieux
pour faire une plantation d'asperges, il est possible d'en établir avec succès
dans toutes les terres qui ne sont pas absolument mouillées ou imperméables :
l'humidité stagnante étant tout ce que cette plante redoute le plus.

Pour établir une plantation, on peut ou élever son plant soi-même, ou
se le procurer tout venu. Pour faire son plant, il faut semer en mars ou avril
dans une bonne terre, riche et meuble, de préférence en rayons, et recouvrir légèrement la graine de 0m,01 à 0m,02 de terre ou de terreau. Dès que
la graine est bien levée et que le plant a pris un peu de force, on l'éclaircit
s'il y a lieu, de manière à ne laisser qu'un plant tous les 5 centimètres
environ sur le rayon. Il est très important, pour le bon développement
ultérieur des griffes et pour la beauté du produit, que la plante n'ait jamais
souffert du manque de nourriture causé soit par une fumure insuffisante, soit
par le rapprochement exagéré des plants. Pendant tout le reste de l'été et de
l'automne, il faut arroser abondamment toutes les fois que le besoin s'en
fait sentir et tenir la terre très propre par des binages donnés avec beaucoup
de précaution, de peur d'endommager les racines du plant. Le plant ainsi
traité sera bon à mettre en place dès le printemps d'après ; il sera d'une reprise plus assurée et donnera des résultats meilleurs et tout aussi prompts que
ceux qu'on obtiendrait de plant de deux ans.

Si l'on ne veut pas prendre la peine d'élever le plant soi-même, il est aisé
de s'en procurer dans le commerce ; les jeunes griffes d'asperges se conservant parfaitement plusieurs jours et même plusieurs semaines hors de terre,

sans aucun inconvénient pour la reprise ni pour la beauté de leur produit. La production des plants d'asperges est devenue une industrie importante dans les environs de Paris, et tous les ans il s'expédie au loin plusieurs centaines de mille plants de chacune des meilleures variétés.

Nous avons déjà dit que pour établir une plantation d'asperges, il faut choisir de préférence un terrain sain et léger ; si l'on est réduit à planter sur une terre très forte et humide, il faut par un drainage énergique l'assainir au moins jusqu'à une profondeur de 0ᵐ,30 ou 0ᵐ,40 et porter tous ses efforts sur l'amélioration de la surface. L'expérience des cultivateurs d'Argenteuil et d'autres localités des environs de Paris, qui depuis vingt ans ont porté la culture de l'asperge à un degré de perfection inconnu jusque-là, paraît démontrer qu'on obtient de meilleurs résultats en fumant et amendant à très fortes doses la couche superficielle de la terre où végète l'asperge, et en s'occupant peu des couches profondes, où les racines ont peu de tendance à descendre naturellement, si elles trouvent une nourriture abondante à la surface. Il y a lieu évidemment de tenir compte, dans les procédés d'établissement d'une aspergière, de la nature du sol dans lequel on opère, et par conséquent de le défoncer plus ou moins profondément; mais on peut dire d'une façon générale que le grand point, et celui d'où dépend principalement le succès, est de ne pas soustraire la griffe d'asperge à l'influence de la chaleur et de la placer en même temps dans un milieu où elle trouve en abondance la nourriture qui lui est nécessaire. Il faut donc que la griffe soit plantée à une petite profondeur et qu'elle ne soit recouverte d'une assez grande épaisseur de terre que pendant la saison de la pousse, alors que cela est absolument nécessaire pour obtenir des asperges d'une longueur suffisante.

Il n'y a pas de règle absolue à prescrire pour la disposition des plants d'asperges : on peut les placer, soit en lignes isolées, soit en planches contenant deux ou trois rangs; mais il est bon, dans tous les cas, de les espacer au moins de 0ᵐ,60 à 0ᵐ,80 en tous sens. On s'en trouve bien au double point de vue de l'abondance et de la qualité des produits.

La plantation en planches étant la plus usitée, c'est celle que nous allons décrire brièvement, les soins d'établissement et de culture étant du reste à peu près exactement les mêmes dans la plantation en lignes isolées. Dans le courant de mars ou d'avril au plus tard, on dresse avec soin le terrain qu'on destine à la plantation, et qui doit avoir été, autant que possible, labouré et copieusement fumé avant l'hiver; on creuse légèrement jusqu'à une profondeur d'environ 0ᵐ,10 la surface des planches en ramenant la terre dans les sentiers. On répand alors sur la surface de la planche du fumier bien consommé ou quelque autre engrais actif. Dans les environs de Paris, on se sert beaucoup pour cet usage des boues de ville ou gadoues. On marque ensuite la place que doivent occuper les griffes, sur deux ou trois rangs selon la largeur des planches et en observant l'espacement que nous avons indiqué; à la place de chaque griffe, on fait un petit tas de terre bien amendée ou de terreau, élevé de 0ᵐ,05 environ, sur le sommet duquel on pose la griffe en ayant soin de bien étendre les racines tout alentour et de les faire adhérer au sol en appuyant fortement. Quand toutes les griffes sont en place, on recouvre les racines de terreau ou de terre additionnée d'engrais et l'on répand par-dessus ce qu'il faut de terre pour rétablir à peu près le niveau de la planche, tel qu'il était avant la plantation ; de cette façon le collet de la griffe ne sera pas enterré de plus de 0^m,04 à 0^m,05, et l'extrémité des racines elles-mêmes de 0^m,10 au plus.

A cause de la quantité de terreau et d'engrais qui a été employée, il restera entre les planches ou entre les rangs une certaine hauteur de terre qui servira pour le buttage.

La plantation, pendant la première année, ne demande d'autres soins que des binages répétés et quelques arrosements. A l'entrée de l'hiver, on coupe les tiges à 0^m,20 ou 0^m,30 au-dessus du sol : la portion qui reste sur pied servant à indiquer la place de chaque griffe. Une bonne précaution consiste à enfoncer dès le moment de la plantation une baguette qui marque l'emplacement de chaque plant d'asperge ; on peut de la sorte répandre l'engrais exactement sur les racines et éviter de les blesser en donnant les binages et les diverses façons. On enlève alors légèrement une partie de la terre qui recouvre la griffe en ne la laissant enterrée qu'à une profondeur de 0^m,03 ou 0^m,04. C'est le bon moment pour appliquer sur les plantations d'asperges les engrais qu'on leur destine. Ceux que l'usage a fait reconnaître comme étant les plus efficaces sont le fumier bien consommé et les boues de ville ou gadoues, auxquelles on ajoute quelquefois un peu de sel marin, et des amendements calcaires, plâtre, marne, plâtras, sable de carrière, etc., lorsque la terre n'en est pas déjà très abondamment pourvue. Après avoir passé tout l'hiver étendus à la surface du terrain, ces engrais sont à la fin de mars incorporés au sol par un bon labour. La surface de la terre est ensuite bien nivelée et la plantation, pendant toute cette seconde année, reçoit les mêmes soins que pendant la première. Au moment où les griffes sont déchaussées à l'automne, il faut avoir soin de détacher, au niveau même de la racine, tout ce qui peut rester des tiges desséchées, raccourcies déjà en octobre. Il convient de donner une nouvelle fumure, qui reste de même à la surface pendant l'hiver pour être enfouie au printemps.

On commence, cette troisième année, à butter les asperges. Cette opération consiste à ramener sur chaque griffe de la terre prise dans les intervalles, dont on forme un petit monticule haut de 0^m,30 environ au-dessus du reste du terrain.

Si la plantation a été bien soignée jusqu'ici, on peut commencer à cueillir quelques asperges, deux ou trois au plus par pied ; mais dans l'intérêt de la durée de la plantation, il vaut mieux s'en abstenir et attendre la quatrième année pour faire la première récolte. En tout cas il est très important de cueillir les asperges en les cassant sur le collet même de la griffe, et non pas en les coupant entre deux terres, comme on le fait souvent à tort, ce qui, entre autres inconvénients, a celui d'endommager fréquemment des bourgeons non encore développés. Il vaut beaucoup mieux déchausser l'asperge qu'on veut cueillir en écartant la terre de la butte, et l'éclater nettement avec le doigt ou avec un instrument spécial, puis reformer la butte en remettant en place la terre qu'on a écartée. C'est ainsi qu'opèrent toujours les cultivateurs soigneux des environs de Paris.

Si, pour une raison ou pour une autre, quelques portions de pousses se trouvaient à l'automne rester adhérentes à la griffe, il serait nécessaire de les supprimer complètement avant l'hiver.

En pleine terre et sous le climat de Paris, les asperges produisent à partir du mois d'avril. Dans l'intérêt de l'abondance et de la précocité de la récolte de l'année suivante, il est bon de ne pas prolonger la cueillette au delà du 15 juin.

A partir de la quatrième année, les soins réclamés par une plantation d'asperges restent toujours les mêmes, c'est-à-dire consistent en binages et en fumures répétés. Il n'est pas absolument indispensable de fumer tous les ans; cependant, comme l'asperge est une plante extrêmement avide d'engrais, le produit sera toujours en raison de la nourriture donnée. Une plantation bien faite et bien soignée peut rester productive pendant dix ans et plus.

Usage. — On emploie comme légume les jeunes pousses blanchies par un buttage et cueillies au moment où elles commencent à sortir de terre. En Italie et dans certains autres pays, on ne cueille les asperges qu'après les avoir laissées croître assez pour qu'elles se colorent en vert sur une longueur de 0^m,10 à 0^m,15. En France, les asperges blanches à tête rose ou violette sont généralement préférées.

Les variétés d'asperges sont assez nombreuses, ou plutôt chaque localité où la culture de l'asperge se fait avec succès a donné son nom à une race plus ou moins distincte. C'est à cette circonstance que sont dues les désignations d'*A. de Gand, de Marchiennes, de Vendôme, de Besançon,* etc.

Nous décrivons seulement celles qui paraissent avoir réellement quelques caractères distinctifs.

ASPERGE VERTE.

SYNONYMES : A. commune, A. d'Aubervilliers.

Cette variété paraît être celle qui se rapproche le plus de l'A. sauvage; les pousses en sont plus minces que celles des variétés améliorées, plus pointues et se colorent plus promptement en vert.

L'A. verte des marchés se produit non seulement avec cette variété, mais aussi avec toutes les autres, si on laisse les pousses s'allonger et verdir.

ASPERGE DE HOLLANDE.

SYNONYME : A. violette de Hollande.

NOMS ÉTRANGERS : ANGL. Giant dutch purple asparagus. ALL. Holländischer Spargel.

Asperge de Hollande.
réd. au quart.

Les pousses de cette variété sont plus grosses et plus arrondies du bout que celles de l'A. verte. Elles ne sont teintées à l'extrémité que de rose ou de rouge violacé, tant qu'elles n'ont pas reçu l'influence de la lumière. C'est la variété qui se cultive le plus généralement.

ASPERGE BLANCHE D'ALLEMAGNE.

Synonyme : A. d'Ulm.

Nom étranger : all. Ulmer Spargel.

Extrêmement voisine de l'A. de Hollande, celle-ci est généralement regardée comme un peu plus précoce et un peu plus colorée. La différence est si légère, qu'on pourrait bien regarder les deux variétés comme identiques.

ASPERGE D'ARGENTEUIL HATIVE.

Noms étrangers : angl. Early purple giant Argenteuil asparagus. all. Frühe allergrösste Argenteuil Spargel.

Cette très belle race, obtenue par sélection de semis de graines de l'A. de Hollande, fournit la plupart de ces belles bottes d'asperges qu'on admire au printemps à Paris. Les pousses sont très notablement plus grosses que celles de l'A. de Hollande. L'extrémité en est un peu pointue, et les écailles dont elle est revêtue sont fortement appliquées les unes sur les autres. Elle commence à produire un peu avant l'A. de Hollande.

ASPERGE D'ARGENTEUIL TARDIVE.

Nom étranger : all. Späte allergrösste Argenteuil Spargel.

Cette variété ne le cède pas en beauté à la variété hâtive, mais elle ne commence pas à produire tout à fait aussi tôt. Elle est appelée tardive non pas tant à cause de cette différence que parce qu'elle continue à donner de belles et grosses pousses lorsque celles de l'A. hâtive d'Argenteuil commencent à être beaucoup moins grosses qu'au début de la saison. On se sert alors des produits de l'asperge tardive pour parer les bottes. Les jardiniers très expérimentés savent reconnaître cette variété de la précédente à l'apparence de sa pointe, dont les écailles sont un peu écartées à la manière de celles d'un artichaut, au lieu d'être pour ainsi dire collées les unes sur les autres.

ASPERGE D'ARGENTEUIL INTERMÉDIAIRE.

Cette race, moins cultivée que les deux précédentes, n'a pas de caractères très distincts. Elle paraît être surtout un bon choix de l'A. de Hollande. Elle a, comme celle-ci, l'extrémité arrondie et obtuse.

L'*A. Lenormand* paraît avoir été une bonne race améliorée de l'A. de Hollande. Les variétés d'Argenteuil l'ont à peu près remplacée aujourd'hui.

Les Allemands distinguent un grand nombre de races d'asperges, sous les noms de : *Grosse géante, Grosse d'Erfurt, Hâtive de Darmstadt, Grosse de Darmstadt, Blanche grosse hâtive.* Toutes nous paraissent se rapprocher beaucoup de l'A. de Hollande et de l'A. d'Ulm, qui en est, comme nous l'avons dit, extrêmement voisine.

On vante beaucoup en Angleterre et en Amérique la variété dite *Conover's colossal*. Ce que nous en savons ne nous la fait pas considérer comme supérieure aux variétés d'Argenteuil.

ASPÉRULE ODORANTE

Asperula odorata L.

Fam. des *Rubiacées*.

SYNONYMES : Muguet des dames, Petit muguet, Reine des bois, Hépatique étoilée.

NOMS ÉTRANGERS : ANGL. Woodruff. ALL. Waldmeister. HOLL. Lieve vrouve-bedstroo.

Indigène. — *Vivace.* — Se rencontre surtout dans les bois ou les endroits ombragés. Tige couchée, faible, garnie de verti-cilles de feuilles ovales-lancéolées, finement dentées sur les bords, très rudes, ainsi que les tiges; fleurs petites, d'un blanc pur, à quatre divisions, réunies en corymbe étalé. Graine presque sphérique, grise, hérissée d'un grand nombre de très petits aiguillons recourbés. Toute la plante exhale, surtout quand elle est dessé-chée, un parfum assez agréable.

Aspérule odorante.
réd. au dixième.

Culture. — L'A. odorante se cultive rare-ment, si ce n'est comme plante d'ornement. Elle est parfaitement rustique et réussit en plate-bande ou en bordure, en bonne terre fraîche, à demi-ombre.

Usage. — On l'emploie quelquefois comme condiment dans le nord de l'Europe, surtout pour parfumer les boissons.

AUBERGINE

Solanum Melongena L. — Solanum esculentum DUN.

Fam. des *Solanées*.

SYNONYMES : Albergine, Ambergine, Béringène, Bréhème, Bringèle, Marignan, Mayenne, Mélanzane, Mélongène, Mérangène, Méringeane, Mérinjeane, Vérinjeane, Viadase, Viédase.

NOMS ÉTRANGERS : ANGL. Egg-plant. ALL. Eierpflanze, Eierfrucht. FLAM. Eierplant. ITAL. Petonciano, Melanzacca, Maringiani. ESP. Berengena. PORT. Bringela.

Amérique méridionale. — *Annuelle.* — Tige dressée, ramifiée; feuilles entières, oblongues, d'un vert grisâtre, plus ou moins poudreuses, souvent épineuses sur les nervures; fleurs solitaires dans les aisselles des branches, courtement pédicellées, à corolle monopétale, d'un violet terne; calice sou-vent épineux, se développant avec le fruit. Graine petite, déprimée, réniforme, jaunâtre, au nombre de 250 dans un gramme et pesant 500 grammes par litre; sa durée germinative est de six ou sept ans.

Culture. — Sous le climat de Paris, la culture de l'aubergine ne peut guère se faire sans avoir recours à l'emploi de la chaleur artificielle : d'ordinaire on sème sur couche au mois de février ou de mars, et l'on repique également sur couche six semaines ou deux mois plus tard. On peut également planter en pleine terre vers la fin de mai, quand la terre est bien échauffée, les variétés hâtives élevées jusque-là sur couche. Les aubergines demandent une situation chaude et abritée, ainsi que des arrosements abondants.

Pour obtenir de beaux fruits bien développés, il est bon de n'en laisser sur chaque pied qu'un nombre restreint et proportionné à sa vigueur. On se trouve bien aussi de pincer vers la fin de l'été les extrémités des branches.

Usage. — Le fruit se mange quelquefois cru, mais le plus souvent cuit. Les diverses variétés d'aubergines sont très recherchées comme légume dans les pays méridionaux.

AUBERGINE VIOLETTE LONGUE.

SYNONYME : A. de Narbonne.

NOMS ÉTRANGERS : ANGL. Long purple egg-plant. ALL. Lange blaue Eierpflanze.

Tige verdâtre ou faiblement teintée de brun; feuilles ovales, entières, un peu sinuées-lobées, munies de quelques épines violettes sur les nervures, à la face supérieure ; les plus jeunes sont violacées à la base, les autres complètement vertes. Fleurs lilas, grandes, axillaires, à calice brun se développant beaucoup après la floraison, au point d'acquérir à l'époque de la maturité des dimensions trois ou quatre fois plus fortes qu'au moment de l'épanouissement de la fleur. Fruit ovale-oblong, un peu en forme de massue, plus renflé à l'extrémité qu'à la base, très lisse, vernissé, d'un violet presque noir. Chair assez ferme, compacte, renfermant peu de graines, bonne surtout quand le fruit n'a pas tout à fait atteint son entier développement. A la maturité complète, il mesure environ $0^m,15$ à $0^m,20$ de longueur sur $0^m,06$ ou $0^m,08$ de dia-

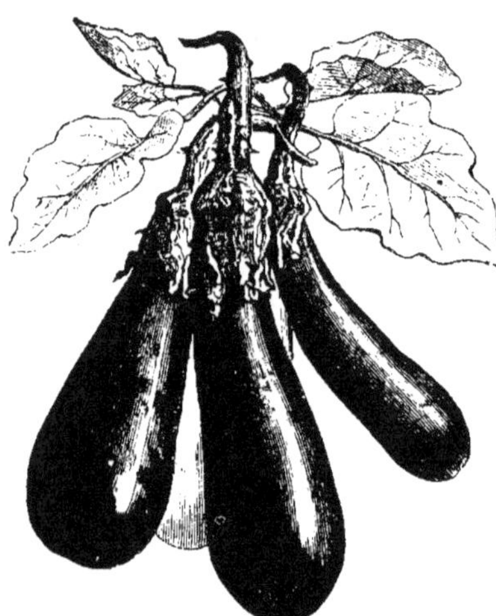

Aubergine violette longue.
réd. au cinquième.

mètre moyen. Un pied bien venu, de cette variété, peut porter de huit à dix fruits.

L'aubergine violette longue est la plus recommandable pour les usages culinaires dans tous les pays où l'été est long et chaud. Il lui faut de cinq à six mois de végétation pour mûrir ses fruits; elle convient donc surtout aux pays méridionaux. Sous le climat de Paris, il convient de donner la préférence à la variété suivante.

AUBERGINE VIOLETTE LONGUE HATIVE.

Nom étranger : angl. Early long purple egg-plant.

Sous-variété de l'A. violette longue. C'est une plante un peu moins vigoureuse, moins grande, un peu plus grêle que cette dernière. Tige presque noire; feuilles ovales, entières, à peine épineuses, le pétiole et les nervures très fortement teintés de violet à la face supérieure. L'ensemble du feuillage est plus grisâtre que dans l'A. violette longue. Les fruits sont d'un volume un peu moins fort que ceux de la précédente et un peu plus minces. Cette variété est la plus convenable pour la culture de saison sous le climat de Paris, à cause de sa précocité.

AUBERGINE VIOLETTE RONDE.

Tige brunâtre, ainsi que les pétioles et les nervures des feuilles ; celles-ci sont assez amples, bien vertes, larges, presque toujours sinuées sur les bords; les nervures, violacées en dessus, portent quelques épines; les pétioles en sont abondamment parsemés. Le fruit, très gros, et d'un violet plus pâle et plus terne que celui des variétés précédentes, n'est pas absolument rond, mais plutôt en forme de poire courte. Variété plus tardive que les précédentes et convenant surtout au Midi. Un pied ne doit pas porter plus de trois ou quatre fruits.

Aubergine violette ronde.
réd. au quart.

AUBERGINE MONSTRUEUSE.

Ne diffère de la précédente que par le volume encore plus considérable de ses fruits. Chaque pied n'en peut guère porter que deux ou trois.

AUBERGINE VIOLETTE NAINE TRÈS HATIVE.

Variété très précoce, et par là même très précieuse pour notre climat. Plante basse, ramifiée, à tige noire et fleurs violet foncé ; feuilles d'un vert un peu grisâtre, allongées et légèrement sinuées sur les bords, nervures noires en dessus; pétiole violet noir, ainsi que les divisions du calice. Fruits ovoïdes, longs de 0ᵐ.08 à 0ᵐ,10, larges au gros bout de 0ᵐ,05 à 0ᵐ,06, nombreux, d'un violet assez foncé, mais mat, non vernissés comme ceux de l'A. violette longue; ils sont bons à cueillir un mois au moins avant ceux de toutes les autres variétés, et l'on peut en laisser jusqu'à une douzaine sur un même pied.

Aubergine violette naine très hâtive.
réd. au dixième.

Cette variété, à cause de sa petite taille, se prête très bien à la culture de primeur sous châssis.

AUBERGINE PANACHÉE DE LA GUADELOUPE.

NOMS ÉTRANGERS : ANGL. Striped *or* Guadalupe egg-plant. ALL. Gestreifte Riesen-Eierpflanze.

La plante ressemble à l'A. ronde, mais elle est plus trapue et beaucoup moins colorée dans toutes ses parties. Le fruit est ovoïde, à peu près deux fois aussi long que large et n'atteint pas les dimensions de celui de l'A. violette longue. Le principal mérite de cette variété consiste dans la panachure particulière de son fruit, qui est strié, en long, de violet pâle sur fond blanc.

AUBERGINE BLANCHE LONGUE DE CHINE.

NOM ÉTRANGER : ANGL. Chinese brinjal.

Variété très distincte, à fruits blancs, longs, minces et presque toujours courbés. Plante tardive.

AUBERGINE VIOLETTE AMÉLIORÉE DE NEW-YORK.

NOM ÉTRANGER : ANGL. (Am.) New-York improved egg-plant.

Le fruit de cette variété ressemble assez exactement à celui de l'A. violette ronde, mais la plante qui le porte est plus naine et plus grisâtre. La chair en est très ferme et contient peu de graines.

Cette variété est malheureusement un peu tardive pour notre climat.

AUBERGINE RONDE DE CHINE.

SYNONYME : A. noire de Pékin.

NOMS ÉTRANGERS : ANGL. Black Pekin egg-plant. ALL. Schwarze Riesen-Eierpflanze.

Plante vigoureuse, presque entièrement d'un violet noir. Fruit à peu près exactement sphérique de 0ᵐ,12 à 0ᵐ,15 de diamètre, d'un violet noir, lustré, présentant cette particularité que la peau reste complètement verte partout où les divisions du calice la recouvrent et la défendent de l'action du soleil. Cette variété a peu d'intérêt pour le climat de Paris; elle est tardive et les fruits ont une saveur âcre très prononcée.

On connaît encore un grand nombre de variétés d'aubergines, qui se rapprochent plus ou moins de celles que nous venons d'énumérer. Ce sont notamment :

A. de Catalogne. Plante tardive, épineuse, se rapprochant de la violette ronde.

A. de Murcie. Fruit violet, rond, marqué de quelques côtes; tige et feuilles épineuses; feuilles plus lobées et nervures plus colorées que celles de l'A. violette ronde.

A. extra-monstrueuse des Antilles. Plante vigoureuse, tardive, sans épines, à fruits ressemblant à ceux de l'A. violette ronde.

L'*A. verte* ne paraît pas une variété distincte et fixée. On trouve souvent dans les aubergines blanches des fruits plus ou moins verdâtres ou panachés de vert.

L'*A. du Thibet* est une variété tardive, à fruit allongé, d'un blanc verdâtre. Introduite il y a une vingtaine d'années, elle ne paraît pas s'être conservée dans les cultures.

AUBERGINE BLANCHE

Solanum ovigerum DUN.

SYNONYMES : Œuf végétal, Plante aux œufs, Pondeuse.

NOMS ÉTRANGERS. : ANGL. White egg-plant. ALL. Weisse Eierpflanze.

Plante assez basse, ramifiée; tige et pétioles verts ou très faiblement violacés, munis de quelques épines blanches; feuilles sinuées sur les bords; fleurs lilas. Fruit blanc, rappelant exactement l'apparence d'un œuf de poule, mais jaunissant à la maturité. Cette variété est plutôt ornementale que potagère. Le fruit passe même, mais probablement à tort, pour être malsain.

Il en existe une variété à fruits plus gros, et une autre plus basse et à fruits beaucoup plus petits, qu'on désigne sous le nom d'*A. blanche naine.*

Aubergine blanche.
réd. au cinquième.

L'A. blanche se cultive comme l'aubergine ordinaire. Les fruits ne se mangent pas, mais peuvent servir pour l'ornementation des desserts, entrer dans la composition des corbeilles de fruits variés, etc.

AULNÉE

Inula Helenium L. — Corvisartia Helenium MÉRAT.

Fam. des *Composées.*

SYNONYMES : Aromate germanique, Aunée, Œil-de-cheval.

NOMS ÉTRANGERS : ANGL. Elecampane. ALL. Alant.

Indigène. — Vivace. — Grande composée à feuilles larges et longues, ovales-lancéolées, longuement atténuées en pétiole, les caulinaires sessiles, cordiformes embrassantes; tige dressée, rameuse au sommet, de 1 mètre et plus, portant à l'extrémité des rameaux des capitules larges, solitaires, d'un beau jaune vif.

Nous mentionnons l'aulnée simplement à titre de renseignement, car son usage, en tant que plante potagère, est à peu près complètement abandonné. On en utilisait jadis les racines, épaisses et charnues, à la manière des salsifis ou des scorsonères. On n'en fait plus aucun cas aujourd'hui que comme plante médicinale.

AURONE

Artemisia Abrotanum L.

Fam. des *Composées.*

SYNONYMES : Aurone des jardins, Aurone mâle, Citronnelle, Garde-robe, Herbe royale, Vrogne.

NOMS ÉTRANGERS : ANGL. Southernwood. DAN. Ambra. ITAL. Abrotano, Abrotino.

Europe méridionale. — Vivace frutescente. — Plante buissonnante, de 1 mètre de haut environ. On la cultive dans les jardins par pieds isolés ou en bordure. Rameaux très nombreux; feuilles d'un vert pâle, grisâtres, divisées en segments extrêmement étroits; fleurs nombreuses, petites, jaunâtres. Graine très menue, ressemblant à celle de l'absinthe commune.

Culture. — L'aurone se multiplie de graines ou plus fréquemment de boutures, qui s'enracinent très facilement, surtout au commencement de l'été. Il est bon d'en rentrer toujours un pied ou deux en orangerie ou en serre, la plante étant sensible au froid.

Usage. — On cultive l'aurone à cause de son goût agréable et de ses propriétés médicinales, qui sont celles de l'absinthe.

BARDANE GÉANTE A TRÈS GRANDES FEUILLES

Lappa edulis HORT.

Fam. des *Composées.*

NOMS ÉTRANGERS : ALL. Japanische Klette. ITAL. Lappola. JAP. Gobo.

Japon. — Bisannuelle. — Feuilles radicales très grandes, cordiformes, ressemblant un peu à celles de l'oseille patience, mais moins allongées; tige rougeâtre, très ramifiée; fleurs rouge violacé en capitules garnis d'écailles crochues, comme celles de la bardane ordinaire racines pivotantes, presque cylindriques, assez tendres et charnues, quand elles sont jeunes. Graine oblongue, grisâtre, à enveloppe dure, ressemblant beaucoup à celle de l'artichaut; un gramme en contient 80 et le litre pèse 630 grammes; la durée germinative en est de cinq années.

Il est douteux que cette plante soit spécifiquement distincte de la B. commune (*Arctium Lappa* Willd.), mauvaise herbe très répandue dans toute l'Europe. Celle dont nous nous occupons ici est plus grande dans toutes ses parties, ce qui peut tenir à l'influence de la culture. Il y a longtemps, en effet, qu'elle est cultivée au Japon comme le sont chez nous les salsifis et les scorsonères. On la traite exactement de la même manière que ces racines.

Usage. — Les racines, qui peuvent atteindre une longueur de 0^m,30 à 0^m,40, se mangent bouillies et accommodées de diverses manières. Ce légume a été introduit du Japon en Europe par le fameux voyageur et botaniste von Siebold, qui dit en avoir obtenu dans son jardin de Leyde de fort bons résultats. Pour que la chair en soit tendre et agréable, il faut arracher au bout de deux mois et demi ou trois mois de végétation. Si l'on attend que la racine ait pris tout son développement, elle se ramifie et devient

Bardane géante.
réd. au huitième.

dure et presque ligneuse. Il n'est pas surprenant que dégusté dans ces conditions, ce légume ait été à plusieurs reprises déclaré détestable. Consommé jeune, comme chez les Japonais, il n'est pas délicieux, mais assurément fort passable.

Presque toutes les plantes bisannuelles rustiques, à racines charnues, ont dû être essayées comme légumes, et beaucoup pourraient être adoptées pour la consommation, à condition de n'être ni trop fibreuses ni douées d'un goût désagréable résistant à la cuisson. La carotte ou la betterave sauvage ne donnent certainement pas un produit supérieur en qualité à celui de la bardane, et la seconde de ces plantes possède assurément une saveur plus désagréable. Cependant, par l'influence du temps et de choix persévérants, on en a fait d'excellents légumes, donnant des racines renflées, tendres et de bon goût, au moins quand elles sont cuites, différant de tous points de ce qu'elles étaient dans la plante sauvage. Il n'y a donc aucun motif pour qu'on ne fasse pas de la bardane un fort bon légume, si la plante paraît en mériter la peine. Elle est rustique, vigoureuse et végète rapidement; les racines en sont longues, naturellement charnues, et par conséquent faciles à rendre grosses et tendres par une culture bien entendue. Déjà, dans l'état où nous possédons actuellement la plante, une planche de bardane peut fournir un produit en poids équivalent à celui d'une planche de salsifis dans un temps deux ou trois fois plus court. Ce légume mérite donc d'être sérieusement étudié.

BASELLE BLANCHE

Basella alba L.

Fam. des *Chénopodées*.

SYNONYMES : Épinard blanc d'Amérique, Épinard blanc de Malabar.

NOMS ÉTRANGERS : ANGL. White Malabar nightshade. ALL. Indischer grüner Spinat, Malabar Spinat. FLAM. Meier. ITAL. Basella. ESP. Basela.

Baselle blanche.
réd. au douzième.

Indes orientales. — Bisannuelle (annuelle dans la culture). — Plante à tiges sarmenteuses de 1^m,50 à 2 mètres, garnies de feuilles alternes, ovales-cordiformes, un peu ondulées, charnues, vertes; fleurs petites, verdâtres ou rouges, en épi. Graine ronde, portant les vestiges du pistil et du calice, qui sont persistants; un gramme en contient 35; le litre pèse 460 grammes; sa durée germinative est de cinq ans au moins.

Culture. — La baselle se sème au mois de mars sur couche chaude; on la repique à la fin de mai ou en juin au pied d'un mur exposé au midi, et l'on n'a plus qu'à l'arroser pour en entretenir la production pendant tout l'été.

Usage. — Les feuilles se mangent en guise d'épinards, et fournissent abondamment pendant tout l'été, la plante poussant d'autant plus vigoureusement qu'il fait plus chaud. On doit avoir soin, toutefois, de ne pas dépouiller la plante de tout son feuillage à la fois, ce qui retarderait nécessairement la végétation.

BASELLE ROUGE

Basella rubra L.

SYNONYMES : Épinard rouge d'Amérique, Épinard rouge de Malabar.

NOMS ÉTRANGERS : ANGL. Red Malabar nightshade. ALL. Rother Malabar Spinat.

Chine. — Bisannuelle (annuelle dans la culture). — Cette espèce ne diffère de la précédente qu'en ce que toutes ses parties sont teintées de rouge pourpre. La graine en est semblable à celle de la B. blanche.

L'usage et la culture de cette plante sont identiques à ceux de l'espèce que nous venons de décrire.

Une autre baselle, importée de Chine en 1839 par le capitaine Geoffroy, et assimilée par les botanistes au *B. cordifolia* Lamk, serait certainement préférable aux autres espèces, à cause de l'ampleur de ses feuilles et de l'abondance de son produit. La culture ne paraît pas cependant s'en être répandue, probablement à cause de la difficulté qu'on éprouve à la faire grener en France. On la désigne sous le nom de *B. de Chine à très larges feuilles*.

BASILIC GRAND

Ocimum Basilicum L.

Fam. des *Labiées*.

Synonymes : B. aux sauces, B. des cuisiniers, B. romain, Grand basilic, Herbe royale.

Noms étrangers : angl. Basil. all. Basilicum. flam. Basilik. dan. Basilikum. ital. Basilico. esp. Albaca, Albahaca. port. Manjericao.

Inde. — *Annuel*. — Tige de 0ᵐ,30, très rameuse; feuilles vertes, ovales-lancéolées ; fleurs blanches en grappes verticillées, feuillées. Graine petite, noire, oblongue, entourée d'une substance mucilagineuse, qui se renfle dans l'eau comme celle de la graine de lin; un gramme en contient 800 et le litre pèse 530 grammes ; sa durée germinative est de huit années.

Culture. — Le basilic étant une plante des pays chauds, il est bon de le semer sur couche en mars ou avril; on le repique en mai en pleine terre, de préférence à une exposition chaude. Tous les basilics se prêtent à la culture en pots.

Usage. — Les feuilles sont très aromatiques et s'emploient comme condiment.

Basilic grand.
réd. au huitième.

On a prêté autrefois au basilic et on lui attribue encore, dans certains pays, des vertus médicinales des plus actives. Son parfum et son goût agréable suffisent à le recommander en qualité de plante potagère.

BASILIC GRAND VERT.

Noms étrangers : angl. Sweet basil. all. Grosser grüner Basilicum. ital. Basilico maggiore. esp. Albaca grande verde, A. romana, A. real.

Paraît le type de l'espèce. C'est une plante trapue, formant des touffes compactes et ramassées, de 0ᵐ,25 à 0ᵐ,30 de hauteur, sur un diamètre à peu près égal; feuilles vertes, luisantes, courtement ovales, de 0ᵐ,025 à 0ᵐ,030 de longueur; fleurs blanches, en longues grappes.

BASILIC GRAND VIOLET.

Noms étrangers : angl. Sweet purple basil. all. Grosser violetter Basilicum. ital. Basilico maggiore nero. esp. Albaca grande violada.

Même taille et même port que le précédent; il en diffère par ses feuilles et ses tiges d'un violet brun foncé; fleurs lilacées.

BASILIC A FEUILLES DE LAITUE.

Nom étranger : esp. Albaca de hojas de lechuga.

Variété à feuilles larges, cloquées, ondulées, atteignant 0ᵐ,05 à 0ᵐ,10 de long; plante trapue, basse, un peu moins ramifiée que les précédentes, mais paraissant bien dériver du même type. Les fleurs, réunies en grappe serrée, se montrent un peu plus tard dans cette race que dans les précédentes.

Il est à remarquer que les feuilles de ce basilic, beaucoup plus grandes que celles de tous les autres, sont aussi beaucoup moins nombreuses : il en est presque toujours ainsi dans la nature, les organes qui prennent un grand développement diminuent de nombre. Ainsi, dans les plantes d'ornement, quand les fleurs sont très grandes ou très doubles, elles sont moins nombreuses que dans les formes à petites fleurs de la même espèce.

Basilic à feuilles de laitue.
réd. au cinquième.

BASILIC ANISÉ.

Nom étranger : esp. Albaca anisada.

Variété se distinguant du B. grand vert par son odeur plus aromatique et comparable à celle de l'anis.

BASILIC FRISÉ.

Synonyme : B. à feuilles d'ortie.

Noms étrangers : ital. Basilico arriciuto. esp. Albaca de hojas de ortiga.

Variété à feuilles vertes, laciniées, crépues; bien distincte.

BASILIC FIN

Ocimum minimum L.

Fam. des *Labiées.*

Noms étrangers : esp. Albaca menuda, A. fina.

Plante plus naine, plus compacte, plus ramifiée que le B. grand; feuilles beaucoup plus petites; fleurs blanches. Graine semblable à celle du B. grand. Même culture et même usage.

BASILIC FIN VERT.

Noms étrangers : angl. Bush-basil. all. Feiner grüner Basilicum. ital. Basilico minore, B. dei monaci. esp. Albaca menuda verde.

Basilic fin vert.
réd. au huitième.

Entièrement vert. Convient particulièrement pour la culture en pots et s'emploie très communément pour cet usage. On le voit très souvent sur les fenêtres des plus pauvres habitations, principalement dans les pays chauds. On l'apprécie surtout à cause de sa verdure fraîche et vive et de son parfum fin et pénétrant. Il forme des touffes très compactes, qui se couvrent en été d'une multitude de petites grappes de fleurs d'un blanc rosé, se détachant agréablement sur le feuillage d'un vert intense.

BASILIC FIN VIOLET.

Noms étrangers : angl. Purple bush-basil. all. Feiner violetter Basilicum. ital. Basilico minore nero. esp. Albaca menuda violada.

Plante d'un violet foncé dans toutes ses parties; fleurs blanc lilacé. Elle forme une petite touffe très compacte et très garnie de rameaux et de feuilles.

BASILIC EN ARBRE

Ocimum gratissimum L.

Fam. des *Labiées*.

Ce qu'on trouve ordinairement dans les cultures sous le nom de Basilic en arbre ne parait pas être le véritable *O. gratissimum* L., mais plutôt l'*O. suave* Willd. C'est une plante annuelle, à tige dressée, ramifiée dès la base, formant une pyramide de 0ᵐ,50 à 0ᵐ,60 de haut sur 0ᵐ,30 à 0ᵐ,40 dans la partie la plus large ; feuilles oblongues, pointues, dentées; fleurs lilas, en épis interrompus, occupant les sommités des tiges. Le parfum en est très agréable, mais c'est une plante tardive, qui convient surtout aux climats chauds. La graine en est très fine ; un gramme en contient environ 1500, et le litre pèse 580 grammes.

BAUME-COQ

Balsamita vulgaris Willd. — Pyrethrum Tanacetum DC.

Fam. des *Composées*.

Synonymes : Coq des jardins, Grand baume, Herbe au coq, Herbe de Sainte-Marie, Menthe-coq, Menthe à bouquets, Menthe grecque, Menthe Notre-Dame.

Noms étrangers : angl. Costmary, Alecost. dan. Balsam.

Indigène. — Vivace. — Plante très durable, formant des touffes élargies ;

feuilles ovales, obtuses-entières, plus ou moins dentées ou crénelées, les radicales pétiolées, les caulinaires sessiles embrassantes; tige simple, dressée; capitules petits, en corymbe terminal. Le baume-coq ne fleurit pas toujours dans le nord de la France. Toutes les parties de la plante ont une saveur un peu amère et une odeur aromatique pénétrante.

Culture. — Le baume-coq se multiplie facilement par la division des touffes, soit à l'automne, soit au printemps. Sous le climat de Paris, il est bon de mettre la plante à une exposition chaude.

Usage. — Les feuilles sont assez fréquemment employées comme condiment. En Angleterre, on s'en servait autrefois pour parfumer la bière appelée *ale*.

BENINCASA

Benincasa cerifera Savi. — **Cucurbita cerifera** Fisch.

Fam. des *Cucurbitacées*.

Synonyme : Courge à la cire.

Inde et Chine. — *Annuel*. — Plante sarmenteuse, étalée sur terre comme les courges et les concombres; tiges minces à cinq angles saillants, atteignant 1^m,50 à 2 mètres de longueur; feuilles grandes, légèrement velues, arrondies-cordiformes et quelquefois à trois ou cinq lobes peu marqués; fleurs axillaires, jaunes, partagées en cinq divisions presque jusqu'à la base de la corolle, ouvertes en forme de coupe évasée, de 0^m,05 à 0^m,06 de diamètre; calice réfléchi, assez ample, souvent pétaloïde. Fruit oblong, cylindrique, très velu jusque vers l'époque de la maturité, où il atteint une longueur de 0^m,35 à 0^m,40 sur

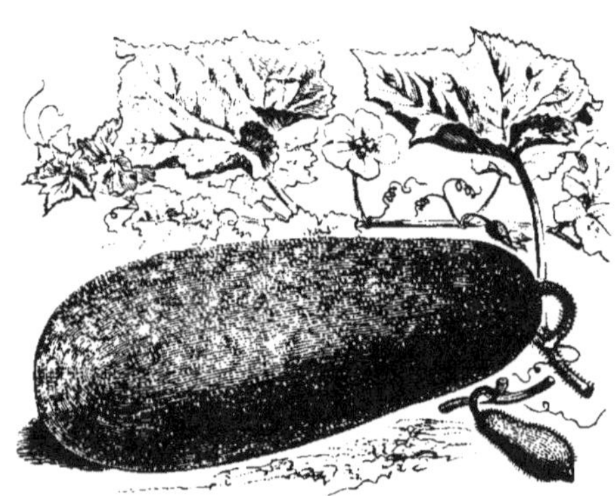

Benincasa cerifera.
réd. au sixième.

0^m,10 à 0^m,12 de diamètre. Il est alors revêtu d'une sorte de fleur ou pruine blanchâtre, analogue à celle qui couvre les prunes, mais plus blanche, beaucoup plus abondante, et constituant une véritable cire végétale. Graine plate, grisâtre, tronquée : au nombre de 21 par gramme; le litre pèse 300 grammes; la durée germinative en est de dix années.

Culture. — La culture du benincasa est la même que celle des courges.

Usage. — Les fruits s'emploient à la manière des courges : la chair en est extrêmement légère, faiblement farineuse et intermédiaire entre la courge et le concombre. On peut les conserver assez avant dans l'hiver.

BETTE. — Voy. Poirée.

BETTERAVE

Beta vulgaris L.

Fam. des *Chénopodées*.

Synonymes : Bette, Bette-rave, Racine d'abondance, Réparée.

Noms étrangers : angl. Beet-root. all. Runkel-Rübe. holl. et flam. Betwortel. dan. Rodbede. ital. Barbabietola. esp. Remolacha. port. Betarava, Beterrava, Betarraba, Beterraba.

Europe méridionale. — Bisannuelle. — Plante formant la première année une racine plus ou moins longue, plus ou moins épaisse et charnue, et montant à graine la seconde année. Feuilles radicales ovales, longuement pétiolées, souvent cloquées et ondulées; tige haute de 1^m,50, cannelée, droite, anguleuse, ramifiée; fleurs petites, verdâtres, par groupes de deux à six, le long des rameaux. Les calices des fleurs continuent à s'accroître après la floraison; ils enveloppent complètement la graine, prennent une consistance et une apparence subéreuses, et constituent par leur réunion ce qu'on appelle communément la graine de betterave, mais ce qui est en réalité un véritable fruit, à peu près de la grosseur d'un pois, contenant presque toujours plusieurs semences ; un gramme contient environ 50 de ces fruits, qui pèsent 250 grammes au litre. La graine elle-même est très petite, réniforme, brune ; l'enveloppe en est extrêmement mince; elle conserve sa faculté germinative six ans et plus.

On ne sait pas exactement à quelle époque la betterave est entrée dans les cultures. Les anciens la connaissaient, mais il n'est pas certain qu'ils l'aient cultivée. Olivier de Serres en fait mention comme introduite d'Italie peu avant l'époque où il écrivait.

Culture. — Les betteraves se sèment en place en pleine terre, aussitôt que les gelées ne sont plus à craindre. On sème de préférence en rayons, ce qui rend les binages plus faciles ; on éclaircit en laissant les plants plus ou moins écartés, suivant leur force. Les betteraves préfèrent une terre riche, profonde, bien fumée et profondément ameublie. Il est bon que le fumier soit enterré dès l'automne, l'engrais frais et pailleux ayant l'inconvénient de faire fourcher les racines. Quelques arrosages pendant les sécheresses complètent les soins à donner à cette plante, dont la récolte se continue du mois de juillet à la fin de l'automne, selon l'époque du semis.

Les diverses races de betteraves ne sont pas toutes, à proprement parler, des plantes potagères. Toutefois, comme il est difficile de préciser bien exactement quelles sont les variétés cultivées comme légumes, et celles dont l'utilité est plutôt agricole ou industrielle, nous mentionnerons ici toutes les principales variétés connues, en insistant spécialement sur celles qui sont plus particulièrement des plantes potagères.

Usage. — Un grand nombre de variétés se cultivent comme légumes, et les racines se consomment, soit simplement cuites, soit confites au vinaigre. D'autres variétés sont cultivées pour la nourriture du bétail ou pour la fabrication du sucre.

Betteraves potagères.

Noms étrangers : Angl. Garden beet. All. Salat-Rübe, Beete, Rothe Rübe.
Esp. Remolacha hortelana.

I. Betteraves potagères a chair rouge.

BETTERAVE CRAPAUDINE.

Synonymes : B. écorce, B. écorce de chêne, B. noire écorce de sapin, B. précoce noire.

Noms étrangers : Angl. Rough-skinned garden beet. All. Dunkelrothe rauhhäutige
Crapaudine Salat-Rübe.

Une des plus anciennes variétés connues ; très facile à distinguer de toutes
les autres par l'apparence particulière de sa peau, qui est noire, crevassée,
et qui rappelle l'aspect de l'écorce d'un jeune arbre, ou mieux encore d'un
radis noir d'hiver. Racine assez longue, presque complètement enterrée, de
forme souvent un peu irrégulière ; chair très rouge, sucrée, ferme ; feuilles
nombreuses, un peu tourmentées, plutôt étalées que dressées, à pétiole
rouge et limbe presque entièrement vert. La B. crapaudine donne un exemple
frappant de l'absence de liaison nécessaire entre la couleur de la chair d'une

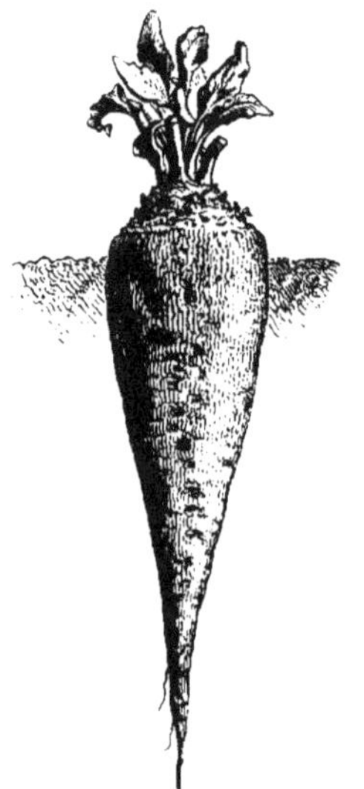

Betterave crapaudine.
réd. au cinquième.

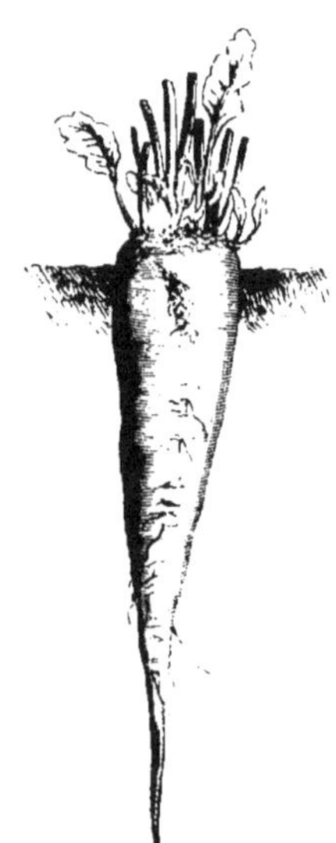

Betterave rouge de Castelnaudary.
réd. au cinquième.

betterave et celle de son feuillage. Aucune autre race n'a la chair plus colorée, et pourtant beaucoup ont le feuillage plus fortement teinté de rouge.

La betterave dite *petite négresse de Rennes* et la *B. rouge des Diorières*
ne paraissent pas différer de la B. crapaudine commune.

BETTERAVE ROUGE DE CASTELNAUDARY.

Nom étranger : Angl. Red Castelnaudary garden beet.

Variété de petite taille, très enterrée, assez mince, droite, parfois un peu racineuse ; peau d'un rouge noir ; chair rouge très foncé, serrée, compacte, très sucrée ; feuilles rouge foncé, à longs pétioles.

Cette variété n'est pas d'un grand rendement, mais elle est d'excellente qualité.

Les deux variétés anglaises *Long deep red beet* et *Very dark red beet* peuvent être assimilées à la B. de Castelnaudary.

La *B. de Corent-Garden* (*Corent-Garden beet*) est une très jolie race potagère à racine effilée, mince, complètement enterrée, plus lisse et plus nette que celle de la B. rouge de Castelnaudary ; feuillage étalé, peu ample, un peu cloqué et d'un rouge presque noir.

BETTERAVE ROUGE NAINE.

Noms étrangers : Angl. Dwarf red garden beet, Nutting's selected dwarf red g. B.
All. Schwarzrothe zwerg Salat-Rübe.

Très jolie race, petite, fine, mince, effilée, très enterrée. Racine de forme bien régulière ; feuilles d'un rouge foncé, demi-dressées, à limbe uni, très peu ondulé et beaucoup plus long que large. Cette variété et la précédente donnent de petites racines, mais par contre elles peuvent être cultivées très serrées ; elles sont de précocité moyenne.

Betterave rouge naine.
réd. au cinquième.

Betterave rouge de Dell.
réd. au cinquième.

La variété anglaise *rouge de Dell* (syn. *Dell's crimson, Osborn's selected garden beet*), qui se rapproche passablement de la rouge naine, s'en distingue principalement par ses feuilles plus amples, plus cloquées et moins raides.

Plusieurs autres variétés anglaises se rapprochent beaucoup de la B. rouge naine et de la B. rouge de Dell, sans qu'on puisse les dire absolument identiques à l'une ou à l'autre. De ce nombre sont les suivantes : *Bailey's fine red, Sang's dwarf crimson, Saint-Osyth*.

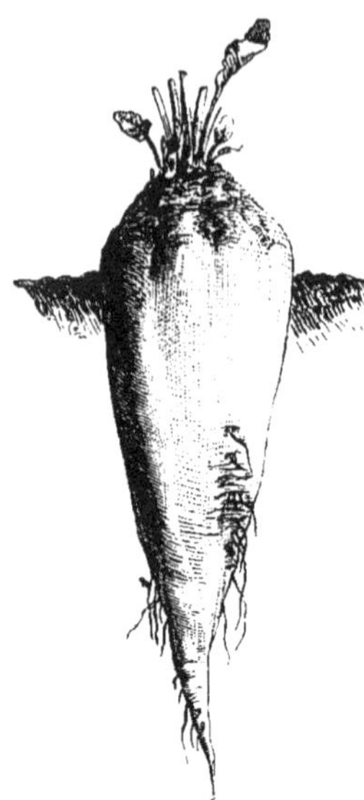

Betterave rouge foncé de Whyte.
réd. au cinquième.

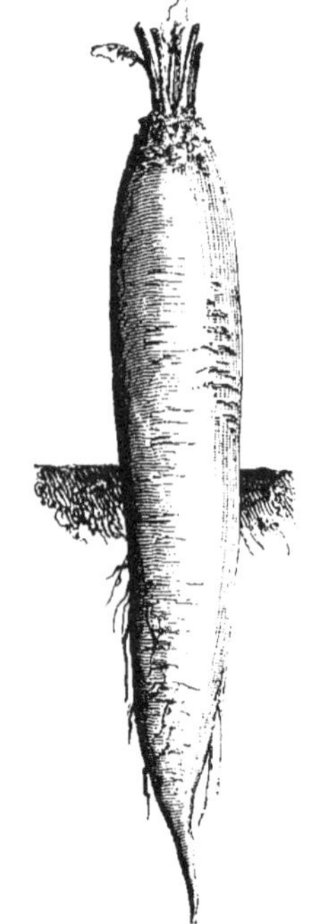

Betterave rouge grosse.
réd. au cinquième.

BETTERAVE ROUGE FONCÉ DE WHYTE.

Noms étrangers : Angl. Whyte's black garden beet, Osborn's improved blood red g. B., Barratt's crimson g. B., Oldacre's blood red g. B., Perkins' black g. B.

Belle race de grosseur moyenne. Racine longue, un peu large du collet, quelquefois plutôt un peu anguleuse que régulièrement arrondie ; peau lisse, d'une teinte ardoisée très foncée ; chair rouge noir, ferme et de bonne qualité ; feuillage assez vigoureux, pétioles rouges, limbes un peu cloqués et ondulés, d'un rouge brun plus ou moins lavé et mêlé de vert.

Cette variété est une des plus recommandables ; elle a la chair extrèmement colorée, et la teinte grisâtre ou plombée de sa peau permet de la reconnaître aisément entre toutes les autres. Elle est passablement productive et de bonne garde.

BETTERAVE ROUGE GROSSE.

Synonymes : B. rouge écarlate, B. rouge longue.

Noms étrangers : Angl. Large blood red garden beet. All. Lange blutrothe Salat-Rübe.

La plus généralement cultivée en France, presque intermédiaire entre les races potagères et fourragères ; elle est très productive, très rustique, et en même temps d'une bonne qualité comme légume. C'est celle qu'on apporte le plus fréquemment cuite sur les marchés. Racine presque cylindrique, de la grosseur du bras, longue de 0ᵐ,30 à 0ᵐ,35 environ, s'élevant à peu près d'un tiers hors de terre, quelquefois racineuse et fourchue dans la partie enterrée, dont la peau est d'un rouge foncé uni, tandis que la partie hors de terre est plus ou moins rougeâtre et rugueuse ; chair rouge foncé ; feuillage ample et vigoureux, vert, marbré et veiné de rouge ; pétioles très rouges.

Le fort volume des racines de cette betterave et son grand rendement doivent la faire préférer aux autres variétés potagères pour la grande culture. Depuis quelque temps on recherche pour divers usages industriels les betteraves à chair et à jus très rouges. Celle-ci est éminemment convenable pour ce genre d'emploi.

La *B. de Gardanne*, très estimée dans le midi de la France, se rapproche beaucoup de la B. rouge grosse; elle est seulement un peu plus épaisse du collet et plus enterrée.

BETTERAVE ROUGE LONGUE LISSE.

Noms étrangers : angl. (Am.) Long smooth blood red garden beet, Long smooth Rochester g. B. all. Lange dunkelrothe americanische Salat-Rübe.

Racine très longue, presque cylindrique, atteignant 0ᵐ,35 avec un diamètre ne dépassant guère 0ᵐ,05, presque entièrement enterrée ; peau lisse, unie, rouge foncé; chair rouge noir. Belle variété, de bonne qualité et se conservant bien. Elle demande, pour se développer parfaitement, un sol profond, bien défoncé et bien amendé.

BETTERAVE PIRIFORME DE STRASBOURG.

Synonyme : B. rouge de Strasbourg.

Noms étrangers : angl. Half-long dark garden beet, Pear-shaped g. B., Non plus ultra g. B. all. Schwarzrothe birnförmige Salat-Rübe.

Variété demi-longue, à peu près complètement enterrée ; peau et chair d'un rouge extrêmement foncé ; feuillage et pétioles également très colorés et presque noirs. C'est la plus fortement colorée de toutes les betteraves potagères. On doit reconnaître, par contre, qu'elle n'est pas très productive et que le développement de ses feuilles et de ses pétioles est un peu disproportionné avec le volume des racines. A l'opposé de la B. rouge

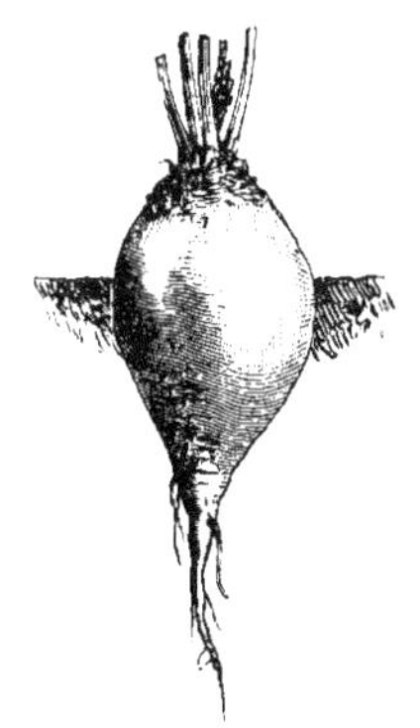

Betterave piriforme
de Strasbourg.
réd. au cinquième.

naine, celle-ci ne tient pas, à l'arrachage, ce que promet l'apparence de son feuillage.

BETTERAVE ROUGE RONDE PRÉCOCE.

Noms étrangers : angl. Turnip-rooted red garden beet. all. Runde dunkelrothe frühe Salat-Rübe.

Variété hâtive, à racine arrondie et demi-aplatie, à peine à moitié enterrée; peau rouge violacé foncé ; chair d'un beau rouge ; feuillage assez ample, à fond vert, très largement marbré et veiné de rouge brun.

C'est à cette variété qu'il faut rapporter, comme lui étant à peu près identiques, les races dites : *Rouge noir plate*, *Rouge ronde à feuilles noires* et *Early blood red*.

Les variétés américaines : *Dewing's early red turnip*, *Bastian's blood turnip* et *Early blood turnip beet*, se rapprochent également de la B. rouge

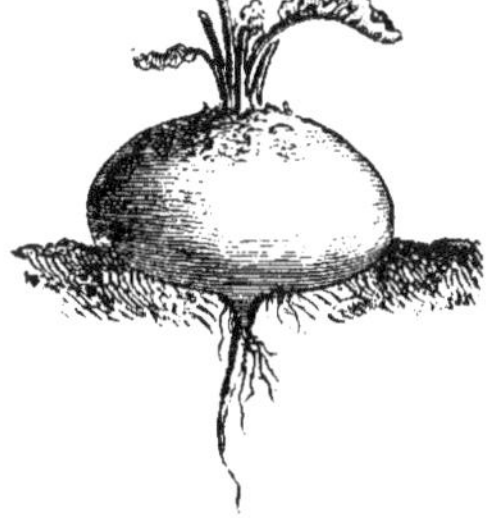

Betterave rouge ronde
précoce.
réd. au cinquième.

ronde précoce, avec des nuances très légères dans la précocité ou la coloration.

BETTERAVE ROUGE NOIR PLATE D'ÉGYPTE.

Noms étrangers : Angl. Egyptian dark red turnip-rooted garden beet, Egyptian red turnip g. B. All. Egyptische oder Athener plattrunde schwarzrothe Salat-Rübe.

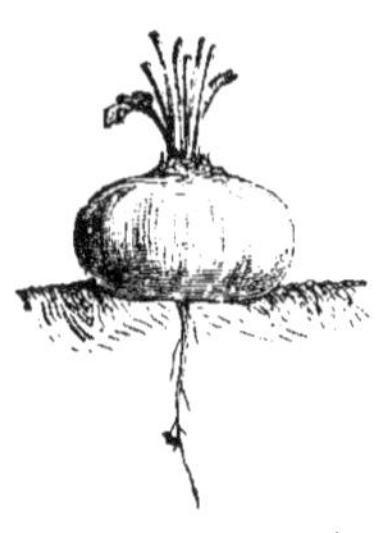

Betterave rouge noir plate d'Égypte.
réd. au cinquième.

Race extrêmement précoce et certainement la meilleure des variétés potagères hâtives. Racine arrondie, aplatie, surtout en dessous, ne faisant presque que poser sur la terre, où elle ne s'enfonce que par un pivot assez fin ; très régulière tant qu'elle ne dépasse pas la grosseur du poing, devenant fréquemment irrégulière ou sinueuse en grossissant. Peau très lisse, d'un rouge violacé ou ardoisé ; chair d'un rouge sang foncé ; feuillage léger, rouge brun plus ou moins mélangé de vert, porté sur des pétioles longs et minces d'un rouge vif.

Semée en pleine terre dans de bonnes conditions, la B. d'Égypte peut être consommée dès le mois de juin, quand elle a la grosseur d'une petite orange. C'est aussi le moment où la qualité en est la meilleure. Semée sur couche, elle peut se récolter plus tôt encore. Comme la B. rouge naine, cette variété peut se cultiver très serrée.

BETTERAVE ROUGE DE BASSANO.

Noms étrangers : Angl. Early flat Bassano garden beet. All. Plattrunde Bassano Salat-Rübe.

Variété vigoureuse, large, aplatie ; feuillage abondant, mais assez fin, vert, à pétioles lavés de rouge ; peau rouge grisâtre, surtout dans la portion non enterrée ; chair zonée de blanc et de rose, ferme, sucrée, fine et très estimée dans certains pays. Variété de précocité moyenne et d'un grand produit.

Nous devons mentionner encore comme étant bien distinctes les variétés dont les noms suivent :

B. rouge à salade très hâtive de Trévise ou *rouge printanière de Turin*. Petite plante très naine, à racine déprimée, presque enterrée, à peau presque noire et chair rouge sang ; feuilles d'un rouge foncé, aussi petites que celles de la B. rouge naine.

Short's pine-apple B. (syn. *Pine-apple dwarf red, Henderson's pine-apple*). Plante compacte, à racine assez courte, pivotante, de 0ᵐ,05 à 0ᵐ,06 de diamètre ; chair très foncée ; feuilles rouges étalées, raides, à pétioles orangés.

Victoria Beete. Variété d'origine allemande, à racine demi-longue et d'un rouge foncé, moins remarquable par son mérite comme légume que par l'as-

Betterave rouge de Bassano.
réd. au cinquième.

pect particulier et pour ainsi dire métallique de son feuillage. On l'emploie
pour le moins autant comme plante ornementale
que comme plante potagère.

Long blood red B. Race américaine, à racine
longue et très enterrée, devenant facilement fourchue; à part ce défaut, c'est une bonne race productive et bien colorée.

II. Betteraves potagères a chair jaune.

BETTERAVE JAUNE GROSSE.

Synonyme : B. jaune longue.

Noms étrangers : angl. Large yellow garden beet,
Orange g. B. all. Grosse lange gelbe Salat-Rübe.

Variété presque aussi souvent usitée dans la
grande culture que dans le potager. C'est celle que
cultivent principalement les nourrisseurs de Paris
et des environs, qui la considèrent comme particulièrement nutritive et comme augmentant chez les
vaches la production du lait.

La racine est longue, presque cylindrique, à peu
près à moitié hors de terre; feuilles dressées, vigoureuses, vertes, à pétioles jaunes; peau jaune
orangé; chair jaune d'or, marquée de zones plus
pâles, quelquefois presque blanches. C'est la plus
productive et une des meilleures betteraves à chair
jaune.

BETTERAVE JAUNE DE CASTELNAUDARY.

Noms étrangers : angl. Yellow Castelnaudary garden
beet, Small yellow g. B.

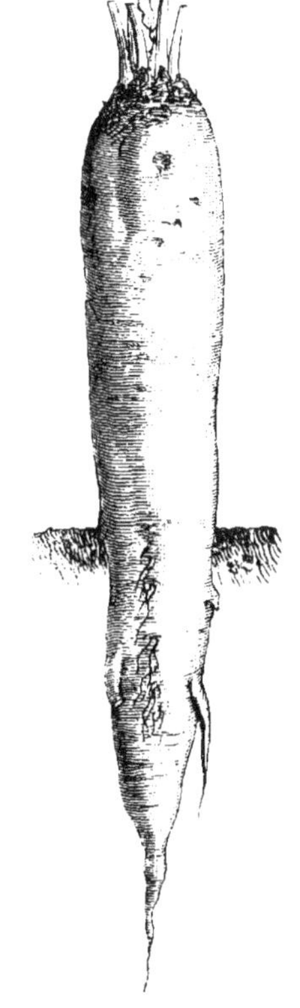

Betterave jaune grosse.
réd. au cinquième.

Variété petite, à racine complétement enterrée, assez mince, parfois racineuse; chair jaune foncé, extrèmement sucrée,
ferme et compacte; feuilles généralement étalées,
nombreuses, cloquées, à pétioles et nervures très
jaunes.

BETTERAVE JAUNE RONDE SUCRÉE.

Noms étrangers : angl. Yellow turnip garden beet,
Orange g. B. all. Gelbe runde süsse Salat-Rübe.

Racine arrondie, un peu en forme de toupie,
à fort pivot; peau jaune orangé; chair jaune vif,
zonée de jaune pâle ou de blanc; feuilles assez
courtes et amples, cloquées, ondulées, à p'tioles
et nervures jaunes. Variété très sucrée et très fine,
prenant, quand elle est bien cuite, une teinte oran-
gée. C'est une des bonnes acquisitions potagères de ces dernières années.

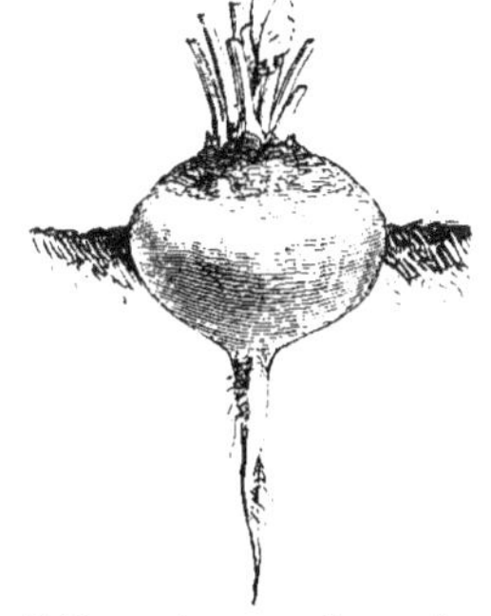

Betterave jaune ronde sucrée.
réd. au cinquième.

Betteraves fourragères.

Noms étrangers : ANGL. Mangold, Mangel-Wurzel, Mangold-Wurtzel. ALL. Mangel-Wurzel, Futter-Rübe, Futter-Runkelrübe. FLAM. et HOLL. Mangel-wortel. ESP. Remolacha de gran cultivo, Betabel campestre.

BETTERAVE DISETTE CAMUSE.

SYNONYMES : B. champêtre, B. disette en terre, Racine de disette, B. rouge des champs.

NOM ÉTRANGER : ALL. Rothe dicke Mangel-Wurzel.

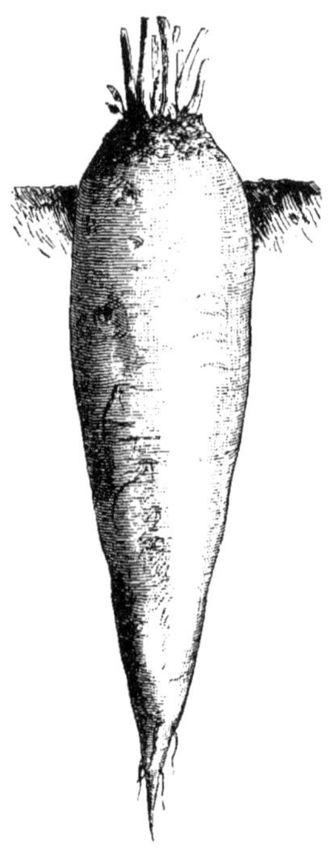

Betterave disette camuse.
réd. au cinquième.

C'est probablement la première forme cultivée de la betterave fourragère. Racine presque entièrement enterrée, fusiforme ; peau d'un rouge vineux ; chair blanche ou zonée de rose ; feuilles vigoureuses, dressées, amples, parfois teintées de rouge brun.

Cette variété, médiocrement productive et d'un arrachage difficile, n'est plus très cultivée. Les variétés suivantes lui sont préférées d'ordinaire et avec juste raison.

BETTERAVE DISETTE D'ALLEMAGNE.

SYNONYMES : B. disette hors de terre, B. disette de Gallardon, B. disette de Riga, B. bouteuse rouge.

NOMS ÉTRANGERS : ANGL. Long red mangold. ALL. Lange grosse aus der Erde wachsende Mangel-Wurzel.

Racine longue, presque cylindrique, atteignant aisément 0^m,50 de long sur 0^m,12 ou 0^m,15 de largeur; peau rouge vif ou violacé dans la partie enterrée, plus ou moins grisâtre ou bronzée hors de terre. Le feuillage est le même que celui de la B. disette camuse.

La portion supérieure de la racine, qui porte les cicatrices des feuilles développées successivement pendant toute la durée de la végétation, présente une forme conique plus ou moins allongée. Il y a peu d'inconvénient à ce que cette partie de la racine soit assez développée dans les betteraves fourragères, puisqu'elle a, à peu de chose près, la même valeur nutritive que le reste. Cependant un *collet* net et bien fait est toujours un des caractères des races les plus affinées.

La variété anglaise appelée *Elvetham long red mangold* paraît être exactement intermédiaire entre la B. disette d'Allemagne et la variété suivante.

BETTERAVE DISETTE MAMMOTH.

NOMS ÉTRANGERS : ANGL. Long red Mammoth mangold. ALL. Verbesserte Mammoth Mangel-Wurzel.

Variété courte et grosse de la B. disette d'Allemagne; elle s'en distingue principalement par sa forme plus renflée et plus ramassée, moins cylindrique, le diamètre de la racine égalant presque la moitié de sa longueur. Peau

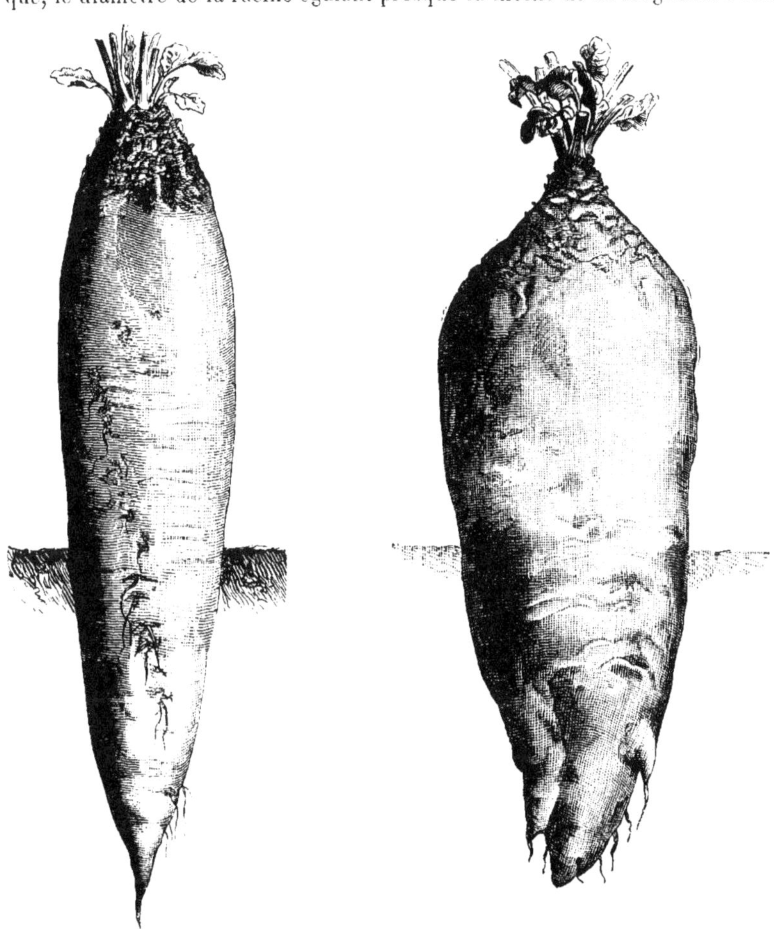

Betterave disette d'Allemagne.
réd. au cinquième.

Betterave disette Mammoth.
réd. au cinquième.

rouge pâle ou rose; collet courtement conique; feuilles assez grandes, vertes ou légèrement bronzées, habituellement un peu cloquées, à pétioles plus ou moins teintés de rouge. Dans les très bonnes terres, la B. disette Mammoth peut donner des rendements égaux ou même supérieurs à ceux qu'on obtiendrait de la B. disette d'Allemagne, et cela sans se contourner ni se déjeter de côté. L'arrachage en est relativement facile.

BETTERAVE DISETTE NÉGRESSE.

SYNONYMES : Disette Leclerc, Disette de Rillieux.

NOM ÉTRANGER : ALL. Lange schwarze Neger Mangel-Wurzel.

Race assez nouvelle, mais fréquemment vantée depuis quelques années dans plusieurs parties de la France. On pourrait la décrire comme étant à peu près intermédiaire entre la B. disette d'Allemagne et la B. rouge grosse. Elle est moins longue et moins hors de terre que la B. disette d'Allemagne, mais elle présente dans toutes ses parties une coloration rouge très accentuée; la chair elle-même est ou complétement rouge ou fortement zonée de rouge sang; le feuillage est également très coloré. Quoique moins longue que la B. disette d'Allemagne, elle est cependant bien productive, car les racines sont habituellement grosses et un peu renflées. Ses qualités nutritives sont regardées comme égales à celles des betteraves jaunes.

BETTERAVE DISETTE CORNE DE BŒUF.

SYNONYMES : B. serpent, Disette corne de vache.

NOMS ÉTRANGERS : ANGL. Ox-horn mangold. ALL. Rothe Kuh-Horn Mangel-Wurzel, Ochsen-Horn M.-W.

C'est une variété très longue et mince de la B. disette d'Allemagne, qui

Betterave disette corne de bœuf.
réd. au cinquième.

presque toujours se contourne en grandissant et prend plus ou moins complétement la forme qui lui a valu son nom. La B. disette corne de bœuf est estimée par-dessus toutes les autres dans certaines régions de la France, quoique sa forme particulière paraisse devoir constituer plutôt un inconvénient qu'un avantage, au point de vue du transport et de la conservation. Le feuillage est plus souvent teinté de brun rouge dans la B. disette corne de bœuf que dans la B. disette d'Allemagne ordinaire.

BETTERAVE DISETTE BLANCHE A COLLET ,VERT.

SYNONYMES : B. disette blanche à collet vert hors de terre, B. bouteuse blanche, B. de Puilboreau.

NOM ÉTRANGER : ALL. Lange weisse grünköpfige Mangel-Wurzel.

Race très vigoureuse, à végétation soutenue et prolongée, tardive par là même, mais extrèmement productive. Racine longue de 0^m,50 environ sur 0^m,12 à 0^m,15 de largeur, souvent un peu carrée ou anguleuse, à moitié, parfois aux deux tiers hors de terre ; très blanche en terre, verdâtre au-dessus; collet longuement conique; f. uilles nombreuses, dressées, très vigoureuses, complétement vertes ainsi que leurs pétioles.

C'est une des variétés les plus productives, mais elle convient surtout aux terres fortes, fraîches, qui ne souffrent pas de grandes sécheresses ni de froids précoces.

BETTERAVE DISETTE BLANCHE D'ARGENT.

SYNONYME : Disette blanche à collet rose.

NOM ÉTRANGER : ALL. Lange weisse rothköpfige Mangel-Wurzel.

Variété assez nouvelle, à grand produit, se rapprochant un peu de la B. disette blanche ordinaire, mais en différant par une plus grande netteté des racines et par la présence d'une teinte rosée sur la peau de la portion enterrée, surtout apparente au collet de la racine et dans les pétioles des feuilles.

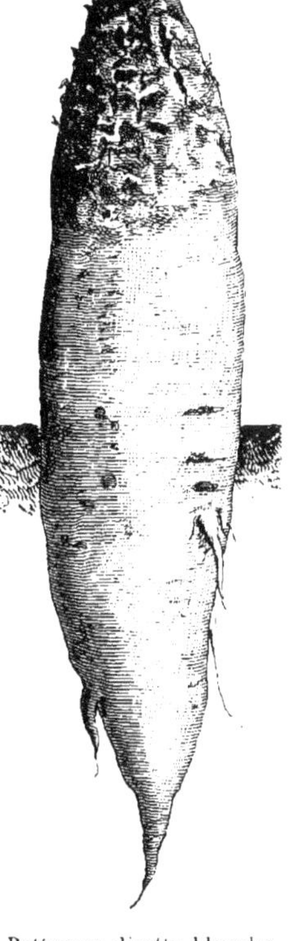

Betterave disette blanche
à collet vert.
réd. au cinquième.

La B. disette d'Argent paraît un peu plus précoce que la B. disette blanche ordinaire et mérite à tous égards d'être propagée.

Cette race présente incontestablement une analogie marquée avec la betterave à sucre à collet gris. Elle reproduit presque exactement l'aspect de cette dernière avec un volume plus considérable, une plus grande longueur et un feuillage plus abondant et plus vigoureux; la couleur est absolument la même dans les deux races. Le collet de la B. disette blanche d'Argent est ordinairement fin et bien fait.

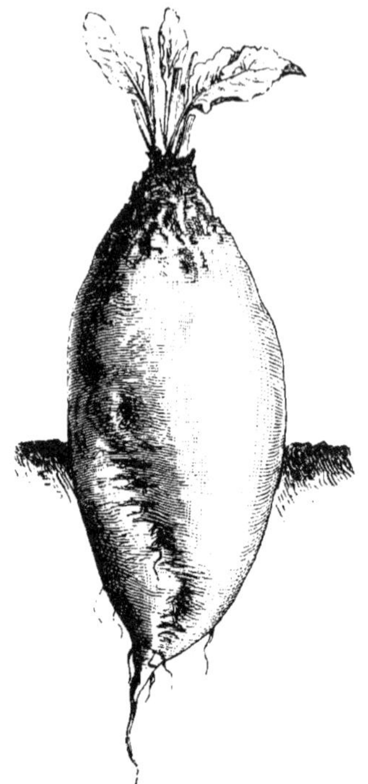

Betterave rouge ovoïde.
réd. au cinquième.

Betterave rouge globe.
réd. au cinquième.

BETTERAVE ROUGE OVOÏDE.

SYNONYME : Disette géante.

NOMS ÉTRANGERS : ANGL. Red olive shaped mangold. ALL. Rothe olivenförmige Riesen-Mangel-Wurzel.

Cette race n'acquiert pas d'ordinaire des dimensions aussi considérables que son nom de disette géante pourrait le faire supposer. Elle est plutôt remarquable par la symétrie de sa forme et sa précocité. Ses dimensions ne dépassent guère 0^m,30 à 0^m,35 de long sur 0^m,15 à 0^m,18 de large. Elle est ovoïde, assez effilée à la pointe et au collet; sa teinte est à peu près celle de la B. disette d'Allemagne; son feuillage n'est pas très abondant, il est fin, dressé, assez longuement pétiolé et presque toujours fortement rougeâtre. La chair est blanche.

La B. rouge ovoïde est une race ancienne dans les cultures, et pourtant elle n'a jamais présenté la même uniformité de caractères que bien d'autres races plus récemment obtenues.

BETTERAVE ROUGE GLOBE.

NOMS ÉTRANGERS : ANGL. Red globe mangold. ALL. Runde rothe Kugel-Mangel-Wurzel.

Cette race présente à peu près les mêmes caractères que la précédente, à l'exception de la forme, qui est ici complètement sphérique. Le feuillage est léger, rouge brun et la maturité hâtive, comme dans la B. rouge ovoïde. Ces variétés, qui passent généralement pour moins productives que la plupart des autres races fourragères, pourraient probablement être cultivées plus serrées, ce qui ferait disparaître, en partie au moins, l'inconvénient de leur moindre volume : il se trouve déjà compensé d'un autre côté par leur plus grande précocité.

BETTERAVE JAUNE D'ALLEMAGNE.

Noms étrangers : Angl. Long yellow mangold. All. Lange grosse aus der Erde wachsende gelbe Mangel-Wurzel.

Racine presque cylindrique, enterrée d'un tiers ou des deux cinquièmes de sa longueur totale, colorée en jaune d'ocre ou légèrement orangée dans la partie enterrée, d'un jaune verdâtre ou gris dans la partie hors de terre, souvent un peu renflée en dessous du collet ; les pétioles des feuilles sont vigoureux, demi-dressés, d'un vert pâle sans aucune teinte jaune quand la race est bien franche ; les feuilles elles-mêmes sont vertes, grandes, peu ou point cloquées. La chair est complètement blanche, ferme, bien pleine et passablement sucrée.

La B. jaune d'Allemagne est un peu moins volumineuse et un peu moins productive que la B. disette d'Allemagne ou la B. disette blanche, mais elle passe, aux yeux de beaucoup de cultivateurs, pour racheter cette infériorité de rendement par une rusticité plus grande, une valeur nutritive supérieure et surtout par le mérite qu'elle a de réussir dans des terres sèches ou calcaires où viennent mal les betteraves à peau blanche ou rose.

C'est très probablement de cette race que sont sorties les betteraves jaune globe et jaune des Barres que leur forme fait aujourd'hui généralement préférer par les cultivateurs.

On trouve aussi une forme de la B. jaune d'Allemagne, à racine extrêmement mince et très fréquemment courbée à la façon de la B. disette corne de bœuf. Elle est assez répandue dans certains cantons de la France,

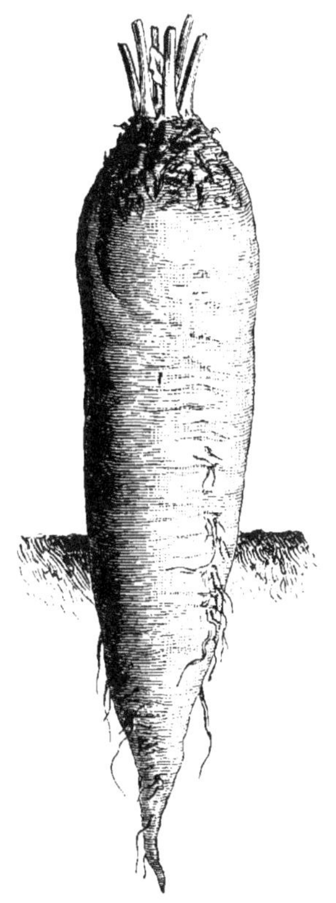

Betterave jaune d'Allemagne.
réd. au cinquième.

sans paraître cependant faire l'objet d'une préférence raisonnée. Il existe encore une variété à racine longue, mais grosse et épaisse, qui est à peu près à la B. jaune d'Allemagne ce que la B. disette Mammoth est à la B. disette rose. Ces deux variétés ne paraissent pas avoir de noms particuliers ; ce sont des modifications de la forme ordinaire qui ne se recommandent par aucun mérite spécial. Les betteraves en forme de corne de bœuf ont au contraire un inconvénient assez sérieux : c'est qu'avant même d'arriver à la moitié de leur croissance, les racines, en se tordant et se repliant, obstruent les intervalles laissés entre les rangs, et rendent impossibles les façons avec les instruments attelés de chevaux.

BETTERAVE JAUNE OVOIDE DES BARRES.

Noms étrangers : angl. Yellow olive-shaped mangold, Yellow intermediate M. all. Orange-gelbe oliven-förmige Riesen-Mangel-Wurzel.

Belle race, rappelant la forme de la B. rouge ovoïde, mais plus arrondie aux extrémités et sensiblement plus volumineuse. A toutes les qualités de la jaune globe, celle-ci joint l'avantage d'un rendement très supérieur; elle est très propre aux sols peu profonds, calcaires. De nombreuses expériences comparatives l'ont placée au premier rang des betteraves fourragères au point de vue du rendement et de la qualité. Elle est rustique, très productive, et la racine sortant en grande partie hors de terre, l'arrachage en est facile. Les feuilles sont d'un vert très blond, à nervures et à pétioles vert pâle. La chair, compacte et très nutritive, est blanche comme celle de la B. jaune globe, et la peau d'un jaune un peu plus orangé.

La B. jaune des Barres contient assez de sucre pour que, dans certains cas, on ait trouvé avantage à l'employer à la fabrication de l'alcool, dans les distilleries agricoles; elle donne en effet, à surface égale et dans des conditions de culture analogues, à peu près deux fois autant de produit en racines que les races ordinaires de betteraves à sucre, dont le produit en alcool n'est pas double du sien; en outre, elle est excessivement plus facile à arracher que les betteraves à sucre et se conserve remarquablement bien.

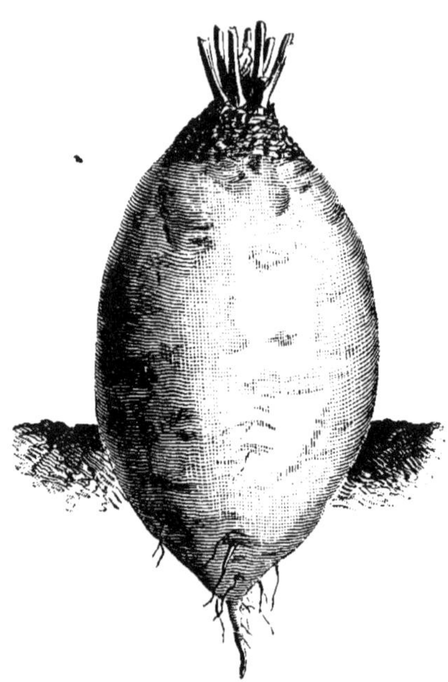

Betterave jaune ovoïde des Barres.
réd. au cinquième.

Cette variété a été obtenue et fixée par M. Vilmorin père, il y a une quarantaine d'années, dans sa propriété des Barres (Loiret), au moyen d'un choix successif de racines élitées dans la B. jaune d'Allemagne.

Par l'ensemble de ses qualités elle est devenue promptement une des betteraves les plus généralement cultivées, dans les pays étrangers aussi bien qu'en France. En Angleterre, c'est une des variétés les plus répandues, et toutes les races connues sous les noms de *Yellow oval, Yellow Mammoth intermediate* et *Giant long yellow intermediate B.*, doivent, en somme, être rapportées à la B. jaune des Barres.

BETTERAVE JAUNE GLOBE.

Noms étrangers : Angl. Yellow globe mangold. All. Runde gelbe Kugel-Mangel-Wurzel, Gelbe runde Leutowitzer M.-W.

Une des plus généralement cultivées de toutes les betteraves fourragères, la B. jaune globe est rustique, productive, d'un arrachage et d'une conservation faciles; elle est à peu près sphérique, d'un jaune légèrement orangé, un peu grisâtre hors de terre, avec des feuilles nombreuses, dressées, à pétiole vert; la chair en est blanche, ferme, sucrée. Les animaux la recherchent particulièrement, et elle peut même être cultivée pour la distillerie.

En Angleterre, où la B. jaune globe est très cultivée, il en a été fait un grand nombre de sélections dont chacune a pris le nom de son auteur ou celui de la région où elle est le plus en faveur, telles que :

Berkshire prize; Champion yellow globe; improved orange globe; Normanton globe; Warden orange globe; Wroxton golden globe.

Toutes ces races sont habituellement remarquables par la netteté de leur racine et la finesse de leur collet.

Toutes les Betteraves fourragères jaunes passent pour convenir plus particulièrement que les autres aux terrains calcaires. Il est certain du moins qu'elles sont parfaitement rustiques, résistantes à la sécheresse et généralement d'une valeur nutritive supérieure, à poids égal, à celle des races roses ou blanches.

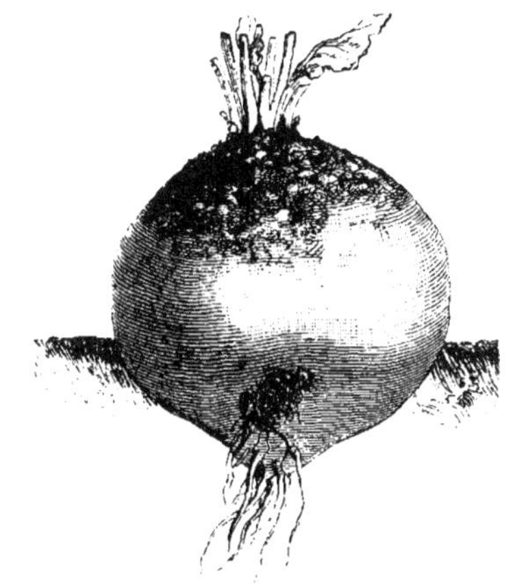

Betterave jaune globe.
réd. au cinquième.

BETTERAVE BLANCHE GLOBE.

Cette race bien distincte, créée par M. Gareau il y a vingt-cinq ou trente ans, paraît aujourd'hui avoir disparu des cultures à peu près complètement : elle a été remplacée par la B. jaune globe, qui est plus productive, et qui surtout se conserve beaucoup mieux.

BETTERAVES GLOBE APLATIES.

Ces sous-variétés, qui paraissent avoir été complètement délaissées par les cultivateurs en France, se sont conservées en Allemagne, où on les désigne sous le nom de betteraves d'*Oberndorf.* Elles diffèrent des betteraves globe ordinaires en ce qu'elles sont tout à fait aplaties en dessous et se développent complètement à la surface du sol. Il en existe trois formes : la blanche, la jaune et la rouge.

BETTERAVE GOLDEN MELON.

SYNONYME : ANGL. Dobito's improved mangold.

Variété de B. jaune globe à chair plus ou moins teintée de jaune, ainsi que les pétioles. On vante cette variété comme plus nutritive que la B. jaune globe ordinaire : elle nous a paru jusqu'ici très prompte à dégénérer et d'un rendement peu considérable.

BETTERAVE YELLOW TANKARD.

Cette variété anglaise est à la B. jaune des Barres ce qu'est à la jaune globe la B. golden Melon. Elle est moins franchement ovoïde que la jaune des Barres, mais plutôt presque cylindrique, s'amincissant rapidement à la tête et à la pointe. La peau en est d'un rouge orangé assez foncé ; les pétioles des feuilles sont teintés de jaune ; la chair est zonée de jaune et de blanc.

Betteraves à sucre.

NOMS ÉTRANGERS : ANGL. Sugar-beet. ALL. Zucker-Rübe. FLAM. et HOLL. Suiker-wortel. ESP. Remolacha de azúcar, Betabel de azúcar. PORT. Betarava branca d'assucar.

BETTERAVE BLANCHE DE SILÉSIE.

SYNONYME : B. blanche à sucre.

NOMS ÉTRANGERS : ANGL. White Silesian sugar-beet. ALL. Weisse echte Zucker-Rübe.

Ce nom, qui désigne la variété d'où sont sorties toutes les betteraves à sucre, ne s'applique plus aujourd'hui à aucune race en particulier ; il désigne plutôt l'ensemble de toutes les variétés sucrières, et plus particulièrement celles qui ont conservé le plus d'analogie de forme et de volume avec la betterave à sucre primitive. C'est donc à la B. de Silésie qu'il faut rapporter, comme des races plus ou moins modifiées, les formes suivantes.

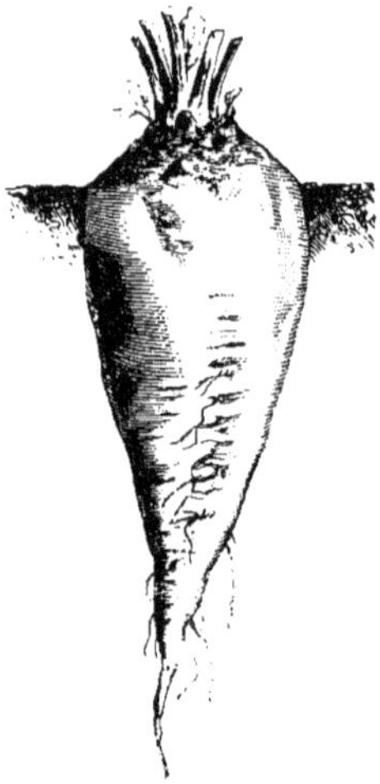

BETTERAVE BLANCHE A SUCRE ALLEMANDE.

NOM ÉTRANGER : ANGL. White Silesian *or* Small-rooted sugar-beet.

Racine à peu près complètement enterrée, pas très allongée, assez large du collet ; feuilles nombreuses, ordinairement étalées. Cette race peut donner, dans des conditions moyennes, un rendement de 40 000 kilogr. de racines à l'hectare, avec une richesse en sucre de 12 à 13 pour 100.

Betterave blanche de Silésie.
réd. au cinquième.

La *B. blanche à sucre de Breslau* en est une sous-variété à racines nettes, mais un peu courtes.

Celles de *Magdebourg* et de *Klein-Wanzleben*, au contraire, sont des races à petite racine effilée et bien enterrée, très riches en sucre.

BETTERAVE BLANCHE A SUCRE IMPÉRIALE.

Noms étrangers : Angl. White imperial sugar-beet. All. Imperial Zucker-Rübe.

Variété assez longue, mince, riche en sucre, obtenue par voie de sélection par M. Knauer. Feuillage étalé sur terre.

BETTERAVE BLANCHE A SUCRE ÉLECTORALE.

Noms étrangers : Angl. Electoral white sugar-beet. All. Electoral Zucker-Rüb.

Un peu moins riche que la B. impériale, mais plus renflée et d'un rendement en poids plus considérable.

Betterave blanche à sucre
impériale.
réd. au cinquième.

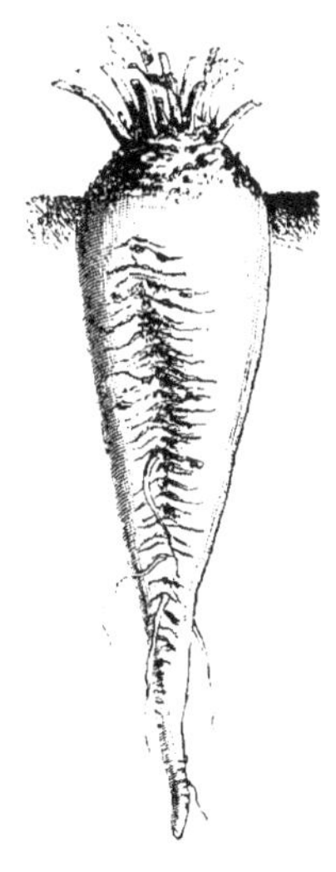

Betterave blanche à sucre
améliorée Vilmorin.
réd. au cinquième.

BETTERAVE BLANCHE A SUCRE AMÉLIORÉE VILMORIN.

Noms étrangers : Angl. Vilmorin's new improved white sugar-beet. All. Vilmorin's verbesserte Zucker-Rübe.

Petite race extrèmement riche en sucre, souvent racineuse, toujours feuillue, à collet large et peau assez rugueuse ; chair très compacte.

Elle peut produire, dans des conditions moyennes, environ 35 000 kilogr. à l'hectare, avec une richesse en sucre de 16 à 18 pour 100.

BETTERAVE BLANCHE A SUCRE A COLLET VERT, RACE FRANÇAISE.

Noms étrangers : angl. Green top sugar-beet. all. Grünköpfige französische
Zucker-Rübe.

Variété plus vigoureuse, à racines plus longues et plus grosses que celles
de la betterave allemande, sortant généralement de terre d'un quart ou d'un
cinquième de sa longueur et colorée, dans cette partie, d'une teinte verte plus
ou moins prononcée; feuilles généralement dressées, abondantes, vigoureuses, complètement vertes, ainsi que les pétioles.

Elle est supérieure en rendement, mais un peu inférieure en richesse
saccharine aux betteraves allemandes. Dans des conditions moyennes, cette
race peut donner 50 000 kilogr. à l'hectare, avec une richesse saccharine de
11 à 12 pour 100.

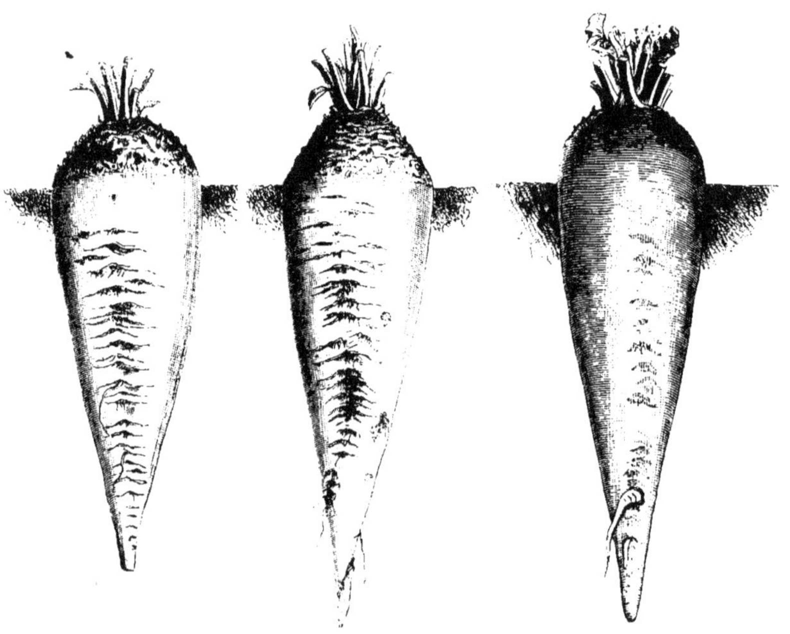

<table>
<tr><td>B. blanche à sucre
à collet vert (race française).
réd. au cinquième.</td><td>B. blanche à sucre
à collet vert (race Brabant).
réd. au cinquième.</td><td>B. blanche à sucre
à collet rose (race française).
réd. au cinquième.</td></tr>
</table>

La race *Brabant* est une très bonne sélection de la B. française à collet
vert. Les racines en sont longues, droites, bien enterrées et généralement un
peu plus riches que celles de la race ordinaire.

BETTERAVE BL. A SUCRE A COLLET ROSE, RACE FRANÇAISE.

Synonyme : B. rose de Pologne.

Noms étrangers : angl. Red top sugar-beet. all. Rothköpfige französische
Zucker-Rübe.

Bonne variété productive, rustique, ordinairement bien faite; la plus généralement cultivée en France. Feuillage abondant, vigoureux, dressé, à pétioles plus ou moins teintés de rose. Racine effilée, très longuement ovoïde, ou en forme de carotte demi-longue, presque complétement rose, sauf dans le tiers inférieur, qui reste ordinairement tout blanc. Dans les conditions moyennes, cette race peut donner 50 000 kilogr. et plus à l'hectare, avec une richesse en sucre de 12 pour 100.

BETTERAVE A SUCRE ROSE HATIVE.

Variété bien distincte, caractérisée par ses racines entièrement roses, de longueur moyenne, à collet plat et assez large, s'amincissant régulièrement, assez garnies de chevelu et de petites racines secondaires, et par son feuillage abondant, menu et très étalé, à pétiole rosé. Cette race, encore nouvelle, paraît convenir tout particulièrement aux terres légères et calcaires. La maturité en est remarquablement précoce. Dans des conditions

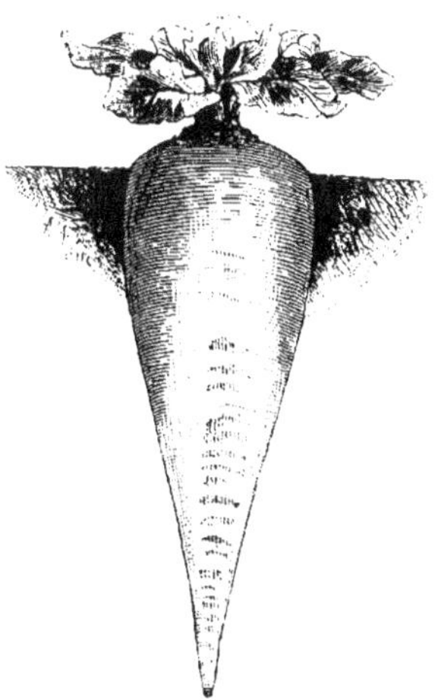

Betterave à sucre rose hâtive.
réd. au cinquième.

moyennes, elle peut donner 40 000 kilogr. environ à l'hectare, avec une richesse saccharine de 13 à 14 pour 100.

BETTERAVE A SUCRE A COLLET GRIS.

Synonymes : B. à petites feuilles, B. gris rosé du Nord.

Nom étranger. : Angl. Small top sugar-beet.

Variété à très grand produit, de forme ovoïde, aux deux tiers ou aux trois quarts enterrée, à peau rosée en terre, grise ou bronzée sur le collet ; feuillage dressé, généralement fin et léger ; richesse en sucre assez faible, mais rendement considérable et arrachage très facile. Dans des conditions moyennes, cette race peut donner jusqu'à 55 000 kilogrammes à l'hectare, avec une richesse saccharine de 10 à 11 pour 100.

BETTERAVE JAUNE A SUCRE.

Synonyme : B. de la Hesbaye.

On cultive quelquefois sous ce nom une variété qui paraît mal fixée jusqu'à présent, de forme assez allongée, à peau jaune et chair

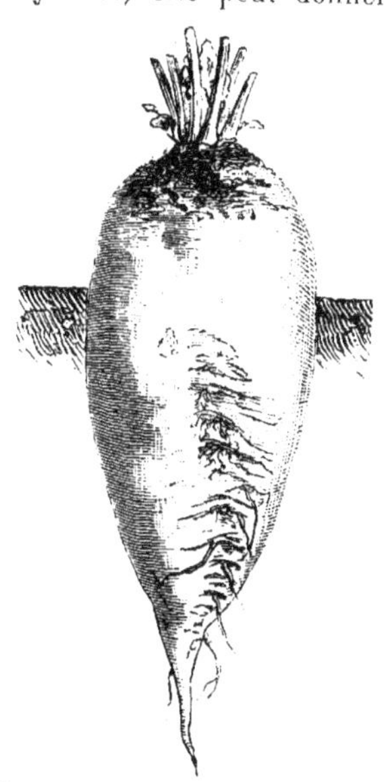

Betterave à sucre à collet gris.
réd. au cinquième.

zonée de jaune et de blanc. Son principal mérite est d'être d'une couleur qui ne permet de la confondre avec aucune autre.

BONNET-D'ÉLECTEUR. — Voy. Courge Patisson.

BONNET TURC. — Voy. Courge Giraumon.

BOURRACHE OFFICINALE

Borrago officinalis L.

Fam. des *Borraginées*.

SYNONYMES : B. bâtarde, Fausse bourrache, Langue-de-bœuf, Langue-d'oie.

NOMS ÉTRANGERS : ANGL. Borage. ALL. Borretsch, Gurkenkraut. FLAM. Bernagie. ITAL. Boragine, Borrana. ESP. Borraja. PORT. Borrajem.

Indigène. — Annuelle. — Tige de 0^m,30 à 0^m,50, fistuleuse, hérissée de poils piquants ; feuilles alternes, ovales, rudes et piquantes comme les tiges ; fleurs en cyme scorpioïde, larges de 0^m,02 à 0^m,03, d'un beau bleu dans la variété la plus commune, quelquefois rouge violacé ou blanches. Graine assez grosse, gris brun, oblongue, légèrement courbée, striée et marquée par une arête médiane ; hile blanc et mamelonné. Un gramme de graines en contient environ 65, et le litre pèse en moyenne 480 grammes ; la durée germinative est de huit années.

Culture. — La bourrache ne demande aucun soin de culture ; semée en place dans un coin du jardin, au printemps ou en automne, elle y fleurira au bout de quelques mois.

Bourrache officinale.
réd. au huitième.

Usage. — Les fleurs servent pour l'ornement des salades. En somme, la bourrache est bien plutôt une plante officinale qu'une plante potagère.

BROCOLI. — Voy. CHOU-BROCOLI.

BUNIAS D'ORIENT

Bunias orientalis L.

Fam. des *Crucifères*.

Asie occidentale; naturalisé en France. — Vivace. — Plante rustique et très durable, à feuilles nombreuses, allongées, entières, ressemblant un peu, par la forme, à celles du raifort sauvage ; tige haute de 1 mètre environ, très ramifiée, portant des fleurs jaunes qui rappellent celles des moutardes, et font place à des silicules dures, très courtes, dont la forme se rapproche, en plus petit, de celle d'un pois chiche. Un gramme contient de 35 à 40 graines et le litre pèse 500 grammes ; la durée germinative est de trois années.

Culture. — La culture en est aussi facile que celle de la chicorée sauvage : on peut le semer en rayons, à l'automne ou au printemps, et la plantation reste vigoureuse et productive pendant plusieurs années.

Usage. — On a recommandé le B. d'Orient comme légume vert à employer soit cuit, soit en salade ; il pousse, en effet, de très bonne heure au printemps, quand toute autre verdure est extrêmement rare, et, d'autre part, il résiste remarquablement bien au froid et à la sécheresse. Ce sont les feuilles encore tendres et les jeunes pousses que l'on mange.

CAPRIER

Capparis spinosa L.

Fam. des *Capparidées*.

Synonyme : Taperier des Provençaux.

Noms étrangers : angl. Caper-tree. all. Kapernstrauch. flam. et holl. Kapperboom. ital. Cappero. esp. Alcaparra. port. Alcaparreira.

France méridionale. — *Vivace*. — Arbuste de 1 mètre à 1^m,50, à rameaux nombreux, armés d'épines géminées, recourbées ; feuilles alternes, arrondies, épaisses et luisantes ; fleurs de 0^m,04 à 0^m,05 de diamètre, blanches, à nombreuses étamines violacées, d'un très bel effet. Graine assez grosse, réniforme, d'un brun grisâtre, au nombre de 160 par gramme et pesant 460 grammes au litre.

Il en existe une variété sans épines, dont la cueillette est plus facile et moins dangereuse que celle de la race ordinaire. On doit recommander l'emploi de cette variété, qui a l'avantage de se reproduire de semis.

Câprier.
réd. au dixième ; rameau détaché réd. au tiers.

Culture. — Le câprier ne peut se cultiver utilement que dans le climat de l'olivier, où on le plante de préférence dans les endroits pierreux et secs : dans les remblais, talus et autres situations difficiles à utiliser autrement.

Usage. — On emploie, sous le nom de *câpres*, les boutons à fleur cueillis gros comme des pois et confits au vinaigre. Les câpres ont d'autant plus de valeur et sont d'autant plus recherchées qu'elles sont plus petites

CAPUCINE GRANDE

Tropæolum majus L.

Fam. des *Tropéolées.*

SYNONYMES : Cresson du Mexique, Fleur de sang, Fleur sanguine, Grand cresson du Pérou, Cresson d'Inde.

NOMS ÉTRANGERS : ANGL. Tall nasturtium, Tall indian cress, Large nasturtium. ALL. Kapuciner Kresse, Indianische Kresse. FLAM. et HOLL. Capucine-kers. ITAL. Nasturzio maggiore, Astuzzia maggiore. ESP. Capuchina grande. PORT. Chagas.

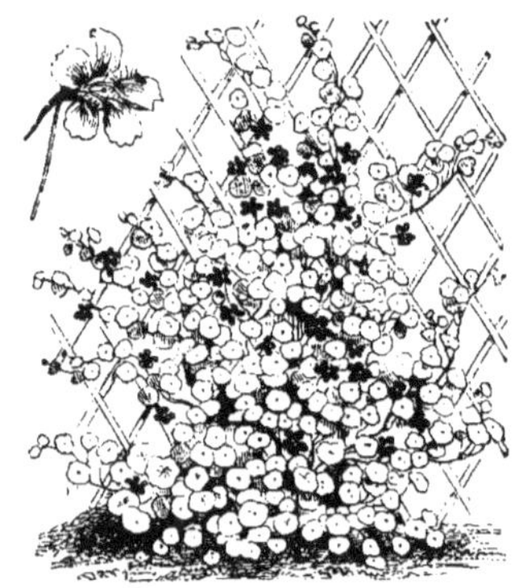

Capucine grande.
réd. au vingtième; fleur détachée
réd au cinquième.

Pérou. — Annuelle. — Tiges grimpantes, pouvant s'élever jusqu'à 2 ou 3 mètres, lorsqu'elles trouvent un appui; feuilles alternes, longuement pétiolées, peltées, entières ou à cinq lobes obtus, presque glabres; fleurs portées sur un long pédoncule, grandes, à cinq pétales de couleur orange, marquées de taches pourpres, surtout sur les deux pétales supérieurs. Graine grosse, triangulaire, presque réniforme, convexe sur l'un des côtés, sillonnée et ridée, jaunâtre; au nombre de 7 ou 8 dans un gramme et pesant 340 grammes au litre; la durée germinative en est de cinq années.

La floraison se prolonge à peu près tout l'été.

CAPUCINE PETITE

Tropæolum minus L.

Fam. des *Tropéolées.*

NOMS ÉTRANGERS : ANGL. Dwarf nasturtium, Small N. ALL. Kleine indianische Kresse. ITAL. Nasturzio caramindo minore. ESP. Capuchina pequeña.

Capucine petite.
réd. au dixième; fleur détachée
réd. au tiers.

Pérou. — Annuelle. — Plante plus petite dans toutes ses parties, que la C. grande; tige moins élancée et pouvant se passer d'appui; feuilles presque rondes; fleurs jaunes, à cinq pétales, les trois inférieurs surtout marqués d'une tache pourpre. Graine de même forme, plus petite, en général, plus ridée et plus brune que celle de la C. grande : un gramme en contient 15; le litre pèse 600 grammes, et la durée germinative en est de cinq années.

On confond parfois à tort avec la C. petite les variétés naines de la C. grande.

Culture. — La culture des capucines est des plus simples; semées en pleine terre en place, pendant tout le printemps et l'été, elles fleurissent et grènent abondamment au bout de deux ou trois mois.

Usage. — Les fleurs sont employées comme ornement pour la salade; les boutons à fleur et les fruits encore verts et tendres, confits au vinaigre, servent d'assaisonnement comme les câpres. Pour ce dernier usage on préfère la C. petite, qui fleurit plus abondamment, et a sur la C. grande l'avantage appréciable de ne point exiger de soutien.

CAPUCINE TUBÉREUSE

Tropæolum tuberosum R. et P.

Fam. des *Tropéolées.*

Noms étrangers : all. Peruanische Knollen-Kresse. flam. Knoll-kapucien.
esp. Capuchina tuberculosa; (au Pérou) Mayna; (en Bolivie) Ysano.

Amérique méridionale. — *Vivace.* — Racines tubéreuses, coniques, de la grosseur d'un œuf de poule, marquées de renflements en forme d'écailles, jaune fouetté de rouge, d'un aspect agréable; tiges très ramifiées, faibles, s'élevant à environ 1 mètre; feuilles peltées, divisées en trois ou cinq lobes obtus; pétioles rouges; fleurs moyennes, à long éperon et pétales assez peu développés, jaune nuancé d'orange. Graines mûrissant très rarement sous notre climat. La multiplication a lieu au moyen des tubercules.

Culture. — Les tubercules de la C. tubéreuse se plantent en avril ou mai, en pleine terre, à 0^m,50 en tous sens; il convient de donner quelques binages, jusqu'au moment où les tiges, en s'étendant sur la terre, l'ont couverte entièrement. L'arrachage ne doit se faire qu'assez avant dans l'automne, après les premières gelées, les tubercules ne se formant sur les racines que tard dans la saison, et ne craignant pas les effets du froid tant qu'ils sont en terre.

Capucine tubéreuse.
réd. de moitié.

Usage. — Cuites dans l'eau, comme les carottes ou les pommes de terre, les racines de la C. tubéreuse sont aqueuses et ont un goût assez désagréable, quoique parfumé. En Bolivie, où la plante est très cultivée dans les districts montagneux élevés, on en fait geler les tubercules après les avoir cuits. Dans cet état, ils sont regardés comme une friandise et très recherchés. Ailleurs on les expose au grand air dans des sacs de toile et on les mange à demi-desséchés. Il ne faut donc pas s'étonner que le tubercule frais ne nous paraisse pas excellent, puisque même dans le pays d'origine on ne le mange que préparé.

CARDON

Cynara Cardunculus L.

Famille des Composées.

SYNONYMES : Cardonnette, Carde, Chardonnette.

NOMS ÉTRANGERS : ANGL. Cardoon. ALL. Cardon. FLAM. Kardoen, Cardonzen.
DAN. Kardon. ITAL. Cardo. PORT. Cardo.

Europe méridionale. — Vivace. — Malgré les noms botaniques différents qui leur ont été donnés, il semble que l'artichaut et le cardon doivent appartenir tous les deux à la même espèce, dans laquelle on aurait développé par la culture, ici les côtes des feuilles, là le réceptacle des fleurs. Le cardon est plus grand que l'artichaut, d'une végétation plus vigoureuse, mais les caractères botaniques et l'aspect général des deux plantes présentent la plus grande analogie.

Chez le cardon, la tige, élevée de 1m,50 à 2 mètres, est cannelée, blanchâtre ; les feuilles sont très grandes, pinnatifides, d'un vert un peu grisâtre en dessus, presque blanches en dessous, armées dans plusieurs variétés, à l'angle de chaque division, d'épines à trois pointes très acérées, jaunes ou brunes, longues de 5 à 15 millimètres. Les côtes des feuilles, très charnues, constituent la portion comestible de la plante. Les fleurs, à écailles généralement pointues, ressemblent, en plus petit, à celles de l'artichaut. La graine est grosse, oblongue, un peu aplatie et anguleuse, grise, fouettée ou rayée de brun foncé ; un gramme en contient 25, et le poids du litre est de 630 grammes ; sa durée germinative est de sept années.

Culture. — A la différence des artichauts, qu'on multiplie presque toujours par œilletons, les cardons s'obtiennent toujours de graines, qu'on sème d'ordinaire au mois de mai, en place, dans des poquets remplis de terreau, et espacés de 1 mètre environ en tous sens. On peut semer plus tôt sur couche en godets, mais cette pratique offre peu d'avantages, le cardon ayant amplement le temps de se développer pendant l'été et l'automne, et n'étant pas de ces légumes qu'on cherche à obtenir avant leur saison ordinaire. Il faut avoir soin de tenir la terre propre et de donner des arrosements abondants pendant l'été. Comme ce n'est pas avant le mois de septembre que les cardons prennent assez de développement pour que les pieds se rejoignent, on aura soin, pour utiliser le terrain, d'intercaler une autre culture dans les rangs.

Avant de consommer les cardons, on blanchit les côtes en liant toutes les feuilles ensemble, et en entourant le tout de paille, qu'on fixe avec d'autres liens : on butte le pied, et l'on attend trois semaines environ : au bout de ce temps, les côtes sont à point et doivent être cueillies ; laissées plus longtemps, elles courraient le risque de pourrir. Le cardon craint les gelées ; il faudra donc, avant l'arrivée des grands froids, arracher et mettre dans la serre à légumes ce qui doit servir à la provision d'hiver.

Usage. — On mange comme légume, principalement pendant l'hiver, les côtes blanchies des feuilles intérieures, ainsi que la racine principale, qui est grosse, charnue, tendre et d'une saveur agréable.

CARDON DE TOURS.

Noms étrangers : ANGL. Prickly solid cardoon. ESP. Cardo espinoso.

Cette variété est une des moins grandes ; les côtes en sont très épaisses et très pleines ; par contre, elle est la plus épineuse de toutes, ce qui ne l'empêche pas d'être celle que préfèrent les maraîchers de Tours et de Paris.

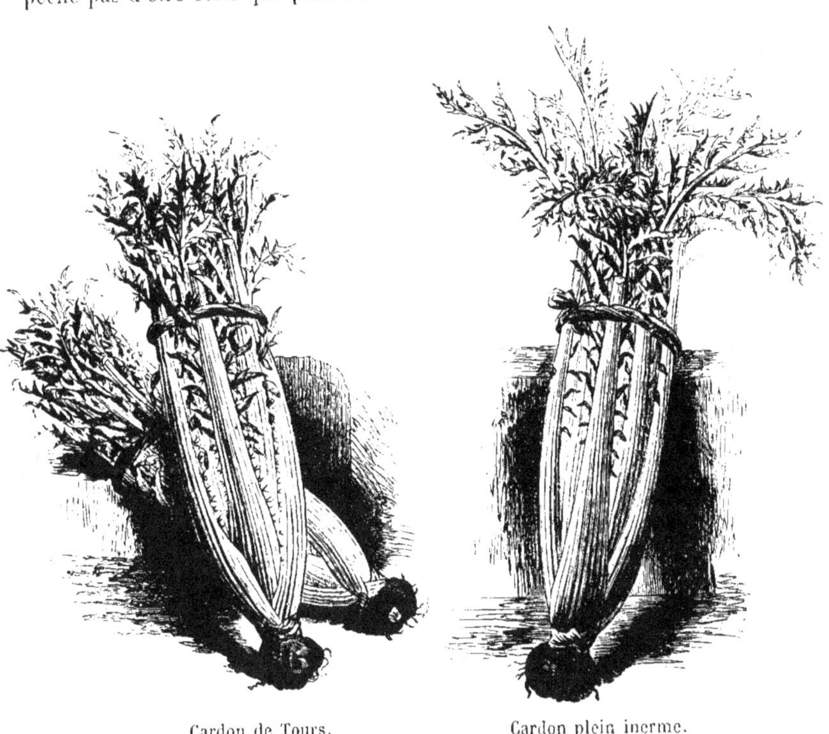

Cardon de Tours.
réd. au quinzième.

Cardon plein inerme.
réd. au quinzième.

CARDON PLEIN INERME.

Noms étrangers : ANGL. Smooth large solid cardoon. ALL. Vollrippige ohne Stachel Cardy. ITAL. Cardo gigante a coste piene. ESP. Cardo inerme de pencas llenas.

A peu près complètement dépourvu d'épines, un peu plus grand que le C. de Tours, à feuilles et côtes plus longues, celui-ci peut atteindre 1ᵐ,20 à 1ᵐ,30 de hauteur. Les côtes sont toujours plus larges et moins épaisses que celles du C. de Tours, mais elles deviennent plus facilement creuses si la plante souffre tant soit peu de la sécheresse ou du manque de nourriture. Le feuillage est un peu moins découpé et un peu moins blanchâtre que celui du C. de Tours.

CARDON D'ESPAGNE.

SYNONYME : C. de Quairs.

NOMS ÉTRANGERS : ANGL. Long spanish cardoon. ALL. Spanische Cardy. ITAL. Cardo grosso precoce di Spagna. ESP. Cardo comun.

Grande variété cultivée surtout dans le Midi, à feuilles amples et larges côtes. Elle n'est pas épineuse, mais les côtes n'en sont pas aussi pleines que celles des précédentes.

CARDON PUVIS.

SYNONYMES : C. à feuilles d'artichaut, C. à flèche.

Variété très distincte et complètement dépourvue d'épines; feuilles très larges, très amples, fort peu découpées, d'un vert assez foncé; plante vigoureuse, à larges côtes, généralement demi-pleines. On la cultive principalement dans les environs de Lyon; elle atteint la même taille que le C. plein inerme, mais elle a plus d'ampleur dans toutes ses parties.

Cardon Puvis.
réd. au quinzième.

CARDON A COTES ROUGES.

NOMS ÉTRANGERS : ANGL. Red-stemmed cardoon. ALL. Rothrippige Cardy. ESP. Cardo de pencas rojizas.

Variété assez voisine du C. d'Espagne, dont elle diffère surtout par la teinte rougeâtre de ses côtes, qui ne sont en général que demi-pleines.

CAROTTE

Daucus Carota L.

Fam. des *Ombellifères*.

SYNONYMES : Faux-chervis, Girouille, Pastenade, Pastonade.

NOMS ÉTRANGERS : ANGL. Carrot. ALL. Möhre, Gelbrübe, Carotte. FLAM. Wortel. HOLL. Wortel, Peen. DAN. Guleroden. ITAL. Carota. ESP. Zanahoria. PORT. Cenoura.

Indigène. — *Bisannuelle.* — La racine, artificiellement développée par la culture, présente les plus grandes différences de couleur, de forme et de volume. Les feuilles sont extrêmement découpées, deux ou trois fois ailées, à divisions incisées, aiguës; les fleurs, en ombelle, petites, blanches, serrées avec de longues bractées linéaires, sont portées au sommet de tiges élevées de 0^m,60 à 1^m,50 et paraissent seulement la deuxième année. La graine est petite, d'un brun verdâtre ou gris, légèrement convexe d'un côté, aplatie de l'autre, cannelée, et garnie, sur deux côtés, d'aiguillons recourbés; elle a une odeur aromatique particulière très prononcée. Munie de ses barbes, elle pèse 240 grammes par litre et un gramme en contient 700; persillée, c'est-à-dire débarrassée des barbes, elle pèse 360 grammes par litre et un gramme en contient de 900 à 1000. La durée germinative est de quatre à cinq ans.

Culture. — La culture des carottes est une des plus simples et des plus faciles. Le semis se fait en pleine terre, en place, depuis le mois de février jusqu'en automne. Le terrain doit être bien préparé, fumé autant que possible six mois au moins d'avance, et défoncé profondément pour les variétés à longue racine. Dès que la graine est levée, les binages doivent commencer, pour se continuer tant que la récolte occupe le sol; le semis en rayons permet de les faire plus facilement.

On éclaircit le plant en une ou deux fois, le laissant plus ou moins serré, selon les dimensions de la variété qu'on cultive. Les variétés courtes et très précoces se sèment le plus souvent en plein, soit dans le potager, soit sous châssis. On fait alors un premier éclaircissage pendant que le plant est encore jeune, et bientôt l'enlèvement des racines bonnes à consommer fait peu à peu de la place à celles qui sont plus en retard.

Au moyen de semis successifs, on doit pouvoir récolter des carottes, sur couche, d'avril en juin, et en pleine terre, de juillet en novembre. Il faut à cette dernière époque arracher les carottes et les rentrer pour l'hiver dans un endroit sain et abrité; on peut quelquefois, au moyen d'une couverture de paille, de feuilles ou de terre, les laisser en place pour ne les prendre qu'au fur et à mesure des besoins. Des semis tardifs, faits en pleine terre et protégés pendant les grands froids, peuvent parfois passer l'hiver et produire de bonne heure au printemps.

Usage. — La racine est un des légumes le plus usités et une excellente nourriture pour les bestiaux. Le jus des carottes rouges sert à colorer le beurre, et la graine est employée dans la confection de quelques liqueurs.

CAROTTE ROUGE TRÈS COURTE A CHASSIS.

SYNONYMES : C. carline, C. à châssis, C. grelot, C. toupie.

NOMS ÉTRANGERS : ANGL. French forcing carrot, French horn C., Early red short horn C. ALL. Sehr kurze stumpfe früheste Treib-Möhre. FLAM. Korte ronde wortel. HOLL. Allerkorste parijsche ronde broei wortel. DAN. Pariser drive guleroden. PORT. Cenoura redonda de Paris.

Racine presque globuleuse ou légèrement en forme de toupie, d'un rouge orangé demi-transparent, plus pâle vers la pointe; collet très fin, très pincé, à feuillage très peu abondant.

Cette variété s'arrachant le plus souvent quand elle n'a que quatre ou cinq feuilles, on l'emploie, dans la culture en pleine terre, pour les semis très hâtifs ou très tardifs; mais elle convient tout spécialement à la culture forcée sous châssis, tant à cause de sa précocité que du peu de longueur de sa racine. Les maraîchers de Paris en cultivent une race très lisse, un peu pâle, plus large que longue, qui convient exclusivement à la culture en terreau.

La culture forcée de la carotte ne demande pas de soins particuliers, en dehors de l'attention qu'on doit avoir de bien plomber la terre après le semis et de donner le plus d'air possible pendant la végétation.

C. rouge très courte
à châssis.

réd. au cinquième.

C. demi-longue
pointue.

réd. au cinquième.

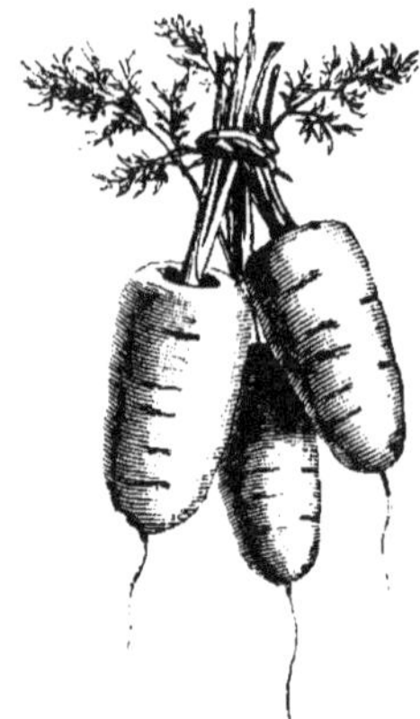

C. rouge courte
hâtive.

réd. au cinquième.

CAROTTE ROUGE COURTE HATIVE.

Synonymes : C. rouge courte de Hollande, C. queue de souris, C. vitelotte,
C. de Croissy.

Noms étrangers : Angl. Early scarlet horn carrot. All. Feine rothe kurze stumpfe frühe holländische Möhre. Flam. Korte vroege wortel. Holl. Vroege korte broci-wortel. Port. Cenoura d'Hollanda vermelha.

Racine à peu près deux fois aussi longue que large, sensiblement plus grosse au collet qu'à la pointe, qui est ordinairement obtuse ; collet fin ; feuillage très peu abondant, tout en étant moins rare que celui de la C. rouge très courte. C'est une variété excellente pour la pleine terre, et pouvant même convenir, en certains cas, pour la culture forcée. La C. rouge courte et la rouge très courte sont le plus souvent récoltées jeunes, avant d'avoir atteint tout leur développement.

CAROTTE ROUGE DEMI-LONGUE POINTUE.

Noms étrangers : All. Halblange zugespitze holländische Treib-Möhre. Holl. Halflange hoornsche wortel. Port. Cenoura d'Hollanda vermelha mediana.

Racine fusiforme, deux fois et demie ou trois fois aussi longue que large ; collet souvent teinté de vert ou de brun, affleurant le sol et légèrement creusé en gouttière autour de l'insertion des feuilles, qui sont un peu plus fortes que celles de la C. rouge courte. C'est une bonne variété, productive et suffisamment hâtive, qui, dans beaucoup de localités, se cultive en grand pour l'approvisionnement des marchés.

CAROTTE ROUGE DEMI-LONGUE OBTUSE.

Nom étranger : all. Halblange rothe stumpfe Möhre.

Cette race peut être considérée comme une variété de la précédente. La racine en est moins effilée et se termine en cône obtus; les autres caractères, ainsi que ceux du feuillage, ne présentent pas de différence. La C. demi-longue obtuse est la meilleure des deux comme plante potagère. On peut la considérer comme la forme d'où sont sorties successivement la C. rouge

Carotte rouge demi-longue
obtuse.

réd. au cinquième.

Carotte demi-longue
de Carentan.

réd. au cinquième.

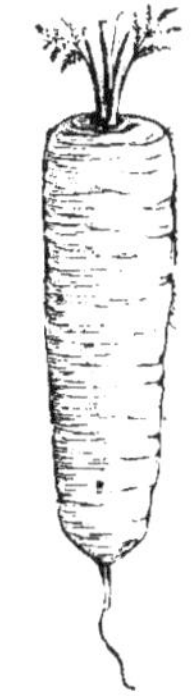

Carotte demi-longue
nantaise.

réd. au cinquième.

courte hâtive, puis la C. rouge très courte à châssis, caractérisées comme elle par la forme obtuse arrondie de leur extrémité inférieure, la finesse de leur collet et le peu d'abondance de leur feuillage.

Il semble y avoir une sorte de dépendance réciproque et de corrélation intime entre la forme obtuse de l'extrémité inférieure des racines de carottes et la finesse du collet. Les races qui ont le feuillage peu abondant et le collet bien pincé et bien fin ont à peu près régulièrement la racine obtuse, et réciproquement. La grande précocité se lie aussi en général à ces caractères physiques.

CAROTTE DEMI-LONGUE SANS CŒUR DE CARENTAN.

Variété très distincte, mince, presque cylindrique, à collet très fin, à feuilles très petites et très peu nombreuses; peau lisse; chair rouge sans cœur. Cette variété peut se semer très serrée et convient très bien par suite à la culture sous châssis. Il est préférable de la cultiver en terre très riche ou dans le terreau. C'est une variété de luxe et non pas une race de grande culture, mais c'est une des plus exquises qui existent, au point de vue de la perfection de la forme aussi bien que de la qualité.

CAROTTE DEMI-LONGUE NANTAISE.

Noms étrangers : angl. Early Nantes carrot. all. Halblange stumpfe Nantes Möhre.

Racine à peu près complètement cylindrique, peu élargie du collet, à pointe obtuse et même arrondie; peau très lisse; collet fin, creusé autour des feuilles, qui sont peu développées; chair entièrement rouge, presque totalement dépourvue du large cœur jaune qui se remarque dans la plupart des autres carottes rouges, très sucrée et d'une saveur douce.

Bien que cette variété n'ait commencé à se répandre que depuis peu d'années, elle est devenue déjà une des plus généralement cultivées de toutes les carottes potagères. Elle justifie du reste, par un ensemble remarquable de qualités, la préférence dont elle est l'objet: elle l'emporte en précocité sur les autres variétés de carottes demi-longues, sans leur être inférieure en produit; ses racines, bien nettes et bien égales, sont d'une récolte et d'une conservation faciles; enfin, sa couleur un peu plus foncée et l'absence de cœur la font préférer aux autres comme légume. Par tous ces motifs la carotte nantaise mérite d'être très généralement cultivée, mais elle doit être cultivée avec un certain soin : comme toutes les races perfectionnées et hâtives, elle souffre plus que les races ordinaires et grossières du manque de nourriture et d'arrosages. Elle ne développe toutes ses qualités que dans un sol meuble, profond, bien amendé au moyen de terreau ou de fumures précédentes, suffisamment substantiel et maintenu frais par des arrosements fréquents. La forme des racines est d'autant plus régulière et la peau d'autant plus lisse, que la terre est plus douce et mieux débarrassée de pierres et de graviers. Les soins de culture donnés à cette carotte seront largement payés par la plus grande abondance, et surtout par la plus belle apparence et la qualité plus fine du produit.

On cultive dans les environs de Nantes une autre variété de carotte demi-longue à racine très obtuse, quelquefois plus large à l'extrémité inférieure qu'au collet, à la manière du navet des Vertus marteau. Cette variété est plus grosse que la C. nantaise que nous venons de décrire, et elle en diffère en outre en ce que le cœur jaune y est très développé.

CAROTTE DEMI-LONGUE DE LUC.

Racine assez élargie du collet et un peu plus longue que celle des variétés précédentes; l'extrémité inférieure est généralement plutôt obtuse que pointue, quoique l'ensemble de la racine aille en s'amincissant régulièrement du collet à l'extrémité.

Cette variété est précoce et productive, et convient à la culture de primeur en pleine terre. Elle n'est pas précisément sans cœur, bien que la différence entre le centre et les couches extérieures de la chair soit moins accusée que dans beaucoup d'autres variétés.

Carotte demi-longue de Luc.
réd. au cinquième.

CAROTTE ROUGE LONGUE.

Synonymes : C. longue de Croissy, C. rouge
de Flandre, C. rouge longue de Toulouse.

Noms étrangers : angl. Red Surrey carrot, Long
red C., Chertsey C., Studley C. all. Frühe lange
rothe Möhre. holl. Roode Frankfurter wortel.
esp. Zanahoria encarnada larga.

Racine longue, s'amincissant régulièrement
jusqu'à la pointe; cinq ou six fois aussi longue
que large, pouvant atteindre aisément 0^m,30
à 0^m,35 de longueur; collet assez large, aplati
ou légèrement creusé autour de l'insertion
des feuilles, qui sont vigoureuses et abondantes. Cette variété, dont le poids peut devenir considérable, est très employée dans la
grande culture comme dans la culture maraîchère. Elle demande une terre assez profonde, mais donne en retour un produit très
rémunérateur. En la protégeant par une couverture de paille ou de feuilles, on peut la
laisser longtemps en terre pendant l'hiver, et
ne l'arracher qu'au fur et à mesure des besoins.

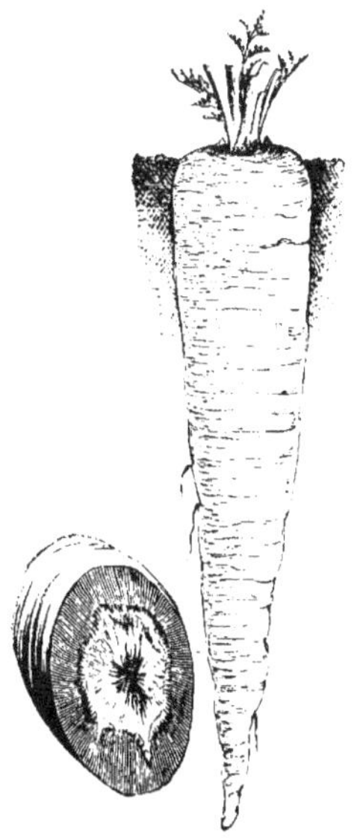

Carotte rouge longue.
réd. au cinquième.

CAROTTE ROUGE LONGUE DE BRUNSWICK.

Noms étrangers : angl. Long horn carrot, Long
red dutch C. all. Braunschweiger lange rothe
feine Möhre. holl. Lange roode brunswijker
winter wortel.

Sous-variété de la précédente, un peu plus
étroite du collet, très lisse, régulièrement
amincie, et à chair un peu plus rouge intérieurement. C'est une race à recommander;
elle passe pour se conserver mieux que la
C. rouge longue ordinaire.

CAROTTE ROUGE LONGUE SANS CŒUR.

La C. rouge longue sans cœur présente
assez d'analogie avec la C. demi-longue nantaise, mais elle est très notablement plus
longue et par là même plus productive. Elle
est presque cylindrique, obtuse à l'extrémité
inférieure, à chair extrêmement rouge, très
fondante, sucrée et d'un goût fin. C'est avant
tout une race potagère hâtive et à feuillage
peu développé.

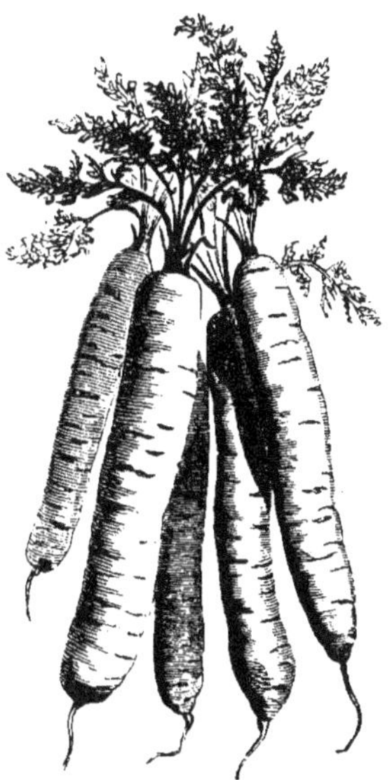

Carotte rouge longue sans cœur.
réd. au cinquième.

CAROTTE ROUGE LONGUE D'ALTRINGHAM.

Nom étranger : angl. Altrincham carrot.

Cette variété, d'origine anglaise, est depuis très longtemps connue et appréciée en France. C'est une carotte très longue et très mince, à chair complètement rouge, comme celle des carottes dites *sans cœur*, et d'une excellente qualité. Le collet, au lieu d'être aplati et même creusé comme dans beaucoup d'autres variétés, s'élève en forme de cône arrondi; il est le plus souvent bronzé ou violacé dans la partie qui s'élève au-dessus de terre et qui peut avoir de 0^m,03 à 0^m,05. La longueur de la C. d'Altringham peut atteindre 0^m,50 et plus; malgré cela, la racine est relativement fine et sa longueur peut être égale à huit ou dix fois sa largeur. La surface en est assez cordée, c'est-à-dire qu'elle présente une série de dépressions et de renflements, comme si elle avait été serrée fortement avec une corde mince. La C. d'Altringham demande une terre riche et très profondément travaillée, et sa forme particulière fait qu'elle se brise quelquefois au moment de l'arrachage. Ces deux raisons font qu'elle n'est pas cultivée aussi généralement qu'elle mériterait de l'être à cause de sa qualité et de son grand produit.

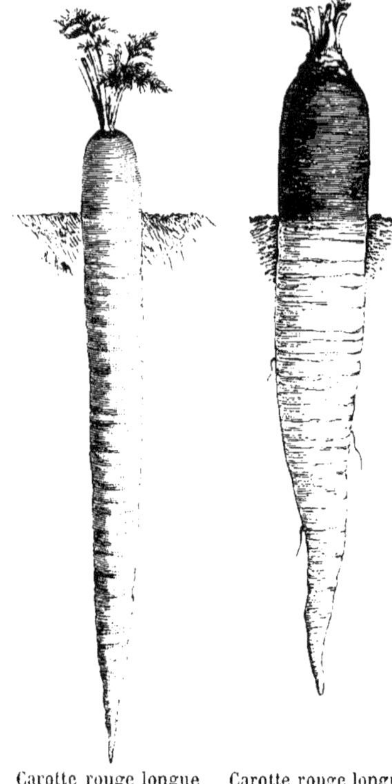

Carotte rouge longue d'Altringham.
réd. au cinquième.

Carotte rouge longue à collet vert.
réd. au cinquième.

CAROTTE ROUGE LONGUE A COLLET VERT.

Synonyme : C. jaune à collet vert.

Noms étrangers : angl. Yellow belgian green top carrot. all. Sehr grosse rothe (orange) grünköpfige Möhre. holl. Lange gele belgische wortel.

Plus généralement employée dans la grande culture que dans le potager, cette variété est très rustique et d'un grand rendement. La racine, au moins six fois plus longue que large, est d'une couleur orangée assez pâle dans la portion enterrée, et franchement verte dans la partie hors de terre, qui comprend à peu près le quart de sa longueur; de là vient qu'on appelle indistinctement cette variété : C. rouge ou C. jaune à collet vert. Elle se conserve bien et passe pour être très nutritive.

CAROTTE ROUGE LONGUE DE SAINT-VALERY.

Grosse et belle race de C. rouge que l'on peut considérer comme faisant
la transition entre les carottes demi-longues
et les rouges longues. Sa racine, très droite,
très lisse, d'un beau rouge vif, est assez fortement élargie au collet, où elle peut avoir un
diamètre de 0^m,06 à 0^m,07 ; d'où il résulte que
sa longueur, tout en atteignant 0^m,25 à 0^m,30,
ne dépasse guère le quadruple de la largeur,
restant par conséquent à peu près dans les
proportions des carottes demi-longues. La C.
de Saint-Valery s'accommode de la culture
en plein champ, mais elle devient surtout
belle dans les terres légères, riches et bien
défoncées. Le feuillage en est remarquablement léger, eu égard à la grosseur de la
racine.

Cette belle variété de carotte est restée longtemps confinée dans son pays d'origine. Depuis qu'elle est plus généralement connue, elle
est de plus en plus en faveur, car à sa beauté
et à sa qualité elle joint l'avantage de réunir
les mérites des carottes de jardin et de grande
culture, c'est-à-dire rendement considérable

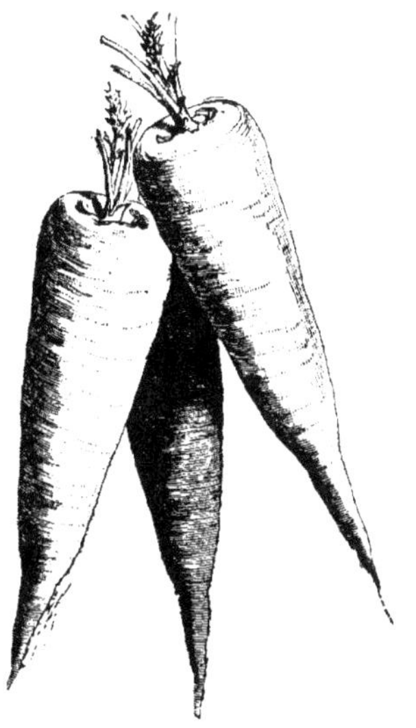

Carotte rouge longue de St-Valery
réd. au cinquième.

en même temps que belle forme régulière et chair tendre, douce et épaisse.

CAROTTE ROUGE PALE DE FLANDRE.

Noms étrangers : angl. Long orange carrot, Sandwich C.
ALL. Blassrothe dicke flandrische Möhre.

Sorte de C. rouge demi-longue, adoptée par la grande
culture à cause de son fort rendement. Le feuillage en
est abondant, le collet aplati, large, et la racine, qui est
à peu près complètement enterrée et d'un rouge orange
assez vif, s'amincit régulièrement depuis le collet jusqu'à
la pointe. Elle n'est guère que trois fois aussi longue que
large, mesurant 0^m,06 à 0^m,08 de largeur au collet, sur
une longueur de 0^m,20 environ.

Cette variété a pour mérite principal d'être grosse, productive, assez hâtive à se former et d'une très bonne
garde. Autrefois on l'apportait par chariots de la Flandre
sur le marché de Paris, vers la fin de l'hiver, au moment où la C. rouge courte et la C. rouge longue com-
mençaient à devenir rares. On l'y voit bien moins fréquemment depuis que, par l'usage des semis tardifs,
nos cultivateurs ont trouvé le moyen d'être pourvus de
carottes fraîches en tout temps.

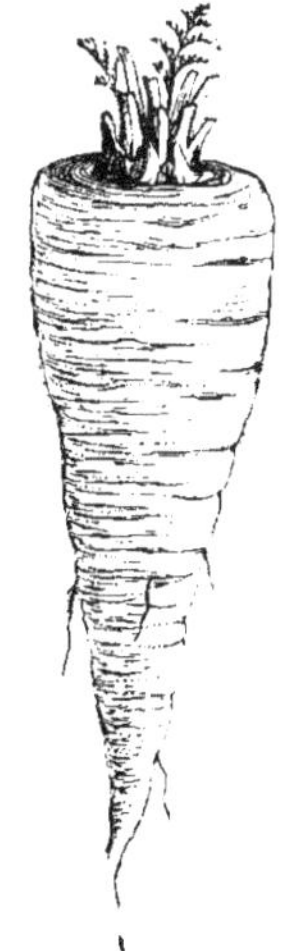

Carotte rouge pâle
de Flandre.
réd. au cinquième.

CAROTTE JAUNE LONGUE.

SYNONYMES : C. jaune d'Achicourt, C. de chevaux, C. de Gand, C. Clerette,
C. jaune de Schaerbeck ou de Schaibeck.

NOMS ÉTRANGERS : ANGL. Long lemon carrot. ALL. Lange grosse dicke goldgelbe
süsse Möhre, Gelbe lange Saalfelder M. HOLL. Gele lange roewortel.

Racine assez effilée, quatre ou cinq fois aussi longue que large, presque
entièrement enterrée, et d'une couleur jaune vif,
excepté au collet, qui est légèrement teinté de
vert. C'est une variété de grande culture répandue surtout dans le nord-ouest de la France ;
elle ne manque pas de mérite cependant comme
race potagère, surtout quand elle est jeune : en
grossissant, elle devient quelquefois un peu dure
et presque ligneuse dans le cœur. La chair en est
jaune. Quand on veut la conserver pour l'hiver
sans qu'elle devienne dure, il faut en faire le
semis un peu tardivement, vers la fin de mai ou
les premiers jours de juin.

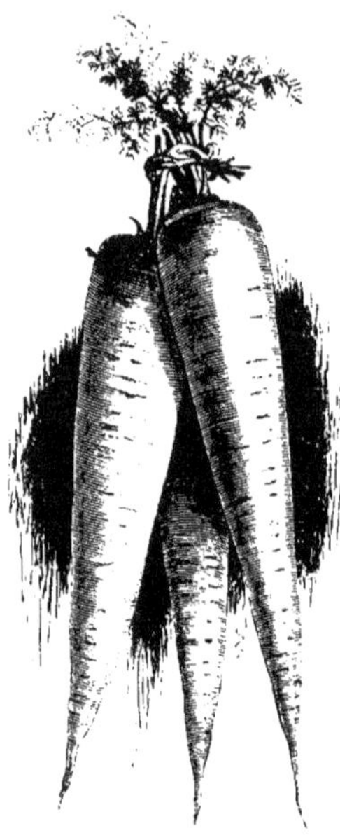

Carotte jaune longue.
réd. au cinquième.

La C. jaune longue est une des plus anciennes
races françaises de la carotte cultivée. On la
trouve décrite dans les vieux ouvrages horticoles
bien avant qu'il y soit fait mention des carottes
rouges ou oranges. Aujourd'hui ces dernières lui
sont le plus généralement préférées, et sa place a
été prise, dans les cultures faites pour l'approvisionnement des marchés, par la C. rouge longue
ordinaire, laquelle tend à être remplacée à son
tour dans une grande mesure par la C. rouge
longue de Saint-Valery.

CAROTTE JAUNE COURTE.

Racine à peine deux ou trois fois aussi longue que large, conique, enterrée, à collet aplati et élargi, d'une couleur jaune un peu pâle, qui s'étend
à la chair dans toute son épaisseur.

CAROTTE BLANCHE A COLLET VERT.

SYNONYME : C. arbre.

NOMS ÉTRANGERS : ANGL. White belgian carrot. ALL. Sehr grosse weisse grünköpfige
Riesen-Möhre. HOLL. Lange witte belgische wortel. ESP. Zanahoria blanca de
cuello verde.

Racine grosse et longue, aux deux tiers ou aux trois quarts enterrée,
blanche en terre, verte ou d'un violet bronzé au-dessus ; feuillage dressé,
vigoureux, abondant : chair blanche, ayant une tendance prononcée à prendre
une teinte jaune plus ou moins marquée. C'est la carotte de grande culture
par excellence ; il n'y a presque pas d'exploitation où l'on n'en cultive une

certaine étendue pour la nourriture des animaux, et particulièrement des chevaux. Le rendement en est extrêmement considérable et peut rivaliser avec celui des betteraves. La C. blanche à collet vert paraît être sortie de l'ancienne C. blanche longue, autrefois très cultivée comme plante potagère, mais à peu près complètement abandonnée aujourd'hui.

De nombreux efforts ont été tentés dans le but de rendre la C. blanche à collet vert plus rustique, afin de retarder l'époque de la récolte à l'arrière-saison, sans courir le risque de la voir compromise par l'effet des gelées. Ils n'ont pas été couronnés de succès. Le feuillage peut supporter 4 ou 5 degrés de froid, mais cette température suffit pour altérer le tissu des racines, même dans leur partie située hors de terre et plus endurcie que le reste aux variations de température. La partie enterrée des racines est très sensible à l'action du froid et se désorganise sous l'influence de la moindre gelée. Il faut donc avoir soin, quand on arrache les carottes par un temps de grand froid, de les soustraire immédiatement à l'action de l'air en les recouvrant de paille ou de terre, ou de leurs propres feuilles coupées et jetées sur les tas de racines.

CAROTTE BLANCHE A COLLET VERT D'ORTHE.

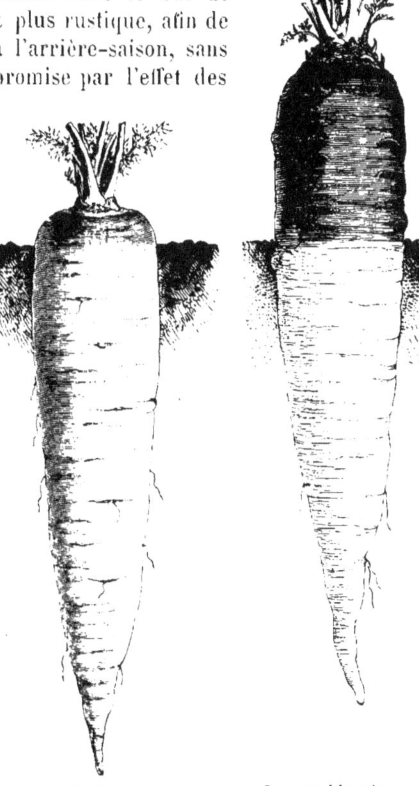

Carotte blanche à collet vert d'Orthe. réd. au cinquième.

Carotte blanche à collet vert. réd. au cinquième.

Sous-variété de la précédente ; elle n'en diffère que par la forme un peu plus courte et plus élargie de la racine. Celle-ci, qui ne sort de terre que de 0^m,02 ou 0^m,03, est seulement, en moyenne, quatre fois aussi longue que large. S'amincissant plus rapidement que la C. blanche à collet vert ordinaire, elle est moins exposée à se briser par l'arrachage. Le rendement n'est pas moins considérable avec cette variété qu'avec la précédente, à cause de la plus grande largeur des racines, qui rachètent par là ce qu'elles perdent en longueur.

Nous tenons cette excellente race de feu M. J. Roussel, maître de forges à Orthe (Mayenne), qui l'a obtenue par sélection de la carotte blanche à collet vert.

CAROTTE BLANCHE DES VOSGES.

Nom étranger : all. Dicke vogesische Möhre.

Racine très large du collet, complètement enterrée, s'amincissant rapide-
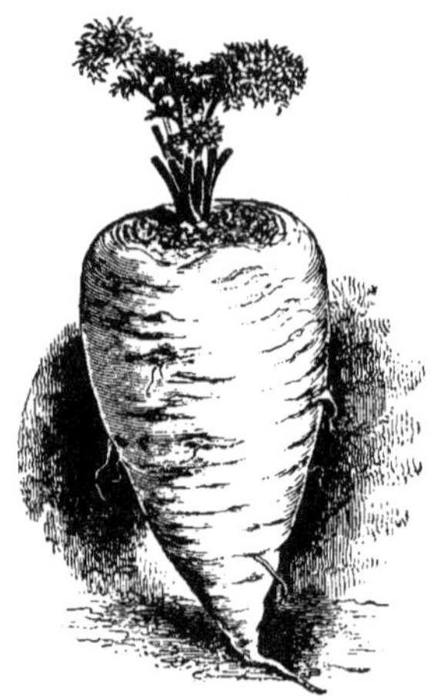
ment, à peu près deux fois aussi longue que large, mesurant environ 0^m,20 sur 0^m,10 à 0^m,12 ; feuillage assez abondant ; collet aplati ou légèrement creusé. La C. blanche des Vosges est une variété de grande culture, qui convient tout particulièrement aux terres peu profondes ; elle est productive, d'un arrachage facile et d'une bonne conservation ; elle tend souvent à prendre une teinte jaunâtre. La chair en est assez molle et aqueuse, d'un blanc mat dans la partie extérieure, plus transparente dans la portion centrale, qui correspond au cœur et qui est très développée, au point d'occuper transversalement jusqu'aux deux tiers du dia-mètre de la racine. Elle est d'une saveur forte, assez désagréable et peu sucrée. Ce n'est point du tout une race à recommander pour les usages culinaires.

Carotte blanche des Vosges.
réd. au cinquième.

On cultive quelquefois en Allemagne, sous le nom de *C. blanche du Palatinat,* une variété qui se rapproche beaucoup de la C. blanche des Vosges.

CAROTTE BLANCHE DE BRETEUIL

L'aspect de cette variété et ses caractères de végétation diffèrent assez peu de ceux de la C. blanche des Vosges ; la racine est cependant plus mince, un peu moins régulièrement arrondie et parfois anguleuse ; elle se conserve aussi moins facilement, mais elle a, par contre, la chair plus ferme et d'une qualité très supérieure. On peut, sous ce rapport, la considérer comme une variété convenant à la culture potagère, tandis que la C. blanche à collet vert et la C. blanche des Vosges doivent être laissées aux bestiaux. Le feuil-lage, un peu plus fin que celui de la C. blanche des Vosges, prend fré-quemment, à l'automne, une teinte violacée. C'est, selon toute apparence, à la C. de Breteuil qu'il faut rapporter une race mentionnée par les anciens auteurs français et appelée *C. blanche ronde.* Elle avait la racine courte et en forme de toupie, et se cultivait comme variété potagère, surtout dans les terres fortes ou peu profondes.

CAROTTE BLANCHE TRANSPARENTE.

Synonyme : C. translucide.

Racine enterrée, longuement fusiforme, complètement blanche, à peu près quatre fois aussi longue que large. Cette variété, qui parait avoir la même origine que la C. blanche à collet vert, est restée surtout une plante potagère ; elle se distingue principalement par sa chair très blanche, fine, et pour ainsi dire diaphane.

CAROTTE VIOLETTE.

Synonyme : C. noire de l'Inde.

Noms étrangers : angl. Purple carrot, Blood red C. all. Violette Möhre.

Racine enterrée, mince, fusiforme, cinq ou six fois aussi longue que large ; feuillage dressé, assez vigoureux ; peau lisse, présentant une teinte violette qui s'étend à la chair jusqu'à une profondeur variable, et cesse en général avant le centre de la racine, qui reste à peu près constamment jaune.

Cette variété n'est pas parfaitement fixée, et paraît plus curieuse que réellement utile ; la culture en est cependant assez répandue dans certaines parties des pays chauds : il est possible qu'elle ait, dans ces climats, des qualités qui ne se révèlent pas en France.

CAROTTES SAUVAGES AMÉLIORÉES.

Vers 1830, M. Vilmorin père a fait plusieurs essais de culture ayant pour but d'obtenir de la C. sauvage des racines renflées et comestibles analogues à celles des races cultivées. Au bout de quelques années, ses semis lui ont donné une certaine proportion de plantes à racine charnue, de diverses couleurs. Quelques-unes de ces formes ont été conservées pendant plusieurs années, se reproduisant semblables à elles-mêmes d'une manière assez régulière.

Les plus remarquables étaient : la *C. sauvage améliorée blanche*, assez analogue comme forme à la C. blanche de Breteuil, fine de goût et parfumée, mais peu sucrée, et la *C. sauvage améliorée rouge obtuse*, peu productive, mais d'une forme très régulière, à collet très fin et à feuillage remarquablement léger. Cependant ces variétés, conservées quelque temps à titre de curiosité scientifique, n'ont pas pris place dans la culture usuelle et ont été abandonnées.

Parmi les variétés de carottes qui ne rentrent pas dans les races que nous venons de décrire, nous devons citer :

La *C. de Bardowick* (all. *Frühe rothe Bardowicker Möhre*). C'est une bonne race de carotte rouge longue, presque sans cœur, et se rapprochant un peu de la C. d'Altringham.

La C. hollandaise dite *de Duwick*. Race un peu plus courte que les carottes rouges demi-longues, sans pouvoir cependant être assimilée à la C. rouge courte de Hollande. Elle est assez bonne pour la pleine terre : cependant nos variétés demi-longues obtuses lui sont préférables.

La variété anglaise *James' intermediate* est une carotte rouge demi-longue pointue un peu plus tardive, mais aussi plus productive et plus volumineuse que la race ordinaire.

La *Long orange carrot*, cultivée en Amérique, aux États-Unis, est moins foncée, un peu plus courte et plus large du collet que la C. rouge longue ordinaire.

CARVI

Carum Carvi L.

Fam. des *Ombellifères*.

Synonymes : Anis des Vosges, Cumin des prés.

Noms étrangers : angl. Caraway. all. Kümmel. holl. Karvij. dan. Kommen.
ital. Carvi. esp. Carvi, Alcaravea. port. Alcaravia.

Indigène. — *Bisannuel*. — Racine de la grosseur du doigt, longue, jaunâtre, à chair blanche, serrée, ayant une légère saveur de carotte ; feuilles
radicales, nombreuses, à folioles opposées, verticillées, à pétiole replié en
gouttière, creux, ondulé ; tige droite, haute de $0^m,30$ à $0^m,60$, rameuse, anguleuse, lisse, glabre ; fleurs blanches, petites, en ombelles. Graine oblongue,
un peu courbée, marquée de cinq sillons, aromatique, de couleur brun clair ;
un gramme en contient 350 et le litre pèse 420 grammes ; durée germinative, trois ans.

Culture. — Les graines du carvi se récoltent fréquemment dans les prairies, où la plante vient spontanément. Quand on veut la cultiver, on sème les
graines en rayons, au mois de mai ou de juin ; quand le plant a pris un peu
de force, on éclaircit, et l'on n'a plus qu'à tenir la terre propre jusqu'à la
récolte, qui a lieu au mois de juillet de la seconde année. En semant les
graines aussitôt qu'elles sont mûres, on peut encore obtenir des plantes qui
montent l'été suivant : on gagne ainsi un mois ou deux sur la culture ordinaire.

Usage. — On peut employer la racine comme celle du panais, mais elle
est peu usitée ; on mange aussi quelquefois les feuilles et les jeunes pousses.
Les graines sont employées comme condiment ; en Allemagne, on les met dans
le pain, et en Hollande dans certains fromages.

CÉLERI

Apium graveolens L.

Fam. des *Ombellifères*.

Synonymes: Ache douce, Ache des marais, Éprault.

Noms étrangers : angl. Celery. all. Sellerie. flam. Selderij. dan. Selleri.
ital. Sedano, Apio. esp. Apio. port. Aipo.

Indigène. — *Bisannuel*. — Plante à racine fibreuse, assez charnue naturellement ; feuilles divisées, pinnatifides, glabres, à folioles presque triangulaires, dentées, d'un vert foncé ; pétioles assez larges, sillonnés, creusés en
gouttière ; tige ne se développant que la deuxième année, haute de $0^m,60$,
sillonnée, rameuse ; fleurs très petites, jaunâtres ou verdâtres, en ombelles.
Graine petite, triangulaire, marquée de cinq arêtes, à odeur très aromatique,
au nombre d'environ 2500 dans un gramme et pesant 480 grammes au litre ;
sa durée germinative est de huit années.

Usage. — On emploie, selon les variétés, les côtes des feuilles ou la racine,
crues ou cuites ; en Angleterre, on emploie beaucoup dans les potages la
graine elle-même, ou des extraits préparés pour cet usage.

La culture, en développant dans le céleri, soit les pétioles des feuilles, soit la racine, en a fait deux plantes très distinctes, autant par leur emploi que par les soins de culture qu'elles demandent. Nous allons donc décrire séparément les Céleris à côtes et les Céleris-raves.

Céleri à côtes.

Noms étrangers : all. Bleich-Sellerie. dan. Blad-Selleri.

C'est assurément la classe la plus anciennement connue et celle qui est cultivée le plus généralement. Ce céleri demande une bonne terre riche, douce, bien fumée, et plutôt fraîche ou même humide que sèche. On n'a pas l'habitude de le semer en place. Les premiers semis se font sur couche en janvier, février ou mars; le plant, encore petit, se repique sur couche et n'est mis en place qu'à la fin d'avril ou au commencement de mai; les semis suivants, qui se continuent jusqu'au mois de juin, pour obtenir des côtes nouvelles et tendres pendant toute l'année, se font en pleine terre. Le plant n'est pas repiqué en pépinière, mais éclairci et laissé en place jusqu'au moment d'être planté à demeure. La plantation se fait en lignes, à une distance de 0^m,25 ou 0^m,30 en tous sens, et les soins de culture ne consistent plus qu'en binages et en arrosages abondants et fréquents, le céleri aimant beaucoup l'eau.

Avant d'employer les côtes de céleri comme légume, on les blanchit en les privant de lumière. Ce résultat s'obtient de plusieurs manières. On peut blanchir la plante sur place, en recouvrant les feuilles intérieures par celles du dehors et en les fixant au moyen de plusieurs liens; on entasse de la terre tout autour jusqu'à ce que les dernières feuilles dépassent seules la butte ainsi formée. D'ordinaire ce buttage ne se fait pas en une seule fois : on enterre d'abord la plante seulement jusqu'au tiers de sa hauteur, puis huit ou dix jours après jusqu'aux deux tiers, et enfin on complète le buttage au bout de huit autres jours. Quelquefois on enlève les pieds de céleri en mottes, et on les plante côte à côte dans une tranchée qu'on remplit ensuite de terre; d'autres fois encore on le plante dès le printemps dans des fosses où on le blanchit quand la saison est venue, et sans le déplanter, au moyen de la terre qui provient de l'ouverture de la tranchée et qui a été laissée à côté.

Céleri plein blanc.
réd. au sixième.

CÉLERI PLEIN BLANC.

Noms étrangers : angl. White solid celery. all. Vollrippiger weisser Bleich-Sellerie. flam. Groote witte selderij. esp. Apio lleno blanco.

Plante vigoureuse, haute de 0^m,40 à 0^m,50, à côtes charnues, pleines et tendres, vertes, prenant par l'étiolement une teinte blanc jaunâtre; feuillage dressé.

CÉLERI TURC.

Synonyme : C. de Prusse.

Noms étr. : angl. Mammoth white celery, Turkey C., Prussian C., Giant C.

Sous-variété du précédent. Plante extrêmement vigoureuse, atteignant 0^m,50 et 0^m,60 de hauteur; côtes bien pleines, grosses et longues, mais relativement moins larges que celles du C. plein blanc commun. Cette race tend à disparaître.

CÉLERI PLEIN BLANC FRISÉ.

Nom étranger : all. Weisser krausblättriger Bleich-Sellerie.

Variété très distincte, à feuillage abondant, large; folioles crispées et ondulées, d'un vert moins foncé et plus blond que celui des autres variétés; les côtes sont assez grosses et parfaitement pleines; les feuilles elles-mêmes, au lieu d'être amères comme dans les autres variétés, ont une saveur douce qui permet de les employer dans la salade.

Cette forme nouvelle a été obtenue aux environs de Niort, en Vendée, et a commencé à se répandre vers 1870. Elle est peut-être un peu plus sensible au froid que les races à feuilles unies.

Céleri plein blanc frisé.
réd. au sixième.

CÉLERI PLEIN BLANC COURT HATIF.

Noms étrangers : angl. Dwarf white solid celery, Sandringham C., Incomparable dwarf white C.

Variété plus ramassée que le céleri plein blanc ordinaire; côtes larges et très pleines; feuillage court. Cette variété blanchit facilement à cause du grand nombre de ses feuilles, qui se recouvrent les unes les autres. On peut se contenter de la butter sans la lier, pour en obtenir des côtes bien blanches.

On cultive beaucoup aux États-Unis, sous le nom de *Boston market dwarf celery*, une variété qui se rapproche beaucoup du C. plein blanc court hâtif, et n'en diffère que par une taille très légèrement plus élevée. Il a malheureusement le défaut de drageonner fréquemment.

CÉLERI PLEIN BLANC COURT A GROSSES COTES.

NOMS ÉTRANGERS : ANGL. Large dwarf solid white celery. ALL. Niedriger weisser breitrippiger Sellerie.

Cette sous-variété du C. plein blanc court hâtif présente les mêmes avantages que lui et a de plus la qualité de ne pas drageonner. Les côtes en sont extrêmement larges, pleines et dressées, ce qui permet de la cultiver très serrée et d'en obtenir sur une même surface autant de produit que des grandes variétés. C'est, de tous les céleris, celui chez lequel les côtes prennent le plus grand développement comparativement aux dimensions des feuilles.

Parmi les bonnes variétés anglaises de céleri blanc à côtes, il convient de citer les suivantes :

Danesbury celery ou *Veitch's solid white C.*, et *Dickson's*

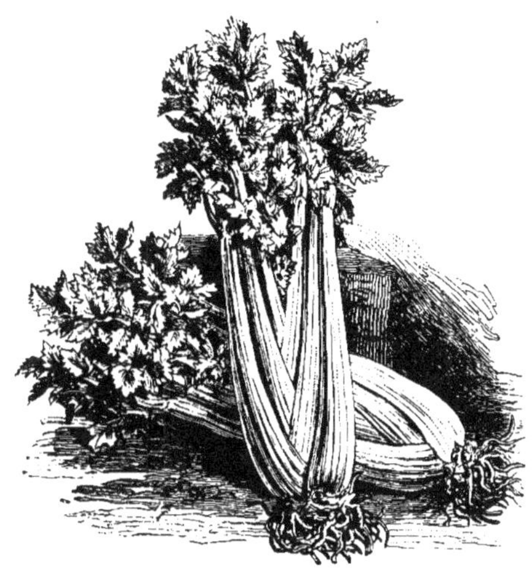

Céleri plein blanc court à grosses côtes.
réd. au sixième.

Mammoth white C. Variétés compactes, à côtes très pleines, qui présentent quelque analogie avec le C. à grosses côtes.

Seymour's white C. (syn. *Goodwin's white C.*, *Northumberland champion white C.*). Très grande plante, se rapprochant un peu de notre C. turc.

CÉLERI VIOLET DE TOURS.

SYNONYME : C. plein violet.

NOMS ÉTRANGERS : ANGL. London market red celery, Ivery's non-such C. ESP. Apio lleno rosado.

Plante vigoureuse, à côtes très larges, d'un vert teinté de violet, très pleines, tendres et cassantes ; feuillage demi-étalé, large et d'un vert foncé. Le C. plein violet est une variété bien rustique et d'une excellente qualité.

Les Anglais cultivent un grand nombre de variétés de céleris à côtes rouges ; nous citerons, en outre de celles qui sont identiques au C. violet de Tours :

Hood's dwarf red celery (syn. *Carter's incomparable crimson C.*). Plus nain que les autres céleris rouges, mais bien plein et productif.

Major Clarke's solid red C. (syn. *Wilcox's Dunham red C.*, *Ramsey's solid red C.*, *Turmos red C.*). Plante vigoureuse, à peu près de la taille du C. violet de Tours, mais à feuillage plus touffu et d'un vert plus foncé.

Manchester red C. (syn. *Laing's Mammoth C., Sulham prize pink C., Giant red C.*). Plante extrêmement vigoureuse, de près de 1 mètre de hauteur.

Céleri à couper.
réd. au sixième.

CÉLERI A COUPER.

SYNONYMES : C. petit, C. creux, C. fin de Hollande.

NOMS ÉTRANGERS : ALL. Schnitt-Sellerie. FLAM. Snijselderij. ESP. Apio de cortar, A. pequeño.

Variété peu améliorée, se rapprochant très probablement du céleri à l'état sauvage. Plante rustique; feuillage abondant, dressé; côtes creuses, assez fines, tendres et cassantes; drageons très abondants. Le C. à couper se cultive pour son feuillage, qu'on emploie dans les potages ou comme assaisonnement. Il repousse après avoir été coupé.

Céleri-rave.

NOMS ÉTRANGERS : ANGL. Celeriac, Turnip-rooted celery. ALL. Knoll-Sellerie. FLAM. et HOLL. Knoll-Selderij. DAN. Knold-Selleri. ITAL. Sedano-rapa. ESP. Apio-nabo, Apio-rabano.

Dans cette classe de céleris, c'est la racine qui a été développée par la culture, et non pas les pétioles des feuilles, lesquels restent creux, d'une grosseur médiocre et d'une saveur amère, qui les rend impropres à la consommation; par contre, la racine, qui même dans le céleri sauvage forme, avant de se diviser en une infinité de radicelles, un empatement d'un certain volume, a été amenée par la culture à égaler facilement la grosseur du poing et à atteindre souvent un volume double.

Le céleri-rave est un excellent légume dont la culture, d'introduction relativement récente, n'est pas encore assez générale; il se conserve parfaitement et constitue pour l'hiver une ressource très appréciable.

Culture. — Le céleri-rave se cultive à peu de chose près de même que le céleri à côtes; il demande comme lui une bonne terre, fraîche, riche, bien ameublie et bien fumée. On le sème d'ordinaire au mois de mars en pépinière, et on le met en place en mai. La plante ne demande plus alors jusqu'au mois d'octobre, où elle est bonne à récolter, que des arrosages abondants et de fréquents binages. Les maraîchers des environs de Paris sont dans l'usage de couper à la bêche, pendant le cours de la végétation, les racines qui se développent tout autour de la souche du céleri-rave; ils pensent, peut-être à tort, accroître par là le volume de la racine principale.

CÉLERI-RAVE ORDINAIRE.

Noms étrangers : all. Leipziger Knoll-Sellerie, Naumburger Riesen-K.-S.

Feuilles plus petites que celles des céleris pleins, à pétioles teintés de rouge ou au moins bronzés, et toujours creux, de saveur amère. Racine formant une sorte de boule arrondie ou conique à la partie supérieure, et se divisant en dessous en un très grand nombre de ramifications plus ou moins charnues et entremêlées les unes dans les autres. Le poids de ce renflement, débarrassé des feuilles et des petites racines, peut atteindre en moyenne 200 à 300 grammes dans la race ordinaire de céleri-rave. On en a obtenu des variétés dont la racine est beaucoup plus grosse ; de ce nombre est la suivante.

Céleri-rave.
réd. au sixième.

CÉLERI-RAVE GROS LISSE DE PARIS.

Noms étrangers : all. Grosser glatter weisser Pariser Knoll-Sellerie, Non plus ultra K.-S.

Racine généralement plus large que haute, un peu irrégulière ; feuilles assez nombreuses, plutôt étalées que dressées.

CÉLERI-RAVE D'ERFURT.

Nom étr. : all. Erfurter Knoll-Sellerie.

Variété plus petite que la précédente, mais aussi plus précoce ; racine très nette, régulièrement arrondie, à collet fin.

CÉLERI-RAVE POMME A PETITE FEUILLE.

Nom étranger : all. Runder kurzläubiger Apfel-Knoll-Sellerie.

Sous-variété du C.-rave d'Erfurt, à feuillage léger, demi-dressé, à pétioles longs et violacés ; racine très régulière, arrondie, tout à fait dépourvue de radicelles dans sa moitié supérieure.

Céleri-rave pomme à petite feuille.
réd. au sixième.

Il existe un C.-rave extraordinairement petit, à feuille longue de 0^m,10 à 0^m,12 seulement, dont la racine ne dépasse guère le volume d'une noix. Il est plutôt curieux que recommandable : on l'appelle *C.-rave d'Erfurt Tom Thumb*.

CERFEUIL

Scandix Cerefolium L. — Anthriscus Cerefolium Hoffm.

Fam. des *Ombellifères.*

Noms étrangers : angl. Chervil. all. Kerbel. flam. et holl. Kervel. dan. Have-
kjorvel. ital. Cerfoglio. esp. Perifollo. port. Cerefolio.

Europe méridionale. — Annuel. — Feuilles très découpées, à folioles
ovales, incisées, pinnatifides; tige de 0^m,40 à 0^m,50, glabre, peu feuillée;
fleurs en ombelles, petites, blanches. Graine noire, longue, pointue, marquée
d'un sillon longitudinal; au nombre de 450 dans un gramme et pesant
380 grammes par litre; sa durée germinative est de deux ou trois ans.

Culture. — Le cerfeuil peut se semer toute l'année en pleine terre en
place; seulement, pendant les grandes chaleurs, il préfère un endroit ombragé et exposé au nord. On peut, selon la saison, commencer à cueillir six
semaines ou deux mois après le semis.

Usage. — Les feuilles sont aromatiques et s'emploient dans les assaisonnements et dans les salades.

CERFEUIL COMMUN.

Noms étrangers : angl. Plain-leaved chervil. all. Gewöhnlicher Kerbel.
holl. Gewone kervel. ital. Cerfoglio comune.

Feuillage léger, très découpé, d'un vert blond; tiges fines, légèrement
renflées au-dessous des nœuds, cannelées, lisses; fleurs en ombelles légères,
étagées sur toute la moitié supérieure de la tige.

Le cerfeuil commun est une des plus répandues et des plus connues de
toutes les plantes potagères. On ne l'emploie presque jamais seul, mais son
goût fin, aromatique et pénétrant en fait l'accompagnement presque nécessaire d'un grand nombre de mets. Il forme la base du mélange désigné
sous le nom de *fines herbes.*

Presque tous les climats conviennent au cerfeuil; mais plus
la chaleur est grande, plus il
est nécessaire de le placer dans
une situation ombragée.

CERFEUIL FRISÉ.

Synonyme : C. double.

Noms étrangers : angl. Curled
chervil, Double Ch. all. Krausblättriger Kerbel, Plumage K.
holl. Gekrulde kervel. ital.
Cerfoglio ricciuto. esp. Perifollo risado.

Cerfeuil frisé.
réd. au quart.

Variété du C. commun, à fo-
lioles crépues ou frisées; elle a exactement le même parfum et la même
saveur que le cerfeuil ordinaire et lui est préférable pour décorer les plats.

On devrait toujours cultiver cette forme de préférence à la race ordinaire, car elle en a tous les avantages : facilité de culture, précocité, vigueur et production, et, comme nous venons de le dire, elle est plus jolie et plus ornementale, mais surtout elle ne peut être confondue avec aucune autre plante et c'est là son principal mérite. Bien que l'œil le moins exercé puisse reconnaitre presque sûrement le cerfeuil d'avec les autres plantes de la famille des ombellifères, il y a une double sécurité à cultiver une forme de cerfeuil avec laquelle aucune plante sauvage ne puisse être confondue.

CERFEUIL MUSQUÉ

Myrrhis odorata Scop.

Fam. des *Ombellifères*.

SYNONYMES : Cerfeuil d'Espagne, Cerfeuil anisé, Cicutaire odorante, Fougère musquée, Myrrhide odorante, Persil d'âne de Lobel.

NOMS ÉTRANGERS : ANGL. Sweet cicely, Sweet-scented chervil. ALL. Grosser spanischer wohlriechender Kerbel. FLAM. Spaansche kervel. DAN. Spansk kjorvel. ITAL. Finocchiella.

Indigène. — Vivace. — Feuilles très grandes, ailées, pubescentes, à folioles pinnatifides, lancéolées ou incisées, d'un vert très pâle, grisâtre ; pétioles et nervures velus, ainsi que les tiges, qui s'élèvent à 0^m,60 ou 1 mètre ; fleurs petites, blanches, en larges ombelles. Graine grosse, enveloppée d'une membrane brune ou noirâtre, luisante, plissée en cinq côtes saillantes ; un gramme en contient seulement 40 et le litre pèse 250 grammes. Elle ne conserve que fort peu de temps sa faculté germinative.

Culture. — Il est bon de semer la graine de C. musqué aussitôt qu'elle est mûre, car elle est d'une conservation assez difficile. Semée à l'automne, elle se développe au printemps ; semée au printemps, elle ne lève en général que l'année suivante. Quand le plant a quatre ou cinq feuilles, on peut le mettre en place en espaçant les pieds de 0^m,50 à 0^m,60 en tous sens, dans un coin du jardin, où l'on peut laisser la plantation pendant de longues années sans lui donner d'autres soins que quelques binages.

Usage. — Les feuilles du C. musqué s'emploient quelquefois comme assaisonnement ; elles ont un goût un peu sucré et un parfum fortement anisé. La culture de cette plante est peu répandue.

CERFEUIL TUBÉREUX

Chærophyllum bulbosum L.

Fam. des *Ombellifères*.

SYNONYME : Cerfeuil bulbeux.

NOMS ÉTRANGERS : ANGL. Tuberous-rooted chervil, Turnip-rooted Ch. ALL. Körbelrübe, Kerbelrübe. FLAM. et HOLL. Knoll-kervel. DAN. Kjorvelroe. ESP. Perifollo bulboso.

Europe méridionale. — Bisannuel. — Plante velue, à feuilles très divisées, étalées sur le sol, à pétioles violacés. Racine très renflée, imitant à peu près la forme de celle de la carotte courte, mais presque toujours plus petite ; à peau très fine, d'un gris foncé ; chair ferme, blanc jaunâtre. Tige très forte et très haute, s'élevant à un mètre et plus, renflée au-dessous des

Cerfeuil tubéreux.
réd. de moitié.

nœuds, d'une teinte violacée, garnie dans sa partie inférieure de longs poils blanchâtres. Graine longue, pointue, légèrement concave et d'un brun clair d'un côté, blanchâtre du côté opposé, et marquée de trois sillons longitudinaux peu profonds ; un gramme en contient 450 et le litre pèse 540 grammes ; la durée germinative n'est que d'un an.

Culture. — La graine de C. tubéreux doit être semée à l'automne, dans une terre bien préparée, douce et saine, et l'on doit avoir soin de la recouvrir très peu ; il suffit le plus souvent de bien tasser la terre après le semis. Il faut avoir soin de tenir la planche très propre et soigneusement sarclée, attendu que la graine ne germe qu'au printemps. Il est possible de ne semer qu'au printemps, si l'on a la précaution de stratifier la graine aussitôt après qu'elle est mûre ; elle lève alors immédiatement : conservée de toute autre façon, elle ne germerait qu'au printemps de l'année suivante. Le C. tubéreux ne réclame aucun soin pendant toute la durée de sa végétation, sauf de fréquents arrosages.

Vers le mois de juillet, le feuillage commence à changer de couleur et à se dessécher ; c'est là le signe de la maturité prochaine des racines. Dès que le feuillage est éteint, il convient de récolter les racines pour employer le sol à une autre culture ; mais il est bon de ne les consommer qu'au bout d'un certain temps, car elles gagnent beaucoup en qualité à être conservées quelques semaines ou même plusieurs mois, pourvu que ce soit dans un endroit sain et à l'abri de la gelée.

Usage. — Les racines se mangent cuites ; la chair en est farineuse et sucrée, avec un goût aromatique particulier. Elles se conservent facilement pendant tout l'automne et l'hiver.

On a essayé, ces dernières années, d'introduire dans les potagers la culture du *cerfeuil de Prescott,* plante originaire de Sibérie et produisant des racines renflées et comestibles analogues à celles du C. tubéreux. Les deux plantes se cultivent à peu près de même : le C. de Prescott donne des racines plus longues et plus volumineuses que le C. tubéreux, mais d'un goût moins fin et se rapprochant plutôt de celui du panais.

Plusieurs autres ombellifères bisannuelles à racines naturellement charnues pourraient sans doute être amenées par la culture à faire de bons légumes.

CHAMPIGNON COMESTIBLE

Agaricus campestris L.

Fam. des *Champignons*.

Synonymes : Champignon de couche, Agaric comestible.

Noms étrangers : angl. Mushroom. all. Schwamm, Erdschwam. Pilz. flam. et holl. Kampernoelie. ital. Fungo pratajolo. esp. Seta, Hongo.

Le champignon cultivé est le même que le *champignon rose, Ch. des prés, Ch. de rosée,* ainsi désigné lorsqu'il se développe spontanément dans les prés ou les pâtures. Dans cette espèce comme dans la plupart des champignons, on prend habituellement pour la plante entière ce qui ne représente en réalité que les organes de la fructification. La plante véritable, celle qui se nourrit, s'accroît et finalement doit se préparer à fleurir, c'est le réseau de filaments blanchâtres qui constitue ce qu'on appelle le *blanc* de champignon. C'est, en termes botaniques, le *mycélium* du champignon. La végétation de ce mycélium, suspendue par la sécheresse, reprend toute son activité sous l'influence de l'humidité accompagnée d'une chaleur suffisante; elle est

Champignon comestible.
grandeur naturelle.

particulièrement vigoureuse dans le fumier de cheval, qui paraît être le milieu le plus favorable de tous pour le développement de cette espèce. Quand le champignon est sur le point de fleurir, il se renfle et produit de petites excroissances blanchâtres qui prennent bientôt la forme d'un petit parasol, ordinairement blanc à la surface supérieure, garni à la face inférieure de lames très minces, rayonnantes, d'un rose pâle d'abord, passant graduellement au brun. Ce parasol ou chapeau est porté sur un pied cylindrique, charnu, de couleur blanche. La couleur des lames du chapeau permet de distinguer le champignon comestible des espèces dangereuses, et heureusement rares, avec lesquelles on pourrait le confondre.

Il existe dans les cultures de Paris et des environs plusieurs variétés de Ch. de couche, qui diffèrent les unes des autres par la teinte et l'apparence de la peau. L'expérience a démontré que ces variétés, dont il existe trois principales : la blanche, la grise et la blonde, ne présentent pas une constance

6*

parfaite ; au bout de quelque temps et en dehors des circonstances particulières où elles ont pris naissance, elles perdent leurs caractères et reproduisent le Ch. blanc ordinaire. Il nous a semblé, après plusieurs essais comparatifs, que la variété blanche était préférable aux autres comme légume ; la variété blonde nous a paru moins tendre et moins parfumée ; la grise a, au contraire, un goût plus fort, mais elle a l'inconvénient de noircir les sauces, même quand elle est assez peu avancée.

Culture. — Le Ch. de couche peut être produit facilement partout et en toutes saisons, moyennant quelques soins que nous allons nous efforcer d'indiquer brièvement et aussi clairement que possible.

Les conditions essentielles pour obtenir un bon résultat consistent à faire la culture du champignon dans un terrain artificiel très riche et sous l'influence d'une température à peu près constante. C'est pour satisfaire à cette dernière condition, que les caves et les carrières sont très souvent employées à la culture du champignon ; mais tout autre local peut également bien convenir, pourvu que naturellement, ou par suite de l'emploi d'abris artificiels, la température n'y monte pas au delà de 30 degrés et descende le moins possible au-dessous de 10.

La première chose dont on doit s'occuper après le choix d'un emplacement convenable, c'est l'établissement de la couche qui doit servir à la production des champignons. L'élément essentiel en est le fumier de cheval, et de préférence celui qui provient d'animaux vigoureux, bien nourris et ne recevant pas par trop de litière. Il est désirable, en un mot, que le fumier soit chaud et pas trop pailleux. Ce fumier ne peut servir à la confection des couches tel qu'il sort de l'écurie, la fermentation en serait trop violente et donnerait une chaleur excessive. On peut en tempérer la force en y mêlant aussi intimement que possible un cinquième ou un quart de bonne terre de jardin. Les *couches* ou *meules* peuvent être immédiatement montées avec ce mélange, dont la fermentation lente ne donne qu'une chaleur soutenue et modérée ; il faut avoir soin de monter la meule sur un emplacement très sain et plutôt sec que frais, et, quand elle est terminée, on doit peigner avec soin les côtés, c'est-à-dire enlever les brins de paille qui dépassent, de manière à rendre les faces bien unies et bien fermes.

Si l'on veut employer le fumier pur, comme font les champignonnistes des environs de Paris, il faut le laisser jeter son feu avant de l'employer. Pour cela, on transporte le fumier, à la sortie de l'écurie, sur l'emplacement où il doit être préparé ; là, on en forme un tas carré d'un mètre de hauteur environ, qu'on monte par couches successives, en ayant soin de retirer tous les corps étrangers qui pourraient se trouver dans le fumier, et d'en mélanger également les différentes parties, pour que l'ensemble soit aussi homogène que possible. On mouille légèrement les parties qui paraîtraient trop sèches, puis on dresse proprement les côtés du tas et on les foule fortement, de manière à en réduire la hauteur à 0^m,80 environ. On le laisse dans cet état jusqu'à ce que la chaleur développée par la fermentation menace de devenir excessive, ce qui se reconnaît à la couleur blanche que commencent à prendre les parties les plus échauffées. Cet effet se produit d'ordinaire de six à dix jours après la mise en tas. Il faut alors défaire le tas et le remonter de la même façon

et avec les mêmes précautions que la première fois. Il faut, en outre, avoir
soin de placer dans l'intérieur le fumier qui se trouvait à l'extérieur en premier lieu, et dont la fermentation est par suite moins avancée.

En général, quelques jours après que le tas de fumier a été retourné, la
fermentation reprend assez de force pour qu'il soit nécessaire d'abattre
le tas et de le refaire une troisième fois.

Quelquefois, après la seconde opération, il est déjà suffisamment fait et
peut être employé au montage des meules. On reconnaît que le fumier peut
être employé sans danger à cet usage, quand il est devenu brun, que la paille
dont il est composé a presque entièrement perdu sa consistance, qu'il est
élastique, onctueux au toucher, et que son odeur n'est plus celle du fumier
frais. Il est difficile d'obtenir une bonne préparation du fumier si l'on
n'opère pas sur une certaine
quantité à la fois ; on ne peut
guère traiter convenablement
un tas de moins d'un mètre
cube : c'est là une cause fréquente d'insuccès dans les
cultures bourgeoises ; on doit
tâcher de l'éviter, et, si les
meules à monter en deman-
dent une moindre quantité, il
faut néanmoins en préparer
au moins un mètre. Ce qui
ne servira pas aux champignons conserve sa valeur pour
toutes les autres cultures potagères.

Le fumier est alors transporté à l'endroit où doivent
être faites les meules, et mis
en place immédiatement.

On peut donner aux meules
la forme et les dimensions
que l'on veut, mais l'expé-

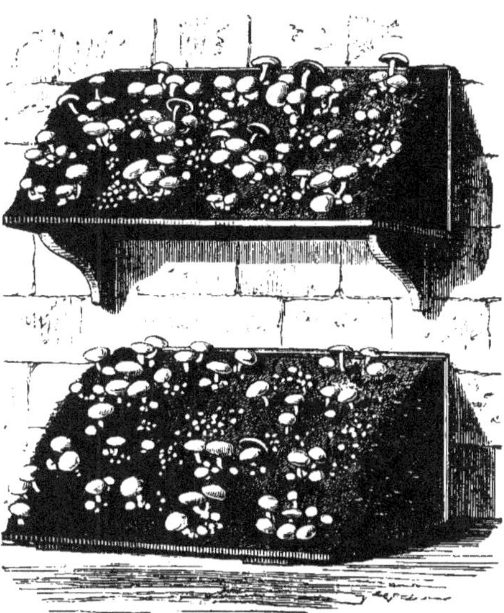

Petites meules mobiles, à une pente, superposées
et adossées à une muraille.

rience a montré que la meilleure manière d'utiliser complètement le fumier et l'espace dont on dispose, consiste à donner aux meules une hauteur
de 0^m,50 à 0^m,60, avec une largeur à peu près égale à la base. Une éléva-
tion excessive de la température, par suite de la reprise de la fermentation,
est ainsi moins à craindre que si les meules étaient plus grandes. Lorsqu'on
dispose d'un espace assez étendu, on préfère les meules à deux pentes ou
en dos d'âne, auxquelles on peut donner une longueur illimitée, en leur conservant la hauteur et la largeur indiquées plus haut. La largeur, au contraire,
doit être moindre que la hauteur, lorsque les meules doivent être appuyées
d'un côté et, par conséquent, ne présenter qu'une pente. On peut encore
monter des meules soit dans de vieux baquets, soit dans des tonneaux sciés
en deux, soit sur de simples planchettes, en leur donnant la forme d'un

cône, ou bien celle des tas de cailloux que l'on voit sur les routes. De cette façon, il devient possible d'introduire ces meules toutes montées dans des caves ou des portions d'habitation où l'on n'aimerait pas à faire entrer du fumier en nature et à faire le travail du montage des couches.

Les meules ainsi établies, il convient d'attendre quelques jours avant d'y placer le blanc, pour voir si la fermentation n'y recommence pas d'une façon excessive. On peut, en général, juger approximativement au simple toucher s'il en est ainsi ; mais il est plus sûr d'employer un thermomètre. Tant que la température est supérieure à 30 degrés, la couche est trop chaude, et il faut, ou attendre qu'elle se tempère, ou mieux l'aérer en y pratiquant, au moyen d'un bâton, quelques ouvertures par où s'échappe la chaleur. Quand la température se maintient assez uniformément aux environs de 25 degrés, il est temps de placer le blanc sur la couche.

Culture du champignon dans un baquet.

On a quelquefois la chance de trouver dans les vieilles couches, ou au bord des tas de fumier, du blanc de champignon qui s'y est développé spontanément. On peut s'en servir pour garnir les couches, mais on obtient un succès plus prompt et plus assuré en employant le blanc desséché qu'on trouve dans le commerce en toutes saisons, et qui peut se garder d'une année à l'autre avec la plus grande facilité. Quelques jours avant d'introduire le blanc dans la couche, il est bon de l'exposer à l'influence d'une humidité tiède et modérée : c'est ce qu'on appelle le faire revenir. Quand on a observé cette précaution, la reprise est généralement plus prompte et plus certaine.

Pour garnir les meules, on opère de la manière suivante : On divise les morceaux ou galettes de blanc en fragments ayant à peu près

Petite meule portative à deux pentes, découverte et en pleine production.

l'épaisseur et la longueur de la main et seulement la moitié de sa largeur, et on les introduit sur les faces de la meule en les espaçant de 0^m,25 à 0^m,30 en tous sens. Sur les meules de 0^m,50 à 0^m,60 de haut, qui sont les plus ordinaires, on a l'habitude de placer deux rangs de ces fragments, qu'on appelle *lardons* ou *mises*, en ayant soin de placer les lardons du rang supérieur au-dessus de l'intervalle qui sépare ceux de l'autre rangée. Les lardons doivent être entrés dans la couche de toute leur longueur ; on les introduit avec la main droite, pendant que de la gauche on soulève et écarte le fumier pour leur faire place. Si la meule est montée dans un endroit à température constante et suffisamment élevée, il n'y a plus qu'à attendre la reprise du plant ; si, au contraire, elle est placée au dehors ou exposée à des changements de température, il faut la recouvrir d'une enveloppe de paille, de fumier long ou de foin, qu'on appelle *chemise*, et qui sert à confiner autour de la meule une certaine quantité d'air participant de sa température chaude et uniforme.

Si le travail a été bien fait et si les conditions sont favorables, le blanc doit commencer à végéter sept ou huit jours après le lardage des meules ; il est bon de s'en assurer à ce moment, et de remplacer les lardons qui n'auraient pas pris : ce qui se reconnaît à l'absence de filaments blancs dans le fumier qui les entoure. Quinze jours à trois semaines après le lardage, le blanc doit avoir envahi toute la meule et commencer à se montrer à la surface : il faut alors recouvrir de terre les côtés et le dessus de la meule. C'est

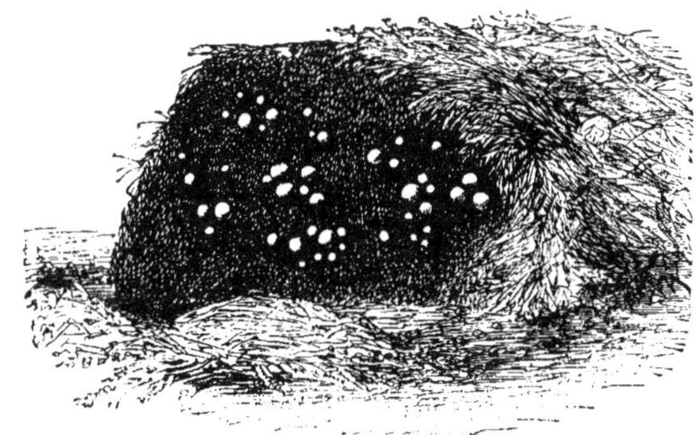

Meule à deux pentes, en production, en partie découverte et en partie
garnie de sa chemise.

l'opération que les champignonnistes appellent *gobeter* ou *gopter*. Il convient d'employer pour cet usage de la terre légère plutôt que trop compacte ; elle doit être légèrement humectée sans être mouillée, et il est très utile qu'elle soit un peu salpêtrée ; si elle ne l'est pas naturellement, on peut y ajouter une certaine proportion de vieux plâtras finement pulvérisés, ou bien l'arroser d'avance avec du purin. Le revêtement de terre doit avoir environ $0^m,02$ d'épaisseur et être fortement tassé contre le fumier, de manière à y adhérer en tous ses points. Bien entendu, si la meule était recouverte d'une chemise, il faudrait la remettre en place après le goptage pour lequel on l'aurait enlevée. Il est souvent possible de se dispenser entièrement d'arroser les meules à champignons ; en tous cas, les arrosages doivent être très modérés et ne se donner que quand la surface de la terre devient tout à fait sèche.

Quelques semaines après l'opération du goptage, et plus ou moins rapidement suivant la température, les champignons commencent à paraître. On doit avoir soin, à mesure qu'on les cueille, de remplir le vide qu'ils laissent avec la même terre qui a servi à recouvrir la meule. La production, laissée à elle-même, se prolonge en général pendant deux ou trois mois. On peut entretenir plus longtemps la fertilité des meules au moyen d'arrosages faits avec de l'eau additionnée de purin, de guano ou de salpêtre. Si l'eau des arrosages peut être donnée à une température de 20 à 30 degrés, le résultat est d'autant meilleur ; mais il faut arroser avec beaucoup de précautions, pour ne pas salir ou endommager les champignons en voie de développement.

En montant à couvert trois ou quatre couches par an, on peut donc s'assurer d'une production continue ; en outre, pendant toute la belle saison, on peut monter des couches au dehors et obtenir à très peu de frais des meules d'une production abondante. Les couches qui servent aux autres cultures forcées peuvent être, sur leurs côtés et dans les intervalles des autres plantes, lardées de blanc de champignon, et donneront souvent de bons produits, pourvu que la température leur soit convenable, et qu'on ait soin de protéger les jeunes champignons par une légère couverture de terre au moment où ils commencent à se développer.

CHATAIGNE D'EAU. — Voy. MACRE.

CHENILLE GROSSE

Scorpiurus vermiculatus L.

Fam. des *Légumineuses.*

NOMS ÉTRANGERS : ANGL. Common caterpillar. ALL. Grosser Raupenklee.
ITAL. Erba bruca.

Chenille grosse.
Fruit de grandeur
naturelle.

Indigène. — Annuelle. — Plante à tige couchée, presque rampante ; feuilles oblongues, à pétioles rétrécis ; fleurs petites, jaunes. Gousse assez grosse, roulée sur elle-même et marquée de sillons longitudinaux qui disparaissent presque entièrement sous des rangées de tubercules pédicellés qui les séparent et qui se rejoignent presque les uns les autres par leur sommet renflé et épaissi. Graine grosse, oblongue, aplatie aux extrémités, jaunâtre. Un gramme contient trois gousses, et le litre pèse environ 200 grammes ; la durée germinative est de six années.

CHENILLE PETITE

Scorpiurus muricatus L.

SYNONYME : Chenillette.

NOMS ÉTRANGERS : ANGL. Prickly caterpillar. ALL. Kleiner Raupenklee, Scorpionskraut. FLAM. et HOLL. Schorpioen-kruid. ESP. Escorpioides, Orugas.

Indigène. — Annuelle. — Gousse étroite, contournée comme une chenille roulée sur elle-même, marquée de sillons longitudinaux, séparés sur la partie extérieure de la courbe par des crêtes brunâtres, hérissées de pointes aiguës et crochues qui imitent assez bien les poils rudes dont sont recouvertes certaines chenilles. Graine assez grosse, courbée, ridée, jaunâtre.

CHENILLE RAYÉE

Scorpiurus sulcatus L.

Noms étrangers : angl. Furrowed caterpillar. all. Gestreifter Raupenklee.

Indigène. — *Annuelle.* — Gousse contournée sur elle-même, faisant environ deux tours complets, renflée à l'endroit des graines, profondément marquée, sur la partie extérieure, de six sillons lisses, grisâtres, séparés par des crêtes en relief teintées de brun violacé et hérissées d'aspérités en forme de dents, sensibles surtout sur les deux crêtes centrales.

Chenille rayée.
Fruit de grandeur naturelle.

Graine assez semblable à celle de la Ch. petite, mais un peu plus grosse.

CHENILLE VELUE

Scorpiurus subvillosus L.

Indigène. — *Annuelle.* — Gousse ressemblant beaucoup à celle de la Ch. petite, mais un peu plus longue, plus enroulée, et faisant jusqu'à trois ou quatre tours sur elle-même; les quatre crêtes dorsales sont garnies de pointes raides, aiguës et crochues; elles sont plus ou moins teintées de brun violacé. Graine un peu plus grosse que celle de la Ch. petite.

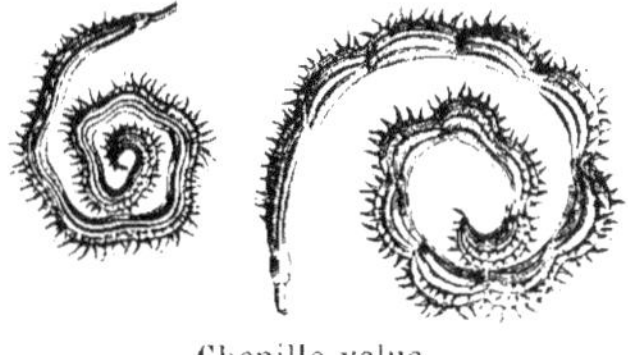

Chenille velue.
Fruit de grandeur naturelle.

Ces trois dernières espèces de chenilles, en gousses, pèsent environ 180 grammes par litre; un gramme en contient 6; la durée germinative est de six années.

Culture et usage. — La culture de toutes les espéces de chenilles est des plus simples. On les sème en place en avril ou mai, et elles commencent à produire au bout de deux ou trois mois, sans exiger aucun soin. Elles ne sont guère cultivées, du reste, qu'à titre de curiosité, à cause de la singulière apparence de leurs jeunes gousses, qui imitent d'une façon frappante diverses sortes de chenilles; cette particularité les fait quelquefois introduire dans les salades, dans le but de causer aux personnes qui ne les connaissent pas des surprises innocentes, mais d'un goût médiocre.

CHERVIS

Sium Sisarum L.

Fam. des *Ombelliferes.*

Synonymes : Chirouis, Giroles.

Noms étrangers : angl. Skirret. all. Zuckerwurzel. flam. Suikerwortel. dan. Sukkerrod. ital. Sisaro. esp. Chirivia tudesca. port. Cherivia.

Chine. — Plante *vivace* à racines nombreuses, renflées, formant un faisceau à partir du collet, un peu comme celles du dahlia, mais beaucoup plus longues et plus minces ; feuilles composées, à folioles assez larges, luisantes, d'un vert foncé, produisant la seconde année, et souvent dès la première, des tiges de 1 mètre à 1ᵐ,50, cannelées, lisses ; fleurs petites, blanches, en ombelles. Graine de couleur brune, oblongue, courbe, presque cylindrique, marquée de cinq sillons longitudinaux ; un gramme en contient 600 et le litre pèse 400 grammes ; sa durée germinative est de trois années. Les racines sont d'un blanc grisâtre ; la chair en est ferme, très blanche, sucrée ; elle entoure une mèche centrale, ligneuse, plus ou moins développée, qui nuit beaucoup à la qualité du légume si on la laisse, et qui, d'autre part, est très difficile à enlever.

Culture. — Le chervis peut se propager, soit par le semis, soit par éclats ou par divisions de racines. Le semis se fait à l'automne ou au premier printemps. Quand les jeunes pieds ont quatre ou cinq feuilles, on les plante à demeure dans une bonne terre fraîche, riche et bien fumée ; dès l'automne suivant, le produit est assez considérable. Le chervis, aimant beaucoup l'eau, doit recevoir pendant tout l'été des arrosements abondants. La plantation des racines ou des éclats de vieux pieds se fait au mois de mars ou d'avril, et les soins de culture sont les mêmes que pour les plants venus de semis.

Chervis.
réd. au vingtième ; les racines au huitième.

Les auteurs s'accordent à dire que le chervis est originaire de la Chine. On doit reconnaître au moins que l'importation en est fort ancienne, car il est déjà cité comme une plante d'une culture usuelle par Olivier de Serres, qui croit la plante originaire d'Allemagne, d'où elle aurait été apportée en Italie par l'empereur Tibère. Quoi qu'il en soit, la culture paraît en avoir été plus générale il y a deux ou trois siècles qu'elle ne l'est aujourd'hui.

On a prétendu que la racine des plantes obtenues par division présentait une mèche ligneuse moins prononcée que les plantes venues de graine. Le fait n'est exact que si l'on choisit avec soin les pieds qu'on multiplie. Les plantes sortant d'un même semis sont très différentes les unes des autres au point de vue du développement de cette mèche : il est évident que par un choix judicieux on peut propager les meilleures à l'exclusion de toutes les autres.

Le chervis étant très rustique, les racines peuvent être laissées en terre pendant tout l'hiver et arrachées seulement au fur et à mesure des besoins.

Usage. — Les racines, qui sont tendres, sucrées et légèrement farineuses, s'emploient à la manière des salsifis ou des scorsonères.

CHICON. — Voy. LAITUE-ROMAINE.

CHICORÉE ENDIVE

Cichorium Endivia L.

Fam. des *Composées*.

Noms étrangers : angl. Endive. all. Endivien, Winter-E. flam. et holl. Andijvie.
dan. Endivien. ital. Indivia, Endivia. esp. Endivia, Escarola. port. Endivia.

Inde. — *Annuelle et bisannuelle.* — Plante à feuilles radicales nombreuses, étalées en rosette, glabres, lobées et découpées plus ou moins profondément; tige creuse, de 0^m,50 à 1 mètre, cannelée, rameuse; fleurs bleues,
axillaires, sessiles. Graine petite, anguleuse, allongée, de couleur grise, terminée en pointe d'un côté, couronnée de l'autre par une sorte de collerette
membraneuse ; un gramme en contient environ 600 et le litre pèse 340 grammes ; la durée germinative en est de dix ans.

Toutes les variétés qui sortent du *Cichorium Endivia* se reconnaissent à
leurs feuilles complètement glabres, tant sur le limbe que sur les pétioles,
et par leur tempérament plus délicat, qui les rend beaucoup plus sensibles au
froid que les races cultivées du *Cichorium Intybus*.

Culture. — La chicorée endive se développant assez rapidement et étant
une des plantes potagères les plus estimées, on est parvenu à en obtenir
à peu près en tout temps. Les jardiniers des environs de Paris commencent
en avril les semis en pleine terre et les continuent jusqu'à la fin d'août; en
septembre et octobre, ils sèment sous cloches, et de décembre en avril sur
couche. Autant que possible, on ne se sert, pour la culture en pleine terre,
que de plants semés également en pleine terre: celui qui a été élevé sur couche
étant exposé à monter dès la première année. Le plant se repique quand il est
déjà assez fort et qu'il a sept ou huit feuilles ; on espace les plantes de 0^m,25
à 0^m,40 selon les variétés, et l'on donne, tant au moment de la reprise que
pendant le cours de la végétation, d'abondants et fréquents arrosages.

On commence à récolter des chicorées en pleine terre dès le mois d'août,
et l'on peut, avec quelques précautions, en conserver, soit sur place, soit
dans la serre à légumes, jusqu'à la fin de l'hiver. Pendant tout le reste de
l'année, on consomme des chicorées élevées sous cloches ou sous châssis.

On est dans l'usage de blanchir les chicorées avant de les récolter. On
attend pour cela que la plante ait pris à peu près tout son développement,
puis on l'attache au moyen d'un ou de deux liens, en réunissant toutes les
feuilles ensemble, de manière à soustraire complètement le cœur de la plante
à l'action de la lumière; on laisse la chicorée en place et l'on continue les
arrosements, s'il est nécessaire, mais en évitant de faire pénétrer de l'eau
dans le cœur de la plante, ce qui pourrait en amener la pourriture. La chicorée ainsi traitée est bonne à consommer au bout d'une vingtaine de jours.
Les plantes qui se trouvent encore sur pied lorsque les froids commencent, peuvent achever leur végétation en place au moyen d'une couverture de
feuilles ou de paillassons qu'on enlève si le temps se radoucit. La récolte en
pleine terre des diverses chicorées, et notamment de la scarole, peut ainsi
être prolongée souvent de plusieurs semaines. Les plantes qui se forment en
dernier lieu peuvent être transportées en mottes dans la serre à légumes, où

on les blanchit. Pour le détail de la culture forcée des chicorées, nous renvoyons aux traités spéciaux de culture maraîchère et de primeurs.

Usage. — Les feuilles s'emploient cuites ou en salade.

CHICORÉE FINE D'ÉTÉ.

SYNONYMES : Ch. d'Italie, Ch. barbe-de-capucin.

NOMS ÉTRANGERS : ANGL. Small green curled summer endive. ALL. Fein-gekrauste italienische Sommer-Endivien, Plumage *oder* Feder-Endivien.

On rencontre sous ce nom, dans les cultures, des plantes appartenant à deux races bien distinctes ; toutes les deux sont fort répandues, nous allons donc les décrire l'une et l'autre.

La Ch. fine d'été, *race de Paris*, ou Ch. fine d'Italie, est la plus anciennement connue des deux races. Elle a les feuilles disposées en rosette serrée, pleine, même au centre, et de 0^m,30 à 0^m,35 de diamètre. Les feuilles sont très découpées dans la moitié supérieure ; les segments en sont fins, très nombreux, peu frisés ; la moitié inférieure est réduite à une côte large de 7 à 8 millimètres et légèrement rosée, surtout à la base.

La Ch. fine d'été, *race d'Anjou*, a commencé à se répandre surtout depuis une dizaine d'années ; elle tend à remplacer l'ancienne race, sur laquelle elle possède en effet une supériorité marquée. Elle forme une rosette à peu près aussi large, mais beaucoup plus épaisse et plus bombée ; les feuilles en sont très nombreuses, ser-

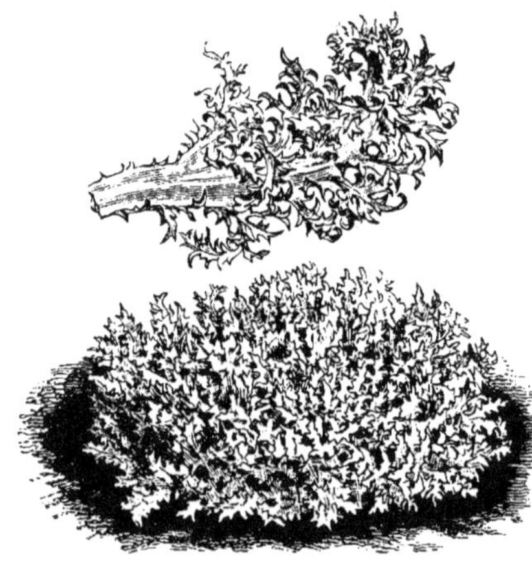

Chicorée fine d'été (race d'Anjou).
réd. au huitième.

rées les unes contre les autres ; la côte en est complètement blanche à la base, large de 12 à 15 millimètres, et bordée, dans sa moitié inférieure, de segments foliacés tout blancs et fins comme des fils. Dans la moitié supérieure de la feuille, la côte s'élargit sensiblement, se contourne souvent d'une manière plus ou moins marquée, prend une teinte verte, et enfin donne naissance à des divisions foliacées très découpées et déchiquetées, mais très peu frisées, d'un vert franc, qui passe au jaune de beurre dans le cœur de la plante. Les extrémités des feuilles s'entrecroisent de telle façon qu'on a peine à les distinguer les unes des autres, et qu'une touffe de cette chicorée ressemble presque à une grosse plaque de mousse.

Les deux races de Ch. fine d'été se cultivent de la même façon ; elles conviennent l'une et l'autre à la culture forcée aussi bien qu'à la pleine terre, surtout pour l'été et le commencement de l'automne. A l'arrière-saison, elles ont l'inconvénient de pourrir facilement.

CHICORÉE FRISÉE DE MEAUX.

Synonyme : Ch. petite Simone.

Noms étrangers : Angl. Small green curled winter endive. All. Fein-gekrauste
Meaux Endivien.

Plus large mais moins pleine que la Ch. fine d'été, atteignant un diamètre
de 0ᵐ,40 à 0ᵐ,45. Les feuilles sont plus longues, et leurs divisions plus
frisées et crépues que dans la
Ch. fine d'été. La côte, teintée
de rose dans sa partie inférieure, atteint facilement 12 à 15
millimètres de largeur et est
garnie, dans toute sa partie
moyenne, de segments foliacés
très découpés, crépus et frisés ;
la feuille se termine par une
portion de limbe entière et presque unie, garnie sur le pourtour de découpures contournées
et frisées.

Chicorée frisée de Meaux.
réd. au huitième.

Un peu moins hâtive, mais plus rustique que les précédentes, cette
variété convient particulièrement pour l'automne.

CHICORÉE FRISÉE DE PICPUS.

Cette variété présente à peu près les mêmes dimensions que la Ch. de
Meaux ; le diamètre de la ro-
sette qu'elle forme est d'environ
0ᵐ,35 à 0ᵐ,40, mais les divisions des feuilles sont beaucoup plus nombreuses et plus
finement déchiquetées ; le centre de la rosette est plus ferme
et plus plein que dans la Ch.
de Meaux. Les deux diffèrent
surtout par l'aspect des lobes
extrêmes des feuilles, qui sont
très étroits et presque réduits
à la côte dans la Ch. de Picpus,
tandis que dans la Ch. de Meaux
ils ont une certaine ampleur.
En outre la côte, qui est beaucoup plus étroite que dans la
Ch. de Meaux, est complètement dépourvue de teinte

Chicorée frisée de Picpus.
réd. au huitième.

rosée, et de place en place dégarnie, sur une certaine longueur, de toute
expansion foliacée, ce qui lui donne un aspect tout particulier.

La Ch. de Picpus est très bonne et très rustique ; elle convient surtout
pour la culture en pleine terre.

CHICORÉE FINE DE ROUEN.

SYNONYMES : Ch. rouennaise, Ch. corne de cerf, Ch. perruque à Mathieu.

NOMS ÉTRANGERS : ANGL. Stag's horn endive. ALL. Feine Hirschhorn Endivien.
DAN. Hjorteks Endivien.

Chicorée fine de Rouen.
réd. au huitième.

Belle variété très distincte, formant de larges rosettes très pleines, atteignant un diamètre de $0^m,35$ à $0^m,40$. Les divisions des feuilles sont moins fines et beaucoup moins frisées que celles des variétés que nous avons énumérées jusqu'ici. L'ensemble du feuillage présente aussi une teinte générale plus terne et plus grise. La côte, épaisse, mais très étroite, est complètement blanche.

La Ch. fine de Rouen est une des plus cultivées à Paris et dans tout le nord de la France; elle convient particulièrement pour la pleine terre. Sa rusticité permet d'en continuer longtemps la récolte à l'arrière-saison.

CHICORÉE DE LOUVIERS.

Cette variété, qui paraît sortie de la Ch. fine de Rouen, constitue une forme bien distincte et recommandable; elle donne des rosettes moins larges, mais plus pleines, plus serrées et plus bombées que celles de la Ch. de Rouen. La teinte du feuillage est plus pâle, mais les divisions des feuilles sont plus régulières et plus étroites; le cœur en est extrêmement plein, de sorte que la Ch. de Louviers, tout en occupant moins de place que celle de Rouen, peut donner un produit tout aussi considérable.

Chicorée de Louviers.
réd. au huitième.

Il résulte aussi de sa forme presque hémisphérique que les feuilles blanches s'y trouvent en plus forte proportion que dans les autres races, eu égard au volume de la touffe; elle donne donc plus de produit utile à volume égal.

CHICORÉE MOUSSE.

Noms étrangers : angl. Moss-curled endive, Triple-curled E. all. Sehr fein-gekrauste Moos-Endivien.

Rosettes assez petites, ne dépassant guère 0^m,25 à 0^m,30 de diamètre et rarement très compactes ; feuillage d'un vert franc, foncé, extrêmement découpé, déchiqueté, frisé et crépu au point qu'il devient presque difficile de distinguer les feuilles les unes des autres, et que l'ensemble de la plante rappelle l'aspect d'une touffe de mousse ; côtes étroites, très blanches.

Cette variété n'est pas d'un grand produit, mais elle est quelquefois recherchée à cause de son aspect particulier ; occupant peu de place, elle se prête facilement à la culture sous cloche.

Chicorée mousse.
réd. au huitième.

On rencontre parfois, sous le nom de *Ch. courte à cloche*, une variété également très ramassée, qui paraît intermédiaire entre la Ch. mousse et la Ch. fine d'été, tout en se rapprochant davantage de cette dernière.

CHICORÉE FRISÉE DE RUFFEC.

Synonyme : Ch. Béglaise (de Bordeaux).

Rosettes très amples, atteignant 0^m,40 à 0^m,45 de diamètre, ressemblant

Chicorée frisée de Ruffec.
réd. au huitième.

un peu, à première vue, à celles de la Ch. de Meaux, mais plus touffues et plus pleines dans le centre ; côtes des feuilles très blanches, épaisses, très

tendres et très charnues, larges de 0^m,02 environ, mais paraissant beaucoup
plus amples par le blanchissement d'une grande partie du limbe même de la
feuille, qui, dans le reste de son étendue, est déchiqueté et frisé, à peu près
à la manière de la Ch. de Meaux.

La Ch. de Ruffec est assurément une des meilleures variétés pour la culture en pleine terre ; elle convient également bien pour l'été et pour l'automne, et nous n'en connaissons pas qui résiste mieux au froid : nous l'avons
vue supporter en pleine terre, avec une simple couverture de feuilles, des
hivers qui faisaient périr toutes les autres variétés.

CHICORÉE FRISÉE IMPÉRIALE.

Nom étranger : all. Krause imperial Endivien.

Belle chicorée frisée, formant des rosettes larges, hautes et très fournies,
et présentant plus d'analogie avec la Ch. de Ruffec qu'avec toute autre race.
Elle en diffère par la teinte plus blonde de son feuillage, par la largeur plus
grande des divisions de ses feuilles, qui sont moins finement découpées que
celles de la Ch. de Ruffec, mais très frisées et plissées. La Ch. impériale est
surtout remarquable en ce que les feuilles n'y sont pas, comme dans les
autres variétés, réduites, à la base, à une simple côte, mais larges de 0^m,02
à 0^m,04 jusqu'en bas, et complètement blanches sur la moitié au moins de
leur longueur.

CHICORÉE TOUJOURS BLANCHE.

Synonyme : Ch. très frisée dorée.

Noms étrangers : angl. White curled endive. all. Von Natur gelbe Endivien.

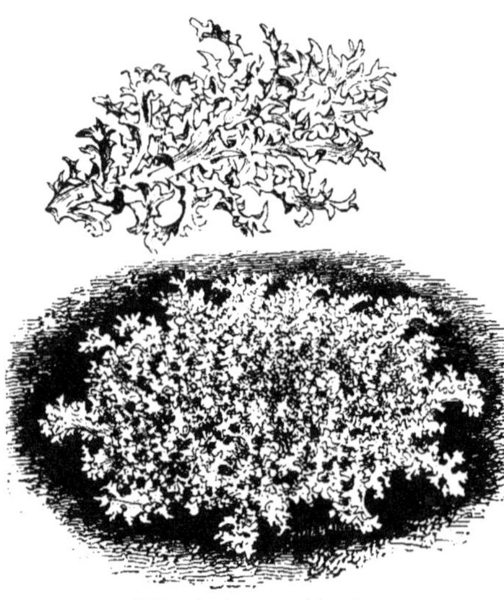

Rosettes peu garnies et peu pleines, de 0^m,35 à 0^m,40 de diamètre ; côtes étroites, lavées de rose ; feuillage d'une teinte extrêmement pâle, analogue à celle des parties blanchies artificiellement dans les autres chicorées. Cette teinte particulière est son principal avantage, car elle n'est ni très productive, ni d'une qualité remarquable ; mais son apparence la fait toujours accueillir avec faveur sur les marchés.

On cultivait autrefois une race de Ch. toujours blanche à feuille plutôt ondulée et frisée que bien découpée ; elle a été abandonnée depuis l'adoption de la race très finement laciniée que l'on cultive aujourd'hui.

Chicorée toujours blanche.
réd. au huitième.

CHICORÉE VERTE D'HIVER OU CH. DE LA PASSION.

Noms étrangers : angl. Large green curled endive. all. Grüne fein-gekrauste
Winter-Endivien.

Ce n'est que dans les climats les plus chauds ou les plus maritimes de la
France que les chicorées endives peuvent être sans danger laissées dehors
pendant l'hiver. La Ch. de la Passion, recommandée souvent comme tout à
fait rustique aux environs de Paris, est en réalité à peu près aussi sensible
au froid que les autres variétés, surtout que la Ch. de Ruffec, une des plus
résistantes. Elle forme une rosette large de 0^m,50 au plus, peu pleine dans
le cœur, composée de feuilles longues, droites, très découpées et un peu
frisées, d'un vert plus foncé que celui d'aucune autre race de chicorée endive.
C'est, en somme, une variété peu perfectionnée, et qui diffère à peine de la
race à demi sauvage qui se cultive en Provence sous le nom de *Ch. verte* ou
Ch. frisée, et qu'on appelle ailleurs *Ch. du Midi*.

CHICORÉE BATARDE DE BORDEAUX.

La Ch. bâtarde de Bordeaux, race peu répandue en dehors de son pays
d'origine, forme assez exactement la transition entre les chicorées frisées et
les scaroles. C'est une plante vigoureuse, à feuilles longues et larges, plutôt
lobées que franchement découpées, qui formeraient une rosette de 0^m,50 au
moins de diamètre, si elles n'avaient plus de tendance à se relever en gobelet
qu'à s'étaler sur le sol ; le cœur n'en est pas très plein, mais, en liant les
feuilles, on fait blanchir très convenablement l'intérieur de la touffe, et l'on
obtient ainsi une salade abondante et assez tendre.

Dans le Sud-Ouest, cette variété passe l'hiver en pleine terre ; à Paris, elle
résiste bien aux premiers froids.

CHICORÉE-SCAROLE RONDE.

Synonymes : Scarole verte, Escarole, Scariole, Scarole bouclée, Sc. courte,
Sc. langue-de-bœuf, Sc. de Meaux, Endive de Meaux.

Noms étrangers : angl. Batavian endive. all. Ganz grosse vollherzige Escariol.
holl. Escarol, Kropandijvie. dan. Bretbladet batavisk Endivien. ital. Endivia
scariola. esp. Escarola de hojas anchas.

Rosettes larges, atteignant
facilement 0^m,40 de diamètre ;
feuilles entières, dentées sur
les bords et plus ou moins contournées ou ondulées, à côtes
blanches, larges, épaisses. Les
feuilles du centre, en partie
repliées en dedans, tendent à
couvrir et à abriter le cœur
de la plante, formant ainsi une
sorte de pomme basse assez
prononcée : lorsque la scarole

Scarole ronde.
réd. au huitième.

est dans cet état, les jardiniers disent qu'elle est *bouclée*. Bien cultivée et blanchie artificiellement par le procédé que nous avons indiqué en parlant de la culture, cette plante fournit une des meilleures salades d'hiver : les feuilles intérieures, blanchies, sont particulièrement tendres, croquantes et d'un goût très fin et très agréable. La scarole ronde est de beaucoup la plus cultivée de toutes.

SCAROLE GROSSE DE LIMAY.

Feuilles très amples, disposées en rosace, d'un vert un peu pâle, gaufrées, entières, les intérieures découpées en lobes assez profonds, mais peu nombreux, fortement gaufrées et formant une sorte de cœur ou pomme assez forte.

Cette variété est plus grosse que la Sc. ronde ; elle lui est préférée dans quelques localités des environs de Paris, sans que les motifs de cette préférence soient bien apparents.

SCAROLE BLONDE.

Synonymes : Scarole à feuilles de laitue, Chicorée blanche large de Hollande.

Noms étrangers : ANGL. White batavian endive. ALL. Gelbe glatte vollherzige Escariol.

Rosettes un peu plus larges que celles de la Sc. ronde ou verte, mais moins pleines et s'en distinguant surtout par la couleur très pâle du feuillage. La Sc. blonde pomme beaucoup moins que l'autre variété et se coupe généralement jeune, avant d'avoir pris tout son développement ; elle est aussi moins rustique que la Sc. verte et plus sujette à se tacher par l'humidité, mais sa couleur presque blanche

Scarole blonde.
réd. au huitième.

la fait apprécier comme salade. On la cultive surtout pour l'été et l'automne, et on l'obtient toujours tendre au moyen de semis successifs.

SCAROLE EN CORNET.

Synonymes : Sc. Béglaise, Sc. d'hiver.

Nom étranger : ALL. Grüne breitblättrige Winter-Escariol.

Variété très différente, comme aspect, des autres chicorées endives et même des autres scaroles. Les feuilles sont, dans celle-ci, moins nombreuses, mais beaucoup plus amples, étant presque aussi larges que longues, découpées sur les bords en dents longues et nombreuses. Les côtes paraissent se ramifier dès la base de la feuille et s'étendre en divergeant dans toutes les directions. La feuille, pliée d'abord dans le cœur de la plante, se développe en s'étalant un peu à la manière d'un cornet qui s'ouvre ; souvent elle forme une sorte de capuchon qui continue à envelopper assez longtemps les feuilles plus jeunes et plus intérieures, constituant ainsi une véritable pomme. Améliorée dans ce sens, la Sc. en cornet donnerait une excellente salade d'hiver, car elle est relativement rustique et supporte en pleine terre les hivers ordinaires du climat de Paris, pourvu qu'on la protège avec des feuilles et des paillassons. La Sc. en cornet est une variété qui convient particulièrement à l'ouest et au midi de la France.

Scarole en cornet.
réd. au huitième.

Il est possible qu'avec des soins et de la persévérance, on arrive à obtenir de cette plante une sous-variété complètement pommée, comme une laitue ou un chou cabus, mais il est à craindre que sa rusticité ne laisse à désirer dans le Nord et le Centre.

CHICORÉE SAUVAGE

Cichorium Intybus L.

Fam. des *Composées.*

SYNONYMES : Ch. amère, Ch. barbe-de-capucin.

NOMS ÉTRANGERS : ANGL. Chicory, Succory. ALL. Wilde *oder* bittere Cichorie. DAN. Sichorie. ITAL. Cicoria selvatica, Radicchio, Radicia. ESP. Achicoria amarga o agreste. PORT. Chicoria.

Indigène. — Vivace. — Feuilles radicales, d'un vert foncé, sinuées, à lobes aigus, dentés ou découpés, à côtes étroites, velues, souvent rougeâtres ; tiges de 1m,50 à 2 mètres, cylindriques, pubescentes, vertes ou rougeâtres, à rameaux étalés : fleurs bleues, grandes, presque sessiles, axillaires. Graine ordinairement plus petite, plus brune et plus luisante que celle de la chicorée endive ; au nombre d'environ 700 dans un gramme et pesant 400 grammes par litre. Sa durée germinative est de huit années.

La Ch. sauvage, commune presque partout à l'état spontané, a été employée de tout temps comme salade et plante médicinale. La culture en rend le produit plus abondant et en améliore la qualité en atténuant l'amertume des

feuilles. Forcée l'hiver, à l'abri de la lumière, la Ch. sauvage ordinaire fournit un produit très estimé sous le nom de *Barbe-de-capucin*; une de ses
variétés cultivées donne, dans les mêmes conditions, un légume très apprécié
en Belgique, où il est connu sous le nom de *Witloof*.

Culture. — La Ch. sauvage ordinaire est d'une culture extrêmement facile.
On la sème au printemps en place, en rayons et le plus souvent en bordure;
le semis se fait d'ordinaire très dru : les feuilles de chicorée sont par suite
très serrées les unes contre les autres. On les récolte au fur et à mesure des
besoins, en les coupant un peu au-dessus de terre avec une faucille ou un
couteau; elles peuvent être ainsi coupées plusieurs fois dans l'année. Il est
bon de faire chaque année de nouveaux semis et de détruire les anciens,
dont le produit diminue et qui tendent à monter à graine.

Chicorée sauvage ordinaire (Barbe-de-capucin).
réd. au sixième.

Pour produire la *Barbe-de-capucin*, on se sert de plantes semées assez clair en pleine terre vers le mois de juin. A l'entrée de l'hiver, on les arrache, on coupe les feuilles à 0m,01 environ au-dessus du collet de la racine; puis on monte, dans un endroit obscur et dont la température n'est pas trop froide, des sortes de talus composés de lits alternatifs de sable ou de terre saine, et de racines de chicorée, qu'on a soin de placer la tête ou le collet en dehors, de telle sorte que les feuilles puissent se développer librement. On arrose légèrement si la terre employée paraît trop sèche, puis on laisse le tas à lui-même, et au bout de trois semaines

environ, si la température n'est pas trop basse, on peut récolter des feuilles
longues de 0m,20 à 0m,25. Depuis quelques années, on a commencé, auxe
environs de Paris, à employer pour ce genre de culture la chicorée à gross
racine, qu'on laisse parvenir à la grosseur du doigt avant de la forcer. Ces
racines, bien droites et bien régulières, sont faciles à placer en tas, et les
feuilles en sont généralement plus larges et plus vigoureuses que celles de
la Ch. sauvage ordinaire.

Usage. — On mange les feuilles en salade, soit à l'état naturel, soit blanchies par étiolement; hachées en lanières étroites et assaisonnées à l'huile et
au vinaigre, elles sont très employées dans certains pays comme assaisonnement du bœuf bouilli.

CHICORÉE SAUVAGE A GROSSE RACINE.

Synonyme : Ch. à café.

Noms étrangers : Angl. Large rooted chicory. All. Cichorien-Wurzel.
Flam. et Holl. Bittere pee, Suikerijwortel

Cette variété se distingue par le développement de sa racine, qui est ren-
flée, droite, et atteint une longueur de 0^m,30 à 0^m,35, sur 0^m,04 ou 0^m,05 de
diamètre au niveau du sol. C'est celle qui est employée dans l'industrie pour
la préparation du café de chicorée. Ce produit s'obtient par la torréfaction
des racines, qui sont débitées en tranches minces, puis grillées et pulvérisées.
La culture de la chicorée à café est surtout répandue en Allemagne, en Belgique et dans le nord de la France.

On en distingue deux variétés
bien nettement tranchées :

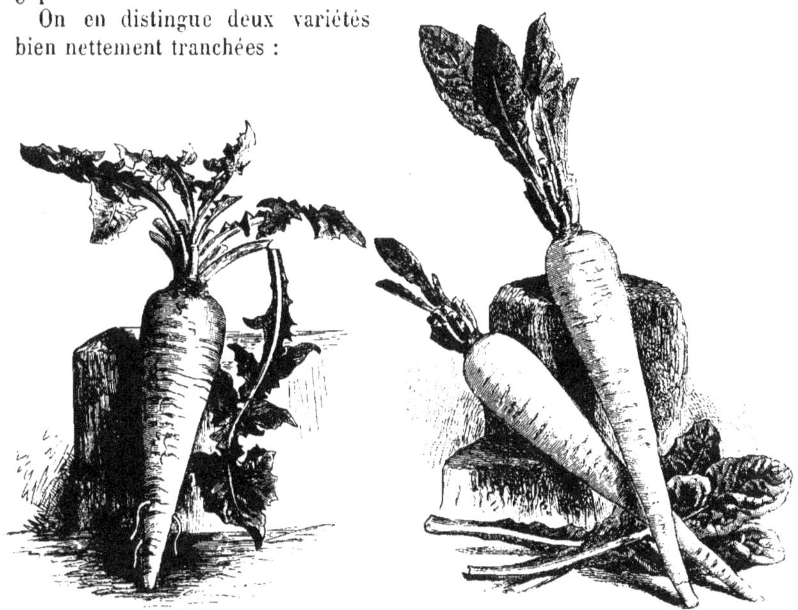

Chicorée à grosse racine de Brunswick.
réd. au cinquième.

Chicorée à grosse racine de Magdebourg.
réd. au cinquième.

Celle de *Brunswick*, qui a les feuilles très découpées, divisées comme celles
d'un pissenlit et plus ou moins complètement étalées, et celle de *Magdebourg*,
dont les feuilles sont au contraire entières et tout à fait dressées. Cette
dernière passe pour être la plus productive des deux races. Les racines en sont
plus longues et plus grosses, quoique un peu moins régulières de forme.
Il n'est pas rare d'en voir dont le poids atteint 4 et 500 grammes et dont
l'apparence se rapproche beaucoup de celle des betteraves blanches à sucre
de petite race, telles que les betteraves allemandes, quand elles ont été cultivées serrées.

Comme nous l'avons dit plus haut, la Ch. sauvage à grosse racine est
souvent employée pour la production de la Barbe-de-capucin.

CHICORÉE A GROSSE RACINE DE BRUXELLES.

Nom étranger : flam. Verbeterde hofsuikerij.

Cette plante peut être considérée comme une sous-variété de la Ch. à grosse racine de Magdebourg. Son principal mérite consiste dans la largeur de ses feuilles et dans le grand développement de leurs côtes. Elle produit, au moyen d'une culture que nous allons indiquer, le légume appelé *Witloof* en flamand, que nous avons mentionné plus haut. Il se compose de la réunion, en une sorte de pomme analogue à un cœur de romaine, des feuilles de la plante forcée, artificiellement blanchies.

Culture. — Pour obtenir de belles pousses de Witloof, il faut soumettre à la culture forcée des racines ayant acquis tout leur développement : pour cela, on sème au mois de juin la Ch. de Bruxelles en pleine terre, en rayons espacés de 0^m,25 à 0^m,30. Cette culture doit se faire dans une bonne terre, profonde et riche. On laisse la plante se développer jusqu'à l'entrée de l'hiver en se contentant de sarcler fréquemment et d'arroser toutes les fois que cela est utile. On arrache au commencement de novembre les racines, qui doivent avoir acquis alors un diamètre de 0^m,03 à 0^m,04 et quelquefois davantage ; il faut rejeter, s'il s'en rencontre, celles qui ont les feuilles trop étroites ou découpées, ainsi que celles qui auraient plusieurs têtes. On coupe ensuite les feuilles de toutes les racines conservées, à 0^m,03 ou 0^m,04 au-dessus du collet ; on supprime toutes les pousses secondaires qui pourraient se montrer sur les côtés, ainsi que l'extrémité inférieure des racines, les réduisant toutes à une longueur uniforme de 0^m,20 ou 0^m,25 : elles sont alors prêtes pour la plantation. On ouvre une tranchée profonde de 0^m,40 ou 0^m,45 et on les y plante debout, rapprochées jusqu'à 0^m,03 ou 0^m,04 les unes des autres. De cette façon, le collet des racines doit

Ch. à grosse racine de Bruxelles (Witloof).

réd. au tiers.

se trouver à 0^m,20 environ en contre-bas du terrain environnant ; on remplit alors complètement la tranchée avec de la bonne terre légère et saine.

Si l'on veut faire entrer immédiatement les racines en végétation, on étend sur la surface qu'on veut forcer un lit de fumier dont l'épaisseur doit varier selon la nature même du fumier et la température régnante, mais ne doit pas être inférieure à 0^m,40 ni supérieure à 1 mètre. Au bout d'un mois à peu près, la pousse sera développée ; on enlève alors le fumier, on déterre la racine, et l'on en détache la pomme blanchie avec une portion du collet.

On a essayé, avec un certain succès, de chauffer de nouveau les racines ainsi traitées ; il se développe alors tout autour de la plaie faite au collet de la racine de nouvelles pousses assez nombreuses, composées chacune d'un certain nombre de feuilles qui donnent un produit intermédiaire, comme aspect, entre le Witloof et la Barbe-de-capucin ordinaire.

Usage. — Le Witloof s'emploie cru en salade et aussi en légume cuit, comme les chicorées frisées.

CHICORÉE SAUVAGE AMÉLIORÉE.

NOM ÉTRANGER : ALL. Verbesserte breitblättrige Cichorie.

Plante différant beaucoup, comme aspect, de la Ch. sauvage ordinaire,
dont elle est pourtant sortie par
voie de semis successifs; feuilles
larges, très amples, ondulées et
parfois cloquées, toujours plus ou
moins velues et rappelant souvent
par leur forme et leur disposition
celles de la scarole en cornet.
Quand la plante monte à graine,
ses tiges sont bien exactement
celles de la chicorée sauvage ; il
semble donc très certain que la
variété dont nous nous occupons

Chicorée sauvage améliorée.
réd. au huitième.

ici est bien une modification du type indigène, et non pas un produit hybride
de la Ch. sauvage et de la Ch. endive, comme certaines personnes sont
disposées à le croire. Nous serions beaucoup plus portés à admettre cette
origine hybride pour la chicorée sauvage frisée, dont nous parlerons plus loin.

CHICORÉE SAUVAGE AMÉLIORÉE PANACHÉE.

NOM ÉTRANGER : ALL. Verbesserte bunte Forellen Cichorie.

C'est une variation de la précédente, à feuilles maculées et flagellées de
rouge, qui paraît brun sur les feuilles développées au grand air, mais qui
reprend toute sa vivacité de coloris sur celles qui se sont développées dans
l'obscurité. Cette panachure, qui est très vive, fait de cette plante une très
jolie salade quand elle a été blanchie artificiellement.

CHICORÉE SAUVAGE AMÉLIORÉE FRISÉE.

NOM ÉTRANGER : ALL. Verbesserte krause Cichorie.

Cette variété, très curieuse par l'aspect de ses feuilles, qui sont très finement découpées, laciniées et frisées, paraît tenir, jusqu'à un certain point,
de la Ch. endive. Il y a aussi d'autant plus de motifs de supposer qu'elle
provient d'un croisement entre les deux espèces, qu'elle est d'une variabilité
extrême, que les feuilles en sont souvent presque entièrement glabres, et
qu'elle ne paraît pas aussi complètement rustique que les autres formes
jardinières de la Ch. sauvage.

M. Jacquin aîné, qui s'est occupé avec constance et succès de l'amélioration de la chicorée sauvage, a réussi autrefois à fixer assez complètement
un certain nombre d'autres formes qu'il désignait sous les noms de Ch. sauvage améliorée *demi-fine; demi-fine à feuilles jaunes; demi-blonde, forme
de laitue pommée; brune, forme de laitue pommée.*
Nous ne croyons pas que la culture de ces diverses races ait été continuée
après lui.

CHOU CULTIVÉ

Brassica oleracea L.

Fam. des *Crucifères.*

Noms étrangers : angl. Cabbage. all. Kohl, Kraut. flam. et holl. Kool.
dan. Kaal. ital. Cavolo. esp. Col. port. Couve.

Le chou, plante indigène de l'Europe et probablement de l'Asie occidentale, est un des légumes dont la culture remonte le plus loin dans les temps
passés. Les anciens le connaissaient et en possédaient certainement plusieurs
variétés pommées. L'antiquité de sa culture peut se reconnaître au grand
nombre de races qui existent et aux modifications profondes qui ont été
apportées aux caractères de la plante primitive.

Le chou sauvage, tel qu'il existe encore sur les côtes de France et d'Angleterre, est une plante vivace, à feuilles lobées, larges, ondulées, épaisses,
glabres, couvertes d'une pruine glauque. La tige s'élève de 0^m,60 à 1 mètre;
elle est garnie de feuilles entières, embrassantes, et se termine par un épi de
fleurs jaunes et quelquefois blanches. Toutes les variétés cultivées présentent ces mêmes caractères dans leur inflorescence, mais elles offrent jusqu'à
la floraison les plus grandes différences entre elles et avec la plante sauvage.
Dans la plupart des choux, ce sont les feuilles qui ont été développées par la
culture; le plus souvent elles sont imbriquées les unes par-dessus les
autres, se rejoignant et se coiffant mutuellement, de manière à former une
tête ou pomme plus ou moins serrée, enveloppant le bourgeon central ainsi
que toutes les feuilles les plus jeunes. L'ensemble de ces feuilles affecte une
forme sphérique, déprimée ou conique. On réunit toutes les variétés qui
présentent ce caractère sous le nom général de *choux pommés* ou *cabus.*
D'autres variétés ont le feuillage très ample et très développé, sans former
cependant de pomme. On les désigne sous le nom de *choux verts.*

Dans d'autres choux, ce sont les pousses portant les parties florales qui ont
été modifiées au point de composer une masse épaisse, charnue et tendre,
démesurément grossie au détriment des fleurs elles-mêmes, qui avortent
presque complètement. On appelle cette classe de choux : *brocolis* ou *choux-
fleurs.* Dans d'autres, les feuilles ont conservé des dimensions très ordinaires,
mais la culture a fait prendre un développement considérable à la tige, qui
s'est renflée en boule, ou à la racine principale, qui a pris l'apparence d'un
navet. On désigne en conséquence ces derniers sous le nom de *choux-navets*
ou *rutabagas,* tandis qu'on donne aux autres le nom de *choux-raves.* Il y a
enfin des variétés de choux dans lesquelles les modifications résultant de la
culture et de la sélection ont porté, soit sur les côtes des feuilles (*choux à
grosses côtes*), soit sur les rejets qui se développent à leurs aisselles (*choux
de Bruxelles*), soit enfin sur plusieurs organes à la fois (*choux moelliers,
choux-raves laciniés de Naples*).

Nous ne parlons pas du *colza,* autre race de chou dont le produit consiste
dans ses graines, et qui doit être rangé parmi les plantes industrielles.

Culture. — La diversité de tempérament et d'emploi des différentes
races de choux est si grande, qu'il n'est pas possible de donner pour la culture de ces plantes, même si l'on considère chaque classe en particulier, des

indications générales. Nous mentionnerons donc, en parlant de chaque variété, l'époque à laquelle il convient de la semer et de la planter, et nous nous bornerons à donner ici quelques détails qui s'appliquent à peu près sans exception à la culture de toutes les variétés de choux.

Les climats frais et humides paraissent convenir à la culture des choux mieux que tous les autres. Les régions maritimes, les îles et les côtes, produisent généralement de plus beaux choux que les pays de plaines et les plateaux. La chaleur et la sécheresse leur sont contraires, tandis qu'ils se développent à merveille dans les saisons humides, brumeuses et même presque froides. Les choux aiment une terre forte un peu compacte, riche en engrais et en débris organiques; ils ne craignent pas les sols un peu acides, et viennent bien dans les terres nouvellement défrichées. On doit, dans le potager, leur donner les places les plus fraîches; ce n'est que pour les choux de primeur qu'il faudra choisir une exposition chaude et abritée. Le terrain destiné aux choux doit être profondément labouré et abondamment fumé; il faut le tenir toujours propre et exempt de mauvaises herbes. Les choux demandent à être arrosés de temps en temps en été, et l'on doit avoir soin de ne pas les laisser envahir par les chenilles d'un papillon blanc du genre *Piéride*, qui en sont très friandes et font de grands ravages dans les plantations négligées.

Les diverses séries de chou cultivé diffèrent assez sensiblement les unes des autres par le volume de leur graine : les *choux verts non pommés* et les *choux-raves* donnent les plus grosses graines; ensuite viennent les *choux pommés*, les *choux-navets* et *rutabagas;* et enfin les *choux-fleurs* et *brocolis*, qui donnent les plus petites. Cependant le poids de toutes ces graines est à peu près uniformément de 700 grammes par litre, et leur durée germinative est de cinq années.

Usage. — On emploie dans les choux pommés les feuilles, cuites de diverses manières, ou assaisonnées en salade, ou encore fermentées, et désignées alors sous le nom de *choucroute;* dans les choux-fleurs, la tête ou pomme formée par les parties florales; dans les choux-raves, la tige; dans les choux-navets et les rutabagas, la racine; dans les choux de Bruxelles, les petits rejets pommés qui naissent tout le long de la tige.

CHOUX CABUS

Brassica oleracea capitata DC.

Synonymes : Chou capu, Ch. en tête, Ch. pommé, Ch. pommé à feuille lisse.

Noms étrangers : angl. Cabbage. all. Kopfkohl, Kraut. flam. Kabuiscool. holl. Slutkool. dan. Hoved kaal. ital. Cavolo cappuccio. esp. Col repollo. port. Couve repolho.

On divise d'ordinaire ces choux en deux classes: les *choux pommés à feuilles lisses*, et les *choux à feuilles cloquées* ou *frisées*, désignés aussi sous le nom de *choux de Milan*. Nous nous conformerons à cette division, et dans chacune des classes nous décrirons les variétés en suivant, autant que possible, l'ordre de précocité, mais en tenant compte aussi des affinités des différentes races.

Pour les différents choux cabus, le nombre des graines contenues dans un gramme est d'environ 320.

CHOU D'YORK PETIT HATIF.

Noms étrangers : Angl. Early dwarf York cabbage; (Am.) Early May cabbage.
All. York'sches allerfrühestes weisses Kraut, Früher Zucker Maispitzkohl.

Nous commençons la description des choux par cette variété, parce que,
sans être la plus précoce de toutes, elle est une des plus connues et celle
qu'on cultive le plus généralement comme chou hâtif. Il sera plus facile
ensuite de caractériser les autres variétés analogues en les comparant
à celle-ci.

Pomme ovale ou en cône renversé, oblongue, presque deux fois aussi haute
que large, petite, passablement serrée. Feuilles de couleur vert foncé, un

Chou d'York petit hâtif.
réd. au douzième.

peu bleuâtres, glauques ou grisâtres à la surface
inférieure, les plus extérieures de celles qui forment la pomme recouvrant les autres à la manière d'un capuchon ; les feuilles tout à fait extérieures, c'est-à-dire celles qui ne contribuent pas
à former la pomme, peu nombreuses, renversées
en dehors, souvent pliées dans le sens de la nervure médiane, très lisses; nervures d'un blanc
verdâtre, assez larges. Pied fin, à peu près de
la hauteur de la pomme.

Le *Ch. superfin hâtif*, ou *Ch. cabbage*, est une
sous-variété du Ch. d'York petit; il en diffère
peu par ses caractères extérieurs, et s'en distingue principalement par sa
taille un peu moindre et sa précocité plus grande de huit jours environ.

CHOU D'YORK GROS.

Noms étrangers : Angl. Large York cabbage. All. York'sches grosses Kraut.

Passablement plus fort dans toutes ses parties que le Ch. d'York petit,

Chou d'York gros.
réd. au douzième.

à pomme plus grosse, plus renflée
relativement à sa longueur, qui
égale à peine une fois et demie sa
largeur. Feuilles extérieures plus
raides, plus fermes, plus larges,
d'une couleur généralement moins
bleuâtre. Pied moins haut relativement.

Le Ch. d'York gros est un excellent chou hâtif, assez productif
et de très bonne qualité. On peut
lui reprocher seulement d'occuper
un peu trop de place, relativement à la grosseur de sa pomme,

à cause de ses grandes feuilles renversées et très amples.

CHOU PAIN DE SUCRE.

SYNONYME : Chou chicon.

NOMS ÉTRANGERS : ANGL. Sugar-loaf cabbage. ALL. Zuckerhut Kraut. HOLL. Vroege suikerbroad kool. PORT. Couve branco pao de assucar.

Pomme très longue, en forme de pain de sucre renversé, régulièrement oblongue et au moins deux fois aussi haute que large, rappelant beaucoup l'apparence d'une pomme de romaine, ce qui lui a fait donner aussi le nom de Ch. chicon. Feuilles d'un vert pâle et blond sur la surface supérieure, vert blanchâtre sur le revers, en forme de cuiller allongée, et se recouvrant en capuchon d'une manière remarquable pour former la pomme ; feuilles extérieures dressées comme celles d'une laitue-romaine. Pied relativement court, n'égalant guère que le tiers ou la moitié de la hauteur de la pomme. Cette variété est très distincte, productive et à peu près aussi précoce que le Ch. d'York gros. Elle convient, ainsi que les deux précédentes, pour les semis d'automne aussi bien que pour ceux de prin-

Chou pain de sucre.
réd. au douzième.

temps. Le Ch. pain de sucre, haut et mince, n'occupe pas beaucoup d'espace relativement au volume de sa pomme. Il est assez lent à monter à fleur, et mérite d'être recommandé sous ce rapport. Il est remarquable que ce chou, très anciennement connu et répandu dans toutes les contrées d'Europe, ne paraisse cependant faire nulle part l'objet de cultures très étendues.

CHOU CŒUR DE BŒUF PETIT.

NOMS ÉTRANGERS : ANGL. Early ox-heart cabbage. ALL. Frühes kleines Ochsenherz Kraut.

La forme de la tête de ce chou est très bien caractérisée par son nom : c'est un cône court, renflé, à pointe obtuse, tout au plus d'un quart ou d'un cinquième plus haut que large. Les feuilles extérieures sont amples, presque rondes, d'un vert moins glauque que celui des Ch. d'York ; celles qui constituent la pomme se recouvrent plutôt en s'enroulant les unes sur les autres qu'en formant le capuchon. Le Ch. cœur de bœuf petit a le pied assez court, moins haut que la pomme ; il se forme de très bonne heure, et peut se récolter à peu près en même temps que le Ch. d'York hâtif.

Chou cœur de bœuf petit.
réd. au douzième.

Les choux cœur de bœuf peuvent être considérés comme le type d'une série assez nombreuse, à laquelle se rattachent les variétés suivantes.

CHOU TRÈS HATIF D'ÉTAMPES.

Dans plusieurs essais comparatifs, cette variété nous a paru plus précoce que tous les autres choux pommés. La plupart de ses caractères la rapprochent du Ch. cœur de bœuf petit, mais elle s'en distingue par sa pomme très sensiblement plus haute et plus conique, ainsi que par son volume un peu plus fort.

Elle a été obtenue par M. Bonnemain, secrétaire de la Société d'horticulture d'Étampes. Elle convient très bien pour la culture de primeur.

Chou très hàtif d'Étampes.
réd. au douzième.

Le *Ch. préfin de Boulogne* est une sous-variété du Ch. cœur de bœuf, remarquable par sa grande précocité et facile à reconnaître à sa teinte blonde et à la largeur de ses côtes, qui, au delà du milieu des feuilles, semblent s'étendre en éventail pour occuper toute la largeur du limbe.

Le *Ch. précoce de Louviers*, autre sous-variété du Ch. cœur de bœuf, se rapproche beaucoup de celui d'Étampes; il est un peu moins hàtif, et a la pomme un peu plus courte.

Le *Ch. prompt de Saint-Malo*, un peu plus volumineux, à feuilles plus amples et à pomme plus courte et plus large que les précédents, a été, comme eux, remplacé avec avantage par le Ch. très hàtif d'Étampes

CHOU NONPAREIL.

Noms étrangers : angl. Prince's nonparcil cabbage, Barne's early dwarf C., Nonpareil improved C.

C'est entre les formes hàtives du Ch. cœur de bœuf et le Ch. de Tourlaville qu'il convient de placer une variété de chou très répandue en Angleterre sous le nom de « Nonpareil ». C'est un chou précoce, à pomme conique assez allongée, mais obtuse, à feuilles d'un vert foncé à la surface supérieure et très grossièrement cloquées. Il diffère du Ch. de Tourlaville en ce qu'il n'a pas la côte des feuilles nue à la base, ni l'ensemble du feuillage aussi tordu. C'est une bonne variété hàtive, demandant, pour se faire complètement, à peu près le même temps que le Ch. d'York gros.

La race dite *Enfield market*, dont le Ch. nonpareil semble être une bonne sous-variété, est un peu moins précoce, et pourrait se placer entre le Ch. de Tourlaville et le Ch. cœur de bœuf gros.

CHOU DE TOURLAVILLE.

Pomme assez haute et pointue, formée par l'enroulement des feuilles, dont quelques-unes ont une moitié libre et l'autre engagée dans la pomme.

Feuilles larges et amples, d'un vert très foncé, à côtes très grosses et rondes près de la tige, se recourbant brusquement pour appuyer les feuilles contre la pomme. C'est une variété bien distincte, précoce, vigoureuse, qu'on voit arriver en grande quantité à la halle de Paris dès la fin de l'hiver, des environs de Cherbourg, où elle est cultivée en grand.

En dehors de son pays d'origine, elle ne paraît pas avoir d'avantage bien marqué sur les choux cœur de bœuf. C'est, au surplus, une race un peu variable au point de vue de l'apparence des feuilles, qui sont tantôt lisses, tantôt cloquées.

Chou de Tourlaville.
réd. au douzième.

CHOU CŒUR DE BŒUF GROS.

Noms étrangers : angl. Large french ox-heart cabbage. all. Frühes grosses Ochsenherz Kraut. port. Couve branco coracao de boi.

Variété vigoureuse et productive, prompte à pommer, de quinze jours à trois semaines moins hâtive que le Ch. cœur de bœuf petit, mais atteignant un volume trois ou quatre fois supérieur. Feuilles extérieures grandes, arrondies, assez épaisses, de couleur plus foncée sur la surface que sur le revers. Pomme grosse, très obtusément conique, d'un vert un peu grisâtre; pied assez court, dépassant rarement les deux tiers de la hauteur de la pomme. Le Ch. cœur de

Chou cœur de bœuf gros.
réd. au douzième.

bœuf gros est une bonne variété pour la grande culture maraîchère, qui se fait presque en plein champ. Il est assez rustique pour n'avoir pas besoin d'une culture très soignée, et quand il est formé, il peut attendre plus facilement que les choux hâtifs le moment d'être cueilli, sans que la pomme se crève ou se déforme trop rapidement.

CHOU DE LINGREVILLE.

Synonyme : Chou d'Ingreville.

Pied assez court. Feuilles amples, d'un vert pâle et presque blond, passablement ondulées et cloquées, se réunissant promptement en une pomme oblongue et presque pointue, se tordant les unes sur les autres plutôt qu'elles ne se coiffent réciproquement. Comme apparence et comme volume, le Ch. de Lingreville est presque intermédiaire entre le Ch. de Tourlaville et le Ch. Bacalan hâtif. De même que dans ces variétés, la pomme en est constituée tout d'abord par des feuilles dont les points d'insertion sur la tige sont assez éloignés les uns des autres.

A l'aisselle de ces feuilles inférieures, il naît quelquefois des pousses qui pomment elles-mêmes et atteignent la grosseur d'une pomme ou d'une orange. C'est à cette variation du Ch. de Lingreville qu'on donne en Normandie le nom de *Ch. grappé* ou *Ch. grappu*.

CHOU BACALAN HATIF.

SYNONYMES : Chou de Saint-Brieuc, Ch. d'Angerville, Ch. pointu de Saint-Brieuc, Ch. pommé de Craon.

NOM ÉTRANGER : ALL. Frühes Bacalaner Kraut.

Pomme oblongue, conique, grosse et assez serrée, ressemblant à celle du Ch. cœur de bœuf, mais sensiblement plus haute. Feuillage ample, très légèrement cloqué et ondulé sur les bords ; pied assez haut. Quoique plus volumineux que le Ch. cœur de bœuf gros, le Ch. Bacalan n'est pas moins hâtif, mais il convient tout particulièrement aux climats maritimes et doux de l'ouest de la France. Il paraît originaire de Saint-Brieuc, d'où il a été transporté à Bordeaux ; il est largement cultivé dans ces deux localités, et très estimé, surtout pour les semis d'automne.

Chou Bacalan hâtif.
réd. au douzième.

Chou Bacalan gros.
réd. au douzième.

CHOU BACALAN GROS.

SYNONYME : Chou Bacalan tardif.

NOM ÉTRANGER : ALL. Grosses Bacalaner Kraut.

Quand cette variété est bien franche, elle se distingue du Ch. Bacalan hâtif par son volume un peu plus fort et par sa pomme plus serrée et un peu plus pointue. Toutes les formes intermédiaires existent entre ces deux races qui, bien certainement, n'en faisaient qu'une à l'origine. Le Ch. Bacalan gros n'est guère moins prompt à se former que le Ch. Bacalan hàtif, et il tient mieux la pomme.

Ici se termine la série des variétés que l'on peut considérer comme faisant un même groupe avec les choux cœur de bœuf. Nous ferons encore entrer dans la catégorie des *choux pommés hâtifs* deux variétés, à pomme ronde ou plate, que leur précocité et leur petit volume distinguent nettement des choux qu'on appelle ordinairement *gros choux cabus à feuilles lisses*, et dont la série commence avec le Ch. de Saint-Denis.

CHOU JOANET HATIF.

Synonymes : Chou nantais, Ch. Jaunet, Ch. de Chenillet, Ch. de Genillé, Ch. Colas, Ch. pommé d'Angers.

Noms étrangers : Angl. St-John's day dwarf cabbage, Early St-John's day drumhead C. All. Frühes Johannistag Kraut.

Variété très distincte, à pied extrêmement court ; pomme très dure et très serrée, plutôt aplatie qu'allongée, et cependant renflée à la partie supérieure ; feuilles extérieures peu nombreuses, très lisses, d'un vert foncé ; celles constituant la pomme, d'un vert plus pâle.

Chou Joanet hâtif.
réd. au douzième.

Cette variété est très répandue dans l'Anjou et la basse Bretagne ; aux environs de Paris, elle a quelque peine à supporter les hivers, quand ils sont très froids et très humides. Dans son pays d'origine, on la sème surtout à l'automne pour donner au printemps : ainsi faite, elle produit des pommes moins plates que semée de printemps.

CHOU PETIT HATIF D'ERFURT.

Nom étranger : All. Erfurter kleines frühestes festes niedriges Kraut.

Très jolie petite race, représentant presque exactement, mais en miniature, le Ch. quintal. Il a le pied court, la pomme très aplatie ; les feuilles extérieures peu nombreuses, étalées, un peu dentées et marquées de nombreuses nervures blanches, exactement comme le Ch. quintal. Le pied est si court, que la pomme paraît reposer sur la terre. Son petit volume et le peu d'abondance de son feuillage permettent de le planter très serré : il a l'avantage, rare chez les choux hâtifs, de garder la pomme assez longtemps. Il convient très bien aux semis de printemps, mais plus

Chou petit hâtif d'Erfurt.
réd. au douzième.

médiocrement à ceux d'automne, car alors il monte souvent sans pommer.

Culture. — Les *choux pommés hâtifs*, parmi lesquels on peut compter toutes les variétés que nous avons énumérées jusqu'ici, sauf peut-être le Ch. Bacalan gros, se sèment ordinairement dans les dix derniers jours du mois d'août ou dans les dix premiers de septembre; on les laisse sur place jusqu'au mois d'octobre, époque où ils sont bons à repiquer, soit définitivement en place, soit en pépinière d'attente, pour n'être plantés qu'au printemps. Dans les terres saines, chaudes et légères, on peut habituellement planter les choux à demeure dès la fin de l'automne; dans les sols humides ou dans les localités exposées aux grands froids, aux neiges ou aux pluies excessives, il vaut mieux attendre que l'hiver soit passé. Les choux d'York de première saison se plantent dans une position chaude et abritée, le long d'un mur ou dans une planche exposée au midi. Il est bon de faire, dès le mois de février, un semis de choux hâtifs sur couche, pour remplacer, au moyen de plants ainsi obtenus et repiqués également sur couche, les pieds qui auraient péri par l'effet des intempéries, ou qui monteraient à graine prématurément, par suite de l'impulsion excessive donnée à la végétation par une température trop douce.

On sème encore les choux hâtifs au printemps, depuis le mois de mars jusqu'au mois de mai, pour les mettre en place aussitôt qu'ils sont assez développés ou qu'on a du terrain prêt pour les recevoir. Cette culture est la plus simple et la plus facile, mais elle est moins pratiquée que les semis d'automne, ces variétés hâtives étant surtout cultivées pour primeurs.

CHOU DE SAINT-DENIS.

SYNONYMES : Chou d'Aubervilliers, Ch. cabus gros de Laon, Ch. des Vertus.

NOMS ÉTRANGERS : ALL. Griechisches Centner Kraut, Angelberger mittelfrühes Kr.

Cette variété, qui est une des plus cultivées aux environs de Paris et l'une des plus anciennement répandues, peut servir très utilement de point de départ à l'énumération des diverses races de *gros choux cabus à feuilles lisses*. Ses caractères, qui sont connus de tout le monde, nous serviront de points de comparaison auxquels nous rapporterons ceux des autres variétés d'origine étrangère ou d'introduction plus récente.

Chou de Saint-Denis.
réd. au douzième.

Pied assez haut, égalant au moins la hauteur de la pomme, qui est ronde, déprimée et presque aplatie quand elle est complètement formée, et colorée à son sommet de rouge lie de vin. Feuilles extérieures amples, assez raides, serrées à la base contre la pomme, se renversant ensuite en dehors, d'un vert assez foncé et légèrement glauque, à contour régulièrement arrondi, entier, ni denté, ni ondulé; nervures assez grosses, d'un vert pâle.

Aux environs de Paris, où, comme nous l'avons dit, le Ch. de Saint-Denis est très cultivé, on le sème d'ordinaire de mars en mai, et il produit pendant l'automne et le commencement de l'hiver.

Une sous-variété un peu plus hâtive du Ch. de Saint-Denis, désignée sous le nom de *Ch. de Bonneuil*, a été cultivée pendant longtemps ; elle paraît avoir disparu aujourd'hui ou s'être confondue avec la race ordinaire. Cependant, si l'on s'en rapporte aux descriptions des deux races publiées dans la seconde moitié du siècle passé, il semblerait que c'est plutôt l'ancien Ch. de Saint-Denis qui aurait disparu, et qui aurait été graduellement remplacé par le Ch. de Bonneuil. Les caractères de ce dernier étaient en effet, dès le XVIIIe siècle, ceux que nous connaissons aujourd'hui au Ch. de Saint-Denis, tandis que la race appelée alors Ch. de Saint-Denis avait la pomme plus renflée, moins aplatie, le pied plus haut, et se rapprochait jusqu'à un certain point du Ch. de Hollande tardif. L'*Almanach du Bon jardinier*, dans ses plus anciennes éditions, mentionne ces deux races comme distinctes ; ce n'est qu'à partir de 1818 qu'il donne les deux noms comme synonymes.

CHOU JOANET GROS.

SYNONYMES : Chou capuch, Ch. Joanet tardif.

Plus court de pied que le Ch. de Saint-Denis, il a aussi la pomme plus ronde et moins large ; les feuilles extérieures, moins amples, sont plus rondes et d'un vert plus foncé. Il occupe moins de place que lui et mûrit quelques jours plus tôt, mais il ne paraît pas être aussi résistant au froid. Le pied en est tellement court, que la pomme et les feuilles qui l'entourent paraissent reposer sur la terre.

Chou Joanet gros.
réd. au douzième.

CHOU DE HOLLANDE, PIED COURT.

NOMS ÉTRANGERS : ANGL. Early dutch drumhead cabbage. ALL. Holländisches niedriges plattes Kraut, Bleichfelder Kr.

Cette variété a de très grandes analogies avec le Ch. Joanet gros ; elle s'en distingue surtout par sa précocité un peu moins grande et par la teinte brune que sa pomme prend quelquefois à la partie supérieure. Comme le Ch. Joanet gros, celui-ci a le pied court et les feuilles d'un vert foncé.

Ces deux variétés conviennent parfaitement à la grande culture en plein champ. Leurs pommes, très fermes, présentent l'avantage de bien supporter le transport.

Chou de Hollande, pied court.
réd. au douzième.

CHOU DE BRUNSWICK, PIED COURT.

SYNONYME : Chou tabouret.

NOMS ÉTRANGERS : ANGL. Large late drumhead cabbage, Large Brunswick short-stemmed C. ALL. Braunschweiger weisses plattes Kraut.

Excellente race, très distincte et très recommandable. Feuilles et pomme

Chou de Brunswick, pied court.
réd. au douzième.

d'un beau vert franc, beaucoup moins glauque que le Ch. de Saint-Denis, moins grisâtre que le Ch. quintal. Pomme grosse, large, très déprimée et complètement aplatie sur le dessus ; feuilles extérieures dégageant bien la pomme. qui paraît presque posée sur terre, tant le pied est court. La précocité du Ch. de Brunswick pied court est à peu près la même que celle du Ch. de Saint-Denis.

Le *Ch. de Brunswick ordinaire*, à pied plus haut et à pomme moins aplatie, se cultive peu depuis que la variété à pied court a commencé à se répandre. Cette dernière lui est de tous points supérieure.

CHOU DE SCHWEINFURT.

NOM ÉTRANGER : ALL. Schweinfurter frühes grosses Kraut.

Le plus volumineux, sinon le plus productif de tous les choux cabus, celui-ci est en même temps très hâtif : semé au mois d'avril, il peut être consommé

Chou de Schweinfurt.
réd. au douzième.

dès la fin d'août ou le mois de septembre. La pomme en est remarquablement large, atteignant fréquemment un diamètre de 0ᵐ,50 et plus ; elle est, comme les feuilles extérieures, d'un vert assez pâle et blond, sillonné de nervures blanches et fréquemment teinté de rouge violacé ou brunâtre. Les feuilles qui la composent sont peu serrées les unes contre les autres, ce qui fait que la pomme est assez molle et n'atteint pas, malgré son énorme volume, un poids très considérable.

Le Ch. de Schweinfurt est néanmoins une variété à recommander pour les potagers de ferme ou de grands établissements, à cause de son très fort rendement, joint à sa précocité.

CHOU DE FUMEL.

Synonymes : Chou femelle, Ch. d'Aleth.

Cette variété, ainsi que les deux suivantes, pourrait être considérée comme intermédiaire entre les choux cabus à feuilles lisses et les choux de Milan : elle a en effet le feuillage grossièrement cloqué, sinon frisé. Nous suivrons néanmoins l'usage en les classant avec les choux cabus ordinaires, et elles ne sauraient être mieux placées qu'auprès du Ch. de Schweinfurt, dont elles se rapprochent par leur précocité et par le peu de dureté de leur pomme.

Le Ch. de Fumel paraît originaire du midi de la France ; il y est au moins très cultivé, ainsi qu'en Algérie. Il a le pied très court, les feuilles extérieures peu nombreuses, étalées sur terre, d'un vert assez foncé et largement cloquées. La pomme, au contraire, est très blonde, peu serrée, large et très déprimée : elle atteint à peu près le volume de celle du Ch. de Saint-Denis, mais pèse beaucoup moins et se conserve très peu de temps.

Le Ch. de Fumel est un des plus hâtifs de tous les choux pommés, mais il paraît peu convenir aux climats du Nord, où il pourrit trop facilement.

CHOU DE HABAS.

Variété cultivée dans tout le sud-ouest de la France, où elle est quelquefois confondue avec le Ch. de Dax. C'est un chou assez hâtif, à pied court, à feuillage abondant, cloqué, assez blond ; les feuilles inférieures sont presque étalées sur terre ; celles du cœur forment une pomme assez lâche et d'un vert jaunâtre.

Chou de Habas.
réd. au douzième.

CHOU DE DAX.

Pied assez haut ; feuillage très abondant, grossièrement cloqué, d'un vert plus foncé et plus glauque que celui du Ch. de Habas, se rapprochant jusqu'à un certain point de celui du Ch. Milan des Vertus. Pomme ronde, rarement très bien formée, au moins sous le climat de Paris et toujours assez petite relativement à l'ampleur du feuillage. Variété demi-tardive,

Chou de Dax.
réd. au douzième.

qui paraît présenter fort peu d'intérêt en dehors de son pays d'origine.

8

CHOU DE HOLLANDE TARDIF.

Synonyme : Chou cabus blanc de montagne.

Noms étrangers : Angl. Late flat dutch cabbage. All. Grosses spätes
holländisches Kraut.

Pomme assez grosse, ronde, un peu déprimée, très pleine et ferme ; feuilles

Chou de Hollande tardif.
réd. au douzième.

extérieures assez nombreuses, amples, embrassantes,
arrondies, avec quelques larges cloqûres. Ce chou est
plus haut de pied, plus glauque et plus tardif que le Ch.
de Saint-Denis. Son principal
avantage consiste en ce qu'il
est extrêmement rustique et
supporte les plus grands
froids.

Le *Ch. d'Ecury*, assez connu
et estimé en Champagne, se
rapproche beaucoup du Ch.
de Hollande tardif.

CHOU QUINTAL.

Synonymes : Chou de Strasbourg, Gros Ch. d'Allemagne, Ch. d'Alsace, Ch. cabus
à pied court de Saint-Flour.

Noms étrangers : Angl. Cwt drumhead cabbage ; (Am.) Mason's drumhead C. All.
Centner Kraut, Strassburger Centner Kr. Holl. Straatsburger kool. Ital. Cavolo
cappuccio grosso di Germania. Port. Couve branco d'Alsacia.

Un des plus anciens et des meilleurs choux d'arrière-saison. Pomme large,

Chou quintal.
réd. au douzième.

très aplatie, très grosse, très
ferme ; feuilles d'un vert pâle,
glauque ou cendré, à nervures
blanches très nombreuses, à
bords souvent découpés ou dentés, les extérieures assez nombreuses, mais pas extrêmement
développées, se renversant en
dehors et découvrant bien la
pomme. Le Ch. quintal est tardif, très rustique et très productif ; c'est un de ceux qu'on
emploie de préférence pour faire

la choucroute. Aucune autre variété de chou cabus n'occupe probablement
une place aussi importante dans la grande culture.

Le *Ch. de Melsbach* paraît être une sous-variété, un peu plus hâtive, du
Ch. quintal.

CHOU POINTU DE WINNIGSTADT.

Noms étrangers : ANGL. (Am.) Early cone cabbage. ALL. Spitzes Winnigstädter Kraut, Spitzes Windelsteiner Kr., Spitzfielder Kr.

Par sa forme conique, cette variété se rapprocherait jusqu'à un certain point de la série des choux cœur de bœuf : cependant elle en diffère bien nettement par le mode d'enroulement très serré des feuilles qui composent sa pomme et par la grande dureté de celle-ci. Le pied en est court ; les feuilles extérieures assez amples, d'un vert glauque et passablement ondulées sur les bords ; les intérieures sont pliées tout à fait en forme de cornet et constituent une pomme extrêmement pleine et ferme, presque sphérique, quoique terminée en haut par une pointe assez aiguë. Elle présente un poids considérable sous un volume médiocre. Cette

Chou pointu de Winnigstadt.
réd. au douzième.

variété, d'une précocité moyenne, est d'un rendement très considérable et ne saurait être trop recommandée ; c'est une de celles qui s'accommodent le mieux de la culture en plein champ.

CHOU CONIQUE DE POMÉRANIE.

Noms étrangers : ANGL. Filder *or* Pomeranian cabbage. ALL. Pomer'sches spitziges Kraut, Filderkraut.

Pied haut, fort et généralement renflé au-dessous de la pomme ; feuilles extérieures assez nombreuses, amples, d'un vert franc. Pomme en cône très allongé, très pleine et très serrée, très blanche à l'intérieur, se terminant en pointe par une feuille roulée en cornet sur elle-même. C'est une variété assez tardive, qui réussit mieux semée au printemps que faite d'automne, et qui se conserve bien pendant une partie de l'hiver.

Ce chou est passablement cultivé dans le nord de l'Allemagne ; il en existe un assez grand nombre de races locales, diffé-

Chou conique de Poméranie.
réd. au douzième.

rant plus ou moins les unes des autres par la hauteur du pied, la longueur de la pomme et la teinte du feuillage. Celle que nous avons décrite nous paraît la plus recommandable, parce qu'elle est productive sans être tardive à l'excès.

CHOU VERT GLACÉ D'AMÉRIQUE.

Nom étranger : Angl. Green glazed american cabbage.

Variété extrêmement distincte. Pied de hauteur moyenne ; feuilles arrondies, très fermes et raides, d'un vert foncé et complètement glacé ou vernissé. Cette race ne pomme que très imparfaitement ; elle se rapproche jusqu'à un certain point des choux verts, dont elle diffère cependant par l'ampleur de ses feuilles et le peu de longueur de sa tige. Ce chou convient surtout à la culture de printemps ; il s'emploie souvent découpé en lanières minces et assaisonné au vinaigre comme les choux rouges.

Chou vert glacé d'Amérique.
réd. au douzième.

CHOU DE VAUGIRARD.

Synonyme : Chou d'hiver.

Pied assez court. Feuilles extérieures nombreuses, raides, d'un vert grisâtre assez foncé, souvent creusées en forme de cuiller, toujours ondulées et dentées sur les bords ; nervures nombreuses et apparentes. Pomme arrondie, déprimée, assez aplatie, ferme et dure, colorée en dessus de rouge violacé, ainsi que le bord des feuilles extérieures. Le Ch. de Vaugirard est une des variétés les plus rustiques, et il est très cultivé aux environs de Paris pour la consommation de l'hiver. Cependant il résiste mieux au froid quand la pomme n'en

Chou de Vaugirard.
réd. au douzième.

est pas complètement formée avant les fortes gelées. Les cultivateurs des environs de Paris évitent en conséquence de le faire de très bonne heure, et ne le sèment guère qu'au mois de juin, quand il doit passer l'hiver en pleine terre.

CHOU ROUGE FONCÉ HATIF D'ERFURT.

Noms étrangers : Angl. Early blood red Erfurt cabbage. All. Erfurter blutrothes frühes Salat Kraut.

Très jolie petite race, naine, à pomme presque sphérique excédant peu le volume d'une grosse orange ; feuillage arrondi, pas très abondant, d'une couleur rouge extrêmement foncée, presque noire : l'intérieur de la pomme n'est pas aussi coloré que sa teinte extérieure le fait supposer. C'est néanmoins une très bonne petite variété potagère, hâtive et occupant peu de place.

Le pied est court, mais bien dégagé, les feuilles extérieures se redressant autour de la pomme comme dans les choux Joanet. Le semis de printemps est le seul qui convienne à cette variété, au moins dans les environs de Paris.

Chou rouge foncé hâtif d'Erfurt.
réd. au douzième.

CHOU ROUGE PETIT.

Synonymes : Chou noirâtre, Ch. rouge petit d'Utrecht.

Noms étrangers : angl. Utrecht red cabbage, Dark red dutch C. all. Utrechter kleines schwarzrothes Kraut. holl. Kleine zwarte utrechtsche roode kool. port. Couve vermelho escuro pequeno d'Utrecht.

Pied assez haut; pomme ronde, serrée, d'un rouge très foncé ; feuilles extérieures assez nombreuses, moyennes, arrondies et assez raides. Variété demi-tardive, donnant en général un peu après le Ch. de Saint-Denis ; l'intérieur de la pomme n'est pas extrêmement coloré.

CHOU ROUGE GROS.

Noms étrangers : angl. Large red dutch cabbage, Pickling C., Red drumhead C., Large blood red C. all. Blutrothes grosses spätes Kraut. holl. Groote late roode kool. port. Couve vermelho grande.

Pied assez haut. Feuilles extérieures très amples, largement ondulées sur les bords, d'un rouge violacé quelquefois un peu mêlé de vert, et revêtues d'une pruine abondante qui leur donne une teinte un peu bleuâtre. Pomme assez grosse, arrondie, légèrement déprimée, paraissant à l'extérieur moins colorée que celle des deux autres variétés, mais beaucoup plus rouge à l'intérieur. Le Ch. rouge gros est plus productif que le Ch. rouge petit et n'est que de quelques jours plus tardif : c'est la race la plus recommandable pour la grande culture.

Chou rouge gros.
réd. au douzième.

Tous les choux rouges servent aux mêmes usages que les autres choux pommés, mais on peut en outre les employer crus, en salade : coupés en lanières minces et assaisonnés au vinaigre, ils prennent une superbe couleur rouge vif.

CHOU MARBRÉ DE BOURGOGNE.

Synonymes : Chou cabus blanc à côtes bleues, Ch. de Champ d'or, Ch. de Constance. Ch. cristallin *ou* Cristollat, Ch. marbré de Saint-Claude.

Pied assez haut ; feuilles nombreuses, raides, arrondies, finement ondulées sur les bords, d'un vert pâle grisâtre, marquées de côtes et de nervures rouges. Pomme assez petite, très serrée, aplatie sur le sommet, composée de feuilles un peu courtes, qui souvent ne se recouvrent pas complètement et laissent au centre de la pomme une sorte de fossette. Outre la pomme principale, il se développe souvent à l'aisselle des premières grandes feuilles d'autres petites têtes très serrées et très dures, de la grosseur d'un œuf. C'est surtout

Chou marbré de Bourgogne.
réd. au douzième.

l'intérieur de la pomme, quand on la coupe, qui présente l'aspect d'où apparemment a été tirée la désignation de Ch. marbré appliquée à cette variété.

Le Ch. marbré de Bourgogne est considéré comme très rustique et sa culture est très répandue dans l'est de la France et en Suisse.

Culture. — Les *gros choux cabus à feuilles lisses*, dont la série se termine ici, se sèment le plus souvent au printemps, de mars en juin, suivant les variétés et suivant l'époque où l'on désire en obtenir le produit. Le semis se fait en pleine terre ; le plant se repique le plus tôt possible en pépinière d'attente, et on le met en place dans un terrain bien travaillé et richement fumé, aussitôt que la tige a acquis la grosseur d'un tuyau de plume. Les arrosages ne doivent pas être ménagés, d'abord pour assurer la reprise du plant, et ensuite pour faire face à l'évaporation considérable qui se produit pendant les longues et chaudes journées de l'été. Les choux qui sont récoltés à l'automne ne demandent aucun soin particulier ; ceux qu'on veut réserver pour l'hiver ne peuvent être laissés en place que si l'on se trouve dans un climat très doux, ou s'ils ont été cultivés dans une situation très saine et très abritée ; partout ailleurs il faut les arracher, les débarrasser des feuilles qui commencent à pourrir, ainsi que de la plupart de celles qui entourent la pomme sans en faire partie, après quoi on les replante en rangs serrés, à demi couchés, le pied enterré et le sommet de la pomme tourné de préférence du côté du nord. Dans certains pays, on conserve les choux par un procédé assez curieux, mais qui paraît avoir de bons résultats : on fait une espèce de mur en terre dans lequel on engage la tige et la racine des choux, pendant que la pomme reste à l'extérieur ; ils peuvent se conserver de la sorte très avant dans l'hiver.

En outre des variétés décrites ci-dessus, nous devons mentionner les suivantes, qui ont été autrefois plus ou moins en faveur et dont les ouvrages horticoles parlent encore, bien qu'on ne les rencontre plus aussi fréquemment dans les jardins.

Nous y joignons quelques variétés locales dont la culture ne s'est pas propagée jusqu'ici en dehors d'un cercle peu étendu.

Ch. d'Alsace de deuxième saison. Pied haut; pomme grosse, serrée, aplatie, quelquefois un peu teintée de brun à la partie supérieure; feuilles extérieures courtes, raides, arrondies. Ce chou se rapproche de celui de Saint-Denis, mais il est plus haut de pied et un peu plus hâtif.

Ch. gros cabus de la Trappe, ou *Ch. de Mortagne.* Cette belle variété n'est guère répandue qu'aux environs de Mortagne, dans le département de l'Orne. Elle se rapproche assez, comme apparence, du Ch. de Saint-Denis, mais elle est plus tardive, beaucoup plus volumineuse et d'un vert plus foncé.

Ch. tête de mort. Variété naine, très trapue. Pomme de grosseur moyenne, très serrée, très régulière, d'une couleur blonde et d'une forme presque exactement sphérique; feuilles extérieures arrondies et peu amples. Cette variété est bien distincte, mais elle a été généralement remplacée par le Ch. Joanet gros.

Nous indiquons ci-après les principales races locales de choux cultivées en Angleterre, ainsi que celles du reste de l'Europe et des États-Unis.

Il est assez remarquable que, tandis qu'un grand nombre de variétés de légumes sont à peu près exactement les mêmes en France et en Angleterre, la plupart des choux pommés les plus répandus dans les jardins soient absolument différents dans les deux pays. C'est probablement un effet de la différence des climats, le chou étant une des plantes les plus sensibles aux influences de sécheresse et d'humidité. Nous allons nommer simplement quelques-unes des variétés anglaises les plus usitées, en disant, autant que faire se pourra, de quelles variétés françaises elles se rapprochent le plus.

Le *Ch. Atkin's matchless* (syn. *Matchless dwarf cabbage*) ressemble assez au Ch. très hâtif d'Étampes, mais il est moins précoce et a les feuilles plus ondulées.

Le *Ch. de Battersea* (syn. *Enfield market cabbage, Vanack C., Blenheim C., King of the cabbages,* etc., etc.) est un des plus cultivés pour l'approvisionnement du marché de Londres. Il se rapproche, comme nous l'avons déjà dit, de notre Ch. cœur de bœuf, avec une tendance vers les caractères du Ch. de Tourlaville ou du Bacalan.

Les variétés *Cocoa-nut* et *Little Pixie* (syn. *Tom Thumb*) sont des choux à feuilles très unies, arrondies, entières, à pomme ovale-obtuse, se rapprochant presque autant du Ch. d'York que du Ch. cœur de bœuf.

Ch. Penton (syn. *Cornish Paington cabbage, Early cornish C.*). Il offre quelque ressemblance avec notre Ch. Bacalan, mais il est moins serré et d'une couleur extrêmement blonde, analogue à celle du Ch. de Fumel. Cette variété est peu rustique.

Parmi les variétés usitées dans le nord de l'Europe, nous citerons :

Le *Ch. Amager*, variété danoise, très rustique, se rapprochant un peu du Ch. de Saint-Denis, mais plus haute de pied et plus tardive.

Le *Ch. câpre* (*Kaper-kohl*), chou pommé très rustique, à tête arrondie, un peu déprimée, teintée fortement de violet ou de brun à la partie supérieure, ainsi qu'au bord des feuilles extérieures qui sont abondantes et assez ondulées. Il a quelque analogie avec le Ch. de Vaugirard.

Le *Ch. de Lubeck* est un chou de grosseur moyenne, à pomme aplatie, serrée ; le feuillage en est assez glauque et rappelle la nuance de celui du Ch. de Saint-Denis. C'est une variété très rustique et tardive.

Le *Ch. plat géant de Gratscheff*, grand chou cabus très feuillu, très tardif, dont le principal mérite consiste probablement à supporter de grands froids sans en souffrir.

Les variétés de choux pommés originaires du midi de l'Europe ne sont pas nombreuses. Nous nous contenterons de mentionner :

Le *Ch. de Pise* (*Cavolo rotondo di Pisa*), variété très répandue et très estimée en Italie et en Algérie. C'est un chou dont la forme et l'apparence rappellent assez le Ch. Joanet gros : la pomme en est presque ronde, mais cependant terminée supérieurement en cône obtus; le pied est assez élevé ; les feuilles extérieures, peu nombreuses, sont arrondies et un peu en cuiller. Il en existe plusieurs sous-variétés différant les unes des autres par leur volume et leur précocité ; la plus hâtive se forme presque aussi rapidement que les choux d'York.

Le *Ch. de Murcie* (*Couve Murciana*, Portugal) est un chou pommé extrèmement distinct, dont les larges feuilles, presque rondes, épaisses, d'un vert noir en dessus et presque grises sur le revers, se recouvrent les unes les autres à la manière des feuilles d'une laitue pommée. Cette race est très hâtive, mais la pomme en est étonnamment peu serrée; elle est, à vrai dire, presque complètement creuse et ne se conserve que quelques jours. C'est une variété sans intérêt pour le climat de Paris.

En Amérique, aux États-Unis, on cultive beaucoup des variétés anglaises, françaises ou allemandes de choux, mais on fait, en outre, grand cas de quelques races du pays, dont les plus connues sont les suivantes :

Bloomsdale early drumhead cabbage. Chou cabus de moyenne saison, à pomme grosse, pas très aplatie, à pied assez élevé, se rapprochant du Ch. de Brunswick ordinaire.

Bloomsdale early market cabbage. Chou à pomme conique, d'apparence intermédiaire entre un Bacalan hâtif et un Ch. de Winnigstadt, vert pâle, demi-hâtif.

Marblehead Mammoth cabbage, *Silverleaf drumhead C.*, *Bergen C.* Variétés volumineuses et assez tardives, se rapprochant de notre Ch. quintal.

Ch. de Wakefield (*Jersey Wakefield cabbage*), qui se rapproche un peu du Ch. de Battersea anglais, mais dont les caractères ne sont pas très constants. C'est néanmoins une bonne variété, productive et précoce, et l'une des plus cultivées pour l'approvisionnement des marchés.

CHOUX DE MILAN

Brassica oleracea bullata DC.

SYNONYMES : Chou Milan, Ch. cabus frisé, Ch. cloqué, Ch. de Hollande,
Ch. pancalier, Ch. de Savoie.

NOMS ÉTRANGERS : ANGL. Savoy. ALL. Wirsing, Savoyerkohl, Börskohl. FLAM. et
HOLL. Savooikool. DAN. Savoy-kaal. ITAL. Cavolo di Milano, Verza. ESP. Col de
Milan, C. risada, C. lombarda. PORT. Saboia.

On réunit sous ce nom toutes les variétés de choux qui, au lieu d'avoir les
feuilles lisses, les ont entièrement cloquées, ou, comme on dit parfois improprement, frisées. Cette apparence tient, selon De Candolle, à ce que dans ces
variétés le parenchyme se développe plus rapidement que les nervures, et
que, par suite, l'espace qui existe entre elles dans le plan de la feuille ne
suffit plus à le contenir. La surface des feuilles se trouve multipliée par
ces nombreux replis, et la pomme, composée de toutes les feuilles encore
jeunes, est par suite plus tendre qu'elle ne l'est d'ordinaire dans les choux
cabus à feuilles lisses. Le goût des choux de Milan passe aussi pour être plus
doux et moins musqué. Même culture que pour les choux cabus ordinaires.

CHOU MILAN PETIT HATIF.

SYNONYME : Chou Milan très hâtif d'Ulm.

NOMS ÉTRANGERS : ANGL. Early Ulm Savoy, Early green curled S. ALL. Extra
früher Ulmer Wirsing, Bamberger W.

Pied assez haut ; pomme petite, ronde ; feuillage peu abondant, d'un vert foncé, à cloques
assez grosses, très saillantes. C'est le plus petit et
un des plus précoces de tous les choux de Milan.

Le *Ch. Milan de Vienne* est une sous-variété
du Ch. Milan petit hâtif, à feuilles un peu moins
cloquées et à tête légèrement oblongue. C'est
une race très petite et très précoce.

Chou Milan petit hâtif.
réd. au douzième.

CHOU MILAN TRÈS HATIF DE PARIS.

Variété très voisine du Ch. Milan petit
hâtif, mais cependant bien distincte.
Pomme arrondie, ferme, d'un vert franc,
entourée de quelques feuilles étalées,
peu amples, d'un vert assez foncé et
luisant, un peu plus largement cloquées
que celles du Ch. Milan petit hâtif. Ce
chou se distingue par sa régularité, sa
petite taille, et sa précocité qui dépasse
de huit ou dix jours celle de tous les
autres choux de Milan. Il se forme à
peu près aussi rapidement que les
choux d'York ou que les races les plus hâtives du chou cœur de bœuf.

Chou Milan très hâtif de Paris.
réd. au douzième.

CHOU PANCALIER PETIT HATIF DE JOULIN.

Chou pancalier petit hâtif de Joulin.
réd. au douzième.

Plus précoce encore que le Ch. Milan petit hâtif, le pancalier de Joulin s'en distingue par son pied court, ses feuilles assez amples, dont les plus extérieures traînent à terre et qui sont toutes couvertes de cloques très grosses et très larges. La pomme est d'un vert assez foncé; les feuilles extérieures, d'une teinte presque noire, sont d'une contexture très charnue, à parenchyme très abondant et épais, et n'ont pas comme légume moins de valeur que la pomme elle-même, surtout après qu'elles ont été attendries par les gelées.

CHOU MILAN COURT HATIF.

Synonymes : Chou Milan nain, Ch. Marcellin, Ch. Milan de Caen.

Noms étrangers : angl. Dwarf green curled Savoy. all. Krauser niedriger Marcellin Wirsing, Früher Marcellin W.

Excellente variété, bien distincte et de première qualité. Pied très court; feuilles larges et amples, d'un vert franc assez foncé, finement cloquées, s'étendant par terre en large rosette avant de former la pomme, qui est ferme et passablement déprimée. Cette variété est très cultivée aux environs de Paris pour l'approvisionnement d'hiver du marché. On en fait des semis pendant tout l'été; on laisse les choux en place à l'entrée de l'hiver, et on les apporte à la halle pendant toute la durée de la mauvaise saison. Le plus souvent ils ne font que commencer à pommer quand on les récolte, mais les feuilles nombreuses et serrées qui entourent la pomme, attendries par les gelées, font un légume excellent.

Chou Milan court hâtif.
réd. au douzième.

Chou Milan ordinaire.
réd. au douzième.

CHOU MILAN ORDINAIRE.

Noms étrangers : angl. Early flat green curled Savoy, Green globe S.

Pied assez haut; feuilles d'un vert un peu glauque, assez amples et souples, moins finement cloquées que celles de la variété précédente. Ce chou a un peu l'apparence du Ch. Milan des Vertus, mais avec une pomme beaucoup moins grosse.

Cette variété est une des plus cultivées; elle a pour principal mérite d'être rustique et peu exigeante sur la qualité du sol.

CHOU PANCALIER DE TOURAINE.

Pied court. Feuilles très amples, nombreuses, d'un vert très foncé, à cloques grosses et larges; les plus extérieures presque complétement étalées sur terre. Pomme ronde, assez petite relativement aux dimensions de la plante, peu serrée et souvent incomplètement formée. Comme dans le chou Milan court hâtif, le produit réside ici autant dans les feuilles extérieures que dans celles de la pomme.

Chou pancalier de Touraine.
réd. au douzième.

Ce chou ressemble au Ch. pancalier petit hâtif de Joulin, qui en est une race plus hâtive, mais moins volumineuse.

CHOU MILAN VICTORIA.

Noms étrangers : angl. Victoria Savoy. all. Extra-krauser Victoria Wirsing, Waterloo Wirsing.

Pied de hauteur moyenne; feuilles assez abondantes, d'un vert franc très finement cloquées, se distinguant très nettement, sous ce rapport, de toutes les autres races, excepté la suivante. Pomme ronde, serrée, assez volumineuse, d'un vert blond. Excellente variété de très bonne qualité et se conservant bien pour l'hiver. Les feuilles de ce chou sont remarquablement tendres et délicates, et cependant elles résistent très bien au froid et à l'humidité. Dans aucune autre variété le parenchyme des feuilles n'est aussi développé comparativement à leurs nervures.

Chou Milan Victoria.
réd. au douzième.

CHOU MILAN DU CAP.

Noms étrangers : angl. Cape Savoy, Large late green S.

Pied assez haut; feuilles finement cloquées, assez amples et d'un vert glauque; pomme moyenne, ronde, très serrée. Il ressemblerait passablement au Ch. Milan Victoria, n'était sa teinte beaucoup plus bleuâtre.

CHOU MILAN PETIT TRÈS FRISÉ DE LIMAY.

Pied haut; feuilles extérieures amples, s'étalant horizontalement, à cloques

Chou Milan petit très frisé de Limay.
réd. au douzième.

assez grosses et très nombreuses. Pomme petite, arrondie, peu serrée. Cette variété est extrêmement rustique et résiste aux plus grands froids; comme le Ch. Milan court, elle donne plutôt une large rosette de feuilles qu'une pomme proprement dite. Elle n'en est pas moins estimée sur les marchés.

CHOU MILAN DORÉ.

Noms étr. : ANGL. Early yellow Savoy, Yellow curled S., Golden S. ALL. Feiner gelber Wirsing, Gelber Savoyer. HOLL. Gele Savooiekool. PORT. Saboia durada.

Pied court; feuilles extérieures assez amples, d'un vert franc assez foncé, largement cloquées et presque toutes renversées en arrière. Pomme légèrement allongée, ovoïde, moyenne, peu serrée, prenant en hiver une teinte très blonde, presque jaune. Ce chou est très tendre à manger, surtout après les gelées. Il en existe plusieurs races différant les unes des autres par des nuances dans la grosseur et la précocité, mais présentant toutes les caractères principaux que nous venons d'indiquer.

La race dite de *Blumenthal*, assez grosse et tardive, est une des plus estimées.

CHOU MILAN A TÊTE LONGUE.

Synonymes : Chou frisé pointu, Ch. Milan pain de sucre.

Noms étrangers : ANGL. Conical Savoy. ALL. Strassburger *oder* Frankfurter langköpfiger Wirsing, Hafenkohl.

Chou Milan à tête longue.
réd. au douzième.

Pied de hauteur moyenne, égalant la moitié ou les deux tiers de la hauteur de la tête. Pomme oblongue, à peu près de la forme de celle du Ch. pain de sucre, peu serrée, d'un vert blond; feuilles extérieures assez étroites, allongées, dressées, assez largement cloquées et d'un vert un peu glauque. Variété de précocité moyenne, de bonne qualité, et assez productive sous un petit volume. Ce chou possède l'avantage de bien pommer à l'arrière-saison, ce qui permet de le semer encore utilement à une époque assez tardive.

CHOU MILAN DES VERTUS.

SYNONYMES : Chou Milan gros frisé d'Allemagne, Ch. de Paris.

NOMS ÉTRANGERS : ANGL. Large drumhead Savoy. ALL. Vertus *oder* Centner Wirsing.

Pied haut de 0^m,15 à 0^m,20, fort, portant une tête large, épaisse, serrée, aplatie sur le sommet, et quelquefois légèrement lavée d'une teinte lie de vin, presque complètement lisse, ne laissant voir quelques cloques que sur le bord des feuilles. Les feuilles extérieures sont assez nombreuses, grandes, amples, raides, bien étalées, d'un vert assez foncé et légèrement glauque, moins finement et moins abondamment cloquées que celles de la plupart des autres choux de Milan.

Chou Milan des Vertus.
réd. au douzième.

Le Ch. Milan des Vertus est cultivé en grand dans les environs de Paris, et principalement dans la plaine d'Aubervilliers; on le consomme à la fin de l'automne et au commencement de l'hiver. Lorsqu'il est bien franc, il n'achève de se former qu'à cette saison, et résiste assez bien aux premiers froids. On en apporte de véritables montagnes à la halle de Paris pendant une bonne partie de l'hiver.

CHOU MILAN DE PONTOISE.

NOMS ÉTRANGERS : ANGL. Large hardy winter drumhead Savoy. ALL. Sehr später krauser Pontoise Wirsing.

Pied assez haut; feuilles abondantes, amples, raides, grossièrement cloquées, d'un vert assez foncé et glauque. Pomme ronde, se formant tardivement, très pleine, très serrée et très dure. C'est une bonne variété d'hiver, qui produit après le Ch. Milan des Vertus.

Chou Milan de Pontoise.
réd. au douzième.

D'après certaines personnes, ce chou serait la forme primitive du Milan des Vertus, lequel aurait été amené, par une sélection inconsciente de la part des maraîchers, à passer de ce type ancien à la forme plus hâtive et mieux pommée que nous connaissons aujourd'hui.

CHOU MILAN DE NORVÉGE.

NOM ÉTRANGER : ANGL. Norway Savoy.

Cette variété a les feuilles si peu cloquées, qu'elle pourrait presque passer pour un chou cabus ordinaire. Le pied en est assez haut, le feuillage abon-

dant, raide et redressé autour de la pomme. Celle-ci est ronde, relativement assez petite et ne se forme que très tard ; tout le feuillage se teint, en hiver, d'une couleur rougeâtre ou violacée. Son pied plus élevé et ses feuilles un peu plus abondantes le distinguent seuls du Ch. de Vaugirard. Le chou de Norvége est le plus tardif des choux Milan et celui qui supporte les froids les plus intenses.

Chou Milan de Norvége.
réd. au douzième.

On cultive en Belgique, sous le nom de *Ch. de mai*, *Ch. tordu* ou *Ch. à trois têtes* (*Drie-kropper*), une variété de Ch. Milan grossièrement cloquée, et dont les feuilles pomment plutôt par torsion qu'en s'emboîtant les unes sur les autres. Ce chou se sème au mois d'août et se plante avant, pendant ou après l'hiver ; il commence à produire dès le mois de mai. Lorsqu'on coupe la pomme, il repousse deux ou trois petites pommes secondaires à l'aisselle des feuilles inférieures.

CHOUX A GROSSES COTES

CHOU A GROSSES COTES ORDINAIRE.

SYNONYME : Chou tronchuda.

NOMS ÉTRANGERS : ANGL. Couve tronchuda, Braganza *or* Portugal cabbage.
ESP. Col de pezon grueso, C. tronchuda. PORT. Couve tronchuda, C. Mantiega,
C. Penca.

Tige assez courte ; feuilles rapprochées, à côtes grosses, blanches, charnues, à limbe un peu découpé, ondulé sur les bords, généralement creusé en cuiller. L'ensemble forme, à l'arrière-saison, une sorte de pomme petite et peu serrée.

On a distingué longtemps, dans ce chou, une race à feuilles vertes et une race à feuilles blondes ; la différence entre les deux est si légère, qu'on les regarde communément aujourd'hui comme une seule et même plante.

Les feuilles extérieures et la pomme de ce chou sont très tendres ; il résiste très bien aux froids et a besoin de subir l'influence des gelées pour acquérir toute sa qualité.

Sous le nom de *Dwarf Portugal cabbage*, on cultive quelquefois en Angleterre une variété plus compacte et mieux pommée du Ch. à grosses côtes.

Chou à grosses côtes ordinaire.
réd. au douzième.

Chou à grosses côtes frangé.
réd. au douzième.

CHOU A GROSSES COTES FRANGE.

SYNONYMES : Chou fraise, Ch. fraise de veau.

Cette variété a les côtes un peu moins développées que le Ch. à grosses côtes ordinaire ; le limbe des feuilles est, par contre, beaucoup plus frisé et ondulé, ce qui lui a valu son nom vulgaire de Ch. fraise ou fraise de veau. Il pomme imparfaitement, mais résiste très bien au froid comme le précédent ; de même que lui, il a l'avantage de produire pendant tout l'hiver, lorsque les choux pommés d'automne sont devenus rares et que ceux de printemps ne donnent pas encore.

Depuis quelques années, on voit à la halle de Paris, vers la fin de l'hiver, un chou non pommé que les maraîchers désignent sous le

Chou Bricoli.
réd. au douzième.

nom de *Bricoli :* cette race paraît intermédiaire entre le Ch. frisé vert et le Ch. à grosses côtes frangé. Il ne nous a pas paru jusqu'ici, en dehors de sa grande rusticité, avoir un mérite bien remarquable.

Le *Ch. de Coutances*, ou *Ch. à feuille épaisse*, présente une grande analogie avec le Ch. à grosses côtes. Il a la nervure médiane moins développée, mais, par contre, il pomme mieux et forme dès l'automne une tête très compacte, blanche et extrêmement ferme à l'intérieur.

CHOU DE BRUXELLES

Synonymes : Chou rosette, Ch. à jets, Ch. à jets et rejets, Ch. spruyt de Bruxelles.

Noms étrangers : angl. Brussels sprouts. all. Rosenkohl, Sprossenkohl. flam. et holl. Spruitkool. dan. Rosenkaal. ital. Cavolo a germoglio. esp. Bretones de Bruselas. port. Couve de Bruxelas d'olhos repolhudos.

Le Ch. de Bruxelles présente quelque analogie avec les choux de Milan, à cause de son feuillage vert foncé et passablement cloqué ; mais, d'autre part, il a le pied beaucoup plus haut qu'aucun chou pommé, et ses feuilles, quoique très nombreuses, ne forment pas une véritable tète. Son produit consiste dans les rejets qui se développent à l'aisselle des feuilles principales tout le long de la tige, jets dont les petites feuilles, creusées en cuiller et très serrées les unes contre les autres, s'emboîtent étroitement et forment de petites pommes presque rondes et très nombreuses. Elles se développent d'abord en bas de la tige, puis successivement, à mesure qu'on les récolte, elles apparaissent de plus en plus près du sommet. Cette longue production, qui se soutient pendant les froids les plus rigoureux de l'hiver, ainsi que la qualité très fine de ses petits rejets, font du Ch. de Bruxelles un des légumes les plus généralement appréciés et cultivés. Il y a quelque chose d'assez étrange, au point de vue physiologique, dans le fait de ce chou dont la rosette principale de feuilles ne pomme pas, tandis que les pousses secondaires pomment régulièrement et très complètement. C'est précisément l'opposé de ce qui se passe ordinairement dans les autres choux et dans les laitues, où les feuilles de la tête principale se coiffent étroitement, tandis que celles des rejets restent espacées sur les axes qui les portent. Quoi qu'il en soit, nous devons à cette anomalie un excellent légume.

Culture. — La croissance du chou de Bruxelles est assez lente, et, pour en obtenir le produit depuis la fin d'octobre jusqu'au mois de mars, il faut commencer les semis dès les mois de mars ou d'avril. On peut les continuer jusqu'en juin pour obtenir une succession de produits. Quand le plant est assez fort, on le repique en pleine terre, en place, en espaçant les pieds de 0m,50 en tous sens pour le chou de Bruxelles ordinaire, et de 0m,40 pour la variété naine. La cueillette peut commencer en octobre pour se prolonger pendant tout l'hiver.

Les choux de Bruxelles aiment un bon terrain riche et frais ; il convient cependant de ne pas les mettre dans une terre trop abondamment fumée, où leur végétation deviendrait trop vigoureuse et où souvent les rejets ne pommeraient pas bien. A Paris, on estime particulièrement les choux de Bruxelles venus dans les champs et dans les localités où la culture s'en fait en grand pour le marché ; on commence les semis dès la fin de février, et l'on met les plants en place en mai et juin.

Usage. — En Belgique, on recherche surtout les jets ou rosettes de petit volume qui se sont développés très serrés sur les tiges. En France, les pommes plus grosses, atteignant à peu près le volume d'une noix moyenne, sont les plus appréciées. C'est là une des nombreuses circonstances dans lesquelles la beauté du produit ne marche pas d'accord avec sa qualité, car les choux de Bruxelles les plus petits et les plus fermes sont assurément les plus délicats.

CHOU DE BRUXELLES ORDINAIRE.

Synonyme : Chou de Bruxelles grand.

Nom étranger : Angl. Tall Brussels sprouts.

Tige haute de 0ᵐ,75 à 1 mètre, relativement mince, garnie de feuilles nombreuses mais assez espacées, à pétiole nu sur une assez grande longueur, à limbe arrondi, légèrement creusé en cuiller et très faiblement cloqué. Jets ou pommes de grosseur médiocre, très fermes, plutôt en forme de poire que sphériques, n'arrivant pas à se toucher les uns les autres, même quand ils sont parvenus à tout leur développement. Cette race est la plus cultivée en plein champ aux environs de Paris ; elle est rustique, et la production s'en prolonge pendant plusieurs mois. C'est celle qui donne les jets les plus petits, les plus fins et les meilleurs.

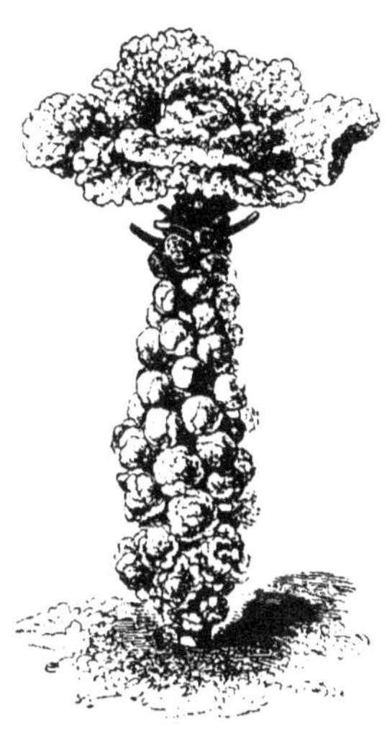

Chou de Bruxelles nain.
réd. au dixième.

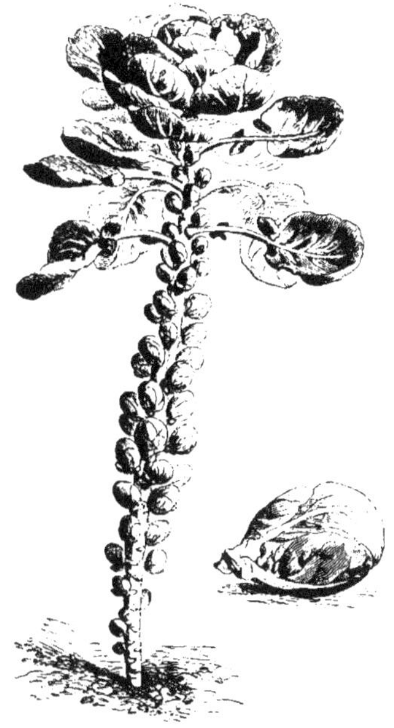

Chou de Bruxelles ordinaire.
réd. au dixième ; jet réd. de moitié.

CHOU DE BRUXELLES NAIN.

Noms étrangers : Angl. Dwarf Brussels sprouts. All. Zwerg Rosenkohl.

Tige forte, raide, n'excédant pas ordinairement 0ᵐ,50 de hauteur ; feuilles plus rapprochées que celles du Ch. de Bruxelles grand, et à très peu de chose près de même apparence, quoiqu'un peu plus cloquées. Pommes ordinairement plus grosses et plus arrondies ; par suite de ce volume plus fort des pommes et de leur plus grand rapprochement, il résulte qu'elles sont ordinairement serrées les unes contre les autres dans cette variété, au lieu que dans l'autre elles restent toujours espacées. Le Ch. de Bruxelles nain est habituellement un peu plus précoce que le grand, mais il continue moins longtemps à produire pendant l'hiver.

Avant de passer à la description des choux verts, nous devons faire mention de deux races de choux très distinctes, qui forment pour ainsi dire la transition entre les choux pommés et les choux sans pomme : nous voulons parler du Ch. Rosette et du Ch. de Russie.

CHOU ROSETTE.

Les Anglais cultivent sous le nom de *Rosette colewort* ou *collard* un chou extrêmement distinct, qui, bien que susceptible de pommer, est habituellement employé comme chou vert, lorsqu'il forme simplement une rosette de feuilles jeunes et tendres. On ne peut mieux comparer le Ch. rosette qu'au sommet d'un chou de Bruxelles qu'on aurait coupé et piqué en terre. C'est une plante très naine, dont la tige ne dépasse guère $0^m,20$ à $0^m,25$ de hauteur, et porte des feuilles nombreuses, serrées, un peu cloquées, arrondies et profondément creusées en cuiller. Ce chou se sème habituellement vers la fin de juin ou dans le courant de juillet. Les plantes sont arrachées à la fin de l'automne, pendant l'hiver et au printemps, liées par les racines, et portées au marché par grosses bottes. Si l'on sème le Ch. rosette de bonne heure au printemps, il est fait dès le mois d'août, et, laissé en terre plus longtemps, il forme une petite pomme ronde, extrêmement compacte. Mais comme les choux de toute espèce sont abondants à l'automne, ce genre de culture est sans intérêt, tandis que semé plus tard, il donne son produit dans une saison où les choux verts sont plus rares et plus recherchés.

CHOU DE RUSSIE.

Curieuse plante qu'on serait tenté, au premier abord, de prendre pour tout autre chose que pour un chou. Tige assez grosse, un peu épaisse, de $0^m,40$ à $0^m,50$ de hauteur. Feuilles d'un vert grisâtre, les extérieures assez foncées et demi-étalées, celles du centre dressées et plus pâles ; toutes découpées en divisions assez étroites, séparées les unes des autres presque jusqu'à la nervure médiane, entières ou quelquefois lobées, à surface grossièrement cloquée. A l'arrière-saison, ce chou forme une espèce de petite pomme assez blanche et très ferme. Son principal mérite est de résister très bien au froid.

A part son apparence singulière, on ne voit pas trop ce qui peut faire rechercher ce chou. Ce n'est assurément pas un avantage que d'avoir les feuilles incisées comme il les a, les nervures s'y trouvant simplement bordées d'une étroite bande de parenchyme, au lieu d'être rejointes par un tissu plein, comme dans les autres choux. Après avoir été cultivé comme plante de collection, le chou de Russie semblait près de tomber dans l'oubli quand, dans ces dernières années, il a été introduit à nouveau en Angleterre, avec grand fracas. Il est douteux que la vogue dont il est actuellement l'objet dure bien longtemps.

CHOUX VERTS

Brassica oleracea acephala DC.

Noms étrangers : Angl. Kale *or* Borecole. All. Winterkohl, Blätterkohl. Flam.
Bladerkool. Holl. Boerenkool. Dan. Bladkaal. Ital. Cavolo verde, C. senza ces-
pite. Esp. Coles sin cogollo, Breton, Berza.

Le nombre de graines contenues dans un gramme est de 300, en moyenne.

CHOU FRISÉ VERT GRAND.

Synonymes : Chou frisé vert grand du Nord, Ch. frisé d'Écosse.

Noms étrangers : Angl. Tall green curled kale, Tall scotch K., Tall greens,
Tall german *or* winter greens. All. Hoher grüner krauser Winterkohl. Flam.
Groene groote gekrulde bladerkool.

Tige forte, droite, de 1 mètre à 1^m,50, terminée par un panache de feuilles
assez étroites, lobées, profondément découpées, extrêmement frisées sur les
bords, se renversant souvent en dehors à l'extrémité, d'un beau vert franc et
atteignant 0^m,40 à 0^m,50 de longueur. Cette variété est comestible ; les feuilles
en sont tendres et très bonnes quand elles ont
subi l'action de la gelée ; de plus, la plante
tout entière est très ornementale. Ce chou est
à recommander, surtout pour les climats très
froids. Il donne, en pleine terre, même pendant
les hivers les plus rigoureux, un légume frais
et d'une qualité excellente.

Chou frisé vert à pied court.
réd. au douzième.

Chou frisé vert grand.
réd. au douzième.

CHOU FRISÉ VERT A PIED COURT.

Noms étrangers : Angl. Dwarf curled kale, Dwarf curlies, Canada K., Labrador K.
All. Niedriger grüner feingekrauster Winterkohl. Holl. Groene kleine gekrulde
boerenkool.

Race naine de la variété précédente. Les caractères des feuilles sont les
mêmes, seulement la tige ne s'élève pas à plus de 0^m,40 à 0^m,50, de sorte
que l'extrémité des feuilles repose souvent sur le sol. Outre son mérite culinaire, elle en a un très grand comme plante d'ornement, soit pour faire des
corbeilles en pleine terre pendant la mauvaise saison, soit pour garnir sur la
table les mets ou le dessert.

CHOU FRISÉ ROUGE GRAND.

SYNONYME : Chou capousta.

NOMS ÉTRANGERS : ANGL. Purple borecole, Tall purple kale, Curled brown K., Purple winter greens. ALL. Hoher brauner krauser Winterkohl.

Les caractères de ce chou sont les mêmes que ceux du Ch. frisé vert grand, dont il ne diffère que par la teinte rouge violacé très intense de son feuillage.

CHOU FRISÉ ROUGE A PIED COURT.

NOMS ÉTRANGERS : ANGL. Dwarf purple borecole. ALL. Niedriger brauner feingekrauster Winterkohl.

Sous-variété naine du précédent, ne s'élevant qu'à 0ᵐ,40 ou 0ᵐ,50 de hauteur. Quand il est bien franc, ce chou est de couleur presque noire et contraste de la manière la plus tranchée avec le Ch. frisé vert. Il est aussi rustique que lui.

CHOUX FRISÉS PANACHÉS.

NOMS ÉTRANGERS : ANGL. Variegated borecole, Variegated plumage kale, Garnishing. ALL. Bunter-Plumagenkohl. HOLL. Bonte desserkool.

Tige de 0ᵐ,50 à 0ᵐ,80 environ. Feuilles divisées, déchiquetées, frisées et ondulées comme celles des variétés précédemment décrites, mais présentant cette particularité, qu'au lieu de conserver une teinte uniforme, elles se panachent, surtout après les gelées, de différentes manières : soit de vert, ou de rouge, ou de lilas sur fond blanc, soit de rouge sur fond vert. On obtient séparément de graines plusieurs de ces formes, et principalement le *Ch. frisé panaché rouge* et le *Ch. frisé panaché blanc.*

Choux frisés et panachés.

Toutes ces races sont très ornementales : on peut en composer pour l'hiver de très jolies corbeilles de pleine terre ; les feuilles peuvent servir à l'ornementation des tables.

Les choux frisés panachés résistent à des froids très rigoureux, quand on ne les laisse pas souffrir de l'excès d'humidité.

CHOU FRISÉ PROLIFÈRE.

Cette variété, assez curieuse, est caractérisée par la production, sur la nervure principale ou même sur les nervures secondaires de la feuille, d'appendices foliacés, frisés et déchiquetés comme la feuille l'est elle-même sur son pourtour. Généralement, les choux frisés prolifères sont en même temps panachés de blanc ou de rouge ; ils sont intéressants surtout comme plantes ornementales.

CHOU FRISÉ DE NAPLES.

Nom étranger : ital. Cavolo pavonazza.

Variété intermédiaire entre les choux frisés et les choux-raves. Sa tige, comme celle du chou-rave, est renflée, mais, au lieu de l'être immédiatement au-dessus du collet, elle l'est à 0ᵐ,06 ou 0ᵐ,08 seulement de la surface de la terre. Ce renflement, ordinairement ovale, produit à son sommet un grand nombre de feuilles, et sur son côté et à la base il donne naissance à des rejetons ou espèces de renflements qui se terminent en bouquets de feuilles. Celles-ci sont longues de 0ᵐ,25 à 0ᵐ,30, ont le pétiole long, délié, sont très profondément découpées en lanières assez étroites, frangées, frisées, et produisent un effet assez ornemental par leur forme élégante et leur couleur vert glauque, contrastant avec leurs nervures blanches. Le renflement de la tige est charnu et peut être mangé comme le chou-rave ; cependant le chou de Naples se cultive moins comme légume que comme plante d'ornement.

CHOU PALMIER.

Synonymes : Chou corne de cerf, Ch. noir.

Noms étrangers : all. Palmbaumkohl, Italienischer Kohl. holl. Italiaansche palmboom-kool. ital. Cavolo nero.

Tige droite ou légèrement courbée, atteignant une hauteur de 2 mètres et plus, et se terminant par un bouquet de feuilles entières, longues de 0ᵐ,60 à 0ᵐ,80, larges de 0ᵐ,08 à 0ᵐ,10, à bords renversés et roulés en dehors, d'un vert foncé presque noir et finement cloquées comme celles des choux de Milan. Les feuilles, d'abord droites et raides, se recourbent en dehors vers l'extrémité, ce qui donne à l'ensemble de la plante un aspect assez élégant.

Chou palmier (jeune).
réd. au vingtième.

Le chou palmier ne fleurit souvent que la troisième année. C'est dans ces conditions qu'il atteint sa hauteur la plus considérable. Il n'est guère regardé en France que comme une plante d'ornement.

On cultive en Italie comme légume, sous le nom de *Cavolo nero*, un chou qui nous a paru être identiquement le même.

CHOU CAVALIER.

Synonymes : Chou arbre, Ch. arbre de Laponie, Ch. asperge, Grand chou à vaches, Grand chou de Bretagne, Ch. sans tête, Ch. vert.

Noms étrangers : angl. Tree-cabbage, Cesarean C., Jersey kale. all. Baumkohl, Kuh-Kohl, Grüner Riesen-Kohl, Lappländischer grüner Kohl.

Très grande et vigoureuse plante, prenant pour ainsi dire l'apparence d'un jeune arbre quand elle est arrivée à tout son développement. Le chou cavalier a été ainsi nommé parce que sa taille, quand il est à toute venue, égale parfois la hauteur d'un homme à cheval, c'est-à-dire dépasse 2 mètres. La tige en est droite, roide, vigoureuse, relativement mince, car elle n'atteint pas ordinairement 0^m,04 de diamètre.

Chou cavalier.

plante d'un an réd. au douzième.

Pendant la première année de sa croissance, le chou cavalier s'élève rarement à plus de 1 mètre ou 1^m,30 de hauteur. Il produit en abondance des feuilles vertes, amples, un peu découpées à la base, mais ovales-arrondies à l'extrémité, à surface un peu cloquée ou boursouflée et atteignant souvent 0^m,80 de longueur. Les feuilles sont assez espacées sur la tige, et, après qu'elles sont tombées ou ont été cueillies, l'insertion du pétiole laisse une cicatrice sur la tige.

Le chou cavalier est rustique et passe, sans en souffrir, les hivers ordinaires de notre climat. Au retour du printemps, les fleurs ne se montrent pas toujours chez le chou cavalier; souvent il continue à produire des feuilles et à s'élever, et c'est dans ce cas qu'il atteint la plus grande taille : il ne fleurit alors qu'au printemps de la troisième année, en comptant celle du semis. Ordinairement on récolte les feuilles pour la nourriture du bétail, en laissant les choux en place; et, au printemps, on recueille, en étêtant la plante, les jets près de monter à fleur. Les tiges elles-mêmes ne sont pas comestibles; elles deviennent tellement dures et ligneuses, qu'en les laissant sécher, on peut en faire des cannes.

CHOU CAULET DE FLANDRE.

Synonyme : Chou cavalier rouge.

Noms étrangers : Angl. Flandres kale. All. Blauer Riesen-Koh .

Chou fourrager de grande dimension, un peu inférieur cependant, sous ce rapport, au Ch. cavalier, dont il se distingue par la teinte rouge violacé de ses tiges et de ses feuilles. Il est extrêmement résistant aux froids, plus même que le Ch. cavalier, ce qui le fait préférer à toute autre espèce pour

Chou caulet de Flandre.
réd. au douzième.

Chou branchu du Poitou.
réd. au douzième.

la grande culture dans le nord de la France ; il est quelquefois branchu, à la différence du chou cavalier dont la tige reste ordinairement simple. Les feuilles en sont moins amples et plus étroites, relativement à leur longueur, que celles du chou cavalier. Elles sont très souvent ondulées et pour ainsi dire gaufrées sur les bords, ce qui leur donne quelque analogie d'apparence avec celles des choux frisés.

CHOU BRANCHU DU POITOU.

Synonymes : Chou mille têtes, Ch. d'Angers, Ch. mille œils, Ch. d'hiver à drageons.

Nom étranger : Angl. Thousand-headed cabbage.

Très grande race qui se distingue du Ch. cavalier en ce que la tige se divise ordinairement en un certain nombre de branches dont chacune porte de grandes feuilles à peu près semblables à celles du Ch. cavalier. Quoique un peu moins élevé que celui-ci, le Ch. branchu du Poitou est généralement regardé comme plus productif, mais il n'est pas aussi rustique et souffre parfois de l'hiver dans les départements du Centre et du Nord. Il est originaire de la région de l'Ouest, et c'est surtout pour ce pays qu'il doit être recommandé.

CHOU MILLE TÊTES.

Race très distincte, originaire de la Vendée et malheureusement assez

Chou mille têtes.
réd. au douzième.

sensible au froid. Les tiges en sont beaucoup plus nombreuses encore que celles du Ch. branchu du Poitou, et forment une sorte de touffe ou de petit buisson ne dépassant guère la hauteur de 1 mètre à 1^m,20, mais extrêmement dense et très chargé de feuilles, qui sont entières, assez longues, plus larges à la base qu'à l'extrémité et d'une couleur blonde ou jaunâtre très particulière.

Il est important de ne pas confondre cette race avec celle que les Anglais appellent *Thousand-headed cabbage;* quoique ce nom anglais soit la traduction exacte de Ch. mille têtes, il s'applique au Ch. branchu du Poitou, et non pas à la variété que nous venons de décrire, et qui souffrirait du froid dans la plus grande partie de l'Angleterre.

CHOU MOELLIER BLANC.

Synonymes : Chou à la moelle, Ch. Chollet.

Noms étrangers : angl. Marrow kale. all. Grüner Riesen-Mark-Kohl. holl. Mergkool.

Grande race de chou fourrager à tige unique très forte et très grosse, renflée principalement dans ses deux tiers supérieurs et remplie d'une moelle ou chair tendre, excellente pour la nourriture des bestiaux. Les feuilles sont extrêmement grandes et amples et donnent aussi un produit considérable. La hauteur de la tige peut atteindre 1^m,50 à 1^m,60, avec une épaisseur de 0^m,08 à 0^m,10 dans la portion la plus renflée.

Les choux moelliers ont, comme les choux mille têtes, l'inconvénient d'être sensibles aux froids ; il faut les récolter avant les grandes gelées. Pendant la fin de l'été et tout l'automne, on cueille les feuilles pour les donner au bétail. Au moment de la récolte définitive, on fait consommer ce qui peut rester de feuilles, et l'on rentre les tiges dans des granges ou tout autre endroit couvert et à l'abri de la gelée. Elles peuvent se conserver là pendant toute la mauvaise saison.

Le chou moellier forme, pour ainsi dire, la transition entre les choux fourragers ordinaires et les choux-raves, et, d'une façon plus générale, entre les choux cultivés pour leurs feuilles et ceux qui le sont pour la substance de leurs tiges renflées. Le chou-rave n'est qu'un chou moellier dont la tige a été raccourcie au point de prendre la forme d'une boule ; la chair qui en forme la masse est absolument de même nature, de même consistance et de même goût dans les deux plantes. La tige des choux moelliers coupée jeune, quand elle ne mesure encore que $0^m,50$ ou $0^m,60$ dans la partie renflée et qu'elle n'excède pas un diamètre de $0^m,06$ ou $0^m,08$, constituerait, nous en sommes persuadés, un légume très agréable.

Chou moellier.
réd. au douzième.

CHOU MOELLIER ROUGE.

Nom étranger : all. Grosser blauer *oder* brauner Mark-Kohl.

Il ne diffère du Ch. moellier ordinaire que par la teinte rouge ou violette de sa tige. Il a les mêmes qualités et les mêmes défauts.

CHOU DE LANNILIS.

La tige de cette variété présente, comme celle du Ch. moellier, un épaississement assez notable ; elle ne dépasse guère $1^m,50$ de hauteur, et porte une grande abondance de feuilles ordinairement entières, allongées, assez épaisses, plus ou moins ondulées, et remarquables surtout par leur couleur d'un vert blond, qui se rapproche de celle du Ch. mille têtes.

On rencontre quelquefois dans les cultures, sous le nom de *Ch. à beurre* ou *Ch. blond à couper* (all. *Zarter gelber Butterkohl*), une sorte de chou branchu, à feuillage arrondi, un peu cloqué, très blond et presque jaune dans le cœur. Cette race est un peu sensible au froid.

CHOU A FAUCHER.

SYNONYME : Chou à vaches

NOMS ÉTRANGERS : ANGL. Buda kale. ALL. Schnittkohl.

Tige très courte, presque nulle; feuilles longues de 0^m,30 à 0^m,40, profondément lobées ou lyrées, d'un vert intense, à pétioles blanchâtres, dont l'ensemble forme une touffe assez fourrageuse, qui pourrait se faucher plusieurs fois. Les feuilles peuvent être utilisées comme légume; mais, pour cet emploi comme pour le fourrage, le chou à faucher a été presque complètement abandonné en faveur de variétés améliorées qui lui sont préférables.

Il en existe en Allemagne une variété à feuilles teintées de violet, connue sous le nom de *Brauner Schnittkohl*.

C'est encore au Ch. à faucher qu'il faut rapporter le *Ch. vivace de Daubenton*, sorte de colza à tige presque ligneuse, ramifiée, pouvant vivre quatre et cinq ans, et dont certaines branches fleurissent sans que les autres cessent de s'allonger et de produire des feuilles. Cette dernière plante est de tous les choux cultivés celui qui se rapproche le plus du chou sauvage, qui se trouve assez fréquemment sur les côtes maritimes de l'Europe occidentale : c'est précisément un de ses caractères distinctifs que de fleurir à l'extrémité de certains rameaux pendant que le reste de la plante continue à s'accroître et que d'autres ramifications se préparent à fleurir l'année suivante.

Les Anglais cultivent un assez grand nombre de choux verts à feuilles entières ou laciniées, unies ou faiblement frisées. Les principales sont :

Cottager's kale. Plante de caractères assez variables, verte ou violette, plus ou moins frisée, dont le principal mérite consiste dans son extrême rusticité.

Ch. vert d'Égypte (Egyptian kale). Très nain et produisant au printemps un grand nombre de jets charnus et garnis de petites feuilles tendres.

Jerusalem kale (syn. *Delaware K.*). Chou à feuilles frisées sur les bords et teintées de violet, également branchu au printemps.

Ch. de Milan. Chou vert, non pommé, complètement différent de nos choux de Milan qu'on appelle en anglais : *Savoys*.

Enfin le *Ragged Jack*, race à feuilles longues, irrégulièrement découpées et laciniées, à tige courte, souvent ramifiée; plante productive et rustique.

Le *Ch. de Galice (Couve Gallega*, de Portugal) est un chou vert à feuillage très ample, fortement cloqué et boursouflé; productif, mais sensible au froid.

Culture. — La culture des choux fourragers ne rentre pas dans le cadre de cet ouvrage. Nous dirons seulement, au sujet des choux frisés d'ornement et des choux verts quelquefois employés comme légumes, que leur culture est la même que celle des choux pommés tardifs et des choux de Bruxelles. On les sème au printemps en pépinière; on les repique vers le mois de mai, pour les mettre en place dans le courant de l'été. Leur production se continue pendant l'automne et l'hiver, quelquefois même pendant toute l'année suivante. La plante ne monte alors à graine qu'au printemps de la seconde année qui suit celle du semis.

CHOUX-RAVES

Brassica Caulo-rapa DC. — Brassica gongilodes L.

Synonymes : Chou de Siam, Boule de Siam.

Noms étr. : angl. Kohl-rabi, Hungarian turnip. all. Oberkohlrabi. flam. Raapkool. holl. Koolraapen boven den grond. dan. Overjordisk Kaalrabi, Knudekaal. ital. Cavolo rapa, Torsi. esp. Col rabano. port. Couve rabano, C. de Siam.

Dans le chou-rave, dont le nom, un peu impropre, pourrait faire supposer qu'il produit une racine souterraine comestible, c'est la tige qui est renflée, charnue et pulpeuse, et qui constitue la partie utile de la plante. Quelques choux fourragers et le chou frisé de Naples donnent des exemples de renflements du même genre, mais moins complets et moins nettement circonscrits. Le renflement de la tige du chou-rave, qui se produit au-dessus de la terre, mais presque à son niveau, prend la forme d'une boule à peu près régulière, dont le volume ne dépasse pas chez certaines races celui d'une orange moyenne, tandis que dans d'autres il atteint presque la grosseur de la tête.

La graine, semblable à celle des autres races de choux, est au nombre d'environ 300 dans un gramme.

Les choux-raves ne sont pas assez connus ni assez appréciés en France, car ils constituent un excellent légume, surtout quand ils sont employés avant d'avoir atteint tout leur développement. C'est à cet état qu'ils sont généralement consommés en Allemagne ; en Italie, on les emploie souvent avant que le renflement de la tige ait atteint le volume d'un œuf de poule.

Culture. — Les choux-raves cultivés comme légumes se sèment depuis le mois de mars jusqu'à la fin de juin, en pépinière ; on les repique en place au bout d'un mois ou six semaines, et ils sont bons à employer deux mois environ après la plantation : les variétés les plus précoces peuvent se semer jusqu'en juillet. La plantation doit se faire avec un écartement de 0^m,35 à 0^m,40 entre les plantes, selon la variété employée.

Les choux-raves peuvent se cultiver également pour la nourriture du bétail ; on préfère naturellement pour cet emploi les races les plus grosses et les plus tardives. Le semis s'en fait en avril, le repiquage en mai-juin, et la récolte seulement en automne.

Usage. — On mange la partie renflée de la tige avant qu'elle soit complètement développée. Dans cet état, elle est tendre et participe à la fois du goût du chou et du navet.

CHOU-RAVE BLANC.

Noms étrangers : all. Grosser weisser Oberkohlrabi, Englischer weisser O. port. Couve rabano branco.

Feuilles assez fortes, longues de 0^m,30 à 0^m,40, à pétioles blancs atteignant la grosseur du petit doigt ; boule ou renflement de la tige d'un vert très pâle, presque blanc, atteignant 0^m,15 et 0^m,20 de diamètre. Cette variété demande un temps assez long pour se former; il lui faut environ quatre mois pour être bonne à manger et six ou sept pour acquérir tout son développement.

La forme n'en est pas toujours parfaitement sphérique; parfois elle est plus ou moins déprimée, parfois, au contraire, allongée en hauteur et presque oblongue. La base des feuilles y laisse de larges cicatrices de couleur blanchâtre.

CHOU-RAVE VIOLET.

NOMS ÉTRANGERS: ALL. Blauer Riesen-Oberkohlrabi. PORT. Couve rabano violeta.

Ne diffère du chou-rave blanc ordinaire que par la couleur violette de sa boule, couleur qui s'étend aux pétioles et aux nervures des feuilles.

Chou-rave blanc.
réd. au cinquième.

Ces choux-raves se gardent bien l'hiver, mais deviennent creux et durs au bout de quelques mois. Il est bon de les faire consommer avant le mois de mars.

CHOU-RAVE BLANC HATIF DE VIENNE.

NOMS ÉTRANGERS : ANGL. Early white Vienna kohl-rabi. ALL. Weisser Wiener Treib-Oberkohlrabi, Weisser Ulmer O. HOLL. Witte Weener glas-koolraapen.

Jolie variété, très fine et très précoce. Elle se distingue à première vue du chou-rave blanc ordinaire par le petit nombre et la petitesse de ses feuilles, qui ne dépassent guère 0^m,20 ou 0^m,25 de longueur, tandis que la grosseur du pétiole ne dépasse pas celle d'une plume d'oie. La formation de la boule est aussi beaucoup plus rapide dans cette variété, qui peut se consommer deux mois et demi ou trois mois après le semis.

Ch.-rave blanc hâtif de Vienne.
réd. au cinquième.

CHOU-RAVE VIOLET HATIF DE VIENNE.

NOMS ÉTRANGERS : ALL. Früher blauer Wiener Treib-Oberkohlrabi, Blauer Ulmer O. HOLL. Blauwe Weener glas-koolraapen.

Cette variété, dont la pomme est violette, présente du reste les mêmes caractères que le chou-rave blanc hâtif; cependant elle n'atteint pas toujours le même degré de finesse et de précocité. Les choux-raves de

Vienne sont ceux qui conviennent le mieux pour le potager et ceux surtout que l'on doit préférer pour la culture forcée ou pour les semis tardifs.

Le *Ch.-rave à feuilles d'artichaut* est une variété assez tardive et d'un médiocre rendement, qui n'a rien de remarquable que la singularité de son feuillage, divisé en segments droits et rappelant de loin une feuille d'artichaut.

Le *Ch.-rave de Naples* à feuilles frisées a été décrit parmi les choux frisés : il est en effet plus remarquable comme tel que comme chou-rave, le renflement de sa tige étant souvent réduit à fort peu de chose.

CHOUX-NAVETS.

Synonymes : Chou-rave en terre, Ch. turnep.

Noms étrangers : angl. Turnip-rooted cabbage, Swede, Swedish turnip. all. Kohlrübe, Erd- *oder* Unter-Kohlrabi, Wruckenrübe. flam. Steekraap. holl. Koolraapen onder den grond. dan. Roe. ital. Cavolo navone. esp. Col nabo, Nabicol. port. Couve nabo.

Les choux-navets et les rutabagas diffèrent des choux-raves en ce qu'au lieu d'avoir, comme ces derniers, la tige renflée au-dessus de terre, ils produisent en terre une racine grosse et à peu près aussi longue que large, à chair blanche dans les choux-navets, à chair jaune dans les rutabagas, ressemblant assez à un gros navet. Les caractères des feuilles et des fleurs de la plante indiquent suffisamment d'autre part que c'est un véritable chou.

Un gramme de graines en contient environ 375.

Les choux-navets et les rutabagas aiment une terre forte et fraîche, et réussissent de préférence dans les climats un peu humides ; ils craignent la très grande chaleur, mais non le froid. Une rusticité extrême est un de leurs principaux mérites.

Culture. — Les choux-navets se sèment de préférence en place, en mai et juin ; on éclaircit de manière à espacer les plants de 0m,35 à 0m,40 en tous sens, puis on se contente de donner quelques binages et d'arroser en cas de besoin. La culture des rutabagas est exactement la même.

Chou-navet blanc.
réd. au cinquième.

Usage. — On emploie la racine cuite : la saveur en est à peu près identique à celle du chou-rave. Il y a avantage à prendre les choux-navets et rutabagas avant qu'ils aient atteint leur complet développement.

CHOU-NAVET BLANC.

SYNONYME : Chou de Laponie.

NOMS ÉTRANGERS : ANGL. White swede. ALL. Weisse Kohlrübe.

Racine courte, élargie, un peu en toupie, de forme souvent irrégulière, à peau blanche ou légèrement teintée de vert autour du collet ; feuilles longues de 0m,35 à 0m,50, découpées, ressemblant à celles du chou-rave. La chair est blanche.

Chou-navet blanc lisse à courte feuille.
réd. au cinquième.

CHOU-NAVET BLANC A COLLET ROUGE.

Sous-variété du précédent, dont elle ne diffère que par la teinte rouge ou violette qui colore le collet de la racine et qui s'étend souvent aux pétioles et aux nervures des feuilles. La chair est blanche.

CHOU-NAVET BLANC LISSE A COURTE FEUILLE.

Variété bien distincte, à racine déprimée, moins longue que large, plus nette et plus régulière en général que celle des deux autres variétés ; feuilles plus courtes, plus entières, d'un vert un peu plus foncé. Ce chou-navet est surtout une race potagère ; il est très notablement plus hâtif que les autres, et peut, pour cette raison, se semer jusqu'en juillet. La chair est blanche.

Rutabaga à collet vert.
réd. au cinquième.

RUTABAGA A COLLET VERT.

NOMS ÉTRANGERS : ANGL. Rutabaga, Swedish turnip, Swede ; (Am.) Ruta Baga. ALL. Grünköpfige Riesen-Kohlrübe. HOLL. Gele koolraapen. PORT. Couve amarilla, Rutabaga.

Racine arrondie, presque sphérique, à peau jaunâtre, fortement teintée de vert dans la portion hors de terre, et principalement autour du collet. Chair jaune.

On a cultivé sous le nom de *Rave d'eau de Finlande* une plante qui ne différait pas sensiblement du rutabaga à collet vert ; c'en était tout au plus une forme à racine légèrement aplatie.

On retrouve à peu près la même race aux États-Unis, où elle se cultive sous le nom de *American green-top yellow rutabaga*. Tout au plus la plante américaine se distinguerait-elle par un feuillage un peu contourné et presque frisé.

RUTABAGA A COLLET VIOLET OU ROUGE.

NOMS ÉTRANGERS : ANGL. Purple-top swede. ALL. Rothköpfige Riesen-Kohlrübe.

C'est la même plante que le rutabaga à collet vert, à part la couleur rouge violacée qui s'étend sur toute la portion non enterrée de la racine.

En Angleterre, où les rutabagas sont cultivés sur une très grande échelle, et jouent presque, dans la grande culture, le même rôle que les betteraves fourragères chez nous, c'est le rutabaga à collet rouge ou violet qui est le plus en faveur. On en distingue un grand nombre de races, dont les plus remarquables sont : les rutabagas de *Skirving*, d *Fettercairn, Sutton's Champion*, recommandables par le fort volume et la forme très régulière de leur racine presque complètement sphérique, et le rutabaga de *Laing*, également gros et bien fait, et caractérisé spécialement par ses feuilles entières. Si, en France, les rutabagas sont moins en faveur qu'en Angleterre, c'est surtout une affaire de climat. Les étés chauds et secs sont extrêmement contraires à cette plante qui, par contre, supporte bien le froid et prospère surtout dans une atmosphère un peu humide. En Bretagne, où les conditions climatériques sont à peu près celles de l'Angleterre, le rutabaga est très cultivé et réussit parfaitement.

Rutabaga à collet violet.
réd. au cinquième.

RUTABAGA JAUNE PLAT HATIF.

NOM ÉTRANGER : ALL. Plattrunde Apfel-Kohlrübe.

Variété potagère plutôt que de grande culture, à racine déprimée, lisse et nette; peau jaune faiblement teintée de vert sur le dessus; feuillage assez peu abondant, court et ramassé. C'est le plus prompt à se former de tous les rutabagas et le plus recommandable pour la culture potagère.

CHOUX-FLEURS
Brassica oleracea Botrytis DC.

Noms étrangers : angl. Cauliflower. all. Blumenkohl, Carfiol. flam. et holl. Bloemkool. dan. Blomkaal. ital. Cavol-fiore. esp. Coliflor. port. Couve flor.

Dans les différentes races de choux désignées sous le nom de choux-fleurs, ce sont les organes de la floraison, ou, à proprement parler, les supports de la fleur qui ont été artificiellement développés. Les fleurs elles-mêmes avortent pour la plupart, et les ramifications le long desquelles elles sont distribuées, gagnant en grosseur tout ce qu'elles perdent en longueur, forment une espèce de corymbe régulier, se terminant par une surface blanche, moutonnée, rarement entremêlée de quelques petites feuilles. Les ramifications florales, grosses, blanches, épaisses et très tendres, ne forment plus, pour ainsi dire, qu'une masse homogène, et les rudiments des fleurs ne sont plus représentés que par les petites aspérités presque imperceptibles qu'offre la surface supérieure de ce que l'on nomme la tête ou pomme du chou-fleur.

Un gramme de graines en contient environ 375.

Culture. — On peut dire que la culture des choux-fleurs est une des plus simples et en même temps des plus difficiles à bien faire. En effet, en dehors des choux-fleurs de première saison qui se sèment à l'automne et s'hivernent sous châssis, la culture est celle d'une plante annuelle qui se sème au printemps en pleine terre et se récolte dans le courant de la même saison, sans exiger absolument d'autres soins que de fréquents arrosages. Mais il est certain, d'autre part, que pour obtenir de beaux produits, il faut apporter à la culture du chou-fleur une habileté et un savoir-faire auxquels nulle explication ne peut suppléer. Les pommes des choux-fleurs ne se forment régulièrement que si le développement des plantes s'est fait rapidement et sans temps d'arrêt depuis le début jusqu'à la fin de la végétation, ce que la plus grande vigilance et les soins les plus constants ne suffisent pas toujours à assurer.

A Paris, on distingue trois saisons principales, ou trois séries de cultures de choux-fleurs : dans la première, le semis se fait à l'automne et la récolte au printemps ; ceux de seconde saison se sèment à la fin de l'automne ou en hiver, et donnent l'été suivant ; enfin la troisième série se sème à la sortie de l'hiver ou au printemps pour se récolter à l'automne de la même année.

Les choux-fleurs faits à l'automne pour le printemps se sèment, soit en pleine terre, soit plus généralement sur couche, dès le mois de septembre ; on élève le plant pendant l'automne sous châssis à froid ou en pleine terre, dans une plate-bande bien exposée, en l'abritant au moyen de cloches. En janvier ou en février, on plante sur couche à raison de six pieds par panneau. Les têtes de choux-fleurs obtenues par ce moyen sont les premières qui se voient sur le marché ; elles y paraissent dès le mois de mai. A peu près en même temps qu'on fait cette première plantation sur couche, on plante aussi sous châssis à froid. Le produit est naturellement un peu plus tardif et vient succéder aux choux-fleurs obtenus à chaud.

Les choux-fleurs de seconde saison se sèment à partir du mois de janvier sur couche chaude ; le plant se repique sur couche et n'est mis en pleine terre que quand il a pris une certaine force, vers la fin de mars ou le mois d'avril. A cette saison, ils n'ont plus besoin de chaleur artificielle et donneront naturellement leur produit à la fin de juin ou au mois de juillet. Les semis se continuent encore en février et en mars, et le plant, élevé sous châssis ou sous cloches, se met en place un peu plus tard que celui qui provient des semis faits sur couche. Cette seconde saison, c'est-à-dire celle où le plant est avancé au moyen de soins tout spéciaux et de chaleur artificielle, mais où la production a lieu en pleine terre, est celle qui produit, de beaucoup, la plus grande quantité des choux-fleurs apportés à la halle de Paris.

Enfin la troisième saison est celle où la végétation tout entière s'accomplit sans l'aide de la chaleur artificielle et où le plant lui-même s'élève en pleine terre. Le semis se fait alors en mai ou juin sur une plate-bande abritée ou ombragée, et le plant est mis en place en juillet, sans avoir été repiqué. Ce système de culture, qui, au premier abord, paraît le plus simple de tous, n'est pas celui qui donne toujours les meilleurs résultats, à cause des grandes chaleurs et des sécheresses dont il est parfois difficile de défendre les choux-fleurs au début de leur végétation, et des froids précoces qui viennent souvent entraver la formation des têtes.

Usage. — On mange la tête ou pomme, composée de la réunion des ramifications florales raccourcies et épaissies.

CHOU-FLEUR NAIN HATIF D'ERFURT.

Noms étrangers : ANGL. Dwarf Erfurt cauliflower. ALL. Erfurter zwerg Blumenkohl. PORT. Couve flor ana d'Erfurt.

Variété très précoce, très distincte et véritablement d'un grand mérite, mais difficile à conserver bien pure. Plante de taille au-dessous de la moyenne, à pied assez court. Feuilles oblongues, entières, à contour arrondi, à peine ondulées, et d'une teinte vert blond grisâtre un peu particulière, qui, jointe à leur forme et à leur position assez dressée, donne à la plante une certaine analogie d'aspect avec le Ch. pain de sucre. Pomme très blanche, à grain fin, se formant promptement, mais ne se conservant pas longtemps ferme.

Chou-fleur nain hâtif d'Erfurt.
réd. au dixième.

CHOU-FLEUR TENDRE DE PARIS.

Synonyme : Chou-fleur petit Salomon.

Variété à pied mince, assez haut; feuilles relativement étroites, presque droites, peu renversées à l'extrémité et peu plissées sur les bords; pomme moyenne, prompte à se faire et ne se conservant pas longtemps. Cette variété convient particulièrement aux semis d'été; semée au mois d'avril ou de mai, elle pomme en août ou septembre.

CHOU-FLEUR IMPÉRIAL.

Cette belle race présente beaucoup d'analogie d'aspect avec le chou-fleur nain hâtif d'Erfurt, mais elle est d'un vert plus foncé et plus grande dans toutes ses parties. C'est une race hâtive à belle pomme blanche, large et ferme, et remarquable par la régularité de sa croissance et de sa production. Quand elle est bien franche, c'est assurément une des plus recommandables parmi les variétés hâtives de chou-fleur.

CHOU-FLEUR DEMI-DUR DE PARIS.

Synonyme : Chou-fleur gros Salomon.

Plante moyenne, à feuillage assez ample, d'un vert foncé un peu glauque, entourant bien la pomme et se renversant vers la terre aux extrémités. Le contour des feuilles est ondulé et grossièrement denté ; le pied est assez court et assez fort ; la pomme très blanche, grosse, et se conservant longtemps. Le chou-fleur demi-dur était autrefois celui que cultivaient le plus les maraîchers de Paris ; aujourd'hui, la place lui est disputée par le chou-fleur Lenormand pied court et par plusieurs variétés nouvelles.

Le *chou-fleur Lemaitre* est une bonne race du demi-dur de Paris : il a le pied court ; sa pomme est belle, grosse, très serrée et bien blanche.

CHOU-FLEUR LENORMAND.

Il y a une vingtaine d'années que l'attention a commencé à être appelée sur cette variété, principalement à cause de sa grande rusticité et de la beauté

Chou-fleur Lenormand.
réd. au dixième.

de ses produits. Le chou-fleur Lenormand ne présente pas, extérieurement, de grande différence avec le demi-dur de Paris : le feuillage en est

seulement un peu plus ample, et il est certain qu'il exige un peu moins
de soins que la plupart des autres variétés; mais son plus grand mérite
est incontestablement d'avoir donné naissance à la variété suivante, qui est
aujourd'hui une des plus généralement recherchées.

CHOU-FLEUR LENORMAND A PIED COURT.

L'aspect de cette variété est très caractéristique et permet de la distinguer
facilement de toutes les au-
tres, quand elle est bien
franche. Le pied, extrêmement court, fort et trapu,
est garni, presque jusqu'au
niveau de terre, de feuilles
courtes, larges, arrondies,
peu ondulées, excepté sur
les bords, très fermes et
raides, et plutôt étalées que
dressées. Le feuillage est
d'un vert foncé à peine glauque; les pommes sont très
grosses, très fermes, d'un
blanc magnifique et se conservent longtemps. Le chou-
fleur Lenormand à pied
court est précoce, productif,
rustique, et joint à tous ces

Chou-fleur Lenormand à pied court.
réd. au dixième.

avantages celui d'occuper relativement peu de place; aussi ne doit-on pas
s'étonner de la grande extension que sa culture a prise en peu d'années.

CHOU-FLEUR DEMI-DUR DE SAINT-BRIEUC.

Grande et forte plante, à feuillage ample, allongé, ondulé, d'un vert foncé;
pied haut; pomme ferme, serrée et se conservant assez bien. Cette variété,
dont la culture est très répandue dans les environs de Saint-Brieuc et dont
les têtes s'exportent à Paris et même en Angleterre, est bien rustique et
convient parfaitement à la culture en pleine terre.

CHOU-FLEUR DUR DE PARIS.

C'est la plus tardive des variétés cultivées par les maraîchers des environs
de Paris. Elle diffère du chou-fleur demi-dur surtout parce qu'elle est un
peu plus tardive et que sa pomme a l'avantage de se conserver dure et ferme
plus longtemps; mais elle s'en distingue aussi par l'aspect de son feuillage,
qui est assez abondant, allongé, très ondulé et d'un vert très intense.

Le chou-fleur dur est le moins cultivé des trois qui se font généralement
à Paris; les maraîchers ne l'emploient guère que pour les semis d'été qui
doivent produire à l'arrière-saison.

CHOU-FLEUR DUR DE HOLLAND

Noms étrangers : Angl. Early dutch cauliflower. All. Holländischer zwerg Blumenkohl.

Grande variété rustique, convenant pour la culture en plein champ. Pied

Chou-fleur dur de Hollande.
réd. au dixième.

haut et assez mince; feuillage allongé, pas très large, d'un vert grisâtre , passablement ondulé. Le chou-fleur dur de Hollande est un de ceux dans lesquels la côte de la feuille est nue à la base sur la plus grande longueur ; la pomme en est dure et serrée, mais pas très grosse. C'est une variété demi-tardive. Dans son pays d'origine elle réussit mieux que les variétés françaises, et se cultive sur une grande échelle dans les environs de Leyde. On l'expédie par grandes quantités en Angleterre, où elle fait concur-

rence, sur les marchés de Londres, aux choux-fleurs venant des côtes de France et spécialement de Bretagne. Le nom de chou-fleur nain de Hollande que lui donnent les Allemands ne peut s'expliquer que par comparaison avec les autres choux-fleurs hollandais : relativement aux races françaises, il est au contraire haut de pied.

CHOU-FLEUR DUR D'ANGLETERRE.

Noms étrangers : Angl. Early London cauliflower. Holl. Groote late bloemkool.

Race vigoureuse, à feuillage abondant, ample, ondulé, d'un vert assez foncé, à pied moins haut que celui du chou-fleur dur de Hollande. Comme la précédente, cette variété est rustique et assez tardive; elle convient bien pour la pleine terre, et ne doit pas être semée plus tard que le mois de mai, pour donner son produit à l'automne.

CHOU-FLEUR DE STADTHOLD.

Noms étrangers : All. Stadtholder Blumenkohl. Holl. Groote late standhouder bloemkool.

Très voisin du chou-fleur dur de Hollande, celui-ci présente à peu près exactement les mêmes caractères de végétation et s'en distingue principalement en ce qu'il est de quelques jours plus tardif; il est, à ce point de vue, intermédiaire entre le chou-fleur dur de Hollande et celui de Walcheren. Le pied est un peu plus court que celui des autres choux-fleurs hollandais et le feuillage plus ondulé sur les bords.

CHOU-FLEUR DE WALCHEREN.

Noms étrangers : angl. Walcheren cauliflower, Walcheren brocoli. all. Später Walcheren Blumenkohl. holl. Late Walchersche bloemkool.

Le plus tardif des choux-fleurs et en même temps un des plus rustiques, à tel point qu'on peut le considérer comme intermédiaire entre les choux-fleurs proprement dits et les brocolis, au nombre desquels il n'est pas rare de le voir classé. Le chou-fleur de Walcheren a le pied haut et fort, le feuillage allongé, passablement raide et dressé, abondant et d'un vert un peu grisâtre. La pomme se forme très tardivement; elle est belle, grosse, très blanche, d'un grain fin et serré. Il faut semer le chou-fleur de Walcheren en avril pour être sûr de le voir bien pommé avant les gelées; fait tardivement, il résiste souvent à l'hiver et pomme alors de très bonne heure au printemps.

CHOU-FLEUR GÉANT DE NAPLES.

Nom étranger : angl. Veitch's autumn giant cauliflower.

Grande et vigoureuse plante, à pied assez haut; feuillage ample, passablement ondulé, d'un vert foncé. Les feuilles intérieures recouvrant bien la

Chou-fleur géant de Naples.
réd. au dixième.

pomme, qui est très grosse, ferme et bien blanche. C'est un chou-fleur tardif, qui produit en même temps que celui de Walcheren; il n'est pas aussi rustique. Dans le Nord, on ne peut l'employer que pour la production d'arrière-saison en pleine terre; il faut le semer en avril ou mai.

CHOU-FLEUR D'ALGER.

Plante extrêmement vigoureuse, plus forte et plus développée que le chou-fleur de Naples. Feuillage très ample, ondulé, presque cloqué, d'un vert très foncé à reflets glauques; pied gros et fort, assez élevé. La pomme est remarquablement grosse, belle et blanche. Par ses caractères de végétation cette race se rapproche des choux-fleurs demi-durs, mais son époque de production est la même que celle des choux-fleurs de Hollande et d'Angleterre. Elle convient tout particulièrement à la culture en pleine terre dans les pays à climat chaud.

CHOU-FLEUR NOIR DE SICILE.

SYNONYME : Brocoli violet nain hâtif.

NOMS ÉTRANGERS : ALL. Schwarzer Sicilianischer Blumenkohl. HOLL. Groote zwarte bloemkool.

Par sa végétation et son aspect, cette variété présente passablement d'analogie avec le chou-fleur d'Alger. Il a le pied assez haut, et le feuillage très

Chou-fleur noir de Sicile.
réd. au dixième.

ample et très foncé, assez tourmenté et presque cloqué, court et large relativement à sa longueur; mais il diffère complètement de tous les autres choux-fleurs par la couleur de sa pomme, qui est violette et a le grain beaucoup moins fin que toutes les autres variétés, quoiqu'elle soit assez serrée, ferme et volumineuse. Le chou-fleur noir de Sicile n'est pas extrêmement tardif; il se cultive toujours en pleine terre, et commence à donner à partir du mois de septembre.

Les variétés de choux-fleurs cultivées par les Allemands sous les noms de *Cyprischer, Asiatischer,* etc., nous ont toujours paru se rapprocher beaucoup des choux-fleurs de Hollande.

CHOUX BROCOLIS

Brassica oleracea Botrytis DC.

Synonyme : Chou-fleur d'hiver.

Noms étrangers : angl. Brocoli. all. Broccoli, Brockoli, Spargelkohl. flam.
Brokelie. dan. Broccoli, Asparges kaal. ital. Cavol broccolo. esp. Broculi.

Les brocolis, comme les choux-fleurs, sont cultivés pour leur tête ou pomme,
qui a précisément la même origine et les mêmes qualités ; seulement, la
végétation des brocolis est beaucoup plus prolongée : au lieu de donner leur
pomme dès l'année même du semis, ils passent l'hiver, et ne la forment
qu'au commencement du printemps. L'aspect des deux plantes présente aussi
quelques différences. Les brocolis ont en général les feuilles plus nombreuses,
moins amples, plus raides, plus étroites que celles des choux-fleurs ; le pétiole des feuilles est plus souvent dénudé ; les nervures sont aussi plus fortes,
plus blanches. Les pommes, quoique belles, fermes et d'un grain très serré,
sont rarement aussi grosses dans notre climat que celles des bonnes variétés
de chou-fleur. La graine est absolument semblable à celle des choux-fleurs.

Les brocolis doivent être cultivés depuis un temps plus reculé que ne
le sont les choux-fleurs ; leur nom, du moins, donne lieu de le supposer. On
appelle en Italie *broccoli*, les pousses tendres que produisent, à la sortie de
l'hiver, les différentes espèces de choux ou de navets qui se disposent à fleurir.
Ces jeunes pousses, vertes et tendres, ont de tout temps constitué en Italie un
légume très apprécié ; de là une tendance naturelle à rechercher et à cultiver
de préférence les plantes dans lesquelles ces jets étaient aussi nombreux et
aussi tendres que possible. Le *brocoli à jets*, ou *brocoli asperge*, doit repré-
senter la première forme qu'a prise le nouveau légume quand il a cessé
d'être le premier chou venu et qu'on l'a cultivé spécialement en vue de ses
broccoli ; de là, par voie d'amélioration successive, on sera arrivé à obtenir
les variétés à pomme blanche, serrée, et enfin, par un progrès nouveau, on
a créé des races assez hâtives pour accomplir toute leur végétation dans le
cours d'un seul été, et ce sont elles qui ont constitué notre chou-fleur.

Culture. — Les brocolis se sèment en pépinière depuis le commencement
d'avril jusqu'à la fin de mai, selon leur précocité plus ou moins grande ; on
les repique habituellement en pépinière, et on les met en place en juin ou
juillet. Comme pour tous les choux, il est bon de donner de fréquents binages
et d'arroser le plus souvent possible. A l'entrée de l'hiver, on couche les
brocolis et l'on recouvre de terre le pied jusqu'à la naissance des feuilles, ou
bien on les déplante complètement et on les met en jauge, fortement inclinés
et la tête tournée vers le nord. L'endroit où ils passent l'hiver doit être bien
sain et bien drainé ; il est bon d'abriter les plantes, quand on le peut, au
moment des plus grands froids. Dès le mois de mars les pommes commencent
à se former, et le produit peut se prolonger jusqu'en juin, si les semis ont été
convenablement échelonnés.

Usage. — L'usage des brocolis est exactement le même que celui des
choux-fleurs.

BROCOLI BLANC ORDINAIRE.

Synonyme : Brocoli blanc de Saint-Brieuc.

Plante vigoureuse, à feuillage assez abondant, long, raide, d'un vert glauque, fortement ondulé sur les bords; les feuilles du centre qui abritent la pomme, très tourmentées et presque frisées. Pomme blanche, très serrée, très dure, se conservant longtemps ferme. Cette variété est rustique et d'une culture facile.

BROCOLI BLANC HATIF.

Noms étrangers : angl. Adam's early white brocoli. all. Englischer weisser Broccoli.

Les caractères de cette variété sont peu différents de ceux de la précédente : elle s'en distingue principalement par sa précocité plus grande de dix ou douze jours. Elle

Brocoli blanc hâtif.
réd. au dixième.

a les feuilles nombreuses et remarquablement ondulées sur les bords.

BROCOLI BLANC DE ROSCOFF.

Cette excellente variété, cultivée sur une très grande échelle dans le département du Finistère, ressemble extrêmement au brocoli blanc hâtif, dont on doit la considérer comme une race locale très régulière et très hâtive. C'est elle qui, chaque année, est apportée en si grandes quantités à Paris dès la sortie de l'hiver.

BROCOLI BLANC MAMMOTH.

Nom étranger : angl. Mammoth white brocoli.

Variété ramassée, plus basse de pied que les précédentes, à feuillage plus court et plus large, d'un vert foncé, abondant et entourant bien la pomme ; les feuilles du cœur sont souvent tordues. La pomme est très grosse, très blanche et d'une qualité remarquable. Ce brocoli est un des plus tardifs et un de ceux dont la production se prolonge le plus longtemps.

BROCOLI DE PAQUES.

Très jolie variété, précoce, et bien distincte. Le feuillage en est moins abondant que celui de la plupart des autres brocolis, et les feuilles ont un aspect tout particulier : elles sont assez courtes, presque pointues et larges de la base, ce qui les fait paraître presque triangulaires ; elles sont raides, peu ondulées et finement dentées sur les bords ; leur couleur grisâtre est également caractéristique. Le brocoli de Pâques, appelé aussi chou-fleur de Pâques dans le midi de la France, est très précoce ; il est moins exigeant que beaucoup d'autres, et les plantes même les plus faibles pomment très régulièrement. C'est une variété des plus recommandables.

BROCOLI VIOLET.

Noms étrangers : Angl. Early purple Cape brocoli, Purple sicilian B.
All. Französischer violetter *oder* Römischer Broccoli.

Race extrêmement rustique, parfaitement distincte de toutes les autres. Feuilles assez profondément lobées, nombreuses, assez longues, étalées, d'un vert grisâtre pâle, à nervures teintées de violet ; pomme violacée, assez ferme, de grosseur médiocre, assez tardive à se former.

BROCOLI BRANCHU.

Synonymes : Brocoli à jets, Br. asperge.

Noms étrangers : Angl. Purple sprouting brocoli, Asparagus B., Early
branching B.

Différentes races ont été cultivées sous ce nom ; celle qui se trouve maintenant le plus souvent dans les cultures est un chou à tige et feuilles violettes, ressemblant jusqu'à un certain point à un chou rouge frisé, et produisant, non seulement dans le cœur, mais à l'aisselle de toutes les feuilles, des pousses violettes assez grosses et charnues, dont les boutons à fleur n'avortent pas comme dans les variétés qui font une véritable pomme. Ces pousses sont produites successivement pendant un temps assez long ; on les cueille à mesure qu'elles s'allongent et avant que les fleurs s'épanouissent. On les emploie à peu près comme les asperges vertes, ce qui a fait donner aussi à la plante le nom de brocoli asperge.

Brocoli branchu.
réd. au huitième ; pousse détachée réd. à la moitié.

Sous le nom de *Sprouting brocoli*, les Anglais cultivent le plus souvent une variété à pousses vertes, dont les fleurs avortent partiellement et forment au bout de chaque ramification une petite masse un peu renflée et d'un jaune verdâtre.

Le *chou-fleur Marte*, de Bordeaux, est un véritable brocoli branchu, produisant un grand nombre de petites pommes violacées, serrées, d'une très bonne qualité ; malheureusement cette race souffre, à Paris, dans les hivers un peu rigoureux.

Le nombre des variétés de brocolis est extrêmement considérable ; c'est un des légumes dans lequel les races paraissent le moins fixées. En Angleterre, on cultive plus de quarante brocolis différents. Nous citerons seulement parmi les races à pomme colorée :

Le *Br. vert du Cap* (*Green Cape brocoli*), à pomme verdâtre, qui produit à l'arrière-saison, en octobre et novembre.

Le *Br. vert tardif* (*Late green brocoli*, syn. *Late danish B.*, *Siberian B.*), à pomme de même couleur que le précédent, mais produisant en avril-mai.

Le *Br. nain violet tardif* (*Late dwarf purple brocoli*, synon. *Danish purple B.*, *Dwarf swedish B.*, *Cock's-comb B.*), variété très rustique, à pomme violette, qui produit seulement en avril-mai.

Parmi les variétés à pomme blanche, les plus appréciées sont :

Cattell's Eclipse brocoli. Très belle forme tardive du Br. Mammoth.

Br. chou-fleur (*Grange's early cauliflower brocoli*, syn. *Bath white B.*, *Italian white B.*). Race extrêmement précoce, qui commence à produire dès le mois d'octobre.

Cooling's matchless brocoli. Un peu feuillu, mais à belle pomme blanche, analogue au Br. de Roscoff.

Snow's superb white winter brocoli. Plante compacte, à pied court, qui peut, suivant la culture, produire à la fin de l'automne ou au printemps.

Veitch's protecting brocoli. Bonne variété rustique, dont les belles pommes blanches sont naturellement recouvertes par les feuilles.

Enfin le *Br. de Wilcove*, bonne variété tardive et résistant parfaitement à l'hiver.

Les Italiens cultivent un grand nombre de variétés de brocolis, et l'on sait que c'est d'Italie que vient ce légume ; mais, comme tous les choux-fleurs y passent parfaitement l'hiver, on y appelle choux-fleurs toutes les variétés qui produisent des pommes blanches : le nom de *broccoli* est réservé aux variétés branchues ou à celles dont la pomme est colorée. Le chou-fleur géant de Naples est considéré dans son pays comme un brocoli.

Sur toutes les côtes de la Méditerranée il existe des races de choux-fleurs dont le produit s'échelonne pendant tout l'hiver, faisant suite sans interruption aux variétés d'automne. Il y a également, dans les brocolis violets, une race spéciale pour chaque mois de l'hiver : ceux de novembre s'appellent *San-Martinari* (de la Saint-Martin), ceux de décembre *Nataleschi* (de Noël) ; les suivants : *Gennajuoli*, *Febbrajuoli*, *Marzuoli*, *Apriloti*, selon qu'ils donnent leur produit en janvier, février, mars ou avril.

CHOU MARIN. — Voy. CRAMBÉ.

CIBOULE

Allium fistulosum L.

Fam. des *Liliacées*.

SYNONYMES : Ail fistuleux, Ognon à tondre.

NOMS ÉTRANGERS : ANGL. Welsh onion. ALL. Schnittzwiebel, Cipolle, Winter-
zwiebel, Welsche Zwiebel, Winterheckezwiebel, Heckzwiebel, Rohrenlauch.
FLAM. Pijplook. HOLL. Bieslook. DAN. Purlog. ITAL. Cipolleta. ESP. Cebolleta,
Cebollino de Inglaterra. PORT. Cebolinha.

Sibérie ou Orient. — Vivace; annuelle ou bisannuelle dans la culture.
— Plante très voisine de l'ognon par ses caractères botaniques, quoiqu'elle
ne forme pas de bulbes proprement dits, mais seulement un renflement peu
marqué à la base de chaque pousse. Feuilles nombreuses, fistuleuses, d'un
vert assez foncé, un peu glauque, longues de 0^m,25 à 0^m,35 ; la seconde
année, tiges de 0^m,50, renflées vers le milieu, terminées par un bouquet sphérique de fleurs semblables à celles de l'ognon.

Culture. — La ciboule peut se propager par division, chacune de ses tiges,
renflée à la base, pouvant donner naissance rapidement à une touffe nouvelle.
Cependant comme elle grène abondamment et qu'elle est sujette à souffrir
du froid dans les hivers rigoureux, on préfère habituellement la reproduire
par la voie du semis. On choisit pour cette culture une bonne terre bien
fumée et bien préparée, et l'on y sème la ciboule en place depuis le mois de
février jusqu'en avril ou en mai ; les soins à donner se réduisent, comme pour
les ognons, à quelques sarclages et arrosages. Trois mois après le semis, on
peut commencer à couper les feuilles
des ciboules.

Usage. — Les feuilles, qui ont un
goût d'ognon très prononcé, s'emploient comme condiment.

CIBOULE COMMUNE.

Bulbes ou renflements très allongés,
d'un rouge cuivré, revêtus de mem-
branes sèches, comme celles de l'ognon.
qui accompagnent les feuilles jusqu'à
plusieurs centimètres au-dessus de
terre. C'est la forme qu'on cultive le
plus généralement ; elle est productive
et relativement rustique.

La graine est noire, anguleuse,
déprimée et concave sur l'une des
faces, ressemblant tout à fait à celle

Ciboule commune.
réd. au huitième ; tige séparée réd. au quart.

de l'ognon. Un gramme en contient environ 300, et le litre pèse en moyenne
480 grammes ; sa durée germinative est de deux ou trois ans.

CIBOULE BLANCHE HATIVE.

SYNONYME : Ciboule vierge.

Variété très distincte, à renflements plus courts que la forme ordinaire,
à enveloppes d'un blanc rosé, prenant hors de terre une teinte blanc d'argent ;
feuilles courtes, raides, d'un vert foncé, glauque, d'une saveur moins forte
et plus fine que celle de la ciboule commune. La graine en est également
plus petite : un gramme en contient jusqu'à 500 et plus ; le litre pèse
520 grammes ; la durée germinative est la même. Cette variété paraît sensible au froid ; elle perd complètement ses feuilles pendant l'hiver, mais
recommence à pousser de bonne heure au printemps.

CIBOULE VIVACE

Allium lusitanicum LAMK.

Fam. des *Liliacées.*

SYNONYME : Ciboule de Saint-Jacques.

NOMS ÉTRANGERS : ALL. Johannislauch, Fleischlauch, Jakobslauch.

Bulbes nombreux, très allongés, d'un brun rougeâtre assez foncé, fixés à
la base sur un plateau commun ; feuilles d'un vert très glauque, raides,
grosses, nombreuses. La plante donne quelquefois des tiges florales qui sont
terminées par un bouquet arrondi de fleurs violet pâle, ne produisant pas de
graines. La multiplication de la C. vivace se fait toujours par division des
touffes ; à cela près, la culture en est la même que celle de la C. commune.

CIBOULETTE

Allium Schœnoprasum L.

Fam. des *Liliacées.*

SYNONYMES : Civette, Appétit, Cive,
Fausse échalote.

NOMS ÉTRANGERS : ANGL. Chives, Cives.
ALL. Schnittlauch, Graslauch. FLAM.
et HOLL. Bieslook. ITAL. Cipollina.
ESP. Cebollino.

Indigène. — *Vivace.* — Plante
croissant en touffes serrées. Bulbes ovales, petits, à peine de la
dimension d'une noisette, réunis
en une masse compacte par les
racines qui s'enchevêtrent les unes

Ciboulette.
réd. au huitième ; tige séparée réd. au quart.

parmi les autres. Feuilles très nombreuses, fines, d'un vert foncé, ressemblant
à celles d'une graminée, mais creuses à l'intérieur comme celles de l'ognon.
Tiges florales à peine plus élevées que les feuilles et terminées par de petits
bouquets de fleurs d'un rouge violacé, qui sont constamment stériles.

Culture. — La multiplication de la ciboulette se fait toujours par la division des touffes ; cette opération a lieu de préférence au printemps, en mars

ou avril. La ciboulette se cultive d'ordinaire en bordure ; elle paraît réussir de cette façon mieux qu'en planche. Il est bon de refaire la plantation pour rajeunir les touffes tous les deux ou trois ans. Les feuilles, quand on veut les employer, se coupent au couteau ; il semble que la plante pousse d'autant plus vigoureusement qu'elle est coupée plus souvent.

Usage. — On emploie les feuilles comme celles de la ciboule.

CIRSIUM OLERACEUM Scop.

Fam. des *Composées.*

Nom étranger : ALL. Wiesenkohl.

Indigène. — *Vivace.* — Plante épineuse, à racines renflées, pivotantes, souvent ramifiées ; feuilles radicales grandes, entières ou découpées, pennées, épineuses sur les bords. Tige dressée, raide, sillonnée, garnie jusqu'au sommet de feuilles sessiles-embrassantes, auriculées. Capitules presque sessiles, vert pâle ou jaunâtres, agglomérés au sommet de la tige et des rameaux et entourés de grandes bractées épineuses jaunâtres. Graine ovale-allongée, blanchâtre, lisse, finement striée, moins pointue à la base que celle de la laitue, avec laquelle elle présente quelque analogie d'aspect : un gramme en contient environ 500, et le litre pèse 300 grammes ; sa durée germinative est de six années.

Cirsium oleraceum.
réd. au dixième.

Culture. — Il ne semble pas qu'on ait jamais cultivé le *Cirsium oleraceum.* On se contentait de le récolter dans les prairies, où il croît spontanément.

Usage. — On employait autrefois comme légume la souche renflée de la plante, avant qu'elle montât à fleur.

CITROUILLE DE TOURAINE. — Voy. COURGE CITROUILLE DE TOURAINE.
CIVETTE. — Voy. CIBOULETTE.

CLAYTONE PERFOLIÉE

Claytonia perfoliata Don.

Fam. des *Portulacées.*

Synonymes : Claytone de Cuba, Pourpier d'hiver.

Noms étrangers : FLAM. Doorwas. HOLL. Winter-postelijn. ESP. Verdolaga de Cuba.

Cuba. — *Annuelle.* — Feuilles toutes radicales, très tendres, épaisses et charnues, les premières très étroites, lancéolées, les suivantes plus ou moins élargies, mais toujours pointues. Tiges nombreuses, dépassant un peu les feuilles et portant une sorte de collerette en cornet très ouvert, de contexture analogue à celle des feuilles, et du centre de laquelle sortent les fleurs, qui sont blanches, petites et disposées en courtes panicules. Graine petite, noire, un peu aplatie, de forme lenticulaire, au nombre d'environ 2200 dans un gramme; le litre pèse 700 grammes; la durée germinative est de cinq ans.

Culture. — La claytone se sème en place pendant tout le printemps et l'été.

Usage. — On mange les feuilles en salade ou cuites, à la manière du pourpier ou des épinards.

Claytone perfoliée.
réd. au quart.

COCHLEARIA OFFICINAL

Cochlearia officinalis L.

Fam. des *Crucifères.*

Synonymes : Herbe au scorbut, Herbe aux cuillers.

Noms étrangers : angl. Scurvy grass. all. Löffelkraut. flam. Lepelkruyd holl. Lepelblad. dan. Kokleare. ital. et esp. Coclearia. port. Cochlearia.

Indigène. — Vivace; annuel dans la culture. — Plante présentant une certaine analogie d'aspect avec le cresson de fontaine. Feuilles arrondies, nombreuses, luisantes, d'un vert foncé : les radicales pétiolées, cordiformes; les caulinaires sessiles, oblongues et plus ou moins dentées ; tiges nombreuses, portant de petites fleurs blanches. Graine petite, ovale, légèrement anguleuse, à surface chagrinée, d'un brun rougeâtre : un gramme en contient de 15 à 1800; le litre pèse 600 grammes, et la durée germinative est de quatre années.

Cochléaria officinal.
réd. au dixième.

Toutes les parties vertes de la plante ont un goût fort et brûlant et une saveur de goudron très prononcée.

Culture. — Le cochléaria se sème en place , de préférence dans une situation fraîche et ombragée; il ne réclame aucun soin particulier.

Usage. — On mange quelquefois la plante en salade; mais on la cultive plus généralement en vue des préparations pharmaceutiques : ses propriétés antiscorbutiques sont universellement connues.

COLOQUINTE. – Voy. Courge coloquinte.

CONCOMBRE

Cucumis sativus L.

Fam. des *Cucurbitacées.*

Synonyme : Cocombre.

Noms étrangers : Angl. Cucumber. All. Gurke, Kukummer. flam. et holl. Komkommer. dan. Agurken. ital. Cetriolo, Cedriuolo. esp. Cohombro, Pepino.
port. Pepino.

De l'Inde. — *Annuel.* — Plante rampante, à tiges herbacées, flexibles, anguleuses dès le commencement de la végétation, rudes au toucher et garnies de
vrilles ; feuilles alternes, opposées aux vrilles, cordiformes-anguleuses, découpées en dents obtuses, rudes comme la tige, d'un vert foncé en dessus, grisâtres en dessous ; fleurs axillaires, courtement pédonculées, d'un jaune plus
ou moins verdâtre, les unes mâles, les autres femelles, ces dernières surmon-
tant l'ovaire, déjà renflé avant la floraison, qui doit devenir le fruit. La floraison est longuement successive, et l'intervention de l'homme ou des insectes
paraît être nécessaire à la fécondation. Fruits oblongs, plus ou moins cylindriques, lisses ou garnis de protubérances terminées par une épine dure ;
chair abondante très aqueuse. Graines d'un blanc jaunâtre, très aplaties, ovales-
allongées, renfermées au centre du fruit dans trois loges allongées, remplies
d'une matière pulpeuse et presque aussi longues que le fruit lui-même : en
moyenne, un gramme contient 35 graines, et le litre en pèse 500 grammes ;
la durée germinative baisse rarement avant la dixième année.

Culture. — La culture des concombres ne diffère pas beaucoup de celle des
melons, dont ils sont du reste très proches voisins, si l'on considère ces
plantes au point de vue botanique ; nous ne nous étendrons donc pas longuement sur leur culture, ce que nous dirons des melons pouvant s'appliquer
également aux concombres. Nous ferons seulement remarquer que ceux-ci,
bien plus souvent que les melons, peuvent se cultiver en pleine terre, et que,
d'une façon générale, ils peuvent se contenter d'une moindre somme de chaleur, les fruits en étant le plus souvent destinés à être cueillis et consommés
avant maturité. C'est spécialement le cas pour les concombres à cornichons,
dont les fruits sont récoltés tout jeunes pour être confits au vinaigre. La taille
appliquée aux concombres forcés ou cultivés sous châssis est à peu près la
même que celle des melons à petits fruits. En pleine terre, on ne taille pas
habituellement ; aussi la floraison se prolonge-t-elle pendant plusieurs mois,
quand on enlève les fruits à mesure qu'ils se forment. Comme les melons,
les concombres demandent par-dessus tout une terre riche, chaude et bien
fumée ; ils ne redoutent rien tant que le froid et l'humidité.

Les variétés de concombres sont extrêmement nombreuses, et les croisements volontaires ou accidentels des diverses variétés en font encore surgir
de nouvelles. Nous nous bornerons à décrire les plus distinctes et celles dont
la culture a le plus d'importance.

Usage. — Les fruits se mangent crus, cuits ou confits au vinaigre.

CONCOMBRE DE RUSSIE.

Synonymes : Concombre à bouquet, C. d'Italie, C. mignon, Petit concombre,
C. de Pologne.

Noms étrangers : Angl. Russian gherkin, Extra-early Russian Gh.
All. Russische kleine Treib-Gurke.

Véritable concombre en miniature; tige grèle de 0^m,50 à 0^m,60 de long ;

Concombre de Russie.
réd. au huitième ; fruits détachés réd. au cinquième.

feuilles petites, d'un vert gai. Plante convenant parfaitement à la culture sous châssis et donnant sur chaque pied jusqu'à six ou huit fruits courts, ovales, jaunes, lisses et un peu plus gros qu'un œuf de poule. Cette variété, la plus précoce de toutes, mûrit complètement en moins de trois mois ; elle n'a pas besoin d'être taillée. Les fruits ont la chair peu épaisse et légèrement amère, mais leur extrème précocité fait facilement pardonner ces petits défauts. En Russie, on en distingue plusieurs races dont la plus précoce, qui ne donne généralement qu'un fruit par pied, accomplit, dit-on, toute sa végétation en dix ou onze semaines.

CONCOMBRE BRODÉ DE RUSSIE.

Concombre brodé de Russie.
réd. au quart.

Synonyme : Concombre agourci de Russie.

Noms étrangers : Angl. Brown netted cucumber, Khiva C. All. Braune genetzte Chiwa Trauben-Gurke, Braune genetzte Walzen Trauben-G., Braune genetzte Lucas'sche Trauben-Gurke.

Les concombres très hâtifs à petits fruits réussissant mieux en Russie que toutes les autres variétés, on en cultive dans ce pays un grand nombre de formes distinctes. Toutes ne sont pas également connues en France. Nous voulons toutefois signaler, à côté de celle qui se distingue par son extrème précocité, une autre race qui, s'en rapprochant sous certains rapports, s'en distingue très nettement cependant par la couleur et l'apparence de son écorce. La variété dont nous nous occupons ici ne prend pas en mûrissant la teinte jaune commune à un grand nombre de concombres, mais sa peau devient brune et se couvre d'une multitude de petites lignes plus pâles qui s'entrecroisent et lui donnent un aspect fendillé : l'effet est exactement celui d'une peinture dont le vernis s'est écaillé, ou celui d'une porcelaine ou faïence craquelée. Cette variété est d'une grosseur un peu plus forte et d'une précocité un peu moindre que celles du C. de Russie ordinaire.

CONCOMBRE BLANC HATIF.

Nom étranger : all. Weisse frühe Gurke.

Variété à fruit franchement allongé, presque cylindrique, au moins trois fois aussi long que large, d'abord vert pâle, et prenant, à mesure qu'il s'approche de la maturité, une couleur blanc de faïence.

Maturité hâtive, mais arrivant notablement après celle du C. de Russie.

CONCOMBRE BLANC LONG.

Très voisin du précédent comme forme et comme couleur, celui-ci s'en distingue principalement par son volume un peu plus fort et sa maturité un peu plus tardive ; il convient bien pour la culture en pleine terre.

CONCOMBRE BLANC TRÈS GROS DE BONNEUIL.

Synonyme : Concombre blanc gros.

Ce concombre, qui n'est guère employé que pour la culture en pleine terre, se distingue assez nettement de toutes les autres variétés. Au lieu d'être presque régulièrement cylindrique, son fruit est ovoïde, renflé vers le milieu, et de plus assez sensiblement aplati sur trois ou quatre faces, ce qui lui donne autant d'angles plus ou moins arrondis ; il est très volumineux et atteint facilement le poids de 2 kilogrammes. Comme celui du C. blanc hâtif, le fruit est d'abord vert pâle et blanchit peu à peu en grossissant.

Le C. blanc de Bonneuil

Concombre blanc très gros de Bonneuil.
réd. au cinquième.

est celui qui se cultive le plus généralement aux environs de Paris pour la parfumerie, qui en emploie des quantités considérables.

CONCOMBRE JAUNE HATIF DE HOLLANDE.

Noms étrangers : All. Gelbe holländische frühe Gurke. holl.. Lange gele
komkommer.

Concombre jaune hâtif de Hollande.
réd. au cinquième.

Plante ordinairement ramifiée, à tiges assez grêles ; feuilles d'un vert franc, à angles bien marqués. Fruit plus long et moins hâtif que celui du C. de Russie, mais convenant bien néanmoins à la culture forcée. Les fruits, longs et minces, sont d'abord d'un vert jaunâtre, et deviennent d'un jaune un peu orangé quand ils sont complètement mûrs. Un pied ne porte ordinairement que deux ou trois fruits.

CONCOMBRE JAUNE GROS.

Fruits d'abord jaune pâle, devenant jaune vif à la maturité, un peu effilés vers le pédoncule, un peu plus de deux fois plus longs que larges, atteignant environ le poids d'un kilogramme et demi, de précocité moyenne, mûrissant à peu près en même temps que le C. blanc long ; écorce légèrement mamelonnée et garnie d'épines.

CONCOMBRE VERT LONG ORDINAIRE.

Nom étranger : angl. Long green cucumber.

Plante assez grande et vigoureuse. Fruits minces et effilés comme ceux du C. jaune hâtif de Hollande, mais encore plus longs et plus pointus aux deux extrémités, couverts d'excroissances épineuses assez marquées et assez abondantes. Ils restent d'un vert foncé jusqu'au moment de la maturité complète, où ils prennent une teinte jaune brunâtre. La chair de cette variété est épaisse, ferme et croquante, ce qui la fait apprécier tout particulièrement pour être consommée crue en salade avant maturité, quand les fruits ont atteint la moitié ou les trois quarts de leur développement.

CONCOMBRE VERT LONG ANGLAIS.

Noms étrangers : angl. Long prickly cucumber. all. Englische stachlige
Treib-Gurke.

En Angleterre, la culture du concombre vert est fort en faveur ; elle se fait le plus souvent dans des serres spéciales et avec de très grands soins. Dans ces circonstances, la race ne pouvait manquer de s'améliorer beaucoup au point de vue de la beauté et du volume des fruits : la précocité et la rusticité des plantes devenant des qualités tout à fait secondaires. C'est ce qui est arrivé, et l'on cultive maintenant en Angleterre au moins dix ou douze variétés de C. vert long, à longs fruits presque cylindriques, à chair très pleine et qui grènent extrêmement peu. Nous citerons seulement les plus remarquables de ces nombreuses variétés :

Blue gown. Fruit très long, pouvant dépasser 0^m,60, cylindrique, revêtu d'une pruine glauque ; épines blanchâtres à pointe noire.

Duke of Bedford. Très beau fruit vert lisse, cylindrique, très long. Mûrit tard et ne convient que pour la culture en serre sous le climat de Paris.

Hamilton's market favourite. Fruit de 0^m,35 à 0^m,40 de long, mince, très faiblement sillonné ; épines blanchâtres à pointe noire.

Marquis of Lorne. Beau et long fruit, s'amincissant vers l'extrémité ; épines blanches, assez clairsemées.

Tender and true. Fruit de 0^m,50 et plus de longueur, cylindrique ; épines très peu nombreuses, blanchâtres, à pointe noire.

On fait encore grand cas en Angleterre des variétés suivantes : *Long gun, Duke of Edinburgh, Manchester prize, Dr Livingstone,* toutes à beaux et longs fruits.

Ces variétés exigent, pour bien réussir, d'être cultivées en serre ou en bâches chauffées au thermosiphon.

Les variétés suivantes, au contraire, bien que gagnant à l'emploi de la chaleur artificielle, peuvent s'en passer et se cultiver en pleine terre. Les Anglais leur donnent pour cette raison le nom général de *ridge cucumbers.*

Bedfordshire ridge cucumber. Jolie race, productive et précoce, se rapprochant du C. *Pike's defiance,* avec un fruit un peu moins long.

Gladiator. Fruit de 0^m,30 environ, presque cylindrique, droit, aminci du côté du pédoncule, plus brusquement terminé à l'extrémité. Chair blanche, ferme et pleine.

Pike's defiance. Le fruit ne diffère du précédent que par sa teinte un peu plus claire, mais la plante est un peu plus hâtive, plus rustique et remarquablement productive. C'est une des meilleures variétés de pleine terre.

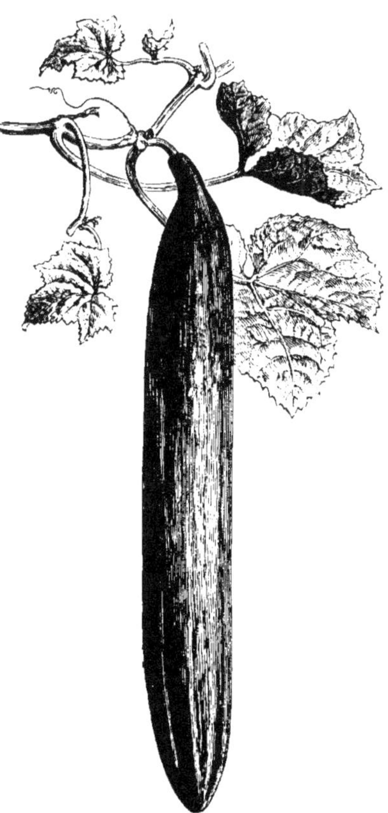

Concombre Rollisson's Telegraph.
réd. au cinquième.

Rollisson's Telegraph. Plante assez compacte, ramifiée, à tiges fortes mais courtes ; feuilles grandes, d'une couleur vive. Fruits longs de 0^m,35 à 0^m,40, d'un vert franc, complètement lisses et luisants dans le tiers le plus rapproché du pédoncule, portion qui est souvent plus ou moins fortement courbée; le reste du fruit est parsemé de quelques petits mamelons portant des épines noirâtres.

Parmi les races de concombres de pleine terre qui ne sont pas d'origine anglaise, il faut citer :

Le *C. très long géant de Quedlimbourg* (*Allerlängste neue grüne Quedlinburger Riesen-Gurke*), race très productive, assez hâtive, à fruit vert pâle, peu épineux, jaunissant à la maturité.

Le *C. vert Goliath*, qui semble n'être qu'une variété un peu plus tardive et à fruit à peine plus long du C. géant de Quedlimbourg.

Le *C. vert plein de Toscane*, à beau fruit long, lisse, presque cylindrique, devenant bronzé en approchant de la maturité.

Le *C. extra-long white spine* (Am.), à fruit vert long, à épines blanches, assez analogue au C. vert long de Chine.

CONCOMBRE LONG VERT D'ATHÈNES.

SYNONYME : Concombre grec.

NOM ÉTRANGER : ALL. Griechische glatte Walzen-Gurke.

Plante vigoureuse, mais plutôt trapue que très grande; tiges fortes, à nœuds assez rapprochés, ne dépassant pas une longueur totale de 1^m,40 à 1^m,60; feuilles d'un vert foncé, grandes, entières ou à trois lobes légèrement marqués, dentées sur les bords, diminuant rapidement d'ampleur depuis la base jusqu'à l'extrémité des tiges. Fruits toujours solitaires à l'aisselle d'une même feuille, au nombre de 3 ou 4 sur une même plante quand elle est vigoureuse, de forme presque cylindrique, longs de 0^m,25 à 0^m,30, quelquefois amincis au voisinage du pédoncule. La surface du fruit est lisse et tout à fait dépourvue d'épines; la peau est d'un vert foncé uni, jusque vers la maturité, où sa couleur se change en jaune bronzé. La chair est blanche, ferme, épaisse, remplissant complètement l'intérieur du fruit et ne laissant

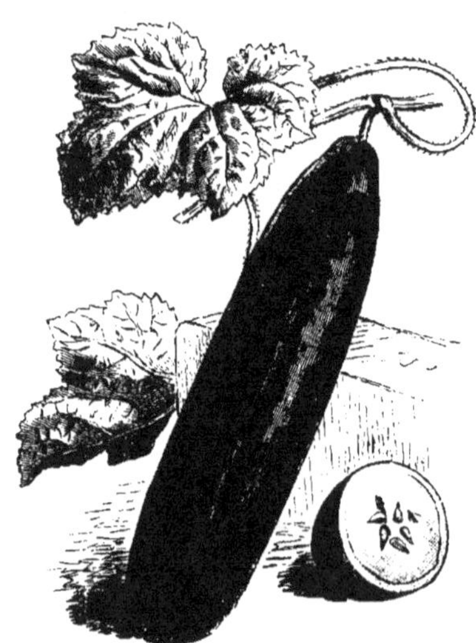

Concombre long vert d'Athènes.
réd. au cinquième.

pour les graines qu'une cavité centrale très étroite. Cueilli un peu avant maturité, ce concombre se conserve frais et ferme pendant plusieurs jours.

Le C. vert d'Athènes est une excellente variété, productive, de précocité moyenne, rustique et convenant très bien à la culture en pleine terre.

CONCOMBRE VERT TRÈS LONG DE CHINE.

Feuilles le plus souvent entières, quelquefois à trois ou cinq lobes, assez marqués. Fruit légèrement aplati sur trois faces, long de 0m,25 à 0m,35, d'un vert assez pâle, marqué de lignes longitudinales blanchâtres et portant quelques épines entièrement blanches, courtes et peu adhérentes à la peau. La couleur devient encore plus pâle à la maturité et se change en un blanc jaunâtre conservant à peine une petite nuance verte. Chair très blanche, tendre, à peu près aussi épaisse que celle des C. blanc long ou blanc hâtif. C'est une variété très fertile et d'une production soutenue. Maturité demi-tardive.

Concombre vert très long de Chine.
réd. au cinquième.

CONCOMBRE A CORNICHONS.

Noms étrangers : angl. Gherkin, Pickling cucumber. all. Pariser Trauben-Gurke. ital. Cedriolo da cornetti, Cocomerini. port. Pepino verde pequeño.

Plante vigoureuse, à tiges atteignant 1m,50 et 2 mètres de long, florifère et fertile. Fruits oblongs, intermédiaires entre le C. de Russie et le jaune hâtif de Hollande. On les cueille presque toujours peu de temps après la floraison, lorsqu'ils ont atteint la grosseur du doigt, et on les emploie presque exclusivement à confire au vinaigre : ils sont pour cet usage l'objet d'une culture considérable. On distingue dans le C. à cornichons deux races différentes, celle *du Midi*, qui est plutôt un petit concombre jaune, productif et à développement assez rapide, et le petit corni-

Concombre à cornichons.
jeunes fruits de grandeur naturelle.

chon vert *de Paris*, plante plus ramassée, plus productive, et à fruits plus petits.

Le *Boston pickling C.* des Américains est une race de cornichon à fruit très court, se distinguant à peine du C. de Russie.

CONCOMBRE SERPENT

Cucumis Melo L. *var.* **Cucumis flexuosus** L.

Fam. des *Cucurbitacées.*

SYNONYME : Concombre de Turquie.

NOMS ÉTRANGERS : ANGL. Snake cucumber. ALL. Schlangen-Gurke, Schlangen-Melone. HOLL. Slangen meloen. ITAL. Anguria, Cocomero torto, Popone serpentino.

Des Indes. — *Annuel.* — Tige rampante, grêle, arrondie ou à angles très émoussés, courtement velue; feuilles arrondies, presque réniformes, ou

Concombre serpent.
réd. au quinzième.

présentant cinq angles obtus; fleurs monoïques, d'un jaune pâle, petites, à cinq divisions assez arrondies, ressemblant tout à fait à celles du melon, et nullement à celles du concombre. Fruits très longs et très minces, presque toujours contournés et flexueux, d'un vert foncé et marqués de sillons longitudinaux plus pâles, plus épais dans la partie opposée au pédoncule que dans l'autre; atteignant et dépassant un mètre de longueur, ne changeant de couleur qu'au moment de la maturité, pour devenir jaunâtres. Ils exhalent alors une forte odeur de melon. Graine semblable à celle des melons, au nombre d'environ 40 dans un gramme et pesant 450 grammes par litre; sa durée germinative est de sept ou huit ans.

Le C. serpent n'est, en dépit de son nom français, qu'un véritable melon.

On trouve accidentellement des pieds qui portent à la fois des fruits flexueux et d'autres ovales et renflés; parfois même un fruit, aminci en col plus ou moins contourné près du point d'attache, se renfle à l'extrémité, pour prendre une apparence de melon.

Culture. — La culture est à peu près exactement celle du melon; nous n'en répéterons pas les détails. Cette plante ne réussit bien en pleine terre que dans le midi de la France.

Usage. — Le C. serpent est surtout cultivé à titre de curiosité, à cause de la singularité de sa forme. Il peut se confire au vinaigre comme le cornichon.

CONCOMBRE DES ANTILLES

Cucumis Anguria L.

Fam. des *Cucurbitacées.*

SYNONYMES : Angurie, Concombre à épines, C. d'Amérique, C. marron, C. cornichon des Antilles. Appelé quelquefois, à tort, C. Arada.

NOMS ÉTRANGERS : ANGL. Prickly fruited gherkin, West-India Gh. ALL. West-indische Gurke.

Jamaïque. — *Annuel.* — Plante très ramifiée, rampante; tiges minces, grêles, garnies de poils rudes, atteignant 2 à 3 mètres de longueur et pourvues de vrilles simples; feuilles à pétiole égalant au moins le limbe, qui est divisé en cinq ou sept lobes arrondis, très légèrement dentés; fleurs mâles jaunes, très petites, ne dépassant pas 0^m,01 de diamètre, nombreuses, portées sur des pédicelles fins et courts; fleurs femelles longuement pédicellées. Fruit ovale, vert, strié en long de bandes blanchâtres et devenant d'un jaune pâle à la maturité. Il est entièrement garni de protubérances charnues, pointues ou recourbées, qui simulent de véritables épines; il atteint, quand il est mûr, une longueur de 0^m,04 à 0^m,06 sur un diamètre de 0^m,03 à 0^m,04. Le pédoncule est à peu près deux fois aussi long que le fruit, dont l'intérieur est presque entièrement rempli par les graines. La chair elle-même est très peu abondante; elle est blanche, ferme et a un goût de concombre assez agréable, sans aucune amertume. La graine est petite, ovale, assez renflée; un gramme en contient environ 130, et le litre pèse 550 grammes; la durée germinative en est de six ans au moins.

Concombre des Antilles.
réd. au douzième; fruit isolé, au cinquième.

Usage. — Aux colonies, on le mange cuit ou confit au vinaigre.

CONCOMBRE DES PROPHÈTES

Cucumis prophetarum L.

Fam. des *Cucurbitacées.*

Nom étranger : angl. Globe cucumber.

Du nord et du centre de l'Afrique. — *Probablement vivace, mais annuel en France.* — Plante à tige rampante ou grimpante, assez courte, ne dépassant guère 1 mètre à 1^m,50, très scabre, d'une teinte grisâtre, ainsi que les feuilles, qui sont ovales et divisées en cinq lobes arrondis. Le fruit est oblong, de 0^m,06 environ de longueur, sur 0^m,04 de diamètre transversal; il est marqué de bandes alternatives jaunâtres et vert foncé, et tout couvert de gros poils presque épineux. La chair en est peu épaisse et amère; elle n'est pas mangeable. La graine est petite, aplatie, ovale, mais terminée en pointe aux deux extrémités, la surface lisse, presque blanche; un gramme contient environ 100 graines et le litre pèse 500 grammes; la durée germinative dépasse six années.

On confond quelquefois, et à tort, cette espèce avec le C. groseille (*Cucumis myriocarpus* Ndn), plante à longues tiges et à feuilles très vertes, qui produit en abondance de tout petits fruits hérissés de gros poils verdâtres et ressemblant exactement à des groseilles à maquereau par la forme et les dimensions.

CONCOMBRE DUDAIM. — Voy. Melon Dudaim.
COQUERET. — Voy. Alkékenge.

CORETTE POTAGÈRE

Corchorus olitorius L.

Fam. des *Tiliacées.*

Synonymes : Guimauve potagère, Mauve des Juifs, Brède malabare.

Noms étrangers : all. Gemüse-Corchorus, Nusskraut.

Afrique. — *Annuelle.* — Tige cylindrique, lisse, plus ou moins ramifiée à la base, s'élevant à 0^m,50 environ ; feuilles alternes, d'abord assez larges, puis longuement atténuées en pointe, à dents aiguës ; fleurs jaunes, axillaires ; capsules cylindriques assez allongées, glabres. Graines très anguleuses, pointues, verdâtres, fort petites ; un gramme en contient 450 et le litre pèse 660 grammes ; leur durée germinative est de cinq années.

Culture. — La corette potagère, plante des pays très chauds, ne réussit pas facilement sous notre climat. On la sème en pleine terre à bonne exposition au mois de mai, ou bien un peu plus tôt sur couche. Elle est surtout appréciée dans les pays tropicaux, où la chaleur du climat permet de l'obtenir en pleine terre sans aucun soin.

Usage. — On mange en salade les feuilles encore tendres.

CORIANDRE

Coriandrum sativum L.

Fam. des *Ombellifères.*

Noms étrangers : angl. Coriander. all. Coriander. flam. et holl. Koriander. dan. Koriander. ital. Coriandorlo. esp. Culantro, Cilantro.

Europe méridionale. — *Annuelle.* — Tige ramifiée, haute de 0^m,60 à 0^m,80 ; feuilles radicales peu divisées, à folioles incisées-dentées, de forme arrondie, les caulinaires très découpées, à segments linéaires ; fleurs petites, blanchâtres, en ombelle. Graines restant le plus souvent réunies deux à deux et présentant l'aspect d'une petite capsule de lin. Chaque graine est hémisphérique, un peu concave sur la face qui était appliquée contre la graine voisine, d'un jaune brunâtre sur la face convexe, plus pâle de l'autre côté et marquée de stries longitudinales assez profondes ; un gramme contient environ 90 graines, et le litre pèse 320 grammes ; la durée germinative est de six années.

Culture. — La coriandre aime une terre chaude et un peu légère ; on la sème à l'automne ou au printemps pour la récolter en été.

Usage. — La graine de coriandre est l'objet d'un commerce important. On s'en sert pour la fabrication des liqueurs et dans un grand nombre de préparations culinaires. Plusieurs auteurs disent qu'on emploie les feuilles comme assaisonnement ; cela paraît surprenant, car toutes les parties vertes de la plante exhalent une très forte odeur de punaise de bois. C'est de là que vient le nom grec de la plante.

CORNARET. — Voy. Martynia.

CORNE-DE-CERF

Plantago Coronopus L.

Fam. des *Plantaginées*.

Synonymes : Courtine, Pied-de-corbeau, Pied-de-corneille.

Noms étrangers : angl. Buck's-horn plantain, Star of the earth. all. Hirschhorn Salat. flam. Veversblad, Hertshoorn. ital. Corno di cervo, Coronopo, Erba stella. esp. Estrellamar, Cuerno de ciervo.

Indigène. — Annuelle. — Feuilles toutes radicales, nombreuses, longues, étroites, profondément dentées ou lobées, munies de poils longs et rares ;

leur réunion forme une rosette très fournie, appliquée sur le sol. Tiges nues, supportant chacune un épi de fleurs jaunâtres insignifiantes, auxquelles succèdent de petites capsules membraneuses remplies de graines très petites, ovoïdes, amincies sur les bords, de couleur brun clair ; un gramme contient environ 4000 graines et le litre pèse 740 grammes ; la durée germinative est de quatre ans.

Culture. — Le plantain corne-de-cerf se sème en place au printemps ou à l'automne ; dans tous les cas, on le détruit à la fin de l'été. Il ne réclame d'autres soins que les sarclages nécessaires pour empêcher les mauvaises herbes de l'envahir, et de copieux

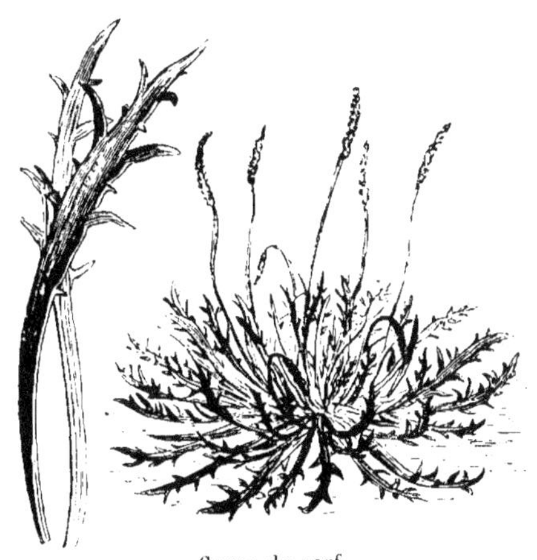

Corne-de-cerf.

réd. au huitième ; feuilles séparées, de demi-grandeur naturelle.

arrosements, sans lesquels les feuilles deviendraient bientôt dures et coriaces. Cette plante produit abondamment : aussi n'en fait-on d'ordinaire que des semis assez restreints.

Usage. — On emploie les jeunes feuilles comme fourniture de salade.

CORNICHON. — Voy. Concombre a cornichons.

COURGES

Cucurbita L.

Fam. des *Cucurbitacées*.

Noms étrangers : angl. Gourd ; (Am.) Squash. all. Speise-Kürbiss. flam. et holl. Pompoen. dan. Græskar. ital. Zucca. esp. Calabaza. port. Gabaça.

Les courges sont un des légumes le plus anciennement et le plus généralement cultivés. Les variétés presque innombrables qui se rencontrent dans nos cultures ont été jugées depuis fort longtemps ne pouvoir provenir d'un seul type primitif ; néanmoins c'est à M. Charles Naudin que revient l'honneur d'avoir le premier apporté la lumière dans le chaos des espèces et des variétés, et d'avoir déterminé scientifiquement l'origine et la parenté des diverses formes, en les ramenant à trois espèces bien distinctes : *Cucurbita maxima* Duch., *C. moschata* Duch., et *C. Pepo* L. Nous décrirons successivement les variétés qui dérivent de chacun des différents types botaniques en suivant la classification établie par lui. Nous ne connaissons pas de forme de courge qu'on doive nécessairement regarder comme le résultat d'un croisement entre deux de ces espèces.

Quoique les diverses courges cultivées aient pour origine, comme nous venons de le dire, des plantes différentes par leurs caractères botaniques et par leur patrie, elles présentent néanmoins, au point du vue de la végétation et du produit, des ressemblances frappantes, qui font comprendre qu'on les ait considérées longtemps comme de simples variétés d'une même espèce. Ce sont des plantes annuelles, grimpantes et pourvues de vrilles ; tiges complètement herbacées, très longues, très souples et très tenaces, anguleuses, rudes ; feuilles larges, à pétiole fistuleux, à lobes orbiculaires ou réniformes, quelquefois plus ou moins incisés, déchiquetés ; fleurs grandes, jaunes, monoïques. Fruits ronds ou allongés, presque toujours pourvus de côtes et renfermant les graines dans une cavité centrale entourée de chair généralement épaisse.

La végétation des courges est très rapide ; la chaleur est indispensable à leur développement. Originaires des pays tropicaux, elles ne peuvent pas être semées en France avant le mois de mai sans le secours de chaleur artificielle, et leur végétation est complètement suspendue par les premières gelées, qui désorganisent toutes leurs parties vertes.

Culture. — Les courges se sèment habituellement en pleine terre dans le courant du mois de mai. Pour en avancer et en activer la végétation, on a coutume de faire en terre des trous ronds ou carrés plus ou moins larges et d'environ 0^m,50 de profondeur, qu'on remplit de fumier, recouvert lui-même de 0^m,15 ou 0^m,20 de terre ou de terreau. C'est dans cette terre qu'on sème les graines, généralement au nombre de deux ou trois par trou ; l'espacement à observer entre les plantes varie selon qu'on cultive une variété coureuse ou non. Quand on veut avancer les courges, on peut, soit les semer sur couche et les repiquer également sur couche avant de les mettre en place, soit les semer sur couche dans des pots, où on les laisse jusqu'au moment de les planter en pleine terre. Quand on veut obtenir de très gros fruits, on n'en laisse qu'un, deux, ou trois par pied, en choisissant ceux qui sont le mieux conformés et en taillant les branches à quelques feuilles au delà du dernier fruit. On met aussi à profit, dans le même but, la tendance qu'ont les tiges des courges à prendre racine : pour cela, on recouvre de terre de place en place et à l'endroit des nœuds, les tiges qui portent les plus beaux fruits ; les racines ne tardent pas à s'y former, surtout si l'on a soin d'arroser de temps en temps en cas de besoin : il en résulte pour le fruit un surcroît de nourriture très profitable à son accroissement.

Usage. — Les fruits se cuisent et se consomment sous une infinité de formes, soit jeunes, soit complètement développés ; il y a même des variétés dont les fruits s'emploient crus à la manière des concombres.

1. **Cucurbita maxima** Duch.

C'est cette espèce qui a donné naissance aux variétés de courges les plus volumineuses, et entre autres à celles qui sont connues sous le nom de *potirons*. Les courges cultivées sorties du *Cucurbita maxima* présentent en commun les caractères suivants. Les feuilles sont grandes, réniformes, arrondies, jamais profondément divisées ; les poils nombreux et rudes qui couvrent toutes les parties vertes de la plante ne deviennent jamais spinescents. Les pièces du calice sont soudées ensemble sur une certaine longueur, et toute cette partie, sillonnée de quelques nervures, ne présente pas de côtes marquées ; les divisions du calice vont en se rétrécissant depuis la base jusqu'à l'extrémité. Enfin le pédoncule du fruit est toujours arrondi et dépourvu de côtes ; souvent il s'épaissit beaucoup après la floraison, se gerce fréquemment, et acquiert un diamètre parfois double ou triple de celui de la tige. Les graines sont assez variables de grosseur et de couleur, mais toujours très lisses ; en moyenne, un gramme n'en contient que 3, et le litre pèse 400 grammes ; la durée germinative est de six années.

Les principales variétés sorties du *C. maxima* sont les suivantes :

POTIRONS.

Noms étrangers : angl. Pumpkin. all. Melonen-Kürbiss, Centner-Kürbiss. dan. Centner-Græskar. ital. Zucca. esp. Calabaza totanera.

On réunit sous ce nom, qui ne répond à aucune division botanique, un certain nombre de variétés sorties du *C. maxima*, dont les fruits sont remarquables par leur grosseur. Les potirons sont cultivés en grand pour les marchés et pour la consommation dans les fermes. A la halle de Paris, on en voit fréquemment des fruits qui pèsent au delà de 50 kilogrammes.

POTIRON JAUNE GROS.

Synonyme : Potiron romain.

Noms étrang. : angl. Large yellow gourd, American G., Mammoth pumpkin. all. Allergrösste Riesen Centner-Kürbiss. holl. Groote gele reuzen meloen-pompoen.

Tiges rampantes atteignant 5 à 6 mètres de long ; feuilles très grandes, arrondies ou à cinq angles peu prononcés, d'un vert assez foncé. Fruit très déprimé, à côtes assez marquées ; écorce d'un jaune saumoné, légèrement fendillée ou brodée à la maturité. Chair jaune, épaisse, fine, sucrée et se conservant longtemps.

On cultive aux États-Unis, sous le nom de *Connecticut field pumpkin*, une plante qui ressemble au P. jaune gros, à part son écorce un peu plus fine.

POTIRON BLANC GROS.

Fruit très gros, se rapprochant beaucoup plus de la forme sphérique que celui du P. jaune gros ; écorce très lisse, d'un blanc de crème. Chair fine, moins colorée et d'un goût moins accentué que celle du jaune gros. Ses caractères de végétation sont exactement les mêmes que ceux de la variété précédente.

Ce potiron est extrêmement distinct et remarquable par sa couleur et son énorme volume. Cependant il est assez peu cultivé.

POTIRON ROUGE VIF D'ÉTAMPES.

Fruit moyen, moins large et plus épais relativement que celui du P. jaune

Potiron rouge vif d'Etampes.
réd. au dixième.

gros; côtes larges assez marquées; écorce d'une couleur jaune orangé très vive et très distincte. La culture de cette variété a fait beaucoup de progrès depuis quelques années: c'est maintenant la race qui se voit le plus fréquemment à la halle de Paris.

Les caractères de végétation sont les mêmes que dans le P. jaune gros, mais le feuillage est un peu plus pâle.

On en distingue deux races, dont l'une est complètement lisse: c'est celle que nous regardons comme la plus franche; l'autre est plus ou moins fendillée et brodée. Certains cultivateurs préfèrent cette dernière comme ayant, d'après eux, la chair plus épaisse; elle nous paraît constituer un retour vers le P. jaune gros.

POTIRON VERT GROS.

Nom étranger : holl. Groene centenaar pompoen.

Fruit gros, assez déprimé, à écorce d'un vert foncé, souvent brodée ou fendillée à la maturité. C'est une bonne variété rustique, qui est aujourd'hui un peu délaissée en faveur de la suivante.

POTIRON VERT D'ESPAGNE.

Nom étranger : angl. Spanish gourd.

Tiges de 3 à 4 mètres; feuilles moyennes, arrondies, d'un vert foncé un peu cendré. Fruit moyen ou même relativement petit, très déprimé, creusé sur les deux faces, dans l'axe du pédoncule; écorce verte souvent très finement brodée et prenant alors une teinte grisâtre. Chair jaune vif, très épaisse et d'une très longue conservation. Cette excellente variété, très recherchée aujourd'hui sur les marchés, présente l'avantage de donner des fruits de volume modéré ordinairement beaucoup plus appréciés dans un ménage que ceux des très grosses variétés, dont on a rarement le temps de consommer la totalité avant qu'ils se gâtent : toutes les courges étant très difficiles à conserver dès que l'écorce en est entamée. La plante peut porter facilement deux ou trois fruits.

POTIRON GRIS DE BOULOGNE.

Les dimensions du fruit de cette belle variété la rapprochent de l'ancien
P. vert gros, mais l'apparence
de son écorce, sa couleur et la
qualité de sa chair la font surtout ressembler au P. d'Espagne.

C'est une plante très vigoureuse, assez hâtive et très fertile, à grandes et larges feuilles,
à fruits atteignant souvent 0^m,75
à 0^m,90 de diamètre, sur une
épaisseur de moitié moindre.
L'écorce est d'un vert olive
foncé, quelquefois un peu bronzée au soleil et marquée de
bandes un peu plus pâles allant
de l'insertion du pédoncule à
l'ombilic; en outre, la surface
entière se couvre, à l'approche
de la maturité, d'innombrables
broderies très fines, en courtes
lignes parallèles, dont l'ensemble donne au fruit la teinte

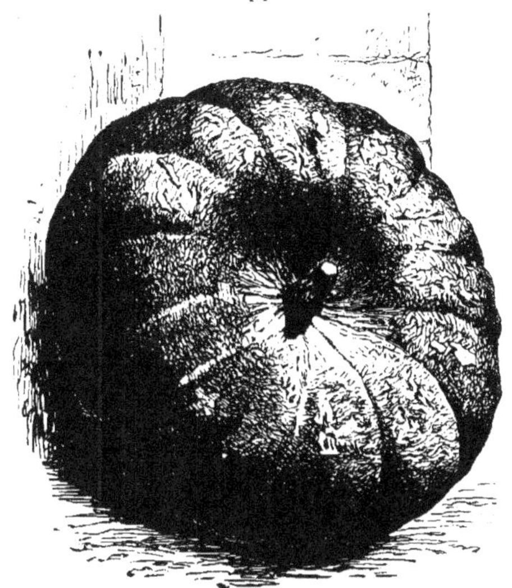

Potiron gris de Boulogne.
réd. au dixième.

grisâtre qui lui a valu son nom. La chair est jaune, épaisse et farineuse.

Ce potiron peut se conserver au moins aussi longtemps que celui d'Étampes.
Obtenu il y a quelques années seulement à Boulogne-sur-Seine, il est déjà
assez répandu et très estimé chez les maraîchers des environs de Paris.

COURGE BRODÉE GALEUSE.

SYNONYME : Giraumon galeux d'Eysines.

Plante vigoureuse, à tiges atteignant 4 à 5 mètres; feuilles grandes, d'un
vert foncé, à contours arrondis ou quel-
quefois ondulés. Cette variété, d'origine
bordelaise, est évidemment très voisine
du giraumon; elle en diffère néanmoins
par certains caractères très accusés.
D'abord le renflement de la partie supérieure est très peu développé ou manque
souvent; ensuite toute la surface du fruit,
au moment de la maturité, est couverte
d'excroissances d'aspect subéreux analogues à celles qui se montrent sur les
melons dits brodés : cette particularité

Courge brodée galeuse.
réd. au huitième.

suffit à donner à la C. brodée galeuse un aspect très distinct. La chair en
est jaune orangé, très épaisse, très sucrée et d'une qualité excellente.

COURGE MARRON.

Synonymes : Courge châtaigne, C. pain des pauvres, Potiron de Corfou.

Courge marron.
réd. au huitième.

Plante vigoureuse, à tiges de 4 à 5 mètres ; feuilles arrondies, entières, le plus souvent ondulées sur les bords.

Excellente variété à fruits moyens ou petits, passablement déprimés, mais non pas concaves dans l'axe du pédoncule, comme le sont souvent les potirons ; côtes à peine marquées et même absolument nulles ; écorce lisse, d'une couleur rouge-brique intense. Chair d'un jaune foncé, très épaisse, très sucrée, très farineuse, d'une excellente conservation.

Une plante peut facilement porter trois ou quatre fruits.

COURGE DE VALPARAISO.

Courge de Valparaiso.
réd. au sixième.

Tiges traînantes, longues de 5 à 6 mètres ; feuilles entières, un peu allongées, dentées, épineuses sur les bords, d'un vert franc, quelquefois grisâtre argenté à la face supérieure. Fruit oblong, aminci aux deux extrémités, long d'environ 0^m,40 à 0^m,50 sur 0^m,30 à 0^m,35 dans son plus grand diamètre, d'une forme qui rappelle un peu celle d'un citron ; côtes nulles ou à peine marquées ; écorce d'un blanc légèrement grisâtre, sillonnée à la maturité d'un très grand nombre de petites fentes ou broderies très fines. Chair jaune orangé, sucrée et délicate. La plante ne peut guère porter plus de deux fruits, à moins d'être d'une vigueur exceptionnelle. Les fruits pèsent souvent 12 à 15 kilogrammes et même davantage ; ils se conservent assez difficilement.

COURGE DE L'OHIO.

Noms étrang. : angl. (Am.) Californian marrow, Autumnal M., Ohio squash.

Variété d'origine américaine. Tige rampante, de 5 à 6 mètres de long :
feuilles entières, arrondies, réniformes ou à cinq lobes peu prononcés, quelquefois sinuées sur les bords. La forme du fruit rappelle celle de la C. de Valparaiso; elle est cependant moins allongée par rapport à son diamètre, qui peut atteindre 0ᵐ,25, tandis que la longueur du fruit ne dépasse guère 0ᵐ,30 à 0ᵐ,35; côtes très peu marquées; écorce presque entièrement lisse, d'une couleur rose légèrement saumonée. La chair, très farineuse, est

Courge de l'Ohio.
réd. au sixième.

fort estimée aux États-Unis, où la C. de l'Ohio et la suivante sont des plus cultivées. Un pied ne peut guère porter plus de trois ou quatre fruits.

COURGE VERTE DE HUBBARD.

Nom étranger : angl. Hubbard squash.

Race très vigoureuse, à tiges traînantes, ramifiées, atteignant aisément 5 à 6 mètres de longueur; feuilles arrondies, légèrement sinuées et très finement dentées sur les bords. La forme de cette variété rappelle un peu celle de la C. de l'Ohio, mais elle est souvent plus courte, plus pointue vers l'ombilic, et en diffère surtout par sa couleur vert foncé quelquefois marbré de rouge-brique. La chair est d'un jaune foncé, très farineuse, peu sucrée, un peu sèche, et passe en Amérique pour être d'excellente qualité. Le fruit se conserve très longtemps; l'écorce en est si dure et si

Courge verte de Hubbard.
réd. au sixième.

épaisse, qu'on ne peut pas toujours l'entamer avec un couteau ordinaire. La plante peut aisément porter cinq ou six fruits et les amener à tout leur développement.

La *C. marblehead*, originaire des États-Unis comme la C. de Hubbard, ne s'en distingue que par la teinte de son écorce, qui est d'un gris cendré.

COURGE OLIVE.

L'origine de cette variété ne nous est pas connue d'une façon certaine; mais, à la suite de deux années de culture, elle nous a paru assez intéressante pour mériter d'être décrite à part. C'est une plante vigoureuse, évidemment dérivée du *C. maxima*, dont les fruits, pesant de 3 à 5 kilos, ont exactement la forme et la couleur d'une olive verte; la peau en est complètement lisse, l'écorce mince, la chair jaune, ferme, très abondante et d'une qualité tout à fait remarquable. Son seul défaut est d'être un peu tardive pour la latitude de Paris.

Courge de Valence (réd. au sixième).

COURGE DE VALENCE.

Fruit d'une forme particulière, renflé à la base, d'abord presque cylindrique, puis se terminant en une pointe arrondie; côtes très marquées; écorce lisse, d'un vert grisâtre, rappelant la teinte des potirons verts. Chair jaune vif, assez abondante et de bonne qualité. La longueur des tiges atteint 5 à 6 mètres. Cette race est assez tardive et parvient difficilement à maturité dans le nord de la France; elle est productive et végète avec une grande vigueur.

GIRAUMON.

SYN. : Bonnet turc, Turban, Turbanet, Citrouille iroquoise, Courge de St-Jean.
NOMS ÉTRANGERS : ANGL. Turk's cap, Turban pumpkin. ALL. Türkenbund-Kürbiss. ESP. Calabaza bonetera.

Giraumon.
réd. au huitième.

Variété de courge très caractérisée et connue de tout le monde à cause de sa forme spéciale, qui lui a fait donner son nom vulgaire de *Bonnet turc* ou de *Turban*. Il en existe un nombre de races presque illimité, présentant toutes en commun la forme en turban caractéristique de cette variété, mais différant entre elles par le volume et la coloration des fruits. La forme la plus cultivée, celle qu'on peut appeler le type de la variété, donne des fruits du poids de 3 à 4 kilogrammes environ, présentant du côté opposé au pédoncule un renflement en forme de calotte, parfois hémisphérique, d'autres fois formé de quatre ou cinq côtes séparées par autant de profonds sillons. La couleur du G. turban n'est presque jamais uniforme; le fruit présente souvent des panachures, qui sont du reste assez variables. Le plus souvent le fruit est panaché de vert foncé, de jaune et de rouge; l'une de ces trois couleurs manque fréquemment, et parfois même le fruit est tout entier d'un vert foncé. La chair du giraumon est d'une belle couleur jaune orangé, épaisse, farineuse et sucrée.

GIRAUMON PETIT DE CHINE.

Nom étranger : chin. Hong-nan-koua.

Ce joli petit giraumon a été tout récemment introduit de Chine par l'intermédiaire du Muséum d'histoire naturelle de Paris. C'est une plante tout à fait distincte, qui paraît avoir un véritable mérite. Elle diffère des giraumons jusqu'ici connus en Europe, par le petit volume de ses fruits, dont le poids ne dépasse pas ordinairement 800 à 1200 grammes. Ils sont habituellement d'un rouge vif, panachés longitudinalement de jaune et de vert foncé; la couronne y est bien marquée, mais d'ordinaire ne forme pas saillie. La chair en est jaune, ferme, farineuse et assez sucrée. Chaque pied peut porter dix fruits et même davantage. La maturité en est assez précoce et la conservation parfaite. C'est une des rares races potagères que nous avons reçues toutes faites de la Chine.

Giraumon petit de Chine.
réd. au sixième.

Autres races sorties du *Cucurbita maxima.*

On rencontre quelquefois, sous le nom de *Courge de Chypre* ou *C. musquée*, un potiron de grosseur moyenne, légèrement déprimé, à côtes très peu marquées et à écorce lisse, grisâtre, panachée ou jaspée de vert pâle ou de rose. Cette courge réussit bien dans le Midi; elle est un peu tardive pour le climat de Paris.

C'est encore au *C. maxima* qu'il faut rapporter une variété de courge non coureuse, introduite il y a quinze ou vingt ans de l'Amérique méridionale, sous le nom de *Zapallito de tronco.* Cette variété, peu productive, paraît avoir disparu des cultures.

On cultive dans l'Amérique du Nord, sous le nom d'*Essex hybrid squash* ou *American turban*, une race de giraumon à fruit épais, presque cylindrique, à couronne peu marquée, d'une teinte rose saumonée unie, qui reproduit à peu près exactement celle de la courge de l'Ohio.

12

II. **Cucurbita moschata** Duch.

Les variétés qui dérivent de cette espèce ont, toutes, les tiges coureuses, longues et s'enracinant facilement ; elles sont, ainsi que les feuilles et les pétioles, recouvertes de poils nombreux qui ne deviennent pas spinescents ; enfin, elles se reconnaissent à ce caractère que le pédoncule, présentant cinq angles ou cinq côtes, comme dans le *Cucurbita Pepo*, s'élargit ou s'épate à son insertion sur le fruit. Les feuilles ne sont pas découpées, mais présentent des angles assez marqués ; le feuillage est d'un vert foncé, sur lequel tranchent des taches d'un blanc argenté produites par la présence d'une mince couche d'air en dessous de l'épiderme, qui se soulève par places entre les principales nervures. Le calice a les divisions séparées presque jusqu'au pédoncule et souvent plus larges à l'extrémité qu'à la base ; elles deviennent quelquefois foliacées. Les graines sont de dimension un peu variable, mais toujours d'un blanc sale, distinctement marginées et recouvertes d'une pellicule peu adhérente, qui se détache souvent par parties et leur donne une apparence pelucheuse. En moyenne, un gramme en contient 7, et le litre pèse 420 grammes ; leur durée germinative est de six années.

Le nom de cette espèce vient de la saveur musquée que présente, à un plus ou moins haut degré, la chair de ses diverses variétés.

COURGE PLEINE DE NAPLES.

Synonymes : Courge d'Afrique, C. de la Floride, C. portemanteau, C. valise.

Noms étrangers : all. Grosser Neapolitanischer Mantelsack-Kürbiss.
holl. Mantelzack pompoen.

Tiges traînantes, longues de 3 à 4 mètres ; feuilles moyennes, entières, arrondies ou à cinq angles, d'un vert foncé un peu terne, marqué de veines et de macules d'un gris blanchâtre, qui tranchent nettement sur le fond. Fruit volumineux, long de 0^m,50 à 0^m,60 sur 0^m,15 à 0^m,20 dans son plus grand diamètre : la portion la plus rapprochée du pédoncule est presque cylindrique ; l'autre partie au contraire est plus ou moins renflée, et c'est seulement au centre de cette partie que se trouvent les graines, toute la portion plus mince étant remplie de chair sans aucune cavité intérieure. Écorce lisse, d'un vert foncé devenant jaunâtre à la maturité complète. Chair jaune orangé très abondante, sucrée et parfumée et d'une bonne conservation. Cette courge est très productive et les fruits en sont d'une qualité excellente ; elle n'a d'autre défaut que sa maturité un peu tardive.

Courge pleine de Naples.
réd. au huitième.

La *C. pleine d'Alger* et la *C.* dite *des Bédouins* ne paraissent pas être autre chose que la *C.* pleine de Naples.

On en cultive en Italie une race vraiment gigantesque, dont le fruit, ordinairement un peu courbé, mesure fréquemment un mètre de long et pèse de 15 à 20 kilogrammes.

COURGE PORTEMANTEAU HATIVE.

Nom étranger : ALL. Früher Mantelsack-Kürbiss.

Tous les caractères de végétation de cette variété sont les mêmes que ceux de la précédente ; elle en diffère seulement par le moindre volume de ses fruits et sa précocité notablement plus grande. C'est, sous ce rapport, une plante très précieuse et dont la culture doit être recommandée dans le climat du nord de la France, de préférence à celle de la C. pleine de Naples.

COURGE COU TORS DU CANADA.

Noms étrangers : ANGL. Fall, winter, *or* Canada crook-neck gourd *or* squash.

Cette jolie petite race est assez voisine de la C. portemanteau hâtive ; elle en diffère surtout en ce que la portion des fruits voisine du pédoncule est complètement pleine de chair, comme dans la C. pleine de Naples, et généralement recourbée en col de cygne, comme c'est le cas, par exemple, dans la courge siphon. La C. cou tors du Canada possède les mêmes qualités que la précédente au point de vue de la précocité, de la saveur et de la bonne conservation des fruits ; mais c'est une plante de petite dimension, dont les tiges ne dépassent guère 1ᵐ.60 à 2 mètres de longueur.

Courge cou tors du Canada.
réd. au sixième.

Elle convient bien par conséquent aux potagers de médiocre étendue.

Autres races sorties du *Cucurbita moschata*.

Il existe aussi des formes de *C. moschata* dont le fruit n'est pas allongé, mais au contraire arrondi ou même déprimé.

Parmi les premières, nous citerons la **C. melonette de Bordeaux**, plante à végétation vigoureuse, à fruits nombreux, presque cylindriques et aplatis aux deux extrémités, un peu en forme de tambour, aussi larges que longs, à côtes légèrement marquées. C'est une variété productive et un excellent légume, mais de maturité un peu tardive.

La **C. à la violette**, du Midi, et la **C. pascale**, sont deux variétés extrêmement voisines de la C. melonette de Bordeaux et, comme elle, des formes de *C. moschata* à fruit presque sphérique.

Comme courge de la section *C. moschata* à fruit déprimé, nous ne connaissons que la *C. de Yokohama*, variété japonaise déjà plusieurs fois introduite en Europe. C'est une race très coureuse, un peu tardive ; à fruit aplati, surtout du côté de l'œil, généralement deux fois aussi large que long, mais quelquefois encore plus déprimé, d'un vert presque noir, à côtes irrégulièrement marquées, et à surface quelquefois bossuée et rugueuse, un peu comme celle des cantaloups Prescott. C'est le *Cucurbita meloniformis* de M. Carrière (voy. *Revue horticole*, 1er avril 1880, p. 137, et 16 novembre 1880, p. 431).

Courge de Yokohama.
réd. au sixième.

D'après les figures et modèles présentés à l'Exposition universelle de 1878, il existerait au Japon des courges analogues, comme forme et comme volume, à la citrouille de Touraine et paraissant dériver du *C. moschata*.

Nous n'avons pas eu l'occasion de les observer autrement que dans ces reproductions.

III. Cucurbita Pepo L.

Cette espèce a donné naissance à un très grand nombre de races cultivées qui reproduisent, toutes, les caractères suivants appartenant à la plante mère : Feuilles à lobes toujours prononcés, souvent profondément découpées, poils devenant çà et là spinescents ; pédoncules des fruits à section pentagonale ou relevés de cinq côtes ou angles, ne s'élargissant pas à l'endroit de l'insertion sur le fruit et devenant extrêmement durs à la maturité. Calice ayant ses divisions soudées sur une certaine partie de leur longueur et souvent légèrement étranglées au-dessous de leur point de départ ; la partie comprise entre le pédoncule et cet étranglement est généralement marquée de cinq côtes assez saillantes ; les divisions du calice s'atténuent de la base jusqu'à la pointe. Graines d'apparence extrêmement variable, mais toujours marginées et rarement aussi grandes que celles des variétés sorties du *C. maxima*. On peut dire qu'en moyenne les graines des véritables courges sorties du *C. Pepo* pèsent 425 grammes par litre, et qu'un gramme en contient de 6 à 8 ; celles des patissons et des coloquintes sont beaucoup plus petites ; la durée germinative de toutes est de six ans et plus.

COURGE A LA MOELLE.

Synonymes : Moelle végétale, Souki blanc des Indes.

Noms étrangers : Angl. Vegetable marrow. All. Englischer Schmeer-Kürbiss. Flam. Mergpompoen. Dan. Mandel-Groeskar.

Plante coureuse, à tiges minces et longues; feuilles moyennes, profondément divisées en cinq lobes, qui sont souvent eux-mêmes ondulés ou dentés sur les bords, d'un vert franc quelquefois parsemé de taches grisâtres, très rudes au toucher. Fruit oblong, de 0ᵐ,25 à 0ᵐ,40 de longueur sur 0ᵐ,10 à 0ᵐ,12 de diamètre, portant, surtout au voisinage du pédoncule, cinq ou dix côtes plus ou moins accentuées; écorce lisse, jaune terne ou blanc jaunâtre. Les fruits se consomment habituellement quand ils ont atteint à peu près la moitié de leur développement : la chair en est alors très tendre et moelleuse; elle devient au contraire assez sèche à l'époque de la maturité.

Courge à la moelle.
réd. au huitième.

COURGE BLANCHE NON COUREUSE.

Synonyme : Courge de Virginie.

Noms étrangers : Angl. Short-jointed long white gourd *or* squash, Long white bush marrow. All. Weisse Kürbiss ohne Ranken.

Variété extrêmement distincte à cause de son mode de végétation. Les tiges, en effet, au lieu de s'allonger, restent très courtes, assez grosses, donnant naissance près à près à des feuilles d'un vert foncé avec quelques macules grisâtres, profondément découpées et dentées sur les bords. Fruits plus allongés que ceux de la courge à la moelle, atteignant 0ᵐ,35 à 0ᵐ,50 de longueur sur 0ᵐ,12 à 0ᵐ,15 de diamètre, un peu amincis et marqués de cinq côtes.

Comme ceux de la C. à la moelle, les fruits se consomment habituellement avant leur

Courge blanche non coureuse.
réd. au sixième.

complète maturité et sont remplacés successivement par de nouveaux fruits.

COURGE D'ITALIE.

Synonyme : Coucourzelle.

Noms étrangers : angl. Italian vegetable marrow. all. Lange grüngefleckte italienische Kürbiss. ital. Cocozella di Napoli.

C. d'Italie.
réd. au huitième.

Race extrêmement distincte, non coureuse, à tiges très grosses et très courtes, émettant des feuilles nombreuses d'un vert foncé, très grandes et très profondément découpées en cinq ou sept lobes, eux-mêmes plus ou moins entaillés : la réunion de ces feuilles forme un véritable buisson. Fruits très allongés, atteignant 0^m,50 et plus de longueur sur un diamètre de 0^m,07 à 0^m,10, sillonnés de cinq côtes, surtout dans la portion qui est voisine du pédoncule et qui est plus mince que le reste du fruit; écorce très lisse, d'un vert foncé marbré de jaune ou de vert plus pâle. Dans toute l'Italie, où cette courge est très généralement cultivée, on en consomme les fruits tout jeunes, quand ils ont à peine les dimensions d'un petit concombre, quelquefois même avant que la fleur soit épanouie. On cueille alors l'ovaire, qui a à peine la grosseur et la longueur du doigt. Les plantes dont on empêche ainsi les fruits de se développer continuent à fleurir pendant plusieurs mois avec une abondance remarquable, et chaque pied peut donner un très grand nombre de petites courges qui, cueillies à cet état, sont extrêmement tendres et délicates.

COURGE SUCRIÈRE DU BRÉSIL.

Nom étranger : all. Brasilianischer Zucker-Kürbiss.

Courge sucrière du Brésil.
réd. au sixième.

Plante à tiges longues, minces, coureuses; feuilles lobées, rudes, d'un vert très foncé, uni, finement cloquées et gaufrées. Fruits oblongs, assez courts, renflés au milieu, à cinq côtes très peu marquées, quelquefois légèrement verruqueux; écorce verte, devenant orangée à la maturité. Chair jaune, épaisse et très sucrée.

La C. sucrière du Brésil est une variété très recommandable à cause de sa précocité, de l'abondance et de la qualité de ses fruits, et de leur longue conservation. La maturité en est demi-hâtive.

COURGE DES PATAGONS.

Nom étranger : Angl. Patagonian squash.

Tiges coureuses, très longues ; feuilles grandes, lobées, d'un vert foncé.
Fruits longs de 0^m,30 à 0^m,50,
larges de 0^m,15 à 0^m,20, marqués dans toute leur longueur
de cinq côtes très régulières,
formant autant de cannelures
saillantes arrondies ; écorce
lisse, d'un vert extrêmement
foncé , presque noire, ne changeant pas de couleur à la maturité. Chair jaune, de qualité
médiocre. Variété remarquable
par sa rusticité et son grand
produit.

On a recommandé, sous le
nom de *courge* ou *concombre
d'Alsace*, une plante qui se
rapproche de la C. des Patagons,
mais dont le fruit est moins
anguleux et d'un vert moins
foncé. Les fruits complètement
développés, mais encore imparfaitement mûrs, sont employés en salade, coupés en

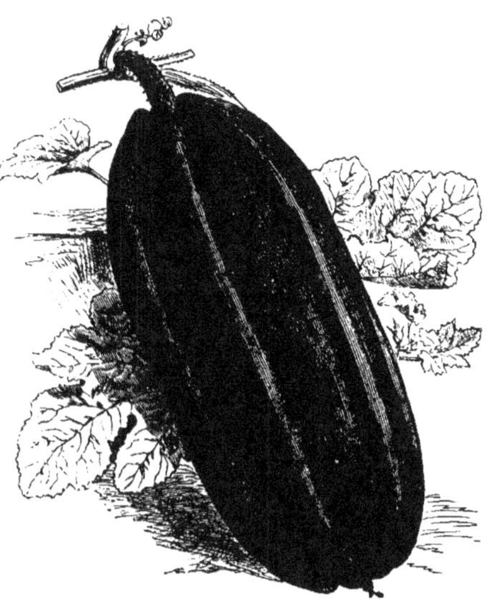

Courge des Patagons.
réd. au sixième.

tranches et assaisonnés de la même manière que les cornichons. Avec
quelques soins, on peut les conserver pendant une partie de l'hiver.

COURGERON DE GENÉVE.

Plante non coureuse ; feuilles longuement pétiolées, moyennes, d'un vert
franc, assez profondément découpées en lobes allongés et dentés sur les
bords. Fruits nombreux, petits, très déprimés, de 0^m,12 à 0^m,15 de diamètre
sur 0^m,05 à 0^m,08 d'épaisseur ; écorce lisse, d'un vert brun, devenant orange
à la maturité. Chair jaune, peu épaisse. Le fruit se mange jeune, avant d'avoir
pris tout son développement, comme la courge à la moelle.

COURGE COU TORS HATIVE.

Synonyme : Courge crochue.

Noms étrangers : Angl. Early bush *or* summer crook-neck gourd *or* squash.

Plante non coureuse, formant une touffe comme les patissons ; feuilles
d'un vert franc, grandes, dentées sur les bords, plus ou moins découpées

en trois ou cinq lobes assez aigus. Fruit d'une couleur orange très vive,

Courge cou tors hâtive (réd. au sixième).

allongés, recouverts de nombreuses excroissances arrondies, rétrécis et le plus souvent courbés dans la portion la plus voisine du pédoncule, renflés dans la partie opposée, mais se terminant toujours en pointe.

Cette variété n'est pas recommandable comme légume ; on l'emploie à la manière des coloquintes, comme fruit d'ornement. La dureté de son écorce fait qu'elle se conserve facilement pendant tout l'hiver en gardant toujours la belle couleur orangée qui la caractérise.

CITROUILLE DE TOURAINE.

NOM ÉTRANGER : ANGL. Large Tours pumpkin.

Citrouille de Touraine (réd. au sixième.)

Tiges rampantes, dépassant 5 et 6 mètres de long; feuilles très grandes, d'un vert foncé et parsemées de quelques macules grisâtres, quelquefois entières, le plus souvent divisées en trois ou cinq lobes. Fruits arrondis ou allongés, généralement aplatis aux deux extrémités, à côtes très peu apparentes, et à surface lisse, d'un vert pâle ou grisâtre, marqué de bandes et de marbrures plus foncées; ils peuvent arriver à peser jusqu'à 40 et 50 kilogrammes. La chair en est jaune, pas extrêmement épaisse et de qualité médiocre. La graine est très grosse : un gramme n'en contient que 3, et le litre pèse 250 grammes; la durée germinative n'est guère que de quatre ou cinq ans.

La citrouille de Touraine n'est généralement cultivée que pour la nourriture du bétail.

PATISSONS.

Synonymes: Bonnet d'électeur, B. de prêtre, Couronne impériale, Artichaut de Jérusalem, Artichaut d'Espagne, Arboufle d'Astrakhan, Arbouste d'Astrakhan.

Noms étrangers : angl. Crown gourd, Custard marrow; (Am.) Scollop G., Custard G., Pattypan. all. Bischofsmütze. flam. Prinsenmuts.

Les patissons constituent une des races les plus curieuses parmi celles qui sont issues du *Cucurbita Pepo*. Ce sont des plantes non coureuses, à feuilles grandes, d'un vert franc, entières ou à cinq lobes peu marqués. Fruit très déprimé dans le sens de l'axe, c'est-à-dire beaucoup moins long que large; le contour, au lieu d'en être arrondi, présente cinq ou dix excroissances ou dents obtuses divergentes, ou plus ou moins recourbées vers l'ombilic du fruit. Les fruits des patissons sont assez pleins; la chair en est ferme, peu sucrée, mais

Patisson.
réd. au seizième.

assez farineuse; écorce très lisse, de couleur et de volume variables. La graine en est petite, relativement à celle des autres courges sorties du *C. pepo:* un gramme en contient 10, et le litre pèse 430 grammes.

Les variétés de patissons le plus généralement cultivées sont les suivantes .

Patisson jaune. Paraît être la variété primitive ou le type des patissons cultivés. Il a la peau d'un jaune de beurre uni; les dents ou divisions de la couronne assez prononcées et recourbées vers l'ombilic.

Patisson jaune.
réd. au sixième.

Patisson panaché amélioré.
réd. au sixième.

Patisson vert. Fruit d'un vert foncé, presque uni ou faiblement marbré, d'une couleur très foncée d'abord et jaunissant à l'approche de la maturité.

Patisson orange. Semblable, par sa forme, au P. jaune, mais d'une couleur beaucoup plus intense, se rapprochant de celle d'une orange mûre.

Patisson panaché. Souvent à tiges coureuses; fruits assez petits, à dents peu prononcées, très joliment panachés de vert et de blanc.

Patisson galeux. Fruit dont les lobes sont peu développés, mais dont l'écorce, d'un blanc de crème, est toute parsemée de verrues arrondies.

Toutes ces variétés produisent des fruits nombreux et d'un petit volume. Un pied vigoureux peut en porter jusqu'à dix ou douze.

Le *patisson panaché amélioré* se distingue des variétés qui précèdent par le volume beaucoup plus fort de ses fruits, qui pèsent souvent 3 ou 4 kilogrammes; un pied n'en porte pas ordinairement plus de trois ou quatre. Par la forme et la couleur ils ressemblent à ceux du P. panaché ordinaire.

COLOQUINTES.

SYNONYME : Coloquinelle.

NOMS ÉTRANGERS : ANGL. Fancy gourd. ALL. Kleine Zierkürbiss. HOLL. Kawoerd
appel, Kolokwint, Bitterappel. ITAL., ESP. et PORT. Coloquintida.

La véritable coloquinte (*Cucumis Colocynthis* L.), plante exclusivement médicinale, ne se rencontre que très rarement dans les cultures. C'est par un abus de langage, consacré, il est vrai, par l'usage, qu'on désigne sous ce nom un grand nombre de variétés de courges à fruits petits, peu charnus, ayant pour principal mérite l'élégance ou la bizarrerie de leur forme et les belles couleurs qu'elles prennent à la maturité; l'écorce en devient généralement très dure et la pulpe de l'intérieur se dessèche assez facilement : il en résulte que ces fruits se conservent mieux que ceux de la plupart des courges comestibles. Tous les caractères de végétation des coloquintes les rapprochent entièrement des courges qui ont pour origine le *C. Pepo*. Les tiges, les feuilles et les fleurs, de même que les fruits, sont en général, dans ces plantes, plus petits que dans les autres variétés précédemment décrites; mais tous leurs caractères, ainsi que ceux du calice et du pédoncule, indiquent bien cette origine : et, du reste, on peut dire que les patissons, qu'on s'accorde à regarder comme descendant certainement du *C. Pepo*, forment, par leurs fruits peu volumineux et à écorce dure, une transition parfaite entre les coloquintes et les courges comestibles de la série que nous avons décrite en dernier lieu. Graines petites, au nombre de 20 dans un gramme, et pesant 450 grammes par litre.

Les coloquintes ont généralement, sinon toujours, des tiges longuement coureuses ou grimpantes; elles sont très souvent, pour ce motif, employées comme plantes d'ornement pour la décoration des treillages, tonnelles, etc. La rapidité de leur croissance les rend très propres à garnir promptement les surfaces qu'on veut revêtir de verdure, et l'abondance de leurs fruits, qui sont d'ordinaire agréablement panachés, les rend très décoratives à l'arrière-saison et jusqu'à l'arrivée des premiers froids.

Les variétés de coloquintes sont en nombre presque indéfini, et les semis en donnent constamment de nouvelles; il serait impossible de les énumérer toutes, nous nous contenterons de mentionner celles qui sont le mieux fixées et le plus généralement cultivées.

COLOQUINTE POIRE.

La forme allongée, avec un renflement sphérique ou ovoïde à l'extrémité, est une des plus fréquentes parmi les coloquintes. On désigne sous le nom de *coloquintes poires* toutes celles qui possèdent en commun ce caractère, bien qu'elles diffèrent beaucoup les unes des autres par la couleur. On cultive la *C. poire blanche*, dont l'écorce lisse est entièrement d'un blanc de lait ; la *C. poire rayée*, qui est d'un vert foncé, zébrée en long de bandes irrégulières, ou de séries de taches blanches ou d'un vert beaucoup plus

Coloquinte poire rayée.
réd. au douzième ; fruit isolé, réd. au cinquième.

Coloquinte à anneau vert.
réd. au douzième ; fruit isolé, réd. au sixième.

pâle ; la *C. poire bicolore*, dont le fruit est mi-parti jaune et vert uni ; celle *à anneau*, dans laquelle la couleur verte, au lieu d'occuper toute une moitié du fruit, ne fait que dessiner tout autour un anneau plus ou moins large. Enfin ces diverses panachures peuvent se combiner l'une avec l'autre de différentes manières : on voit, par exemple, des coloquintes bicolores dans lesquelles la portion jaune présente une teinte unie, tandis que la portion verte est rayée ou zébrée de diverses nuances.

Toutes les coloquintes à fruits piriformes présentent généralement les caractères suivants :

Plantes de dimensions moyennes ; tiges ne dépassant guère 2 ou 3 mètres ; feuilles de grandeur médiocre, d'un vert foncé, presque entières, à cinq angles arrondis, ou divisées en cinq lobes peu distincts.

COLOQUINTE MALIFORME.

Plusieurs races de coloquintes ont des fruits à peu près sphériques ou légèrement déprimés, en forme de pomme ou d'orange. Les suivantes sont les plus cultivées :

C. pomme hâtive (angl. (Am.) *Apple gourd* ; all. *Weisse Apfelkürbiss*). Tiges de longueur médiocre, ne dépassant pas 2 à 3 mètres ; feuilles moyennes, d'un vert grisâtre, découpées en cinq lobes à contour dentelé. Fruits presque sphériques, déprimés, surtout du côté opposé au pédoncule; peau bien lisse et entièrement blanche.

C. orange (syn. *Fausse orange, Orangine;* angl. *Orange gourd;* all. *Po-*

Coloquinte orange.
réd. au douzième.

meransen). De même forme que la précédente, mais d'une belle couleur orangée; feuilles assez grandes, divisées en cinq lobes plus ou moins marqués, de couleur foncée et assez souvent un peu cloquées. Le fruit, par ses dimensions aussi bien que par sa couleur, présente tout à fait l'aspect d'une orange mûre.

C. miniature. Petite plante à tiges fines, grêles, dépassant rarement 2 mètres; feuilles d'un vert terne, parsemées de macules grisâtres, quelquefois presque entières, le plus souvent divisées en trois ou rarement en cinq lobes arrondis. Fruit généralement assez déprimé, de $0^m,04$ ou $0^m,05$ de diamètre, panaché de vert pâle sur fond plus foncé, à peu près à la manière de la coloquinte poire rayée.

Coloquinte plate rayée.
réd. au dixième; fruit isolé, au sixième.

COLOQUINTE PLATE RAYÉE.

Race vigoureuse, à tiges atteignant 3 et 4 mètres de longueur; feuilles assez grandes, divisées en cinq lobes qui se terminent généralement en pointes assez aiguës. Fruit très fortement aplati, beaucoup plus large que long, de $0^m,06$ à $0^m,08$ de diamètre, rayé ou marbré de différentes nuances de vert. La forme particulière du fruit de cette coloquinte et les panachures régulières qu'il porte lui donnent un aspect tout à fait unique, et feraient croire, à première vue, que la plante est une cucurbitacée toute différente du *C. Pepo.* Certains petits melons sauvages ont une apparence qui se rapproche passablement de celle de la C. plate rayée.

COLOQUINTE OVIFORME.

NOMS ÉTRANGERS : ANGL. (Am.) Egg gourd. ALL. Gelbe Eierkürbiss.

Plante vigoureuse; tiges atteignant aisément 4 mètres de long; feuilles grandes, d'un vert assez foncé, entières, à cinq angles ou divisées en cinq lobes peu marqués. Fruit blanc, uni, de la forme et de la grosseur d'un œuf de poule.

COLOQUINTE GALEUSE.

SYNONYMES : Barbarine, Coloquinte barbaresque, C. verruqueuse.

Tiges assez grosses, mais peu allongées, ne dépassant guère 2 mètres ; feuilles d'un vert franc, vernissées, un peu cloquées, entières, arrondies ou divisées en trois lobes à contour faiblement denté. Fruit généralement sphérique, à écorce complétement couvert de protubérances très nombreuses et arrondies ; de couleur variable, quelquefois vert, plus souvent blanc ou jaune orangé. Au lieu d'être mince et souple dans toutes ses parties, comme les autres coloquintes, celle-ci a les tiges raides

Coloquinte galeuse.
réd. au dixième.

et fortes, comme si elle voulait se soutenir sans appui ; elle est peu ramifiée.

COURGE BOUTEILLE

Lagenaria vulgaris SER. — **Cucurbita Lagenaria** L.

Fam. des *Cucurbitacées.*

SYNONYMES : Calebasse, Cougourde, Gourde.

Amérique méridionale. — Annuelle. — De même que les petites formes ornementales du **C.** *Pepo* désignées habituellement, mais à tort, sous le nom de coloquintes, les diverses variétés du *Lagenaria vulgaris* sont bien plutôt cultivées comme plantes d'ornement que pour le produit qu'on en peut tirer.

La forme dite *C. pèlerine*, dont les fruits à double renflement sont connus de tout le monde, est seule susceptible d'un emploi usuel. Les fruits, secs et vidés, remplissent assez bien l'office de bouteille. La végétation très rapide de cette plante, le nombre et la beauté de ses grandes fleurs blanches, et la forme ainsi que les dimensions remarquables des fruits, la font rechercher pour les effets décoratifs qu'on peut en obtenir comme plante grimpante.

Cette courge, dont la culture est extrêmement facile, paraît s'être répandue dans tous les pays du monde dont le climat est chaud ou tempéré ; elle est cultivée depuis longtemps déjà par les Chinois et les Japonais, qui en possèdent quelques variétés un peu différentes de celles que nous avons en Europe. Un gramme de graines en contient 8 en moyenne, et le litre pèse 360 grammes.

Culture. — Les *Lagenaria* sont des plantes annuelles à végétation rapide, dont la culture est d'une extrême simplicité. On les sème en place en mai, ou bien on les plante en pleine terre à la même époque, après les avoir fait germer sur couche ou sous châssis, selon qu'on veut les avancer plus ou moins. Elles aiment une bonne terre, riche et abondamment fumée : de copieux arrosements, sans leur être absolument nécessaires, contribueront au développement et à la beauté des fruits.

Aucune variété de *Lagenaria* ne mûrit régulièrement sous le climat de Paris.

Usage. — Les fruits, pris dans leur jeunesse, sont mangés, dans quelques pays, de la même manière que la courge à la moelle. Il ne nous semble pas néanmoins qu'ils constituent un légume bien recommandable ; la plante doit surtout être considérée comme ornementale. La rapidité de sa croissance la rend précieuse pour garnir les treillages, les tonnelles, ou bien les pans de murs ou troncs d'arbres qu'on désire cacher promptement. Les feuilles et toutes les parties vertes de la plante répandent, quand elles sont froissées, une odeur forte et très désagréable. Les fleurs, au contraire, ont un parfum rappelant celui du jasmin.

Courge massue très longue.
réd. au douzième.

Courge massue.
réd. au quinzième.

COURGE MASSUE D'HERCULE.

Fruit très long, dépassant parfois un mètre de longueur, presque cylindrique, mais d'un diamètre à peu près moitié moindre dans la moitié voisine du point d'attache que dans l'autre partie ; quelquefois l'extrémité du fruit est assez fortement renflée. Toutes les races de cette plante sont, du reste, extrêmement variables et les formes aussi changeantes que le caprice des amateurs.

COURGE SIPHON.

Courge siphon.
réd. au douzième.

Le fruit de cette variété présente un renflement terminal sphérique ou un peu déprimé, d'une largeur de $0^m,20$ à $0^m,30$ sur une épaisseur moindre d'environ un tiers ; le reste du fruit est formé par un col long, mince et, dans sa portion la plus voisine du pédoncule, recourbé en demi-cercle.

Les fruits de la C. siphon ont besoin de reposer sur le sol ou sur un support pour se bien développer ; autrement le poids de la partie renflée briserait le col.

COURGE PÈLERINE.

Synonymes : Courge bouteille, Calebasse, Cougourde, Gourde des pèlerins.
Noms étrangers : angl. Bottle-gourd. all. Flasche Kürbiss. ital. Zucca da tabacco.
esp. Calabaza vinatera.

Fruit étranglé vers le milieu et présentant
deux renflements inégaux, dont l'inférieur,
plus grand et plus large, est parfois aplati
à la base de manière à donner au fruit une
certaine stabilité; le renflement supérieur,
à peu près sphérique, est immédiatement
attenant au pédoncule.

Il existe un certain nombre de variétés
de la C. pèlerine, donnant toutes des fruits
à peu près de même forme, mais de dimensions extrêmement variables : on en
voit quelquefois d'une longueur de près de
0^m,50, avec une capacité de huit à dix litres
au moins, tandis que d'autres n'ont guère
plus de 0^m,12 ou 0^m,15 de haut, avec une

Courge pèlerine.
réd. au douzième.

capacité d'un demi-litre. On trouve toutes les dimensions entre ces extrêmes.

COURGE POIRE A POUDRE.

Fruits en forme de poire plus ou moins allongée, avec un col assez prononcé ; la dimension en est variable. On peut les faire servir aux mêmes
usages que les courges pèlerines. Leur forme et leur volume les ont fait parfois employer comme poire à poudre rustique.

Courge poire à poudre.
réd. au douzième.

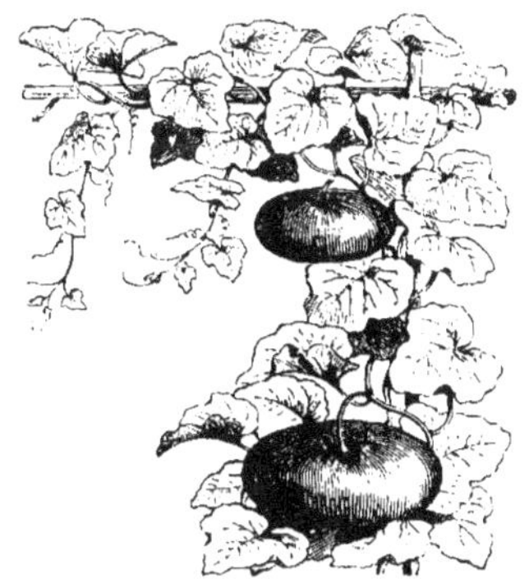

Courge plate de Corse.
réd. au douzième.

COURGE PLATE DE CORSE.

Variété extrêmement distincte, à fruit arrondi, tout à fait déprimé, rappelant assez celui de la C. de Yokohama, mais tout à fait lisse et sans côtes ; le
diamètre en est à peu près de 0^m,15 à 0^m,20, l'épaisseur de 0^m,06 à 0^m,10.

CRAMBÉ

Crambe maritima L.

Fam. des *Crucifères*.

Synonyme : Chou marin.

Noms étrangers : Angl. Sea kale. All. Meer- *oder* See-Kohl. Flam. et Holl. Zeekool, Meerkool. Dan. Strandkaal. Esp. Soldanela maritima, Crambe, Col marino.

Indigène. — *Vivace.* — Plante à feuilles amples, épaisses, frangées, souvent contournées et découpées sur les bords en segments arrondis, d'une couleur vert glauque toute particulière et à peu près identique sur les deux faces de la feuille ; tiges fortes, ramifiées, hautes de $0^m,50$ à $0^m,60$, portant un grand nombre de fleurs blanches, larges, et faisant place à des silicules à peu près sphériques d'un peu moins d'un centimètre de diamètre, blanches, assez dures, ne s'ouvrant pas à la maturité, et ne renfermant qu'une seule graine chacune. La graine non décortiquée pèse 210 grammes par litre, et un gramme en contient de 15 à 18 ; sa faculté germinative baisse rapidement après la première année.

Le crambé ou chou marin, qui se rencontre à l'état sauvage sur une grande partie des côtes de l'Europe occidentale, est fort peu usité comme légume en France, tandis qu'il est depuis de longues années l'objet d'une culture importante en Angleterre. Ce sont les feuilles, ou plutôt les pétioles qui sont employés comme légume. On a soin, pour cela, de les blanchir en les privant de lumière, et l'on obtient de la sorte des pousses tendres d'un goût agréable, ne présentant plus qu'une légère amertume, tandis que le goût en serait d'une âcreté insupportable si on les laissait se colorer sous l'influence de la lumière.

Crambé.

pousses blanchies, réd. au tiers.

Culture. — Le crambé est une plante vivace qui peut se multiplier par divisions ou par boutures de racines, aussi bien que par le semis. Pour employer la première méthode, on divise, à la fin de l'hiver et avant le réveil de la végétation, c'est-à-dire au mois de février ou au commencement de mars, les diverses ramifications des vieilles touffes de crambé, en tronçons d'une dizaine de centimètres, que l'on plante immédiatement en place, dans une bonne terre bien amendée et profondément labourée. Comme les plantes prennent un assez grand développement, il est bon de les espacer de 0^m,80 en tous sens. Dès la première année, les jeunes crambés prennent une certaine force et peuvent à la rigueur donner une récolte au printemps suivant. Il vaut mieux cependant ne commencer à couper qu'à la seconde année.

La multiplication du crambé par semis peut se faire, soit en place, soit en pépinière. Dans tous les cas, on sème la graine le plus tôt possible après la récolte, et sans la dépouiller de son enveloppe. Dès que les jeunes plants ont quatre ou cinq feuilles on les met en place, à la même distance que les boutures dont nous avons parlé plus haut. Le semis en place se fait en poquets placés, eux aussi, à la même distance les uns des autres. Ces poquets ou fossettes doivent être bien terreautés et tenus bien propres; les arrosements doivent être fréquents jusqu'au développement complet des plants. Quand ils sont assez forts et que les attaques du tiquet ne sont plus à craindre, on arrache les plants, à l'exception du plus fort, qu'on laisse seul en place; pendant toute la fin de l'année du semis et pendant toute l'année suivante les mêmes soins d'entretien doivent être donnés aux jeunes semis qu'aux plantations par boutures. Ce n'est qu'au troisième printemps que l'on peut commencer à cueillir sur les jeunes plantes, et elles peuvent ensuite rester en pleine production pendant huit ou dix ans.

Pour blanchir le crambé, on couvre chacune des têtes de la plante d'un pot de jardin bien fermé, pour ne pas laisser entrer la lumière, et on le recouvre en outre plus ou moins complètement de terre ou de feuilles sèches.

Si l'on veut forcer les plantes, on se sert de fumier, dont on entoure et recouvre le pot; au bout de quelques semaines, les pousses sont suffisamment développées pour être cueillies. On ne doit pas craindre, en les détachant, d'en couper la base à une certaine distance au-dessous de la partie blanche, car les souches tendent toujours à sortir de terre. Le crambé peut encore se forcer en serre, en bâche ou dans tout autre endroit où l'on dispose de chaleur artificielle. On arrache pour cela les pieds entiers, et on les replante près à près dans du sable frais. Les pousses doivent, comme en plein air, être soustraites à l'action de la lumière, soit par un abri artificiel, soit par une épaisseur de sable assez grande. Il faut, tous les ans, avoir la précaution de les recouvrir de terre, pour empêcher qu'elles ne se déchaussent. Pour conserver la vigueur des plantes de crambé, il est nécessaire de ne pas couper toutes les pousses d'un même pied; il faut, par contre, veiller à ce que ces pousses qu'on a ménagées ne fleurissent pas, ce qui épuiserait inutilement la plante. Il est bon, à l'automne, de donner à la plantation quelques soins, qui consistent dans l'enlèvement des feuilles mortes, dans la suppression des pousses faibles et surabondantes et dans l'épandage d'un peu de terre légère ou de terreau sur les portions qui tendraient à se déchausser. Comme le crambé est une plante maritime, un peu de sel commun, employé comme amendement, ne peut qu'en favoriser la végétation.

Usage. — Les pétioles blanchis se mangent cuits à peu près à la manière des asperges ou des côtes de cardon. Bien préparés, ils conservent toute leur fermeté et présentent, avec une très légère amertume, une saveur de noisette très fine et très agréable.

CRESSON ALÉNOIS

Lepidium sativum L.

Fam. des *Crucifères*.

SYNONYMES : Passerage cultivée, Nasitor.

NOMS ÉTRANGERS : ANGL. Garden-cress. ALL. Garten-Kresse. FLAM. Hofkers. HOLL. Tuinkers. DAN. Havekarse. ITAL. Agretto, Crescione inglese, Cerconcello. ESP. Mastuerzo, Malpica. PORT. Mastruço.

Perse. — Plante *annuelle* à végétation très rapide. Le goût fort et piquant de ses feuilles l'a fait de tout temps rechercher comme condiment, et la culture en est si facile, qu'elle a trouvé place dans les jardins les plus modestes. Feuilles radicales très découpées, assez nombreuses, formant une rosette peu fournie, du centre de laquelle s'élève bientôt une tige lisse, ramifiée, garnie de quelques feuilles presque linéaires; fleurs blanches, petites, à quatre pétales, faisant place à des silicules arrondies, très déprimées et légèrement concaves. Les graines sont relativement grosses, sillonnées, oblongues, rouge-brique. Elles ont un goût âcre et une saveur alliacée. Un gramme en contient 450, et le litre pèse 730 grammes; leur durée germinative est de cinq années.

Culture. — Il n'est pas de plante plus facile à cultiver que le C. alénois; on peut le semer en tout temps et en tout terrain avec la certitude d'avoir au bout de quelques semaines des feuilles vertes à couper. Pendant les grandes chaleurs seulement, il est bon de faire le semis à une exposition un peu fraîche et ombragée, afin d'obtenir un produit plus tendre et plus abondant. En été, comme la plante monte rapidement à graine, il est bon de renouveler souvent les semis.

La graine de C. alénois est une de celles qui germent le plus rapidement : à la température de 10 à 15 degrés centigrades, elle lève habituellement en moins de vingt-quatre heures. On utilise quelquefois, en hiver, cette propriété pour se procurer rapidement dans les appartements un peu de verdure fraîche; il suffit, pour cela, de répandre abondamment de cette graine sur de la mousse ou du sable, ou bien d'en saupoudrer un vase ou un autre objet revêtu de mousse humide ou d'argile fraîche. En quelques jours on obtient une masse de verdure d'un fort joli effet.

Usage. — Les feuilles radicales de la plante sont très employées comme condiment; on en garnit les mets, particulièrement les rôtis, ou bien on les emploie en hors-d'œuvre ou en salade.

CRESSON ALÉNOIS COMMUN.

NOM ÉTRANGER : ALL. Grüne gewöhnliche Garten-Kresse.

La forme qui se rencontre habituellement dans les cultures constitue un progrès assez marqué sur la plante sauvage : les feuilles sont plus grandes, d'un vert plus foncé, et le produit en est plus abondant.

CRESSON ALÉNOIS FRISÉ.

Synonyme : Cresson crépu.

Noms étrangers : Angl. Curled garden-cress *or* Normandy. All. Krausblättrige
oder gefüllte Garten-Kresse.

Les divisions des feuilles sont, dans cette variété, plus nombreuses et plus
fines que dans le C. alénois commun; elles sont en même temps crispées
et plus ou moins contournées sur elles-mêmes, ce qui donne à l'ensemble
de la feuille une apparence frisée assez agréable.

Cresson alénois frisé.
réd. au cinquième.

Cresson alénois à large feuille.
réd. au cinquième.

CRESSON ALÉNOIS A LARGE FEUILLE.

Noms étrangers : Angl. Broad-leaved garden-cress. All. Breitblättrige grüne
Garten-Kresse.

Tout à l'opposé de la variété précédente, celle-ci diffère du type en ce que
le limbe de la feuille est entier, sans découpures, mais seulement avec quelques dents sur les bords. La feuille est alors ovale, de $0^m,05$ environ de longueur sur $0^m,02$ ou $0^m,03$ de largeur; elle présente un pétiole nettement
aminci et un contour un peu irrégulier.

CRESSON ALÉNOIS DORÉ.

Noms étrangers : Angl. Golden *or* Australian garden-cress. All. Australische
Salat-Kresse, Goldgelbe Salat-Kresse.

Cette race peut passer pour une sous-variété du C. alénois à large feuille;
elle présente la même conformation et n'en diffère que par la teinte vert pâle
jaunâtre de son feuillage. La différence de teinte entre les deux variétés est
toutefois si marquée, qu'elle frappe l'œil le moins exercé.

Ces deux dernières variétés diffèrent tellement, par l'apparence de leurs
feuilles, du C. alénois ordinaire, qu'en les voyant avant la floraison, végéter
à côté de celui-ci, on serait presque tenté de croire que l'on a affaire à des
plantes tout à fait différentes.

CRESSON DE FONTAINE

Nasturtium officinale R. Br. — **Sisymbrium Nasturtium** L.

Fam. des *Crucifères*.

Synonymes : Bailli, Cresson d'eau, Cr. de ruisseau, Santé du corps, Bride-cresson.

Noms étrangers : angl. Water-cress. all. Brunnenkresse. flam. et holl. Water-kers. dan. Brondkarsen. ital. Nasturzio aquatico, Crescione di fontana. esp. Berro. port. Agroião.

Indigène. — *Vivace.* — Plante aquatique, à tiges longues, s'enracinant facilement et émettant, dans l'eau elle-même, des racines blanches qui servent à sa nutrition ; feuilles composées, d'un vert foncé, à divisions arrondies, légèrement sinuées ; fleurs blanches, petites, en épi terminant les tiges. Graines généralement peu abondantes, très fines, contenues dans des siliques légèrement arquées : un gramme en contient environ 4000, et le litre pèse 580 grammes ; leur durée germinative est de cinq années.

Cresson de fontaine.
réd. au tiers.

Culture. — Le goût agréable et caractéristique du C. de fontaine, ainsi que ses propriétés hygiéniques bien connues, l'ont fait de tout temps rechercher comme condiment et comme légume. Sa prédilection pour les emplacements humides, et même submergés par des eaux courantes, en rend la culture assez malaisée ; aussi se contente-t-on, dans beaucoup d'endroits, de le récolter dans les ruisseaux, les fossés et les fontaines, où il croît naturellement. Dans les environs de quelques grandes villes on en a établi de véritables cultures, qui sont en général très profitables. On choisit pour cela une portion de prairie abondamment arrosée par des eaux vives et limpides, et l'on y creuse, l'une à côté de l'autre, un certain nombre de grandes fosses, larges de 5 à 6 mètres et séparées par des intervalles de 4 mètres environ. L'eau doit pouvoir s'écouler de l'une à l'autre ; on ménage pour cela une petite différence de niveau, afin que l'eau s'échappe de chaque fosse par l'extrémité opposée à celle par où elle y est entrée : l'eau ne sort ainsi de la cressonnière qu'après avoir longuement serpenté à travers toutes les fosses. Quand le sol du fond des fosses a été bien préparé, labouré et fumé, on y pique au plantoir des tiges de cresson prises parmi ce qu'on peut trouver de plus beau et de plus vigoureux. On submerge ensuite la cressonnière, et l'on ne commence à récolter que quand les plantes sont bien établies et ont pris de la vigueur.

La récolte se fait en toute saison, excepté pendant les grands froids, où l'on submerge complètement le cresson pour le mettre à l'abri de la gelée.

Des cressonnières du même genre, mais établies sur une beaucoup plus petite échelle, peuvent être créées partout où l'on dispose d'eau pure et fraîche en suffisante quantité. Il n'est même pas nécessaire d'avoir un écoulement d'eau constant, pourvu que le renouvellement en soit assez fréquent pour qu'elle reste pure et limpide. On a même réussi à faire croître le C. de fontaine presque sans eau, en le plantant dans des baquets à moitié remplis de bonne terre et tenus à une exposition fraîche et ombragée. Des arrosements modérés peuvent suffire, moyennant ces précautions, au développement de la plante. Ce mode de culture présente toutefois des difficultés, et tous les jardiniers n'y réussissent pas également.

Usage. — Le C. de fontaine est trop connu pour que l'usage ait besoin d'en être décrit; à Paris surtout, où le marché en est toujours très abondamment approvisionné, on l'emploie comme garniture, comme salade, et même parfois, haché et cuit, en guise d'épinards.

CRESSON DE TERRE

Barbarea præcox R. Br. — **Erysimum præcox** L.

Fam. des *Crucifères*.

Synonymes : Cresson de jardin, Cresson vivace, Cresson des vignes, Cressonnette de jardin, Roquette, Sisymbrium.

Noms étrangers : angl. American cress, Belle-Isle Cr. all. Amerikanische Winterkresse. flam. Wilde kers. dan. Winterkarse.

Indigène. — *Bisannuel.* — Plante offrant par l'aspect de son feuillage quelque analogie avec le C. de fontaine ; elle en diffère cependant en ce qu'elle est tout à fait terrestre. Semée au printemps, elle forme pendant l'été une rosette assez fournie de feuilles composées, d'un vert foncé et très luisant. Au printemps suivant, les tiges florales se développent et portent des épis assez allongés de fleurs jaune vif, auxquelles succèdent des siliques minces,

Cresson de terre.
réd. au cinquième.

contenant des graines petites, grises, chagrinées, un peu déprimées sur une face et arrondies sur l'autre. Un gramme de graines en contient 950; le litre pèse 540 grammes; la durée germinative est de trois années.

Culture. — La culture du C. de terre est extrêmement simple et facile. On peut le semer pendant tout le printemps, l'été et l'automne, en toute terre de jardin; il n'est même pas nécessaire de renouveler les semis fréquemment, puisqu'on n'a pas à craindre de voir la plante monter prématurément à graine. Par contre, si la culture est facile, le produit ne vaut pas celui du C. de fontaine ou du C. alénois. Les feuilles du C. de terre sont toujours un peu dures et leur saveur piquante est mêlée d'une certaine âcreté.

Usage. — Les feuilles radicales sont employées comme assaisonnement et garniture.

Le *Cresson d'hiver* (*Winter-cress* des Anglais) est le *Barbarea vulgaris* R. Br. (*Erysimum Barbarea* de Linné). Sa culture et son emploi sont exactement les mêmes que ceux du *B. præcox*.

CRESSON DES PRÉS

Cardamine pratensis L.

Fam. des *Crucifères*.

Synonymes : Cresson élégant, Cressonnette, Passerage sauvage.

Noms étrangers : Angl. Cuckoo-flower, Lady's smock. All. Wiesenkresse. Esp. Berros de prado.

Indigène. — *Vivace.* — Plante sauvage commune dans les prés humides et sur le bord des eaux. Feuilles pinnées, ressemblant un peu à celles du C. de fontaine, mais beaucoup moins charnues et souvent teintées de brun violacé; tige dressée, garnie de quelques feuilles à divisions linéaires; fleurs assez grandes, roses ou lilas pâle, s'épanouissant de très bonne heure au printemps. Graine petite, oblongue, de forme un peu irrégulière, de couleur brune; au nombre d'environ 1500 dans un gramme, et pesant 580 grammes par litre; sa durée germinative est de quatre années.

Culture. — La culture de cette plante comme légume présente assez peu d'intérêt : on peut plutôt recommander comme plante d'ornement sa variété à fleurs doubles, dont les bouquets lilas pâle font, à la sortie de l'hiver, un joli effet dans les jardins.

Usage. — On mange les feuilles, qui ont une saveur âcre et piquante.

CRESSON DE PARA

Spilanthes oleracea L.

Fam. des *Composées*.

Synonymes : Spilanthe, Spilanthe des potagers.

Noms étrangers : All. Hussarenknopf. Flam. ABC kruid.

Antilles. — Plante *annuelle*, presque rampante, à feuilles entières, ovales, tronquées à la base; à tige terminée par des capitules floraux coniques, sans pétales et d'un jaune pur. Graine très petite, ovale, aplatie, mamelonnée, grisâtre : un gramme en contient environ 3400; un litre plein ne pèse que 200 grammes; la durée germinative est au moins de cinq années.

Culture. — Le semis se fait en place, au mois de mars ou d'avril; la floraison commence au bout de deux mois environ et se prolonge pendant tout l'été. Des arrosements abondants sont nécessaires pendant les temps chauds.

Usage. — Les feuilles, introduites dans les salades, leur communiquent un goût piquant et une action excitante sur les glandes salivaires. Cet usage de la plante est assez rare, et l'on peut la considérer comme étant plutôt pharmaceutique que réellement potagère.

CRESSON DU BRÉSIL.

Cette plante ne paraît différer du C. de Para seulement que par la teinte brune de ses tiges et de ses feuilles, teinte

Cresson du Brésil.
réd. au cinquième.

qui s'étend même à la partie supérieure des capitules floraux. La culture et l'emploi des deux plantes sont complètement identiques.

CUMIN DE MALTE

Cuminum Cyminum L.

Fam. des *Ombellifères*.

Noms étrangers : angl. Cumin. all. Pfeffer-Kümmel. holl. Komijn.
ital. Comino di Malta. esp. Comino.

Haute Égypte. — *Annuel.* — Plante très basse, ne dépassant guère 0^m,10 à 0^m,15 de hauteur, ramifiée dès la base; feuilles réduites à des lanières linéaires; fleurs petites, lilacées, réunies au nombre de dix à vingt en ombelles terminales portées au bout de rameaux très divergents. Graines assez grosses, allongées, concaves d'un côté et convexes de l'autre, marquées de six côtes assez saillantes sur la partie convexe; elles sont garnies de poils assez longs, qui se brisent à la maturité. La saveur en est chaude et fortement aromatique. Un gramme de graines en contient 250, et le litre pèse 350 grammes; la durée germinative reste passable pendant trois ans, mais elle faiblit notablement dès la seconde année.

Culture. — Le cumin se sème en pleine terre dès que le sol est bien échauffé, c'est-à-dire au commencement ou au milieu de mai. La végétation en est rapide, et les graines commencent à mûrir dès la fin de juillet, sans que la plante ait besoin d'autres soins que de quelques binages.

Usage. — Les graines sont employées dans la cuisine, dans la pâtisserie et pour la préparation des liqueurs.

DIOSCOREA BATATAS. — Voy. Igname de la Chine.

DISETTE. — Voy. Betterave disette.

DOLIQUE. — Voy. Haricot dolique.

DOUCETTE. — Voy. Mâche.

ÉCHALOTE

Allium ascalonicum L.

Fam. des *Liliacées.*

Synonymes : Chalote, Ail stérile.

Noms étrangers : Angl. Shalot. All. Schalotte, Eschlauch. Flam. et Holl. Sjalot. Dan. Skalottelog. Ital. Scalogno. Esp. Chalote, Escaluña. Port. Echalota.

Palestine. — *Vivace.* — Très voisine botaniquement de l'ognon cultivé, l'échalote en diffère complètement au point de vue horticole par son mode de végétation. C'est une plante qui ne donne que rarement des graines, mais qui produit des feuilles en abondance, et dont les ognons, mis en terre au printemps, se divisent rapidement en un grand nombre de caïeux qui restent attachés à un plateau commun et deviennent en quelques mois aussi forts que l'ognon qui leur a donné naissance. C'est un légume très anciennement cultivé et dont il existe plusieurs formes assez distinctes.

Culture. — On plante l'échalote aussitôt après l'hiver, dans une bonne terre riche et bien amendée. Le fumier bien consommé convient mieux à l'échalote qu'un engrais frais et pailleux; il est encore préférable, quand cela est possible, de la mettre dans une terre abondamment fumée l'année précédente. Les bulbes doivent être peu enterrés et espacés de 0ᵐ,10 environ dans l'espèce commune; on les dispose soit en planches, soit en bordures. Dès que les feuilles commencent à se faner, vers le mois de juillet, on arrache les touffes, on les laisse se ressuyer quelques jours, puis on les divise, et l'on conserve les bulbes dans un local sain. Ceux destinés à servir de semence peuvent être laissés en terre un peu plus longtemps.

Usage. — On emploie comme condiment les bulbes, qui se conservent toute l'année. On fait aussi usage des feuilles coupées vertes.

ÉCHALOTE ORDINAIRE.

Synonyme : Échalote petite.

Noms étr. : Angl. Common shalot. All. Gewöhnliche Schalotte. Flam. Kleine sjalot.

Échalote ordinaire.
demi-grandeur naturelle.

Bulbes de la grosseur d'une petite noix, quelquefois même plus forts, piriformes, atténués supérieurement en une pointe assez allongée; recouverts d'une pellicule roussâtre d'un rouge cuivré inférieurement, passant au gris vers la pointe, souvent marquée de rides longitudinales; la pellicule extérieure est épaisse et tenace. Dépouillé de son enveloppe sèche, le bulbe est verdâtre à la base et violacé au sommet. Feuilles petites, bien vertes, longues de 0ᵐ,25 à 0ᵐ,30.

Cette variété, qui est la plus cultivée, présente l'avantage d'être d'une très bonne conservation.

On en connaît à la halle de Paris plusieurs sous-variétés, qui sont :

L'*E. petite hâtive de Bagnolet*, un peu moins grosse que le type et donnant un grand nombre de caïeux à chaque touffe.

L'*E. grosse de Noisy*, dont chaque bulbe a le volume d'une petite figue. Cette variété est d'une très bonne conservation; la peau en est très épaisse et très résistante. Elle se multiplie moins que les autres.

L'*E. hâtive de Niort*, un peu plus grosse que l'É. commune, à laquelle elle ressemble du reste beaucoup, mais entrant plus tôt en végétation.

Il est facile de reconnaître que ces trois sous-variétés ne sont que des modifications légères de l'E. commune.

ÉCHALOTE DE JERSEY.

Noms étrangers : ANGL. Jersey *or* Russian shalot. ALL. Grosse rothe Schalotte, Russische Sch. FLAM. Russische sjalot, Densche Sj.

Bulbes courts presque toujours irréguliers, mais parfois d'une forme parfaitement arrondie et plus large que haute, ressemblant alors tout à fait à un petit ognon; pellicule d'un rouge cuivré, fine, et se déchirant facilement. Le bulbe, dépouillé de ses enveloppes sèches, est entièrement violet et d'une teinte un peu plus pâle que celui de l'E. ordinaire. Le feuillage de cette variété se distingue par sa teinte glauque toute particulière. Les bulbes ne se conservent pas aussi bien que ceux de l'E. commune et entrent plus tôt en végétation au printemps.

Échalote de Jersey.
demi-grandeur naturelle.

L'E. de Jersey fleurit et donne de la graine assez régulièrement. Cette graine ressemble exactement à celle de l'ognon. A vrai dire, tous les caractères de végétation de l'E. de Jersey semblent la rapprocher des ognons, parmi lesquels on pourrait la classer auprès de l'O. patate.

On en a signalé, sous le nom d'*E. d'Alençon*, une variété à bulbes plus gros encore que ceux du type et à feuillage également glauque.

Il existe aussi une variété de l'E. de Jersey à bulbes d'un blanc argenté; la saveur en est douce et agréable, mais la conservation assez difficile.

L'*E. de Gand* et l'*E. de Russie*, variétés assez voisines entre elles, se rapprochent également de l'E. de Jersey ordinaire. Ce sont des plantes à végétation vigoureuse et à bulbes renflés.

ÉGREVILLE. — Voy. LAITUE SAUVAGE.
ENDIVE. — Voy. CHICORÉE ENDIVE.

ENOTHÈRE BISANNUELLE

Œnothera biennis L.

Fam. des *Onagrariées*.

SYNONYMES : Onagre, Herbe aux ânes, Jambon, Jambon des jardiniers, Jambon de Saint-Antoine, Lysimachie jaune, Lysimachie jaune cornue, Mâche rouge.

NOMS ÉTRANGERS : ANGL. Tree primrose, Evening primrose. ALL. Rapuntica. FLAM. Ezelskruid. ITAL. Rapontica, Rapunzia.

Pérou. — Bisannuelle. — Plante à racine pivotante assez renflée, à chair blanche, ferme ; feuilles radicales en rosette, pétiolées, obovales ou elliptiques, sinuées-dentées à la base ; tiges dressées, ramifiées, s'élevant à un mètre de hauteur, garnies de feuilles lancéolées, plus ou moins atténuées en pétiole ; fleurs jaunes, grandes, en grappes terminales feuillées. Capsules longues, sillonnées, amincies aux deux extrémités. Graine petite, brune, à cinq ou six facettes aplaties : un gramme en contient environ 600, et le litre pèse 375 grammes ; sa durée germinative est de trois années.

La culture et l'emploi de l'E. bisannuelle sont à peu près les mêmes que ceux du salsifis.

C'est plutôt à titre de curiosité qu'autrement que nous citons cette plante, dont la racine, assez tendre et charnue, a quelquefois été utilisée comme légume. Elle doit être prise à la fin de la première année de végétation, lorsque la plante n'a encore développé qu'une rosette de feuilles.

Enothère bisannuelle.
réd. au cinquième.

ÉPINARD

Spinacia oleracea L.

Fam. des *Chénopodées*.

NOMS ÉTRANGERS : ANGL. Spinach. ALL. Spinat. FLAM. et HOLL. Spinazie. DAN. Spinat. ITAL. Spinaccio. ESP. Espinaca. PORT. Espinafre.

Plante à végétation rapide, à feuilles sagittées et aiguës à l'état sauvage, beaucoup plus amples et à contours plus arrondis dans les formes cultivées, et remarquables par l'épaisseur de leur parenchyme, presque entièrement privées de saveur et conservant remarquablement leur couleur verte après la cuisson. Ces feuilles constituent une rosette au centre de laquelle apparaît plus ou moins promptement, selon les variétés, la tige florale, qui ne porte dans certains individus que des organes mâles, dans d'autres que des organes femelles. L'épinard appartient donc aux plantes à floraison dioïque. Les graines, qui, naturellement, sont portées par les plantes femelles seules, sont fort dissemblables selon les variétés, car dans les unes elles sont munies de trois pointes fort aiguës, tandis que dans les autres elles sont arrondies et nullement piquantes.

Culture. — L'épinard se sème en place, de préférence en rayons espacés de 0^m,25 ou 0^m,30. Il est bon, pour en avoir toujours à cueillir, de renouveler les semis tous les quinze jours ou au moins tous les mois, principalement pendant le printemps et l'été, saisons où l'épinard monte promptement à graine. Des arrosements copieux et fréquents sont indispensables pour assurer l'abondance et la bonne qualité du produit. Les maraîchers des environs de Paris ont longtemps préféré les épinards à graines piquantes pour les semis de printemps, réservant les variétés à graines rondes pour la fin de l'été et pour l'automne. On possède aujourd'hui des races à graines rondes qui sont tout aussi rustiques et lentes à monter qu'aucune variété d'épinards à graines piquantes.

Usage. — On mange les feuilles cuites.

ÉPINARD ORDINAIRE

Spinacia spinosa Mœnch. — **Spinacia oleracea**, α. L.

Synonymes : Épinard commun, E. piquant.

Cette forme, qui paraît se rapprocher plus qu'aucune autre de la plante sauvage, est aujourd'hui très rare dans les cultures, au moins en France. Elle se distingue par ses feuilles assez étroites, aiguës, très fortement sagittées, ses pétioles teintés de rouge et sa graine armée de cornes piquantes. Elle n'est pas à recommander.

Un gramme de graines piquantes en contient 90, et le litre pèse 375 grammes; leur durée germinative est de cinq années.

ÉPINARD D'ANGLETERRE.

Synonyme : Épinard à longue feuille d'hiver.

Noms étrangers : Angl. Prickly-seeded spinach. All. Langblättriger Winter spitzsamig Spinat. Port. Espinafre de semente picante.

Semblable à la précédente par ses graines, cette race s'en distingue par l'ampleur de ses feuilles, qui sont cependant toujours nettement sagittées, et par l'abondance de sa production. Elle forme souvent, quand elle est semée clair, de larges touffes étalées, à ramifications nombreuses, bien garnies de feuilles et assez lentes à fleurir. Ce mode de végétation lui est particulier. Les variétés à graine ronde ne forment ordinairement qu'une rosette unique, émettant, au moment de la floraison, une ou plusieurs tiges verticales qui présentent dès leur plus grande jeunesse les organes de la fructification bien développés. Elles ont aussi les tiges beaucoup plus renflées, creuses à l'intérieur et atteignant parfois un diamètre de 0^m,03 à 0^m,04, tandis que celles des épinards à graine piquante dépassent peu la grosseur du doigt.

L'E. d'Angleterre est une bonne variété, vigoureuse et rustique, que les maraîchers préfèrent, comme nous l'avons dit plus haut, à toutes les autres pour les semis printaniers.

Il existe un épinard à graine piquante, dont la feuille arrondie ressemble passablement à celle de l'E. à feuille de laitue. Il est connu sous le nom d'*E. camus de Bordeaux* ou d'*E. rond à graine piquante*. Il est bien évident qu'à égalité de mérite horticole, on préférera toujours la variété à graine ronde, plus facile à manier et à semer.

Épinard d'Angleterre.
réd. au sixième.

ÉPINARDS A GRAINE RONDE

Spinacia glabra Miller. — **Spinacia oleracea,** β. L.

L'opinion botanique qui fait des épinards à graine ronde une espèce distincte des épinards à graine piquante paraît fondée, car le caractère qui se tire de la forme de la graine est, dans ces plantes, d'une grande fixité. Au point de vue horticole aussi, les deux sortes d'épinards diffèrent nettement : ceux dont la graine est ronde se montrant aussi plus ramassés, formant des touffes plus compactes et beaucoup moins étalées sur terre.

Les graines rondes sont au nombre de 110 dans un gramme, et pèsent 510 grammes par litre. Leur durée germinative est de cinq années.

ÉPINARD DE HOLLANDE.

Synonymes : Épinard rond, Grand épinard, Gros épinard.

Noms étrangers : all. Breitblättriger holländischer Spinat. port. Espinafre de semente redonda.

Bonne variété rustique et vigoureuse, à feuilles encore notablement hastées, mais amples et larges, d'un vert franc, passablement cloquées, surtout dans leur jeunesse, à pointes obtuses, mais généralement un peu renversées en dessous ; la longueur des pétioles est à peu près égale, en moyenne, à celle des feuilles. Graines rondes. Cette forme peut passer pour le point de départ des races à graine ronde, qui en sont des sous-variétés améliorées.

Actuellement, ce qu'on trouve le plus fréquemment dans le commerce sous le nom d'E. de Hollande, en Allemagne surtout, n'est autre chose que l'E. à feuille de laitue.

ÉPINARD DE FLANDRE.

Noms étrangers : Angl. Flanders spinach. All. Vlämischer Spinat.

C'est le plus répandu et le plus cultivé des épinards à graine ronde. Les caractères en sont à peu près les mêmes que ceux de l'E. de Hollande vrai, mais les dimensions en sont un peu plus grandes, les feuilles plus arrondies et moins hastées. Cette excellente variété est productive et peut se semer presque toute l'année ; faite à l'automne, elle donne un produit très considérable au printemps : sous ce rapport, elle présente, ainsi que la suivante, un avantage marqué sur l'E. lent à monter, dont le développement est beaucoup moins vigoureux à la sortie de l'hiver. Celui-ci, en revanche, reprend sa supériorité dans les mois d'été, où il continue à produire des feuilles larges et tendres, tandis que les races plus hâtives sont complètement montées à graine.

ÉPINARD MONSTRUEUX DE VIROFLAY.

Nom étranger : All. Grösster rundblättriger Riesen-Spinat.

Cette race, assez nouvelle, se rapproche de l'E. de Flandre par la forme des feuilles et les caractères de végétation, mais les dimensions en sont de

Épinard monstrueux de Viroflay.
réd. au sixième.

beaucoup supérieures, car il n'est pas rare de voir des touffes atteindre 0ᵐ,60 ou 0ᵐ,70 de diamètre, et les feuilles mesurer 0ᵐ,25 de long sur 0ᵐ,20 de large à la base. Comme toutes les races extrêmement vigoureuses et développées, celle-ci a besoin d'une nourriture abondante et doit être recommandée, surtout pour les jardins bien amendés et bien entretenus.

ÉPINARD A FEUILLE DE LAITUE.

Synonymes : Épinard d'Esquermes, É. oreille d'éléphant, É. Gaudry.

Noms étrangers : Angl. Lettuce-leaved spinach. All. Salatblättriger Spinat.
Lattichblättriger Sp.

Race bien distincte, à feuilles ovales, arrondies à la base comme à l'extrémité, de dimensions modérées, étalées sur terre, et d'un vert très foncé ; pétioles courts et raides. Le nom que porte cette variété ne donne pas une idée très exacte de son apparence, le nom d'*E. à feuille d'oseille* la décrirait peut-être mieux ; mais cette appellation a été réservée à une autre race

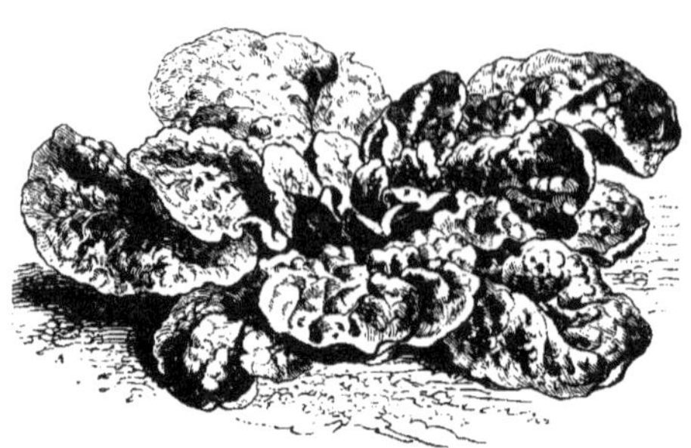

Épinard à feuille de laitue.
réd. au sixième.

aujourd'hui presque abandonnée, et dont les feuilles à pétiole court et en partie violacé rappellent en effet assez exactement celles de l'oseille, non seulement par leur forme, mais aussi par leur couleur blonde et pâle.

L'E. à feuille de laitue est une race assez productive, malgré sa petite taille et son port ramassé ; il convient bien pour les semis d'été et d'automne : semé avant l'hiver, il est un des plus tardifs à monter à graine au printemps.

On cultive quelquefois un épinard à feuilles assez larges, arrondies et cloquées, dont l'apparence rappelle un peu celles d'un chou de Milan : on l'appelle *E. de Savoie* (all. *Savoyer breitblättriger Spinat* ; angl. *Curled or Savoy-leaved spinach*). Il est un peu prompt à monter à graine.

ÉPINARD LENT A MONTER.

Nous devons à M. Lambin, secrétaire général de la Société d'horticulture de Soissons, la connaissance

Épinard lent à monter.
réd. au sixième.

de cette excellente variété, qui l'emporte sur toutes les autres par la durée de sa production. Elle forme des touffes compactes et ramassées, à feuilles nombreuses, vert foncé, un peu plus cloquées et moins arrondies que celles de l'E. à feuille de laitue, mais s'en rapprochant néanmoins plus que de tout autre épinard ; les pétioles sont très courts, leur longueur dépasse rarement la moitié de celle du limbe de la feuille. Sa grande qualité est, comme son nom l'indique, de monter à graine plus lentement et plus tardivement que les autres. La différence en sa faveur peut être évaluée, suivant les circonstances, à quinze ou vingt jours au moins, et elle se manifeste surtout dans les semis de printemps si fréquemment exposés à monter à graine prématurément.

ÉPINARD DE LA NOUVELLE-ZÉLANDE. — Voy. TÉTRAGONE.

ÉPINARDS-FRAISES

Blitum virgatum L. — **Blitum capitatum** L.

Fam. des *Chénopodées*.

Synonymes : Blète, Blite.

Nom étranger : Angl. Strawberry blite.

Indigènes. — Plantes annuelles, à tige de 0m,50 environ, ramifiées, garnies de feuilles triangulaires un peu dentées, à l'aisselle desquelles naissent, dans la partie supérieure des tiges, de nombreux bouquets de fleurs, faisant place à des paquets de graines enveloppés d'une pulpe charnue et d'un rouge vif, qui ressemble passablement à une petite fraise. Graine très fine, au nombre d'environ 5000 dans un gramme, et pesant 800 grammes par litre.

Le *B. virgatum* et le *B. capitatum*, très voisins l'un de l'autre et confondus sous le nom vulgaire d'épinard-fraise, se distinguent cependant en ce que les épis sont feuillés dans le premier, et non dans le second. La pulpe dont sont enveloppés les fruits peut se manger, bien qu'elle soit assez insipide.

L'épinard-fraise est quelquefois cultivé, mais plutôt à titre de curiosité que pour l'usage culinaire que l'on en peut faire.

ESTRAGON

Artemisia Dracunculus L.

Fam. des *Composées*.

Synonymes : Absinthe estragon, Dragonne, Fargon, Herbe dragon, Serpentine, Torgon.

Noms étrangers : Angl. Tarragon. All. Dragon, Bertram, Esdragon, Schlangen-kraut. Flam. et Holl. Dragonkruid. Dan. Estragon, Kaisersalat. Ital. Dragon-cello, Targone, Serpentaria. Esp. Estragon. Port. Estragao.

Sibérie. — *Vivace.* — Plante à tiges nombreuses, ramifiées, garnies de feuilles entières lancéolées, possédant, comme toutes les parties vertes de la plante, un goût fin et très aromatique, qui les fait universellement rechercher comme assaisonnement. Les fleurs, très petites, blanchâtres et insignifiantes, sont toujours stériles, ce qui est cause que la plante doit se multiplier par division des touffes ou par boutures. Si l'on en croit d'anciens ouvrages d'horticulture, l'estragon aurait jadis donné des graines fertiles. S'il en est réellement ainsi, on peut espérer qu'on réussira quelque jour à en obtenir de nouveau, mais il est certain qu'on n'en récolte pas habituellement, et que celles qui de temps à autre sont offertes dans le commerce ne produisent qu'une plante semblable à l'estragon par tous ses caractères botaniques, mais absolument dépourvue de saveur.

L'estragon fleurit fréquemment et les fleurs en paraissent bien constituées. Il ne serait donc pas impossible qu'il produise accidentellement quelques graines fertiles. Si celles-ci étaient recueillies et semées, il en sortirait peut-être une race grenant régulièrement. Actuellement, si par une raison ou une autre on ne peut avoir recours à la multiplication par éclats, on doit se contenter de cultiver le *Tagetes lucida*, *composée* appartenant à un tout autre genre, mais rappelant assez exactement dans ses parties vertes la saveur du véritable estragon.

Culture. — L'estragon, étant vivace, ne demande aucun soin particulier ; il est bon néanmoins, dans les hivers rigoureux et sans neige, de couvrir de litière ou de feuilles sèches le collet de la plante, après avoir supprimé les tiges, car, bien qu'originaire de la Sibérie, il est cependant un peu sensible aux grands froids.

Estragon.
réd. au sixième ; feuille détachée, de grandeur naturelle.

FENOUIL.

Fam. des *Ombellifères*.

Noms étrangers : angl. Fennel. all. Fenchel. flam. et holl. Venkel. dan. Fennikel. ital. Finocchio. esp. Hinojo.

Europe méridionale. — *Vivace.* — On cultive les trois plantes suivantes appartenant au genre *Fœniculum*, et la plupart des auteurs s'accordent à penser que chacune d'elles doit être rapportée à une espèce botanique différente.

FENOUIL AMER

Fœniculum vulgare Gertn.

Synonyme : Fenouil commun.

Vivace. — Assez commun en France à l'état sauvage. C'est une plante à feuilles excessivement découpées, réduites à des segments filiformes ; à pétiole élargi, presque membraneux, embrassant la tige, qui est lisse, fistuleuse et haute d'environ 1^m,50 ; fleurs verdâtres en larges ombelles terminales. Graine allongée, arrondie aux deux extrémités, et portant le reste du stigmate desséché, d'un gris foncé, relevée de cinq côtes, dont trois dorsales et deux sur les côtés. Un gramme en contient 310, et le litre pèse 450 grammes ; la durée germinative est de quatre années.

Culture. — Le F. amer ne demande aucun soin ; il est vivace et rustique, à tel point qu'on le rencontre souvent sur les vieux murs, sur les décombres, etc.

Usage. — Le fenouil amer est quelquefois, mais rarement, employé comme condiment ; on le cultive plutôt pour ses graines, qui sont d'un usage fréquent dans la composition des liqueurs.

FENOUIL DOUX

Fœniculum officinale All. — Anethum Fœniculum L.

Synonymes : Fenouil de Florence, F. de Malte, Anis de France, Anis de Paris.

Noms étrangers : Angl. Common *or* sweet fennel. Ital. Carosella.

Europe méridionale. — Vivace ; bisannuel ou annuel dans la culture. —
Bien que le F. doux présente une certaine analogie avec le F. amer, il s'en
distingue cependant par ses tiges beaucoup plus grosses et moins élancées,
par ses feuilles réduites à un petit nombre de divisions beaucoup moins
menues et d'un vert plus glauque. Il en diffère encore par le développement
remarquable que prennent les pétioles, dont les deux bords s'étendent et se
recourbent de manière à former une large gaine renflée dans laquelle une
partie de la tige et la base même de la feuille supérieure sont emprisonnées.
Fleurs verdâtres, en ombelles plus larges que celles du F. amer, à rayons
beaucoup plus gros et plus raides. Graine de longueur au moins double de
celle du F. amer, aplatie d'un côté et convexe de l'autre, marquée de cinq
côtes jaunâtres, épaisses, qui recouvrent à peu près complètement la graine.
Un gramme de graines en contient 125, et le litre pèse 235 grammes ; la
durée germinative est de quatre années.

Culture. — Le F. doux se sème en rayons, principalement à l'automne
pour produire au printemps et pendant le cours de l'été. En Italie, où l'on
en fait un grand usage, les maraîchers arrivent, par des semis successifs,
à en avoir à peu près toute l'année.

Usage. — Le F. doux se consomme surtout cru, comme hors-d'œuvre ;
c'est celui que les Italiens appellent « *carosella* ». On casse les tiges lorsqu'elles sont encore jeunes et tendres, et on les sert garnies de leurs feuilles.
La partie comestible consiste dans la tige, tendre, sucrée, et blanchie par
l'effet des pétioles embrassants qui l'enveloppent. La graine est aussi employée pour la fabrication des liqueurs.

FENOUIL DE FLORENCE

Fœniculum dulce DC.

Synonymes : Fenouil sucré, F. de Bologne, F. d'Italie.

Noms étrangers : Angl. Finocchio. All. Grosser süsser Florentiner Fenchel,
  Grosser Bologneser F., Grosser Florentiner Anis. Holl. Groote zoete Bologneser
  Venkel. Dan. Dvergfennikel. Ital. Finocchio dolce.

Italie. — Annuel. — Plante très distincte, basse et trapue, à tige très
courte, présentant vers la base des nœuds extrêmement rapprochés. Les
feuilles sont grandes, très finement découpées et d'un vert blond ; leurs
pétioles, très élargis et d'un vert blanchâtre, s'emboîtent les uns dans les
autres au bas de la tige, formant par leur réunion une sorte de pomme ou de
renflement variant de la grosseur d'un œuf de poule jusqu'à celle du poing,
ferme, blanche et sucrée dans l'intérieur. La taille totale de la plante, même

14

montée à graine, ne dépasse pas 0^m,60 à 0^m,80 ; les ombelles sont grandes, raides, composées de rayons assez gros, à saveur douce et sucrée. La graine est oblongue, très large, relativement à sa longueur, plate d'un côté et convexe de l'autre, de forme ovale, relevée de cinq côtes saillantes qui laissent bien distinguer dans leurs intervalles la couleur grise de la graine. Un gramme contient 200 graines, et le litre pèse 300 grammes ; la durée germinative est de quatre années.

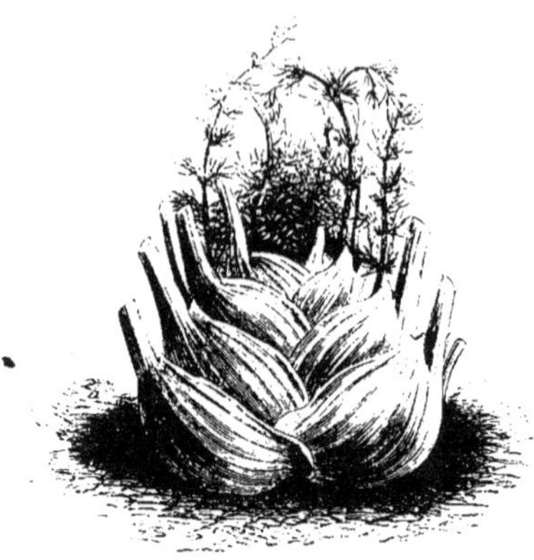

Fenouil de Florence.
réd. au cinquième.

Culture. — Le F. de Florence se sème habituellement au printemps pour être consommé pendant l'été ; et vers la fin de l'été pour se récolter en arrière-saison, dans les pays chauds. On le sème en lignes distantes de 0^m,40 à 0^m,50. Tous les soins de culture qu'il réclame consistent dans un éclaircissage qui laisse les plantes à 0^m,12 ou 0^m,15 sur la ligne, et en des arrosages aussi abondants et aussi fréquents que possible. Quand le renflement qui se produit au collet de la plante a pris environ le volume d'un œuf, on peut butter légèrement, de manière à l'enterrer à moitié. Au bout d'une dizaine de jours, on peut commencer la récolte par les plantes les plus avancées et la continuer successivement.

Usage. — Le F. de Florence se consomme ordinairement cuit. C'est un mets dont la saveur rappelle un peu celle du céleri, avec un goût sucré et un parfum plus délicat. Jusqu'ici ce légume est peu usité en France, mais il mérite d'être plus répandu.

FÈVE

Faba vulgaris Mill. — **Vicia Faba** L.

Fam. des *Légumineuses.*

Synonymes : Gorgane, Gourgane.

Noms étrangers : Angl. Broad bean ; (Am.) English bean. All. Garten-Bohnen, Sau-Bohnen, Puff-Bohnen. Flam. Platte boon. Holl. Tuin boonen, Roomsche boonen. Dan. Valske bonner. Ital. Fava. Esp. Haba. Port. Fava.

Orient. — *Annuelle.* — Cette plante est cultivée, autant qu'on peut croire, depuis une très haute antiquité ; les grandes dimensions de son grain et ses qualités alimentaires ont dû, en effet, la faire remarquer et cultiver dès les temps les plus reculés. Tige dressée, creuse, carrée, portant des feuilles alternes composées, pennées sans impaire, à folioles ovales-arrondies, larges, et d'un vert glauque ou cendré ; fleurs axillaires en grappes courtes portant de deux à huit fleurs blanches et noires, quelquefois teintées de violet.

Gousses dressées ou courbées, larges, vertes, souvent aplaties, garnies intérieurement d'une sorte de duvet feutré, et renfermant de trois à huit grains de forme et de couleur variables. Ces gousses deviennent noires et fragiles à la maturité. Le volume du grain étant extrêmement différent d'une variété à l'autre, nous le ferons connaître à l'article particulier concernant chaque variété. Pour toutes, la durée germinative est de six années au moins.

Culture. — Les fèves se sèment communément en place à la sortie de l'hiver, c'est-à-dire vers la fin de février ou au commencement de mars; elles préfèrent un sol riche, un peu frais et bien fumé, néanmoins elles peuvent réussir presque en tout terrain. Beaucoup de jardiniers sont dans l'usage de pincer l'extrémité des plantes au moment de la floraison. Autant que nous pouvons juger, cette opération est plutôt utile pour soustraire la plante aux attaques des pucerons que pour hâter ou augmenter la production. Il est avantageux de donner, quand on le peut, quelques binages aux fèves; en général, la récolte en est faite avant qu'il soit nécessaire de les arroser. On peut également semer les fèves sous châssis dès le mois de janvier et les repiquer en place au bout d'un mois environ; il n'est même pas impossible d'appliquer aux fèves, sous le climat de Paris, la culture d'hiver, qui est la règle générale dans tout le midi de l'Europe. Il faut pour cela semer à bonne exposition et en terre bien saine dès la fin d'octobre ou le commencement de novembre, et abriter pendant l'hiver les jeunes plants au moyen de châssis. Nous avons vu quelquefois suppléer avec succès à l'emploi des châssis, au moyen de cercles de tonneaux enfoncés en terre au-dessus des planches de fèves et formant une sorte de berceau servant à soutenir des paillassons qu'on y étendait pendant les fortes gelées. Cette culture convient particulièrement aux variétés naines ou demi-naines. Les plantes ainsi avancées produisent trois semaines au moins avant celles qui n'ont été semées qu'au printemps.

Usage. — On mange le grain cuit, vert ou sec ; dans le Midi, on mange quelquefois la cosse quand elle est encore toute jeune.

FÈVE DE MARAIS.

Synonyme : Fève grosse ordinaire.

Noms étrangers : Angl. Large common field bean. Hang down long pod B.

Tige carrée, dressée, haute d'environ $0^m,80$, verte, mais presque toujours lavée de rouge ; feuilles composées habituellement de quatre ou cinq folioles ovales, d'un vert grisâtre. À la base de chaque feuille, la tige est entourée, sur les deux tiers de son pourtour, de deux larges stipules dentées, embrassantes et marquées d'une tache noirâtre. Fleurs réunies au nombre de cinq à huit, en grappes axillaires, dont la première se développe à la cinquième ou sixième feuille à compter du bas de la tige; les fleurs sont assez grandes, blanches, marquées de stries brun foncé sur l'étendard, et d'une large macule d'un noir velouté sur chacune des ailes. Cosses souvent réunies par deux ou trois, se recourbant quelquefois quand elles sont développées, ou devenant pendantes par leur poids, d'autres fois restant tout à fait dressées. Elles sont larges de $0^m,03$ environ et longues de $0^m,12$ à $0^m,15$, et contiennent de deux à quatre grains très gros et plus longs que larges. Ces grains pèsent 645 grammes par litre, et 100 grammes en contiennent environ 55.

Il existe un grand nombre de sous-variétés de la F. de marais ; elles sont, en général, d'autant plus précoces qu'elles ont une origine plus méridionale.

FÈVE A LONGUE COSSE.

Plante un peu plus forte que la F. de marais, à feuillage foncé, assez ample ; tige carrée, souvent ramifiée. Cosses réunies par deux, rarement trois, d'abord très dressées, ensuite obliques ou horizontales, passablement aplaties et contenant trois ou quatre grains blancs, comme ceux de la F. de marais, plus longs que larges, assez épais, un peu déprimés au centre. Le litre de grains pèse 650 grammes, et 100 grammes en contiennent environ 60.

On cultive dans le midi de la France une variété qui se rapproche de celle-ci, mais s'en distingue pourtant par ses cosses plus minces, d'un vert foncé, presque cylindriques, dressées jusqu'à la maturité et réunies parfois au nombre de trois ou quatre. Le grain en est aussi un peu plus long et plus étroit.

Ces deux variétés sont productives et de quelques jours plus tardives que la F. de marais.

FÈVE DE WINDSOR.

Nom étranger : angl. Broad Windsor bean.

Tige très vigoureuse, carrée, dressée, haute de 0^m,80 à 1 mètre, présentant une teinte rougeâtre ou bronzée s'étendant jusque sur les pétioles des

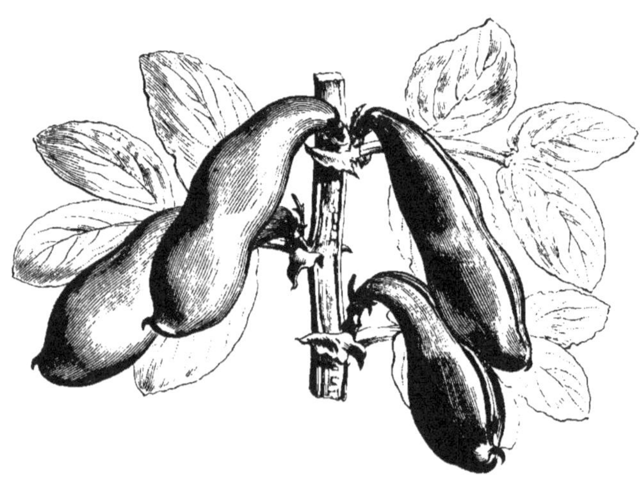

Fève de Windsor.
réd. au tiers.

feuilles, et plus accentuée que celle qu'on observe dans la F. de marais ; folioles grandes, ovales-arrondies, d'un vert glauque assez foncé ; fleurs moyennes, ressemblant à celles de la F. de marais, mais réunies seulement en grappes de quatre à six, à calice rougeâtre ou violacé. La floraison, dans cette variété, ne commence guère que du huitième au dixième nœud. Cosses solitaires ou réunies par deux, presque toujours recourbées, et généralement très larges vers l'extrémité. Il s'y trouve rarement plus de deux ou trois grains bien développés. Ces grains sont très larges, et le pourtour en est presque régulièrement arrondi; ils pèsent 625 grammes par litre, et 100 grammes en contiennent 40.

FÈVE DE WINDSOR VERTE.

Nom étranger : angl. Green Windsor bean.

Ne diffère de la F. de Windsor ordinaire que par la couleur de son grain, qui, même à la maturité, reste d'un vert foncé.

Les fèves de Windsor sont très vigoureuses et productives, mais un peu tardives, et c'est un inconvénient assez grave pour les climats secs, où les fèves sont exposées à souffrir de la rouille et de l'invasion des pucerons.

FÈVE DE SÉVILLE A LONGUE COSSE.

Noms étrang. : angl. Seville long pod bean. esp. Haba de Sevilla o Tarragona.

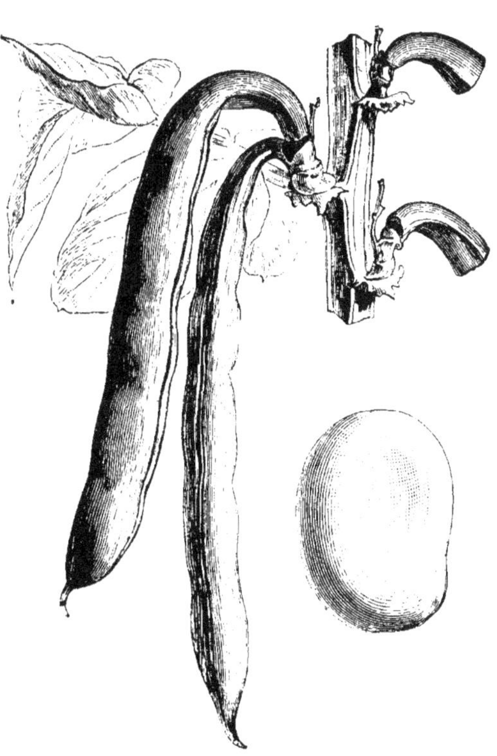

Fève de Séville à longue cosse.
Cosses réd. au tiers.

Tige carrée, dressée, haute de 0ᵐ,60 à 0ᵐ,70, un peu faible, parfois complètement verte, parfois légèrement teintée de rouge. Le feuillage se distingue assez nettement de celui des autres variétés par sa teinte d'un vert plus blond et par la forme plus allongée des folioles. Les fleurs sont réunies en grappes très peu nombreuses (deux à quatre), quelquefois même elles sont solitaires; l'étendard en est d'un blanc verdâtre, plus long que large, et il reste plié en son milieu, même lors de l'épanouissement complet. Cette particularité donne aux fleurs l'apparence d'être plus longues et plus étroites dans cette variété que dans les autres; elles sont à peu près dépourvues de toute teinte

rougeâtre ou violacée. La première grappe de fleurs se montre habituellement
à l'aisselle de la septième feuille. Cosses larges de 0^m,03 environ et longues
de 0^m,20 à 0^m,30, solitaires ou réunies par deux, devenant rapidement pendantes par l'effet de leur poids, et contenant de quatre à huit grains rappelant
par leur apparence ceux de la fève de marais, quoique, en général, un peu
moins gros. Ces grains pèsent 620 grammes par litre, et 100 grammes en
contiennent 50.

La F. de Séville est une variété hâtive, mais moins rustique que les précédentes; elle dépasse toutes les autres fèves par la longueur de ses cosses.

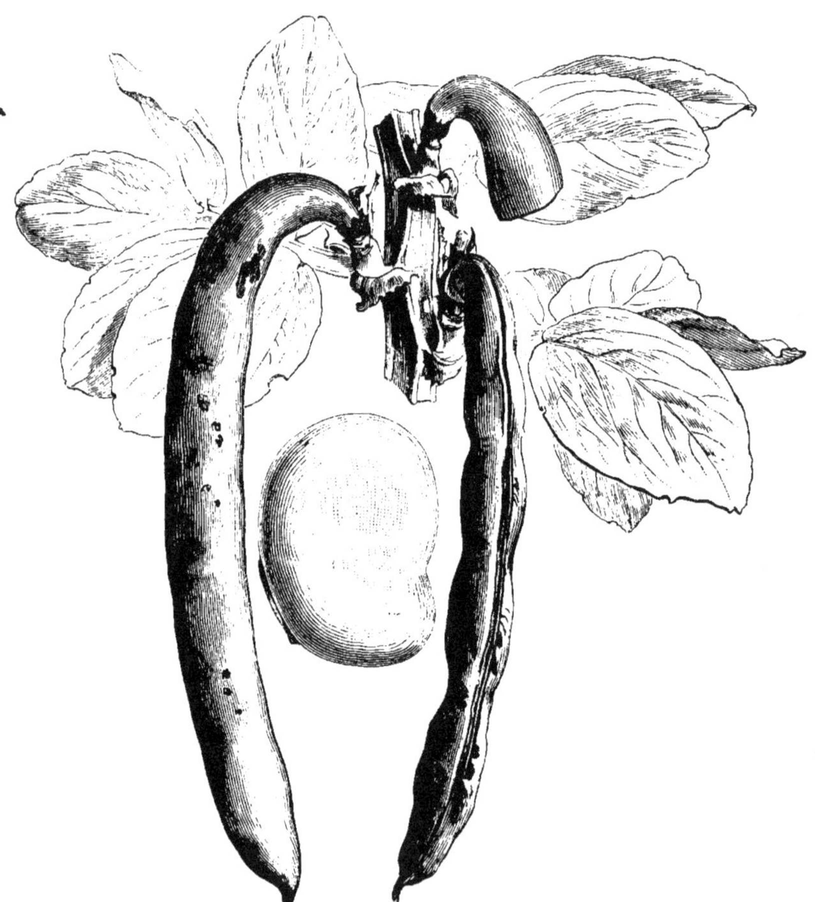

Fève d'agua dulce (cosses réd. au tiers).

᠊ La *F. d'agua dulce*, à immenses cosses, larges de près de 0^m,04 et atteignant 0^m,35 ou 0^m,40 de longueur, n'est pas, à proprement parler, une variété
distincte: c'est la F. de Séville dans toute sa pureté et présentant ses carac-

tères particuliers à leur maximum de développement. Comme partout, du reste, le nombre des fruits est, dans ces plantes, en raison inverse de leur développement; tandis que la F. de marais ou de Windsor peut avoir de dix à quinze cosses par tige, il est rare qu'un montant de F. de Séville ou d'agua dulce en porte plus de trois ou quatre bien développées.

FÈVE JULIENNE.

Cette plante se rapproche beaucoup, par son aspect, de la F. de marais. Les tiges en sont carrées, très dressées, rougeâtres; elles atteignent une hauteur d'environ 0^m,70; le feuillage est grisâtre, les folioles ovales-arrondies; fleurs à calice rougeâtre, ainsi que la base de l'étendard, taches noires des ailes bien marquées : elles sont réunies en grappes de quatre à six, dont la première se montre au cinquième ou au sixième nœud. Les cosses sont dressées, souvent réunies par trois ou quatre, presque cylindriques, dépassant peu la grosseur du doigt. Elles contiennent habituellement trois ou quatre grains allongés, assez épais, et non pas aplatis comme ceux des variétés précédentes. Ces grains pèsent en moyenne 720 grammes par litre, et 100 grammes en contiennent environ 110.

La F. julienne est rustique et moins sensible à la sécheresse que les fèves de Windsor ou de marais. Malgré la petitesse relative de son grain, elle n'est guère moins productive que ces dernières. Les cosses sont, dans la fève julienne, plus courtes et moins larges, mais beaucoup plus nombreuses que dans les variétés à gros grain; en même temps le grain est très régulièrement plein et nourri.

Fève julienne.
Cosses réd. au tiers.

FÈVE JULIENNE VERTE.

Les caractères de cette variété sont les mêmes que ceux de la précédente, à part la couleur vert foncé du grain, couleur qui se conserve jusqu'au delà de la maturité. La plante est aussi légèrement plus tardive et a le feuillage d'un vert un peu plus foncé.

FÈVE VIOLETTE.

NOM ÉTRANGER : ITAL. Fava pavonazza.

Nous citons cette variété, bien qu'elle soit peu usitée aujourd'hui, à cause de la singulière couleur de son grain, qui prend à la maturité une teinte rougeâtre ou cuivrée assez foncée. Sous tous les autres rapports, cette variété ressemble passablement à la F. julienne. Les grains pèsent 630 grammes par litre, et 100 grammes en contiennent 72.

La *F. violette de Sicile* est également une race à grain violet. Ses caractères de végétation rappellent assez bien ceux de la F. de marais, quoiqu'elle soit moins grande et moins productive. Le grain en devient très franchement violet; mais il ne commence à se colorer que quand il a atteint toute sa grosseur. Sa teinte particulière constitue plutôt un inconvénient qu'un avantage.

FÈVE DE MAZAGAN.

NOM ÉTRANGER : ANGL. Early Mazagan bean.

Il se cultive sous ce nom plusieurs races, certainement distinctes entre elles, de fèves à petit grain, mais de hauteur et de précocité variables. Ce sont ordinairement des plantes à cosses nombreuses, dressées, très légèrement aplaties, contenant trois ou quatre grains à peu près intermédiaires entre celui de la F. julienne et celui d'une grosse féverole. Le litre de ces grains pèse 750 grammes, et 100 grammes en contiennent environ 115.

On peut recommander la F. de Mazagan pour la grande culture, mais elle paraît sans intérêt pour le potager.

FÈVE NAINE HATIVE A CHASSIS.

NOMS ÉTRANGERS : ANGL. Cluster bean, Dwarf fan B., Bog B.

Plante de 0^m,35 à 0^m,40 de hauteur, à tige carrée teintée de rouge brun ou cuivré, assez mince, mais raide et forte; feuilles d'un vert glauque, à folioles assez petites, ovales-allongées et pointues; fleurs petites, en grappes de quatre à six, à calice légèrement rougeâtre et étendard plus ou moins marqué de violet à la base. Les premières fleurs commencent à se montrer vers le

Fève naine hâtive à châssis.
Plante réd. au huitième ; cosses, au tiers.

sixième nœud. Cosses dressées, réunies par deux ou trois, contenant de deux

quatre grains carrés, assez épais et renflés, de même couleur que ceux de
la fève de marais. Ces grains pèsent 675 grammes par litre, et 100 grammes
en contiennent environ 80.

FÈVE NAINE VERTE DE BECK.

Nom étranger : angl. Beck's dwarf green gem bean.

Plante très ramassée, plus trapue que la précédente, ne dépassant pas 0m,30
à 0m,35 de hauteur ; à tige raide, courte, verte ou légèrement teintée de rouge ;
feuilles très rapprochées, disposées en éventail des deux côtés de la tige,
à folioles ovales, assez pointues, d'un vert glauque, un peu métallique ; fleurs
assez petites, teintées de violet à la base de l'étendard. Cosses petites, mais
nombreuses, de la dimension du petit doigt, contenant trois ou quatre grains
d'un vert foncé, bien pleins et arrondis, ne dépassant guère le volume d'une
bonne féverole. Les grains pèsent 690 grammes par litre, et 100 grammes en
contiennent environ 110.

La F. naine hâtive, et surtout celle-ci, conviennent particulièrement à la
culture forcée sous châssis. Malgré leur petite taille, elles sont fertiles, et
peuvent donner un bon produit, même en pleine terre, sans avoir, comme les
grandes fèves, l'inconvénient d'apporter trop d'ombrage aux cultures voisines.

La *F. très naine rouge* est une petite variété très hâtive, mais peu productive. Les cosses en sont dressées, minces, de la grosseur du petit doigt,
et contiennent ordinairement deux ou trois grains oblongs, d'un rouge brun
foncé.

On cultive quelquefois une variété de fève *à fleur blanc pur* et une autre
à fleur rouge. Elles ne se distinguent ni l'une ni l'autre par aucun mérite
spécial.

FÉVEROLES

Faba vulgaris equina C. V.

Noms étrangers : angl. Horse bean. all. Pferde *oder* Feld Bohne.
ital. Fava cavallina.

On cultive pour la nourriture des animaux plusieurs variétés de fèves
à très petits grains, que l'on réunit habituellement sous la désignation de
féveroles, et dont on utilise, soit la plante entière coupée verte, pour fourrage, soit le grain sec. Les féveroles sont vigoureuses et rustiques ; elles se
cultivent en plein champ ; il y en a même une variété qu'on est dans l'usage
de semer à l'automne, et qu'on appelle pour cette raison féverole d'hiver.
On n'utilise pas ordinairement comme légume le grain des féveroles, qui est
très petit et d'un goût un peu fort.

Les variétés les plus habituellement cultivées sont les suivantes :

Féverole de Picardie. Plante à tige dressée, raide, ordinairement ramifiée à la base, à montants à peu près égaux entre eux, s'élevant à 1 mètre
ou 1m,20, et commençant à porter des cosses à environ 35 centimètres du sol.
Le feuillage en est abondant, d'un vert foncé et assez ample. La précocité est
à peu près celle de la fève julienne.

Féverole de Lorraine. Race beaucoup plus haute et plus tardive que la précédente. Les tiges sont grosses, fortes et très raides, et s'élèvent de 1ᵐ,20 à 1ᵐ,50 ; elles ne commencent à porter des cosses qu'à 60 centimètres de terre environ. Le feuillage est un peu plus ample que celui de la féverole de Picardie et un peu plus grisâtre.

Féverole d'hiver. Cette variété, comme nous l'avons dit, peut se semer à l'automne. Elle se rapproche passablement par ses caractères de végétation de la féverole de Lorraine, dont elle égale à peu près la taille ; elle s'en distingue surtout par son feuillage plus étroit et plus menu, et par ses tiges notablement plus minces. Elle est surtout caractérisée par sa rusticité, qui lui permet de passer l'hiver en terre sans aucune protection.

On cultive quelquefois une féverole à grain complètement noir, à peu près intermédiaire, par ses caractères de végétation, entre la féverole de Picardie et la fève julienne. Elle ne paraît pas se distinguer par quelque mérite spécial.

FICOIDE GLACIALE

Mesembrianthemum crystallinum L.

Fam. des *Ficoïdes.*

Synonyme : Glaciale.

Noms étrangers : angl. Ice plant. all. Eiskraut. flam. et holl. Ijsplant, Ijskruid. ital. Erba diacciola. esp. Escarchosa, Escarcha.

Grèce ou Cap de Bonne-Espérance. — Vivace, mais cultivée comme annuelle dans les jardins. — Plante étalée, à tige arrondie ; feuilles à limbe élargi vers l'extrémité et atténué en pétiole vers la base ; fleurs blanchâtres, petites, à calice renflé, couvert, comme toutes les parties vertes de la plante, de petites vésicules à enveloppe membraneuse très transparente, qui donnent à la plante la même apparence que si elle était couverte de rosée congelée. Graines très petites, noires, luisantes, au nombre d'environ 5700 dans un gramme, et pesant 760 grammes par litre ; leur durée germinative est de cinq années.

Ficoïde glaciale.
réd. au douzième.

Culture. — La culture de la glaciale est extrêmement facile. On la sème comme des épinards, et elle résiste admirablement à la chaleur et à la sécheresse. Cette propriété, jointe à l'épaisseur du parenchyme de ses feuilles et à son goût légèrement acidulé, l'a fait recommander comme légume vert d'été pour les pays chauds et secs. Néanmoins c'est plutôt à titre de curiosité que la glaciale mérite d'occuper une place dans les jardins des amateurs. Elle n'est pas sans mérite comme plante d'ornement.

Usage. — On fait usage des feuilles hachées et cuites.

FRAISIER

Fragaria L.

Fam. des *Rosacées*.

Noms étrangers : angl. Strawberry. all. Erdbeere. flam. et holl. Aardbezie.
dan. Jordbeer. ital. Fragola. esp. Fresa. port. Moranguoiro.

Plusieurs espèces du genre *Fragaria* ont été, à diverses époques, introduites dans les cultures et ont contribué à produire, soit par la simple
amélioration des formes sauvages, soit par leur croisement entre elles,
les variétés si diverses qui se rencontrent aujourd'hui dans les jardins.
Le nombre de ces variétés est devenu tellement considérable, qu'il est absolument impossible de les mentionner toutes dans cet ouvrage, et nous avons
dû en faire un choix comprenant seulement celles qui nous paraissent les
plus méritantes, soit qu'elles réunissent à un haut degré différentes qualités,
soit qu'elles conviennent d'une façon toute particulière à un emploi spécial.
La précocité, la fertilité, le parfum, la finesse de goût, sont des qualités que
tout le monde appréciera dans un fraisier, et c'est d'après le mérite des variétés sous ces différents rapports que l'amateur, cultivant chez lui et pour son
propre usage, fera le choix des fraisiers qu'il lui convient de planter. Mais
le jardinier qui force des fraises en primeur, ou le cultivateur qui les produit en grand pour l'approvisionnement d'un marché, devra trouver d'autres
qualités dans les variétés qu'il adoptera, surtout si les fruits qu'il veut vendre
doivent subir un transport un peu prolongé. La faculté de supporter le voyage
sans en être endommagées a, dans ce dernier cas, une si grande importance,
que bien souvent elle suffit seule à déterminer le choix des variétés qui
paraissent sur les marchés.

Tous les fraisiers cultivés possèdent en commun l'avantage d'une remarquable précocité et fournissent les premiers fruits qui mûrissent au printemps.
Les soins qu'exige leur culture variant passablement selon l'espèce d'où proviennent les différentes variétés, nous nous abstiendrons de donner ici autre
chose que des indications très générales à ce sujet.

La durée germinative moyenne des graines de fraisiers est de trois années.

Culture. — Presque tous les fraisiers redoutent la sécheresse et la trop
grande chaleur; on se trouvera donc bien de les planter en terre fraîche et
dans une situation un peu abritée des rayons trop vifs du soleil. Si l'on y perd
un peu sous le rapport de la précocité, la production sera, par contre, d'autant
plus soutenue et plus abondante. La rusticité des fraisiers leur permet de
passer l'hiver sans protection contre le froid, mais presque tous redoutent
l'excès d'humidité, et sont exposés à pourrir du pied s'ils sont plantés dans
une terre mal assainie. Il faut donc apporter une grande attention au drainage
parfait du terrain qu'on veut planter en fraisiers. Une fois la chaleur venue,
les fraisiers demandent au contraire des arrosements abondants; on se trouvera
bien, en général, de couvrir la terre où ils sont plantés d'un paillis un peu
épais, qui entretiendra la fraîcheur au pied des plantes et permettra d'arroser moins souvent.

Usage. — On mange le fruit frais, qui est excellent et très sain; on en fait
des conserves, des glaces, etc.

FRAISIER DES BOIS

Fragaria vesca L.

NOMS ÉTRANGERS : ANGL. Wood strawberry. ALL. Wald-Erdbeere.

Indigène. — Plante vivace, herbacée, stolonifère; feuilles ternées à folioles plissées, dentées, velues à la partie inférieure; hampe florale dressée, rameuse, velue, dépassant légèrement le feuillage; sépales du calice réfléchis après la floraison; poils des pédoncules apprimés. Fruits petits, pendants, arrondis ou coniques. Graines saillantes, menues, au nombre de 2500 dans un gramme.

Cette espèce est commune dans les bois de tout l'hémisphère boréal, et spécialement dans les régions montagneuses. On la voit peu dans les jardins depuis l'introduction de la fraise des quatre saisons; nous devons cependant en mentionner quelques formes qui se sont conservées jusqu'à présent dans les environs de Paris, par habitude d'abord, et aussi parce que le fruit de la fraise des bois a une finesse et un parfum tout particuliers. Dans les pays de plaines la saison en dure un mois à peine; mais dans les montagnes, à cause de la différence d'époque de maturité qui résulte de l'altitude de plus en plus grande, on récolte des fraises des bois de juin jusqu'en septembre.

FRAISE PETITE HATIVE DE FONTENAY.

SYNONYME : Fraise hâtive de Chatenay.

Variété différant très peu de la Fr. des bois sauvage, très précoce, mûrissant sept ou huit jours avant la Fr. des Alpes. Fruit petit, rond, d'un rouge foncé quand il est très mur.

Cette variété n'est pas remontante, c'est-à-dire qu'elle ne donne de fruit qu'au printemps.

FRAISE DE MONTREUIL.

SYNONYMES : Fraise de Montreuil à marteau, Fr. de Villebousin, Fr. de Ville-du-Bois, Fr. dent de cheval, Fr. Fressant.

Variété bien distincte, à feuillage assez étroit, très blond, plissé, d'un aspect tout particulier. Plante vigoureuse, fertile, à fruits coniques assez allongés, parfois élargis en crête de coq, rouge foncé quand ils sont bien mûrs, ce qui n'arrive qu'un peu tard, vers la fin de juin ou au commencement de juillet.

Cette variété est très productive; elle ne remonte pas. Elle fut obtenue aux environs de Montlhéry, par un horticulteur du nom de Montreuil, au commencement du XVIIIe siècle.

La *Fr. monophylle*, ou *Fr. de Versailles*, dans laquelle une seule foliole se développe à chaque feuille, est encore une variété du fraisier des bois. Elle a été obtenue par Duchesne, auteur de la célèbre *Monographie du fraisier*.

FRAISIER DES ALPES

Fragaria alpina Pers. — Fr. semperflorens Duch.

Synonymes : Fraisier des quatre saisons, Fr. de tous les mois, Fr. des Alpes
de deux saisons, Fr. perpétuel.

Noms étrangers : Angl. Red alpine strawberry. All. Rothe Monats-Erdbeere.
Dan. Alpe-Jordbeer. Ital. Fragola rossa di tutti i mesi.

Indigène. — *Vivace.* — Plante bien différente du Fr. des bois, s'en distinguant par les dimensions un peu plus fortes de toutes ses parties, de son
fruit particulièrement, et surtout par la faculté unique qu'il possède de
remonter, c'est-à-dire de produire successivement des
fleurs et des fruits pendant toute la belle saison. L'introduction de ce fraisier dans les cultures ne date pas d'une
époque bien éloignée, car il fut apporté en France, du
mont Cenis, par Fougeroux de Bondaroy, en 1754; mais il
est promptement devenu l'objet d'une culture très importante, à cause de l'avantage précieux qu'il présente en fournissant des fraises à une époque où la production de
toutes les autres variétés est épuisée depuis longtemps.
La Fr. des Alpes ou des quatre saisons présente à peu
près les mêmes caractères d'aspect et de saveur que la
Fr. des bois ; elle est cependant en général plus allongée,
plus grosse et plus pointue. La graine en est aussi sensible-

Fraise des Alpes.
grosseur naturelle.

ment plus grosse et plus longue : un gramme n'en contient que 1500 environ.

Culture. — Comme le Fr. des Alpes se reproduit exactement par le semis
avec tous ses caractères, beaucoup de jardiniers ont l'habitude de le semer au
lieu de le multiplier par filets, et l'on s'accorde généralement à considérer
les plantes venues de graines comme plus vigoureuses et plus productives que
les autres. Pour s'assurer une production bien soutenue et bien abondante
à l'arrière-saison, il est bon de laisser quelque repos aux plants de fraisiers
sur lesquels on compte pour cette époque ; on doit pour cela ne pas les laisser
fleurir au printemps, ou au moins cesser de bonne heure d'en cueillir les fruits
et supprimer les montants et les filets, tout en continuant les arrosements.

Des fraisiers des Alpes bien soignés doivent produire au mois de septembre
à peu près aussi abondamment qu'au printemps; la plus grande difficulté de
leur culture consiste à les faire fructifier abondamment en juillet et en août.

FRAISIER DES ALPES A FRUIT BLANC.

Noms étrangers : Angl. White alpine strawberry. All. Weisse Monats-Erdbeere.
Ital. Fragola bianca di tutti i mesi.

Il existe de nombreuses variétés de fraisiers des Alpes : une des plus
anciennement connues est celle à fruit blanc, qui diffère de la forme ordinaire par la couleur de son fruit et par sa saveur un peu moins acide; elle
est tout aussi remontante.

FRAISE JANUS AMÉLIORÉE.

Très belle variété de la fraise des Alpes, caractérisée par son fruit conique, gros, bien fait et prenant, à la maturité complète, une teinte presque noirâtre. Cette race est très fertile, très remontante et sous tous les rapports fort recommandable; elle se reproduit assez fidèlement par le semis.

Fr. améliorée Duru.
grosseur naturelle.

Une autre race améliorée de fraisier des Alpes est assez souvent cultivée depuis quelques années, sous le nom de *Fr. des quatre saisons améliorée Duru*. Elle se distingue des autres par la forme particulière de son fruit, qui est très long et très mince. La couleur en est plus claire que celle de la fraise Janus.

On pourrait augmenter beaucoup le volume de la fraise des Alpes par les semis et la sélection ; mais il ne faut pas perdre de vue que toute augmentation dans le volume des fruits est généralement obtenue aux dépens de leur nombre ou de la durée de la fructification, qui est le vrai et le plus grand mérite d'une fraise des quatre saisons.

FRAISE LA MEUDONNAISE.

Cette variété, autrefois assez répandue aux environs de Paris, un peu délaissée aujourd'hui, se distingue, à première vue, de toutes les autres par ses feuilles assez blondes, qui présentent la particularité d'être, pour ainsi dire, cloquées ou renflées au milieu, au lieu d'être planes ou pliées en deux, comme celles de la plupart des autres fraises des Alpes. Le fruit de la Meudonnaise est gros, conique et d'une couleur très foncée quand il est bien mûr; la maturité en est assez tardive.

FRAISIER DES ALPES SANS FILETS.

Synonymes : Fraisier Gaillon, Fr. buisson, Fr. des Alpes sans coulants.

Noms étrangers : Angl. Bush alpine strawberry. All. Monats-Erdbeere ohne Ranken. Ital. Fragola di tutti i mesi senza fili.

Cette forme, très distincte, a l'avantage de ne pas produire de filets ou coulants, qui rendent souvent difficile l'entretien des plantations de fraisiers; elle convient tout particulièrement pour ce motif à la

Fraisier des Alpes sans filets.
réd. au quart.

formation des bordures. Il en existe une variété *à fruit rouge* et une autre *à fruit blanc*; toutes deux sont rustiques, fertiles, remontantes, et se reproduisent presque sans aucune variation par la voie du semis. Elles peuvent aussi se multiplier par la division des touffes.

FRAISIER ÉTOILÉ

Fragaria collina Ehrh.

Synonymes : Breslinge, Craquelin, Fraisier vineux de Champagne.

Indigène. — Vivace. — Ce fraisier ressemble, à première vue, par ses caractères de végétation, au Fr. commun et au Fr. des Alpes ; il se distingue cependant du premier par ses filets simples et non composés d'articles successifs, et du second en ce qu'il n'est pas remontant. Ses fruits sont plus arrondis et bien plus obtus que ceux du Fr. des bois : ils sont aussi un peu plus gros et fréquemment atténués près du calice en une sorte de col rétréci ; leur couleur est beaucoup plus terne et moins luisante que celle des autres fraises, sauf les caprons, et, comme ceux-ci, ils ont souvent le côté de l'ombre à peine coloré. La chair en est assez ferme, beurrée, bien pleine et d'une saveur musquée très particulière. Les graines en sont relativement grosses : un gramme n'en contient que 1100 environ ; elles sont espacées à la surface du fruit et assez profondément enfoncées. En somme, ce fraisier ressemble au Fr. des bois par tous ses caractères, excepté par son fruit, qui se rapproche beaucoup plus de la fraise capron que de toute autre.

D'après les derniers travaux de M. J. Gay, le *Fr. de Bargemont (Fr. Majaufea* Duch.) ne serait qu'une forme du *Fr. collina.* Ces deux fraisiers, qui autrefois se rencontraient de temps en temps dans les jardins, sont à peu près inconnus aujourd'hui en dehors des collections botaniques.

FRAISIER CAPRON

Fragaria elatior Ehrh.

Noms étrangers : dan. Busk-Jordbeer, Spanske-J.

Indigène. — Vivace. — Plante stolonifère, à feuilles plissées, d'un vert foncé, terne, passablement velues ; fleurs le plus souvent dioïques par avortement. Fruits d'un rouge très foncé violacé ; graines noires, enfoncées, au nombre de 1200 environ dans un gramme. Sur certains pieds, les pistils se développent seuls, sur d'autres seulement les étamines ; de sorte que la fécondation ne peut se faire sûrement que si les deux formes se trouvent réunies à petite distance l'une de l'autre.

Culture. — Les caprons, comme la plupart des fraisiers, se multiplient principalement par les coulants ou filets qu'ils donnent en abondance. Toutes les races cultivées de ce fraisier, dérivant d'une plante indigène en France, sont parfaitement rustiques et d'une culture très facile ; néanmoins, depuis l'apparition et la vulgarisation des nombreuses races de grosses fraises ou fraises ananas aujourd'hui connues, les caprons ont beaucoup perdu de la faveur dont ils jouissaient autrefois ; la saveur particulière et extrêmement forte de leurs fruits déplaît à beaucoup de personnes, et ils n'ont pas, comme la Fr. des quatre saisons, l'avantage de donner une seconde récolte à l'automne. Toute bonne terre saine leur convient, et les plantes peuvent être laissées plusieurs années au même endroit ; mais il est nécessaire, pour en obtenir une fructification abondante, de s'assurer, au moment de la plantation, qu'on en possède des individus mâles et d'autres femelles : c'est la conséquence naturelle de ce que nous avons dit sur la séparation des sexes dans cette espèce.

FRAISE CAPRON FRAMBOISÉ.

Synonyme : Fraise abricot.

Noms étrangers : Angl. Common Hautbois strawberry, Hautbois Str., Hautbois *or* Musky Str., Old Hautbois Str., Original Hautbois Str., Diœcious Hautbois Str.

Cette variété présente tous les caractères que nous avons indiqués comme étant ceux de l'espèce dont elle sort; la végétation en est vigoureuse, le feuillage abondant. Les fruits, très nombreux, presque sphériques, légèrement rétrécis, allongés en col et dépourvus de graines à l'endroit où ils sont insérés sur le calice, ne mûrissent que vers la fin de juin, et présentent alors une couleur rouge violacé ou lie de vin. Chair très pleine, juteuse, beurrée et fondante, blanche ou légèrement jaune, quelquefois un peu verdâtre; à saveur très prononcée, rappelant un peu celle de la framboise ou plutôt du cassis. Feuilles à pétioles très velus, surtout dans la jeunesse.

Fr. capron framboisé.
grosseur naturelle.

FRAISE BELLE BORDELAISE.

Plante moins développée que le capron framboisé, plus trapue, plus ramassée; feuillage d'un vert blond un peu grisâtre; folioles ovales-allongées, à nervures bien marquées et dentelures aiguës et profondes; hampes florales dressées, s'élevant bien au-dessus du feuillage; fleurs assez grandes, d'un blanc pur, à pétales très arrondis. Fruits mûrissant vers le milieu de juin, gros, assez allongés, souvent coniques, dépassant notablement en volume ceux du capron framboisé.

FRAISIER ÉCARLATE

Fragaria virginiana Ehrh.

Amérique septentrionale. — Vivace. — Plante stolonifère, à feuilles longues, non plissées, presque entièrement glabres, ainsi que les pétioles. Fruits nombreux, petits, arrondis, à pédicelles très minces. Graines profondément enfoncées, assez petites, brunes, au nombre de 1500 environ dans un gramme. Le Fr. écarlate est d'une culture très facile : il est hâtif, rustique et très durable ; mais les fruits, presque sphériques, amincis près de leur point d'insertion en un col dépourvu de graines, d'une couleur rouge écarlate assez vive, même à la maturité, en sont malheureusement fort petits, et la plante ne remonte pas, double désavantage qui l'a fait délaisser comme bien d'autres, en faveur des grosses fraises ou de la Fr. des quatre saisons.

FRAISIER ÉCARLATE DE VIRGINIE.

SYNONYMES : Fr. Framboise, Fr. de Virginie, Guigne de Virginie,
Quoimia de Virginie.

NOMS ÉTRANGERS : ANGL. Old scarlet strawberry, Scarlet Virginia Str.
ALL. Virginische Erdbeere.

Cette race représente le type botanique de l'espèce à peine modifié par la
culture ; nous ne voyons donc rien à ajouter à la description donnée pour
l'espèce.

Les variétés obtenues par simple variation du *Fr. virginiana* ont à peu
près disparu des cultures ; mais, par contre, plusieurs variétés obtenues par
le croisement de cette espèce avec le Fr. ananas ont conservé des caractères
qui rappellent parfaitement ceux du Fr. écarlate.

FRAISIER DU CHILI

Fragaria chilensis DUCH.

Chili. — Vivace. — Plante stolonifère, très velue dans toutes ses parties,
trapue ; fleurs dioïques par avortement, très larges, d'abord d'un blanc
jaunâtre, devenant ensuite d'un blanc pur ; pétioles gros et courts, teintés de
rouge ; folioles presque rondes, à dentelures très grandes et très obtuses.
Fruit gros, généralement de forme irrégulière, d'une couleur orangée, et
plus ou moins velu sur la peau elle-même ; graines noires, saillantes, relativement grosses, au nombre de 800 à 900 dans un gramme. Maturité tardive.

À l'état spontané, au Chili même, ce fraisier se montre sous des formes
assez diverses. Il se présente tantôt à fruit blanc couvert de graines noires,
tantôt à fruit saumoné ou orangé pâle ; la fleur est parfois blanc pur, parfois
jaune-soufre passant au blanc après l'épanouissement.

Le Fr. du Chili n'est pas parfaitement rustique dans toute la France. Il
réussit fort bien dans les climats maritimes, et particulièrement en Bretagne,
où il est cultivé sur une très grande échelle à Plougastel, aux environs de
Brest ; à Paris, il souffre assez du froid dans les hivers rigoureux ou humides,
et il y est plutôt cultivé à titre de curiosité qu'autrement. Comme les autres
fraisiers, celui du Chili se multiplie par ses coulants. Il fut rapporté du Chili
en 1714, par Frézier.

FRAISIER DU CHILI VRAI.

SYNONYMES : Frutiller, Quoimio du Chili.

NOMS ÉTRANGERS : ANGL. True Chili strawberry. ALL. Riesen Erdbeere, Chili E.
ESP. (Am.) Frutilla, Frutillar.

Plante tardive, très velue, à gros fruits orangés, mûrissant assez tard dans
la saison, et d'une saveur particulière un peu fade et pas très parfumée.
Graines noires, saillantes, surmontées par les pistils persistants. Ce fraisier,
comme nous l'avons dit, n'est pas bien rustique à Paris, et sa réussite n'est
certaine en France que dans le voisinage des côtes.

FRAISIER ANANAS

Fragaria grandiflora Ehrh.

SYNONYMES : Fraisier de la Caroline, Fr. de Surinam.

L'origine de cette forme de fraisier à gros fruit a toujours été fort obscure. Dès l'époque de son introduction dans les cultures, vers le milieu du siècle dernier, on ne savait quelle origine exacte lui assigner. Du reste, deux fraisiers ont porté le nom d'ananas : l'un, décrit par Poiteau, n'est pas le véritable Fr. ananas; l'autre, beaucoup plus cultivé, répandu en Angleterre et en Hollande, paraît avoir donné naissance par variation, peut-être par croisement, à la plupart des fraises à gros fruit dites *anglaises*. Il est fort possible que le Fr. ananas lui-même soit issu du croisement du Fr. du Chili et d'une autre espèce botanique. Le Fr. ananas, tel qu'il a été conservé dans quelques collections, est vigoureux, assez trapu ; ses feuilles rappellent passablement celles du Fr. de Virginie ; les hampes en sont vigoureuses, pas très élevées, un peu velues ; les fleurs très grandes. Le fruit est rond ou un peu en cœur, d'un rose pâle légèrement jaunâtre ou saumoné ; la chair est très blanche, souvent creuse au centre. Les graines sont brunes, moyennes, peu enfoncées ; un gramme en contient environ 1100.

De ce fraisier sont sortis, par la voie du semis, des milliers de variétés distinctes dont nous allons énumérer les meilleures et les plus intéressantes.

FRAISES HYBRIDES.

SYNONYMES : Grosses fraises, Fraises anglaises.

NOMS ÉTRANGERS : ALL. Grossfrüchtige Erdbeeren. ESP. Freson.

Les diverses variétés qu'on réunit sous la dénomination de *grosses fraises* sont loin de présenter des caractères identiques. Nous ne chercherons donc pas à faire une description générale de plantes aussi différentes les unes des autres. Pour donner une idée des dissemblances qu'elles présentent, nous dirons que la couleur des fruits varie du blanc au rouge noir, et leur poids de 5 à 60 grammes. La saveur du fruit, la grosseur et l'enfoncement des graines, les dimensions des fleurs, la précocité, la quantité de coulants produite, ne donnent pas lieu à des différences moins accentuées.

Culture. — Les grosses fraises aiment une terre saine, profonde et substantielle ; elles s'accommodent assez aisément des diverses natures de terrain, pourvu qu'elles n'aient pas à souffrir de l'humidité stagnante, qui est ce qu'elles redoutent le plus. Toute terre de jardin peut être amenée, par un défoncement modéré et l'emploi d'amendements appropriés à sa nature, à produire de belles fraises, à moins que le climat ne soit d'une sécheresse excessive.

On ne sème guère les grosses fraises que dans le but d'en obtenir des variétés nouvelles ; presque toujours elles se multiplient par le moyen de coulants ou filets enracinés, et en effet ce mode de propagation est si prompt et si facile, qu'on n'en saurait désirer de préférable. Les coulants sont des rameaux très minces et allongés, qui, à l'extrémité d'une portion nue et semblable à un morceau de ficelle plus ou moins long, présentent un bouquet de feuilles porté sur un renflement qui émet promptement des racines et se fixe au sol à une légère distance de la plante mère. Dans les grosses fraises, les coulants ne s'arrêtent pas après s'être enracinés une première fois, mais ils portent jusqu'à quatre ou cinq bouquets de feuilles qui se développent et s'enracinent les uns après les autres, si les conditions sont favorables à leur végétation. Les coulants commencent à se montrer au moment de la floraison et continuent à s'allonger pendant toute la belle saison; il s'en développe même de nouveaux pendant tout l'été, surtout si les premiers ont été supprimés.

Vers le mois d'août, les premiers plants provenant des filets sont enracinés et assez forts pour être plantés. On les met alors en place, soit en bordures, soit en planches contenant trois ou quatre rangs de fraisiers espacés d'environ 0ᵐ,50 en tous sens. La terre doit avoir été bien travaillée et bien fumée avant la plantation et recouverte d'un bon paillis. Dès le printemps suivant, les jeunes plants commencent à produire, et les fruits sont d'autant plus abondants et plus beaux que les coulants sont supprimés avec plus de soin. Aussitôt que les premiers fruits sont formés, il est bon de placer à la surface de la terre, soit de la paille longue, soit des ardoises ou des tuiles, pour défendre les jeunes fruits du contact du sol humide; ils mûrissent ainsi un peu plus rapidement, et surtout restent propres, même après les pluies abondantes.

Une planche de fraisiers reste ordinairement bien productive pendant deux ou trois saisons; il faut, dès la seconde année de production, s'occuper de la remplacer pour avoir toujours une plantation jeune et en plein rapport. Les filets les plus faibles et ceux qui se sont développés le plus tard à l'automne peuvent être conservés en pépinière pour être mis en place au printemps; mais il ne faut pas espérer en obtenir de fruits avant la seconde année de plantation.

La *culture forcée* des grosses fraises se fait quelquefois en serre, plus habituellement en bâches chauffées au thermosiphon. On élève en pots les plantes destinées à subir cette culture, et on les soumet à l'action de la chaleur artificielle à partir de la fin du mois d'octobre et successivement, jusqu'à la saison où les fraises commencent à mûrir en pleine terre. En laissant se développer les premiers coulants des fraisiers cultivés en pleine terre, en les pinçant après le premier nœud, et en faisant enraciner la jeune plante, non pas dans le sol même de la planche, mais dans un godet rempli de bonne terre, on peut obtenir des pieds de fraisiers assez avancés pour qu'après un rempotage à l'automne, ils puissent être forcés dès l'hiver suivant. Ce même procédé peut être employé pour avancer les fraisiers destinés à la plantation en pleine terre.

Les variétés de grosses fraises qui conviennent le mieux à la culture forcée sont : la *Princesse royale*, la *Marguerite*, la *Vicomtesse Héricart de Thury*, la *Constante*; et dans les variétés étrangères : la *Black Prince*, *Keen's seedling* et *British Queen*.

Usage. — Le fruit se mange frais; on l'emploie aussi cuit, sous forme de confitures ou de conserves.

FRAISE AMIRAL DUNDAS (*Myatt*).

Plante assez vigoureuse ; feuillage d'un vert foncé ; pétioles longs, rougeâtres, velus ; folioles ovales-allongées, assez souvent au nombre de quatre, en cuiller, à dentelures aiguës ; pédoncules forts, ramifiés, le plus souvent feuillés ; fleurs larges, blanches, pas très nombreuses. Fruits coniques, allongés, quelquefois carrés du bout, d'un rouge foncé à la maturité, à graines nombreuses, presque noires, demi-enfoncées ; chair blanc rosé, ferme, sucrée. Variété fertile et de maturité tardive.

Fraise Amiral Dundas.
de grosseur naturelle.

Ce fraisier donne des filets très gros et très épais, velus et faiblement teintés de rouge. Il en produit en assez grand nombre pour se multiplier facilement et rapidement. C'est, malgré tous ses mérites, un fraisier d'amateur plutôt qu'une variété de grande culture ; bien que connu depuis une vingtaine d'années aux environs de Paris, il n'a pas été adopté par les maraîchers.

FRAISE BARNE'S LARGE WHITE (*Barne*).

Plante de vigueur moyenne, assez trapue ; feuilles arrondies, d'un vert foncé luisant, à dentelures profondes et assez aiguës, nervures très apparentes ; pétioles longs et minces, verts ; fleurs nombreuses, relativement petites, portées sur des pédoncules courts, ramifiés, dépassant à peine le feuillage. Fruits arrondis ou coniques, obtus, d'un blanc légèrement rosé ; graines demi-saillantes, rouges ou brunes ; chair très blanche, un peu flasque, sucrée, juteuse, à goût musqué assez prononcé. Maturité demi-tardive.

Plante très fertile, et remarquable surtout par la couleur blanche de son fruit. Après la fructification, elle reste remarquablement compacte et trapue ; elle ne produit que peu de coulants : ceux-ci sont courts, raides, assez gros ; les bouquets de feuilles qu'ils portent sont plus rapprochés les uns des autres que dans la plupart des autres fraisiers.

FRAISE BICOLORE (*de Jonghe*).

Plante assez vigoureuse ; feuillage abondant, d'un vert franc luisant, à folioles ovales très allongées, un peu flasques ; pédoncule élevé, très ramifié, souvent feuillé ; pétioles longs, verts ; fleurs presque pendantes. Fruits très nombreux, petits, presque sphériques, avec un col très prononcé, rétréci et dépourvu de graines ; d'une couleur orangée très pâle, restant parfois tout à fait blancs du côté opposé au soleil ; chair d'un blanc jaunâtre, extrêmement beurrée, juteuse, sucrée et parfumée.

La Fr. bicolore est une de celles qui payent le moins de mine : elle manque de volume et de couleur ; mais, par contre, elle est d'une délicatesse toute particulière et diffère complètement de toutes les autres fraises hybrides. On pourrait presque la dire intermédiaire, par la saveur, entre une fraise anglaise et un capron. La production en est très hâtive et très soutenue.

FRAISE BRITISH QUEEN (*Myatt*).

Plante de taille moyenne, un peu délicate ; feuilles ovales, assez longues,
à pétiole velu, souvent rougeâtre ; folioles ovales,
presque arrondies, à dentelures très grandes et
peu profondes ; fleurs très larges, portées sur des
pédoncules vigoureux dépassant généralement le
feuillage. Fruits très gros, oblongs, souvent aplatis,
à bout conique ou carré, d'une couleur rouge
vermillon, ne devenant jamais bien foncée ; graines
brunes assez saillantes ; pédicelles assez gros,
velus ; chair blanche, ferme, très juteuse, sucrée,
extrêmement parfumée, d'une grande finesse. Certainement une des meilleures de toutes les fraises
au point de vue de la qualité ; recommandable surtout pour les terres fortes et fraîches.

Fraise British Queen.
de grosseur naturelle.

Cette excellente fraise serait certainement plus
répandue dans les cultures si elle était plus rustique, et surtout si la multiplication n'en était
rendue lente et difficile par ce fait qu'elle ne pro-
duit que très peu de coulants ; ceux qu'elle donne sont minces et grêles.

FRAISE CAROLINA SUPERBA (*Kitley*).

Plante assez vigoureuse, velue dans toutes ses
parties ; feuillage d'un vert foncé, luisant en dessus ; folioles ovales, plissées ou contournées,
souvent en cuiller ; fleurs moyennes, nombreuses,
portées sur des pédoncules assez vigoureux, mais
dépassant à peine le feuillage. Fruits gros, en
cœur, un peu courts, de couleur vermillon ;
graines demi-saillantes ; chair très blanche, fondante, beurrée, parfumée, légèrement musquée.
Très bonne variété, assez fertile, mais un peu
délicate. Maturité demi-tardive.

Fraise Carolina superba.
de grosseur naturelle.

Assez voisine de la Fr. *British Queen* par ses
autres caractères de végétation, cette variété en
diffère par ses filets, qui sont gros, épais et velus ;
ils ne sont pas très abondants, et nous les avons
vus quelquefois fleurir dans l'année même, mais ce fait est exceptionnel.

FRAISE DOCTEUR HOGG (*Bradley*).

Plante très voisine de la Fr. *British Queen* par ses caractères de végétation,
un peu plus ramassée, à folioles plus arrondies, et donnant des fruits plus
gros, en forme de cœur, d'une belle couleur rouge écarlate, à graines jaunes
ou brunes, demi-saillantes. Chair très pleine, ferme, d'un blanc rosé, juteuse
et beurrée, d'un parfum délicat, quelquefois musqué. Maturité demi-tardive.

FRAISE DOCTEUR MORÈRE (Berger).

Fraisier très vigoureux; pétioles et tiges assez velus; feuilles grandes, larges, d'un vert très foncé; folioles larges, presque toujours plissées sur la nervure médiane, un peu gaufrées et contournées; dentelures très grandes, assez profondes et assez aiguës; pédoncules forts, dressés, souvent feuillés; calice très large; fleurs grandes, assez nombreuses, faisant place à des fruits dont la grosseur diminue rapidement du premier aux derniers. Fruits très gros, un peu courts, d'un rouge très foncé à la maturité; graines noires assez saillantes; chair rose, fondante, sucrée, juteuse, assez parfumée, mais souvent creuse au centre. Le goût du fruit rappelle un peu celui de la Fr. du Chili.

Cette variété, d'obtention récente, est déjà cultivée en grand dans les environs de Paris pour l'approvisionnement du marché.

Fraise Docteur Morère.
de grosseur naturelle.

Fraise Docteur Nicaise.
de grosseur naturelle.

FRAISE DOCTEUR NICAISE (Dr Nicaise).

Plante assez naine, de vigueur et de fertilité moyennes; feuilles peu velues; folioles d'un vert gai, luisant, plutôt longues que larges, à dentelures peu profondes, mais assez aiguës; fleurs grandes; pédoncules très courts, ramifiés, presque rampants. Fruits très gros, le plus souvent en crête de coq, pesant jusqu'à 40 ou 50 grammes, à graines demi-enfoncées; chair rouge pâle, un peu molle. Le fruit est plutôt remarquable par ses dimensions que par sa qualité. Maturité demi-hâtive.

Cette variété est un des gains de M. le Dr Nicaise, de Châlons-sur-Marne. C'était un semeur persévérant à qui l'on doit l'obtention d'un grand nombre de variétés de fraises hybrides. Plusieurs ont été abandonnées, ce sont entre autres : *Alexandra, Amazone, Gabrielle, Melius, Passe-partout, Pauline, Perfection;* mais d'autres resteront, et principalement celle dont nous nous occupons ici et qui se distingue par le volume énorme de son fruit, d'autant plus remarquable qu'il est porté par une plante petite et d'apparence peu vigoureuse. On conservera aussi dans les collections La Châlonnaise, qui ne le cède en délicatesse de goût et de parfum à aucune autre grosse fraise.

FRAISE DUC DE MALAKOFF (*Glœde*).

Plante extrêmement vigoureuse, à grandes et larges feuilles d'un vert foncé presque noir; folioles ovales-arrondies, à dentelures très grandes et peu profondes; pétioles, tiges et coulants très velus, souvent teintés de rouge; fleurs grandes, d'un blanc pur, portées sur des pédoncules vigoureux, mais un peu courts. Fruits gros, courts, prenant à la maturité une teinte brunâtre particulière; chair jaune, de couleur tirant un peu sur l'abricot, juteuse, fondante, d'une saveur participant un peu de celle de la Fr. du Chili.

Ce fraisier est très productif, très rustique et de maturité demi-tardive.

Fraise Duc de Malakoff.
de grosseur naturelle.

Fraise Eleanor.
de grosseur naturelle

FRAISE ELEANOR (*Myatt*).

Plante assez vigoureuse; feuilles à pétioles velus; folioles moyennes, généralement en cuiller, presque glabres en dessus, velues-soyeuses à la surface inférieure, de forme ovale, à dentelures assez profondes et aiguës dans les deux tiers supérieurs, nulles vers la base; fleurs très larges, d'un blanc pur, à pétales éloignés les uns des autres; pédoncules vigoureux, généralement feuillés, dépassant habituellement le feuillage. Fruits de maturité tardive, oblongs, d'une très jolie forme et d'un beau rouge foncé; chair rouge écarlate pâle, un peu molle, pas très juteuse, mais sucrée et parfumée.

FRAISE ELISA (*Myatt*).

Plante assez vigoureuse et fertile, mais un peu difficile sous le rapport du terrain, préférant les sols forts et argileux; feuilles à pétiole velu, gros et élevé; folioles grandes, presque toujours contournées ou gaufrées, à dentelures profondes et aiguës, d'un vert foncé et luisant, velues sur les nervures à la face inférieure; fleurs moyennes, nombreuses; pédoncules très ramifiés, généralement plus courts que les feuilles. Fruits moyens ou petits, arrondis, présentant à leur base un col ou étranglement assez marqué, conservant jusqu'à la maturité complète une couleur rouge vermillon assez pâle; chair blanche ou légèrement jaunâtre, très ferme, juteuse et très agréablement parfumée.

Cette variété est demi-hâtive; sa production n'est pas très considérable, mais a l'avantage de se soutenir pendant un temps assez long.

FRAISE ELTON IMPROVED (*Ingram*).

Fraise Elton improved.
de grosseur naturelle.

Plante très vigoureuse, à feuillage abondant, grand et dressé, d'un vert gai, devenant très foncé sur les vieilles feuilles; pétioles vigoureux, velus, teintés de rouge, à folioles presque rondes, marquées de nervures très accentuées et bordées de dentelures obtuses-arrondies; fleurs grandes, d'un blanc pur, portées sur des pédoncules très vigoureux, dressés, habituellement feuillés et dépassant le feuillage. Fruit en cœur, un peu obtus, d'un rouge écarlate foncé; graines brunes, demi-saillantes; chair rouge, sucrée, juteuse, passablement acide. Maturité tardive.

Cette excellente fraise a été obtenue dans un semis de l'ancienne variété appelée *Elton*, qui se distinguait par la belle couleur rouge foncé de son fruit et sa saveur très fine et parfumée, mais acide à l'excès. La variété nouvelle constitue un grand progrès sur l'ancienne.

FRAISE GLOIRE DE ZUIDWYCK (*Arie Koster*).

Fraise Gloire de Zuidwyck.
de grosseur naturelle.

Plante très vigoureuse, à pétioles et pédoncules fortement velus; touffes fortes et larges; feuilles moyennes, d'un vert légèrement grisâtre; folioles quelquefois recourbées en cuiller, à dentelures grandes et assez profondes, comme celles de la Fr. Jucunda; fleurs moyennes ou presque petites, portées sur des pédoncules très vigoureux, dressés, ramifiés et très raides, égalant le feuillage. Fruits gros, régulièrement coniques, quelquefois en crête, d'une couleur orange foncé ou écarlate très vif; graines jaunes, demi-saillantes; chair orange, fondante, juteuse, agréablement acidulée, sucrée, pas très parfumée.

C'est une excellente variété, très productive, de précocité moyenne, convenant bien pour l'approvisionnement des marchés. Elle a l'avantage de se multiplier facilement par ses coulants, qui sont nombreux, de force moyenne et qui restent habituellement tout à fait verts, même dans la partie éclairée par le soleil. La fraise Gloire de Zuidwyck a encore un assez grand avantage, c'est que ses fruits ne sont pas très sensibles à l'action de l'humidité et ne pourrissent pas facilement.

FRAISE JUCUNDA *(Salter)*.

Plante très vigoureuse, trapue ; pétioles élevés, portant des feuilles moyennes d'un vert franc presque vernissé ; folioles presque rondes, à dentelures peu profondes et assez arrondies, à nervures bien apparentes ; fleurs moyennes, très nombreuses, portées sur des pétioles robustes, dressés, souvent feuillés, toujours très ramifiés et dépassant le feuillage. Fruits très abondants, en cœur, d'un rouge vermillon brillant, devenant plus foncé quand ils dépassent le degré ordinaire de maturité, quelquefois un peu creux ; graines jaunes, presque entièrement saillantes ; chair rouge, juteuse, assez parfumée, pas très sucrée. Maturité demi-tardive.

La vigueur et la rusticité de cette variété, l'abondance de ses fruits, leur belle couleur et l'avantage qu'ils présentent de supporter admirablement le transport, en font une des fraises les plus précieuses pour la culture maraîchère dans les environs des grandes villes. Elle est en plein rapport lorsque les fraises hâtives commencent à décliner.

Fraise Jucunda.
de grosseur naturelle.

Fraise La Constante.
de grosseur naturelle.

Fraise La Châlonnaise.
de grosseur naturelle.

FRAISE LA CHALONNAISE *(Dr Nicaise)*.

Plante de vigueur moyenne, un peu délicate ; feuillage assez léger ; longs pétioles velus ; folioles ovales à larges dentelures ; fleurs très grandes, d'un blanc pur ; pédoncules souvent feuillés, ramifiés, dépassant bien le feuillage. Fruits ovoïdes, moyens, à graines demi-saillantes ; chair très blanche, ferme, pleine, sucrée, juteuse et extrêmement parfumée. Maturité demi-tardive.

Certainement une des meilleures fraises cultivées.

FRAISE LA CONSTANTE *(de Jonghe)*.

Plante ramassée, trapue ; feuilles à pétioles courts et folioles petites, presque.rondes, d'un vert foncé un peu glauque, à dentelures grandes, généralement peu nombreuses, mais aiguës et profondes ; pédoncules ramifiés, mais très courts, restant presque tous cachés dans le feuillage ; fleurs très nombreuses, petites, d'un blanc un peu verdâtre. Fruits gros, coniques, un peu courts, rouge écarlate assez foncé, quand ils sont bien mûrs ; graines noires peu enfoncées; chair rosée ou rouge pâle, fine, juteuse, parfumée, manquant un peu de sucre. Variété fertile, d'une production très régulière, tenant peu de place, et pour toutes ces raisons très recommandable.

FRAISE LA REINE (*de Jonghe*).

Plante petite et menue dans toutes ses parties; feuilles à pétiole court, rougeâtre, et folioles longues, étroites, d'un vert foncé, à dentelures généralement arrondies; fleurs grandes, d'abord jaunâtres, puis d'un blanc pur; pédoncules assez ramifiés, mais grêles et restant en bonne partie cachés sous le feuillage. Fruits longs et minces, rouge carminé, restant souvent pâles et seulement rosés du côté qui n'est pas exposé au soleil; graines petites, noires et saillantes; chair blanche, très ferme, juteuse, sucrée et parfumée.

Cette variété est peut-être la plus délicate et la meilleure au goût de toutes les grosses fraises, mais c'en est aussi la moins productive. Les filets, minces et teintés de rouge, sont trop peu abondants pour que la multiplication en soit rapide.

Fraise La Reine.
de grosseur naturelle.

FRAISE LOUIS VILMORIN (*Robine*).

Plante de vigueur moyenne, assez basse; folioles ovales-arrondies, d'un vert foncé luisant, à dentelures très grandes et assez obtuses; fleurs larges, d'un blanc pur, portées sur des pétioles très courts, très branchus, à ramifications souvent teintées de rouge et en partie cachées dans le feuillage. Fruits en forme de cœur, très réguliers, nombreux, d'un rouge extrêmement foncé à la maturité; graines demi-saillantes; chair rouge foncé, pas très sucrée et manquant un peu de finesse et de parfum, mais bien pleine, juteuse et très agréable.

Cette fraise est très rustique; la production en est abondante et soutenue, et la couleur tout particulièrement remarquable par son intensité. Les filets sont assez peu nombreux, ce qui empêche la multiplication de se faire très rapidement. C'est, avec la variété américaine *Wilson's Albany*, la meilleure fraise à cuire; les confitures qui en sont faites ont plus de goût et de couleur que celles des autres fraises, même de celles qui sont les meilleures à l'état frais.

Fraise Louis Vilmorin.
de grosseur naturelle.

FRAISE LUCAS (*de Jonghe*).

Plante vigoureuse, demi-hâtive; feuilles assez grandes, d'un vert franc, lustrées à la face supérieure; folioles légèrement ovales, à dentelures très grandes, assez profondes et de forme passablement variable, quelquefois très aiguës, quelquefois tout à fait rondes; fleurs moyennes, à pétales ronds, portées en grand nombre sur des pédoncules feuillés, vigoureux, mais courts, restant souvent cachés dans le feuillage. Fruits oblongs, gros, bien faits, d'un rouge écarlate assez foncé ; graines demi-enfoncées ; chair rose pâle, juteuse, sucrée et très parfumée.

Excellente variété à la fois productive et de qualité tout à fait hors ligne.

Fraise Lucas.
de grosseur naturelle.

Fraise Lucie.
de grosseur naturelle.

Fraise Marguerite.
de grosseur naturelle.

FRAISE LUCIE (*Boisselot*).

Grande plante très vigoureuse, velue ; feuilles abondantes, luisantes à la face supérieure, d'un vert très foncé, à dentelures larges et arrondies, souvent repliées en cuiller ; fleurs grandes, d'abord jaunâtres et devenant d'un blanc assez pur à l'épanouissement complet ; pétioles et coulants très rouges. Fruits gros, ovoïdes-allongés, rouge vermillon, légèrement velus à l'extrémité ; graines saillantes ; chair blanche, sucrée, assez parfumée, quelquefois un peu creuse au centre. Cette variété est vigoureuse et productive ; elle mûrit ses fruits très tardivement, et a l'avantage de prolonger la saison des grosses fraises après que toutes les autres ont cessé de produire.

FRAISE MARGUERITE (*Lebreton*).

Plante moyenne ; pétioles assez courts, minces ; folioles longues par rapport à leur largeur, d'un vert franc, très lisses en dessus, dentelures assez grandes, aiguës, faisant complètement défaut dans la moitié inférieure du pourtour des folioles ; fleurs moyennes, pédoncules courts, extrêmement ramifiés, presque traînants. Fruits très gros, coniques-allongés, d'un rouge vermillon restant assez clair même à la maturité ; graines assez enfoncées ; chair rose, très juteuse, fondante, manquant un peu de sucre et de parfum. Cette variété rachète ce petit défaut en étant très productive, extrêmement précoce, d'une fertilité très soutenue et en se prêtant parfaitement bien à la culture forcée.

FRAISE MAY QUEEN (*Nicholson*).

Fraise May Queen.
de grosseur naturelle.

Plante de vigueur moyenne, feuillue, rappelant beaucoup par ses caractères de végétation les fraises écarlates; pétioles presque glabres; folioles ovales très allongées, à dentelures aiguës, nulles dans le tiers inférieur des folioles; fleurs moyennes ou petites, sur des pédoncules très ramifiés, courts, ne se dégageant que rarement du feuillage. Fruits moyens ou petits, courts, obtus, arrondis, rouge écarlate, à graines enfoncées; chair rosée ou rouge pâle, aigrelette, parfumée, assez sucrée.

Fruit très agréable, surtout parce qu'il arrive à maturité dès la fin du mois de mai, avant toutes les autres fraises. Son petit volume, qui est son seul défaut, se trouve ainsi compensé par son extrême précocité.

Fraise Napoléon III.
de grosseur naturelle.

FRAISE NAPOLÉON III (*Glœde*).

Plante vigoureuse, à grandes feuilles dressées, très velues sur les pétioles, d'un vert foncé, luisant; folioles grandes, presque rondes, à dentelures larges et obtuses; fleurs moyennes, très rondes, en bouquets serrés, sur des pédoncules feuillés, vigoureux, se dégageant bien du feuillage. Fruits gros, assez courts, rouge vermillon; graines noires saillantes; chair très blanche, fondante, beurrée, bien parfumée dans les saisons chaudes, quelquefois un peu creuse au centre.

Variété rustique, productive, mais mûrissant tardivement et redoutant beaucoup la sécheresse.

FRAISE PREMIER (*Ruffet*).

Fraise Premier.
de grosseur naturelle.

Plante assez vigoureuse, peu velue, à feuilles moyennes, pas très nombreuses; folioles assez allongées, d'un vert franc, dentelures grandes et assez profondes; fleurs larges, portées par des pédoncules à ramifications longues et grêles, égalant à peu près le feuillage. Fruits courtement coniques, souvent pointus, parfois en crête de coq, d'une belle couleur rouge vif; graines à demi-enfoncées; chair rose ou rouge pâle, très juteuse, sucrée, d'un goût très fin et très agréablement parfumée.

Variété rustique, productive et de précocité moyenne. Après la fructification, ce fraisier prend un port tout particulier, raide et ferme, comme si les feuilles étaient portées sur des tiges de fer. Les filets sont remarquablement gros, raides et assez velus.

FRAISE PRINCESSE ROYALE (*Pelvilain*).

Une des plus anciennes variétés obtenues en France. Plante de taille moyenne, mais très vigoureuse et très robuste; feuillage d'un vert franc, lisse et luisant; folioles ovales-allongées, à dentelures assez aiguës, ne commençant, comme dans la Fr. Marguerite, qu'à une assez grande distance du point d'attache des folioles; fleurs très petites, mais très nombreuses, supportées par des pédoncules vigoureux, très ramifiés, dépassant en partie le feuillage. Fruits très nombreux, coniques, généralement bien faits, d'une belle couleur rouge; chair parfumée, assez sucrée, juteuse, mais présentant une mèche centrale un peu résistante.

Fr. Princesse royale
de grosseur naturelle.

Variété très rustique, fertile et d'une grande précocité. Les fruits se transportent bien, et cette qualité, jointe à toutes les autres, explique la persistance avec laquelle les cultivateurs des environs de Paris l'ont conservée, malgré l'introduction de variétés nouvelles qui lui sont préférables sous certains rapports. A la halle, les fruits de la Princesse Royale se vendent toujours un peu plus cher que ceux d'aucune autre variété, à moins que ce ne soient des fraises de choix : on les estime surtout à cause de leur beau coloris et de leur parfum.

FRAISE SABREUR (*Mme Clements*).

Variété très distincte, reconnaissable entre toutes les autres par la couleur violacée de ses coulants et des pétioles des feuilles; celles-ci ont les folioles allongées, à dents très grandes et profondes, d'un vert assez foncé et légèrement glauque. Les divisions du calice sont, comme les pétioles, fortement colorées en rouge. Les fleurs présentent cette particularité que les pétales prennent, après la floraison et au moment de tomber, une couleur rougeâtre très prononcée. Fruits ovoïdes, presque toujours réguliers de forme, gros et souvent très gros, d'un rouge cramoisi plus ou moins foncé selon la température; graines très noires et très saillantes, donnant au fruit un aspect très particulier; chair blanche, sucrée, juteuse, assez parfumée.

Fraise Sabreur.
de grosseur naturelle.

Cette variété est certainement une des meilleures acquisitions de ces dernières années; elle ne donne pas un fruit de première qualité, mais elle est précoce, très rustique et d'une fertilité très grande et très soutenue. Elle commence à produire une des premières et donne encore des fruits en même temps que les plus tardives. Les coulants, qui sont, comme nous l'avons dit, très colorés, se développent en grande abondance : aussi ce fraisier est-il des plus aisés à multiplier.

FRAISE SIR JOSEPH PAXTON (*Bradley*).

Plante de vigueur moyenne, légèrement velue sur les coulants, un peu plus sur les pétioles des feuilles et les hampes florales; feuillage médiocrement abondant, d'un vert foncé, luisant; folioles grandes, ovales, souvent gaufrées ou contournées, à dentelures grandes et assez profondes; fleurs larges, nombreuses, d'un blanc pur, portées sur des pédoncules modérément vigoureux, ne dépassant pas toujours le feuillage. Fruit conique ou en cœur, bien fait, d'un rouge écarlate assez foncé; graines brunes, demi-saillantes; chair blanche très pleine, ferme et fondante, beurrée, juteuse, sucrée et parfumée.

C'est une des meilleures et des plus délicates de toutes les fraises. Elle n'est malheureusement pas très fertile. La maturité en est demi-tardive.

Fraise Sir Joseph Paxton.
de grosseur naturelle.

Fraise Souvenir de Kieff.
de grosseur naturelle.

Fr. Vicomtesse Héricart de Thury.
de grosseur naturelle.

FRAISE SOUVENIR DE KIEFF (*de Jonghe*).

Plante moyenne, pas très feuillue; folioles d'un vert franc, presque rondes ou légèrement ovales, à dentelures peu profondes et arrondies; fleurs moyennes, à pétales presque ronds, d'un tissu très fin et devenant promptement presque transparent; pétioles vigoureux, ramifiés, ne dépassant pas le feuillage; coulants très peu nombreux, ce qui en rend la multiplication assez lente. Fruits coniques-allongés, généralement pointus, d'un beau rouge écarlate, à graines demi-enfoncées; chair blanc rosé, très fondante, parfumée, juteuse et sucrée. Maturité demi-tardive.

Fraise de qualité tout à fait supérieure et d'une fertilité satisfaisante.

FRAISE VICOMTESSE HÉRICART DE THURY (*Jamin*).

Plante vigoureuse, pas très haute, mais feuillue, dressée et d'un vert foncé indiquant un tempérament robuste; folioles ovales, souvent rétrécies vers la base, qui est dépourvue de dentelures, le reste du pourtour en présente d'assez profondes, grandes et généralement arrondies; fleurs moyennes ou petites, portées sur des pédoncules vigoureux, très ramifiés, dépassant généralement le feuillage. Fruits coniques ou en cœur, d'un rouge très foncé, à graines demi-saillantes; chair très ferme, rouge, sucrée, juteuse, un peu acide et bien parfumée.

Les fruits se transportent bien; ils mûrissent de bonne heure et sont produits en très grande quantité et pendant fort longtemps: aussi cette fraise est-elle cultivée sur une grande échelle pour l'approvisionnement des marchés, non seulement en France, mais même en Angleterre. Elle convient bien à la culture forcée. C'est une des variétés desquelles il est le plus facile d'obtenir une seconde récolte à l'automne au moyen d'un traitement approprié.

FRAISE VICTORIA (*Trollop*).

Plante forte, vigoureuse, à folioles très larges, presque rondes, à dentelures très grandes et très obtuses, d'un vert assez foncé, luisant. La plante forme des touffes larges et fournies; les fleurs sont nombreuses, de grandeur moyenne, portées sur des pédoncules longs, vigoureux, très ramifiés et dépassant bien le feuillage. Fruits gros, très courts, arrondis ou légèrement en cœur, d'un rouge vermillon un peu pâle, à peau très fine et graines très enfoncées; chair rose, extrêmement juteuse et fondante, passablement sucrée et parfumée.

Le fruit de cette variété se transporte difficilement et se conserve mal, ce qui lui ôte de la valeur pour la vente; elle est néanmoins cultivée assez largement pour la halle de Paris, à cause de sa précocité et de sa fertilité très grande et très soutenue. Elle convient surtout aux potagers d'amateurs.

Fraise Victoria.
de grosseur naturelle.

FRAISE WONDERFULL ou MYATT'S PROLIFIC.

Plante vigoureuse, de taille moyenne; feuilles nombreuses, à pétioles minces, assez velus; folioles de grandeur médiocre, presque arrondies, d'un vert franc un peu grisâtre; fleurs moyennes, très nombreuses, portées sur des pédoncules d'une grande vigueur, très ramifiés, qui ne s'élèvent pas toujours franchement au-dessus du feuillage. Fruits longs, généralement aplatis et presque toujours carrés du bout, d'un rouge cramoisi très foncé; graines noires, petites, saillantes et très nombreuses; chair très ferme, blanche, juteuse, très sucrée et très parfumée.

Variété demi-tardive, très fertile et produisant longtemps. C'est une de celles qui allient le mieux l'abondance à la qualité du produit; mais la couleur un peu trop foncée des fruits fait qu'ils sont peu recherchés pour le marché.

Fraise Wonderfull.
de grosseur naturelle.

Comme toutes les autres plantes fruitières, le fraisier a donné un si grand nombre de variétés, qu'il serait presque impossible de les énumérer toutes. Il serait d'autant plus inutile de chercher à en donner ici une liste complète, qu'il existe sur ce sujet des ouvrages spéciaux beaucoup plus complets que ce que nous pourrions faire. Nous ajouterons donc seulement aux espèces mentionnées jusqu'ici l'indication de quelques variétés américaines qui ne sont pas encore très connues en Europe et dont on fait grand cas aux États-Unis. Il en a été obtenu un assez grand nombre dans ce pays par divers semeurs, mais les plus intéressantes paraissent être les suivantes :

Wilson's Albany. Plante vigoureuse, de demi-saison, à fruit moyen, en cœur, d'un rouge vif et d'une saveur assez prononcée, acidulée; chair d'un rouge foncé. Frais, le fruit en est bon; cuit, il est d'une qualité tout à fait remarquable.

Crescent seedling. Bonne plante, productive, à fruit gros, conique, un peu carré du bout, d'un rouge vif, à chair ferme, acide.

Monarch of the West. Fraisier vigoureux, à feuillage d'un vert vif, productif, demi-hâtif. Gros fruits en cœur, un peu courts; graines brunes, saillantes; chair très blanche, beurrée.

Sharpless n° 1. Fraisier très vigoureux, à gros fruits, souvent en crête, d'un rouge foncé; chair rouge. Variété productive et précoce.

Sharpless' seedling. Variété demi-tardive, assez rustique, à fruit obtus, en cœur ou souvent en crête de coq, d'un rouge assez pâle, mais vif; chair rose, juteuse, acidulée.

Nous citerons encore, à cause des emplois spéciaux pour lesquels on en fait usage, les quelques variétés suivantes :

Belle de Paris (Bossin). Variété' très rustique, très productive. Fruit conique, gros, d'un rouge vif, mûrissant un peu tardivement; chair sucrée, blanche ou rosée, assez ferme.

Black Prince (Cuthill). Fruit petit, arrondi, devenant à la maturité d'un rouge presque noir. C'est une des plus précoces de toutes les grosses fraises.

Comte de Paris (Pelvilain). Ancienne race française à beau fruit rouge foncé, en cœur; chair rouge. Variété très productive; convient à la culture en plein champ.

Keen's seedling (Keen). Très bonne race ancienne, à fruit moyen, d'excellente qualité. Une des meilleures de toutes pour la culture forcée.

La grosse sucrée (de Jonghe). Plante ramassée, rustique, vigoureuse, de production assez abondante et demi-tardive. Le fruit en est gros, en forme de cœur allongé, rouge vif, luisant; chair d'un blanc rosé, très fondante, remplie d'un jus abondant et très sucré.

Sir Charles Napier (Smith). Très beau fruit, souvent aplati et élargi en crête de coq; chair ferme, rosée. Bonne et vigoureuse race de moyenne saison, souvent cultivée pour l'approvisionnement des marchés.

Sir Harry (Underhill). Très belle variété, fort rare en réalité, quoique beaucoup de personnes croient la posséder. Fruit gros, en cœur, d'un rouge vif; chair pleine, juteuse, sucrée, d'un rose pâle; maturité demi-tardive. Cette variété ne reste pas longtemps productive et donne peu de coulants.

GESSE CULTIVÉE

Lathyrus sativus L.

Fam. des *Légumineuses.*

SYNONYMES : Gesse blanche, Lentille d'Espagne, Dent-de-brebis, Pois breton,
Pois carré.

NOMS ÉTRANGERS : ANGL. Chickling vetch. ALL. Essbare Platterbse, Weisse
Platterbse, Deutsche Kicher. FLAM. Platte erwt. HOLL. Peul erwt, Wikken.
ESP. Arveja ; (Am.) Muelas.

Indigène. — *Annuelle.* — Tige ailée, lisse, haute de 0ᵐ,10 à 0ᵐ,50, se soutenant difficilement sans appui ; feuilles composées, pennées sans impaire,
terminées par une vrille prenante ; folioles au nombre de quatre, longues,
étroites ; pédoncules grêles, axillaires, uniflores, commençant à paraître au
cinquième ou sixième nœud ; fleurs plus petites que celles d'un pois, mais de
même forme, blanches et teintées de bleu sur l'étendard. Gousses courtes et
larges, très aplaties, épaisses et ailées. Grains blancs, de forme un peu variable, triangulaires ou carrés, plus larges et plus épais du côté du hile que
dans la partie opposée. Ces grains pèsent 750 grammes par litre et sont au
nombre de 4 dans un gramme ; leur durée germinative est de cinq années.

Culture. — La gesse cultivée se sème en place au printemps, comme les
pois, et ne demande aucun soin spécial.

Usage. — On mange les grains encore verts à la manière des petits pois ;
mûrs et secs, ils peuvent être employés en purée.

GESSE TUBÉREUSE

Lathyrus tuberosus L.

Fam. des *Légumineuses.*

SYNONYMES : Anette, Anotte de Bourgogne, Châtaigne de terre, Chourles,
Favouette, Gland de terre, Macion, Macusson, Mitrouillet, Souris de terre.

NOMS ÉTRANGERS : ALL. Erdnuss. FLAM. Aardnoot. HOLL. Aardakker.
ITAL. Ghianda di terra.

Indigène. — *Vivace.* — Cette plante sauvage, qui est commune dans certaines localités au point de devenir gênante pour les cultures, est parfois
recherchée comme aliment à cause des renflements qui naissent sur ses
racines et qui sont remplis d'une fécule blanche légèrement sucrée, et dont
le goût, assez agréable, rappelle celui de la châtaigne. La graine en est assez
grosse, oblongue, un peu carrée ou anguleuse, de couleur brune légèrement
mouchetée de noir. La gesse tubéreuse n'est presque jamais cultivée, mais
simplement récoltée là où elle croît spontanément ; en effet, ni son produit,
d'ailleurs insignifiant, ni la beauté de ses fleurs rouge cramoisi, ne doivent
la faire admettre dans les jardins, où elle deviendrait rapidement une mauvaise herbe envahissante.

16

GOMBO

Hibiscus esculentus L.

Fam. des *Malvacées.*

Synonymes : Gombaud, Ketmie comestible, Calalou, Guiabo, Guingombo, Okra.

Noms étrangers : angl. Okra, Common okra, Long green okra. ital. Ibisco.
esp. Gombo ; (Am.) Quimbombo.

Amérique méridionale. — Annuel. — Tige forte, dressée, peu ou point ramifiée, haute, suivant les variétés, de 0ᵐ,50 à 1 mètre et plus ; feuilles très grandes, à cinq lobes, dentées, d'un vert foncé en dessus, un peu grisâtre en dessous, à nervures très prononcées; fleurs naissant isolément à l'aisselle des feuilles, à cinq pétales jaune-paille avec le centre brun ou violacé. Fruit pyramidal, terminé en pointe, relevé de cinq côtes saillantes et divisé en cinq loges remplies de graines assez grosses, grises ou verdâtres, presque sphériques, à surface rugueuse. Ces graines, au nombre de 15 à 18 dans un gramme, pèsent 620 grammes par litre ; leur durée germinative est de cinq années.

Culture. — Le gombo, de même que les aubergines ou les tomates, a besoin, sous le climat de Paris, de chaleur artificielle, tandis qu'il peut être semé en place et élevé en plein air dans les climats plus chauds. Habituellement, on sème les graines sur couche au mois de février, on repique le plant également sur couche, et on le met en place au mois de mai ; il n'a plus besoin alors que d'arrosements copieux pour achever de se développer.

Usage. — On fait un grand usage aux colonies des fruits encore jeunes et tendres du gombo ; ils sont, à cet état, extrêmement mucilagineux, et servent, coupés en tranches minces, à faire des potages et des sauces très appréciés des créoles. Les graines mûres peuvent être grillées et employées en guise de café ; l'infusion qu'on en obtient n'est pas plus mauvaise que celle de la chicorée, des glands doux, de l'*Astragalus bœticus,* et autres succédanés du café.

Gombo à fruit long
Fruits réd. au tiers.

GOMBO A FRUIT LONG.

Tige basse, ne dépassant guère 0ᵐ,50; feuilles profondément découpées. Fruits de 0ᵐ,15 à 0ᵐ,20 de longueur, minces, pointus, ne dépassant pas 0ᵐ,02 à 0ᵐ,03 de diamètre. C'est la forme qu'on cultive le plus généralement. Il en existe une sous-variété à fruits pendants.

GOMBO A FRUIT ROND.

Fruits courts, relativement gros, ne dépassant pas 0ᵐ,05 ou 0ᵐ,06 de long sur 0ᵐ,04 environ de diamètre, et plutôt obtus que pointus. Cette variété est plus naine et plus précoce que le gombo à fruit long.

GOURDE. — Voy. Courge bouteille.

HARICOT

Phaseolus vulgaris L.

Fam. des *Légumineuses*.

Synonymes : Phaséole, Pois.

Noms étrangers : angl. Kidney *or* French bean. all. Bohne. flam. et holl. Boon. dan. Havebønnen. ital. Fagiuolo. esp. Habichuela, Judia, Frijol. port. Feijao.

Amérique du Sud. — Plante *annuelle* à végétation rapide, fleurissant et fructifiant peu de temps après le semis. Tige mince, volubile, généralement cannelée ou anguleuse, rude au toucher, s'enroulant toujours de droite à gauche (il en existe de nombreuses variétés naines dont la tige, courte et raide, n'a pas besoin d'appui); feuilles grandes, composées de trois folioles triangulaires, avec les angles de la base arrondis, de formes et de dimensions variables et à surface rude; fleurs naissant dans les aisselles des feuilles, entre la tige et la base épaisse et renflée du pétiole. Ces fleurs, au nombre de deux à huit, sont réunies en grappes. On y reconnaît les caractères des fleurs des légumineuses papilionacées; cependant elles sont de conformation assez irrégulière, les pétales étant souvent plutôt tordus que symétriquement disposés : la carène notamment est généralement réduite à deux petites lames plus ou moins convexes et dépourvues d'adhérence entre elles; il en résulte que le pistil n'est pas enfermé aussi complétement que dans la plupart des autres papilionacées, et que les cas de croisement spontané des variétés entre elles se présentent assez fréquemment dans les haricots. Les cosses et les grains varient beaucoup d'une variété à l'autre sous le rapport de la forme, de la couleur, des dimensions et de la consistance; nous décrirons donc chaque variété séparément, nous contentant de faire observer ici qu'on les divise, à ce point de vue, en *haricots à écosser* ou *à parchemin*, dont la cosse devient très dure et coriace à la maturité, et *haricots mange-tout* ou *sans parchemin*, dont la cosse ne prend pas, même en séchant, cette contexture membraneuse. La durée germinative moyenne des haricots est de trois ans.

Il ne paraît pas probable que le haricot ait été connu des anciens, ce n'est pas lui qu'il faut reconnaître dans la plante nommée *phaseolus* ou *phaselus* par Columelle et Virgile; car le haricot ne s'accommode nullement, même en Italie, du semis automnal que ces auteurs disent convenir au *phaselus*. Il est certain que le haricot provient d'un climat chaud, et en l'absence de documents positifs sur son lieu d'origine et sur l'histoire de son introduction, divers indices semblent appuyer l'opinion de M. Alph. De Candolle, à savoir, qu'il serait originaire de l'Amérique du Sud et aurait été importé en Europe au xvie siècle. Il est certain que les vieux auteurs français qui traitent de la culture potagère ne commencent à en faire mention qu'à cette époque et en lui donnant une place très inférieure à celle qu'occupent dans leurs ouvrages les fèves et les pois. Depuis lors, et par l'effet de la grande variabilité dont le haricot est doué, il s'en est produit un nombre extrêmement considérable de variétés, et la culture de ce légume a pris dans son ensemble une importance considérable. Il se récolte annuellement en France plusieurs millions de kilogrammes de haricots secs, et l'on importe en outre des quantités très considérables de ces grains, qui occupent une des premières places dans l'alimentation publique. La chair du haricot est en effet une des substances végétales les plus riches en azote, et la composition n'en est pas sans analogie avec celle de la chair des animaux.

Culture. — Le haricot est extrêmement sensible au froid, il ne se développe bien et vigoureusement que sous l'influence d'une température supérieure à 10 degrés centigrades ; une gelée de 1 ou 2 degrés le fait périr. Il aime une terre légère, riche, saine et amendée au moyen de fumier bien divisé et bien incorporé au sol ; aussi vaut-il mieux le semer dans une terre fumée l'année précédente que sur fumure fraîche. Ces recommandations s'appliquent aussi bien à la grande culture qu'à la culture potagère.

Nous allons maintenant passer en revue rapidement les divers modes de culture généralement appliqués au haricot. Comme il aime beaucoup l'air et la lumière, on ne commence habituellement les semis sur couche chaude pour primeurs que dans le courant de février. On sème parfois en décembre ou janvier, mais il n'est pas rare de voir les plantes faites à cette époque s'étioler ou pourrir ; le semis se fait sous châssis, sur une couche de fumier recouverte de bonne terre ou de terreau sur une épaisseur de 0ᵐ,10 à 0ᵐ,15 ; on a soin de donner de l'air toutes les fois que le temps le permet, tout en maintenant la température au degré nécessaire pour que la végétation ne languisse pas. A mesure que les plantes prennent de la force, il faut enlever toutes les feuilles malades ou jaunissantes et quelques-unes même de celles qui sont saines et vigoureuses, mais qui donnent trop d'ombrage et empêchent la circulation de l'air.

Les premiers haricots verts peuvent être cueillis environ huit à dix semaines après le semis, quelquefois un peu plus tôt, quand le temps a été très favorable. Les semis sur couche peuvent se continuer en mars ; ceux qu'on fait au mois d'avril se repiquent habituellement en pleine terre. Le repiquage peut, du reste, être employé utilement alors même que la culture se fait entièrement sur couche. Quelques jardiniers conservent les haricots flageolets forcés, après y avoir fait une cueillette de haricots verts, et, laissant les gousses qui viennent ensuite atteindre tout leur développement, ils obtiennent une récolte de haricots frais à écosser dès le mois de mai, à une époque où ce légume a encore une grande valeur.

On emploie généralement pour cette culture : le *H. nain de Hollande,* à peine différent du flageolet blanc ; le *H. flageolet hâtif d'Étampes,* et le *flageolet à feuille gaufrée.* Le *H. noir de Belgique* et le *jaune de Chalindrey* conviennent également pour la culture forcée.

La saison du semis en pleine terre des haricots destinés à être cueillis en vert commence lorsque les gelées ne sont plus à craindre, et que la terre est suffisamment réchauffée ; elle s'étend du mois d'avril au mois d'août. On sème en poquets ou en rayons, suivant la force que prennent les différentes variétés. Cette culture ne demande guère d'autres soins que des binages et quelques arrosements pendant les chaleurs. Plusieurs jardiniers ont l'habitude de butter les haricots à la première façon qu'on leur donne, cette pratique paraît généralement produire de bons résultats : les fleurs se succèdent continuellement et le développement des jeunes gousses est très rapide ; aussi peut-on cueillir sur la même planche tous les deux ou trois jours. En abritant contre le froid les derniers semis, on peut récolter des haricots verts en pleine terre jusqu'à la fin d'octobre. Ce sont, en général, des variétés à parchemin que l'on cultive comme haricots verts, et l'on donne la préférence à celles qui produisent des aiguilles droites, longues, bien vertes, et plutôt cylindriques que trop aplaties. On appelle *aiguilles* les cosses des haricots cueillies à point pour faire des haricots verts. Dans les environs de Paris, on fait surtout usage, pour cette culture, des *haricots suisses*, et principalement du *suisse gris* ou *Bagnolet* et du *H. flageolet noir*.

On ne cultive guère pour grains, dans les jardins, que les *H. flageolets blancs* ou *verts*. Les soins à leur donner sont les mêmes que pour les haricots à cueillir en vert ; on récolte les cosses quand elles commencent à jaunir et qu'elles cessent d'être cassantes. On laisse mûrir complétement en place les pieds qu'on destine à donner du grain sec, mais on peut aussi en conserver une partie pour l'hiver, en les arrachant un peu avant maturité, en les faisant sécher à l'ombre et en les serrant dans un endroit sec : les feuilles se détachent et tombent, tandis que les cosses persistent, et que le grain y reste tendre et conserve à peu près la même saveur que s'il venait d'être écossé frais.

Les haricots à rames, qu'ils soient à écosser ou sans parchemin, réclament les mêmes soins que les autres variétés ; ils doivent en outre être soutenus au moyen de perches ou rames qui fournissent un point d'appui à leurs tiges grimpantes. Ces rames, dont la nature varie dans les différents pays, ont de 1^m,50 à 3 mètres, suivant la variété de haricot qu'elles doivent soutenir. Aux environs de Paris, on se sert habituellement de brins de châtaignier simples ou peu ramifiés. On plante généralement les rames un peu inclinées dans le sens perpendiculaire à la direction des rangs, de telle sorte que celles de deux rangs consécutifs se rapprochent les unes des autres et se rencontrent par leurs parties supérieures ; elles se prêtent ainsi un mutuel appui pour résister aux coups de vent. Quelquefois on attache ensemble les rames par le sommet, deux à deux, formant ainsi une série d'arceaux qu'on relie les uns aux autres par des perches assujetties dans la fourche que les deux rames forment au-dessus du point d'attache. Cet agencement donne quelque peine à établir, mais il a l'avantage de présenter une très grande solidité.

Usage. — Les cosses encore jeunes et très tendres de certaines variétés se mangent cuites sous le nom de *haricots verts*. Tout le monde connaît l'emploi qui se fait en cuisine du haricot en grain, soit sec, soit cueilli frais avant la maturité complète, mais lorsque les cosses peuvent déjà s'ouvrir facilement. Enfin, les haricots sans parchemin ou mange-tout s'emploient depuis le moment où le grain commence à grossir jusqu'à celui où il a atteint tout son développement.

HARICOTS A ÉCOSSER.

Nom étranger : ital. Fagiuoli da sgusciare.

I. Variétés à rames.

Noms étrangers : all. Stangen-Bohnen. flam. Stam-boonen. ital. Fagiuoli rampicanti. esp. Habichuelas enredaderas.

HARICOT DE SOISSONS A RAMES.

Synonyme : Haricot de Rome.

Noms étrangers : angl. Large white running bean. holl. Roomsche boon.

Tige mince, verte, s'élevant à 2 mètres ou un peu plus ; feuilles assez grandes et espacées sur la tige, passablement cloquées et contournées, d'un vert foncé un peu jaunâtre, les inférieures plus grandes que les autres ; fleurs blanches passant au jaune. Cosse verte, large, assez arquée, généralement de forme irrégulière par suite de l'inégal développement des grains, contenant rarement plus de quatre grains ; elle devient jaunâtre à la maturité. Grain blanc en rognon, plus ou moins bossu ou contourné, long de 0^m,020 à 0^m,025, large de 0^m,010 à 0^m,012, épais de 0^m,005 à 0^m,006. Le litre pèse environ 720 grammes, et 100 grammes contiennent 120 grains. Maturité tardive.

Ce haricot est très estimé en grain sec, à cause de sa finesse et du peu d'épaisseur de sa peau. Il réussit tout particulièrement dans son pays d'origine et dans les environs, où sans doute il trouve des conditions de sol et de climat exceptionnellement favorables : cultivé sous un ciel plus chaud, le H. de Soissons

Haricot de Soissons à rames.
réd. au douzième.

souffre parfois des coups de soleil, la peau du grain s'épaissit, et il perd de sa qualité ; le grain devient aussi plus petit et d'un blanc plus mat.

HARICOT DE LIANCOURT.

Tige verte, mince, élevée, atteignant 2^m,50 à 3 mètres; feuilles grandes, d'un vert assez foncé, un peu moins cloquées que celles du H. de Soissons, les feuilles du haut des tiges sont beaucoup moins amples que celles de la base; fleurs blanches, jaunissant après la fécondation. Cosse plus étroite et plus longue que celle du précédent, légèrement arquée, contenant environ cinq ou six grains. Grain plat, légèrement en rognon, de forme un peu irrégulière comme le H. de Soissons, mais d'un blanc presque mat, tandis que le grain de ce dernier est luisant comme de la faïence; long de 0^m,016 à 0^m,018, large de 0^m,007 à 0^m,009, épais de 0^m,004 environ. Le litre pèse 750 grammes, et 100 grammes contiennent 190 grains.

Le H. de Liancourt est assez rustique, vigoureux, productif et demi-tardif; on l'emploie surtout en grain sec.

HARICOT RIZ A RAMES.

Nom étranger : all. Reis *oder* Perl-Bohne.

Variété de taille médiocre, ne dépassant guère 1^m,30 ou 1^m,60. Tige d'un vert clair, très mince; feuilles moyennes, allongées, pointues, peu cloquées, d'un vert franc; fleurs blanches. Cosses vertes, étroites, très nombreuses, surtout à la partie inférieure des tiges, réunies souvent par quatre ou cinq sur la même grappe; sommet des tiges presque stérile. Grains au nombre de cinq ou six par cosse, presque ronds, à peau très lisse, fine, presque transparente, ne mesurant guère plus de 0^m,007 de diamètre. Le litre pèse 830 grammes, et 100 grammes contiennent 700 grains.

Le haricot riz présente une apparence si particulière et si différente de celle de la plupart des autres variétés, qu'on pourrait aisément le croire descendu d'une espèce botanique distincte, si sa fleur ne ressemblait pas aussi exactement à celle des autres haricots. Il se ramifie et s'étale plus que la plupart des autres races de haricots à rames, formant une touffe large de 0^m,50 à 0^m,60 au moins, avec des tiges faibles et minces qui s'élèvent peu sur les rames. Les grains en sont si petits et d'une forme tellement distincte, qu'on hésite à première vue à croire qu'ils appartiennent à la même espèce que les haricots de Soissons ou de Liancourt. Cependant, par suite du très grand nombre de cosses qu'il porte, ce haricot est assez productif. Le grain sec en est extrêmement bon et délicat; on le recherche à cause de sa qualité et de la finesse de sa peau, qui semble fondre à la cuisson. Son seul défaut est de pourrir facilement dans les années humides, quand les cosses traînent à terre avant d'être bien mûres.

HARICOT SABRE A RAMES.

Synonyme : H. sabre à très grande cosse.

Noms étrangers : angl. White Dutch *or* Case-knife bean. all. Weisse
Schwert-Bohne, Schlacht-Schwert B.

Variété très vigoureuse, atteignant et dépassant 3 mètres de haut. Tiges vertes, grosses; feuilles très grandes, d'un vert foncé, cloquées; fleurs grandes, blanches, passant au jaune nankin et réunies en longues grappes. Cosses droites, quelquefois ondulées sur le sens de l'épaisseur, atteignant 0^m,25 et

0^m,30 de long, et contenant jusqu'à huit et même neuf grains. Ces cosses sont nombreuses et se succèdent pendant longtemps, surtout si les premières sont cueillies en vert. Grain blanc, luisant, en rognon, rappelant assez bien la forme du H. de Soissons, tout en étant plus régulier, mais de grosseur moins forte d'un tiers : la longueur n'en dépasse guère 0^m,014 ou 0^m,015; les autres dimensions sont en proportion. Le litre pèse 715 grammes, et 100 gram. contiennent 245 grains. Maturité assez tardive.

Les jeunes cosses du H. sabre peuvent être employées en haricots verts; le grain écossé frais est un des meilleurs; il est aussi très bon en sec. Le H. sabre est certainement une des variétés potagères les plus recommandables; son seul inconvénient est d'exiger des rames très hautes.

Les Allemands en cultivent un assez grand nombre de sous-variétés, caractérisées principalement par des cosses plus larges et plus droites. Malgré de nombreux essais, nous n'en avons jamais trouvé de préférables, ni même d'égales à la forme que nous venons de décrire : c'est la plus tendre et aussi la plus productive.

Haricot sabre à rames
réd. au douzième.

HARICOT BLANC A LONGUE COSSE, A DEMI-RAMES.

Plante ne dépassant guère 1^m,20 ou 1^m,50 de hauteur. Feuilles moyennes, unies, d'un vert franc; fleurs blanches, grandes. Cosses extrêmement nombreuses, très droites, très longues, presque cylindriques, d'un beau vert passant au jaune à la maturité. Grain oblong, presque aussi épais que large, de 0^m,014 à 0^m,016 de long, sur 0^m,006 à 0^m,007 de large et 0^m,005 d'épaisseur; peau extrêmement fine, presque transparente, ce qui donne au grain une couleur plutôt légèrement saumonée que complètement blanche. Le litre pèse 790 grammes, et 100 grammes contiennent 240 grains.

Cette variété, pour laquelle de très petites rames peuvent suffire, mérite d'être recommandée pour la production des haricots verts; il n'en existe peut-être aucune autre qui produise de plus belles aiguilles, et elle a sur les haricots nains cet avantage que ses cosses, attachées plus haut, ne risquent pas de traîner à terre et d'y prendre la pourriture. Le grain sec est également très bon. La maturité est demi-hâtive.

HARICOT ROUGE DE CHARTRES.

Cette variété est surtout répandue dans la grande culture ; elle peut presque se passer de rames, la hauteur des tiges n'excédant guère 1 mètre à 1^m,25. Plante compacte, peu élevée ; feuilles de grandeur médiocre, d'un beau vert, un peu cloquées ; fleurs blanches ou jaunâtres, assez grandes. Cosses de 0^m,10 à 0^m,12, légèrement arquées, contenant cinq ou six grains qui sont aplatis, courts, souvent carrés d'un bout ou même des deux, et d'un rouge vineux foncé avec un cercle presque noir autour de l'ombilic. Longueur moyenne, 0^m,012 à 0^m,014 ; largeur, 0^m,008 ; épaisseur, 0^m,005. Le litre pèse 765 grammes, et 100 grammes contiennent 300 grains. Maturité hâtive.

Le H. de Chartres, qui se sème surtout en plein champ, ne s'emploie guère qu'en grain sec.

HARICOT ŒIL-DE-PERDRIX.

Plante moyenne, effilée et grêle ; fleurs lilas. Cosses courtes, plates, contenant quatre ou cinq grains aplatis, courtement ovales ou presque carrés, blancs et finement striés de gris verdâtre. Cette variété est très anciennement connue, mais peu cultivée à cause de son petit produit.

On cultive encore un très grand nombre de haricots à rames à écosser, parmi lesquels nous citerons les suivants comme étant bien distincts et particulièrement intéressants à divers points de vue :

H. arlequin. Plante élevée, assez tardive ; feuillage cloqué, long. Cosses nombreuses, courtes et courbées. Grain très plat, oblong, peu courbé en rognon, de couleur café au lait, irrégulièrement strié et sillonné de lignes noires. Ce haricot est rustique et productif ; on le voit assez souvent à la halle de Paris.

H. à cosses géantes. Race assez distincte, quoiqu'elle se rapproche évidemment du H. sabre à rames ; elle en diffère par ses cosses plus longues, plus étroites et un peu moins parcheminées. Elle est assez voisine du H. mange-tout à longues cosses, et forme ainsi avec lui la transition entre les haricots à rames à écosser et les haricots à rames sans parchemin.

H. de Soissons rouge. Variété élevée, assez grêle, à feuillage peu abondant. Cosses longues, un peu recourbées, assez étroites. Grain à peu près de la forme de celui du H. sabre, et d'une superbe couleur de corail un peu avant d'être mûr, prenant à la maturité une teinte lie de vin. Cette belle variété est de précocité moyenne, mais médiocrement productive.

H. Saint-Seurin. Très vigoureux, à végétation rapide ; feuilles très grandes, amples, d'un vert foncé ; fleurs lilas. Cosses très nombreuses, presque droites, se panachant, très jeunes, de stries violettes. Grain plat, en rognon, de couleur saumonée, marbré et taché de noir. Race rustique, très productive et hâtive, convenant surtout aux climats un peu chauds.

II. Variétés naines (*à écosser*).

Noms étrangers : Angl. Dwarf beans. All. Busch *oder* Krupp-Bohnen. Flam. Bosch-boonen. Holl. Kruip-boonen. Ital. Fagiuoli nani. Esp. Habichuelas enanas, H. bajas.

HARICOT FLAGEOLET BLANC.

Synonyme : Haricot nain hâtif de Laon.

Noms étrangers : Angl. Early Laon bean, Early white dwarf B.

Le plus connu et le plus généralement apprécié des haricots à écosser. Non seulement son nom a été étendu à diverses variétés qui se rapprochent plus ou moins du flageolet blanc, mais on l'applique même, depuis quelques années, au grain dans l'état où on le consomme habituellement, c'est-à-dire écossé un peu avant la maturité. Le H. flageolet est une plante basse, assez trapue, à tige ferme, courte, ne dépassant pas 0m,30 à 0m,35 de hauteur; les feuilles sont moyennes, assez lisses, ou légèrement gaufrées, d'un vert foncé; les fleurs blanches, avec une légère teinte nankin, et les cosses nombreuses, assez plates et légèrement arquées. Elles présentent souvent une largeur un peu inégale par suite de l'avortement d'une partie des grains. Ceux-ci, au nombre de quatre ou cinq par cosse, sont blancs, assez aplatis, échancrés en forme de rognon, longs de 0m,015 à 0m,016, larges de 0m,007 à 0m,008 et épais de 0m,004 environ. Le litre pèse 770 grammes, et 100 grammes contiennent 350 grains.

Si l'on ne devait cultiver qu'une seule variété de haricot, on pourrait se contenter du flageolet blanc, car on peut en cueillir les cosses jeunes pour faire des haricots verts, et le grain peut se consommer aussi bien sec qu'à l'état frais, quoique ce dernier emploi soit celui auquel il convient le mieux.

HARICOT NAIN HATIF DE HOLLANDE.

Synonyme : Haricot de Flandre.

Ce haricot n'est, à proprement parler, qu'une sous-variété du H. flageolet blanc; il ne s'en distingue que par une taille un peu moindre, des feuilles un peu plus crispées, et une précocité d'un jour ou deux plus grande. Ces particularités le font ordinairement préférer pour la culture forcée sous châssis; mais la différence est si légère entre le flageolet et lui, que les deux formes sont souvent employées l'une pour l'autre. Le litre de grains pèse 775 grammes, et 100 grammes en contiennent 350.

HARICOT BONNEMAIN.

Variété toute nouvelle, obtenue récemment de semis par M. Bonnemain, secrétaire de la Société d'horticulture d'Étampes. Nous décrivons ce haricot à côté des haricots flageolets, parce qu'il s'en rapproche par sa petite taille, sa précocité et la couleur blanche de son grain; mais il est franchement distinct de tous les autres et facile à reconnaître au premier coup d'œil. Il forme des touffes très basses et trapues; le feuillage en est d'un vert pâle, grisâtre; les fleurs sont blanches. Cosses, droites, presque cylindriques, relativement courtes. Le grain est blanc, ovoïde-allongé, plus épais et moins en rognon que celui du H. flageolet blanc. Le litre pèse 850 grammes, et 100 grammes contiennent environ 480 grains.

Le grand mérite de ce haricot consiste dans son extrême précocité, qui permet de le cueillir, pour l'écosser, cinq ou six jours plus tôt que le flageolet hâtif d'Étampes, regardé jusqu'ici comme le plus hâtif de tous.

Nous avons obtenu de très bons résultats de la culture du H. Bonnemain en pleine terre. Sa petite taille et son extrême précocité en feront certainement une plante très convenable pour la culture sous châssis. Il deviendra une des variétés les plus recherchées pour primeurs.

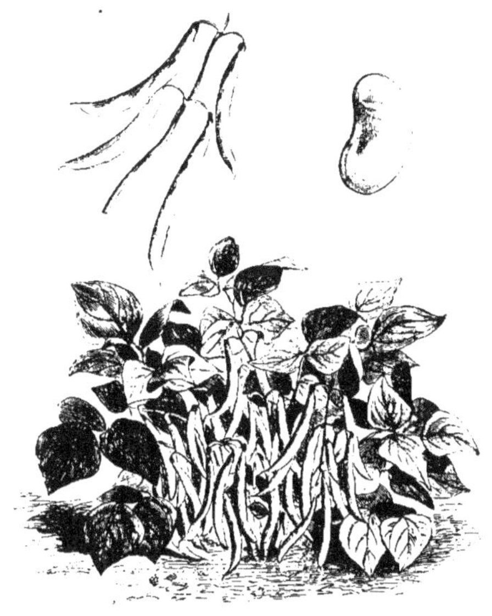

Haricot Bonnemain.

Plante réd. au huitième, cosses au quart; grain de grosseur naturelle.

HARICOT FLAGEOLET TRÈS HATIF D'ÉTAMPES.

Cette nouvelle variété, obtenue, comme la précédente, par M. Bonnemain, constitue un véritable progrès sur le H. flageolet blanc ordinaire. Il s'en distingue complètement par l'aspect de son feuillage, qui est ample, un peu cloqué et d'un vert foncé. Les fleurs, les gousses et le grain ne présentent pas de différence sensible avec le H. flageolet blanc; mais la précocité, de cinq à huit jours plus grande, du H. d'Étampes, en fait une race vraiment précieuse, qui probablement remplacera petit à petit le H. flageolet ordinaire dans les cultures. Le litre de grains pèse en moyenne 820 grammes, et 100 grammes en contiennent 350.

Haricot flageolet très hâtif d'Étampes
réd. au huitième.

HARICOT FLAGEOLET A FEUILLE GAUFRÉE.

Race bien distincte du H. flageolet blanc. C'est un haricot nain, rustique,
hâtif, productif, très facile à reconnaître à ses feuilles petites, d'un vert foncé presque noir, et finement cloquées sur toute leur surface. Le litre de grains pèse 800 grammes, et 100 grammes en contiennent environ 240.

La petite taille de cette variété la rend très propre à la culture sous châssis; on peut aussi, à cause de sa rusticité, la semer dans les champs pour la grande culture : c'est l'usage qu'on en fait communément déjà aux environs de Paris.

Haricot flageolet à feuille gaufrée.
red. au huitième.

Elle mûrit à peu près en même temps que le flageolet blanc. Son principal avantage est d'être plus résistante aux maladies et aux intempéries, et de se distinguer bien nettement par son feuillage de toutes les autres variétés.

HARICOT FLAGEOLET A GRAIN VERT.

Sous-variété du H. flageolet blanc, dont le grain présente la particularité de conserver une certaine nuance verte, même lorsqu'il est mûr. Le H. flageolet à grain vert a toujours un peu plus de valeur sur le marché que celui à grain blanc, mais le mode de récolte et de séchage a autant d'influence que le choix de la variété pour la conservation de la couleur verte. On doit s'attendre à voir le H. flageolet à grain vert remplacé par la variété suivante. Le litre de grains pèse 770 grammes, et 100 grammes en contiennent 370.

HARICOT CHEVRIER.

Cette variété, encore peu répandue, appartient évidemment au groupe des haricots flageolets, mais elle constitue une forme bien distincte et caractérisée particulièrement par la couleur vert intense que la plante présente dans toutes ses parties. Même à la maturité, les cosses restent vertes extérieurement; les tiges conservent aussi leur couleur ; et, ce qui est plus important, le grain mûr lui-même présente alors une teinte verte très prononcée. Le litre de grains pèse 800 grammes, et 100 grammes en contiennent 380.

Les caractères de végétation diffèrent peu de ceux du H. flageolet blanc, mais la couleur du grain suffit à faire du H. Chevrier une nouveauté des plus intéressantes. Chacun sait, en effet, combien on attache d'importance à la couleur verte dans les préparations diverses et surtout dans les conserves de haricots en grains. Or, il est certain que la nouvelle variété aura, à ce point de vue, une valeur toute particulière, car il n'est guère douteux que les grains n'en restent bien verts, malgré la cuisson, leur coloration n'existant pas seulement à la surface, mais jusque dans l'intérieur du grain.

HARICOT FLAGEOLET JAUNE.

Synonyme : Haricot quarantain jaune.

Noms étrangers : Angl. Pale dun bean ; (Am.) Long yellow six weeks bean.

Plante vigoureuse, franchement naine, mais atteignant 0,40 à 0,45 de hauteur ; feuilles grandes, amples, d'un vert un peu grisâtre, un peu plissées, mais à peine cloquées ; fleurs blanches. Grandes cosses longues, droites, larges, pouvant convenir, quoique un peu pâles, pour la production des haricots verts. Grain oblong, peu courbé en rognon, long de 0,015 à 0,018, large de 0,007 à 0,008 et presque aussi épais, de couleur chamois unie, à part l'ombilic, qui est blanc et entouré d'un cercle brun assez foncé. Le litre de grains pèse 775 grammes, et 100 grammes en contiennent 220.

Le grain se consomme habituellement frais et avant d'avoir atteint tout son développement. On peut généralement écosser le H. flageolet jaune un peu avant le flageolet à grain blanc ; il est beaucoup plus productif.

HARICOT FLAGEOLET ROUGE.

Synonyme : Haricot rognon de coq.

Noms étrangers : Angl. Crimson wonder bean ; (Am.) Red *or* scarlet flageolet.

Plante vigoureuse, à peu près de la même taille que le flageolet jaune, mais d'un vert bien plus foncé ; feuilles étroites, longues, pointues ; fleurs d'un blanc rosé. Cosses droites et longues, donnant de très bons haricots verts. Grains longs de 0,018 à 0,020, larges de 0,008 et épais de 0,006 à 0,007, droits ou légèrement courbés en rognon et presque cylindriques, entièrement d'une couleur rouge lie de vin. Le litre pèse 775 grammes, et 100 grammes contiennent 155 grains.

Cette variété est une des plus rustiques et des plus productives ; elle est surtout cultivée pour son grain, qui est d'une qualité remarquable en sec. Elle donne aussi de belles cosses longues et droites, excellentes pour haricots verts. Le *H. crimson wonder*, et le *Canadian wonder*, dont nous parlerons plus loin, n'en sont que des sous-variétés, légèrement différentes par la forme de leur grain.

HARICOT FLAGEOLET NOIR.

Noms étrangers : Angl. Black Canterbury bean, Negro long-podded B.

Variété bien distincte et l'une des plus recommandables pour la production des haricots verts. Feuillage ample, peu cloqué, d'un vert foncé, en général étalé horizontalement et non pendant ; fleurs lilas. Ce haricot est surtout remarquable par la longueur de ses aiguilles ou jeunes cosses, qui sont minces, très droites et presque cylindriques. Le grain est de médiocre grosseur, long de 0,015 à 0,016, presque aussi épais que large (0,005) et entièrement noir : à cause de sa couleur, on ne l'emploie ni frais ni sec, et la plante ne se cultive que pour la production des aiguilles. Le litre de grains pèse 770 grammes, et 100 grammes en contiennent 280.

HARICOT NOIR DE BELGIQUE.

Synonyme : Haricot du Mexique (à Bordeaux).

Noms étrangers : Angl. Belgian negro bean, Dwarf Belgian B.

Haricot noir de Belgique.
réd. au huitième.

Petite variété naine, précoce, généralement employée pour la culture forcée sous châssis. La plante, quand elle est bien franche, ne dépasse guère 0^m,25 à 0^m,30 de hauteur ; elle forme une petite touffe ramassée, compacte ; feuilles moyennes, assez pointues, peu cloquées, d'un vert un peu pâle et terne ; fleurs lilas. Cosses droites, bien vertes tant qu'elles sont très jeunes, plus tard légèrement panachées de violet. Le grain est assez petit, peu aplati et légèrement en rognon ; il ne dépasse guère 0^m,012 à 0^m,015 de longueur et est d'un très beau noir avec l'ombilic blanc. Le litre pèse 765 grammes, et 100 grammes contiennent 430 grains.

Comme le flageolet noir, cette variété, en raison de sa couleur, ne se cultive absolument que pour la production des haricots verts.

HARICOT CHOCOLAT.

Variété très naine et très précoce, à feuilles petites, allongées, peu cloquées, d'un vert clair ; fleurs lilas. Cosses assez courtes et remarquablement courbées, formant souvent une demi-circonférence. Grain plat, passablement échancré, en rognon, de 0^m,012 à 0^m,015 de long, variant de la couleur chamois au gris foncé ardoisé, et présentant souvent les deux couleurs sur le même grain. Le litre pèse 770 grammes, et 100 grammes contiennent environ 330 grains.

Cette variété est surtout remarquable par sa précocité ; elle convient aux cultures sous châssis pour obtenir de bonne heure des haricots à écosser.

Le *H. comte de Vougy*, le *H. Mohawk* et le *H. nain d'abondance*, variétés aujourd'hui à peu près abandonnées, se rapprochaient beaucoup du H. chocolat. Elles étaient moins hâtives, et par suite moins recommandables que lui.

HARICOT NAIN HATIF DE CHALINDREY.

Race extrêmement naine et des plus hâtives, n'excédant guère 0^m,25 de haut et formant une touffe compacte ; feuilles petites et allongées, d'un vert gai ; fleurs roses ou lilas pâle. Cosses minces et assez longues, légèrement arquées. Grain petit, presque cylindrique, peu échancré, ne dépassant guère 0^m,012 de longueur, de couleur brune ou acajou clair. Le litre pèse 810 grammes, et 100 grammes contiennent 330 grains.

Cette variété, à peu près aussi précoce que le H. flageolet d'Étampes, convient surtout pour la culture forcée ; on peut en obtenir des haricots verts et des grains frais à écosser.

HARICOT SUISSE BLANC.

SYNONYME : Haricot lingot.

NOMS ÉTRANGERS : ANGL. Royal dwarf white bean ; (Am.) White kidney dwarf B.

On réunit sous le nom de *haricots suisses* un certain nombre de variétés qui présentent en effet des caractères de végétation presque identiques et ne diffèrent guère que par la couleur de leur grain. Ces haricots reçoivent en Italie le nom de *fagiuoli cannellini* ; à Bordeaux, on les appelle *H. capucine.* Presque tous présentent le défaut de *filer* plus ou moins, c'est-à-dire de développer, au-dessus des quelques ramifications qui portent les feuilles et les fleurs, une tige grêle plus ou moins longue, qui ne porte pas de cosses et ne s'attache pas comme celle des haricots à rames.

Le H. suisse blanc présente quelquefois ce défaut ; il a par contre de grandes qualités, dont les principales sont sa fertilité et son tempérament très robuste qui le rend très propre à la culture dans les champs. Feuillage ample, très rude, d'un vert foncé, quelquefois finement cloqué ; fleurs blanches, grandes. Cosses longues et nombreuses, contenant cinq ou six grains blancs, droits, presque cylindriques, souvent aplatis à un bout, ce qui lui a fait donner le nom de *H. lingot.* Le grain est, en général, long d'environ 0^m,018. large et épais de 0^m,008. On peut le consommer sec, quoiqu'il ait la peau un peu épaisse. Le litre pèse 800 grammes, et 100 grammes contiennent 225 grains.

Depuis quelques années on est arrivé à en obtenir une race qui ne file pas du tout, et qui peu à peu se substituera complètement à l'ancienne.

HARICOT BAGNOLET.

SYNONYME : Haricot suisse gris.

NOM ÉTRANGER : ANGL. Black speckled dwarf bean.

Cette variété est une des plus répandues, aux environs de Paris, pour la production des haricots verts. En général, le H. Bagnolet ne file pas et se montre en cela supérieur à la plupart des haricots suisses. Feuillage ample, d'un vert foncé, peu cloqué ; tige atteignant 0^m,35 à 0^m,40 de hauteur ; fleurs lilas. Cosses droites, longues, bien vertes, presque cylindriques dans leur jeunesse. Grain droit, long, arrondi aux deux bouts, presque aussi épais que large, d'un violet noirâtre, marqué de panachures nankin qui

Haricot Bagnolet.
réd. au huitième.

n'occupent jamais plus d'un tiers de la surface et sont quelquefois réduites à quelques taches claires sur un fond presque noir. Le litre pèse 755 grammes, et 100 grammes contiennent 235 grains.

Il en existe une variété à grain blanc qui ne se distingue que par ce seul caractère.

HARICOT SUISSE ROUGE.

Synonymes : Haricot à la reine, H. de Marcoussis.

Noms étrangers : angl. Long spotted french bean ; (Am.) Red french bean.

Plante vigoureuse, ramifiée, mais ne filant ordinairement pas ; feuillage raide, pas très grand ni très ample, uni, d'un vert un peu grisâtre ; fleurs lilas ou rosées. Grain allongé, presque droit, marbré de taches lie de vin généralement allongées et formant des stries longitudinales sur un fond rouge pâle. Le litre pèse 780 grammes, et 100 grammes contiennent 200 grains.

Cette variété est très productive, et le grain sec en est assez estimé.

HARICOT SANG DE BŒUF.

Synonyme : Haricot indien.

Plante ressemblant énormément au H. suisse rouge : même port, même feuillage ; fleurs rose pâle. Grain droit, de la forme de celui du H. Bagnolet, mais à fond rouge foncé, pointillé de blanc ou de saumoné. Le litre pèse 780 grammes, et 100 grammes contiennent 180 grains.

Cette variété est fréquemment désignée depuis quelques années sous le nom de H. indien. Le grain sec en est apporté en très grandes quantités à la halle de Paris.

HARICOT VENTRE DE BICHE.

Plante vigoureuse, formant de fortes touffes, et ne filant pas, à proprement parler, mais portant quelquefois des bouquets de cosses au-dessus du feuillage, qui est ample, légèrement cloqué et d'un vert un peu grisâtre. Cosses longues, droites, presque cylindriques, contenant cinq ou six grains. Grain long, atteignant souvent $0^m,020$ sur $0^m,008$ ou $0^m,009$ de largeur et $0^m,007$ d'épaisseur, d'une couleur chamois clair, devenant plus foncée avec l'âge et tout à fait brune autour de l'ombilic, sans que le cercle foncé soit aussi marqué que dans le H. flageolet jaune. Le litre pèse 755 grammes, et 100 grammes contiennent 220 grains.

Cette variété se fait beaucoup en grande culture et le grain sec a une certaine valeur.

Outre les variétés de H. suisses que nous avons citées, on cultive encore :

Le *H. suisse gros gris*, dont le grain est blanc jaunâtre, panaché de noir.

Le *H. suisse Bourvalais*, à grain blanc, marbré de violet clair.

Le *H. lingot rouge*, à grain plus pâle que le suisse rouge et non jaspé.

On peut encore rapporter aux haricots suisses la variété appelée *H. nain gigantesque*, remarquable par l'ampleur de son feuillage et la longueur de ses cosses, mais abandonnée aujourd'hui en faveur de la race améliorée du H. suisse blanc.

HARICOT TURC.

Variété de grande culture, rustique, productive et précoce; feuillage abondant, de dimensions moyennes, un peu gaufré, d'un vert assez foncé; fleurs rosées ou lilas. Cosses longues et droites. Le grain se rapproche par sa forme de celui des haricots suisses, mais sa couleur est la même que celle du H. de Prague marbré, c'est-à-dire qu'il présente de fines mouchetures rouge clair ou lilas sur un fond couleur de chair. Le litre pèse 740 grammes, et 100 grammes contiennent 245 grains.

Tout en étant assez franchement nain, le H. turc forme des touffes moins compactes que les haricots suisses; ses tiges sont ordinairement allongées et demi-traînantes. Il est très peu exigeant sur la qualité du terrain et demande fort peu de soins; aussi est-ce un de ceux qui se sèment le plus fréquemment dans les vignes ou parmi les autres cultures.

HARICOT SOLITAIRE.

Synonyme : Haricot Zé fin.

Nom étranger : Angl. Bush haricot.

Plante très ramifiée, formant une forte touffe, ne filant pas et s'élevant à 0^m,40 ou 0^m,50; feuilles assez petites, très nombreuses, longues, pointues, d'un vert foncé; fleurs lilas pâle. Le grain présente quelque analogie avec celui du H. Bagnolet, mais il est beaucoup plus petit, ne dépassant guère 0^m,012 à 0^m,014 de longueur, et d'une couleur plus violacée. Le litre pèse 775 grammes, et 100 grammes contiennent 315 grains.

Le principal mérite de ce haricot consiste en ce qu'il forme une forte touffe et se ramifie beaucoup; ce qui fait que certaines personnes sèment chaque grain isolément, au lieu d'en mettre plusieurs dans un même poquet : de là son nom de H. solitaire.

HARICOT RUSSE.

Très bonne variété de haricot nain, convenant aussi bien qu'aucune autre à la production des haricots verts. La plante est très vigoureuse; elle porte des feuilles extrêmement larges, finement cloquées, d'un vert foncé un peu terne; fleurs lilas. Cosses très droites, d'une longueur et d'une beauté remarquables. Le grain, qui a quelque analogie de forme et de couleur avec celui du H. ventre de biche, présente une particularité qui le fait facilement reconnaître entre tous : c'est que la peau en est complètement mate, au lieu d'être luisante et pour ainsi dire vernissée, comme dans tous les autres haricots. Le litre pèse 770 grammes, et 100 grammes contiennent environ 200 grains.

Il en existe une sous-variété à grain noir, petit, dont les cosses sont peut-être encore plus longues et plus cylindriques que celles de la variété ordinaire. La cosse en contient souvent six et même sept, et, comme ces grains sont longs de 0^m,015 à 0^m,018, et qu'en outre ils ne se touchent pas, mais sont toujours séparés par un certain intervalle, on comprendra facilement que la cosse doive être fort longue.

HARICOT SAINT-ESPRIT.

Synonymes : Haricot à la religieuse, H. à l'aigle.

Nom étranger : ital.. Fagiuolo dall' aquila.

Encore une variété naine à cosse parcheminée, qui paraît rentrer dans la
section des haricots suisses. Plante haute, atteignant et dépassant 0^m,40;
feuillage d'un vert franc, ample, allongé, finement cloqué; fleurs blanches
assez grandes. Cosses droites, assez longues. Grain bien plein, passablement
courbé en forme de rognon, complètement blanc, sauf au voisinage de l'ombilic, où il est marqué d'une tache noire ou brune dont la forme rappelle
assez bien la silhouette d'un oiseau qui aurait les ailes étendues. On peut
y voir soit un aigle, soit une colombe, et de là viennent ses noms les plus
habituels. Le litre pèse 800 grammes, et 100 grammes contiennent 210 grains.

HARICOT DE SOISSONS NAIN.

Synonyme : Haricot gros pied.

Variété franchement naine, précoce, mais médiocrement productive. Plante
trapue, basse; feuillage assez ample, uni, d'un vert foncé luisant. Ce haricot
ne file pas, mais les grappes de gousses dépassent quelquefois le feuillage;
fleurs blanches. Cosses généralement courbées et de largeur irrégulière, par
suite de l'inégal développement des grains. Ceux-ci, beaucoup moins gros
que ceux du H. de Soissons à rames, ressemblent plutôt à ceux du H. de
Liancourt; ils sont blancs, assez plats et passablement courbés en rognon.
Le litre pèse 740 grammes, et 100 grammes contiennent 260 grains.

HARICOT SABRE NAIN HATIF DE HOLLANDE.

Cette variété, qui est très distincte et d'un grand mérite, diffère complètement de l'ancien H. sabre
nain, qui est aujourd'hui abandonné. Le H. sabre nain de
Hollande est une plante basse,
très trapue, à grandes feuilles
un peu cloquées, d'un vert
foncé et lustré; fleurs blanches.
Cosses longues et larges, droites
et bien remplies. Ce haricot
fleurit à peu près en même
temps que le flageolet blanc, et
sa précocité ainsi que la beauté
de son grain en font une variété précieuse pour la culture
forcée sous châssis. Le grain,
large et bien rempli, a environ

Haricot sabre nain hâtif de Hollande.
réd. au huitième.

0^m,015 à 0^m,016 de longueur sur 0^m,008 ou 0^m,009 de largeur et 0^m,006 d'épaisseur; il est d'un blanc pur et a la peau quelquefois un peu ridée. Le litre
pèse 750 grammes, et 100 grammes contiennent 225 grains.

HARICOT BLANC PLAT COMMUN.

Ancienne variété qui se fait encore dans certains pays, pour la grande culture. On pourrait presque aussi bien la classer dans les variétés à rames ; car, bien que les tiges ne s'attachent pas bien, elles s'allongent considérablement et traînent sur le sol. Feuillage abondant, un peu cloqué, plutôt petit que large, d'un vert assez foncé ; fleurs blanches. Cosses assez courtes, contenant quatre ou cinq grains moyens, à peu près de la forme de ceux du H. de Liancourt, luisants et d'un très beau blanc. Le litre pèse 780 grammes, et 100 grammes contiennent 250 grains.

HARICOT COMTESSE DE CHAMBORD.

Synonyme : Haricot riz nain.

Plante naine, mais extrêmement ramifiée, formant des touffes qui arrivent à mesurer 0^m,70 à 0^m,80 de diamètre ; feuilles très nombreuses, assez pointues, moyennes ou petites, d'un vert franc ; fleurs blanches. Cosses courtes, mais extrêmement nombreuses, contenant cinq ou six grains. Grain blanc, ovoïde, de 0^m,008 à 0^m,010 de longueur sur 0^m,006 de largeur et presque autant d'épaisseur. La peau en est extrêmement fine et la qualité remarquable ; aussi sont-ils très estimés comme haricots à consommer en sec. Le litre pèse 825 grammes, et 100 grammes contiennent 650 grains.

Malgré la petitesse de son grain, cette variété est très productive ; elle a le défaut d'être un peu tardive, ce qui est cause que le grain se tache quelquefois dans les années où l'automne est froid et humide.

Il en existe une variété à très petit grain et à cosses extrêmement nombreuses, connue sous le nom de *H. nain de Hongrie*, ou *H. riz de Hongrie*.

HARICOT JAUNE CENT POUR UN.

Petite variété naine et très rustique. Plante ramassée, à feuilles moyennes, légèrement gaufrées, d'un vert foncé un peu grisâtre ; fleurs blanches tournant au jaune. Cosses assez courtes, nombreuses, contenant quatre ou cinq grains droits, presque cylindriques, quelquefois carrés du bout et d'une couleur jaune foncé tirant sur le brun. Le litre pèse 815 grammes, et 100 grammes contiennent 475 grains.

C'est une variété assez productive, qui est surtout répandue dans l'est de la France, où on la cultive souvent dans les vignobles.

HARICOT JAUNE HATIF DE SIX SEMAINES.

Synonyme : Haricot jaune du Caucase.

Nom étranger : angl. (Am.) Round yellow *or* six weeks bean.

Tige basse, ramassée ; feuillage un peu grisâtre et un peu allongé ; fleurs lilas pâle ou rosées. Cosses assez larges et courtes, contenant quatre ou cinq grains ovoïdes, de 0^m,011 à 0^m,012 de long et d'un jaune foncé uni, excepté auprès de l'ombilic, où la teinte est plus foncée et tire sur le brun. Le litre pèse 800 grammes, et 100 grammes contiennent 340 grains.

Cette variété est assez productive et remarquablement précoce.

HARICOT SAUMON DU MEXIQUE.

Un des plus précoces de tous les haricots à écosser. Plante basse, peu ramifiée, à feuillage moyen, d'un vert foncé grisâtre; fleurs lilas très pâle. Cosses courtes et assez larges, contenant quatre ou cinq grains ovoïdes, un peu aplatis, de couleur rose saumoné, avec un cercle brunâtre autour de l'ombilic. Le litre pèse en moyenne 800 grammes, et 100 grammes contiennent 225 grains.

HARICOT NAIN ROUGE D'ORLÉANS.

Race franchement naine, ou filant quelquefois un peu, à tiges grosses et courtes, formant une touffe compacte assez large; feuillage raide, moyen, cloqué, d'un vert foncé luisant; fleurs violettes. Cosses assez nombreuses, courtes, légèrement arquées, contenant quatre ou cinq grains ovoïdes, assez petits, ne dépassant guère $0^m,010$ de longueur, d'un rouge foncé légèrement brunâtre, à ombilic blanc cerclé de noir. Le litre pèse 800 grammes, et 100 grammes contiennent 225 grains.

Ce haricot se cultive dans les vignes de l'Orléanais, comme le H. jaune cent pour un et le H. turc dans celles de la Bourgogne. C'est à tort qu'on le confond quelquefois avec le H. rouge de Chartres, qui est un haricot à rames, et dont le grain est plus plat et plus carré.

On rencontre encore de temps en temps dans les cultures les variétés suivantes de haricots nains à écosser :

H. Bagnolet blanc. Belle race, vigoureuse et rustique, se rapprochant assez du H. Bagnolet ou H. suisse gris par ses caractères de végétation, mais en différant complètement par son grain blanc, assez aplati et en forme de rognon. Il convient aussi bien à la consommation en sec qu'à la production en vert.

H. Barbès nain. Cette variété présente une grande analogie avec le H. jaune cent pour un; il s'en distingue pourtant par son grain d'une couleur plus claire et marqué d'un petit cercle brun autour de l'ombilic.

H. impératrice (syn. *H. religieuse, H. Isabelle*). Par son port et son feuillage, ce haricot ressemble aux haricots suisses, mais il a les cosses plus larges et légèrement courbées. Le grain en est grand, renflé, courbé en rognon et d'un coloris tout à fait remarquable : une large tache rouge foncé occupe tout le pourtour de l'ombilic et s'étend à peu près sur le tiers de la surface du grain; tout le reste est d'un blanc pur, parsemé d'un grand nombre de petites taches rouges tranchant très nettement sur le fond.

H. de Naples. On réunit sous cette dénomination plusieurs races de haricots à grains blancs, ovoïdes, tels qu'on les importe en grande quantité du midi de l'Italie et de la Sicile. C'est plutôt un nom commercial que la désignation d'une variété bien distincte.

H. plein de la Flèche. Bonne race, trapue et vigoureuse, qui se rapproche à la fois du H. Bagnolet et du H. solitaire. Elle possède à peu près la végétation du premier et le grain du second.

Les variétés suivantes sont d'origine anglaise ou américaine :

Early light dun, Early dark dun. Ces deux races présentent quelque analogie avec notre H. flageolet jaune ; cependant elles ont le grain unicolore, c'est-à-dire dépourvu de cercle autour de l'ombilic ; elles se distinguent l'une de l'autre par la nuance du grain, qui est café au lait foncé dans le *light dun*, et couleur de café brûlé dans le *dark dun*.

Early Rachel. Variété naine et productive, à grain brun foncé, allongé, légèrement maculé de brun ou de jaune pâle. Elle a quelque analogie avec le H. chocolat.

Mac Millan's american prolific. Se rapproche passablement de notre H. turc par l'aspect et la coloration du grain, mais il est un peu plus compacte et forme des touffes plus ramassées. La variété anglaise *Sion house* présente la plus grande analogie avec celle-ci.

The monster. Haricot nain, extrêmement vigoureux, à feuilles énormes, se rapprochant, par l'ampleur de la végétation, des haricots suisses les plus développés. Cosse moyenne, droite. Grain noir, plus long et plus courbé que celui du H. noir de Belgique. Plante passablement productive, demi-tardive.

New Mammoth negro. Les cosses et le grain de ce haricot ressemblent assez à ceux du H. flageolet noir ; mais ses caractères de végétation et la teinte de son feuillage sont plutôt ceux du H. noir de Belgique. Pour cueillir en vert, le H. flageolet noir lui est certainement supérieur.

Newington wonder. Cette petite variété ne peut guère être recommandée que pour la production sur couche des haricots à écosser. Les gousses sont trop courtes pour faire des haricots verts ; le grain est d'un jaune clair et remarquablement petit.

Osborn's early forcing. C'est un bon haricot nain, ramassé, ramifié, donnant un grand nombre de cosses moyennes, qui contiennent quatre ou cinq grains courts, assez renflés, d'un brun foncé avec quelques macules jaune clair.

Refugee (syn. *Thousand to one*). Plante assez ramassée, à feuilles remarquablement longues, étroites, lisses et foncées ; fleurs violettes. Cosses droites, arrondies. Grain à peine en rognon, presque cylindrique, de couleur jaune clair panachée lie de vin.

Sir Joseph Paxton. Petit haricot nain, très hâtif, à cosses assez courtes. Le grain ressemble presque exactement à celui du H. nain jaune cent pour un ; il en diffère par sa couleur plus foncée, presque brune.

William's new early. Variété très précoce, assez productive, à grain et cosses marbrés de violet. La coloration des cosses ainsi que leur forme aplatie leur ôtent beaucoup de valeur comme haricots verts.

Yellow Canterbury. Haricot nain à grain jaune, petit, renflé et droit, se rapprochant beaucoup de notre H. nain jaune cent pour un.

Le *H. nain panaché d'Inselbourg*, d'origine allemande, est une sorte de H. suisse de taille moyenne, bien chargé de cosses longues, droites et vertes. Le grain ressemble beaucoup à celui du H. plein de la Flèche. C'est une bonne variété demi-tardive.

HARICOTS SANS PARCHEMIN.

Noms étrangers : Angl. Edible podded beans. All. Zucker- *oder* Brech-Bohnen.
Dan. Snitte-bonnen. Ital. Fagiuoli mangia tutto.

I. Variétés à rames.

HARICOT PRÉDOME.

Synonymes : Haricot Prudhomme, H. Prodommet, H. l'ami des cuisiniers.

Tige de 1^m,50 environ de hauteur, verte, assez grosse et contournée; feuilles moyennes, arrondies, cloquées, d'un vert franc assez foncé ; fleurs blanches passant au jaune. Cosses très nombreuses, droites, charnues, très marquées par la saillie des grains, de 0^m,07 à 0^m,09 de longueur, contenant six ou sept grains blancs, presque ronds, souvent aplatis et obtus aux extrémités, très blancs, de 0^m,008 à 0^m,010 de long, 0^m,006 de large et 0^m,005 d'épaisseur. Le litre pèse 820 grammes, et 100 grammes contiennent 470 grains. La cosse est très tendre, cassante et complétement sans parchemin.

Haricot Prédome.
réd. au douzième.

Cette variété est peut-être la plus franchement dépourvue de parchemin de tous les haricots à rames. Le grain en est, en outre, de très bonne qualité. Il s'ensuit qu'elle constitue un légume excellent non seulement pendant que les cosses sont encore vertes et le grain à peine à demi-grosseur, mais même quand le grain est complètement formé et approche de la maturité. Les cosses sont même dépourvues de filets, de sorte qu'on les fait cuire telles qu'on les cueille sans avoir à les éplucher.

Le H. Prédome est une des meilleures de toutes les variétés sans parchemin; la culture en est très répandue en France, surtout en Normandie, où il en existe deux ou trois formes qui diffèrent légèrement les unes des autres par les dimensions de la cosse et du grain. La maturité en est demi-tardive.

Le *H. Friolet* et le *H. petit carré de Caen* sont plutôt des races locales que des sous-variétés distinctes, par aucun caractère bien fixe, du H. Prédome ordinaire. Le Friolet est ordinairement considéré comme ayant le grain un peu plus petit, mais ce caractère n'est pas parfaitement constant.

HARICOT PRINCESSE A RAMES.

Tige verte, grosse, tordue, haute de 2 mètres et parfois davantage; feuillage arrondi, de grandeur moyenne, cloqué, d'un vert foncé; fleurs blanches. Cosses très nombreuses, surtout dans le bas des tiges, où elles forment de véritables paquets, droites, vertes, fortement renflées à la place des grains et devenant jaunes à la maturité complète, longues de 0^m,10 à 0^m,12, contenant rarement plus de huit grains. Grain blanc, légèrement ovoïde, presque semblable à celui du Prédome, à cela près qu'il n'est, pour ainsi dire, jamais carré aux extrémités. Le litre pèse 840 gram., et 100 gram. contiennent 360 grains.

Le H. princesse est une très bonne variété, rustique, extrêmement productive et en outre assez précoce. Elle est surtout répandue en Flandre, en Belgique et en Hollande. Ainsi que nous l'avons déjà dit,

Haricot princesse à rames.
réd. au douzième.

elle présente incontestablement de grandes analogies avec le H. Prédome; mais l'espacement plus grand de ses grains dans les cosses suffit à l'en distinguer, ainsi que sa taille, d'un bon tiers plus haute. Quand le H. princesse est bien franc, ses grains, ne se touchant pas dans les cosses, conservent par suite leur forme ovoïde un peu allongée, tandis que dans le H. Prédome ils s'aplatissent l'un contre l'autre et deviennent carrés du bout.

Il en existe une sous-variété à grains plus espacés et à cosses plus longues, connue sous le nom de *H. princesse à longue cosse*: elle est aussi hâtive et aussi productive que la race ordinaire.

HARICOT INTESTIN.

Ce haricot, obtenu par M. Perrier de la Bathie, est une des nouveautés les plus curieuses et les plus distinctes qui aient paru depuis quelques années. C'est une plante vigoureuse, un peu tardive, mais productive et des plus remarquables comme haricot sans parchemin. Tige haute de 1^m,50 à 1^m,80, et surtout chargée de cosses vers la base; feuilles grandes, bien vertes, légèrement cloquées ; fleurs blanches. Cosses tellement épaisses et charnues, qu'elles mesurent un tiers de plus en diamètre d'une face à l'autre que de la soudure intérieure au dos de la cosse. Malgré ce renflement considérable, il n'existe aucun vide intérieur ; la cosse est au contraire tellement pleine et charnue, que les grains ont à peine la place pour se développer, et paraissent se déformer sous l'influence de la pression qu'ils subissent. Ils sont blancs, ovoïdes-allongés, quelquefois imperceptiblement en rognon, longs de $0^m,012$ à $0^m,013$, larges et épais de $0^m,005$ à $0^m,006$. Ils présentent cette particularité à peu près unique, qu'ils ne sont pas du tout symétriques ; presque toujours ils sont légèrement aplatis dans le sens transversal, et le hile, au lieu de se trouver au milieu d'une des faces les plus larges ou les plus étroites, se trouve placé de côté, obliquement, à droite ou à gauche de la ligne qui séparerait le grain en deux parties égales. Le litre pèse 800 grammes, et 100 grammes contiennent environ 325 grains. La grosseur en est très variable suivant les années.

Haricot intestin (réd. au douzième).

HARICOT COCO BLANC.

Tige verte, haute de 2 mètres environ ; feuilles moyennes, raides, assez longues et pointues, d'un vert assez foncé et un peu terne, légèrement cloquées ; fleurs blanches. Cosses de longueur moyenne, assez larges, vertes, contenant cinq ou six grains blancs, ovoïdes, presque constamment plus gros à une extrémité qu'à l'autre, de $0^m,012$ de longueur, $0^m,010$ de largeur et $0^m,008$ d'épaisseur. Le litre pèse 830 grammes, et 100 grammes contiennent 250 grains.

Bien qu'il puisse être employé comme mange-tout, surtout si l'on cueille les cosses un peu jeunes, ce haricot est surtout recherché en grain sec.

Le *H. Sophie* est regardé comme n'étant qu'une sous-variété de celui-ci ; il se distingue par la largeur un peu plus grande de sa cosse, quelquefois lavée de rouge comme celle des haricots de Prague, et par l'ampleur un peu plus grande de son feuillage.

HARICOT DE PRAGUE BLANC.

Malgré l'analogie qu'elle présente avec le H. coco blanc, par la couleur et la forme de son grain, cette variété s'en distingue cependant nettement par divers caractères assez tranchés. Elle est d'abord d'une végétation plus tar dive et plus prolongée ; le feuillage, plus abondant, persiste aussi plus long-temps à l'automne ; il est ample, peu cloqué et d'un vert assez foncé ; les feuilles du haut des tiges ne sont guère moins grandes que celles de la base ; les fleurs sont blanches. Les cosses, produites en abondance jusqu'au sommet des tiges, sont plus longues et plus étroites que celles du H. coco blanc ; enfin le grain est aussi un peu plus plat et moins régulièrement ovoïde. Le litre pèse 780 grammes, et 100 grammes contiennent 195 grains.

Le H. de Prague blanc est à recommander comme une race très productive ; on ne peut lui reprocher que l'époque un peu tardive de sa maturité, qui peut constituer un inconvénient assez sérieux dans les localités où l'automne est froid et humide.

HARICOT DE PRAGUE MARBRÉ.

SYNONYMES : Haricot boulot, H. châtaigne, H. chou, H. coco, H. coco gris sans parchemin, H. lentille.

NOM ÉTRANGER : ANGL. (Am.) Cranberry bean.

Variété de hauteur médiocre, ne dépassant guère 1^m,50. Tiges vertes, grosses ; feuilles inférieures grandes, un peu cloquées, les autres de grandeur médiocre, étroites, d'un vert assez foncé ; fleurs lilas pâle ou blanc rosé. Cosses larges, ne dépassant guère 0^m,12 de longueur, d'abord vertes, puis lavées de rouge violacé sur fond blanchâtre à la maturité, quelquefois presque entièrement rouges, contenant cinq ou six grains ovoïdes, rose saumoné, tachetés, pointillés et zébrés de rouge foncé avec un cercle jaune brun autour de l'ombilic. Le litre pèse 760 grammes, et 100 grammes contiennent 210 grains.

Cette variété, introduite vers le milieu du XVIIIe siècle, est aujourd'hui très connue et très cultivée sous le nom de *H. coco rose*. On l'emploie plus généralement en sec qu'à l'état de haricot mange-tout.

HARICOT DE PRAGUE ROUGE.

SYNONYMES : Haricot coco rouge, Pois rouge.

Cette variété diffère peu du H. de Prague marbré par ses caractères de végétation ; elle s'en distingue par son grain unicolore, d'un rouge brun foncé. Le litre pèse 800 grammes, et 100 grammes contiennent 225 grains.

Il en existe, sous le nom de *H. de Prague bicolore*, une sous-variété à grain mi-parti rouge et blanc.

On doit rapprocher des haricots de Prague la variété appelée *H. coco blanc impérial d'Autriche* ou *H. Bossin*. C'est une grande race de H. de Prague, productive et un peu tardive, dont le grain, presque rond et blanc, est marqué autour de l'ombilic d'une tache noire rappelant, comme celle du H. Saint-Esprit, la figure d'un aigle aux ailes déployées.

Il faut encore ranger dans les haricots de Prague le *H. bicolore d'Italie*, variété à rames très productive et excellente à manger en grains.

Il en existe une sous-variété dont la cosse prend, immédiatement avant la maturité, une couleur rouge unie extrêmement vive, ce qui donne à la plante un caractère tout à fait ornemental. Dans les deux races, le grain est arrondi, légèrement ovoïde, et mi-parti blanc et chamois très pâle.

HARICOT D'ALGER NOIR.

Synonymes : Haricot beurre noir, H. cire, H. de Riga, H. translucide.

Noms étrangers : angl. Wax bean, Algerian wax B. ; (Am.) Indian chief.
all. Riesen Wachsschwert Bohne von Algier.

Variété très distincte et bien connue : c'est le plus cultivé et probablement
le plus ancien de la série de haricots connus sous le nom de *haricots beurre*, à cause de la couleur de leur cosse. Le H. d'Alger noir est une plante de dimensions moyennes, dépassant rarement 2 mètres de haut, à tiges assez grosses, d'un vert pâle ou jaunâtre, quelquefois teintées de violet ; feuilles moyennes très peu cloquées, diminuant d'ampleur de la base au sommet des tiges, d'un vert un peu cendré ; fleurs lilas. Les cosses, d'abord vertes, prennent, dès qu'elles ont 0^m,05 ou 0^m,06 de long, une teinte jaune pâle, demi-transparente, qui rappelle très bien celle du beurre ou de la cire fine. Ces cosses sont en général un peu courbées, et contiennent de quatre à six grains qui deviennent d'abord bleus, puis violets, pour prendre à la maturité une teinte franchement noire ; ils sont ovoïdes, un peu aplatis et légèrement plus longs que ceux des haricots de Prague. Le litre pèse 785 grammes,

Haricot d'Alger noir.
réd. au douzième.

et 100 grammes contiennent 175 grains. Cette variété est productive et de moyenne saison.

Le H. d'Alger est un des meilleurs mange-tout : ses cosses, complétement sans parchemin et presque sans filets, restent encore tendres et charnues quand le grain a déjà pris tout son développement ; elles peuvent être consommées presque jusqu'à la maturité. On fait très peu usage comme légume du grain sec, à cause de sa couleur très foncée et peu appétissante.

Le *H. coco noir*, grande race productive, mais un peu tardive, se distingue du H. d'Alger par la couleur verdâtre de ses cosses. C'est une race de peu d'intérêt.

HARICOT BEURRE BLANC A RAMES.

NOM ÉTRANGER : ALL. Riesen Wachsschwert mit weissen bohnen.

Plante assez vigoureuse, de 2 mètres environ de hauteur, très remarquable par la teinte blonde ou jaunâtre de son feuillage, qui suffit à la faire reconnaître même à distance ; tiges jaune de cire ou blanches, ainsi que les pétioles des feuilles ; fleurs blanches. Cosses plus longues et plus minces que celles du H. d'Alger noir, plus ou moins arquées, et contenant, assez espacés l'un de l'autre, cinq ou six grains blancs, ovoïdes, passablement allongés, atteignant 0^m,014 ou 0^m,015 de longueur. Le litre pèse 810 grammes, et 100 grammes contiennent 250 grains.

Le H. beurre blanc à rames ne le cède en rien au H. d'Alger noir comme mange-tout ; il a sur lui l'avantage de pouvoir être consommé en grain sec.

HARICOT BEURRE DU MONT D'OR.

Cette belle et bonne variété est originaire des environs de Lyon, d'où elle s'est répandue dans les cultures du reste de la France. C'est un haricot beurre bien distinct, à peu près de la taille du H. d'Alger noir à rames, à tiges vert pâle teintées de rouge, à feuillage uni, non cloqué, d'un vert blond ; fleurs lilas. Cosses très nombreuses, droites, jaune pâle comme celles de tous les haricots beurre, longues de 0^m,12 à 0^m,15, très franchement sans parchemin, contenant cinq ou six grains ovoïdes, violets, tachés et marbrés de brun, et notablement plus petits que ceux des haricots d'Alger noir ou blanc. Le litre pèse 720 grammes, et 100 grammes contiennent 210 grains.

Ce haricot, qui ne se cultive que comme mange-tout, est surtout remarquable par sa précocité et par la grande abondance de ses cosses.

HARICOT BEURRE IVOIRE A RAMES.

NOM ÉTRANGER : ALL. Elfenbein zweifarbige Bohne.

Grande variété à rames, s'élevant à 2 mètres ou 2^m,50, un peu tardive et à végétation soutenue ; tiges blanchâtres, légèrement teintées de rouge du côté du soleil : feuillage abondant, de dimensions moyennes et d'un vert franc ; fleurs lilas. Cosses nombreuses, charnues, droites ou légèrement courbées, complètement sans parchemin, et remarquables surtout par la teinte blanche

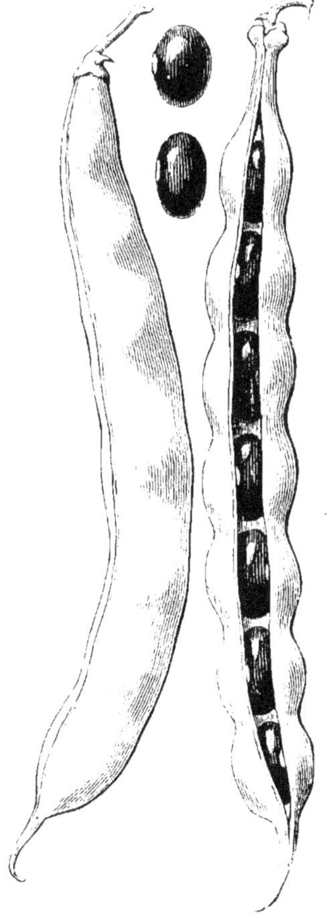

Haricot beurre ivoire.
Cosses de grandeur naturelle.

qu'elles prennent dès le second ou le troisième jour de leur croissance et qui ne fait que s'accentuer jusqu'à la maturité. Elles contiennent de cinq à huit grains ovoïdes, d'un violet rougeâtre, de la grosseur du H. de Prague rouge et ne s'en distinguant que par la différence de teinte. Le litre pèse 835 grammes, et 100 grammes contiennent 210 grains.

Le H. beurre ivoire est un très bon haricot mange-tout, un peu tardif, mais à production abondante et remarquablement soutenue. Cette variété a été obtenue ou au moins propagée par M. Perrier de la Bathie.

HARICOT SABRE NOIR SANS PARCHEMIN.

Synonyme : Haricot d'Alger Saulnier.

Race extrêmement distincte, qui présente, ainsi que les deux suivantes, des grains aplatis, en forme de rognon, avec des cosses tout à fait sans parchemin. Le H. sabre noir est une plante de grande taille, atteignant 2^m,50, à tiges grosses, d'un vert pâle ; feuilles grandes, amples, assez espacées, un peu pâles et cloquées ; fleurs lilas. Cosses longues et larges, non arquées, mais souvent bosselées ou ondulées sur le travers, longues de 0^m,15 à 0^m,18 et quelquefois 0^m,20, d'abord violacées et se décolorant à mesure qu'elles s'accroissent, contenant de six à huit grains de la grosseur de ceux du H. sabre à rames, un peu plus bossus et irréguliers, à peau noire, très lustrée et brillante. Le litre pèse 700 grammes, et 100 grammes contiennent 185 grains.

Cette variété est remarquable par le grand développement et la beauté de ses cosses ; elle est productive, mais craint un peu l'humidité. L'époque de sa maturité est demi-tardive.

HARICOT A COSSE VIOLETTE.

Noms étrangers : Angl. Purple podded bean, King Theodor runner kidney bean.

Très vigoureuse et de haute taille, cette variété atteint et dépasse 3 mètres de hauteur ; les tiges, fortes et assez grosses, sont violettes, ainsi que les pétioles des feuilles et les calices des fleurs ; feuilles assez espacées, très cloquées et d'un vert sombre ; fleurs violettes. Cosses très nombreuses, droites, minces et d'un violet très foncé au début ; elles pâlissent un peu en grossissant, et deviennent plus ou moins sinueuses et bosselées, mais restent toujours très pleines et charnues ; elles peuvent atteindre une longueur de 0^m,25 et se maintiennent relativement étroites ; elles contiennent de six à huit grains. Grain allongé, aplati, un peu plus grand que celui du H. flageolet, à peu près de même forme et d'une couleur rosée, marbrée de lilas grisâtre. Le litre pèse 730 grammes, et 100 grammes contiennent 250 grains.

Le H. à cosse violette est complètement sans parchemin ; il est assez hâtif, extrêmement productif et des plus recommandables comme haricot mange-tout. Ses cosses perdent à la cuisson leur teinte violette, et deviennent vertes comme celles des autres variétés.

HARICOT BLANC GÉANT SANS PARCHEMIN.

Cette très belle variété nouvelle paraît être sortie du H. à cosse violette.
Elle en présente toutes les qualités de vigueur et de grande production ; elle
a en outre l'avantage d'avoir la cosse verte et le grain blanc, c'est-à-dire
qu'elle est exempte des deux seuls défauts que l'on peut reprocher au H. à
cosse violette, à savoir : la coloration de la cosse et celle du grain. C'est une
race demi-tardive, mais productive, à tiges fortes, hautes de 2 mètres au
moins, à feuillage très ample; fleurs blanches. Cosses longues et très larges,
tout à fait sans parchemin, épaisses et charnues, contenant de quatre à six
grains blancs et aplatis, ressemblant à ceux du H. sabre à rames. Le litre
pèse 730 grammes, et 100 grammes contiennent environ 250 grains.

Quand il est venu dans de bonnes conditions, ce haricot se charge de
cosses au point de faire fléchir les rames qui le supportent.

Parmi les variétés presque innombrables de haricots sans parchemin
à rames, nous citerons encore les suivantes comme les plus dignes d'intérêt :

H. beurre géant du Japon. Grande plante à longues et larges cosses d'un
jaune pâle, ressemblant un peu à celles du H. sabre noir sans parchemin,
mais en différant par son grain, qui est plus petit et couleur de café brûlé.

H. beurre Saint-Joseph. Cette variété forme assez exactement la transition
entre les haricots de Prague et les haricots beurre proprement dits. Les cosses
en sont droites ou très légèrement arquées, striées de rouge sur fond jaune
beurre. Le grain est indifféremment marbré de violet sur fond rose ou de
rose sur fond violet. C'est une plante de petite taille, ne dépassant guère
1ᵐ,20 de hauteur, hâtive et assez productive. Elle a été obtenue, vers 1860,
à la colonie agricole de Cîteaux, près de Dijon.

H. impérial. Ne diffère du H. beurre blanc à rames que par la couleur
de ses tiges et de ses cosses, qui sont vertes au lieu d'être d'un jaune de
beurre.

H. jaune à rames ou *jaune des Dunes.* De taille moyenne, productif et
assez précoce. Grain jaune, presque cylindrique, rappelant celui du H. jaune
cent pour un. Cosses droites, très charnues et tendres, de 0ᵐ,10 à 0ᵐ,12 de
longueur.

H. Lafayette. Grande variété un peu tardive et pas très franchement sans
parchemin; fleurs blanches. Cosses vert pâle, devenant jaunes à la maturité,
et contenant de six à huit grains de couleur chamois jaspée de brun clair et
nuancée de brun rougeâtre autour de l'ombilic.

H. olive sans parchemin ou *H. asperge* (Am. : *Asparagus bean, Yard
long pale bean*). Très grande plante, s'élevant au moins à 3 mètres; feuilles
très espacées, très amples; fleurs cuivrées ou lilas. Cosses presque cylindriques, extrêmement longues et minces, dépassant quelquefois 0ᵐ,30. Grain très
long, presque cylindrique, mais aminci aux deux bouts, de couleur chamois
plus ou moins cuivré. Cette variété est tardive et demande un climat chaud.

H. Prédome rose à rames ou *H. mange-tout Bresson.* Plante de hauteur
moyenne, ne dépassant guère 1ᵐ,50, mais ramifiée et touffue; fleurs roses.
Cosses extrêmement nombreuses, naissant à profusion depuis la base jus-

qu'au sommet des tiges, mais ne dépassant guère 0^m,06 à 0^m,08 de longueur, contenant de quatre à six grains petits, presque ronds, d'un rose saumoné.

H. de la Val d'Isère. Plante très vigoureuse, tardive, extrêmement feuillue, se chargeant, à l'arrière-saison, de cosses vertes fortement arquées, charnues et bien pleines. Grain noir, ovoïde.

H. de Villetaneuse. Autrefois très cultivée aux environs de Paris, cette variété a été presque entièrement remplacée par les haricots beurre à rames. Elle était productive, un peu tardive, et donnait d'assez longues cosses tendres et épaisses, contenant cinq ou six grains aplatis, presque carrés, de couleur café au lait marbrée et fouettée de brun.

H. zébré gris à rames. Race tardive et très vigoureuse, dépassant 3 mètres de hauteur, à feuilles très grandes et très amples ; fleurs lilas. Cosses épaisses, charnues, courbées et panachées de violet sur fond vert. Grain ovoïde, à fond gris foncé, piqueté de gris plus clair et zébré de noir. C'est un gain de M. Perrier de la Bathie.

La variété américaine *Giant red wax pale bean* est un grand haricot à rames, sans parchemin, s'élevant à 2 mètres de hauteur. Grandes cosses plates, blanches ou jaune pâle, ressemblant à celles du H. sabre noir. Grain rouge ; maturité un peu tardive.

II. Variétés naines *(sans parchemin)*.

HARICOT PRÉDOME NAIN.

La cosse et le grain sont les mêmes dans cette variété que dans le haricot Prédome à rames, mais la production est moins abondante, sans que ce défaut soit racheté par aucune grande qualité. Le litre pèse 830 grammes, et 100 grammes contiennent environ 560 grains.

Le H. Prédome ordinaire ne demande pas des rames bien hautes, ce n'est pas, par conséquent, une de ces variétés où l'obtention d'une forme naine constitue un bien grand progrès.

HARICOT PRINCESSE NAIN.

C'est une race peu vigoureuse, dont le feuillage arrondi et cloqué est très exposé à devenir malade, soit par les attaques des insectes, soit par celles des champignons microscopiques. Le H. princesse nain est un peu tardif. Les cosses sont courtes, courbées, sans parchemin, d'un vert foncé. Le litre pèse 850 grammes, et 100 grammes contiennent environ 400 grains.

On pourrait faire, sur cette variété, la même réflexion qu'au sujet du Prédome nain ; cependant le H. princesse ordinaire prenant un certain développement, on peut quelquefois trouver avantage à en avoir une forme naine.

On cultive en Hollande, sous le nom de *H. princesse à gros grains,* une variété qui est franchement différente de celle que nous venons de mentionner. Elle a la cosse courbée, verte, assez charnue ; le grain, ovoïde et relativement gros, se rapproche de celui du H. coco blanc.

HARICOT PRÉDOME NAIN ROSE.

Petite variété extrêmement distincte par la couleur de son grain, qui ne ressemble à aucun autre. Tige courte, très ramifiée ; fleurs blanches. Cosses courtes, droites, renflées, assez marquées par la saillie des grains, passablement charnues et bien franchement sans parchemin. Grain presque rond ou ovoïde, de la grosseur de celui du Prédome, mais entièrement rose saumoné uni, à l'exception de l'ombilic, qui est blanc et entouré d'un cercle brun. Le litre pèse 815 grammes, et 100 grammes contiennent 400 grains.

HARICOT DE PRAGUE MARBRÉ NAIN.

SYNONYME : Haricot Baudin.

NOMS ÉTRANGERS : ANGL. (Am.) Dwarf speckled cranberry bean.

Plante bien naine, ramassée, médiocrement productive ; feuillage assez ample, d'un vert grisâtre ; fleurs lilas. Cosses vertes, droites ou faiblement courbées, abondamment flagellées de rouge, contenant quatre ou cinq grains semblables à ceux du H. de Prague marbré ordinaire, mais un peu plus petits. Le litre pèse 810 grammes, et 100 grammes contiennent 230 grains.

HARICOT JAUNE DU CANADA.

NOMS ÉTRANGERS : ANGL. Canadian yellow bean, Dwarf yellow canadian B.
ALL. Canada Zucker-Bohne.

Très bonne variété, rustique et productive, mais un peu tardive, convenant bien à la culture maraîchère en plein champ. Tiges assez vigoureuses, ramifiées, s'élevant à 0ᵐ,40 ou 0ᵐ,50, très garnies de feuilles moyennes, planes, d'un vert franc ; fleurs lilas. Très abondantes cosses vertes, puis jaunes, contenant habituellement cinq grains ovoïdes, un peu plus petits que ceux d'un haricot de Prague et d'une couleur jaune foncé, passant au brun autour de l'ombilic. Le litre pèse 815 grammes, et 100 grammes contiennent environ 260 grains.

Haricot jaune du Canada.
réd. au huitième.

Le grain sec est assez estimé. La cosse, pour être bien tendre, doit être prise avant son complet développement.

Assez voisin du H. jaune de la Chine, il s'en distingue par la couleur plus foncée de son grain et par son feuillage plus ample, moins touffu, passablement cloqué et d'un vert plus foncé.

HARICOT JAUNE DE LA CHINE.

SYNONYME : Haricot pois.

NOM ÉTRANGER : ANGL. China *or* Robin's egg bean.

Plante assez ramifiée; tige d'environ 0^m,40, formant une touffe d'aspect léger;

Haricot jaune de la Chine.
réd. au huitième.

feuilles moyennes d'un vert gai, celles du sommet petites et longuement pétiolées; fleurs blanches. Cosses vertes, jaunissant. à la maturité, contenant cinq ou six grains, ovoïdes, jaune-soufre, avec un cercle bleuâtre plus ou moins marqué à l'entour de l'ombilic. Le litre pèse 825 grammes, et 100 grammes contiennent 300 grains.

Le H. jaune de la Chine est un des plus répandus dans les diverses parties du monde; on le retrouve presque partout, aux colonies, et en Amérique, avec le même nom et les mêmes caractères.

HARICOT D'ALGER NOIR NAIN.

NOM ÉTRANGER : ANGL. Dwarf butter bean.

Race franchement naine du H. d'Alger ou beurre à rames. Feuillage assez

Haricot d'Alger noir nain.
réd. au huitième.

ample, à pétioles jaunâtres variant, sur le même pied, du vert foncé au vert clair; fleurs lilas. Cosses très charnues, d'un jaune de beurre. Grain noir, ovoïde, un peu moins gros que celui de la variété à rames. Le litre pèse 730 grammes, et 100 grammes contiennent environ 250 grains.

Ce haricot est hâtif, assez productif et d'une qualité excellente. C'est un des plus généralement cultivés.

Il présente une particularité précieuse : c'est que les cosses, en séchant, se recourbent, se recroquevillent pour ainsi dire, et de cette façon s'éloignent du contact du sol, qui les exposerait à pourrir aisément.

HARICOT D'ALGER NOIR NAIN A LONGUE COSSE.

Cette race paraît être une sous-variété de la précédente, mais elle en diffère très nettement par sa cosse plus longue et aussi par la forme du grain, qui, au lieu d'être ovoïde, devient presque cylindrique et mesure jusqu'à $0^m,016$ de long, avec une grosseur et une épaisseur de $0^m,007$ à $0^m,008$. La cosse est très franchement sans parchemin ; elle est plus effilée, moins charnue que celle de la variété précédente. Le litre pèse 800 grammes, et 100 grammes contiennent environ 240 grains.

Haricot d'Alger noir nain à longue cosse.
réd. au huitième.

Ce haricot est déjà répandu aux environs de Paris et se cultive en plein champ pour l'approvisionnement du marché.

HARICOT BEURRE BLANC NAIN.

Très bonne variété, mais un peu délicate, formant des touffes basses, un peu larges et parfois affaissées sur terre, dont les feuilles deviennent d'autant plus pâles et plus petites, qu'elles sont situées plus près du sommet des tiges ; fleurs blanches. Cosses presque transparentes, d'un blanc de cire, longues d'environ $0^m,10$, contenant cinq ou six grains courts, ovoïdes, d'un blanc de crème, quelquefois légèrement ridés. Le grain est excellent à l'état sec. Le litre pèse 740 grammes, et 100 grammes contiennent 250 grains.

HARICOT NAIN DU MONT D'OR.

Race productive et très précoce de H. beurre nain. Tiges de $0^m,30$ à $0^m,40$, ramifiées ; feuillage ample, rude, très uni, d'un vert foncé, caractérisé par la forme très variable de la foliole terminale, tantôt longue et pointue, tantôt presque ronde et complètement obtuse ; fleurs lilas ou violet pâle. Cosses très nombreuses, longues de $0^m,09$ à $0^m,12$, bien pleines, jaune pâle. Grain petit, rond, d'un roux très foncé, tournant au noir. Le litre pèse 700 grammes, et 100 grammes contiennent 210 grains.

Haricot flageolet beurre.
réd. au huitième.

HARICOT FLAGEOLET BEURRE.

Plante vigoureuse, quoique franchement naine, atteignant $0^m,40$ ou $0^m,45$ de hauteur ; feuilles très

18

grandes, unies, d'un vert blond ou jaunâtre; fleurs lilas. Cosses longues, larges et droites, ou faiblement arquées, tout à fait jaunes, comme celles des haricots d'Alger, mais un peu aplaties et pointues, comme celles des haricots à écosser. Grain à peu près exactement semblable à celui du H. flageolet rouge comme forme et comme couleur. Le litre pèse 750 grammes, et 100 grammes contiennent 150 grains.

Le H. flageolet beurre est une variété très distincte et très belle; malheureusement, les cosses, malgré leur apparence, ne sont pas très franchement sans parchemin, au moins quand elles approchent de la maturité; mais, prises avant que le grain se soit trop complètement développé, elles sont très tendres, charnues et excellentes comme haricot mange-tout.

HARICOT ÉMILE.

Plante extrêmement naine et d'une précocité remarquable. La hauteur de la tige ne dépasse guère 0^m,20 à 0^m,25; feuilles moyennes, d'un vert assez foncé, un peu cloquées; fleurs blanches ou lilas très pâle. Cosses un peu courbées, de 0^m,10 à 0^m,12, très charnues, vertes avant la maturité, et ne devenant jamais blanches ni jaunes, contenant de cinq à sept grains oblongs de couleur violette, marbrée de gris clair, longs d'environ 0^m,012, larges et épais de 0^m,007 ou 0^m,008. Le litre pèse 790 grammes, et 100 grammes contiennent 235 grains.

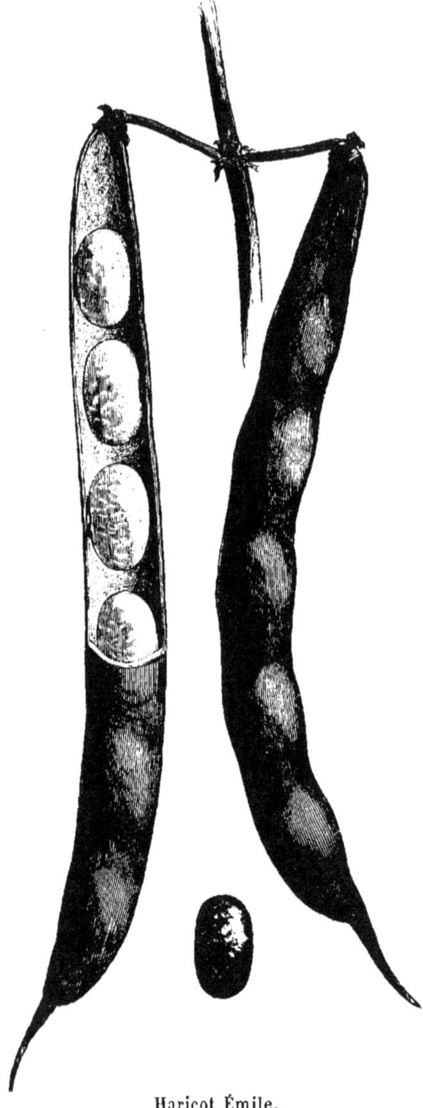

Haricot Émile.
Cosses de grandeur naturelle.

Cette variété, récemment obtenue par M. Perrier de la Bathie, nous semble être à la fois la plus naine et la plus précoce parmi les haricots mange-tout. Elle se recommande particulièrement pour la culture forcée.

HARICOT NAIN BLANC HATIF SANS PARCHEMIN.

Tige assez élevée et ramifiée, atteignant jusqu'à 0^m,50 de hauteur ; feuilles moyennes, nombreuses, assez cloquées ; fleurs blanches. Cosses longues de 0^m,15, plates, très grosses et très charnues, presque toujours courbées ou contournées, contenant cinq ou six grains blancs, aplatis, passablement échancrés en forme de rognon, quelquefois un peu carrés à l'extrémité, variant de 0^m,012 à 0^m,016 de longueur sur 0^m,006 à 0^m,007 de largeur et environ 0^m,004 d'épaisseur. Le litre pèse 810 grammes, et 100 grammes contiennent 165 grains.

Cette variété se prête assez bien à la grande culture : elle est productive et passablement précoce ; cependant les grains se tachent facilement par les automnes froids ou humides.

HARICOT NAIN BLANC UNIQUE.

Tige assez haute, vigoureuse, passablement ramifiée ; feuilles d'un vert assez foncé, grandes, cloquées et de forme arrondie ; fleurs blanches, grandes. Cosses nombreuses, droites, longues de 0^m,12 à 0^m,15, contenant cinq ou six grains, longs, blancs, très renflés, droits ou courbés et à peu près aussi épais que larges. Le litre pèse 820 grammes, et 100 grammes contiennent 200 grains.

Cette variété est une des plus recommandables parmi les haricots nains sans parchemin. Le grain sec est excellent.

C'est toujours un grand mérite pour un haricot que d'avoir, comme celui-ci, le grain bien blanc, cette couleur étant généralement préférée pour la consommation.

Haricot nain blanc unique.
réd. au huitième.

HARICOT NAIN BLANC QUARANTAIN.

Synonyme : Haricot gourmand de Toulouse.

Plante moyenne, à tiges ramifiées, formant une touffe assez compacte ; feuillage moyen, raide, presque triangulaire, allongé et pointu, d'un vert foncé lustré ; fleurs blanches. Cosses plates, larges, de 0^m,10 à 0^m,12 de longueur. Le litre pèse 830 grammes, et 100 grammes contiennent 270 grains.

C'est une variété rustique, hâtive, passablement productive, mais qui a le défaut d'être un peu difficile à conserver parfaitement naine.

Il existe encore un grand nombre de haricots nains sans parchemin ; nous mentionnerons seulement les suivants :

H. beurre panaché à cosse blanche. C'est le grain qui est panaché dans cette variété ; il est droit, presque cylindrique et blanc de crème, avec des taches et marbrures lie de vin ou violet rougeâtre. C'est une variété de petite taille et un peu délicate. La race américaine *Early Valentine* peut être considérée comme lui étant tout à fait identique.

H. de Chine bicolore. Cette race ne paraît être nulle part l'objet d'une culture très étendue, et cependant elle est connue dans tous les pays. C'est un haricot de taille assez forte, bien ramifié, à fleurs blanches. Cosses moyennes, assez franchement sans parchemin, blanchissant à la maturité et contenant cinq ou six grains droits, cylindriques, souvent carrés aux extrémités, fortement panachés de rouge autour de l'ombilic et sur la moitié de la surface du grain, complètement blancs du côté opposé. Cette variété est assez productive et très précoce.

H. nain blanc de la Malmaison. Haricot productif, de moyenne saison, à belles gousses renflées, charnues, ordinairement droites. Grain assez long, ovale, blanc.

H. nain d'Aix. Variété à grain petit, arrondi, blanc rosé. Cosses jaunes, un peu courtes, mais très franchement sans parchemin.

Nous citerons encore trois variétés d'origine américaine :

Crystal wax white bean. Nain, filant habituellement, à cosse courte, blanche, presque transparente, à grain blanc, oblong.

Iron-pod wax bean. N'est pas bien franchement nain. C'est un haricot peu productif, à cosse sans parchemin, de couleur blanche, teintée ou légèrement panachée de violet. Grain blanc.

New golden wax bean. Joli haricot, fertile, hâtif, à cosse sans parchemin, jaune pâle. Grain blanc, partiellement marbré de rouge foncé, à peu près comme celui du H. de Chine bicolore. C'est une bonne race.

HARICOTS D'ESPAGNE

Phaseolus multiflorus WILLD.

NOMS ÉTRANGERS : ALL. Arabische Bohne. HOLL. Tursche boon.
ITAL. Fagiuolo di Spagna.

Amérique du Sud: — Vivace, mais se cultivant comme plante annuelle. — Les haricots d'Espagne sont surtout estimés comme plantes grimpantes d'ornement, à cause de la rapidité de leur végétation et de l'abondance de leurs fleurs, qui sont produites en longues grappes à l'aisselle des feuilles. Il en existe plusieurs variétés différant les unes des autres par la couleur des grains et celle des fleurs. Les principales sont :

1° Le *H. d'Espagne rouge* (syn. *H. écarlate*; angl. : *Scarlet runner*; all. : *Arabische bunte Bohne, Feuer B., Türken B.*; esp. : *Indianella, Judia escarlata*), à grain lie de vin clair, taché de noir.

2° Le *H. d'Espagne à grain complétement noir*.

Ces deux variétés ont les fleurs rouge écarlate uni.

3° Le *H. d'Espagne bicolore* (angl. : *Painted lady, York and Lancaster ;* all. : *Bunt-blühende Bohne*). Le grain de cette variété diffère à peine de celui du H. d'Espagne rouge, tandis que les fleurs sont mi-parties rouges et blanches, la carène et les ailes étant blanches, et l'étendard écarlate.

4° Le *H. d'Espagne hybride,* dont le grain est très distinct à cause de sa couleur jaune grisâtre tachetée de brun. Les fleurs présentent la même pana·chure que celles du H. d'Espagne bicolore.

5° Enfin le *H. d'Espagne blanc,* qui est le seul cultivé quelquefois comme légume.

HARICOT D'ESPAGNE BLANC.

SYNONYMES : Haricot de Perse, H. de Valence, H. blanc de Pologne.

NOM ÉTRANGER : ALL. Arabische weisse Bohne.

Tiges grimpantes, très vigoureuses, atteignant 3 mètres et plus dans l'espace de quelques semaines ; fleurs blanches en grappes nombreuses à longs pédoncules. Cosses larges, très aplaties, contenant rarement plus de trois ou quatre grains, qui sont blancs, renflés, très gros, réniformes, atteignant quelquefois 0^m,025 de long sur 0^m,015 de large et 0^m,010 d'épaisseur. Le litre pèse 735 grammes, et 100 grammes contiennent environ 75 grains.

Le grain du H. d'Espagne ne mûrit pas très bien habituellement sous le climat de Paris. Dans le Midi au contraire, cette espèce, qui est très rustique et très productive, est passablement cultivée comme légume, et dans certains pays on en fait le plus grand cas. Dans le Nord, on trouve que la peau en est trop épaisse et la chair peu délicate. Il est certain qu'elle est très farineuse, mais moins

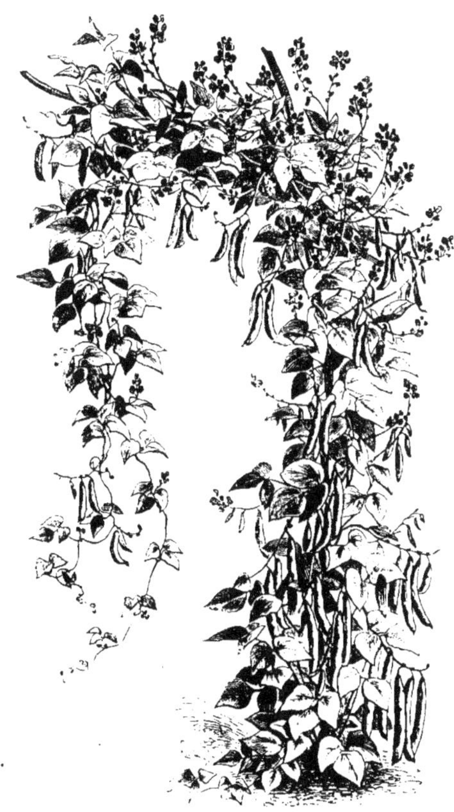

Haricot d'Espagne.
réd. au douzième.

fine, surtout à l'état sec, que celle des bonnes variétés de notre pays.

HARICOTS DE LIMA

Phaseolus lunatus L.

SYNONYME : Fève créole.

NOMS ÉTRANGERS : ANGL. Lima bean, Large Lima B. ALL. Breitshottige Lima Bohne,
Sichelhülsige B. ITAL. Fagiuolo di Lima. ESP. Judia de Lima.

Amérique du Sud. — Annuel. — Tige grimpante, s'élevant à environ 3 mètres de hauteur; feuilles composées de trois folioles triangulaires, plus longues et beaucoup plus étroites que celles du haricot ordinaire; fleurs petites, d'un blanc verdâtre, en grappes nombreuses, raides et allongées. Cosses courtes, très aplaties et très larges, rudes extérieurement comme celles du H. d'Espagne. Grain aplati, court, légèrement en forme de rognon, ayant presque toujours une moitié un peu plus développée que l'autre, et habituellement marqué de rides ou stries se dirigeant de l'ombilic vers la circonférence.

Culture. — Les diverses variétés potagères du *Phaseolus lunatus* se cultivent comme les haricots à rames ordinaires, mais elles sont plus tardives, et ne mûrissent que très rarement sous le climat de Paris.

Usage. — On consomme le grain frais ou sec. Il est très farineux et particulièrement estimé aux États-Unis et dans les pays chauds.

Haricot de Lima.
réd. au douzième.

HARICOT DE LIMA.

SYNONYMES : Pois de sept ans, Pois Sainte-Catherine, Pois souche.

Un peu tardif, ne mûrissant jamais qu'une partie de ses cosses sous le climat de Paris, et n'arrivant pas du tout à maturité dans les années froides ou humides. Tiges assez grosses, vert pâle; feuilles moyennes, lisses, d'un vert grisâtre. Grain large, aplati, d'un blanc légèrement jaunâtre, long de

0^m,020 à 0^m,022 environ, large de 0^m,014 à 0^m,015 et épais de 0^m,005. Le litre pèse 725 grammes, et 100 grammes contiennent 90 grains.

Il en existe une variété à grain vert, et une autre qui est blanche comme le type, mais marquée d'une petite tache brune ou noirâtre auprès de l'ombilic.

HARICOT DU CAP MARBRÉ.

SYNONYME : ANGL. Mottled Lima bean.

Ne diffère du H. de Lima que par la panachure très particulière dont son grain est marqué. Une grande tache d'un rouge plus ou moins foncé entoure l'ombilic et recouvre entièrement une des extrémités du grain sur un tiers environ de la longueur totale ; tout le reste est finement pointillé de la même couleur rouge sur fond blanc. Le litre pèse 675 grammes, et 100 grammes contiennent 100 grains.

Cette variété est à peu près aussi tardive que le H. de Lima.

HARICOT DE SIEVA.

SYNONYME : Fève plate créole (à la Nouvelle-Orléans).

NOMS ÉTRANGERS : ANGL. Small Lima bean ; (Am.) Carolina Sewee, Saba.

Tiges minces, vertes ; feuillage plus petit et plus foncé que celui du H. de Lima. Cette race, qui appartient comme les précédentes au *Ph. lunatus*, se distingue d'elles par les dimensions beaucoup moins grandes de son grain, qui diffère peu comme aspect de celui du H. de Lima, mais ne dépasse guère 0^m,015 de long sur une largeur de 0^m,008 à 0^m,009 et une épaisseur de 0^m,004. Le litre pèse 780 grammes, et 100 grammes contiennent 220 grains.

Le H. de Sieva est aussi plus précoce que les autres variétés sorties du *Ph. lunatus*. Il mûrit assez régulièrement ses premières cosses sous le climat de Paris, mais il s'en faut qu'il y soit aussi fertile que dans les pays chauds, où il continue souvent à produire pendant trois mois.

Il en existe aux États-Unis une variété à grain panaché de rouge.

HARICOTS DOLIQUES.

On cultive comme plante potagère, principalement dans les pays chauds, plusieurs espèces appartenant au genre *Dolichos ;* nous ne nous occuperons ici que de celles dont la culture est possible jusque dans les environs de Paris. Ce sont les seules, du reste, qui ont quelque importance chez nous, même en Provence et dans le Sud-Ouest.

DOLIQUE MONGETTE

Dolichos unguiculatus L.

Fam. des *Légumineuses.*

SYNONYMES : Banette, Haricot cornille.

NOMS ÉTRANGERS : ALL. Ostindische Riesen-Spargel Bohne, Nageliche Fasel. ITAL. Fagiuolo dall' occhio. ESP. Caragilate, Garrubia, Moncheta, Judia de Careta.

Plante annuelle, ne s'élevant pas habituellement à plus de 0^m,50 ou 0^m,60 ;

feuilles composées de trois folioles, triangulaires, allongées, arrondies à la base, très lisses et d'un vert foncé; fleurs grandes, passant du blanc au rose et au lilas, avec une tache plus foncée à la base des pétales, réunies au nombre de deux ou trois sur un pédoncule épais et fort. Cosses d'un vert pâle, droites ou courbées par l'effet de leur poids, variant de 0^m,15 à 0^m,25 de longueur, presque cylindriques, légèrement marquées par la saillie des grains, qui y sont ordinairement assez éloignés les uns des autres. Grains de dimension et de couleur assez variables, habituellement blanchâtres, en forme de rognon raccourci, obtus ou carrés aux deux bouts, un peu ridés et marqués d'une tache noire bien prononcée autour de l'ombilic. Le litre pèse 760 grammes, et 100 grammes contiennent 530 grains.

Dans les pays où, comme en Italie, le D. mongette est très cultivé, on en distingue un assez grand nombre de variétés, qui diffèrent entre elles principalement par la grosseur du grain.

Culture. — La culture du D. mongette est la même que celle des haricots nains; il supporte assez bien la sécheresse, et n'est pas très exigeant sur la qualité du terrain.

Usage. — On mange les jeunes cosses à la manière des haricots verts.

M. Durieu de Maisonneuve, directeur du jardin botanique de Bordeaux, a introduit, il y a quelques années, une très curieuse variété du D. mongette, dont les cosses, au lieu d'être droites, se recourbent en couronne. Cette singularité a fait donner à la plante le nom de *D. corne de bélier*. Au point de vue de la culture et de l'emploi, elle ne diffère en rien de la forme ordinaire.

DOLIQUE ASPERGE

Dolichos sesquipedalis L.

SYNONYMES : Pois ruban (à Cayenne), Haricot asperge.

NOMS ÉTRANGERS : ANGL. Asparagus bean. ALL. Americanische Riesen-Spargel Bohne. HOLL. Indiaansche boon. ITAL. Fagiuolo sparagio.

Amérique du Sud.— *Annuel.*—Tiges grimpantes, s'élevant à 2 ou 3 mètres; feuilles d'un vert foncé, assez grandes, allongées, pointues; fleurs grandes, d'un jaune verdâtre, à étendard replié, remarquable par deux oreillettes parallèles qui compriment les ailes et la carène; elles se présentent solitaires ou au nombre de deux au sommet du pédoncule. La cosse est pendante, cylindrique, d'un vert clair, très mince et remarquablement longue; il n'est pas rare en effet de la voir atteindre et dépasser 0^m,45. Les grains sont relativement peu nombreux dans la cosse, généralement de sept à dix; ils sont réniformes, d'une couleur rougeâtre ou lie de vin pâle, avec un cercle noir autour de l'ombilic blanc; ils ne dépassent pas en général 0^m,01 de longueur. Le litre pèse 750 grammes, et 100 grammes contiennent 635 grains.

Le D. asperge se cultive dans le midi de la France, surtout en Provence.

Culture. — La culture est semblable à celle des variétés tardives de haricots à rames; il est bon de le mettre à bonne exposition, de préférence contre un mur.

Usage. — On emploie les cosses vertes comme les haricots verts.

DOLIQUE DE CUBA.

NOM ÉTRANGER : ALL. Cubanische Riesen-Spargel Bohne.

Plante grimpante, vigoureuse, pouvant s'élever à 3 et 4 mètres. Feuillage
très ample; folioles allongées,
en forme de fer de lance ; fleurs
moyennes, verdâtres, généralement solitaires, faisant place à
des cosses d'une longueur remarquable, qui peuvent atteindre, à la maturité, jusqu'à 0^m,40;
elles sont alors légèrement bos-
suées par la saillie des grains
et présentent une largeur de
0^m,01 environ. Le grain ressemble exactement, par la forme et
la couleur, à celui du D. asperge,
dont le D. de Cuba paraît être
une variété, mais une variété
extrêmement distincte, beaucoup plus haute et franchement
à rames. La culture en est du
reste la même, et les cosses sont
également consommées en vert,
avant d'avoir atteint tout leur
développement.

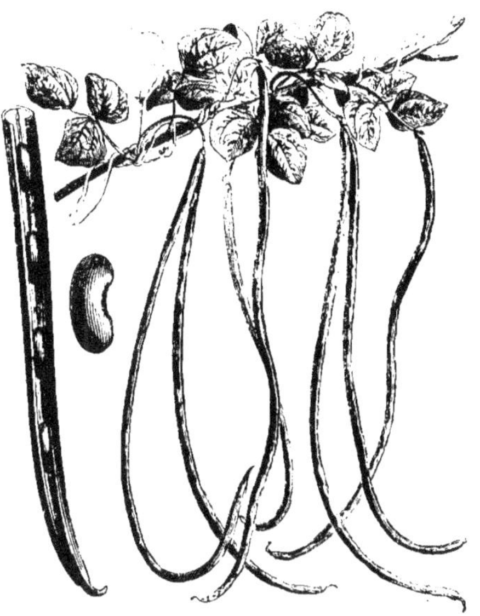

Dolique de Cuba (réd. au dixième).

Le litre pèse 770 grammes, et 100 grammes contiennent 630 grains.

DOLIQUE LABLAB

Lablab vulgaris SAVI. — **Dolichos Lablab** L.

SYNONYME : Fève d'Égypte.

NOMS ÉTRANGERS : ITAL. Fagiuolo d'Egitto. ESP. Indianella. PORT. Feyas da India.

Plante grimpante, à tiges vigoureuses, ramifiées, pouvant atteindre jusqu'à
4 ou 5 mètres de hauteur; feuilles composées, à trois folioles, grandes,
larges, d'un vert foncé, légèrement gaufrées ou cloquées ; fleurs odorantes,
assez grandes, en grappes longues et fournies. Cosses assez courtes, très
aplaties, rugueuses et ridées à la surface, réunies parfois au nombre de sept
ou huit sur un même pédoncule. Grains au nombre de trois ou quatre par
cosse, courts, ovales, passablement aplatis; hile blanc, très marqué, saillant,
embrassant près d'un tiers de la circonférence du grain. Le litre pèse
810 grammes, et 100 grammes contiennent 520 grains.

Il en existe deux variétés principales, l'une à fleurs blanches et grains
blancs, l'autre à fleurs violettes et grains noirs.

Les D. lablab se cultivent comme les haricots à rames. Dans notre pays,
ils sont considérés uniquement comme plantes d'ornement ; dans les pays où
ils sont cultivés comme légume, on en mange le grain.

HARICOT SOJA. — Voy. SOJA.

HÉRISSON

Onobrychis Crista-galli Lamk. — **Hedysarum Crista-galli** L.

Fam. des *Légumineuses*.

Nom étranger : all. Igel.

France méridionale. — Annuel. — On cultive quelquefois sous le nom de

Hérisson.
réd. au cinquième ; fruits détachés réd. de moitié.

hérisson une espèce distincte du genre sainfoin, remarquable par la forme bizarre de ses gousses. C'est une petite plante à feuillage léger ; à tige presque appliquée sur terre, se redressant à l'extrémité pour porter des épis peu garnis de fleurs roses, auxquelles succèdent des gousses courtes, presque réniformes, garnies sur le bord extérieur d'une lame ou crête dentée, rappelant un peu la forme d'une crête de coq ; tout le reste de la gousse est couvert d'aspérités se prolongeant en petits aiguillons. Le litre de ces gousses ou fruits pèse 110 grammes, et un gramme en contient 9. Chaque gousse contient deux graines ; la durée germinative en est de cinq ans.

La culture de cette plante est des plus simples : elle se sème au printemps et fleurit dans le cours de l'année.

Elle n'a aucune utilité, et n'offre d'intérêt que par la forme bizarre de son fruit

HOUBLON

Humulus Lupulus L.

Fam. des *Urticées*.

Noms étrangers : angl. Hop. all. Hopfen. flam. Hop. ital. Luppolo.
esp. Lupulo, Hombrecillos.

Indigène. — Vivace. — Le houblon n'est pas, à proprement parler, une plante potagère ; cependant, dans certains pays, les jeunes pousses en sont très fréquemment employées comme légumes. Nous avons donc cru devoir lui donner à ce titre place dans cet ouvrage.

Plante grimpante, à tige très rude, arrondie, s'enroulant toujours de gauche à droite, s'élevant à 5 ou 6 mètres de hauteur ; à feuilles grandes, divisées en cinq lobes ; fleurs dioïques, les femelles réunies en grappes et accompagnées de bractées scarieuses dont la réunion forme le fruit appelé *cône*. Graine grisâtre, à surface chagrinée, presque sphérique, de la grosseur d'une graine de chou ; au nombre de 200 dans un gramme et pesant 250 grammes par litre. Sa durée germinative est de deux années.

Culture. — Le houblon se cultive en plein champ comme plante industrielle. Au commencement du printemps, quand les touffes entrent en végétation, on supprime la plupart des jets, ne conservant sur chaque pied que les deux ou trois plus vigoureux. Ce sont ces jets supprimés que l'on emploie comme légumes.

Usage. — On emploie beaucoup en Belgique les jeunes pousses au moment où elles sortent de terre ; on les prépare à la manière des petites asperges ou des salsifis.

HYSSOPE

Hyssopus officinalis L.

Fam. des *Labiées.*

Noms étrangers : angl. Hyssop. all. Isop. flam. et holl. Hijsoop. dan. Isop. ital. Issopo. esp. Hisopo.

Europe méridionale. — *Vivace.* — Sous-arbrisseau toujours vert, à feuilles lancéolées-oblongues ; fleurs ordinairement bleues, quelquefois blanches ou roses, en épis verticillés. Graines petites, brunes, luisantes, ovales-trigones, avec un petit ombilic blanchâtre situé près de la pointe. Un gramme en contient 850, et le litre pèse 575 grammes ; leur durée germinative est de trois années. Toutes les parties de la plante, et surtout les feuilles, possèdent une odeur très aromatique et un goût un peu brûlant et amer.

Culture. — L'hyssope préfère les terres un peu chaudes et calcaires. Il résiste aux hivers ordinaires, aux environs de Paris, et se multiplie habituellement par division des touffes, qui s'enracinent facilement. On peut aussi le propager de semis, et c'est le procédé habituellement employé dans les pays froids. On sème en avril, en pleine terre, et l'on plante en juillet, ordinairement en bordure. Il est bon de refaire la plantation tous les trois ou quatre ans.

Hyssope.
réd. au douzième.

Usage. — On emploie les feuilles et l'extrémité des rameaux comme condiment, surtout dans les pays du Nord.

IGNAME DE LA CHINE

Dioscorea Batatas Dcne.

Fam. des *Dioscorées.*

Synonyme : Igname patate.

Noms étrangers : angl. Yam. all. Yams Kartoffel. esp. Name, Igname.

Chine. — L'igname a été introduite en France en 1848, par les soins de M. de Montigny, consul de France à Shanghaï. C'est une plante vivace, parfaitement rustique, à tiges annuelles, lisses, vertes ou violacées, pouvant s'élever à 2 et 3 mètres de hauteur, garnies de feuilles opposées, cordiformes, à pointe assez allongée, d'un vert foncé et extrêmement luisantes en dessus.

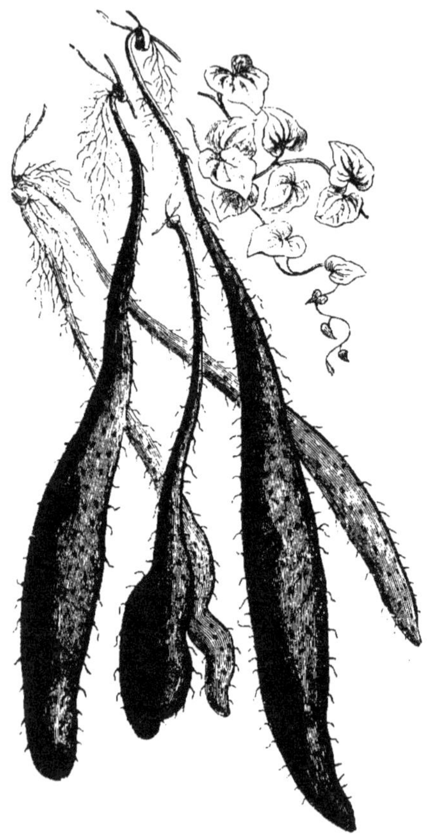

Igname de la Chine.
réd. au sixième.

Dans les aisselles des feuilles paraissent les fleurs, qui sont dioïques, très petites, blanches, réunies en grappes, et ordinairement stériles. Parfois, au lieu de fleurs, il se développe de petits tubercules ou bulbilles qui peuvent servir à multiplier la plante. Les tiges traînent sur terre si elles ne trouvent pas de point d'appui; si, au contraire, elles rencontrent un soutien, elles s'enroulent à l'entour de droite à gauche. Du collet de la racine partent des rhizomes très allongés, se renflant, à mesure qu'ils s'enfoncent en terre, un peu en forme de massue, un peu laiteux et composés d'une chair très farineuse. Ils sont garnis de très nombreuses radicelles et très abondamment couverts de bourgeons presque imperceptibles, qui tous sont en état de donner naissance à une plante. Les rhizomes, qui s'enfoncent presque perpendiculairement en terre, peuvent atteindre une longueur de 0^m,60 à 1 mètre; ils se développent surtout à l'arrière-saison. Étant parfaitement rustiques, ils peuvent passer l'hiver en terre, et grossissent considérablement pendant le cours de la seconde année, mais ils sont alors de moins bonne qualité qu'à la fin de la première.

L'arrachage des rhizomes est une opération assez difficile et coûteuse, car ils sont passablement fragiles, et, pour les récolter entiers, il faut souvent défoncer le terrain à 1 mètre de profondeur. C'est probablement la difficulté de la récolte qui a empêché jusqu'ici l'igname de Chine de prendre place dans la culture réellement courante de notre pays, car c'est une plante bien rustique, très productive et dont les rhizomes peuvent se comparer sans désavantage à la pomme de terre. La chair en est blanche, légère, bien farineuse; elle cuit facilement, et le goût en est peu prononcé. Elle a, de plus, le grand avantage de se conserver facilement et fort longtemps.

Culture. — L'igname réussit bien en toute bonne terre fraîche et suffisamment défoncée. On peut la multiplier, soit par bulbilles axillaires, soit par rhizomes entiers, soit par tronçons de rhizomes. Le procédé qui donne ordinairement les résultats les plus sûrs et les plus abondants, consiste à planter entiers des rhizomes de la grosseur du doigt et de 0^m,20 à 0^m,25 de longueur. Il est bon de donner des rames ou des appuis aux tiges, ce qui facilite les binages. Quelques arrosements sont utiles en cas de grande sécheresse, car l'igname aime la fraîcheur et cesse de croître quand l'humidité lui fait défaut.

Au mois de novembre, il est temps de faire la récolte, et si la terre est profonde et suffisamment riche, on peut s'attendre à trouver quelques rhizomes plus gros que le poignet vers l'extrémité, et pesant jusqu'à un kilogramme ; il s'en rencontre aussi ordinairement de plus petits, qui servent de préférence pour la reproduction.

Au lieu de planter immédiatement en pleine terre, on peut mettre les rhizomes en végétation dans des pots, dès le commencement de mars, pour les mettre en place vers le 15 mai. Le produit est alors plus précoce et plus abondant.

Bien des tentatives ont été faites jusqu'ici pour obtenir une variété d'igname à rhizomes moins longs et s'enfonçant moins profondément dans le sol. On ne peut pas dire qu'on n'y ait pas réussi ; le succès semble au contraire avoir été trop complet : on a obtenu des variétés à rhizomes presque ronds, ramassés au collet de la plante, dont la végétation est extrêmement faible, de sorte que le produit obtenu à la fin de la saison ne représente pas en poids le triple de la semence mise en terre.

Une variété d'igname suffisamment productive et à rhizomes courts est encore à trouver ; peut-être la rencontrera-t-on parmi les nombreuses races d'ignames importées du Japon depuis peu de temps et encore à l'étude.

Usage. — Les rhizomes se consomment comme les pommes de terre : bouillis, frits, ou accommodés de diverses manières.

LAITUE CULTIVÉE

Lactuca sativa L.

Fam. des *Composées*.

Noms étrangers : angl. Lettuce. all. Lattich. flam. et holl. Latouw. dan. Salat. ital. Lattuga. esp. Lechuga, Ensiam. port. Alface.

Inde ou Asie centrale. — *Annuelle*. — L'origine de la laitue cultivée n'est pas connue d'une façon certaine, non plus que l'époque où elle a été introduite en Europe. On ne peut dire à coup sûr si elle était connue des anciens. Cependant la multitude de variétés qu'elle présente et la très grande fixité d'un certain nombre de ses races cultivées donnent lieu de supposer qu'elle est soumise à la culture depuis fort longtemps.

Les différentes variétés de laitues présentent entre elles une telle diversité au point de vue de la forme et de la coloration des feuilles, qu'il est difficile de donner une description générale de la plante s'appliquant à toutes les variétés. On peut supposer cependant, et principalement d'après certaines formes chinoises non pommées, que la laitue, à son état naturel, doit se composer d'une rosette de grandes feuilles allongées, un peu spatulées et plus ou moins ondulées et dentées sur les bords; du centre de la rosette s'élève une tige presque cylindrique, s'amincissant assez rapidement, et se ramifiant dès le tiers de sa hauteur, garnie de feuilles embrassantes, auriculées et devenant de plus en plus étroites à mesure qu'elles sont plus haut placées sur la tige. Les capitules sont nombreux, plus longs que larges, à fleurons jaune pâle. Graine petite, en forme d'amande très allongée et pointue à une extrémité, marquée de sillons longitudinaux assez profonds, ordinairement blanche ou noire, parfois brune ou d'un jaune roux. Un gramme en contient environ 800, et le litre pèse en moyenne 430 grammes. La durée germinative est de cinq années.

De bons auteurs semblent disposés à rapporter les laitues cultivées à deux types botaniques distincts, dont l'un aurait donné naissance aux laitues pommées proprement dites, à tête ronde ou aplatie, et l'autre aux laitues-romaines, dont la pomme est haute et allongée. Cette double origine nous paraît bien difficile à admettre : d'une part, parce que les deux classes de laitues se fondent l'une dans l'autre par des gradations presque insensibles, et, d'autre part, parce que, dès qu'elles montent à graine, les laitues à pomme ronde et les romaines ne présentent plus entre elles aucune différence : ce qui paraît la meilleure preuve de leur identité d'origine.

Nous avons dit que la laitue cultivée est une plante annuelle, parce que le développement des tiges florales succède, sans interruption de végétation, à celui des feuilles radicales réunies en rosette, et parce que cette rosette elle-même se forme complètement en quelques semaines, et au plus en quelques mois. Cependant plusieurs variétés de laitues sont assez rustiques pour pouvoir être semées à l'automne pour passer l'hiver et ne monter à graine qu'au printemps. Il s'en faut beaucoup que toutes les variétés puissent se prêter à ce traitement. D'un autre côté, il y a beaucoup d'inégalité dans la promptitude avec laquelle les différentes laitues montent à graine sous l'influence des chaleurs de l'été. Ces différences de tempérament et d'aptitudes ont fait diviser les laitues, au point de vue de la culture, en trois classes :

1° *Laitues d'hiver*, qui peuvent supporter, moyennant quelques précautions, nos hivers ordinaires.

2° *Laitues de printemps*, qui se forment rapidement, semées tout de suite après l'hiver.

3° *Laitues d'été*, en général plus volumineuses que les laitues de printemps, et ne montant pas trop rapidement à graine pendant la saison chaude.

Quoique cette division n'ait rien de bien rigoureux, nous l'adopterons, parce qu'elle donne le moyen d'indiquer, sans tomber dans des répétitions interminables, le genre de culture qui convient à chaque variété. Nous indiquerons donc la manière dont on doit soigner les laitues d'hiver, puis nous donnerons la liste et la description des variétés comprises sous cette désignation; nous ferons de même pour les laitues de printemps et d'été.

LAITUES POMMÉES

Lactuca capitata DC.

Noms étrangers : angl. Cabbage-lettuce. all. Kopfsalat. flam. et holl. Krop-
salad. ital. Lattuga a cappucio, L. a palla. esp. Lechuga acogollada, L. flamenca.
port. Alface repolhada.

1. Laitues d'hiver.

Les laitues d'hiver se sèment depuis le milieu d'août jusque dans le milieu
de septembre. Vers la fin d'octobre, lorsque le plant forme une rosette de
0^m,06 à 0^m,08 de diamètre et qu'il a déjà cinq ou six feuilles un peu fortes,
on le plante à demeure dans une situation aussi chaude et aussi bien exposée
que possible, de préférence au pied d'un mur et dans une planche parfaitement saine. Pendant les très grands froids, on peut garantir les plantes avec
des paillassons, qu'on enlève dès que le temps le permet. Les laitues d'hiver
ne souffrent pas de la neige, et quelquefois on voit des variétés peu rustiques
passer l'hiver, grâce à la couverture que celle-ci leur prête.

Dès le mois de février, la végétation des laitues d'hiver reprend une certaine activité, et les pommes commencent à se former dès la fin d'avril
ou le commencement de mai. Les plantes continuent à donner pendant six
semaines ou deux mois, jusqu'à ce que les laitues de printemps viennent
leur succéder.

LAITUE PASSION.

Synonymes : Laitue Babiane, L. brune d'hiver des Carmes, L. de la Passion.

Nom étranger : all. Madeira Lattich.

Jeune plant à feuilles très arrondies, à pourtour entier, à limbe légèrement
contourné et faiblement cloqué dans la partie inférieure, d'un vert franc

assez foncé et parsemé de taches
brunes. Cette variété est bien moins
blonde à l'état de jeune plant qu'elle
ne le devient plus tard.

Plante moyenne ou assez large,
basse, appliquée sur le sol, formant
une rosette à contour un peu irrégulier, de 0^m,22 à 0^m,25 de diamètre; feuilles extérieures sans cloques et à bords entiers, mais largement plissées et contournées, d'un
vert franc ou un peu blond, marquées de quelques taches brunes.

Laitue Passion.
réd. au sixième.

Pomme arrondie, assez grosse, d'un vert pâle et lavée de rouge sur le sommet. Les feuilles qui l'entourent sont assez cloquées, chiffonnées et marquées de rouge sur les bords. Graine blanche.

La L. Passion est considérée comme une des plus rustiques de toutes ;
on ne l'emploie guère que pour la culture hivernale en pleine terre: semée
au printemps, elle monte rapidement.

LAITUE MORINE.

Nom étranger : angl. Hammersmith cabbage-lettuce.

Jeune plant à feuilles presque rondes, courtement spatulées, finement dentées vers la base, entières dans le reste de leur pourtour, ordinairement pliées suivant la nervure médiane et fréquemment creusées en cuiller, d'un vert pâle, blond ou doré.

Plante moyenne, assez trapue, ne dépassant pas 0ᵐ,18 à 0ᵐ,20 de diamètre, à contour assez irrégulier ; feuilles extérieures vertes, pas très amples, plus longues que larges, assez contournées sans être franchement plissées, portant quelques cloques au voisinage de la nervure centrale, mais aucune sur les bords. Pomme assez serrée, un peu haute, passablement pleine et ferme, entourée de feuilles généralement pliées en deux et formant pour ainsi dire le cornet, très cloquées et un peu plus pâles que celles de l'extérieur. Graine blanche.

La L. morine ne s'emploie que pour la culture d'hiver ; elle est rustique et de bonne qualité. On peut la planter assez serré, ce qui compense dans une certaine mesure l'inconvénient de son petit volume.

LAITUE GROSSE BLONDE D'HIVER.

Jeune plant à feuilles spatulées, légèrement gaufrées ou plissées, faiblement dentées vers la base, très étalées et d'un vert clair presque blond.

Laitue grosse blonde d'hiver.
réd. au sixième.

Plante forte, large, assez haute, atteignant 0ᵐ,25 à 0ᵐ,30 de diamètre, à contour très irrégulier ; feuilles extérieures vertes, à bords entiers, mais extrêmement contournées et plissées par de larges ondulations. Pomme arrondie, grosse, d'un vert pâle et blond, composée et entourée de feuilles extrêmement cloquées, plissées et contournées, tout en conservant des bords entiers ou presque entiers. Graine blanche.

Cette variété convient très bien pour la culture d'hiver ; elle est rustique, hâtive et très productive. On peut encore la semer au printemps, et faite à cette saison, elle tient longtemps la pomme pour une laitue d'hiver.

LAITUE BRUNE D'HIVER.

Synonyme : Laitue grosse brune d'hiver.

Jeune plant très notablement plus coloré que celui de la L. rouge d'hiver, à feuilles courtement oblongues, à pourtour anguleux, plutôt que véritablement denté ; limbe quelquefois un peu ondulé, creusé en cuiller, taché et abondamment lavé de brun.

Plante ramassée, assez trapue ; feuilles toutes plus ou moins en cuiller, les extérieures presque lisses. Pomme arrondie, assez pleine, composée et entourée de feuilles à grosses cloques, assez chiffonnées, d'un vert tendre, abondamment lavées de brun bronzé. Le diamètre de la plante entière ne dépasse guère 0ᵐ,18 à 0ᵐ,20.

C'est une laitue très rustique, d'excellente qualité et occupant peu de place ; mais il convient de dire qu'elle monte à graine un peu plus rapidement que la L. rouge d'hiver.

Laitue brune d'hiver.
réd. au sixième.

LAITUE ROUGE D'HIVER.

Jeune plant à grandes feuilles oblongues, se rétrécissant un peu au sommet et rappelant presque l'apparence d'un plant de romaine ; bords presque entiers, faiblement ondulés, dentés seulement dans le tiers inférieur, d'un vert un peu pâle, légèrement lavé et maculé de brun clair.

Plante moyenne ou forte, assez haute, peu étalée sur terre, de 0ᵐ,22 à 0ᵐ,25 de diamètre ; feuilles extérieures arrondies, peu cloquées et peu ondulées, quelquefois en cuiller et légèrement teintées de brun rougeâtre. Pomme assez haute, grosse, bien pleine, se formant promptement et durant assez longtemps, d'un vert pâle très fortement teinté de rouge brun.

Laitue rouge d'hiver.
réd. au sixième.

Les feuilles qui entourent la pomme présentent la même couleur sur leurs bords et sur leurs cloques, qui sont très grosses et très saillantes. Graine blanche.

La L. rouge d'hiver est bien rustique ; elle nous paraît à la fois plus hâtive et plus productive que la L. Passion : c'est une race à recommander pour la culture d'hiver.

LAITUE ROQUETTE.

On cultive sous ce nom une race de laitue d'hiver remarquable par sa petite taille et par la dureté de sa pomme : c'est une plante très petite et très ramassée, à feuillage d'un vert pâle, fortement teinté de rouge bronzé là où il est exposé à la lumière. La forme et l'apparence sont un peu celles d'une laitue Batavia en miniature. Le diamètre de la plante, parvenue à tout son développement, ne dépasse pas 0ᵐ,10 ; elle convient très bien par ce motif à la culture sous châssis ou sous cloches. La graine en est blanche.

19

La *L. de Silésie d'hiver* est une variété assez grande, dont l'aspect rappelle un peu celui de la L. Batavia blonde ; elle est assez rustique. Les feuilles en sont amples, contournées, d'un vert pâle teinté de rouge; la pomme en est assez grosse, mais flasque. Elle ne réussit pas dans la culture d'été.

II. Laitues de printemps.

Les laitues de printemps se sèment en mars sur couche tiède, ou simplement sur du terreau, au pied d'un mur à une exposition chaude. On les repique en avril, et elles commencent à donner dès la fin de mai ou en juin. On peut aussi, et c'est ce que font généralement les maraîchers, les semer en place dès la fin de février parmi les légumes qui se cultivent dans le terreau pur ou avec une épaisse couverture de terreau. Il faut, pour ce genre de culture, préférer les plus petites variétés comme étant celles qui portent le moins de préjudice à la récolte à laquelle elles sont associées.

Ce sont les laitues de printemps, et particulièrement la *L. crêpe* et la *L. gotte*, que l'on emploie pour la culture forcée. Ces deux variétés, et surtout la L. crêpe à graine noire, se sèment dès le mois d'octobre sur couche, et s'élèvent entièrement, soit sous châssis, soit sous cloches. La L. crêpe à graine noire (*petite noire* des maraîchers de Paris) a la propriété de pouvoir végéter à peu près complètement sans air, ce qui permet de l'obtenir promptement au moyen d'un peu de chaleur artificielle. La L. gotte est plus productive, mais elle demande absolument à être aérée de temps en temps.

Les derniers semis faits sous châssis pendant l'hiver peuvent achever de se former sur place après qu'on a enlevé les châssis et les coffres, devançant de quelques jours les premières laitues repiquées en pleine terre.

LAITUE CRÊPE A GRAINE NOIRE.

Synonymes : Laitue petite crêpe, L. crêpe hâtive, L. petite noire.

Nom étranger : ALL. Früher gelber kleiner Steinkopf Lattich (schwarze Korn).

Laitue crêpe à graine noire.
réd. au sixième.

Jeune plant assez ramassé, à feuilles presque rondes, mais à contours anguleux; les jeunes feuilles commencent de très bonne heure à se rouler en forme de cornet.

Plante petite, basse, appliquée sur terre, d'un vert très pâle et presque blanchâtre, à contour un peu irrégulier, diamètre de 0^m,15 à 0^m,18 ; feuilles extérieures assez amples, mais courtes, à bords légèrement sinueux, contournées, marquées de quelques cloques peu nombreuses. Pomme ronde, un peu aplatie, formée de feuilles plus pâles, mais beaucoup moins cloquées et moins crispées que celles de la L. gotte à graine blanche ; elle est ferme, d'un vert pâle, se forme très rapidement, mais dure peu.

Cette variété est surtout employée pour la culture de primeur sous cloches ou sous châssis ; on la fait surtout en hiver ou au premier printemps.

LAITUE CRÊPE A GRAINE BLANCHE.

Synonyme : Laitue crêpe blonde.

Nom étranger : All. Früher gelber Eiersalat.

Jeune plant à feuilles larges, courtes, à contour anguleux ou obtusément denté, d'un vert blond, devenant presque jaune-beurre dans les parties exposées au soleil.

Plante moyenne, d'un vert blond, très crispée et ondulée, d'un diamètre de 0^m,20 environ ; feuilles extérieures à bords très plissés et ondulés, marqués de larges dents obtuses et portant quelques larges cloques. Pomme moyenne, un peu haute, formée de feuilles plus pâles, beaucoup plus cloquées que celles de l'extérieur et aussi plus crispées que celles de la L. gotte à graine noire ; elle reste généralement molle, tout en étant bien pleine, se forme promptement, mais a l'inconvénient de s'ouvrir assez rapidement pour donner passage à la tige florale.

La L. crêpe convient bien pour la culture de printemps, surtout en pleine terre ; semée à l'automne, elle passe assez bien l'hiver.

LAITUE GOTTE A GRAINE BLANCHE.

Synonymes : Laitue gau, L. d'ognon.

Noms étrangers : Angl. (Am.) Tennisball *or* Boston market lettuce (white seed). All. Sehr früher gelber fester Steinkopf Lattich (weisse Korn).

Jeune plant d'un vert très blond, devenant presque jaune au soleil ; pourtour un peu anguleux sans être franchement denté, sauf à la base ; les jeunes feuilles commencent très promptement à devenir cloquées et chiffonnées : des plantes qui n'ont pas douze feuilles commencent parfois à montrer un rudiment de pomme.

Parvenue à tout son développement, la laitue gotte forme une petite plante trapue, à contours

Laitue gotte.
réd. au sixième.

arrondis, de 0^m,15 de diamètre environ ; feuilles extérieures arrondies, à bords presque entiers, mais très plissés et contournés, présentant quelques cloques. Pomme petite, mais assez serrée, d'un vert pâle, blond et presque doré, formée de feuilles beaucoup plus cloquées et contournées que celles de l'extérieur.

La L. gotte, malgré ses petites dimensions, est une variété réellement productive ; elle se développe rapidement, tient bien la pomme et peut être plantée serrée. Elle convient surtout pour le printemps, c'est-à-dire pour être semée à la sortie de l'hiver et consommée avant l'été ; semée à l'automne, elle passe bien l'hiver, mais on a pour ce genre de culture des variétés encore plus rustiques et beaucoup plus productives. Il en est de même pour l'été : quoique la laitue gotte ne soit pas trop exposée à monter à graine, les vraies laitues d'été lui sont préférables pour cette saison.

Il existe une autre race de L. gotte à graine blanche, qu'on appelle *L. gotte dorée* ou *L. gotte jaune d'or* : elle ressemble assez à la L. gotte à graine noire décrite ci-après, mais elle monte plus promptement à graine.

LAITUE GOTTE A GRAINE NOIRE.

Synonyme : Laitue roulette.

Nom étranger : All. Früher gelber kleiner Steinkopf Lattich (s. K.).

Jeune plant différant fort peu de celui de la L. gotte à graine blanche, à part que les feuilles en sont plus cloquées et plus plissées.

Plante un peu plus petite que la L. gotte à graine blanche, à pomme déprimée, jamais très ferme, s'en rapprochant du reste énormément par ses caractères de végétation et ses aptitudes culturales.

LAITUE GOTTE LENTE A MONTER.

Noms étrangers : Angl. Tom Thumb lettuce. All. Früher grüner fester Steinkopf Lattich.

Jeune plant d'un vert franc assez foncé ; feuilles arrondies, entières, se creusant en cuiller et ayant presque toujours une de leurs moitiés repliée ; les feuilles du centre commencent de très bonne heure à devenir cloquées.

Laitue gotte lente à monter.
réd. au sixième.

Plante basse, assez trapue, à contour irrégulier, d'un diamètre de 0m,16 à 0m,18 ; feuilles extérieures retombant sur terre, assez courtes et raides, d'un vert foncé, généralement pliées le long de la nervure médiane, avec une moitié étalée et l'autre relevée, à cloques assez nombreuses ; feuilles du milieu également plus ou moins pliées, à cloqûres nombreuses et saillantes, et formant une pomme moyenne, bien compacte et bien ferme, franchement verte à l'extérieur, mais très tendre et se conservant très longtemps, même en été. Graine noire.

Assez petite, mais relativement très productive, précoce et tenant bien la pomme, cette variété est une des plus recommandables pour le printemps et l'été. Elle est tendre et de qualité excellente.

LAITUE TENNISBALL.

Synonymes : Laitue d'Aubervilliers, L. gotte verte hâtive.

Nom étranger : Angl. Tennisball lettuce (bl. s.).

Jeune plant à feuilles larges, très entières, arrondies et non dentées, sauf tout à fait à la base, d'un vert intense ; le cœur est lent à se remplir.

Plante petite, de 0m,18 à 0m,20 de diamètre, à pomme dressée ; feuilles relativement étroites, d'un vert très foncé, se distinguant par là de toutes les autres laitues, les extérieures presque planes, ressemblant assez à celles de l'épinard à feuille de laitue, celles du centre passablement cloquées, formant par leur réunion une pomme au moins aussi haute que large et jamais très pleine. Graine noire.

C'est une ancienne variété, sans grand mérite en dehors de sa rusticité.

LAITUE A BORD ROUGE.

Synonymes : Laitue cordon rouge, L. Bordelande.

Noms étrangers : Angl. Early Paris market lettuce, Early cabbage L., Early yellow L., White dutch L., Victoria L. All. Gelber rothkantiger Prinzenkopf Lattich. Bruine geel L. Holl. Harlems'che gele latouw, Broei gele L.

Jeune plant à feuilles arrondies, plissées dans la partie inférieure et planes ou légèrement creusées en cuiller dans le reste du limbe, d'un vert blond et légèrement doré dans les parties les plus exposées au soleil.

Plante compacte, de 0^m,20 à 0^m,22 de diamètre ; à feuilles extérieures arrondies, presque planes, appliquées sur terre, celles qui entourent la pomme légèrement cloquées, d'une couleur vert jaunâtre très pâle, teintées de rouge sur les bords. Pomme très pleine, très serrée et comme tordue, d'un blond pâle, dorée et lavée de rouge sur le dessus. Graine blanche.

Laitue à bord rouge.
réd. au sixième.

La L. à bord rouge est la plus productive de toutes les laitues de printemps ; elle est aussi un peu plus lente à se former que les autres, et peut être considérée comme formant la transition entre elles et les laitues d'été. Elle est très tendre en même temps que ferme. C'est une des meilleures variétés aussi bien pour le potager que pour la culture maraîchère.

On ne rencontre plus que rarement dans les cultures les variétés suivantes :

L. bigotte. Pomme moyenne ou grosse, arrondie, très blonde, fortement teintée de rouge. Belle variété précoce et productive.

L. cocasse à graine noire. Feuilles d'un blond glauque, cloquées, celles du pourtour de la pomme repliées en dehors ; cœur bien plein et ferme. La L. cocasse *à graine blanche* diffère à peine de la forme à graine noire.

L. coquille. Petite variété à pomme haute ; feuilles raides, cloquées, pliées en deux et renversées en dehors à l'extrémité ; apparence presque intermédiaire entre une laitue et une romaine. Assez précoce, mais peu productive.

L. crêpe dauphine (syn. *L. grosse crêpe*). Feuilles amples, ondulées, crépues sur les bords, d'un vert franc. Pomme moyenne, un peu écrasée, colorée de brun au sommet. Variété rustique, mais dure et d'un goût peu fin.

L. dauphine (syn. *L. grosse brune hâtive, L. grosse hâtive d'hiver*). Feuilles amples, marquées de quelques taches rousses. Pomme assez haute, peu pleine, d'un vert blond, légèrement colorée de rouge au sommet. Elle rappelle un peu l'aspect de la L. blonde d'été, mais elle est d'un vert beaucoup plus foncé. Graine noire.

L. Georges. Feuilles amples, arrondies, peu ondulées. Pomme ronde, blonde, moyenne, largement cloquée. Cette variété ne vaut pas les laitues crêpe ou gotte. On l'emploie surtout comme laitue à couper. Graine blanche.

L. grasse de Bourges. Variété assez compacte, presque toute en pomme, à feuilles courtes, arrondies en cuiller. Pomme ronde, serrée. Cette laitue est précoce et tendre, mais elle a le défaut de pourrir facilement.

L. mousseronne. Feuilles moyennes, frisées et dentelées, un peu cloquées, d'un vert clair bordé de brun. Pomme petite et lâche, teintée de rouge brun. Graine blanche. Cette variété est très précoce, mais pomme mal. On peut aussi l'utiliser comme laitue à couper.

Il peut être utile de mentionner quelques variétés étrangères de laitues de printemps, prises parmi les meilleures et les plus cultivées ; nous citerons donc les suivantes :

Early cabbage or *Dutch butter-head lettuce* (Am.). Petite race bien distincte à feuille cloquée, tachée de brun pâle. Pomme ferme et compacte, teintée de rouge sur le sommet, à peine aussi grosse qu'une L. gotte lente à monter. Graine blanche.

Laitue earliest dwarf green.
réd. au sixième.

Earliest dwarf green lettuce. Jolie petite laitue verte, très trapue, distincte, quoique se rapprochant sensiblement de la L. gotte lente à monter. Graine noire.

L. empereur à forcer (*Kaiser Treib-L. s. K.*). Cette petite race, très hâtive, ressemble beaucoup à la L. gotte à graine blanche, elle est un peu plus blonde et monte plus promptement à graine.

Hubbard's forcing lettuce (Am.). Assez grosse laitue blonde, présentant de l'analogie avec la L. gotte à graine blanche et la blonde d'été ; elle se force sous verre au printemps.

III. Laitues d'été.

La culture des laitues d'été est des plus simples. On sème en pépinière depuis le mois de mars jusqu'en juillet. Habituellement on repique le plant une fois, avant de le mettre en place, ce qui a lieu quand il a cinq ou six feuilles bien développées. Les laitues d'été ne demandent d'autres soins que des arrosages abondants ou souvent répétés. Un bon paillis, recouvrant la terre où elles sont plantées, entretient la fraîcheur du sol et active la végétation.

LAITUE BLONDE D'ÉTÉ.

SYNONYMES : Laitue royale à graine blanche, L. blonde, L. Gapaillard, L. jaune d'été, L. jaune de Harlem, L. nonpareille, L. pommée paresseuse, L. pommée de Zélande.

NOMS ÉTRANGERS : ANGL. Large white cabbage lettuce, Swedish L., Royal L., White summer cabbage L., Princess L., All the year round L. (white seed) ; (Am.) Butter L., Francfurt head L. ALL. Haarlemer grosser gelber Lattich, Haarlemer Blankkopf L., Grosser gelber Prinzenkopf L.

Jeune plant d'un vert blond, à feuilles courtes, entières, arrondies, très légèrement dentées vers la base, faiblement ondulées.

Pomme ronde, serrée, très pleine, d'un vert très pâle et presque blanchâtre; feuilles extérieures courtes, arrondies, très entières sur les bords,
mais finement cloquées et un peu ondulées;
diamètre de la plante, 0^m,15 à 0^m,20. Graine
blanche.

Cette excellente laitue est une des plus généralement cultivées, comme l'indique la multiplicité de ses noms. Elle est précoce, très productive, malgré sa petite taille, parce qu'elle est,
comme disent les jardiniers, toute en pomme.

Laitue blonde d'été.
réd. au sixième.

Elle donne une jolie salade tendre, croquante, très ondulée et réussit presque
en tout terrain ; aussi la trouve-t-on répandue dans toutes les parties du monde.

LAITUE BLONDE DE BERLIN.

SYNONYMES : Laitue blonde à graine noire, L. royale à graine noire,
L. blonde de Tours.

NOMS ÉTRANGERS : ANGL. Berlin white summer lettuce, Black-seeded yellow L.,
Fine imperial cabbage L., All the year round L. (black seed), Leyden white
dutch cabbage L.; (Am.) Black-seeded satisfaction L. ALL. Grosser gelber
Berliner Lattich.

Jeune plant d'un vert blond ; feuilles arrondies, à bords entiers et tendant
à se contourner en cornet.

Pomme arrondie, molle, mais bien pleine; feuilles extérieures largement
cloquées, arrondies, entières, d'un vert très blond ou presque jaunâtre; les
feuilles qui entourent la pomme sont plus redressées et moins plissées que
celles de la L. blonde d'été. La pomme en est aussi passablement plus
haute. Le diamètre de la plante ne dépasse guère 0^m,20. Graine noire.

LAITUE BLONDE DE VERSAILLES.

NOMS ÉTRANGERS : ALL. Cyrius Lattich, Gelber Cyrius L., Mogul L.,
Grosser gelber Savoyer L.

Jeune plant d'un vert assez clair, feuilles arrondies, entières, à nervures
apparentes; il ressemble beaucoup à celui de la L. blonde d'été, mais il est
plus ample, à âge égal.

Pomme grosse, ronde ou un peu allongée, très pleine et très ferme, d'un
vert franc un peu pâle; feuilles extérieures très amples, entières, d'un vert
assez foncé, plissées et cloquées, surtout au voisinage de la nervure médiane:
celles qui entourent la pomme sont largement ondulées et contournées dans
tous les sens: elles donnent à l'ensemble de la plante un aspect un peu
irrégulier. Diamètre atteignant 0^m,25 à 0^m,28. Graine blanche.

LAITUE BLONDE DE CHAVIGNÉ.

Jeune plant d'un vert franc, ressemblant extrêmement à celui de la L. blonde
d'été, mais seulement un peu moins blond ; feuilles un peu plus rétrécies vers
la base.

Pomme grosse, pleine, compacte, d'un vert pâle presque jaune sur le dessus; feuilles extérieures très arrondies, marquées de quelques grosses et larges cloques, beaucoup moins pâles que les feuilles composant la pomme. Diamètre de la plante, 0^m,20 à 0^m,25. Graine blanche.

Laitue blonde de Chavigné.
réd. au sixième.

La L. blonde de Chavigné est une très belle variété, de forme régulière, prompte à pommer et lente à monter, donnant, sous un moindre volume, tout autant de produit que la L. blonde de Versailles. Elle est à recommander.

LAITUE GROSSE BLONDE PARESSEUSE.

Synonymes : Laitue blonde d'été de Saint-Omer, L. nonpareille.

Noms étrangers : angl. Nonpareil lettuce. all. Gelber Faulenzer Lattich, Grosser gelber Dauerkopf L.

Jeune plant d'un vert pâle, assez blond ; feuilles arrondies ou courtement spatulées, planes, dentées et ondulées dans la moitié inférieure.

Laitue grosse blonde paresseuse.
réd. au sixième.

Pomme grosse, un peu haute, mais aplatie sur le sommet, d'un vert très pâle et très blond, presque couleur de cire ou de beurre; feuilles extérieures amples, très arrondies, légèrement cloquées, d'un vert un peu moins pâle que la pomme. Diamètre atteignant environ 0^m,30. Graine blanche.

Cette belle laitue est volumineuse et productive; elle réussit bien et tient parfaitement la pomme pendant les grandes chaleurs.

LAITUE TURQUE.

Synonymes : Laitue d'Alger à graine noire, L. grasse, L. grosse allemande, L. incomparable (gr. n.), L. de Russie.

Noms étrangers : angl. Turkey cabbage lettuce, Russian *or* butter L., Asiatic L.; (Am.) Large butter-head L. all. Gelber asiatischer Lattich (s. K.), Grosser Westindischer L.

Jeune plant d'un vert pâle, terne, uni, feuilles courtes, spatulées-arrondies, légèrement dentées sur tout leur pourtour.

Pomme arrondie, un peu déprimée, d'un vert très pâle, presque blanchâtre; feuilles extérieures appliquées sur terre, arrondies, très entières, à peine cloquées, d'un vert extrêmement pâle et d'un aspect qui fait deviner leur grande épaisseur. La face extérieure des feuilles est d'une teinte encore plus claire et quelquefois tout à fait argentée. Toutes les feuilles sont très entières, celles qui forment la pomme et qui l'entourent immédiatement sont assez cloquées. Diamètre de la plante, 0^m,20 à 0^m,25. Graine noire.

LAITUE IMPÉRIALE.

Synonyme : Laitue incomparable (gr. bl.).

Noms étrangers : Angl. Imperial lettuce, Union L. ; (Am.) Green L. (wh. s.). All. Grosser gelber asiatischer Lattich (w. K.), Silberkopf-Salat.

Jeune plant d'un vert un peu pâle et assez terne, uni ; feuilles arrondies, courtes, planes, obtusément dentées sur tout leur pourtour.

Ne diffère pas de la L. turque autrement que par la couleur de sa graine, qui est blanche au lieu d'être noire.

Ces deux laitues ne conviennent qu'à la culture d'été, mais elles sont des plus recommandables pour cette saison, produisant beaucoup et supportant bien la chaleur et la sécheresse.

Laitue impériale.
réd. au sixième.

La *L. Caladoise* et la variété allemande dite *Perpignaner Dauerkopf* nous ont toujours paru se rapprocher énormément, toutes deux, de la L. impériale.

LAITUE VERTE GRASSE.

Nom étranger : All. Grüner Fett-Salat.

Jeune plant, d'un vert foncé ; feuilles courtes, arrondies, ou obtusément spatulées, très légèrement dentées sur les bords, les inférieures contournées et cloquées.

Pomme arrondie ou un peu déprimée, serrée, ferme, entourée de feuilles à bords entiers, toutes largement cloquées, d'un vert franc, foncé à la face supérieure et presque argenté sur le revers ; les feuilles extérieures très rondes, petites, entières et unies. Toutes les feuilles sont roides et d'une contexture

Laitue verte grasse.
réd. au sixième.

épaisse, rappelant quelque peu l'apparence des feuilles d'épinards. Le diamètre de la plante est d'environ 0^m,18 à 0^m,22. Graine noire.

Cette variété est une bonne laitue d'été, donnant beaucoup sous un petit volume et gardant très bien la pomme.

LAITUE MONTE A PEINE VERTE, A GRAINE NOIRE.

Jeune plant d'un vert très foncé, uni ; feuilles courtes, arrondies, planes, un peu dentées vers la base, les intérieures cloquées et contournées.

Laitue monte à peine verte à graine noire.

réd. au sixième.

Pomme petite, ronde, très serrée et dure, d'un vert pâle, entourée de feuilles entières, cloquées et un peu ondulées, formant une rosette très compacte. Le diamètre total de la plante est de 0^m,15 à 0^m,20. L'aspect général rappelle beaucoup la L. blonde d'été, mais toute confusion est rendue impossible par la différence de couleur du feuillage et de la graine.

Les laitues de petite taille, comme celle-ci, sont souvent appréciées par les jardiniers. Elles sont faciles à intercaler dans d'autres cultures.

LAITUE GROSSE NORMANDE.

Jeune plant vert foncé, à feuilles spatulées-allongées, habituellement contournées, dentées vers la base, et anguleuses dans le reste de leur contour, ressemblant presque plutôt à des feuilles de scarole que de laitue.

Pomme arrondie ou un peu haute, assez grosse, bien pleine, un peu cloquée et d'un vert pâle ; feuilles extérieures arrondies, d'une contexture épaisse, très entières sur les bords, d'une couleur vert foncé unie, marquées de quelques grosses cloques, les unes étalées sur terre, les autres se redressant autour de la pomme. Le diamètre de la plante varie de 0^m,25 à 0^m,30. Graine jaune.

Il y a quelque analogie d'apparence entre la L. blonde de Versailles et cette variété, mais le feuillage est notablement plus foncé dans la grosse normande, et la couleur des graines donne un caractère sûr pour les reconnaître.

LAITUE GROSSE BRUNE PARESSEUSE.

SYNONYMES : Laitue Bapaume, L. Berg-op-Zoom, L. grise maraîchère, L. grosse grise, L. grosse hollandaise, L. Méterelle (à Bordeaux), L. prodigieuse.

NOMS ÉTRANGERS : ANGL. Mogul lettuce. ALL. Brauner grosser Faulenzer Lattich, Dicker braungrüner Steinkopf L.

Laitue grosse brune paresseuse.

réd. au sixième.

Jeune plant d'un vert assez pâle, terne, marqué de taches brunes ; feuilles courtes, arrondies, entières à l'extrémité et dentées sur les côtés.

Race grande et forte, d'un diamètre total d'environ 0^m,30 ; feuilles extérieures très grandes, d'un vert franc, beaucoup plus pâle à la face intérieure, plutôt plissées que cloquées, marquées, ainsi que les autres, de quelques taches brunes. Pomme assez haute, compacte, teintée de rouge brun sur le sommet et composée de feuilles passablement cloquées, qui se recouvrent l'une l'autre en prenant la forme de cuiller. Graine noire.

La L. grosse brune paresseuse est une variété très rustique et extrêmement productive, qui peut se cultiver en plein champ.

La *L. de Berlaimont*, très estimée dans le nord de la France, nous paraît être identique à la L. grosse brune paresseuse.

LAITUE PARESSEUSE DU PAS-DE-CALAIS.

Synonyme : Laitue julienne d'été.

Jeune plant d'un vert assez foncé, uni; feuilles spatulées-allongées, à contour un peu anguleux, dentées et ondulées vers la base.

Forte plante, se rapprochant assez de la **L.** grosse brune paresseuse, mais en différant nettement par l'absence totale de taches brunes. Elle est aussi un peu plus élevée, et la pomme en est plus ovoïde et se bronze, plutôt qu'elle ne se colore en rouge, sur les parties exposées à la lumière. Graine noire.

LAITUE MONTE A PEINE, A GRAINE BLANCHE.

Synonyme : Laitue rousse hollandaise (gr. bl.).

Jeune plant d'un vert terne, teinté de brun pâle sur les nervures; feuilles spatulées-arrondies, légèrement dentées vers la base, celles du cœur promptement cloquées et ondulées.

Pomme arrondie ou un peu allongée, très pleine et très ferme, d'un vert très pâle et fortement colorée de rouge sur le sommet; feuilles extérieures arrondies, à bords entiers, passablement cloquées, d'un vert grisâtre, bordées et lavées de brun clair; celles qui entourent la pomme sont très cloquées, passablement plissées et tourmentées : elles sont teintées de rouge cuivré dans toutes les portions exposées au plein soleil, soit à la face supérieure, soit sur le revers des feuilles.

C'est une très bonne variété, rustique, gardant très bien la pomme et n'occupant pas trop de place. Le diamètre total de la plante ne dépasse pas 0^m,20 à 0^m,25.

LAITUE PALATINE.

Synonymes : Laitue brune d'Achicourt, L. brune d'Arras, L. brune hollandaise, L. incomparable, L. jeune brune, L. œil-de-perdrix, L. petite brune, L. roulette d'été (gr. n.), L. rousse.

Nom étranger : Brauner fester Pariser Lattich.

Jeune plant vert, taché de brun; feuilles assez courtes, arrondies-spatulées, à pourtour entier, excepté vers la base, qui est dentée; nervures rougeâtres.

Pomme moyenne ou grosse, arrondie, très pleine sans être dure, fortement colorée de rouge brun sur le sommet; feuilles extérieures assez amples, entières sur les bords, mais passablement cloquées, plissées et tourmentées, teintées de roux et parsemées de macules brun foncé. Diamètre de la plante, environ 0^m,25 à 0^m,30. Graine noire.

Laitue palatine.
réd. au sixième.

La L. palatine est une des variétés les plus rustiques et les moins exigeantes ; aucune laitue ne lui est supérieure pour l'été et l'automne, ni comme rendement, ni comme sûreté de réussite : elle se forme très promptement, garde admirablement la pomme et supporte bien les premiers froids à l'arrière-saison. Pendant la fin de l'été et tout l'automne, la L. palatine fournit plus de la moitié des laitues pommées qu'on apporte à la halle de Paris.

LAITUE ROUSSE HOLLANDAISE.

Synonyme : Laitue grosse hollandaise.

Nom étranger : ALL. Brauner zarter holländischer Lattich.

Jeune plant d'un vert terne, légèrement teinté de brun clair ; feuilles courtes, arrondies ou spatulées, finement dentées vers la base, où elles sont roussâtres, ainsi que les nervures.

Laitue rousse hollandaise.
réd. au sixième.

Cette variété diffère surtout de la L. palatine par l'absence de taches sur les feuilles ; la plante dans son ensemble est un peu moins brune. A part ce caractère, les deux variétés se rapprochent beaucoup sous le rapport des dimensions et de l'aspect. Graine noire.

La *L. capucine de Hollande* ou *capucine de Bordeaux* se distingue à peine de la L. rousse hollandaise par une teinte un peu plus pâle.

LAITUE MERVEILLE DES QUATRE SAISONS.

Synonymes : L. Besson, L. mousseline rouge.

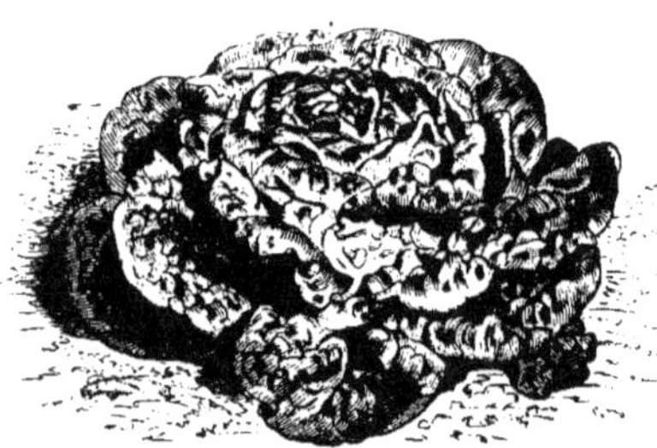

Laitue merveille des quatre saisons.
réd. au sixième.

Jeune plant vigoureux, complètement teinté de rouge brun ; feuilles courtes, presque rondes, très entières, à bords relevés en cuiller, facile à reconnaître à sa coloration à partir de son plus jeune âge.

Plante vigoureuse, assez trapue, à développement rapide. Pomme arrondie, légèrement aplatie sur le sommet, où elle est fortement colorée de rouge vif, qui contraste d'une façon frappante avec la teinte très pâle des portions soustraites à l'action de la lumière ; les feuilles extérieures sont pareillement teintées de rouge dans toutes les parties exposées au soleil. Feuilles à contour arrondi et plus ou moins ondulé, marquées de quelques grosses cloques. C'est la plus colorée de toutes les laitues qui se cultivent couramment aux environs de Paris; elle est encore plus rouge que l'ancienne variété dite *rouge chartreuse*. Le diamètre de la plante atteint environ 0ᵐ,30. Graine noire.

Cette variété peut presque se cultiver à toutes les saisons, comme son nom l'indique; cependant elle convient surtout pour le printemps et l'été. La pomme se forme promptement et reste longtemps ferme, même pendant les grandes chaleurs.

LAITUE SANGUINE AMÉLIORÉE.

Noms étrangers : Angl. Small dark red lettuce. All. Bunter Forellen Salat.

Jeune plant très finement maculé et fouetté de rouge; feuilles arrondies, entières, ondulées ou repliées en cornet. Dans les feuilles du cœur, la couleur verte disparaît complètement sous les nombreuses et fines macules brun rouge dont elles sont parsemées.

Pomme extrêmement serrée, de grosseur moyenne, ronde ou un peu déprimée au sommet, formée à l'intérieur de feuilles très plissées, d'un blanc d'ivoire très finement et abondamment flagellé de rouge carmin; le dessus de la pomme est fortement teinté de rouge cuivré ; les

Laitue sanguine améliorée.
réd. au sixième.

feuilles extérieures, petites, nombreuses, d'autant moins cloquées qu'elles sont plus proches du sol, sont couvertes de petites taches rouges extrêmement nombreuses, qui donnent à l'ensemble de la plante une couleur bronzée. Son diamètre ne dépasse guère 0ᵐ,18 à 0ᵐ,22. Graine blanche.

Cette variété est productive sous son petit volume; elle est précoce et garde bien la pomme. La couleur très vive des macules tranche agréablement sur la surface des feuilles blanchies, qui donnent une salade très jolie en même temps que tendre et d'excellente qualité.

LAITUE HATIVE DE SIMPSON.

Synonymes : Laitue à couper frisée d'Australie, L. allemande, L. glacée.

Noms étrangers : Angl. Early Simpson lettuce, Simpson's early curled L. All. Gelber Simpson Lattich.

Jeune plant d'un vert pâle, blond et presque doré ; feuilles anguleuses, très ondulées sur les bords, crispées et chiffonnées.

Pomme rarement bien formée ; feuilles d'un vert blond, grandes, à surface luisante et pour ainsi dire vernissée, d'un aspect très frais et agréable, très frisées et très ondulées, finement cloquées, très abondantes et tendres, lors même qu'elles ne pomment pas. C'est une des meilleures laitues d'été. Elle convient très bien pour la culture dans les pays chauds. Elle demande seulement à être arrosée abondamment. Graine blanche.

La *L. hâtive de Silésie*, et les variétés américaines appelées *The Hanson lettuce, New large head L., Hamilton market L., Large India L.* et *Early curled silesian L.*, se rapprochent de la laitue hâtive de Simpson au point de ne pouvoir en être distinguées qu'assez difficilement.

Laitue hâtive de Simpson.
réd. au sixième.

LAITUE BATAVIA BLONDE.

SYNONYMES : Laitue Batavia à bord rouge, L. de Silésie, L. tête de mort.

NOMS ÉTRANGERS : ANGL. White silesian lettuce, White batavian L. ALL. Grosser gelber Montrée *oder* Kopfmontrée Lattich. HOLL. Groote gele montrée latouw.

Laitue Batavia blonde.
réd. au sixième.

Jeune plant d'un vert blond ou doré, à feuilles légèrement dentées, ondulées et teintées de rouge pâle sur les bords.

Pomme très grosse, peu ferme, d'un vert très pâle, teinté de roux clair, arrondie ou légèrement déprimée; feuilles extérieures assez amples, frisées, finement cloquées, très ondulées et largement dentées sur les bords, où elles sont légèrement colorées de rouge. Le diamètre de la plante est d'environ 0^m,30 à 0^m,35. Graine blanche.

La *L. belle et bonne de Bruxelles* se rapproche beaucoup de cette variété ; quelquefois elle est presque dépourvue de teinte rouge et présente alors beaucoup d'analogie avec la suivante.

Laitue Batavia frisée allemande.
réd. au sixième.

LAITUE BATAVIA FRISÉE ALLEMANDE.

SYNONYME : Laitue Batavia italienne.

NOM ÉTRANGER : ALL. Grüner früher Montrée Lattich.

Jeune plant à feuilles courtes et larges, à bords festonnés et ondulés, d'un vert clair légèrement doré.

Pomme grosse, molle, arrondie ou un peu déprimée, d'un vert très pâle; feuilles extérieures cloquées, assez

frisées et un peu déchiquetées sur les bords. Diamètre de la plante atteignant
0ᵐ,28 à 0ᵐ,30. Graine blanche.

A part sa couleur pâle et très blonde, cette variété n'est pas sans analogie
avec la L. chou de Naples. Elle est vigoureuse et d'une culture très facile et
très sûre en été.

LAITUE BATAVIA BRUNE.

Synonymes : Laitue chou, L. brune de Silésie.

Noms étrangers : angl. Brown Batavian lettuce, Marseille cabbage L.
all. Brauner Marseiller Lattich.

Jeune plant d'un vert très foncé, à feuilles très allongées, étroites, bordées
de dents aiguës ; nervure médiane
et extrême bord des feuilles teintés de brun.

Pomme très haute, allongée,
ressemblant beaucoup plus à une
pomme de romaine qu'à celle d'une
laitue, presque toujours molle et
rarement bien formée ; feuilles
extérieures très amples, d'abord
redressées, puis renversées en
dehors, cloquées, très ondulées
et gaufrées sur les bords, d'un
vert foncé lavé de brun dans
toutes les parties les plus éclairées. Le diamètre de la plante

Laitue Batavia brune.
réd. au sixième.

atteint environ 0ᵐ,10 ; hauteur presque aussi grande. Graine blanche.

De peu de mérite sous le climat de Paris, cette variété est très estimée dans
les pays chauds et même dans le midi de la France.

LAITUE CHOU DE NAPLES.

Noms étrangers : angl. Neapolitan cabbage lettuce. all. Neapolitanischer
Dauerkopf Lattich.

Jeune plant d'un vert foncé ; feuilles courtement spatulées, ondulées sur les
bords, dentées et légèrement clo-
quées.

Pomme grosse, déprimée, quelquefois presque plate, d'un vert
très pâle, blanchâtre, un peu cloquée ; feuilles extérieures d'un vert
assez foncé, étalées sur terre, finement cloquées, très frisées et ondulées sur les bords. Le diamètre de
la plante peut atteindre facilement
0ᵐ,30 à 0ᵐ,35. Graine blanche.

Laitue chou de Naples.
réd. au sixième.

La L. chou de Naples est peut-être, de toutes les laitues, celle qui tient le
mieux la pomme. Souvent la tige florale ne peut se dégager des feuilles qui
l'entourent sans qu'on l'aide, en fendant la pomme, à se frayer un passage.

LAITUE BOSSIN.

Noms étrangers : angl. New summer cabbage lettuce, The favourite L.

Jeune plant d'un vert blond presque doré, avec quelques taches brunes ;

Laitue Bossin.
réd. au sixième.

feuilles un peu allongées, dentées, teintées de brun sur les nervures et sur les bords.

Pomme grosse, un peu plate, d'un vert pâle, blond lavé de brun ; feuilles extérieures extrêmement grandes et amples, s'étalant largement sur la terre et formant une rosette de 0^m,40 ou plus de diamètre, très dentées et ondulées sur les bords, un peu cloquées et irré-gulièrement nuancées et tachées de brun rougeâtre. Graine noire.

La L. Bossin est une variété très vigoureuse, rustique, résistant bien à la chaleur, mais dont le produit ne répond pas complètement à l'espace considé-rable qu'occupe la plante.

LAITUE DE MALTE.

Synonyme : Laitue-chou blonde.

Noms étrangers : angl. Malta lettuce, Drumhead L. ; (Am.) Ice drumhead L. all. Grosser gelber Trommelkopf Lattich.

Jeune plant d'un vert blond uni ; feuilles spatulées, assez longues, veinées,

Laitue de Malte.
réd. au sixième.

fortement dentées sur tout le pourtour, un peu ondulées sur les bords et légè-rement contournées.

Pomme haute, composée de feuilles d'un vert pâle, plissées et marquées de cloques allongées. Quand elle com-mence à se former, elle ressemble passablement à celle d'une romaine, mais s'élargit et devient presque ronde quand elle est parvenue à toute sa grosseur ; côtes des feuilles grosses et faisant souvent saillie sur la pomme ; feuilles extérieures très amples, d'un vert pâle et blond, à bords plissés, un peu découpés et parfois enroulés en dessous. Le diamètre de la plante atteint de 0^m,30 à 0^m,35 ; hauteur presque égale. Graine blanche.

La L. de Malte est d'une croissance rapide et résiste bien à la chaleur, mais elle ne tient pas longtemps la pomme. Elle convient tout particulièrement pour les pays chauds.

LAITUE LEBŒUF.

Jeune plant d'un vert foncé ; feuilles très grandes, les premières spatulées et planes, les suivantes plus courtes, cloquées à la base, à nervures médianes larges et blanches, ressemblant plus aux feuilles d'une romaine qu'à celles d'une laitue pommée.

Pomme haute, se rapprochant passablement de celle d'une romaine, composée de feuilles pressées les unes contre les autres, mais se recouvrant imparfaitement ; feuilles extérieures allongées, d'abord redressées, puis renversées en dehors vers l'extrémité, toutes plus ou moins pliées suivant la nervure médiane, plissées, cloquées et souvent contournées sur les bords. Diamètre de la plante, 0^m,18 à 0^m,20 ; hauteur souvent égale ou même plus grande. Graine blanche.

A part les dimensions un peu plus fortes et la plus grande ampleur de ses feuilles, cette variété se rapproche passablement de la romaine pomme en terre ; elle présente la particularité de donner souvent naissance à de nombreux drageons à la base de la pomme.

Parmi les variétés de laitues d'été, les meilleures et les plus distinctes, après celles décrites plus haut, nous paraissent être les suivantes :

L. de Bellegarde. Grande plante large, ayant la pomme entourée de grandes feuilles découpées et profondément dentées sur les bords ; elle se rapproche, par l'aspect, de la L. Bossin, mais elle est moins grosse et un peu plus colorée. Graine blanche.

L. blonde trapue (syn. *L. d'Italie, L. grosse dorée d'été, L. nonpareille* à Genève). Plante ramassée, à feuilles cloquées, ondulées, d'un vert blond et presque doré, teintée de brun clair sur la pomme, qui est moyenne, serrée et un peu déprimée. C'est une bonne variété d'été, rustique et lente à monter. On lui reproche seulement d'avoir une saveur un peu amère. Graine blanche.

California lettuce or *Royal summer cabbage L.* (Am.). Belle et bonne laitue d'été, bien pommée, productive, ressemblant à la L. blonde d'été, mais un peu plus trapue et d'une couleur plus blonde ; les feuilles sont tachées de brun et bronzées sur les bords.

Laitue frisée de Californie.
réd. au sixième.

Laitue Beauregard.
réd. au sixième.

L. frisée de Californie. Deux races de laitue, assez différentes l'une de l'autre et absolument distinctes de la précédente, sont parfois cultivées sous ce nom ; toutes deux ont les feuilles complètement vertes, étalées sur terre, formant une rosette comme les chicorées endives et ne pommant pas ou presque pas. Elles diffèrent entre elles en ce que dans l'une (qu'on appelle aussi *L. Beauregard* ou *L. Pelletier*), les feuilles sont simplement dentées et découpées sur le pourtour, à peu près comme celles de la scarole en cornet ; dans l'autre, le limbe des feuilles est très fortement gaufré et plissé sur les bords ; il est moins profondément découpé, mais beaucoup plus frisé. Cette seconde race forme une rosette large et bien fournie, et elle est remarquablement lente à monter.

L. dorée d'Amérique (syn. *L. d'Australie, Romaine rouge dorée, L. pommée du Texas;* angl. : *New american lettuce, American gathering L.;* (Am.) *India head L.; Prize head L.*). Sorte de L. Batavia à feuilles très frisées et très fortement teintées sur les bords de rouge cuivré. Elle est bien distincte et d'une apparence agréable, mais pomme assez mal. On l'emploie comme salade verte à la manière de la *L. early Simpson,* et quelquefois on se contente de l'effeuiller pour récolter plus tard les nouvelles feuilles qui se seront développées, ou les ramifications qui croissent à leur aisselle.

L. d'Égypte (syn. *New egyptian sprouting lettuce*). Variété assez analogue à la précédente, mais moins colorée, à feuilles plus longues et un peu moins frisées, remarquable par l'abondance des pousses qui se développent à l'aisselle des feuilles principales. Ces rejets portent quelques feuilles longues, étroites, ressemblant beaucoup au produit des laitues à couper forcées sur couche ; on les emploie de la même manière. Graine blanche.

L. de Fontenay. Belle race de laitue pommée, très lente à monter, volumineuse et productive ; elle a quelque chose de l'apparence de la L. turque, mais elle la dépasse en grosseur. Elle est dans toutes ses parties d'un blond très pâle.

L. Lorthois. Variété bien distincte et très rustique, rappelant un peu l'aspect d'une L. crêpe, mais avec plus d'ampleur et une teinte plus verte. C'est une bonne laitue de printemps et d'été ; elle donne une pomme grosse, ferme, un peu aplatie et teintée de brun ou de roux sur le sommet. Graine blanche.

On cultive dans le département du Nord, sous le nom de *L. maraichère,* une race qui nous paraît absolument identique à la L. Lorthois.

L. de Néris. Belle laitue d'été, se rapprochant beaucoup de la L. grosse brune paresseuse, à part qu'elle est d'une teinte beaucoup plus blonde. C'est une race répandue et estimée dans le centre de la France.

New gem cabbage lettuce. Jolie petite variété à pomme compacte, presque dépourvue de feuilles extérieures, occupant très peu de place et donnant une pomme relativement grosse et bien pleine. Comme aspect général, cette variété ressemble assez à la L. roquette, mais elle est un peu plus 'forte et ne passe pas l'hiver.

L. rose ou *rouge d'été* (syn. *L. rouge à graine noire, L. palatine* de certains maraîchers de Paris). Bien distincte, non tachée, mais très fortement teintée de rouge brun au bord des feuilles et sur la pomme ; elle ressemble un peu à une L. brune d'hiver, mais elle est plus colorée et a la pomme plus haute. Elle convient bien pour la fin du printemps, l'été et l'automne ; on la trouve souvent à la halle de Paris.

L. rouge Chartreuse (syn. *L. rouge d'Alger*, *L. rouge*, *L. grosse rouge*). Cette belle variété a la taille et, jusqu'à un certain point, l'aspect de la L. palatine ; mais elle n'est pas tachée, et la couleur de ses feuilles est beaucoup plus franchement rouge. C'est une bonne laitue d'été ; elle peut aussi passer l'hiver quand il n'est pas trop rigoureux. Graine noire.

L. rousse à graine jaune (syn. *L. d'Amérique*, *L. Désirée*, *L. sanguine à graine jaune*). Assez voisine de la L. rousse hollandaise par sa taille, son apparence et sa couleur, cette variété s'en distingue pourtant par ses feuilles plus cloquées et sa nuance un peu plus rouge ; elle en diffère aussi complétement par sa graine. On cultive en Anjou une autre variété à graine jaune qui ne doit pas être confondue avec celle-ci : elle est petite, complétement verte, et convient surtout à la culture d'hiver, mais elle est fort peu répandue et ne paraît pas mériter de l'être davantage.

L. sanguine à graine blanche (syn. *L. panachée*, *L. flagellée*, *L. truite*). Plante assez compacte, à feuilles arrondies, contournées, tourmentées, formant une pomme serrée et très tendre ; celles de l'intérieur presque blanches et panachées de rouge vif, les extérieures d'un vert assez foncé avec des macules brunes.

L. sanguine à graine noire. Cette variété diffère de la précédente par la finesse de ses panachures qui lui donnent un aspect bronzé ; les feuilles intérieures semblent poudrées de rouge sur fond blanc.

Cette laitue et la précédente ont été remplacées dans les cultures par la variété améliorée à graine blanche.

L. Tannhäuser. Variété compacte, à feuilles arrondies, épaisses ; pomme ronde, se rapprochant assez de la L. grosse normande, mais en différant complétement par la couleur de sa graine, qui est noire.

L. de Zélande (syn. *Seelander latouw*). Jolie race de laitue pommée, compacte, d'un blond doré très pâle, ressemblant tout à fait à la L. blonde de Berlin, à cela près que la pomme est, pour ainsi dire, ovoïde et plus haute que large. Graine noire.

On cultive aux États-Unis, sous le nom de *Boston market lettuce*, une variété qui paraît extrêmement voisine de celle-ci, ou intermédiaire entre elle et la L. de Berlin.

LAITUES ROMAINES

SYNONYMES : Chicon, L. Lombarde.

NOMS ÉTRANGERS : ANGL. Cos-lettuce. ALL. Römischer *oder* Bind-Salat. FLAM. Ezelsoor salat. HOLL. Roomsche latouw, Bind salade. ITAL. Lattuga romana. ESP. Lechuga romana, Lechugon, Oreja de mula. PORT. Alface romana.

Les laitues romaines se distinguent des laitues pommées ordinaires par la forme de leurs feuilles, qui sont allongées, presque toujours un peu en cuiller, et par le grand développement que prend ordinairement la nervure médiane. Dans quelques variétés, celle-ci forme une véritable côte blanche, tendre et très épaisse.

La culture des romaines est exactement la même que celle des laitues ; seulement, comme elles pomment naturellement moins bien que celles-ci, les jardiniers sont dans l'usage de les lier pour favoriser le blanchissement des feuilles intérieures. Il y a des romaines d'hiver, de printemps et d'été. Pour la culture forcée et les premiers semis en pleine terre, on préfère la *romaine blonde maraichère*, ainsi que la *verte* et la *grise*, qui en sont assez voisines. Les mêmes variétés peuvent servir pour la culture d'été, ainsi que les romaines *alphange, monstrueuse, brune anglaise*. Enfin, pour la culture d'hiver en pleine terre, on fait usage des romaines *verte* et *royale verte*, ainsi que de la *rouge d'hiver*.

I. Romaines d'hiver.

ROMAINE VERTE D'HIVER.

Noms étrangers : angl. Green winter cos-lettuce. all. Grüner Winter Bind-Salat, Gelber Sachsenhäuser B.-Salat.

Jeune plant à feuilles lisses, d'un vert foncé, assez planes, arrondies, mais s'amincissant vers l'extrémité, pourtour entier, ne présentant quelques dents que dans le tiers inférieur.

Plante compacte, à feuilles serrées les unes contre les autres, redressées et se renversant un peu en dehors, seulement vers l'extrémité ; limbe courtement spatulé ou ovale, uni, d'un vert franc très intense, pour ainsi dire glacé ou lustré ; nervures nombreuses et bien visibles. La pomme se forme d'elle-même ; elle n'est pas très haute, mais ferme, compacte et bien pleine. Graine noire.

Cette variété est fort ancienne et très recommandable ; elle est peu sensible au froid, et produit beaucoup sous un volume médiocre.

Romaine verte d'hiver.
réd. au sixième.

Romaine royale verte.
réd. au sixième.

ROMAINE ROYALE VERTE.

Nom étranger : all. Grüner verbesserter Winter Bind-Salat.

Jeune plant à feuilles courtement spatulées, un peu cloquées et contournées vers la base, assez profondément dentées vers les deux tiers inférieurs, uniformément colorées de vert foncé.

Romaine vigoureuse à feuilles d'un vert franc, luisant et presque vernissé, oblongues, légèrement cloquées, un peu renversées en arrière, jusqu'au moment où la pomme commence à se faire et où les feuilles se creusent au contraire en forme de cuiller pour se recouvrir les unes les autres. Pomme assez haute, passablement pleine, pouvant blanchir sans être liée. Graine noire.

Cette variété se distingue surtout de la R. verte d'hiver en ce qu'elle forme avant de pommer une rosette moins évasée, plus raide, d'un vert plus pâle et plus luisant.

ROMAINE ROUGE D'HIVER.

Synonyme : Romaine rouge de Haarlem.

Nom étranger : Blood red winter cos-lettuce.

Jeune plant fortement teinté de rouge brun ; feuilles spatulées, planes et lisses, légèrement dentées à la base.

Pomme haute, longue, complétement verte, sauf une teinte rouge brun au sommet ; feuilles extérieures longues, arrondies au bout, très entières, presque planes et très fortement colorées de brun rougeâtre. Ce n'est que dans le cœur de la plante, et tout près de la pomme, que se montre la couleur verte. Graine noire.

La R. rouge d'hiver pomme en général fort bien d'elle-même ; elle est rustique, productive et remarquablement lente à monter. Elle présente aussi une telle

Romaine rouge d'hiver.
réd. au sixième.

fixité de caractères, qu'on ne la voit presque jamais varier ni dégénérer.

La race anglaise appelée *Hardy winter white cos* n'est qu'une sous-variété un peu plus blonde de la R. verte d'hiver.

II. Romaines de printemps et d'été.

ROMAINE VERTE MARAICHÈRE.

Noms étrangers : Angl. Green Paris cos-lettuce. Buckland green cos-L. All. Pariser grüner selbstschliessender Bind-Salat.

Jeune plant vert foncé ; feuilles dressées, à côtes blanches, spatulées-allongées, très dentées vers la base.

Pomme haute, allongée, pointue ou légèrement obtuse, présentant trois faces bien marquées : feuilles extérieures redressées autour de la pomme, relativement étroites, d'un vert assez foncé, presque vernissé, à côtes très blanches. C'est une bonne variété à végétation rapide, moins volumineuse, mais un peu plus précoce que la R. blonde maraichère. Graine blanche.

ROMAINE GRISE MARAICHÈRE.

Jeune plant à peine différent de celui de la R. blonde maraîchère, si ce n'est par sa couleur, qui est sensiblement plus foncée.

Pomme haute, très nettement arrondie au sommet, plus trapue que celle de la R. verte et de la R. blonde maraîchère; feuilles extérieures amples, arrondies du bout, d'un vert un peu moins blond que celles de la R. blonde maraîchère; celles qui composent la pomme très fortement creusées en cuiller. Graine blanche.

La R. grise se cultive surtout sous cloches; pour cet emploi, elle est ordinairement préférée à toutes les autres variétés par les maraîchers de Paris.

On en cultive, sous le nom de *R. courte à cloche*, une sous-variété un peu plus courte, plus blonde et plus hâtive.

Les maraîchers de Paris cultivent, sous le nom de *R. plate*, une race qui paraît intermédiaire entre la R. verte et la R. grise. C'est une plante moins pâle de couleur que cette dernière, et qu'on pourrait décrire comme une romaine verte maraîchère à larges feuilles; elle forme une pomme large, bien pleine et surbaissée au sommet, ce qui lui a fait donner le nom de *plate*. Elle est employée concurremment avec la R. grise pour la culture sous cloches.

ROMAINE BLONDE MARAICHÈRE.

NOMS ÉTRANGERS : ANGL. White Paris cos-lettuce, Moor-park cos-L.; (Am.) Ice cos-L. ALL. Pariser gelber selbstschliessender Bind-Salat.

Jeune plant d'un vert pâle; feuilles assez dressées, spatulées, dentées et légèrement cloquées vers la base, larges et arrondies vers l'extrémité.

Pomme haute, allongée, mais très grosse, obtuse ou arrondie au sommet, à angles moins marqués que dans la R. verte maraîchère; feuilles extérieures spatulées, larges et amples, d'un vert blond, passablement cloquées; celles qui forment la pomme à côtes blanches très prononcées, toujours pliées et d'un vert très pâle. Graine blanche.

Cette variété est certainement la plus cultivée de toutes les romaines, et peut-être de toutes les laitues. Elle paraît convenir fort bien à tous les climats tempérés et même chauds, car elle est recherchée dans le monde entier. Elle aime les terres

Romaine blonde maraîchère.
réd. au sixième.

riches et veut être arrosée abondamment.

On la cultive sous cloches pour primeur, et en pleine terre depuis le mois d'avril jusqu'à la fin de l'automne. Bien soignée, elle se forme en sept semaines ou deux mois à partir du repiquage en pleine terre; elle tient la pomme remarquablement longtemps. Un pied bien venu pèse souvent au delà de 3 kilogrammes.

ROMAINE POMME EN TERRE.

Jeune plant court et compacte, d'un vert franc, uni, assez foncé; feuilles raides, courtes, ovales, légèrement en cuiller, dressées et marquées d'une nervure médiane blanche très apparente.

Plante très trapue, d'un vert foncé, luisant. Pomme courte, très serrée, dure, commençant si bas, qu'elle paraît en partie enfoncée en terre; feuilles extérieures très raides, un peu pointues, presque toujours pliées en deux et recourbées vers l'extérieur, légèrement cloquées, à côtes fortes, raides et très développées en proportion de la dimension des feuilles. Graine noire.

R. pomme en terre.
réd. au sixième.

Cette variété est très croquante et présente un léger arrière-goût d'amertume, qui n'est pas désagréable; elle passe assez bien l'hiver, pourvu qu'elle soit un peu protégée. Comme la pomme en est très serrée, elle donne, malgré sa petite taille, un produit assez considérable.

III. Romaines d'été.

ROMAINE ALPHANGE A GRAINE BLANCHE.

Noms étrangers : Angl. Florence cos-lettuce, Magnum bonum cos-L.

Jeune plant d'un vert pâle, terne; feuilles larges, ovales, légèrement dentées, faiblement teintées de brun clair à la base, ainsi que sur les bords et les nervures.

Pomme se formant très difficilement seule; feuilles extérieures très grandes et surtout très larges, à contour arrondi, largement cloquées, renversées en dehors et formant une grande rosette très évasée; la couleur en est d'un vert franc un peu pâle et grisâtre, très légèrement teinté de brun clair sur les bords et dans les parties les plus éclairées. Le diamètre moyen d'une plante bien venue atteint et dépasse 0m,40.

Romaine alphange.
réd. au sixième.

ROMAINE ALPHANGE A GRAINE NOIRE.

Jeune plant à feuilles spatulées, amples, assez longues, obtusément dentées, teintées de brun pâle à la base, sur les nervures et sur les bords;

l’ensemble de la teinte est notablement plus pâle que dans le plant de la R. alphange à graine blanche.

Pomme allongée, se formant rarement seule; feuilles extérieures très longues et très larges, d’un vert pâle blond ou doré, légèrement teinté de roux au soleil, finement cloquées, plus pointues et, en apparence, d’une contexture moins épaisse que celles de la R. alphange à graine blanche.

Cette variété forme une rosette encore plus large que la variété précédente; le diamètre en atteint aisément 0ᵐ,50.

ROMAINE MONSTRUEUSE.

Synonyme : Romaine à deux cœurs.

Jeune plant vigoureux, demi-étalé; feuilles assez grandes, larges à partir de la base, d’un vert pâle et terne, teinté de brun clair, surtout sur les nervures et sur les bords, à contour légèrement sinueux ou obtusément denté.

Pomme grosse, oblongue, ne se formant pas facilement seule; feuilles extérieures grandes, nombreuses, en large rosette très évasée, presque étalée; le pourtour des feuilles est entier, mais les bords sont contournés et ondulés; la surface en est cloquée et boursouflée de la côte centrale vers les bords; toutes les parties très éclairées sont assez fortement lavées de roux, le reste de la feuille est d’un vert terne et foncé. L’aspect en est luisant et presque vernissé, au lieu d’être mat et terne comme dans les romaines alphanges. Le diamètre moyen atteint facilement 0ᵐ,50.

ROMAINE BRUNE ANGLAISE A GRAINE BLANCHE.

Synonymes : Romaine incomparable, R. d’Angleterre.

Noms étrangers : angl. Brown cos-lettuce, Bath cos-L., Imperial brown cos-L. all. Brauner Bath Bind-Salat (w. K.), Rothgrüner englischer B.-Salat (w. K.).

Jeune plant d’un vert terne, à feuilles spatulées, profondément dentées jusqu’à la pointe, teintées de rouge sur les bords et sur les nervures.

Romaine brune anglaise
à graine blanche.

réd. au sixième.

Pomme oblongue, presque pointue, d’un vert pâle, très légèrement teintée de brun terne; les feuilles extérieures assez évasées, entières, peu cloquées, finement dentées sur les bords et teintées, dans toute la portion éclairée, de brun pâle sur fond vert grisâtre. Le diamètre d’une plante bien développée est d’environ 0ᵐ,35.

La R. brune anglaise est extrêmement rustique; elle réussit bien l’été et l’automne, elle passe même quelquefois l’hiver. Quoiqu’elle pomme passablement, laissée à elle-même, on est dans l’usage de la lier pour augmenter et hâter la production des feuilles blanchies et tendres.

Le contraste de couleur entre les parties des feuilles bronzées par l’action de la lumière et celles qui ont été soustraites au jour est très marqué dans cette romaine.

ROMAINE BRUNE ANGLAISE A GRAINE NOIRE.

Nom étranger : All. Brauner Bath Bind-Salat (schwarze Korn).

Jeune plant un peu plus pâle que celui de la R. brune anglaise ordinaire, mais au surplus de même forme et de même apparence.

Ne diffère très franchement de la précédente que par la couleur de la graine; cependant on remarque une nuance assez sensible entre le port des deux variétés et la manière dont les feuilles s'emboîtent les unes dans les autres : celles de la variété à graine noire sont plus courtes, forment une rosette plus largement étalée sur terre, et se redressent plus tardivement pour former la pomme; elles sont aussi plus dentées sur les bords.

Romaine brune anglaise à graine noire.
réd. au sixième.

Le rendement, la précocité et la qualité sont les mêmes dans cette variété que dans celle à graine blanche.

ROMAINE PANACHÉE A GRAINE BLANCHE.

Synonymes : Romaine flagellée à graine blanche, R. rouge d'Angleterre, R. sanguine à graine blanche.

Noms étrangers : Angl. Spotted cos-lettuce, Bloody cos-L., Aleppo cos-L. All. Bunter Forellen Bind-Salat (w. K.).

Jeune plant à feuilles demi-dressées, raides, oblongues, dentées sur les bords dans la moitié inférieure, de couleur vert franc, disparaissant presque complètement sous une infinité de taches d'un rouge brun ordinairement très menues et souvent confluentes.

Pomme ne se formant pas d'elle-même; feuilles extérieures complètement étalées, presque toujours fortement pliées suivant la nervure médiane, très plissées, ondulées et contournées, très abondamment lavées de rouge brun foncé. Quand elles sont blan-

Romaine panachée à graine blanche.
réd. au sixième.

chies artificiellement, les feuilles de cette romaine présentent la même panachure rouge sur fond blanc que celles de la L. sanguine. Diamètre atteignant environ 0ᵐ,40.

ROMAINE PANACHÉE PERFECTIONNÉE A GRAINE NOIRE.

Noms étrangers : all. Selbstschliessender verbesserter Forellen
Bind-Salat (s. K.).

Jeune plant fortement lavé de rouge brun sur fond vert; feuilles assez courtes, entières, spatulées-arrondies; il est beaucoup plus compacte, plus nain et moins rouge que celui de la R. panachée à graine blanche.

Plante raide à feuilles dressées, serrées les unes contre les autres et entourant une pomme oblongue, courte et assez compacte; les feuilles extérieures sont raides, arrondies ou obtuses à l'extrémité, peu cloquées et d'un vert foncé marqué de taches et de plaques brunes. Cette romaine pomme seule, mais on en augmente le produit en la liant : elle donne alors très promptement une quantité de salade considérable, eu égard à sa petite taille. Son diamètre ne dépasse pas en effet 0^m,25 à 0^m,30.

Cette variété diffère complètement de la R. panachée à graine blanche en ce que les feuilles en sont toutes redressées de manière à former l'entonnoir avant de pommer, tandis que la R. panachée à graine blanche a les feuilles tout à fait étalées et même renversées.

ROMAINE BALLON.

Synonyme : Romaine de Bougival.

Jeune plant d'un vert franc un peu pâle; feuilles dressées, longues, assez

Romaine ballon.
réd. au sixième.

étroites, portant sur tout leur pourtour des dents qui sont longues et aiguës dans la moitié inférieure, et à peine marquées vers l'extrémité de la feuille; les nervures n'y sont pas très apparentes.

Plante très vigoureuse, à pomme grosse, large, arrondie, et même un peu aplatie au sommet, pleine et ferme; feuilles extérieures moins cloquées, plus vertes et plus arrondies à l'extrémité que celles de la romaine blonde maraîchère. Cette dernière variété pomme plus promptement que la R. ballon; celle-ci, par contre, passe pour être plus rustique et pour convenir fort bien aux semis d'automne. Elle est remarquablement productive.

Nous mentionnerons encore quelques variétés de romaines qui, sans présenter autant d'intérêt que les précédentes, ont cependant un certain mérite.

R. blonde de Brunoy. Plante assez feuillue, ne formant de pomme que quand elle est liée; à feuilles un peu plissées, unies sur les bords et renversées en dehors à l'extrémité. La plante atteint un volume considérable, mais monte à graine assez rapidement. Il en existe une race à graine blanche et une à graine noire.

La variété anglaise *Ivery's non such* paraît identique à cette dernière.

R. blonde de Niort. Cette belle et grande variété est cultivée et fort appréciée en Vendée ; elle ressemble beaucoup à la R. alphange à graine noire, mais elle monte un peu plus rapidement. La graine en est blanche.

R. de Chalabre (syn. *R. à feuille de chardon*). Très bonne variété de romaine d'hiver pour le midi de la France ; même à Paris, elle résiste bien au froid dans les hivers ordinaires. Elle ressemble assez d'aspect à la R. verte maraîchère, mais elle devient beaucoup plus grosse et a les feuilles passablement dentées sur les côtés dans la moitié inférieure.

R. Epinerolle. A peu près intermédiaire entre les romaines verte et blonde maraîchère ; celle-ci paraît plus rustique que toutes les deux, mais aussi plus dure et moins délicate au goût. Elle convient surtout pour le midi de la France, où elle peut se cultiver pour l'hiver.

R. frisée bayonnaise, — *R. parisienne,* — *R. du Mexique.* On cultive sous ces trois noms deux ou trois races de romaine qui ressemblent passablement à la L. Batavia brune. Elles sont, comme elle, d'une végétation très vigoureuse et rapide, mais d'une contexture un peu coriace ; elles conviennent pour les climats chauds et doivent être liées pour blanchir et devenir tendres.

R. chicon jaune supérieure. On pourrait la considérer comme une simple sous-variété de la R. alphange à graine blanche ; elle s'en distingue cependant par sa pomme plus courte et d'une teinte tout à fait blonde.

R. de la Madelaine. Assez voisine de la R. monstrueuse, mais plus haute et plus blonde ; les feuilles en sont grandes, pâles, lavées de rouge, surtout sur les bords. La pomme se forme presque seule sans être liée ; elle n'est pas très pleine. Graine noire.

ROMAINE ASPERGE

Lactuca angustana HORT.

SYNONYME : Laitue asperge.

NOM ÉTRANGER : ALL. Spargel-Salat.

Feuilles longues, très étroites, lancéolées, ne formant jamais de pomme ; la plante monte promptement à graine, et ce sont ses tiges, grosses et renflées, qu'on utilise comme légume, lorsqu'elles ont environ 0ᵐ,30 de hauteur.

Cette plante est très distincte, et ne ressemble à aucune autre romaine.

Le *L. cracoriensis* Hort. est une forme de la R. asperge, à tiges rougeâtres et à feuilles bronzées ; elle végète et s'emploie comme la forme ordinaire.

Malgré leur apparence tout à fait spéciale et le nom latin qu'on leur a donné dans la pratique horticole, ces deux plantes ne sont cependant pas autre chose que des modifications de la laitue cultivée (*Lactuca sativa* L.). Les caractères tirés de la floraison et des graines ne permettent pas de conserver le moindre doute à cet égard.

LAITUES A COUPER.

SYNONYMES : Laitue à pincer, Petite laitue.

NOMS ÉTRANGERS : ALL. Schnitt-Salat, Stech Lattich. HOLL. Snij salade.
ITAL. Lattuga da taglio, Lattughetta, Lattughina. ESP. Lechuguino.

Un certain nombre de variétés de laitues ne forment jamais de pomme,
mais donnent, en revanche, une grande quantité de feuilles qui se renou-
vellent après avoir été coupées, et peuvent ainsi fournir une grande abondance de verdure sans occuper beaucoup de place. On désigne ces laitues sous
le nom général de laitues à couper, et l'on en cultive un certain nombre de
variétés. Quelquefois on se sert des laitues pommées blondes hâtives, pour
faire de la laitue à couper : c'est le cas notamment avec les laitues crêpe ou
la L. Georges ; mais les variétés dont nous voulons parler ici sont celles qui
ne pomment jamais, et dont on ne peut, par conséquent, tirer parti autrement que pour cet emploi spécial.

LAITUE BLONDE A COUPER.

SYNONYME : Petite laitue crêpe.

Plante à feuilles spatulées, devenant plus courtes et plus arrondies quand
la plante prend de la force ; à bords presque entiers, légèrement ondulés et
dentés vers la base. Si les feuilles ne sont pas coupées quand la plante est
encore jeune, celles du centre se plient et se chiffonnent de manière à former
une sorte de cœur, mais non pas une véritable pomme. La tige florale fait
promptement son apparition. Graine blanche.

Cette race se cultive surtout sous châssis.

LAITUE FRISÉE A COUPER, A GRAINE NOIRE.

Laitue frisée à couper, à graine noire.
réd. au sixième.

Variété très distincte, formant
une touffe large de 0^m,25 à 0^m,30,
pleine et comme feutrée, qui rap-
pelle un peu l'aspect des chicorées
frisées ; feuilles découpées en lobes
arrondis, contournées et gaufrées,
d'un vert assez foncé en dessus, un
peu grisâtre en dessous.

Cette variété est rustique et très
productive ; elle convient bien pour
la culture en pleine terre. Les feuilles en sont complètement vertes à
l'extrémité et sur les bords qui sont exposés à l'air et à la lumière, mais vers
la base elles sont blanches comme celles d'une chicorée.

LAITUE ÉPINARD.

SYNONYMES : Laitue à la reine, L. à feuille de chêne, L. à carème.

Plante formant une rosette assez élevée et large d'environ 0^m,30 à 0^m,35,
composée de feuilles très nombreuses, assez longues, d'un vert très blond,

divisées en lobes arrondis, sinués, un peu plus larges et beaucoup moins
ondulés que dans la L. à couper frisée; elles forment une large rosette,
touffue et assez pleine au centre. Cette variété est rustique et passe assez
bien l'hiver; elle repousse bien après avoir été coupée. Graine noire.

On cultive encore quelquefois la *R. à feuille d'artichaut*, qui se rapproche
beaucoup de celle-ci et n'en diffère guère que par la teinte brune de son
feuillage.

LAITUE CHICORÈE.

Feuilles étalées en rosette, blondes, frisées et crépues comme celles de la
Ch. frisée de Meaux. Cette laitue est tendre, très rustique et très bonne pour
couper; elle passe bien l'hiver. La graine en est noire; c'est la plus petite des
graines de laitue.

Il en existe une variété à cœur plus plein, mais à feuilles moins crépues
et d'un blond grisâtre ou argenté; on l'appelle *L. chicorée anglaise*.

Une variété américaine de laitue à couper se distingue bien nettement
de toutes les précédentes: c'est la *Boston curled lettuce*, dont les feuilles,
d'un vert clair, étalées en rosette, sont déchiquetées, frisées et gaufrées
sur les bords, comme celles d'une chicorée frisée. C'est une laitue d'été;
elle a la graine noire.

LAITUE VIVACE

Lactuca perennis L.

Fam. des *Composées*.

Synonymes : Égreville, Chevrille, Corne-de-cerf, Gresillote, Laitue de bruyère,
Licochet, Gredille ou Grelard (au Mans).

Indigène. — On a recommandé comme légume cette plante sauvage,
commune dans les terres légères ou
calcaires de tout le centre de la France.
La partie utile consiste dans les feuilles,
très divisées et formant de maigres
rosettes qui se développent dès le premier printemps. On les recueille dans
les terres où la plante se développe
spontanément, comme on recherche les
pissenlits dans les prés de diverses régions de la France. Ces feuilles ne sont
pas ramassées en quantité suffisante
pour être portées sur les marchés: elles
ne sont pas mauvaises en salade: mais
le produit est si peu important, que
la plante ne mérite guère la culture.

Laitue vivace.
réd. au huitième; feuille isolée, au tiers.

Graine noire, allongée, petite, au nombre d'environ 800 dans un gramme,
et pesant 260 grammes par litre. Sa durée germinative est de trois années.

LAVANDE

Lavandula Spica L. — Lavandula vera DC.

Fam. des *Labiées.*

SYNONYMES : Aspic, Lavande femelle.

NOMS ÉTRANGERS : ANGL. Lavender. ALL. Lavendel, Spike. FLAM. Lavendel.
DAN. Lavendel. ITAL. Lavanda. ESP. Espliego.

Indigène. — Vivace. — Sous-arbrisseau ne dépassant pas 0^m,60 à 0^m,80 de hauteur; tiges très nombreuses, formant des touffes compactes; feuilles linéaires, grisâtres; tige florale mince, carrée, nue, à l'exception d'une paire de feuilles opposées; épi terminal court de fleurs bleu violacé. Graine brune, luisante, oblongue, présentant à l'une de ses extrémités une tache blanche assez marquée, correspondant à l'ombilic. Un gramme en contient 950, et le litre pèse 575 grammes. Sa durée germinative est de cinq années.

Culture. — La lavande se plaît surtout dans les terres légères, un peu calcaires. On la cultive ordinairement en bordure, et on la propage par division de touffes ou par boutures, rarement par semis. Il faut refaire les plantations tous les trois ou quatre ans.

Lavande officinale.
réd. au douzième.

Usage. — On emploie quelquefois les feuilles comme condiment. Plus généralement on fait usage des fleurs dans la parfumerie.

LENTILLE

Ervum Lens L. — **Lens esculenta** MŒNCH.

Fam. des *Légumineuses.*

SYNONYMES : Arousse, Aroufle.

NOMS ÉTRANGERS : ANGL. Lentil. ALL. Linse. FLAM. et HOLL. Linze. DAN. Lindse.
ITAL. Lente, Lenticchia. ESP. Lenteja. PORT. Lentilha.

Indigène. — Annuelle. — Petite plante très ramifiée, formant des touffes hautes de 0^m,35 à 0^m,40; tiges fines, anguleuses; feuilles ailées, composées d'un grand nombre de folioles petites, ovales, d'un vert clair; pétioles se terminant à l'extrémité par une vrille simple; fleurs axillaires, petites, blanches, réunies deux par deux, et faisant place à des gousses très plates, contenant ordinairement deux grains très déprimés, de contour arrondi et convexes sur les deux faces. La durée germinative en est de quatre ans.

Culture. — La lentille se sème en place et habituellement en rayons, au mois de mars. Elle préfère en général les sols légers ; c'est du moins dans ceux-là qu'elle grène le plus abondamment. Elle ne demande aucun soin jusqu'à la récolte, qui a lieu dans le courant d'août ou de septembre. Les grains se conservent mieux dans les cosses qu'une fois battus ; aussi est-on dans l'habitude, en beaucoup d'endroits, de ne battre les lentilles qu'au fur et à mesure des besoins.

Usage. — On mange le grain sec à la manière des haricots.

LENTILLE LARGE BLONDE.

SYNONYMES : Lentille commune, L. de Lorraine, L. de Gallardon.

NOMS ÉTRANGERS : ALL. Grosse weisse Linse, Helle Linse.

Plante assez menue, mais très ramifiée, d'un vert un peu pâle ; fleurs blanches. Grain très large, très plat, de couleur pâle. Le litre pèse 790 grammes, et un gramme contient de 10 à 15 grains.

C'est la variété la plus cultivée. On en produit beaucoup dans l'est et le centre de la France ; il en vient aussi de grandes quantités d'Allemagne.

Comme les pois, la lentille large souffre fréquemment des attaques de la *bruche*, petit coléoptère dont les larves se développent dans la graine et s'y changent en insecte parfait. C'est probablement à cette cause qu'est due pour une bonne part la diminution des cultures de lentilles dans le nord de la France.

On distingue dans le commerce les lentilles de *Lorraine* et celles de *Gallardon* (Eure-et-Loir). Ces noms indiquent seulement des provenances différentes, mais s'appliquent également l'un et l'autre à la L. large blonde.

Lentille large blonde.
réd. au dixième ; rameau séparé, de grandeur naturelle.

LENTILLE VERTE DU PUY.

Variété très distincte, à grain petit, de $0^m,004$ à $0^m,005$ seulement de diamètre, très épais, d'un vert pâle taché et marbré de vert foncé. Le litre pèse 850 grammes, et un gramme contient 40 grains.

On ne la cultive guère que dans les départements de la Haute-Loire et du Cantal, où elle est fort estimée comme légume et comme fourrage vert.

LENTILLON D'HIVER.

Synonymes : Lentillon rouge, Lentille petite rouge.

Cette variété se cultive principalement dans le nord et l'est de la France ; elle se sème à l'automne, soit dans une céréale, soit plus souvent seule. On l'emploie rarement pour fourrage, le grain en étant très estimé et préféré par beaucoup de personnes à celui de la L. large. Il est petit, relativement épais et d'une couleur rougeâtre assez foncée, qui permet de le reconnaître à première vue. Le litre pèse 800 grammes, et un gramme contient 44 grains.

LENTILLON DE MARS.

Synonymes : Lentillon blond, Lentille petite.

Le grain de ce lentillon ressemble par sa forme et sa couleur à celui de la la L. large, mais il en diffère complètement par sa taille, qui est de moitié plus petite. Le litre pèse 825 grammes, et un gramme contient 35 grains. Comme la lentille large, il se sème au printemps.

Le nom de *lentille à la reine* est donné tantôt à cette variété, tantôt au lentillon d'hiver.

Comme légume ces deux variétés sont très estimées à cause de leur goût délicat et de la finesse extrême de leur peau.

LENTILLE D'AUVERGNE

Ervum monanthos L.

Fam. des *Légumineuses*.

Synonymes : Lentille à une fleur, Jarosse d'Auvergne.

Noms étrangers : Angl. One flowered tare. Ital. Veccia serena.

Indigène. — *Annuelle*. — Plante menue, à tiges grêles, ayant besoin d'un point d'appui, garnie de feuilles composées, à folioles très petites, nombreuses, ovales ; fleurs axillaires, solitaires, blanchâtres, portées sur un long pédoncule, et faisant place à une gousse aplatie, large, contenant deux ou trois grains. La hauteur totale de la plante atteint environ $0^m,60$ à $0^m,80$, si les tiges sont soutenues ; sinon, les tiges se couchent sur terre et ne se redressent qu'à l'extrémité. Grain irrégulièrement arrondi, passablement bombé, intermédiaire par la forme entre une lentille et un grain de vesce, d'un brun gris strié ou marbré de noir, mesurant environ $0^m,005$ de diamètre et $0^m,002$ d'épaisseur. Il est farineux et d'un goût assez agréable. Le litre pèse 800 grammes, et un gramme contient de 15 à 20 grains. Durée germinative, trois ans.

Culture. — La L. d'Auvergne peut se semer d'automne ou de printemps ; on la cultive beaucoup plus comme fourrage que pour la production du grain, et alors on y associe généralement une céréale, seigle ou avoine, pour fournir un point d'appui à ses tiges grimpantes.

Usage. — On consomme quelquefois le grain cuit, à la manière des lentilles.

LENTILLE D'ESPAGNE. — Voy. Gesse cultivée.

LIMAÇON

Medicago scutellata All.

Fam. des *Légumineuses*.

Synonyme : Escargot.

Noms étr. : Angl. Snail. All. Schnirkelschnecke, Schneckenklee. Esp. Caracol.

Indigène. — Annuel. — Plante rampante, étalée; tige mince; feuilles ailées, à folioles ovales, élargies au sommet; fleurs petites, jaunes. Gousses lisses, contournées en spirale, formant six tours en se repliant sur elle-même et représentant assez bien une coquille de limaçon. La graine est assez grosse, réniforme, aplatie, d'un jaune brun; elle est au nombre de 3 ou 4 par gousse, et sa durée germinative est de cinq années. Le litre de gousses pèse 150 grammes, et un gramme en contient quatre en moyenne.

La plante n'est pas comestible. On la cultive, comme

Limaçon.
réd. au cinquième; fruits de grosseur naturelle.

les différents *Scorpiurus*, à cause de la curieuse apparence de ses fruits.

LOTIER CULTIVÉ

Lotus Tetragonolobus L. — **Tetragonolobus purpureus** Moench.

Fam. des *Légumineuses*.

Synonymes : Pois sucré, Pois asperge.

Noms étrangers: Angl. Winged pea. All. Flügel-Erbse, Spargel-Erbse. Flam. Vogelvitse. Dan. Asparges œrten. Esp. Bocha cultivada.

Europe méridionale. — Annuel. — Plante presque rampante, à tiges étalées sur terre, longues de 0^m,30, velues et d'un vert pâle, grisâtre, de même que les feuilles, qui sont composées de trois folioles larges et courtes; fleurs d'un beau rouge un peu brun, faisant place à des cosses carrées, relevées d'ailes membraneuses sur les angles, longues de 0^m,06 à 0^m,08 et passablement charnues quand elles sont jeunes. Graine jaunâtre, presque sphérique ou légèrement aplatie, au nombre de 15 à 18 dans un gramme, et pesant 800 grammes par litre; sa durée germinative est de cinq années.

Lotier cultivé.
réd. au dixième.

Culture. — Le lotier cultivé demande les mêmes soins que les lentilles ou les haricots. On le sème au mois d'avril en place, et il n'a plus besoin que de quelques arrosements en cas de grande sécheresse.

Usage. — On emploie les gousses, jeunes et tendres, à la manière des haricots verts. Le grain est une des nombreuses substances dont on prétend obtenir par la torréfaction un assez bon café.

MACERON

Smyrnium Olusatrum L.

Fam. des *Ombellifères*.

Nom étranger : angl. Alexanders.

Indigène. — *Bisannuel*. — On a autrefois employé cette plante comme herbe potagère, soit à l'état naturel, soit blanchie. Les pétioles en sont assez charnus et ont un goût aromatique présentant quelque analogie avec celui du céleri. Le maceron est à peu près complètement abandonné aujourd'hui, le céleri en ayant pris la place dans tous les jardins.

MACHES.

Un grand nombre de mâches forment, avant de monter à graine, des rosettes de feuilles tendres et comestibles. Le genre *Valerianella*, auquel elles appartiennent toutes, est fort riche en espèces, et ces espèces ne sont pas toujours faciles à distinguer les unes des autres. Ce sont pour la plupart de petites plantes à végétation rapide, ne fleurissant qu'une fois, mais dont la vie est partagée entre la fin d'une année et le commencement de l'autre. Elles fructifient en général dès le mois d'avril ou de mai, et leurs graines, répandues sur le sol aussitôt qu'elles sont mûres, ne germent guère que vers le mois d'août.

Parmi les nombreuses mâches comestibles les plus usitées sont les *Valerianella olitoria* et *V. eriocarpa*.

MACHE COMMUNE

Valerianella olitoria Mœnch. — **Valeriana Locusta L.**

Fam. des *Valérianées*.

Synonymes : Accroupie, Barbe-de-chanoine, Blanchette, Blanquette, Boursette, Chuguette, Clairette, Coquille, Doucette, Gallinette, Laitue de brebis, Orillette, Pommette, Poule grasse, Rampon (à Genève), Salade de blé, Salade de chanoine, Salade royale.

Noms étrangers : angl. Corn-salad, Lamb's lettuce, Fetticus. all. Ackersalat, Feldsalat, Lämmersalat, Mausohr, Rabinschen, Rapunzel, Schafmäulchen. flam. et holl. Koornsalad, Veldsalad. holl. Veldsla. dan. Kropsalat. ital. Valeriana, Erba riccia, Dolcetta, Gallinelle. esp. Canonigos. port. Herva benta.

Indigène. — Plante annuelle automnale, c'est-à-dire germant à l'automne pour fleurir et grener l'année suivante. Feuilles radicales sessiles, spatulées-allongées, d'un vert un peu grisâtre, à nervures assez marquées, naissant par paire, superposées en croix les unes au-dessus des autres et formant une rosette assez fournie, tiges anguleuses tout à fait herbacées, plusieurs fois bifurquées et portant de très petites fleurs d'un blanc légèrement bleuâtre, réunies en bouquets à l'extrémité des dernières divisions. Graine presque globuleuse, un peu déprimée, grisâtre, au nombre d'environ 1000 dans un gramme, et pesant 280 grammes par litre; sa durée germinative est de cinq années.

La mâche est une de nos plantes indigènes les plus répandues, surtout dans les terres en culture; et, dans certains pays, on la récolte en quantités très abondantes dans les blés pendant l'hiver et au premier printemps. La forme sauvage de la mâche est de plus en plus délaissée pour la culture potagère, et l'on se contente généralement de la récolter là où elle se présente à l'état spontané. Dans les jardins, on lui préfère ses variétés améliorées que nous allons énumérer ci-après.

Culture. — La mâche se sème à la fin de l'été ou en automne, en tous terrains; elle produit dès le mois d'octobre jusqu'au printemps, sans réclamer aucun soin ni aucune protection. En général, on préfère les plantes petites et trapues à celles qui prennent un trop grand développement et dont les feuilles deviennent trop grandes et trop longues. Contrairement à ce qui se passe pour la plupart des autres plantes cultivées, les graines de mâche récoltées l'année même lèvent moins bien et plus lentement que celles qui ont un an d'âge.

Usage. — La plante entière se mange en salade.

MACHE RONDE.

Synonymes : Raiponce simple, Rampon double.

Noms étrangers : Angl. Round-leaved corn-salad. All. Rundblättriger Ackersalat. Holl. Ronde koornsalad.

Variété assez distincte, différant de la mâche commune par la forme beaucoup plus raccourcie de ses feuilles, qui sont d'abord assez étroites, puis s'élargissent en un limbe ovale presque arrondi. Les feuilles sont demi-dressées, au lieu d'être étalées sur le sol comme celles de la M. commune; elles sont d'une teinte plus franchement verte et ont les nervures beaucoup moins marquées. La M. ronde est productive et d'un développement rapide; c'est la race que cultivent presque exclusivement les maraîchers des environs de Paris.

Mâche ronde.
réd. au tiers.

Semée au mois d'août dans une bonne terre, et tenue bien soigneusement exempte de mauvaises herbes, elle est étonnamment productive.

MACHE A GROSSE GRAINE.

Nom étranger : all. Grosser holländischer Ackersalat mit grossen Samen.

Variété vigoureuse, qui se distingue de la M. commune par ses dimensions sensiblement plus grandes, et par la grosseur de sa graine, qui est d'un volume à peu près double : un gramme de graines n'en contient que de 600 à 700. Les feuilles sont, comme celles de la M. commune, étroites relativement à leur longueur, d'un vert un peu grisâtre et marquées de nombreuses nervures secondaires.

La culture de cette variété est très répandue en Hollande et en Allemagne.

MACHE VERTE D'ÉTAMPES.

Synonyme : Mâche à feuille veinée.

Cette variété est surtout caractérisée par la couleur extrèmement foncée de son feuillage, qui, comme celui de la M. commune, est un peu étroit et marqué de nervures assez apparentes ; de plus il est fréquemment ondulé ou replié sur les bords.

Mâche verte d'Etampes.
réd. au tiers.

La M. verte d'Étampes forme, dans l'ensemble, une rosette un peu plus compacte et plus raide que celle de la M. commune ; elle a les feuilles un peu plus charnues et plus épaisses que les autres mâches ; elle résiste remarquablement bien au froid, et enfin elle a l'avantage de se faner moins que toute autre par le transport, ce qui est une qualité très précieuse chez les plantes qui doivent être portées au marché parfois d'une distance assez considérable.

MACHE VERTE A CŒUR PLEIN.

Synonyme : Mâche verte à petite pomme.

Nom étranger : all. Dunkelgrüner vollherziger Ackersalat.

Variété très distincte, à feuilles courtes, arrondies, lisses, à nervures peu apparentes, demi-dressées, raides et d'un vert intense. Elle forme une rosette compacte et bien remplie dans le cœur.

Cette race est probablement un peu moins productive que la mâche ronde, mais plus ferme, plus ramassée et beaucoup plus agréable comme salade. Comme la M. d'Étampes, elle supporte bien le transport.

On a cultivé pendant quelques années, sous le nom de *M. verte de Chevreuse*, une variété bien compacte, à feuilles vertes et lisses. La M. verte à cœur plein est très probablement sortie de cette race et l'a remplacée dans la culture.

MACHE D'ITALIE

Valerianella eriocarpa DESV.

SYNONYMES : Régence, Grosse mâche.

NOMS ÉTRANGERS : ANGL. Italian corn-salad. ALL. Italienischer Ackersalat.
HOLL. Italiansche koornsalad.

Indigène. — Annuelle. — La M. d'Italie se reconnaît facilement de la
M. commune et de ses variétés par la teinte beaucoup plus blonde de son
feuillage et par la longueur de ses feuilles, qui sont légèrement velues et un
peu dentées sur les bords, vers
la base. Graine d'un brun plus
ou moins pâle, déprimée, convexe d'un côté, creusée du côté
opposé en une fossette très prononcée, et surmontée d'une
sorte de collerette en forme de
cornet. Un gramme contient environ 1000 graines, et le litre
pèse 280 grammes; la durée
germinative est de quatre ans.

Cette espèce est assez appréciée dans le Midi, où on lui
reconnaît l'avantage de monter
à graine un peu plus tardivement que la M. commune ; par
contre, elle a pour les environs

Mâche d'Italie.
réd. au tiers.

de Paris l'inconvénient d'être quelque peu sensible au froid. Sa culture
et son emploi sont exactement les mêmes que ceux de la mâche commune.

MACHE D'ITALIE A FEUILLE DE LAITUE.

Feuilles étalées sur terre, larges, spatulées-arrondies et d'une teinte
dorée très particulière. Plante plus grande et plus forte que la M. d'Italie
ordinaire ; plus recommandable pour le Midi que pour les pays du Nord.

On a vanté à diverses reprises des variétés de *mâches à feuilles panachées.* Aucune ne nous a jamais semblé valoir les bonnes races à feuilles
vertes. La panachure n'ajoute pas, en général, au mérite d'un légume, et
elle est presque toujours le signe d'une diminution dans la vigueur de sa végétation. Parmi ces races, l'une a les feuilles marbrées de blanc, l'autre a le
cœur et la base des feuilles du centre d'un jaune vif; cette panachure prend
surtout une grande intensité après les premières gelées, et produit un assez
joli effet.

La *M. coquille à feuille ronde*, remplacée aujourd'hui par la variété
à cœur plein, se distinguait surtout par ses feuilles creusées en cuiller ou
en capuchon.

MACRE
Trapa natans L.
Fam. des *Haloragées*.

SYNONYMES : Châtaigne d'eau, Châtaigne cornue, Corniche, Corniole, Cornouelle, Cornoufle, Echarbot, Echardon, Galarin, Macle, Marron d'eau, Noix aquatique, Saligot, Tribule aquatique, Truffe d'eau.

NOMS ÉTRANGERS : ANGL. Water-caltrop; (Am.) Water-chestnut, Sinhara. ALL. Wasser-Nuss. FLAM. et HOLL. Waternoot. ESP. Nucis, Abrojo de agua.

Indigène. — *Annuelle.* — Plante aquatique à longue tige s'élevant jusqu'à la surface de l'eau; feuilles submergées opposées; feuilles flottantes, alternes, disposées en rosette au sommet de la tige, à limbe rhomboïdal, plus large

Macre.
Plante réd. au dixième.

Macre.
Fruit de grosseur naturelle.

que long; fleurs blanches, axillaires, faisant place à un fruit gros, d'un gris foncé, muni de quatre fortes épines disposées en croix, dont deux beaucoup plus longues. Le litre de ces fruits pèse environ 500 grammes et en contient 100 en moyenne. Leur faculté germinative ne se maintient pas au delà de la première année, et encore est-il nécessaire de les conserver dans de l'eau.

Culture. — On ne cultive pas habituellement la châtaigne d'eau, mais on se contente de la récolter là où elle croît spontanément.

Usage. — L'amande des fruits, qui est farineuse et d'un goût très agréable, se mange cuite.

MAIS SUCRÉ
Zea Maïs L.
Fam. des *Graminées*.

SYNONYMES : Blé de Turquie, Blé de Barbarie, Froment des Indes, Turquie.

NOMS ÉTR. : ANGL. Maize, Indian corn. ALL. Maïs, Welsch Corn. FLAM. et HOLL. Turksche tarwe. ITAL. Grano turco. ESP. Maiz, Trigo de Indias. PORT. Milho.

Amérique. — *Annuel.* — Le maïs, rapporté du nouveau monde dès le XVIe siècle, s'est rapidement répandu en Europe, où il a pris une place importante parmi les céréales employées à la nourriture de l'homme. Dans beaucoup d'endroits, les épis, jeunes et garnis de grains encore tendres, sont grillés et consommés dans cet état comme une sorte de friandise; mais ce n'est guère qu'aux États-Unis que le maïs est considéré comme un véritable légume et cultivé spécialement pour cet emploi.

Presque toutes les variétés de maïs peuvent être mangées comme le font les Américains, c'est-à-dire bouillies, lorsque le grain n'est pas devenu dur et farineux, mais que la pulpe intérieure en est encore à l'état de pâte molle. Cependant il y a une catégorie de variétés de maïs qui se prêtent mieux que les autres à cet emploi, parce que le grain en est à la fois plus tendre et plus sucré. Ce sont celles qu'on réunit sous la désignation commune de *Maïs sucrés ridés*, et qui se reconnaissent à l'apparence toute particulière de leur grain, ridé, retrait et presque transparent à la maturité, au lieu d'être dur, renflé et lisse, comme celui des autres maïs. Grains au nombre de 4 ou 5 dans un gramme, et pesant 640 grammes par litre ; leur durée germinative est de deux années.

Il en existe aux États-Unis, où ce légume est très apprécié, au moins une douzaine de variétés distinctes, qui diffèrent les unes des autres,

Maïs sucré.
réd. au cinquième.

principalement par la taille et par la précocité. La plupart sont à grain blanc.

Les meilleures variétés sont :

Le *M. hâtif du Minnesota*, plante de 1 mètre à 1^m,20, très précoce.

Le *M. hâtif de Crosby* et le *M. hâtif à huit rangs*, un peu plus grands que le Minnesota et à épi plus allongé, mais d'une dizaine de jours moins hâtifs.

Le *M. Concord*, plante plus forte, d'excellente qualité.

Le *M. sucré toujours vert* (*Stowell's evergreen*), plus tardif, mais à production soutenue et conservant ses épis plus longtemps tendres et délicats.

On cultive encore le *M. early Narraganset*, dont le grain mûr est rougeâtre, et le *M. sucré du Mexique*, qui a le grain noir.

Culture. — Le maïs sucré se sème en pleine terre à peu près en même temps que les haricots, c'est-à-dire quand la terre est déjà échauffée et que les gelées ne sont plus à craindre. Il demande quelques binages au commencement de la végétation, puis quelques arrosages quand la plante prend une certaine vigueur. Les variétés les plus précoces peuvent donner déjà quelques épis bien formés vers la fin de juillet. On peut avancer un peu la production en faisant le semis sur couche et en transplantant les jeunes maïs en pleine terre vers le 25 mai. Au moyen de semis successifs, et en employant des variétés de précocité différente, on peut avoir des épis frais jusqu'aux gelées.

Usage. — On mange l'épi cuit à l'eau et servi soit entier, soit égrené, à la manière des haricots en grain. Les petits épis tout jeunes, et pris avant la floraison, se confisent au vinaigre et se mangent comme les cornichons.

MARJOLAINE VIVACE

Origanum vulgare L.

Fam. des *Labiées*.

Noms étrangers : Angl. Common marjoram, Pot M., Perennial M.
All. Winter-Majoran. Flam. Orego. Dan. Merian.

Indigène. — Vivace. — L'origan, ou marjolaine vivace, est une plante sau-

Marjolaine vivace.
réd. au douzième ; rameau de grandeur naturelle.

vage assez commune en France, principalement sur les lisières des bois. Elle forme une touffe ramifiée de 0^m,50 à 0^m,60 de hauteur, avec des bouquets terminaux de fleurs roses ou lilacées. Graine très petite, ovale, d'un brun rougeâtre ou foncé, quelquefois presque noire, au nombre d'environ 12000 dans un gramme, et pesant 675 grammes par litre ; sa durée germinative est de cinq années.

C'est une plante parfaitement rustique et qui vient en tout terrain.

Culture. — L'origan est aussi facile à cultiver que le thym ; on le sème au printemps ou à l'automne, en lignes ou en bordures qui peuvent durer de longues années sans que l'entretien en exige aucun soin.

Usage. — On emploie les feuilles comme condiment.

Il en existe une variété à tige courte, dressée, à larges bouquets de fleurs presque blanches, qui forme des touffes très compactes, et dont la hauteur ne dépasse pas 0^m,30 à 0^m,35. Cette variété, qu'on appelle *marjolaine vivace naine*, convient tout particulièrement pour l'établissement des bordures ; elle se reproduit exactement par le semis.

MARJOLAINE A COQUILLE

Origanum Majorana L. — Majorana hortensis Moench.

Fam. des *Labiées*.

Noms étrangers : Angl. Sweet marjoram, Knotted M., Annual M. All. Majoran,
Französischer M. Flam. et Holl. Marjolijn. Ital. Maggiorana. Esp. Mejorana,
Almoraduj. Port. Manjerona.

Orient. — Vivace, mais annuelle dans la culture. — Plante à tige dressée, carrée, ramifiée ; feuilles opposées, arrondies, d'un vert grisâtre ; fleurs petites, blanchâtres, réunies en bouquets arrondis, accompagnées de bractées en cuiller. Graine petite, arrondie ou légèrement oblongue, d'un brun plus ou moins foncé, au nombre d'environ 4000 dans un gramme, et pesant 550 grammes par litre ; sa durée germinative est de trois années.

Culture. — La M. à coquille peut se semer en place à partir de la fin de mars ou du commencement d'avril. Elle se développe rapidement, et dès le courant de mai on peut commencer à en cueillir les feuilles. Les fleurs se montrent dès la fin de juin ou en juillet.

Usage. — On emploie les feuilles et les extrémités des pousses comme condiment ; c'est un des assaisonnements les plus recherchés, surtout dans le midi de la France.

Marjolaine à coquille.
réd. au douzième ; rameau de grandeur naturelle.

MARRUBE BLANC
Marrubium vulgare L.
Fam. des *Labiées.*

Noms étrangers : angl. Horehound. all. Andorn. ital. Marrubio.

Indigène. — *Vivace.* — Plante commune le long des chemins et sur les talus exposés au midi ; à tiges nombreuses, dressées, toutes couvertes d'un duvet blanc ; feuilles presque carrées, à angles arrondis, dentées et réticulées, d'un vert grisâtre ; fleurs blanches, en verticilles compactes, arrondis, formant plusieurs étages au sommet des tiges. Graine petite, oblongue, brunâtre, pointue à une extrémité et arrondie à l'autre, comprimée et présentant trois ou quatre faces. Un gramme en contient environ 1000, et le litre pèse 680 grammes ; la durée germinative est de trois années.

Culture. — Le marrube se sème en place au printemps, ou bien on peut le propager à la même saison par division des touffes. C'est une plante complètement rustique et qui ne demande aucun soin d'entretien.

Usage. — Les feuilles sont employées comme condiment ou comme remède populaire contre la toux.

MARTYNIA
Martynia L.
Fam. des *Sésamées.*

Synonymes : Cornaret, Cornes du diable, Bicorne, Ongles du diable.

Noms étrangers : angl. (Am.) Unicorn plant. all. Gemsenhörner.

Annuel. — Grande et forte plante à végétation vigoureuse : tige charnue de 0^m,03 ou 0^m,04 de diamètre ; grandes feuilles cordiformes, d'un vert grisâtre, un peu velues ; fleurs grandes, rappelant par leur forme celles du catalpa.

jaunes ou lilas, selon l'espèce. Fruit allongé, ovoïde, recourbé et se terminant par une longue pointe crochue, enve-
loppé d'une sorte de brou vert et tendre, qui
se dessèche à la maturité. Le fruit devient
alors ligneux et noirâtre ; il se divise à l'extrémité en deux longues cornes crochues,
et laisse sortir les graines, qui sont noires,
grosses, avec une surface irrégulière et
comme chagrinée. Un gramme de ces graines
en contient 20, et le litre pèse 290 grammes ;
la durée germinative est de un ou deux ans.

Culture. — Les martynias demandent
passablement de chaleur pour se développer. Il est bon de les semer sur couche et
de les y laisser achever leur végétation, ou

Martynia lutea.
réd. au huitième.

au moins de les cultiver dans le terreau.

Usage. — On confit les fruits au vinaigre lorsqu'ils sont encore tout
à fait tendres. Il est bon de les cueillir avant qu'ils aient dépassé la moitié
de leur grosseur totale ; plus tard ils seraient trop durs et coriaces.

Le *M. lutea* Lindl., à fleur jaune, originaire du Brésil, est une plante de
dimensions médiocres, un peu traînante, qui donne une grande quantité
de petits fruits. C'est le plus cultivé pour *pickles* aux États-Unis.

Le *M. proboscidea* Glox., à fleur violacée, donne des fruits plus gros et
d'une forme plus accentuée. Cette plante est originaire de la Louisiane.

MAUVE FRISÉE

Malva crispa L. .

Fam. des *Malvacées.*

SYNONYMES : Mauve crépue, M. à feuilles crispées.

Mauve frisée.
réd. au vingtième.

NOMS ÉTRANGERS : ANGL. Curled-leaved mallow.
ALL. Krausblättrige Malve. ITAL. Malva
crespa.

Orient. — Annuelle. — Grande plante à
tige dressée, simple ou peu ramifiée, s'élevant de 1ᵐ,50 à 2 mètres et quelquefois plus
de hauteur, feuillée jusqu'en haut ; feuilles
grandes, arrondies, d'un vert franc, très élé-
gamment frisées et gaufrées sur les bords ;
fleurs blanches, petites, disposées en longue
grappe feuillée terminale. Graine brune, en
rognon, à surface irrégulière et chagrinée,
au nombre de 300 dans un gramme, et pesant 530 grammes par litre ; sa durée germinative est de cinq années.

Culture. — La mauve frisée se sème en
avril, en place ou en pépinière, pour être transplantée quand les jeunes

pieds ont de 0ᵐ,05 à 0ᵐ,10 de hauteur ; elle ne réclame aucun soin particulier. Quand cette plante a été une fois cultivée dans un jardin, il est rare qu'elle ne continue pas à s'y reproduire spontanément.

Usage. — Aucune partie de la plante n'est comestible, mais l'emploi des feuilles pour la garniture des desserts est tellement général, que la mauve frisée est presque indispensable dans un potager.

MÉLISSE CITRONNELLE

Melissa officinalis L.

Fam. des Labiées.

Synonyme : Mélisse officinale.

Noms étrangers : Angl. Balm. All. Citronen-Melisse. Holl. Citroen-Melisse. Dan. Hjertensfryd. Ital. Melissa. Esp. Toronjil, Citronella.

Europe méridionale. — *Vivace.* — Plante de 0ᵐ,50 à 0ᵐ,60, à tiges nombreuses, dressées, très rameuses, à rameaux étalés ; feuilles ovales, pétiolées, très réticulées, d'un vert franc ; fleurs réunies en petits bouquets axillaires, peu nombreux, à calice velu. Graine brune, oblongue, au nombre d'environ 2000 dans un gramme, et pesant 550 grammes par litre ; sa durée germinative est de quatre années.

Les feuilles et toutes les parties vertes de la plante exhalent une odeur aromatique très agréable et très pénétrante, surtout quand on les froisse.

Culture. — La M. citronnelle est un peu sensible au froid ; elle aime les situations abritées et bien exposées, comme le pied d'un mur au midi. La propagation se fait par division de touffes à l'automne ou de bonne heure au printemps. Il est bon de rabattre complètement la plante à l'approche des gelées, et de couvrir la souche au

Mélisse citronnelle.
réd. au douzième ; rameau au tiers.

moyen de feuilles sèches ou de paille. Il semble que la mélisse redoute surtout l'humidité du sol pendant la mauvaise saison. Quand elle est plantée de manière à enfoncer ses racines dans un talus toujours sain, dans des interstices de roche ou de construction, elle supporte facilement les froids, même rigoureux, et, dans ces conditions, elle peut vivre pendant de très longues années.

Usage. — On emploie beaucoup les feuilles de mélisse comme condiment, et surtout pour la préparation de liqueurs ou d'eaux de senteur.

MELON

Cucumis Melo L.

Fam. des *Cucurbitacées*.

Noms étrangers : angl.. Melon. all.. Melone. flam. et holl. Meloen.
ital.. Popone, Melone. esp. Melon. port. Melão.

Annuel. — Originaire des parties chaudes de l'Asie et cultivé depuis une
époque très reculée, le melon n'est pas connu d'une façon certaine à l'état
sauvage : on suppose que le type primitif, s'il existe encore quelque part,
doit avoir un fruit oblong dans le genre de celui du M. de Perse.

Le melon est une plante à tiges herbacées, minces, flexibles, à peu près
cylindriques, munies de vrilles au moyen desquelles elles s'attachent aux
objets environnants, et grimpent quand elles trouvent un point d'appui convenable ; dans le cas contraire, elles rampent sur le sol. Les feuilles ainsi
que leur pétiole, comme les tiges elles-mêmes, sont rudes au toucher, par
l'effet de poils courts, épaissis, qui ont presque la consistance de vraies
épines. La forme des feuilles est assez variable, ainsi que leurs dimensions ; il n'y a pas de relation constante entre la grandeur des feuilles
d'une variété et la grosseur de son fruit. Ordinairement les feuilles sont
réniformes, arrondies, souvent plissées et ondulées sur les bords; souvent
aussi elles sont assez nettement divisées en trois ou cinq lobes; quelquefois même elles sont découpées jusqu'à la moitié du limbe ; le pourtour en
est lisse et entier dans certaines variétés, denté et épineux dans d'autres. Le
melon est monoïque, c'est-à-dire qu'il porte des fleurs mâles et des fleurs
femelles, distinctes les unes des autres, mais réunies sur le même individu.
Ces fleurs sont assez petites, munies d'une corolle jaune à cinq divisions et
variant de 0^m,02 à 0^m,04 de diamètre ; la fleur femelle surmonte l'ovaire, qui,
dans presque toutes les variétés, est ovoïde au moment de la floraison et présente déjà au moins la grosseur d'une belle noisette. Les insectes, et principalement les abeilles et les bourdons, visitent en grand nombre les fleurs de
melons et suffisent presque toujours à en assurer la fécondation ; cependant,
dans les cultures forcées ou lorsqu'on veut être certain de conserver une
variété pure de tout mélange, il peut être plus avantageux d'opérer la fécondation avec un pinceau ou avec une fleur mâle dépouillée de sa corolle. Le
fruit présente de telles variations de forme, de grosseur et de couleur, qu'il
est difficile d'en donner une description générale. Il s'en rencontre en effet
de ronds, de plats et d'allongés, depuis la forme d'un potiron jusqu'à celle
d'un concombre. La couleur n'est pas moins sujette à varier, car elle va du
blanc au noir en passant par toutes les teintes du vert et du jaune, sans
parler des panachures les plus diverses. La surface en est souvent marquée
de rides devenant, pour ainsi dire, subéreuses et se marquant en relief sur
le fruit : on leur donne le nom de *broderies*. D'autres fois les fruits sont couverts de proéminences plus ou moins grandes et plus ou moins saillantes,
que l'on appelle *gales* ou *verrues*. Enfin la surface du fruit est tantôt unie et
tantôt divisée par un certain nombre de sillons allant du pédoncule à l'œil
ou cicatrice laissée par la chute de la fleur; ces sillons laissent entre eux
un certain nombre de côtes, habituellement de neuf à douze, qui sont plus

ou moins marquées suivant les variétés. Les graines, lisses, habituellement blanches ou jaunâtres, plates et oblongues, de grosseur très variable, sont réunies au centre du fruit, dans une pulpe très aqueuse et pleine de filaments mous, qui sont leurs cordons nourriciers. La chair propre du fruit est toujours aqueuse, sucrée, ordinairement très parfumée ; la couleur en est verte, blanche ou orangée. Le litre de graines pèse à peu près 360 grammes, et un gramme en contient 35 en moyenne, un peu plus dans les melons à petits fruits et un peu moins dans ceux dont le fruit est très gros, quoique la relation entre le volume des fruits et la grosseur des graines ne soit pas constante. La durée germinative des graines de melon est au moins de cinq années, elle dépasse souvent dix ans.

Culture. — Les melons, comme la plupart des cucurbitacées, demandent un terrain très fertile pour prospérer et produire de beaux fruits ; ils ne réussissent en pleine terre que dans les alluvions très riches ou dans les sols abondamment fumés. Dans tout le nord de l'Europe, on ne les cultive que très exceptionnellement en pleine terre, c'est sur couches qu'on les obtient ordinairement ; c'est donc de leur culture sur couches ou forcée qu'on aura principalement à s'occuper.

Le melon demande pour végéter une température élevée ; elle doit être presque constamment supérieure à 12 degrés centigrades, et la qualité des fruits est d'autant meilleure que, vers l'époque de leur maturité, la température moyenne s'est maintenue plus élevée. Dans les conditions les plus favorables, la végétation complète de la plante demande quatre à cinq mois pour s'accomplir ; on voit par là que, sous le climat de Paris, on n'est jamais absolument sûr d'obtenir des melons mûrs sans l'emploi de la chaleur artificielle : l'usage des couches est, pour ce motif, tout à fait général. Pendant neuf ou dix mois de l'année, les maraîchers des environs de Paris ont des melons en culture, et pendant six mois pleins ils ne cessent de récolter des fruits mûrs. Par le seul fait des réchauds de fumier, tous les melons sont, à proprement parler, forcés, puisqu'on leur fournit une somme de chaleur supérieure à celle que reçoivent les cultures de pleine terre ; cependant l'usage a fait adopter la désignation de *culture forcée* pour celle qui se commence dès le mois de janvier, et a pour but d'obtenir des fruits en mai. On appelle culture *de primeur* celle dont les produits arrivent à maturité en juin et au commencement de juillet ; enfin, on appelle melons *de saison* ceux qu'on récolte de la fin de juillet au mois d'octobre. Les détails de culture ne sont pas tout à fait les mêmes pour ces trois saisons, et ce ne sont pas non plus d'ordinaire les mêmes variétés qu'on y emploie.

Culture forcée. — La culture forcée des melons commence, comme on vient de le voir, dès le mois de janvier ; on l'applique ordinairement à Paris au *Cantaloup Prescott petit hâtif à châssis* et au *Cantaloup noir des Carmes*. Le semis se fait sur couche chaude dans le courant de janvier ; le repiquage se fait également sur couche dans la quatrième semaine qui suit le semis : on met environ de cent vingt à cent trente melons par châssis. Pendant toute cette première partie de la végétation, les melons réclament des soins constants, qui se résument à donner de l'air toutes les fois que cela est possible, quelques bassinages, et surtout à éviter la condensation de trop d'humidité dans la partie inférieure des châssis. En mars, on plante en place sur une nouvelle couche. Avant de transporter le plant, on l'étête, c'est-à-dire que l'on coupe la tige primitive au-dessus de la deuxième feuille. Après la reprise, il se développe immédiatement deux branches latérales, qu'on laisse s'étendre jusqu'à ce qu'elles aient huit ou dix feuilles chacune ; on les coupe alors au-dessus de la sixième : il se produit à ce moment de nouvelles ramifications qui presque toujours portent des fleurs fertiles. Il a été proposé un nombre considérable de systèmes de taille pour le melon ; tous peuvent avoir leurs avantages dans quelques circonstances, mais celui qu'on vient de décrire a été reconnu, dans les environs de Paris, comme le plus simple et en général le plus sûr. Il y a deux choses qu'il ne faut pas perdre de vue dans la culture des melons. C'est, d'une part, qu'un feuillage vigoureux, sain et bien développé est indispensable pour avoir de beaux et bons fruits ; on devra donc s'efforcer d'obtenir et de conserver autant de feuilles qu'il en peut tenir dans la portion de châssis attribuée à la plante, sans que ces feuilles se dérobent l'une à l'autre l'air et la lumière. C'est, d'autre part, qu'il est presque toujours nécessaire de hâter la ramification des plantes pour obtenir plus tôt des fruits noués ; car si on laissait le melon suivre sa végétation naturelle, il pourrait ne commencer à donner des fleurs fertiles qu'à un moment où il serait déjà trop tard pour que les fruits pussent arriver à maturité dans de bonnes conditions. Dès qu'il y a quelques fruits noués, on choisit le meilleur, c'est-à-dire celui qui, par sa vigueur et sa position, promet de se développer le mieux, et l'on supprime tous les autres. Dans la culture forcée, on ne laisse qu'un seul fruit par pied. Les derniers soins consistent à supprimer les rameaux inutiles qui peuvent se montrer encore, à assurer le bon développement du fruit en l'isolant de la couche au moyen d'une tuile ou d'une petite planchette, et en le tournant de telle façon qu'il repose autant que possible sur le point d'attache. On obtient quelquefois des melons ainsi forcés dès le mois d'avril, mais c'est surtout pour le mois de mai qu'il faut compter sur cette récolte.

Culture de primeur. — Le semis, pour cette seconde saison, se fait dans le courant et jusqu'à la fin de février ; les opérations en sont semblables à celles de la culture forcée, à part qu'elles ont lieu de trois semaines à un mois plus tard respectivement. Le succès est plus assuré que dans le cas des melons semés en janvier, parce qu'on a moins à craindre des grands froids et du manque de lumière. Aux variétés habituellement cultivées pour la première saison, on peut ajouter le *Cantaloup Prescott fond blanc,* un peu plus gros et plus recherché à Paris que les autres.

Culture de saison. — C'est celle qui se fait incomparablement sur la plus grande échelle aux environs de Paris et où excellent les maraîchers. Le semis se fait sur couche chaude de la façon ordinaire, et la plantation a lieu dans le courant de mai sur des couches habituellement disposées en grand nombre les unes devant les autres et occupant tout un carré du jardin. On y emploie principalement les melons *Cantaloups Prescott à fond blanc, fond gris et fond blanc argenté,* quelquefois le *Cantaloup d'Alger,* et, rarement maintenant, le *melon maraîcher.* Après que les plantes ont bien repris, un peu plus tôt ou un peu plus tard, selon l'état de la température, on enlève complètement les châssis, et toute la culture jusqu'à la maturité des fruits se fait à l'air libre. La taille, le choix des fruits, se font comme aux deux saisons précédentes ; cependant on laisse en général les plantes prendre un peu plus de développement, et assez souvent on cueille deux fruits sur le même pied, mais c'est seulement lorsque le premier est à peu près parvenu à tout son volume qu'on en choisit un second pour le laisser se développer à son tour : on utilise ainsi la vigueur qui reste à la plante sans nuire au premier fruit, qui n'a plus à s'accroître, mais seulement à transformer en sucre la matière dont il est déjà pourvu.

Culture en pleine terre. — La culture des melons en pleine terre, peu usitée, comme nous l'avons vu, dans le nord de la France, n'est en somme qu'une simplification du mode de culture qu'on vient de décrire. Les plants, élevés de même sur couche, sont repiqués en ligne dans des trous contenant une bonne fourchée de fumier et rechargés de terre douce ou de terreau. Pendant les premiers jours, on les abrite au moyen de cloches, ou, dans quelques localités, de papier ou linges huilés soutenus par de minces baguettes pliées en arceaux. Dès que la température devient tout à fait chaude, ces abris artificiels sont enlevés, et la culture se continue à ciel ouvert.

Il n'est pas nécessaire, pour cueillir les melons, d'attendre qu'ils soient complètement mûrs ; pris quelques jours avant leur complète maturité et conservés dans un endroit sain, ils achèvent de s'y faire plus ou moins vite, selon que la température en est plus ou moins élevée. Il n'est pas toujours facile de reconnaître le moment précis de la maturité d'un melon, les caractères qui l'indiquent varient avec les espèces et sont parfois assez peu apparents. Dans un grand nombre de variétés, quand la maturité est proche, le pédoncule se cerne, c'est-à-dire qu'il se produit à l'entour des crevasses souvent profondes comme si le fruit allait se détacher de la plante. Dans presque tous les melons, la maturité est annoncée également par l'amollissement de la partie qui avoisine l'œil ; au lieu de rester dure, elle commence à céder à la pression et à fléchir sous le doigt. Le changement de couleur du fruit, qui tourne plus ou moins franchement au jaune, est aussi un indice de maturité : quand cette décoloration commence à être apparente, on dit que le melon est *frappé*, et l'on peut le cueillir, sauf à le garder encore quelques jours au fruitier. Enfin, le parfum que les melons exhalent presque à partir du moment où ils ont atteint tout leur volume devient plus fort et plus pénétrant quand la maturité s'approche. C'est, suivant les variétés, tantôt l'un ou tantôt l'autre de ces caractères qui doit guider dans le choix du moment où les fruits peuvent être cueillis.

Usage. — Les fruits se mangent crus : quelques variétés à chair blanche ou verte se confisent dans le Midi, ou servent à faire des confitures. Les jeunes fruits que l'on supprime verts peuvent se manger comme les jeunes courges ou les jeunes concombres, ou bien se confire au vinaigre comme les cornichons.

Il y a un grand nombre de systèmes de classification des melons ; nous suivrons le plus simple et le plus usuel : celui qui divise les melons en melons *brodés* d'une part, et melons *galeux* ou *cantaloups* d'autre part.

I. Melons brodés.

NOMS ÉTRANGERS : ANGL. Netted melon. ALL. Netz-melone. ITAL. Popone primaticcio.
ESP. Melon escrito.

MELON ANANAS D'AMÉRIQUE A CHAIR ROUGE.

SYNONYME : Melon orange grimpant, M. pompon de Malaga.

Melon ananas
d'Amérique.
réd. au cinquième.

Plante vigoureuse, très ramifiée, à feuillage moyen ou petit, entier, arrondi, d'un vert foncé un peu glauque. Fruit très longuement pédonculé, à côtes légèrement marquées, d'un vert tendre, très abondamment pointillé de vert noir; les sillons qui séparent les côtes sont très peu enfoncés et d'un vert franc, les côtes elles-mêmes sont légèrement brodées à la maturité complète; écorce mince. Le diamètre du fruit varie de 0m,07 à 0m,09, et le poids de 300 à 500 grammes. Chair rouge assez ferme, sucrée, juteuse et très parfumée. La cavité centrale, dans cette variété, ne dépasse guère la dimension d'une noix.

MELON ANANAS D'AMÉRIQUE A CHAIR VERTE.

SYNONYMES : Melon citron, M. citron vert, M. citron à chair verte, M. citron
d'Amérique, M. de poche à chair verte, M. de la Louisiane.

NOMS ÉTRANGERS : ANGL. Jersey green citron melon, Green nutmeg M.; (Am.)
Pine-apple M., Jenny Lind musk M. ALL. Ananas *oder* Carolina Melone.

La principale différence entre cette variété et la précédente consiste dans la couleur de la chair, qui est d'un vert pâle, avec une nuance jaunâtre au voisinage des graines. Le feuillage est aussi un peu plus ample et d'une teinte un peu plus blonde; la végétation de la plante est plus soutenue, et la surface du fruit un peu plus brodée à la maturité.

Les melons ananas d'Amérique peuvent aisément porter et développer six à huit fruits par pied.

Melon de Cavaillon à chair
rouge.
réd. au cinquième.

MELON DE CAVAILLON A CHAIR ROUGE.

SYNONYME : Melon jaune de Cavaillon.

Grande plante vigoureuse, à feuillage d'un vert grisâtre, ample, à lobes assez marqués et très arrondis. Fruit oblong ou quelquefois presque sphérique, obtus aux deux extrémités, à côtes assez marquées; écorce devenant à la maturité d'un jaune orangé, très chargée de broderies larges et épaisses, rappelant celles du M. sucrin de Tours. Les sillons qui séparent les côtes sont très étroits, et à la maturité ils se réduisent à une simple ligne; le pédoncule du fruit est remarquablement gros et fort. Chair rouge vif, épaisse, un peu grossière, juteuse, d'une saveur vineuse et relevée. Maturité tardive.

Ce melon est rustique, il se cultive dans le Midi en pleine terre et presque sans soins ; il se modifie un peu sous le rapport de la forme, et est plus allongé actuellement qu'il n'était il y a vingt-cinq ans.

Les environs de Cavaillon sont un des grands centres de production des melons, dans le Midi ; il s'y cultive un grand nombre de variétés distinctes, de telle sorte que le nom de *melon de Cavaillon* est plus souvent une simple indication de provenance qu'une véritable désignation d'espèce. Le melon de Cavaillon à chair rouge, tel que nous le décrivons ici, est actuellement bien moins cultivé dans son pays d'origine que ne le sont les diverses formes de melons de Malte d'hiver et surtout d'été, telles que le suivant.

MELON DE CAVAILLON A CHAIR VERTE.

SYNONYME : Melon de Malte d'été à chair verte.

Plante vigoureuse, à très longues tiges ; feuilles assez amples, arrondies, dentées sur tout leur pourtour, d'un vert un peu pâle. Fruit oblong, de 0^m,12 à 0^m,15 de diamètre sur 0^m,22 à 0^m,25 de longueur ; écorce lisse, d'un vert foncé, marquée à la maturité de quelques broderies lâches. Chair d'un vert pâle, assez ferme, mais très juteuse, sucrée et parfumée dans les climats chauds, devenant rarement bonne sous le climat de Paris.

MELON DE HONFLEUR.

Plante très vigoureuse, à tiges très ramifiées, longues et remarquablement minces ; grandes feuilles amples, à limbe plié et ondulé sur les bords, d'un vert un peu blond, d'ordinaire distinctement lobées, dentées sur tout leur pourtour, mais surtout vers l'extrémité. Floraison extrèmement soutenue, se continuant sur les ramifications, même après que les premiers fruits noués ont atteint presque tout leur volume. Fruit très gros, allongé, à côtes assez marquées, finement brodé sur toute la surface, prenant à la maturité une couleur jaunâtre un peu saumonée. Chair orange assez épaisse. La longueur du fruit peut atteindre 0^m,35 à 0^m,40, et la largeur 0^m,20 ou 0^m,25. Quand il est

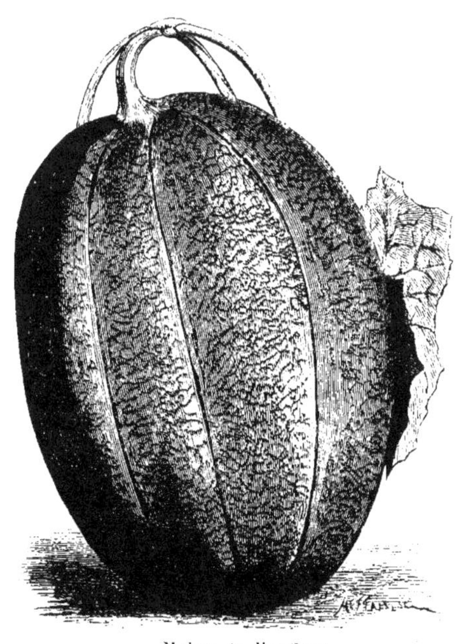

Melon de Honfleur.
réd. au cinquième.

bien venu, la qualité en est souvent excellente. Maturité demi-tardive.

C'est, avec le cantaloup noir de Portugal, le plus volumineux de tous les melons cultivés. Il est également remarquable par sa très grande rusticité.

MELON DE MALTE D'HIVER A CHAIR ROUGE.

Plante de vigueur moyenne, à tiges minces, très ramifiées; feuillage léger, d'un vert grisâtre un peu pâle, ordinairement entier, mais un peu contourné sur les bords et denté. Fruit oblong, obtus aux deux extrémités, d'un quart ou d'un tiers seulem.nt plus long que large, ne dépassant guère 0ᵐ,22 à 0ᵐ,25 de longueur, et le poids de 1 kil. 500 à 2 kilogrammes. Les côtes en sont marquées, mais peu saillantes, les sillons vert grisâtre, le dessus des côtes vert pâle piqueté de vert foncé et recouvert, à la maturité, de broderies très courtes et presque toutes longitudinales; le pédoncule est assez long et très mince relativement à la grosseur du fruit. Chair rouge, assez épaisse, juteuse, très sucrée et musquée; quand le melon n'est

Melon de Malte d'hiver à chair rouge.
réd. au cinquième.

pas parfaitement à point, elle reste ferme et presque dure.

Cette variété réussit bien en pleine terre, mais il lui faut le climat du Midi pour être sûrement bonne.

MELON DE MALTE D'HIVER A CHAIR VERTE.

Synonymes : Melon d'hiver blanc, M. d'hiver d'Espagne, M. d'hiver de Valence.

Plante vigoureuse, à longues tiges traînantes et à ramifications longues et nombreuses; feuillage dressé, d'un vert foncé un peu terne, limbe arrondi, bordé de dents obtuses, porté sur des pétioles très raides; ordinairement les feuilles ne sont pas grandes et restent un peu enroulées en entonnoir. Fruit oblong, arrondi, obtus aux deux extré-

Melon de Malte d'hiver à chair verte.
réd. au cinquième.

mités, et surtout à celle où s'attache le pédoncule; écorce d'un blanc verdâtre, complètement lisse ou marquée de quelques broderies autour de l'ombilic;

de 0^m,18 à 0^m,22 de longueur sur 0^m,12 à 0^m,16 de diamètre, pesant environ
1 kil. 500 à 2 kilogrammes. Chaque pied peut porter deux ou trois fruits.

Dans le Midi, ce melon se cultive beaucoup pour l'arrière-saison. Les
fruits, cueillis dans le courant de l'automne, se conservent au fruitier pour
l'hiver. On emploie aussi la chair confite au sucre ou en confitures.

MELON MARAICHER.

Synonymes : Melon commun, M. français, M. Morin, M. tête de More.

Plante ramifiée, vigoureuse, à feuillage abondant, arrondi, d'un vert franc,
un peu denté sur les bords. Fruit presque sphérique ou plus ou moins
déprimé, absolument dépourvu de côtes et très uniformément couvert de broderies régulières, assez fines, formant un réseau très serré, qui ne laisse pas
voir la couleur naturelle de l'écorce. Chair orange assez épaisse, ferme. Le
diamètre du fruit est d'environ 0^m,20 à 0^m,25, et le poids moyen de 2 à 3 kilogrammes. Cette variété peut porter deux fruits quand elle est bien cultivée.

Les *melons maraichers de Saint-Laud* et *de Mazé* (environs d'Angers)
présentent quelque analogie avec la race précédente; mais ils s'en distinguent par leur forme oblongue, leurs côtes assez marquées et leurs broderies
moins fines. La chair en est rouge orangé, ferme, et habituellement bien sucrée.

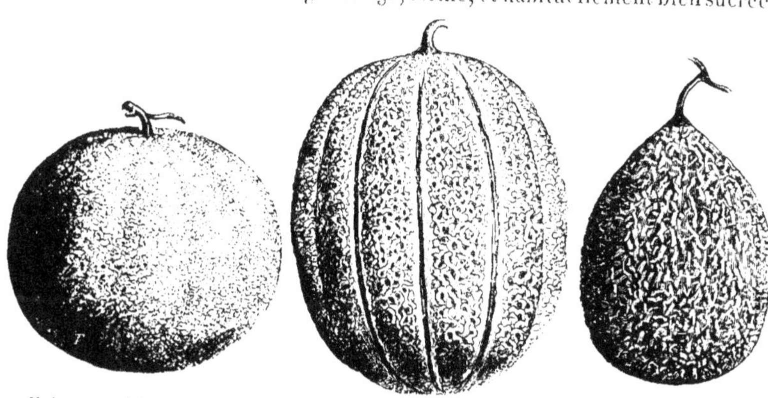

Melon maraîcher commun.   M. maraîcher de St-Laud.   M. muscade des États-Unis.
réd. au cinquième.   réd. au cinquième.   réd. au cinquième.

MELON MUSCADE DES ÉTATS-UNIS.

Nom étranger : Angl. Nutmeg melon.

Plante moyenne, ramifiée; feuillage assez ample, ondulé sur les bords,
d'un vert franc assez foncé. Fruit ovale, presque piriforme, s'amincissant en
pointe vers le pédoncule et arrondi-obtus à l'autre extrémité ; écorce d'un
vert foncé presque noir, marquée de broderies blanchâtres, formant à la sur-
face un réseau assez lâche. La longueur du fruit varie de 0^m,16 à 0^m,20 et le
diamètre de 0^m,10 à 0^m,14. Le poids est d'environ un kilogramme. Chair
verte, pas très épaisse, juteuse, sucrée et très parfumée.

Cette variété est rustique et d'une culture facile. La maturité en est demi-
hâtive. On peut laisser trois fruits par pied.

MELON SUCRIN DE TOURS.

Melon sucrin de Tours.
réd. au cinquième.

Cette race est assez variable ; il en existe plusieurs sous-variétés qui diffèrent l'une de l'autre par la forme du fruit. On en rencontre fréquemment une forme à fruit oblong, mais la meilleure parait être celle que nous allons décrire ci-après.

Plante vigoureuse, mais de dimensions moyennes, passablement ramifiée ; feuilles grandes, entières ou peu profondément lobées, un peu plissées sur les bords et d'un vert franc assez foncé. Fruit sphérique, de 0ᵐ,14 à 0ᵐ,16 de diamètre, à côtes nulles ou très faiblement marquées, complètement couvert de broderies très grosses et très larges, d'un relief très prononcé, se coupant à angle droit et enveloppant le fruit comme d'un réseau de cordelettes. Chair rouge orangé, épaisse, ferme, ordinairement très bonne. Maturité demi-hâtive. On peut laisser trois fruits par pied.

MELON DE PERSE.

Synonymes : Melon d'Odessa, M. d'Afrique.

Plante assez vigoureuse, à longues tiges un peu grêles ; feuilles moyennes, passablement lobées et incisées sur les bords, d'un vert gai. Fruit sans côtes, très allongé, aminci en pointe aux deux extrémités, et surtout au voisinage du pédoncule ; écorce lisse, d'un vert très foncé, marquée de bandes jaunâtres, qui sont elles-mêmes parsemées ou tigrées de vert. Chair très épaisse, presque sans écorce, et remplissant le fruit à peu près complètement, assez ferme, mais très fine, très juteuse, sucrée et parfumée. Ce melon a besoin de beaucoup de chaleur et devient rarement très bon dans les pays du Nord. Les fruits, cueillis un peu avant la maturité, peuvent se garder plusieurs semaines et quelquefois même une partie de l'hiver, pourvu qu'on les tienne dans un local à l'abri de la gelée.

Melon de Perse.
réd. au cinquième.

Il existe en Perse et dans le Turkestan un grand nombre de variétés de melons dont la qualité est excellente dans leur pays et dont les voyageurs parlent avec admiration. Il faut que l'influence du climat y soit pour beaucoup, car, cultivés en France, ces mêmes melons ne se sont jamais montrés égaux à nos races françaises, ni par leur qualité, ni surtout par la constance de leur réussite.

MELON VERT A RAMES.

Synonyme : Melon vert grimpant.

Noms étrangers : Angl. Green climbing melon. All. Grüne Kletter-Melone.
Holl. Groene klim-Meloen.

Plante vigoureuse, ramifiée, à longues tiges minces ; feuilles d'un vert
foncé, quelquefois divisées en cinq lobes, surtout celles qui sont situées vers
l'extrémité des tiges. Fruit oblong, à côtes légèrement marquées,
marquées, d'un vert foncé un peu pointillé de vert pâle,
long de 0^m,10 à 0^m,12 sur 0^m,08 ou 0^m,09 de largeur, pesant
de 500 à 800 grammes. Chair verte très fondante, extrê-
mement juteuse et sucrée, avec un parfum agréable, quoique n'ayant pas la finesse de celle des melons cantaloups.

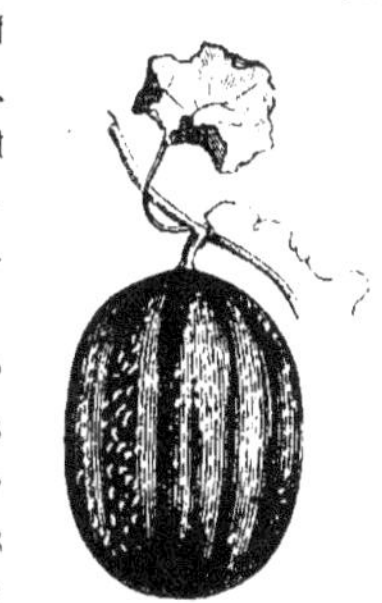

M. vert à rames.
Fruit réd. au cinquième.

On ne peut pas dire que le melon vert à rames demande
une culture différente de celle qui est en usage pour les
autres variétés de melons brodés ; cependant, à cause de
sa précocité, il se prête mieux que la plupart des autres
melons à la culture en pleine terre, et, d'autre part, le petit
volume de ses fruits fait qu'on peut plus facilement en
soutenir les tiges au moyen d'un léger treillage, qu'il ne
serait possible de le faire pour un melon à fruit gros et lourd. En le plantant
sur des poquets remplis de fumier, puis recouverts de bonne terre, on peut

facilement le faire monter
sur les supports des contre-
espaliers, ou même contre
un mur, en lui fournissant
quelques points d'attache.
Les fruits mûrissent plus
promptement et deviennent
fort bons dans ces condi-
tions.

Il est bien certain que
d'autres melons pourraient
se cultiver de la même manière. Les melons ananas
d'Amérique, dont les tiges
sont très longues et très ramifiées, se preteraient tout
particulièrement bien à être
conduits sur un treillage.
Les conditions les plus favorables pour réussir ce
genre de culture se rencontrent dans les variétés dont
la végétation est rapide, la
maturité précoce, et dont le

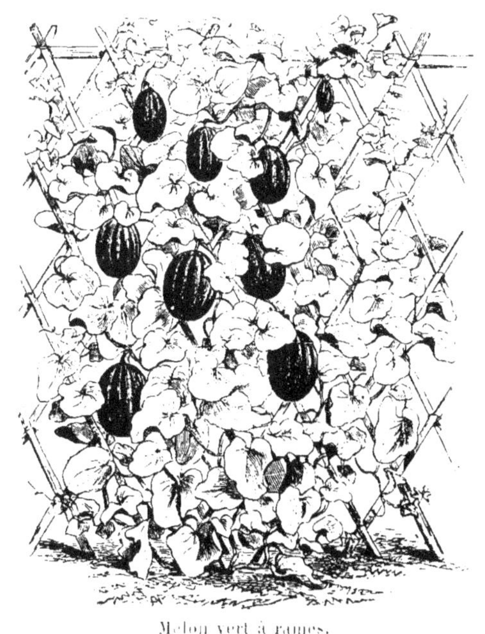

Melon vert à rames.
réd. au dixième.

fruit ne demande pas, pour devenir bien sucré, à recevoir la chaleur artificielle de la couche en même temps que la chaleur naturelle du soleil.

MELON SUCRIN A CHAIR VERTE.

Melon sucrin à chair verte.
réd. au cinquième.

Plante vigoureuse, à longues tiges ramifiées; feuilles très amples, planes, à peine dentées. Fruit oblong, aminci aux deux extrémités, d'un vert pâle, finement brodé à la maturité et parsemé de quelques excroissances de forme pointue; côtes marquées, sans être bien saillantes. Chair d'un vert pâle, extrêmement fondante et sucrée. La longueur du fruit varie de 0ᵐ,22 à 0ᵐ,28, le diamètre de 0ᵐ,12 à 0ᵐ,15. Il pèse habituellement entre 2 et 3 kilogrammes. On peut en laisser deux ou même trois sur chaque pied.

C'est surtout un melon d'été; il n'acquiert toute sa qualité que pendant les grandes chaleurs : on doit donc en diriger la culture de telle façon que les fruits arrivent à mûrir dans le courant du mois d'août ou au commencement de septembre.

AUTRES VARIÉTÉS DE MELONS BRODÉS.

M. blanc de Russie. Petit fruit rond, sans côtes, à peau entièrement blanche, unie. Chair blanche, de peu de goût.

M. blanc à chair verte ou *M. de Malte à côtes.* Très distinct, à fruit moyen, fortement déprimé, pesant de 1 kil. à 1 kil. 500; peau blanche, lisse; côtes assez marquées. Chair très épaisse, excellente, franchement verte.

M. boulet de canon. Petite variété assez précoce, à fruit sphérique, de 0ᵐ,12 à 0ᵐ,15 de diamètre, à écorce unie, verte, marquée de quelques broderies rares et fines. Chair vert pâle.

M. de Cassaba ou *de la Casba.* Très renommé en Orient, ce melon paraît avoir besoin d'un climat tout à fait chaud pour arriver à sa perfection; il se rapproche passablement du M. de Malte d'été à chair verte.

M. de Chypre. Fruit oblong, à côtes peu marquées, d'un blanc grisâtre, très légèrement brodé, tandis que les sillons sont d'un vert foncé. Chair orangée, ferme, très épaisse, d'un goût relevé.

M. composite. Fruit oblong, à côtes saillantes et à écorce peu épaisse, de couleur vert foncé, presque complétement couverte de broderies moyennes. Chair rouge, ferme, sucrée, savoureuse.

M. de Coulommiers. Fruit gros, oblong, à côtes assez marquées, se rapprochant considérablement du M. de Honfleur, dont il paraît être une sous-variété. Race un peu tardive.

M. d'Esclaronie. Variété très distincte, à fruit gros, longuement ovale, arrondi aux deux bouts, à écorce blanche, lisse, assez épaisse. Chair presque blanche, sucrée, mais assez fade.

'*M. de Langeais.* Variété du M. maraîcher à fruit oblong, presque deux fois aussi long que large; côtes assez marquées, très brodées, tandis que les sillons restent lisses; écorce mince. Chair rouge, aqueuse et assez fade. Maturité demi-tardive.

M. moscatello. Fruit très allongé, presque pointu aux deux extrémités; à côtes assez marquées, d'un vert pâle grisâtre ou argenté, très rarement brodé. Chair rouge, très juteuse et fortement parfumée.

M de Quito ou *de Grenade.* Petit fruit oblong, à peine plus gros qu'un œuf, à peau lisse, de couleur jaune-citron à la maturité. Chair blanche, acidulée.

M. de Siam. Fruit presque sphérique, assez petit; côtes passablement marquées, d'un vert foncé, presque noir dans les sillons, couvertes de broderies serrées et grosses. Chair rouge.

M. vert hâtif du Japon. Fruit assez petit, presque sphérique; côtes régulières, peu marquées; peau presque unie, légèrement pubescente, d'un vert foncé, à peine marquée de petites broderies très rares; écorce mince. Chair rouge, ferme et parfumée.

Melon moscatello.
réd. au cinquième.

RACES ANGLAISES ET AMÉRICAINES.

Les variétés anglaises de melons brodés sont très nombreuses. Le plus souvent les melons sont cultivés en Angleterre à l'aide de la chaleur artificielle, et bien plutôt comme fruits que comme légumes. En général ils sont assez petits, le plus souvent sphériques, et ils ont la peau très mince. Beaucoup de ces variétés ne réussissent pas très bien cultivées en pleine terre.

I. Variétés à chair rouge.

Blenheim orange melon. Fruit courtement ovale, brodé, à écorce mince. Chair orange, assez épaisse et extrèmement parfumée.

Christiana M. (Am.). Fruit sphérique, à peau unie, vert foncé, à peine marquée de que'ques broderies très fines. Chair rouge, très épaisse, extrèmement fine et parfumée.

Crawley paragon M. Très petit melon sphérique, brodé. Chair rouge, ferme, ressemblant passablement a la variété *Windsor prize.*

Hero of Bath M. Fruit petit, rond, brodé, à chair rouge, assez ferme; écorce très mince.

Munroe's little heath M. Très joli melon, distinct, à côtes un peu marquées. Fruit légèrement déprimé, brodé. Chair rouge, épaisse, remplissant presque entièrement le fruit, jut use et sucrée.

Scarlet gem M. Joli petit fruit complètement sphérique, du volume d'une grosse orange, à écorce grisâtre, très lisse et couverte de broderies fines et assez serrées. Chair rouge, juteuse, sucrée et très parfumée.

Le *Windsor prize M.* semble n'en être qu'une sous-variété à fruit encore plus petit, mais plus sucré et plus parfumé, s'il est possible.

Surprise musk-M. (Am.). C'est une forme du cantaloup orange, à fruit un peu plus gros que dans la race ordinaire, légèrement oblong et un peu brodé sur les côtes, à chair orangée, ferme.

Victory of Bristol M. Fruit tout à fait sphérique, rappelant un peu l'apparence du M. sucrin de Tours, mais plus finement brodé. Chair orange, épaisse, sucrée, assez juteuse ; a la maturité, l'écorce devient presque jaune.

II. Variétés à chair blanche.

Bay view musk-M. (Am.). Fruit oblong, en forme d'olive, à peau verte, brodée. Chair blanche, peu épaisse, sucrée.

Colston bassett seedling M. Fruit légèrement oblong, obtus aux deux extrémités ; écorce brodée, jaune à la maturité. Chair blanche, fondante, très juteuse, très finement parfumée.

Queen Emma M. Fruit assez gros, presque rond ; écorce mince. Chair blanche très fondante. Variété productive.

III. Variétés à chair verte.

Beechwood M. Fruit ovale, brodé, vert jaunâtre à la maturité. Chair vert pâle, fondante, sucrée et parfumée. Maturité demi-tardive.

Davenham early M. Fruit petit, sphérique ; à côtes un peu marquées, très brodées, tandis que les sillons sont lisses. Chair verte très fondante. Il ressemble assez au M. ananas d'Amérique à chair verte, mais la plante est beaucoup moins coureuse.

Eastnor castle M. Fruit légèrement oblong, presque complètement lisse, à peine marqué de quelques broderies à la maturité, et prenant alors une teinte jaune pâle ; jusque-là il est d'un vert foncé complètement uni. Chair très tendre, quelquefois un peu pâteuse. Variété productive.

Egyptian M. Fruit arrondi, obtus aux deux extrémités, légèrement brodé ; écorce grisâtre ou argenée. Chair verte, sucrée et parfumée.

Gilbert's green flesh M. Fruit assez gros, ovale, jaunâtre à la maturité. Chair juteuse, fondante. Bonne variété productive.

Gilbert's improved victory of Bath M. Fruit assez gros, courtement ovale, peu brodé et à côtes légèrement marquées. Chair vert pâle, fondante, très parfumée. Cette variété a quelque analogie avec le M. sucrin à chair verte, mais les fruits en sont moins gros.

Melon golden perfection (réd. au cinquième).

Golden perfection M. Fruit sphérique ou très légèrement oblong ; écorce devenant à la maturité d'un beau jaune d'or et couverte de broderies en forme de réseau peu serré. Chair vert pâle, assez épaisse, très sucrée et agréablement parfumée. C'est une très bonne variété, productive et relativement rustique.

Golden Queen M. Variété vigoureuse, probablement issue de la précédente, donnant des fruits un peu plus gros, bien brodés. La chair en est ferme, juteuse, d'un goût relevé.

High Cross hybrid M. Fruit moyen, sphérique, blanc uni. Chair assez épaisse, franchement verte, fondante.

Skillmann's netted M. C'est une sous-variété du M. ananas d'Amérique à chair verte, dont les fruits sont plus gros du double que ceux de la race ordinaire.

William Tillery M. Fruit ovale, à côtes à peine marquées; écorce d'un vert foncé, sillonnée, à la maturité, de quelques broderies. Chair très verte, peu épaisse, tout à fait fondante et extrêmement sucrée, mais sans finesse.

II. Melons cantaloups.

NOMS ÉTRANGERS : ANGL. Rock *or* Cantaloupe melon. ALL. Cantalupen Melone.
ITAL. Zatta. ESP. Meloncillo de Florencia.

MELON CANTALOUP D'ALGER.

SYNONYME : Cantaloup de mai.

Plante assez ramassée, à rameaux nombreux et courts ; feuilles d'un vert foncé, un peu découpées et surtout très plissées sur les bords, ce qui leur donne l'apparence d'être divisées en cinq lobes ; elles sont presque toujours repliées en forme d'entonnoir et de dimensions très variables, celles de la portion inférieure des tiges étant jusqu'à trois et quatre fois plus grandes que celles de l'extrémité des rameaux. Fruit légèrement allongé, quelquefois sphérique, portant des gales ou verrues arrondies. teintées, ainsi que le fond des sillons, d'une couleur verte très foncée, presque noire, qui tranche vivement avec la nuance blanc argenté du reste des côtes. Les parties vert foncé du fruit finissent par prendre une teinte orangée. mais cette transformation n'est complète que quand le fruit est trop mûr ; il ne faut donc pas, pour le cueillir, attendre qu'elle se soit produite.

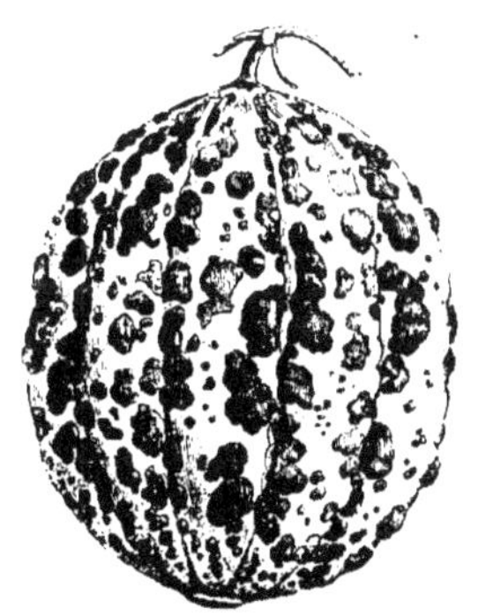

Melon cantaloup d'Alger.
réd. au cinquième.

La longueur des fruits varie de 0^m,15 à 0^m,20, le diamètre de 0^m,12 à 0^m,16, et le poids de 2 à 3 kilogrammes. On peut en laisser deux sur chaque pied.

Il est surprenant que la culture du cantaloup d'Alger n'ait pas été adoptée par les maraîchers des environs de Paris, car c'est un des melons d'été les plus rustiques, et celui de tous, peut-être, dont la qualité est le plus régulièrement bonne. La chair en est épaisse, juteuse, parfumée et toujours très sucrée ; la maturité, demi-hâtive.

MELON CANTALOUP A CHAIR VERTE.

Plante moyenne, ramifiée, assez grêle ; feuilles moyennes ou petites, d'un vert foncé, plissées sur les bords et souvent assez profondément divisées en cinq lobes. Fruit sphérique ou légèrement déprimé, à côtes peu marquées, avec le fond des sillons vert clair, le dos des côtes faiblement galeux et marbré de blanc et de vert foncé. La longueur des fruits varie de 0^m,12 à 0^m,14, le diamètre de 0^m,14 à 0^m,16, le poids d'environ 1 kil. 200 à 1 kil. 500. Chaque pied peut en porter deux et quelquefois trois. Chair vert pâle, très épaisse, fondante, juteuse, sucrée et très délicatement parfumée. C'est un des plus fins de tous les melons cantaloups.

MELON CANTALOUP NOIR DES CARMES.

Synonyme : Cantaloup sucrin de Montreuil.

Noms étr. : Angl. Early black rock melon. All. Schwarze Carmeliter Melone.

M. cantal. noir des Carmes.
réd. au cinquième.

Plante moyenne, assez ramifiée ; feuilles assez grandes, d'un vert franc, vif, glacé, très distinctement divisées en cinq lobes, plissées sur les bords et presque toujours légèrement pliées en forme d'entonnoir ; pédoncule court et épais. Fruit presque sphérique, mais un peu déprimé, à côtes nettement mais peu profondément marquées ; écorce ordinairement lisse et dépourvue de verrues, d'un vert très foncé, presque noir, qui tourne à l'orangé à la maturité. Chair orange, épaisse, sucrée et parfumée, excellente. Le diamètre du fruit varie de 0^m,14 à 0^m,18, son épaisseur (du pédoncule à l'œil) de 0^m,12 à 0^m,15 ; son poids de 1 kil. à 1 kil. 500. On peut laisser deux fruits par pied dans la culture de saison.

Le cantaloup noir des Carmes est un des meilleurs melons hâtifs et celui dont la culture présente le moins de difficulté.

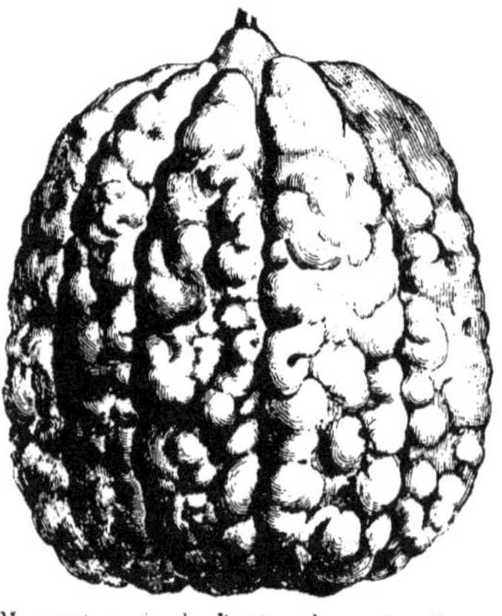

M. cant. noir du Portugal (au cinquième).

MELON CANTALOUP NOIR DU PORTUGAL.

Synonymes : Cantaloup gros Portugal, C. gros galeux, M. monstrueux de Portugal, M. de caille.

Nom étranger : Angl. Black rock melon.

Plante très vigoureuse, ramifiée, à feuilles très grandes, molles, arrondies, entières, d'un vert franc, ressemblant plus à celles d'un melon brodé qu'à celles d'un cantaloup. Fruit très gros, légèrement oblong, très obtus et presque aplati du côté opposé au point d'attache ; à côtes profondément marquées et à écorce inégale, bossuée, marquée de taches d'un vert noir sur fond vert ; pédoncule très long, remarquablement renflé à son insertion sur le fruit. La forme du fruit est un peu variable; quelquefois la longueur dépasse le diamètre transversal, quelquefois c'est l'opposé qui a lieu. Les deux diamètres varient de 0^m,22 à 0^m,30; le poids du fruit atteint aisément 5 ou 6 kilogrammes. Chaque pied n'en peut porter qu'un seul.

MELON CANTALOUP ORANGE.

SYNONYMES : Cantaloup orange, C. d'Orange.

Plante moyenne, ramifiée; feuillage d'un vert un peu grisâtre, entier, légèrement denté sur les bords. Fruits petits, oblongs, nombreux, à côtes assez marquées, de couleur vert pâle, pointillés et marbrés de couleur plus foncée. Chair orange, pas très épaisse, remarquablement ferme et presque dure, peu juteuse, mais sucrée et parfumée. La longueur du fruit ne dépasse guère 0^m,12 à 0^m,14; le diamètre transversal varie de 0^m,09 à 0^m,11. Le poids moyen est d'environ 500 à 600 grammes. On laisse ordinairement de sept à neuf fruits sur chaque pied.

M. cantaloup orange.
réd. au cinquième.

Le M. cantaloup orange présente quelquefois, sur la partie saillante des côtes, des gerçures qui ressemblent beaucoup aux dessins caractéristiques des melons brodés. . Ce caractère, joint à sa forme allongée, pourrait le faire regarder comme intermédiaire entre les melons brodés et les cantaloups proprement dits.

MELON CANTALOUP PRESCOTT PETIT HATIF A CHASSIS.

NOM ÉTRANGER : ANGL. Prescott small early frame melon.

Plante moyenne, à feuilles assez grandes, arrondies ou un peu anguleuses, d'un vert blond légèrement grisâtre, presque toujours repliées en forme d'entonnoir. Fruit sphérique ou un peu déprimé, à côtes marquées, faiblement verruqueuses, marbrées de vert foncé sur fond vert pâle, fond des sillons d'un vert olive uni. Chair orange, épaisse, juteuse et fondante. Le diamètre du fruit varie de 0^m,12 à 0^m,14 environ, son épaisseur de 0^m,10 à 0^m,12. Il pèse de 800 grammes à 1 kilogramme. On ne laisse qu'un fruit par pied en primeur, et deux en pleine saison.

M. cantal. Prescott petit hâtif à châssis.
réd. au cinquième.

Ce melon est remarquablement hâtif et de qualité presque constamment excellente. C'est, avec le cantaloup noir des Carmes, le meilleur pour les cultures forcées sous châssis.

MELON CANTALOUP PRESCOTT FOND BLANC DE PARIS.

Plante assez vigoureuse, ramifiée, à feuilles moyennes, plissées sur les bords et souvent divisées en cinq lobes, d'un vert franc assez foncé. Fruit gros, très déprimé; côtes larges, à surface très rugueuse, couverte de bosses et de proéminences de toutes formes, et panachée irrégulièrement de vert foncé et de vert pâle sur fond blanchâtre. Les côtes sont séparées par des sillons très profonds et très étroits. Chair orangée, très épaisse, extrêmement

M. cantal. Prescott fond blanc de Paris.
réd. au cinquième.

fine, juteuse et fondante. L'écorce est aussi d'une grande épaisseur, mais, à cause de la forme du fruit, cela n'empêche pas la chair d'être fort abondante. La longueur du fruit, c'est-à-dire la distance de l'insertion du pédoncule à l'ombilic, peut varier de 0^m,12 à 0^m,14, le diamètre transversal de 0^m,22 à 0^m,28, le poids de 2 kil 500 à 4 kilogrammes. On ne laisse habituellement qu'un seul fruit par pied; exceptionnellement on peut en laisser deux.

MELON CANTALOUP PRESCOTT FOND BLANC ARGENTÉ.

Cette variété ne diffère de la précédente que par la teinte un peu plus métallique de l'écorce des côtes, et par le volume un peu plus fort du fruit.

M. cantaloup Prescott fond blanc argenté.
réd. au cinquième.

Ses qualités sont exactement les mêmes que celles du cantaloup Prescott fond blanc de Paris.

Ces deux variétés sont les plus cultivées par les maraîchers parisiens, et le marché en est abondamment approvisionné depuis le mois de juillet jusqu'à la fin d'octobre.

Par là même que les C. Prescott de grosse race sont extrêmement cultivés, il arrive que très fréquemment on en voit paraître des variétés nouvelles. Quand un très bon fruit a présenté un caractère extérieur quelconque le distinguant un peu des autres, on est porté à reproduire ce caractère pour reproduire la qualité : et voilà souvent un nouveau melon créé du coup.

MELON CANTALOUP SUCRIN.

Melon cantaloup sucrin.
réd. au cinquième.

Plante moyenne, bien ramifiée, vigoureuse et rustique; feuillage assez ample, très distinctement lobé, d'un vert grisâtre foncé. Fruit presque sphérique ou un peu déprimé, à côtes peu marquées, de couleur gris argenté, unie, contrastant peu avec le fond des sillons, qui est d'un gris pâle. Chair orange, très épaisse, sucrée, juteuse et parfumée; écorce remarquablement mince. Le diamètre du fruit varie de 0^m,12 à 0^m,14. Le poids en est généralement compris entre 1 kil. 200 et 1 kil. 800. Chaque pied peut facilement porter deux fruits.

C'est une des variétés qui réussissent le mieux en pleine terre.

AUTRES VARIÉTÉS DE MELONS CANTALOUPS.

Cantaloup d'Arkhangel. C'est une jolie variété, de grosseur moyenne, à fruit presque sphérique ou légèrement déprimé, à côtes peu marquées, à écorce vert grisâtre, peu galeuse, à peu près intermédiaire comme apparence entre le C. Prescott fond gris et le C. sucrin. La chair en est rouge, épaisse, juteuse, sucrée et d'un goût relevé.

C. de Cavaillon. Variété hâtive, à fruit petit, pesant à peine 1 kilogramme, extrêmement déprimé, ayant le diamètre plus que double de son épaisseur; côtes assez marquées; peau presque unie, marbrée de vert pâle et de vert foncé. Chair rouge. Ce petit cantaloup est expédié en très grandes quantités du Midi sur Paris, au commencement de l'été; il ne paraît pas différer bien sensiblement d'une variété particulière aux environs de Lyon, qu'on appelle *C. de Pierre-Bénite.*

C. d'Épinal. Paraît être une variété, un peu plus volumineuse, du C. Prescott petit hâtif. Le fruit en est presque sphérique, les côtes assez marquées, l'écorce vert pâle panaché de gris, la chair rouge, très épaisse.

C. fin hâtif d'Angleterre. Cette variété, aujourd'hui peu cultivée, se distingue par son petit volume et sa grande précocité. Le fruit en est légèrement déprimé et ne dépasse pas $0^m,10$ a $0^m,12$ de diamètre; la chair en est rouge, fine et bonne.

C. du Mogol. Fruit presque piriforme, deux fois aussi long que large, à côtes très relevées; écorce rugueuse, velue, et chargée de gales. Chair rouge, épaisse, mais sans finesse. Maturité très tardive.

C. noir de Hollande. Fruit très gros, oblong, quelquefois presque piriforme; côtes bien marquées, galeuses, d'un vert foncé presque noir, plus ou moins marbrées de vert plus pâle; écorce épaisse. Chair rouge orangé, relativement peu abondante et assez grossière. Maturité tardive. Cette variété est une des plus volumineuses qui se cultivent, mais la qualité de ses fruits est loin de répondre à leur volume.

C. Prescott a écorce mince. Jolie variété plus sphérique que la plupart des cantaloups Prescott habituellement cultivés à Paris, et du reste extrêmement voisine du C. sucrin, qui se distingue, lui aussi, par le peu d'épaisseur de son écorce.

C. Prescott cul de singe. Dans cette race, l'ombilic du fruit prend un développement considérable, et forme une sorte de renflement ou e calotte ayant pour effet de donner au fruit quelque chose de l'appare. ce d'un giraumon turban. Cette particularité de structure, s'étant quelquefois rencontrée accidentellement unie à une qualité remarquable du fruit, a fait rechercher cette forme par quelques amateurs; mais les deux caractères ne sont nullement liés l'un a l'autre, et l'on trouve d'aussi bons melons parmi les C. Prescott ordinaires que dans cette race spéciale, dont la forme est presque aussi disgracieuse que le nom. Cette modification, au surplus, n'est pas particulière au C. Prescott; elle se rencontre parfois également dans le C. sucrin et dans d'autres cantaloups, et même dans des melons brodés, sans que, dans aucune variété, les fruits de cette conformation spéciale soient régulièrement préférables aux autres.

MELON DUDAIM

Cucumis Melo L. var.

SYNONYMES : Concombre Dudaïm, Melon de poche, Pomme de Grenade.

NOMS ÉTRANGERS : ANGL. Queen Anne's pocket-melon. ALL. Brahma-Apfel.

Plante grêle, ramifiée ; feuillage léger ; feuilles plus ou moins profondément divisées en cinq lobes. Fruits nombreux, très petits, déprimés, dépourvus de côtes, mais marqués de bandes alternativement vertes ou formées de larges macules jaune verdâtre. Chair peu épaisse, pâle, orangée, non mangeable. Graines ovales, petites. Le diamètre transversal du fruit ne dépasse pas 0^m,07 ou 0^m,08 ; son épaisseur est d'environ 0^m,05 ou 0^m,06. Il pèse à peu près 200 grammes. L'odeur, qui ressemble tout à fait à celle des autres melons, sans être aussi forte, est assez agréable quand le fruit approche de la maturité, mais la saveur ne répond pas au parfum ; aussi le M. Dudaïm n'est-il cultivé que comme curiosité ou parfois comme plante grimpante d'ornement pour garnir des treillages et des berceaux ou pour tapisser des talus.

Melon Dudaïm.

réd. au quinzième ; fruit au cinquième.

MELON D'EAU PASTÈQUE

Citrullus vulgaris SCHRAD. — Cucumis Citrullus SER. — Cucurbita Citrullus L.

Fam. des *Cucurbitacées*.

SYNONYMES : Citrouille pastèque, Arbouse Jacé, Batec, Melon d'Amérique, Melon de Moscovie.

NOMS ÉTRANGERS : ANGL. Water-melon. ALL. Wasser-Melone. ITAL. Cocomero, Anguria. ESP. Sandia. PORT. Melamia.

Afrique. — Annuelle. — La pastèque est une plante rampante à tiges grêles et très longues, qui convient surtout aux climats chauds, dans lesquels la pulpe aqueuse, mais fade, de son fruit est appréciée comme rafraîchissement. Toute la plante est couverte de poils grisâtres longs et mous. Les feuilles, assez grandes, sont divisées en nombreux segments eux-mêmes lobés ou incisés ; toutes les divisions de la feuille, ainsi que les découpures qui les séparent, sont toujours arrondies, ce qui donne au feuillage de la pastèque un aspect très particulier. Les fleurs ressemblent assez à celles du melon ; elles sont monoïques, et les fleurs femelles surmontent des ovaires ovoïdes et très velus qui se transforment par la croissance en fruits tout à fait glabres, sphériques ou plus ou moins oblongs. La couleur en est tantôt d'un vert uniforme plus ou moins foncé, tantôt panachée et marbrée de vert grisâtre sur fond plus sombre. Ils sont remplis d'une chair ou pulpe dont la couleur varie du blanc verdâtre au rouge foncé, et dans laquelle sont rangées longitudinalement des graines aplaties, de forme ovale, raccourcie, et de couleur blanche, jaune, rouge, brune ou noire. Un gramme de graines en contient 5 ou 6, et le litre pèse environ 460 grammes; leur durée germinative est de six années.

Le nombre des formes de pastèques est presque illimité, la plante étant très abondamment cultivée dans des pays où l'on attache peu d'importance à la pureté des variétés et où toutes les races fleurissent les unes à côté des autres.

Culture. — La pastèque, plante des pays chauds, est peu cultivée en Europe, elle ne s'y rencontre guère que sur les bords de la Méditerranée et dans le midi de la Russie, où il s'en fait une très grande consommation. C'est un des fruits les plus communs dans tous les pays tropicaux : la pastèque s'y cultive comme les melons, en plein champ et sans aucun soin. Sous le climat de Paris, il lui faut, comme au melon, le secours de la chaleur artificielle, encore ne peut-elle y être cultivée que comme objet de curiosité, ses fruits y restant toujours fades et insipides. La seule différence à signaler entre la culture du melon et celle de la pastèque, c'est qu'il n'y a aucune utilité à tailler cette dernière; le produit en est d'autant meilleur qu'on a laissé les tiges se développer et s'étendre plus librement.

Usage. — La pulpe du fruit mûr se mange crue à la manière des melons : quelquefois aussi on la confit par tranches, seule ou mêlée à d'autres fruits : ou bien encore on en fait des confitures. Avant la maturité, le fruit peut aussi se consommer comme légume, de même que la courge à la moelle.

PASTÈQUE A GRAINE ROUGE.

Plante à végétation vigoureuse, mais cependant moins exubérante et moins ramifiée que la pastèque à graine noire. Les tiges, qui s'étalent longuement sur terre, ne dépassent guère en général $2^m,50$ de longueur; elles sont relativement peu branchues et les feuilles sont assez amples, ayant les lobes plus larges et moins déchiquetés que ne les ont les autres pastèques. Cette variété demande à peu près quatre mois de chaleur pour bien mûrir ses fruits.

Fruit sphérique de $0^m,30$ à $0^m,40$ de diamètre, d'un vert assez pâle, panaché de bandes grisâtres marbrées de vert.

Pastèque à graine rouge.
réd. au huitième.

Chair aqueuse, mais assez ferme, d'un blanc verdâtre; graines roses ou rouges. Cette variété est surtout employée pour conserves ou confitures.

PASTÈQUE A GRAINE NOIRE.

Fruit oblong, atteignant jusqu'à 0^m,50 et 0^m,60 de long sur 0^m,30 à 0^m,35

Pastèque à graine noire.
réd. au huitième.

de large, à écorce unie, vert foncé. Chair rouge, très fondante, légèrement sucrée et remplissant tout le fruit; graines variant du rouge foncé au noir. Cette race se mange surtout crue, et c'est elle, avec ses sous-variétés, qui se cultive le plus généralement sur tous les bords de la Méditerranée.

La *pastèque Helopa* est une plante vigoureuse, à fruit très gros, sphérique ou légèrement déprimé; écorce lisse, vert pâle marbré de vert plus clair. Chair d'un blanc verdâtre, ferme, mais peu sucrée, ne pouvant guère s'employer que confite ou pour la nourriture des bestiaux; graine grise. Le poids des fruits atteint quelquefois 2 kilogrammes; la maturité en est demi-hâtive.

VARIÉTÉS AMÉRICAINES.

Les melons d'eau sont très recherchés et très largement cultivés aux États-Unis; nous en citerons ici les principales variétés :

Black spanish water-melon. Fruit gros, arrondi ou courtement oblong, à côtes légèrement marquées; écorce presque noire. Chair rouge foncé; graine brune ou noirâtre. C'est une variété rustique et productive.

Citron W.-M. Variété uniquement employée pour confire. Fruit petit, sphérique, marqué de bandes alternatives vert foncé et argenté. Chair blanche, très ferme, presque dure, à peine mangeable. On la coupe en morceaux que l'on confit comme les cédrats.

Gipsy W.-M. Variété énorme, à fruit oblong, vert foncé, marqué de taches plus pâles disposées en bandes longitudinales. Chair rouge; graine brune ou noire.

Ice cream W.-M. Fruit arrondi, gros, souvent déprimé aux deux bouts; écorce d'un vert très pâle, épaisse. Chair blanche, sucrée; graine blanche.

Iceing, Ice rind, Strawberry W.-M. Variété de la P. à graine blanche, remarquable par la couleur rouge de sa chair. Fruit de grosseur médiocre, très sucré. Chair agréablement parfumée, fondante.

Mountain, Mountain sweet W.-M. Fruit gros, allongé, ovale, quelquefois un peu étranglé en forme de gourde, sans côtes; écorce marquée de bandes peu distinctes, les unes plus pâles, les autres plus foncées. Chair rouge, remplissant complètement le fruit; graine d'un brun plus ou moins foncé. Variété rustique et productive.

Mountain sprout W.-M. Variété extrêmement voisine, sous tous les rapports, de la pastèque *Mountain sweet*; un peu plus tardive.

Orange W.-M. Fruit moyen, ovale; écorce lisse, mais marbrée de vert foncé sur fond plus pâle. Chair rouge, tendre et sucrée.

Rattlesnake W.-M. Belle variété de pastèque à graine noire. Fruit oblong, allongé, d'un vert foncé uni. Chair très rouge.

On pourrait citer bien d'autres variétés de pastèques, car il en existe peut-être autant que de melons proprement dits. Nous nous bornerons à ces quelques variétés, l'ouvrage *les Plantes potagères* étant surtout fait pour l'Europe centrale, où les pastèques ne réussissent pas communément.

MENTHE VERTE

Mentha viridis L.

Fam. des *Labiées.*

Noms étrangers : ANGL. Common mint, Spearmint.

Indigène. — Vivace. — Plante à souche rampante; tige dressée, rameuse au sommet, à rameaux étalés; feuilles presque sessiles, lancéolées-aiguës, un peu arrondies à la base, bordées de dents espacées; fleurs réunies en épi cylindrique de couleur rose ou lilas. Graine très rare, extrêmement fine, arrondie et brune.

Culture. — La menthe verte se multiplie habituellement par division de touffes au printemps. Elle préfère une terre fraîche, et la plantation peut durer plusieurs années, pourvu qu'à l'automne on ait la précaution de receper les tiges et de rechausser les souches avec un peu de bonne terre ou de terreau.

Usage. — Les feuilles et les extrémités des pousses sont employées comme condiment; en Angleterre surtout, la sauce à la menthe est indispensable avec certains mets.

MENTHE POIVRÉE

Mentha piperata L.

Fam. des *Labiées.*

Noms étrangers : ANGL. Peppermint. ALL. Pfeffermünze. DAN. Pebbermynte.

Du nord de l'Europe. — Plante vivace, à tige rampante, s'enracinant très facilement; feuilles pétiolées, oblongues ou lancéolées-aiguës : fleurs en épi cylindrique-oblong, d'un violet rougeâtre. Cette espèce ne donne pas de graines.

Culture. — La culture est la même que celle de la menthe verte. Quoique la menthe poivrée se rencontre ordinairement dans les prés humides et presque submergés, elle réussit bien néanmoins dans une terre de jardin fraîche et profonde. La multiplication se fait toujours par tronçons de tiges, qui s'enracinent avec la plus grande facilité.

Usage. — Les feuilles et les tiges s'emploient quelquefois comme condiment, mais surtout pour la distillation.

23

MENTHE POULIOT

Mentha Pulegium L.

Fam. des *Labiées*.

Nom étranger : angl. Penny-royal.

Indigène. — Vivace. — Plante à tiges couchées, s'enracinant facilement, garnies de feuilles ovales-arrondies, légèrement velues, d'un vert grisâtre ; fleurs petites, d'un lilas bleuâtre, réunies eu glomérules arrondis, verticillés, étagés sur la tige les uns au-dessus des autres, au nombre parfois de douze à quinze. Graine extrèmement fine, ovale, d'un brun clair.

Toute la plante exhale une odeur très agréable, un peu moins forte que celle des autres menthes.

Culture. — La menthe pouliot se plaît de préférence dans les terres fortes et fraîches. On la multiplie par division de tiges, et la plantation peut durer plusieurs années.

Usage. — Les feuilles s'emploient comme condiment.

MENTHE DE CHAT

Nepeta Cataria L.

Fam. des *Labiées*.

Synonyme : Herbe aux chats.

Noms étrangers : angl. Catnip, Catmint. all. Gemeines Katzenmünze.

Indigène. — Vivace. — Grande plante à tiges dressées, ramifiées, hautes d'un mètre environ ; feuilles pétiolées, ovales ou en cœur, crénelées sur le pourtour, blanchâtres à la face inférieure ; fleurs blanches, en grappes terminales, composées de glomérules espacés à la base et serrés au sommet. Graine brune, lisse, ovoïde, à trois angles assez marqués, au nombre de 1200 dans un gramme, et pesant 680 grammes par litre ; sa durée germinative est de cinq années.

Culture. — La menthe de chat se propage aisément par graines qu'on sème au printemps ou à l'automne en rangs espacés de 0^m,50, à cause du grand développement que prennent les plantes ; celles-ci ne demandent aucun soin et peuvent durer plusieurs années, pourvu qu'on tienne la plantation exempte de mauvaises herbes.

Usage. — Les feuilles et les jeunes pousses s'emploient comme condiment.

MENTHE-COQ. — Voy. Baume-coq.

MORELLE NOIRE

Solanum nigrum L.

Fam. des *Solanées*.

Synonymes : M. de l'île de France, M. commune, Brède, Crève-chien, Herbe aux magiciens, Morette, Raisin de loup.

Noms étrangers : angl. Nightshade, Black nightshade. all. Verbesserter Nachtschatten Spinat. ital. Erba mora. esp. Yerba mora.

Annuelle. — Indigène ou naturalisée. — La morelle noire est une plante spontanée très connue et généralement regardée comme mauvaise herbe, qui croît surtout au voisinage des habitations et dans les endroits cultivés. Elle a une tige dressée, ramifiée, s'élevant de 0^m,40 à 0^m,80, avec des feuilles simples, larges, ovales, souvent ondulées sur les bords; fleurs blanches, étoilées, réunies en petits bouquets axillaires et faisant place à des baies sphériques, de la grosseur d'un pois, noires ou rarement jaune ambré, contenant une pulpe verdâtre entremêlée de graines lenticulaires très petites, d'un jaune pâle. Un gramme de ces graines en contient environ 800, et le litre pèse 600 grammes; leur durée germinative est de cinq années.

La race de morelle qui est cultivée à l'île de France sous le nom de *Brède* ne diffère aucunement par ses caractères botaniques de notre morelle noire commune; elle se distingue seulement en ce qu'elle est plus vigoureuse et plus grande dans toutes ses parties.

Culture. — La morelle noire se sème en place au mois d'avril, en planches, ou mieux en rayons espacés de 0^m,30 à 0^m,40. Elle ne demande aucun soin après la levée et l'éclaircissage, et résiste parfaitement aux sécheresses. Cependant les feuilles sont plus tendres et plus abondantes si l'on donne au besoin à la plante quelques bons arrosements.

Usage. — Cette plante reste chez nous sans emploi, mais dans les pays chauds on en consomme quelquefois les feuilles en guise d'épinards, et, bien qu'appartenant à la famille des *solanées*, ce légume ne paraît avoir aucun fâcheux effet.

MOUTARDE BLANCHE

Sinapis alba L.

Fam. des *Crucifères*.

SYNONYMES : Moutardin, Plante au beurre, Sénevé blanc.

NOMS ÉTRANGERS : ANGL. White mustard. ALL. Gelber Senf. FLAM. Witte mostaard. HOLL. Gele mosterd *ou* mostaard. ITAL. Senapa bianca. ESP. Mostaza blanca.

Indigène. — *Annuelle.* — Plante à végétation rapide; tige assez grosse, souvent anguleuse, ramifiée, garnie de feuilles incisées à contours arrondis; fleurs jaunes en épis terminaux. Siliques légèrement velues, terminées par une sorte de bec membraneux aplati, et, dans le reste de leur longueur, gonflées par la saillie des graines, qui sont en général au nombre de trois ou quatre de chaque côté de la silique, laquelle est divisée en deux par une mince cloison membraneuse. Ces graines sont blanches, tout à fait sphériques et à peu près de la grosseur d'un grain de millet : un gramme en contient environ 200, et le litre pèse en moyenne 750 grammes : leur durée germinative est de quatre années.

Culture. — La moutarde blanche ne s'emploie ordinairement comme plante potagère qu'à l'état de petit plant tout jeune, comme salade ou verdure de primeur. On la sème soit en pots, soit en plein, sous châssis, et on la coupe aussitôt que les cotylédons, ou feuilles séminales, sont bien développés et bien verts. Cette culture ne demande pas plus de six à huit jours.

Usage. — Les jeunes feuilles, obtenues comme il vient d'être dit, s'emploient soit en salade, soit comme garniture verte.

MOUTARDE NOIRE

Brassica nigra Koch. — **Sinapis nigra** L.

Fam. des *Crucifères*.

SYNONYMES : Navuce rouge, Russebau, Sénevé noir.

NOMS ÉTRANGERS : ANGL. Black mustard, Brown M. ALL. Brauner Senf. FLAM. Zwarte mostaard. HOLL. Bruine mosterd *ou* mostaard. ESP. Mostaza negra.

Indigène. — *Annuelle.* — Plante à tige assez grêle ; feuilles radicales oblongues, lyrées, les caulinaires de plus en plus étroites à mesure qu'elles s'approchent du sommet de la tige ; fleurs jaunes, en épi terminal. Siliques longues, minces, contenant une vingtaine de petites graines à peu près sphériques, d'un brun rougeâtre. Ces graines sont au nombre de 700 dans un gramme et pèsent 675 grammes par litre ; durée germinative, quatre années.

La *M. noire d'Alsace* est une race remarquable par l'ampleur de son feuillage d'un vert blond. Celle *de Sicile* paraît se rapprocher beaucoup plus du type sauvage de la plante ; elle a les feuilles d'un tiers moins grandes et d'un vert plus foncé.

De même que la moutarde blanche, cette plante n'est utilisée comme légume qu'à l'état de petit semis. La culture et l'emploi en sont exactement les mêmes. Les graines servent à la fabrication de la moutarde de table.

MOUTARDE DE CHINE A FEUILLE DE CHOU

Sinapis species ?

Fam. des *Crucifères*.

Chine. — *Annuelle.* — Grande plante atteignant, quand elle est en fleur, 1^m,20 à 1^m,50 de hauteur ; feuilles radicales très amples, ayant souvent 0^m,35 à 0^m,40 de longueur, lyrées, à contour ondulé et à bords souvent réfléchis en dessous ; limbe réticulé et quelquefois presque cloqué à la manière des choux de Milan, d'un vert tendre ou blond. Les premières feuilles qui se développent à la base des tiges sont encore grandes et larges, mais en approchant des inflorescences elles deviennent presque linéaires, simplement un peu élargies et embrassantes à la base. Fleurs jaunes, assez grandes, en grappes terminales. Siliques presque cylindriques, renfermant une vingtaine de graines brunes, un peu plus grosses que celles de la moutarde noire, au nombre de 650 dans un gramme, et pesant 660 grammes par litre ; leur durée germinative est de quatre années.

Moutarde de Chine à feuille de chou.
réd. au dixième.

Culture. — La moutarde à feuille de chou se sème au mois d'août en pleine terre, en place, en planches ou en rayons espacés de 0^m,40 à 0^m,50. On doit lui donner quelques arrosements pour assurer la levée; mais dès que viennent les nuits fraîches du mois de septembre, elle n'a plus besoin d'aucun soin. Au bout de six semaines, on peut commencer à cueillir des feuilles, et la récolte se prolonge jusqu'aux grands froids. On peut aussi semer cette plante à la sortie de l'hiver; mais elle monte promptement à graine, et l'on n'obtient jamais d'aussi belles feuilles par ce procédé de culture que par les semis faits à la fin de l'été.

Usage. — Les feuilles se mangent cuites comme les épinards; elles donnent un produit très abondant et d'un goût très agréable. C'est un des légumes verts les plus appréciés dans les pays chauds.

NAVET

Brassica Napus L.

Fam. des *Crucifères*.

SYNONYMES : Gros navet, Grosse rave, Navau, Navet turneps, Rabiole, Rabioule, Rave plate, Tornep, Turneps, Turnip.

NOMS ÉTRANGERS : ANGL. Turnip. ALL. Herbst-Rübe, Stoppel-Rübe. FLAM. et HOLL. Raap. DAN. Roe. ITAL. Navone, Rapa. ESP. et PORT. Nabo.

Origine incertaine. — *Bisannuel*. — Le navet est cultivé depuis une très haute antiquité. Il ne paraît pas douteux qu'il soit originaire de l'Europe ou de l'Asie occidentale; mais sa patrie précise est inconnue. Racine renflée et charnue, de forme variable suivant les races, cylindrique, conique, piriforme, sphérique ou aplatie, de couleur également très variable, blanche, jaune, rouge, grise ou noire, à chair blanche ou jaune, quelquefois plus ou moins sucrée, d'autres fois piquante et un peu âcre. Feuilles oblongues, généralement lyrées, et, vers la base, divisées jusqu'à la nervure médiane, quelquefois oblongues-entières, toujours d'un vert franc et plus ou moins rudes au toucher. Tige florale lisse, ramifiée; fleurs jaunes en épis terminaux, faisant place à des siliques longues et minces, cylindriques, acuminées, contenant chacune de quinze à vingt-cinq graines sphériques, très petites, d'un brun rougeâtre, rarement presque noires. Ces graines sont au nombre d'environ 450 dans un gramme, et pèsent 670 grammes par litre; leur durée germinative est de cinq années.

Les races de navets sont excessivement nombreuses; nous avons dû nous borner à énumérer celles qui sont le plus en usage en France, avec quelques-unes des meilleures variétés étrangères.

Culture. — Le navet est essentiellement une plante d'automne: la principale récolte s'en fait toujours à l'arrière-saison, l'époque du semis variant seulement de quelques jours, suivant la précocité des différentes variétés. Aux environs de Paris, on sème les navets les plus tardifs du 25 juin au 25 juillet, les variétés les plus hâtives du 25 juillet au 25 août: passé cette date, on peut encore semer jusque vers la mi-septembre des navets très hâtifs pour produire des racines à demi-grosseur à la fin de la saison et même au printemps, car les navets incomplétement formés passent assez aisément l'hiver en pleine terre avec une couverture de feuilles sèches ou de paille. La culture des navets au printemps est assez difficile ; les variétés les plus hâtives et les plus tendres sont les seules qui s'y prêtent. Encore arrive-t-il quelquefois que les semis montent à graine sans donner de racines mangeables. On peut semer des navets dès le mois de février sous châssis à froid : on n'emploie pour ce genre de culture que les *navets plats hâtifs*, le *N. rond de Croissy* ou le *N. long des Vertus, race marteau*. A partir du 15 mars, on fait des semis en pleine terre, et, en les renouvelant à peu près une fois par mois, on peut s'assurer une succession de produits non interrompue jusqu'à l'arrivée des navets de saison. On sème habituellement le navet à la volée, en planches ; pourtant l'éclaircissage, les binages et toutes les opérations de la culture sont plus aisés lorsqu'on le sème en rayons.

A peine levés, les navets sont exposés aux attaques des *altises*, leurs plus redoutables ennemis, et ceux qu'il est le plus difficile de combattre. Quelquefois ces insectes sont cause qu'il faut renouveler le semis deux ou trois fois. Dès que les navets sont bien levés et qu'ils ont quelques feuilles, on doit commencer les éclaircissages, et les continuer à plusieurs reprises jusqu'à ce que les plantes soient définitivement placées. Des arrosages abondants sont nécessaires si le temps est chaud et sec ; car, pour que les navets soient de bonne qualité, il faut qu'ils n'aient pas éprouvé de temps d'arrêt dans leur végétation. En général, on n'attend pas, pour consommer les navets, qu'ils aient acquis tout leur développement; pris à moitié ou aux trois quarts de leur grosseur totale, ils sont plus tendres et plus délicats.

Usage. — On mange la racine cuite et accommodée de diverses manières. On peut aussi, au printemps, faire usage des jeunes pousses, surtout quand elles se sont développées à l'obscurité : elles fournissent un légume très délicat, analogue au produit des brocolis asperges.

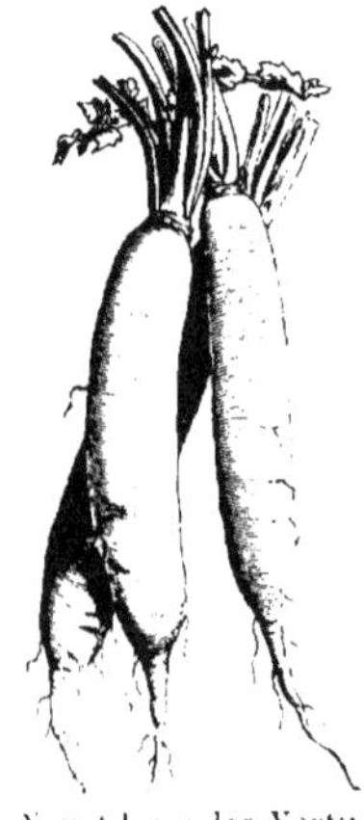

Navet long des Vertus.
réd. au cinquième.

NAVET LONG DES VERTUS.

SYNONYMES : N. long blanc forme de carotte, N. corne de cerf.

NOM ÉTRANGER : ALL. Weisse lange spitze Vertus Rübe.

Racine d'un blanc pur, cylindrique, se terminant en pointe aiguë, assez souvent courbée ou contournée, de 0^m,16 à 0^m,20 de longueur sur 0^m,04 à 0^m,05 environ de diamètre : sortant à peu près d'un quart hors de terre. Chair blanche, très tendre, sucrée; peau très lisse et d'un blanc pur, mat, non seulement en terre, mais même au collet. Feuilles petites, d'un vert foncé, nombreuses, profondément divisées, formant un bouquet assez touffu.

Cette variété réussit bien dans les terres légères, fraîches et profondes. Elle se cultive beaucoup dans les champs des environs de Paris pour l'approvisionnement de la halle.

NAVET LONG DES VERTUS MARTEAU.

Noms étrangers : Angl. Jersey navet. All. Frühe lange stumpfe Vertus Rübe. Holl. Lange witte Fransche raap.

Racine blanche, presque cylindrique, mais renflée à la partie inférieure, qui est tout à fait obtuse, longue de 0^m,12 à 0^m,16, avec un diamètre de 0^m,04 au sommet et de 0^m,05 dans la partie renflée. Chair blanche, très tendre et sucrée. Feuilles nombreuses, relativement courtes, divisées jusqu'à la côte centrale en lobes arrondis, d'un vert foncé et luisant.

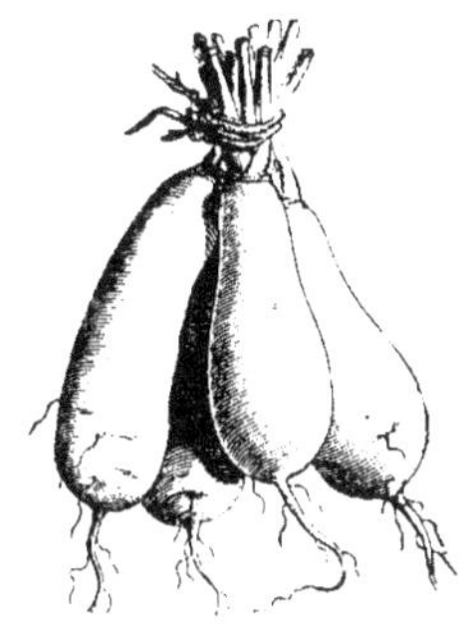

N. long des Vertus marteau.
réd. au cinquième.

Le navet des Vertus marteau est la variété potagère par excellence ; c'est celle que les maraîchers font le plus généralement, et il est rare qu'on n'en trouve pas à la halle de Paris n'importe en quelle saison. En pleine terre, ce navet se forme en deux mois ou deux mois et demi, et c'est aussi l'un de ceux qui se prêtent le mieux à la culture forcée. Comme les radis, il devient creux si on le laisse trop grossir ; on le récolte donc d'ordinaire aux deux tiers de sa croissance.

NAVET DE CLAIRFONTAINE.

Racine fusiforme, commençant à s'amincir presque immédiatement au-dessous du collet, droite, assez lisse, d'un blanc légèrement grisâtre, longue de 0^m,16 à 0^m,20, avec un diamètre au collet de 0^m,03 à 0^m,04, sortant de terre de 0^m,02 à 0^m,03. Chair blanche, assez serrée, tendre, quoique ferme. Feuilles longues, demi-dressées, d'un vert assez foncé, à lobes arrondis.

Variété de précocité moyenne ; elle convient à la culture en terre ordinaire, étant moins délicate et moins exigeante que les navets des Vertus.

NAVET DE FRENEUSE.

Racine complètement enterrée, fusiforme, à peau rugueuse, d'un blanc grisâtre, garnie de radicelles assez nombreuses, s'amincissant à partir du collet comme une racine de salsifis, mesurant 0^m,12 à 0^m,15 de longueur sur 0^m,03 ou au plus 0^m,04 de diamètre au collet. Chair blanche, sèche, sucrée, très ferme. Feuilles petites, courtes, très divisées, d'un vert foncé, formant une rosette complètement appliquée sur terre.

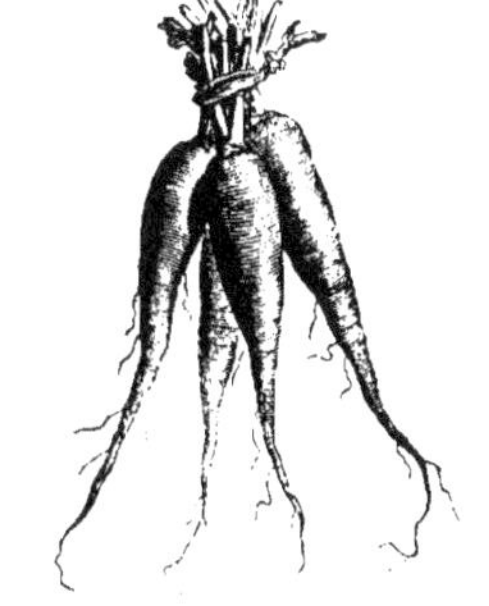

Navet de Freneuse.
réd. au cinquième.

Le N. de Freneuse se cultive aux environs de Paris en plein champ, dans des terres un peu maigres ou graveleuses. Il réussit mieux dans un sol de ce genre que dans les terres fortes, où il lui arrive souvent de se déformer. C'est le plus estimé des navets secs.

Le N. de Jargeau et le N. de Rougemont (ce dernier très estimé aux environs de Pithiviers) sont de petits navets secs qui ne diffèrent pas sensiblement du N. de Freneuse.

NAVET PETIT DE BERLIN.

Synonymes : N. de Teltau, N. de Belle-Isle.

Noms étrangers : angl. Teltow turnip. all. Teltauer Rübe, Markische R., Kleine Märk'sche R.

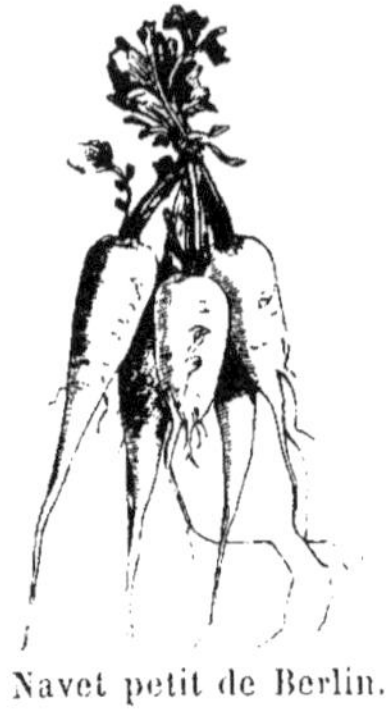

Navet petit de Berlin.
réd. au cinquième.

Racine complètement enterrée, conique ou piriforme, courte et petite, mesurant de 0ᵐ,06 à 0ᵐ,08 de long sur 0ᵐ,04 de diamètre au collet, d'un blanc grisâtre. Chair très sèche sans être dure, sucrée et presque farineuse. Feuilles très petites, à lobes arrondis, ne dépassant pas 0ᵐ,12 à 0ᵐ,15 de longueur, tombant sur terre et se desséchant lorsque la racine est bien formée.

Le N. petit de Berlin est précoce, et réussit très bien dans les terres légères et sablonneuses. C'est un légume très particulier, dont la saveur diffère tout à fait de celle des autres navets ; elle est plus douce et plus sucrée, et la consistance de la chair est presque farineuse au lieu d'être aqueuse et fondante. Les racines, arrachées et enterrées dans du sable demi-sec, peuvent se conserver tout l'hiver et même très avant dans l'année suivante.

NAVET DE MEAUX.

Synonyme : N. corne de bœuf.

Racine très longue, cylindrique, mais terminée en pointe et très souvent contournée ou courbée, sortant de terre de 0ᵐ,06 à 0ᵐ,08, longue de 0ᵐ,30 à 0ᵐ,40, avec un diamètre de 0ᵐ,06 à 0ᵐ,08. Toute la portion enterrée de la racine est blanche ; la partie hors de terre est tantôt couleur de crème, tantôt teintée de vert pâle. La chair est blanche, serrée, demi-sèche, assez sucrée. Feuilles moyennes, lyrées, nombreuses, dressées ou demi-dressées.

Le N. de Meaux est une variété très productive ; il se cultive principalement dans son pays d'origine pour l'approvisionnement de la halle de Paris vers la fin de l'hiver. Pour le conserver jusqu'à cette époque, les maraîchers de Meaux retranchent le collet peu de temps après la récolte, et rangent les racines dans des fosses, où ils les recouvrent de sable. Pendant le courant de l'hiver, ils les apportent au marché, en bottes, et, comme les racines sont privées de leurs feuilles, ils les attachent ensemble au moyen d'un lien de paille passé au travers de la racine près de son sommet.

NAVET GROS LONG D'ALSACE.

Synonymes : N. gros de Berlin, N. de campagne, N. long blanc d'automne à collet vert, N. de Vovincourt.

Noms étrangers : angl. White *or* green Tankard turnip. all. Lange weisse grünköpfige Rübe, Grünköpfige Ulmer R.

Racine à moitié hors de terre, presque cylindrique dans cette portion et régulièrement amincie dans celle qui est enterr'e, blanche en terre et verte au-dessus, longue de 0ᵐ,30 à 0ᵐ,35 sur 0ᵐ,07 à 0ᵐ,08 de diamètre. Chair blanche, tendre, assez aqueuse. Feuilles grandes, demi-dressées, assez amples, d'un vert franc.

Le N. d'Alsace est une variété très productive, atteignant un volume considérable; il est plutôt cultivé comme racine fourragère que comme légume. Cependant, pris jeune et encore tendre, il n'est pas à dédaigner comme navet potager. Dans la grande culture, on le sème en juillet, et l'on en obtient des rendements presque aussi considérables que des grandes races tardives, navets de Norfolk et autres, qui doivent se semer dès le mois de juin.

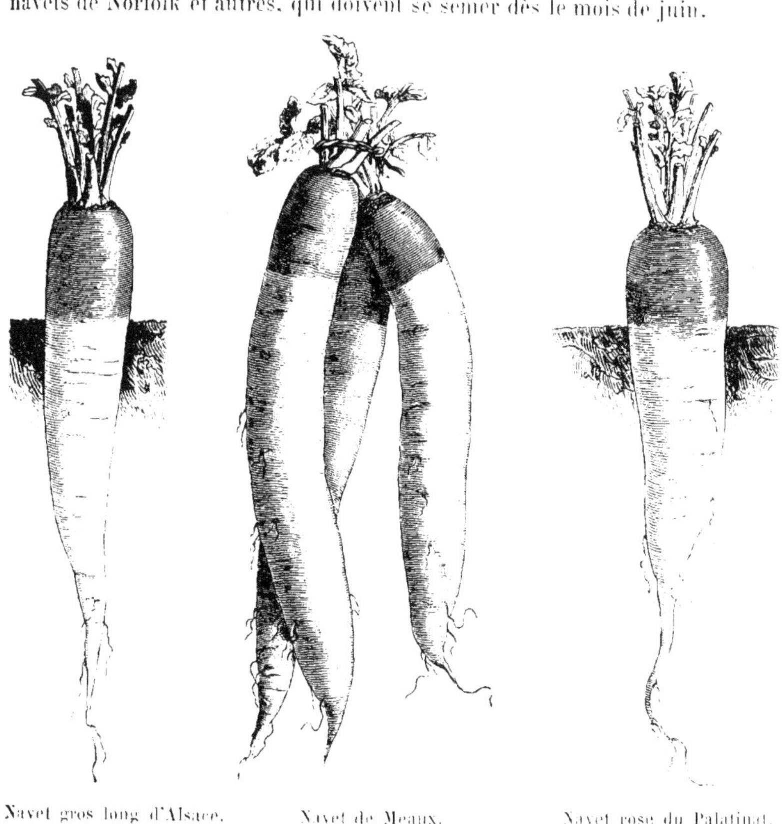

Navet gros long d'Alsace.
réd. au cinquième.

Navet de Meaux.
réd. au cinquième.

Navet rose du Palatinat.
réd. au cinquième.

NAVET ROSE DU PALATINAT.

SYNONYMES : Rave rose longue de Brest, N. long à collet rose de Verdun,
N. long rouge d'automne, N. d'Ulm.

NOMS ÉTRANGERS : ANGL. Red Tankard turnip. ALL. Lange weisse rothköpfige Rübe,
Rothköpfige Bamberger R.

Cette variété présente la plus grande analogie avec le N. d'Alsace; elle s'en distingue en ce que la partie hors de terre de sa racine est d'un rouge un peu violacé au lieu d'être verte. Elle est aussi, dans son ensemble, un peu plus courte et plus renflée que celle du N. long d'Alsace. De même que celui-ci, le N. rose du Palatinat est plutôt cultivé comme fourrage que comme plante potagère.

Il est répandu et estimé dans toute l'Europe centrale, depuis la Pologne jusqu'en Angleterre; mais c'est en France qu'on en trouve les races les plus régulières au point de vue de la forme et de la couleur. Les races étrangères ont en général les racines trop courtes, en forme de toupie, et la partie hors de terre trop pâle, plutôt rose ou lilacée que franchement rouge.

Le *Navet-rave de Bresse* n'en est qu'une race tardive et allongée.

NAVET JAUNE LONG.

Noms étrangers : (Am.) Long yellow turnip. ALL. Gelbe lange Ottersberger Rübe.

Navet jaune long.
réd. au cinquième.

Racine complètement enterrée, nette, lisse, régulière, uniformément amincie depuis le collet jusqu'à la pointe, d'une couleur jaune un peu terne; la longueur ne dépasse pas habituellement 0^m,15 à 0^m,18, et le diamètre au collet est d'environ 0^m,04 à 0^m,06. La chair est jaune dans toute son épaisseur, fine, assez ferme, sucrée et d'une saveur agréable. Feuillage demi-dressé, assez découpé et d'un vert remarquablement foncé.

Le navet jaune long est un peu tardif, mais c'est une excellente race potagère, de très bonne qualité et se conservant bien.

C'est assurément à tort qu'à Paris les navets à chair jaune sont moins estimés que les autres. On s'y figure que la couleur jaune est liée, dans les navets, à une saveur forte et amère; ce qui est loin d'être exact, car il se trouve dans les navets jaunes des races à chair très moelleuse et d'un goût très délicat, tout comme dans les variétés à chair blanche. Toutefois la prévention existe, quelque mal fondée qu'elle soit, et les cultivateurs qui travaillent pour l'approvisionnement du marché de Paris doivent conséquemment en tenir compte.

NAVET GRIS DE MORIGNY.

Racine très longuement ovoïde, sortant de terre de 0^m,02 à 0^m,03 seulement, longue de 0^m,15 à 0^m,18 sur 0^m,05 de diamètre à l'endroit le plus renflé, qui se trouve vers le quart ou le tiers de la longueur; peau assez lisse, gris de fer ou ardoisée. Chair blanche, assez tendre et sucrée. Feuillage moyen, demi-dressé, d'un vert franc.

Le N. gris de Morigny est assez précoce: c'est une bonne variété potagère. Fait un peu tardivement, il peut se conserver en terre assez souvent dans l'hiver au moyen d'une couverture de paille ou de feuilles sèches.

NAVET NOIR LONG.

Synonyme : N. noir d'Alsace.

Nom étranger : All. Schwarze lange mittelfrühe Rübe.

Racine très allongée, fusiforme, nette, à peu près complètement enterrée, de 0^m,15 à 0^m,20 de long sur 0^m,05 ou 0^m,06 environ de diamètre au collet : peau noire, aussi foncée que celle d'un radis d'hiver. Chair blanche ou blanc grisâtre, sèche, ferme et sucrée. Feuilles d'un vert foncé et luisant, assez fortes, dressées.

Le N. noir long est une variété assez précoce ; semé seulement dans le courant d'août, il se conserve très bien pour l'hiver.

Le procédé de conservation que nous avons indiqué en parlant du N. gris de Morigny s'applique aussi parfaitement au N. noir long. Il convient du reste généralement à tous les navets dont la racine s'enfonce profondément dans le sol, et particulièrement à ceux dont le collet s'élève peu au-dessus de la surface de la terre et dont les feuilles sont plutôt dressées qu'étalées. Il permet de n'arracher les navets qu'au fur et à mesure des besoins.

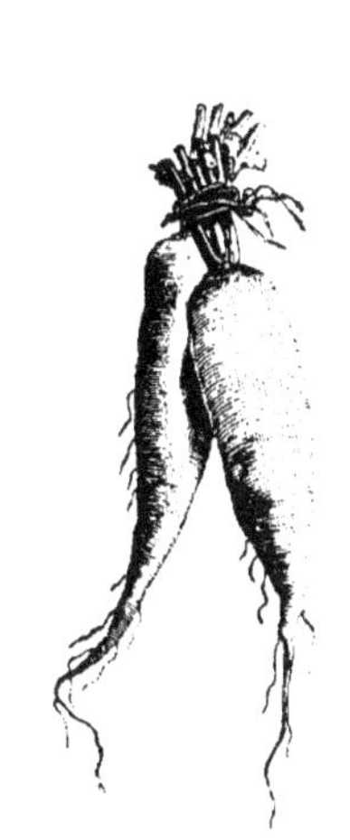

Navet gris de Morigny.
réd. au cinquième.

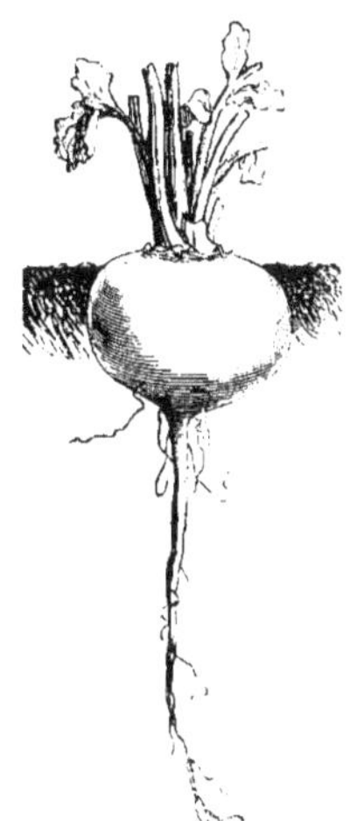

Navet rond des Vertus.
réd. au cinquième.

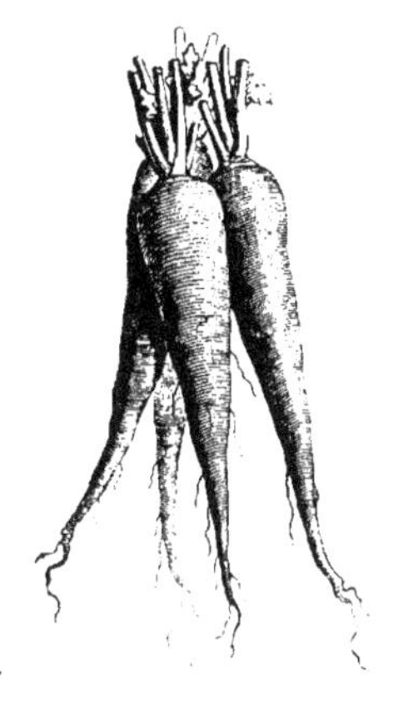

Navet noir long.
réd. au cinquième.

NAVET ROND DES VERTUS.

Synonyme : Navet rond de Croissy.

Racine enterrée, ronde ou légèrement en toupie, avec un pivot assez développé, épaisse d'environ 0^m,06 à 0^m,08 dans l'axe de la racine, avec un diamètre habituellement égal ; peau blanche, lisse ; collet fin. Chair très blanche, tendre, sucrée et d'une saveur très agréable. Feuillage moyen, dressé, d'un vert franc.

Le N. rond des Vertus, ou N. de Croissy, est une très bonne variété hâtive, en grande faveur chez les cultivateurs des environs de Paris. C'est une de celles qui se prêtent le mieux à la culture forcée.

NAVET TURNEP.

Synonymes : Rabioule, Grosse rave, Ribouille, Navet blanc de Hollande,
N. cœur de bœuf.

Noms étrangers : angl. White dutch turnip, Early dutch T. all. Weisse frühe
platte Holländische Rübe. holl. Witte Meirapen.

Racine un peu en toupie, légèrement déprimée, blanche, excepté dans la

Navet turnep.
réd. au cinquième.

partie hors de terre, qui est ordinairement teintée de vert, longue de 0ᵐ,08 à 0ᵐ,09 dans l'axe de la racine, et en mesurant 0ᵐ,12 dans son plus grand diamètre, lorsqu'elle est bien développée ; collet large. Chair blanche, tendre, sucrée, un peu molle. Feuilles fortes et grandes, dressées, amples, peu découpées. Maturité assez tardive.

Le navet turnep est le plus souvent cultivé comme plante fourragère ; on en fait rarement usage comme légume, bien que, pris jeune et encore tendre, il soit de bonne qualité.

NAVET DU LIMOUSIN.

Synonyme : Rave du Limousin.

Racine arrondie ou un peu en toupie quand elle est jeune ou mal déve-

Navet du Limousin.
réd. au cinquième.

loppée ; très grosse, large et un peu déprimée quand elle a acquis tout son développement. Il n'est pas rare, dans ce cas, qu'elle mesure 0ᵐ,15 au moins dans l'axe de la racine, sur 0ᵐ,25 dans son plus grand diamètre. Peau lisse, complètement blanche. Chair blanche, peu sucrée. Très grand feuillage, très développé.

La rave du Limousin n'est en usage que dans la grande culture ; comme elle est très tardive, elle convient surtout aux climats frais et humides,
où le semis peut s'en faire dès le mois de juin. C'est le plus volumineux et le plus productif des navets cultivés en France. Quelques variétés étrangères, et surtout le navet de Norfolk blanc, se rapprochent passablement de la rave du Limousin par l'aspect de leur racine et leurs caractères de végétation.

NAVET BLANC GLOBE A FEUILLE ENTIÈRE.

Racine régulièrement sphérique, à peau très lisse et d'un blanc uni, marquée seulement de quelques cicatrices autour du collet, à l'endroit qu'ont occupé les premières feuilles. Chair blanche, ferme, serrée. Feuilles longues, dressées, entières, de forme ovale très allongée, dentées sur les bords, d'un vert assez pâle ou blond. Le collet est bien fin et bien pincé. Un des caractères de cette variété, c'est la promptitude avec laquelle la racine tourne et prend la forme sphérique. Parvenu à toute sa grosseur, ce navet peut mesurer de 0^m,12 à 0^m,15 de diamètre. Il a été obtenu récemment en Anjou. C'est surtout une race de grande culture.

NAVET DE NORFOLK BLANC.

Synonyme : Navet globe de Poméranie.

Noms étrangers : angl. White Norfolk turnip, Cornish white T., White pomeranian T., Improved white pomeranian globe T.

Racine sphérique ou très légèrement déprimée, d'un blanc pur, atteignant, quand elle est bien venue, 0^m,15 à 0^m,18 de diamètre, sur une épaisseur de 0^m,12 à 0^m,14 dans l'axe de la racine. Chair blanche, tendre, un peu aqueuse. Feuillage très grand, dressé ou demi-dressé, à fortes côtes.

Le N. de Norfolk blanc est une variété très tardive et exclusivement agricole.

Il en existe une sous-variété dont la racine est colorée de vert dans la portion hors de terre (*N. de Norfolk à collet vert* : angl. : *Green-top Norfolk T.*) ; et une autre où cette même partie est violet rougeâtre (*N. de Norfolk à collet rouge* : angl. : *Red-top Norfolk T.*). Toutes deux diffèrent à peine du N. de Norfolk blanc par les dimensions de la racine et par le genre de culture qu'elles demandent.

Les trois variétés doivent être semées de très bonne heure pour arriver à leur développement complet, et ne réussissent bien, par conséquent, que dans les cli-

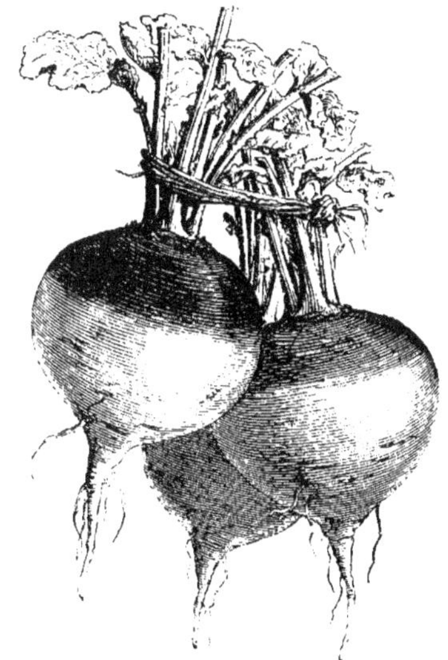

Navet de Norfolk,
réd. au cinquième.

mats un peu frais où l'été n'amène pas de grandes sécheresses. Rien en effet n'est plus contraire aux navets que les temps chauds et secs, pendant lesquels l'activité des insectes nuisibles et leurs ravages redoublent d'intensité, en même temps que la végétation est pour ainsi dire suspendue. Il ne se forme pas alors de nouvelles feuilles, et celles qui existent sont criblées de trous et presque détruites par les *altises*, au grand détriment de l'accroissement des racines.

NAVET JAUNE BOULE D'OR.

Noms étrangers : Angl. Orange Jelly turnip, Golden ball T., Robertson's golden stone T. All. Goldkugel Rübe.

Navet jaune boule d'or.
réd. au cinquième.

Racine complètement sphérique quand elle n'est pas très développée, mais s'aplatissant légèrement quand elle atteint toute sa grosseur. Elle mesure habituellement de 0ᵐ,10 à 0ᵐ,12 de diamètre en tous sens. La peau est très lisse et complètement jaune, ainsi que la chair, qui est un peu molle et d'un goût fin, mais légèrement amer. Feuillage moyen, assez ample, lyré.

Le N. jaune boule d'or est très estimé dans certains pays ; il paraît cependant plus remarquable par sa beauté que par sa qualité. C'est une variété demi-hâtive.

NAVET JAUNE D'ABERDEEN A COLLET VERT.

Noms étrangers : Angl. Scotch yellow turnip, Aberdeen yellow T., Early yellow field T.

Racine sphérique ou légèrement déprimée, jaune, et colorée de vert dans le tiers supérieur, qui s'élève hors de terre, mesurant environ 0ᵐ,15 de diamètre sur 0ᵐ,12 ou 0ᵐ,13 d'épaisseur, quand elle est bien venue. Chair jaune pâle, assez ferme. Feuilles grandes, fortes, demi-dressées, lisses et d'un vert foncé.

Le N. *d'Aberdeen à collet rouge*, ou *Border imperial* (syn. *Tweeddale's improved T.; Eclipse purple-top T.*), paraît n'en être qu'une sous-variété dont le collet est violacé au lieu d'être vert.

Ces deux races se ressemblent parfaitement par les caractères de végétation. Ce sont de bonnes plantes de grande culture, qui sont considérées par certaines personnes, en Angleterre, comme des hybrides entre les véritables navets et les rutabagas. Nous ne croyons pas que cette opinion soit fondée : par tous leurs caractères de végétation et par leur graine, les deux navets d'Aberdeen paraissent bien être de véritables navets.

NAVET BLANC PLAT HATIF.

Noms étrangers : (Am.) Early flat white turnip. All. Weisse frühe platte Rübe. Holl. Witte vroege Meirapen.

Racine extrêmement déprimée, en forme de large disque, à contour assez souvent ondulé et non pas régulièrement arrondi, mesurant de 0ᵐ,03 à 0ᵐ,04 d'épaisseur sur 0ᵐ,10 à 0ᵐ,12 dans son plus grand diamètre. Chair blanche, tendre, pas très sucrée, de bonne qualité. Feuillage demi-dressé, lyré et divisé à la base jusqu'à la nervure médiane.

Cette variété est très précoce ; elle convient à la culture forcée, ainsi qu'aux semis tardifs en pleine terre. Comme toutes les variétés analogues dont la description va suivre, ce navet ne fait que reposer sur le sol, où il ne pénètre que par son pivot, mince racine qui s'enfonce perpendiculairement en terre et ne se ramifie qu'à une certaine profondeur.

NAVET ROUGE PLAT HATIF.

Noms étrangers : (Am.) Early flat red-top turnip. All. Frühe platte rothköpfige Rübe.

La forme de la racine et ses dimensions sont les mêmes que celles du N. blanc plat hâtif; il s'en distingue par la couleur rose violacée de la portion de la racine qui se développe hors de terre. La culture ainsi que l'emploi en sont absolument les mêmes.

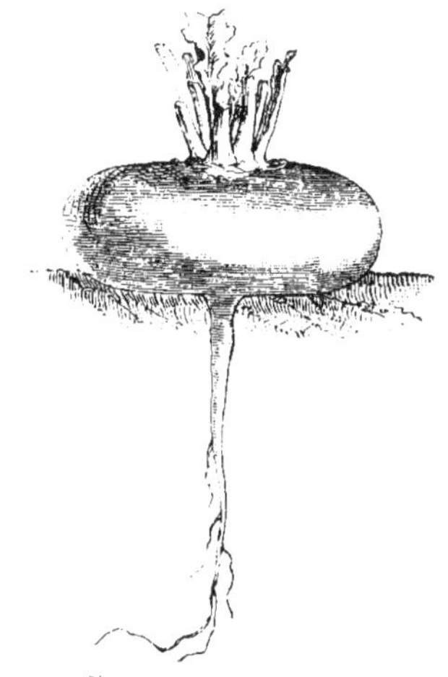

Navet blanc plat hâtif.
réd. au cinquième.

On cultive dans l'est de la France, sous le nom de *N. à collet rose de Nancy*, une bonne race de N. rouge plat hâtif, qui se rapproche presque du N. rouge plat de Munich.

NAVET BLANC PLAT HATIF A FEUILLE ENTIÉRE.

Synonyme : Navet hâtif de mai.

Noms étrangers : (Am.) Early flat white strap-leaved turnip. All. Weisse frühe platte Amerikanische Rübe.

Le N. blanc plat hâtif à feuille entière se distingue principalement du N. blanc plat hâtif par son feuillage moins allongé et à limbe oblong, entier, denté sur les bords, mais non incisé. La racine en est aussi très légèrement plus épaisse et d'un contour plus arrondi. C'est une excellente variété, ainsi que les deux précédentes et les trois suivantes, pour la culture de primeur.

Nous rencontrerons souvent, comme c'est le cas ici, des variétés similaires qui diffèrent par le feuillage, découpé dans l'une et entier dans l'autre. Cette différence d'organisation n'a par elle-même

Navet blanc plat hâtif à feuille entière.
réd. au cinquième.

aucune importance ; on s'y attache seulement quand l'une des races se distingue en même temps par quelque mérite spécial de précocité ou de qualité.

NAVET ROUGE PLAT HATIF A FEUILLE ENTIÈRE.

Noms étrangers : (Am.) Early flat red-top strap-leaved turnip. ALL. Frühe platte rothköpfige Amerikanische Rübe.

N. rouge plat hâtif à feuille entière.
réd. au cinquième.

Variété bien plate, de forme très régulière, différant du N. rouge plat ordinaire par ses feuilles entières et non lobées vers la base, en même temps que par une précocité plus grande de quatre ou cinq jours au moins. Le feuillage en est dressé et raide. Comme il est avec cela assez court, ce navet convient bien pour la culture sous châssis. Il a aussi l'avantage de tourner franchement, même dans les cultures de printemps, et de monter moins rapidement à graine que la plupart des autres navets. Cependant, malgré tous ces avantages, il est possible que la variété suivante, à cause de sa précocité plus grande encore, le remplace dans une certaine mesure pour la culture forcée.

On le sème aussi fréquemment en pleine terre. Il est d'origine américaine.

NAVET ROUGE PLAT DE MAI, DE MUNICH.

Nom étranger : ALL. Münchener Treib-Rübe.

Racine semblable à celle des N. rouge plat hâtif ordinaire et à feuille entière, au point de vue de la forme et des dimensions, mais s'en distinguant

Navet rouge plat de mai, de Munich.
réd. au cinquième.

par la nuance plus foncée et presque franchement violette de la portion hors de terre. Feuillage assez léger, lyré et lobé, prenant peu de développement, eu égard à la grosseur de la racine.

Le N. rouge plat de Munich se développe avec une rapidité remarquable ; c'est incontestablement le plus hâtif de tous les navets : il donne des racines bonnes à consommer au moins douze à quinze jours plus tôt que les navets plats hâtifs à feuille entière. Il convient d'autant mieux pour la première saison, qu'il y a avantage à le consommer à moitié formé ou au moins encore très jeune ; car il prend, quand il arrive à son plein développement, un goût trop fort et trop amer pour être agréable.

NAVET ROUGE DE MILAN A CHASSIS.

Cette jolie race de navet n'est qu'une sous-variété du N. rouge plat hâtif à feuille entière ; mais elle est tellement distincte, qu'elle mérite d'être décrite à part. La racine en est petite ou moyenne, très aplatie, complètement lisse, d'un blanc pur en terre et d'un rouge violacé vif sur le collet. Les feuilles sont entières, assez dressées et très remarquablement courtes et peu abondantes, eu égard aux dimensions de la racine. Le N. rouge de Milan est un des plus précoces qui existent ; il convient admirablement pour la culture forcée, même au printemps.

RAVE D'AUVERGNE HATIVE.

Racine très déprimée, de 0^m,04 à 0^m,05 d'épaisseur, et pouvant atteindre aisément de 0^m,15 à 0^m,18 de diamètre ; peau très lisse, colorée de rouge violacé assez pâle dans toute la partie hors de terre. Chair blanche, assez molle et aqueuse. Grand feuillage découpé, ample et abondant.

Cette variété est très productive, elle réussit surtout dans les terrains granitiques ou schisteux. On la cultive plutôt comme racine fourragère que comme légume.

RAVE D'AUVERGNE TARDIVE.

Racine aux deux tiers enterrée, en forme de toupie, mais passablement déprimée, mesurant 0^m,08 à 0^m,10 dans l'axe de la racine, sur 0^m,15 environ de diamètre. La partie hors de terre est colorée de violet rougeâtre ou bronzé assez foncé. Feuillage ample, vigoureux, plus touffu et plus foncé que celui de la variété hâtive.

Cette variété, plus encore que la précédente, est une plante de grande culture, rarement employée comme légume en dehors de son pays d'origine.

Le plateau central de la France jouit, à cause de son altitude, d'un climat très favorable à la culture des navets de grandes dimensions. On y trouve la rave d'Auvergne et la rave du Limousin, les deux plus volumineuses variétés de navets qui soient cultivées en France.

Rave d'Auvergne tardive.
réd. au cinquième.

La *rave d'Ayres*, cultivée dans les départements du Tarn et de Tarn-et-Garonne, nous paraît être absolument identique à la R. d'Auvergne tardive.

NAVET JAUNE DE HOLLANDE.

NOMS ÉTRANGERS : ANGL. Yellow dutch turnip. ALL. Gelbe frühe plattrunde Holländische Rübe. HOLL. Hollandsche gele rapen, Platte gele herbstrapen.

Racine déprimée, mais cependant relativement épaisse. Cette variété pourrait passer pour intermédiaire entre les navets ronds et les plats. Son grand diamètre ne dépasse guère 0^m,08 à 0^m,10, tandis qu'elle mesure jusqu'à 0^m,06 ou 0^m,07 dans l'axe de la racine. Peau jaune, unie, dans la partie enterrée, d'un vert franc hors de terre. Chair jaune, tendre, sucrée. Feuillage moyen, demi-dressé, d'un vert franc. Le N. de Hollande est demi-tardif et se conserve bien : c'est une des meilleures variétés potagères.

NAVET JAUNE DE MALTE.

Noms étrangers : Angl. Yellow Malta turnip. Golden Maltese T. All. Gelbe frühe platte Malta Rübe.

Racine très déprimée, aplatie, mesurant 0^m,04 à 0^m,05 dans l'axe de la racine, sur 0^m,10 à 0^m,12 dans son grand diamètre ; peau et chair jaune pâle ; collet vert très marqué. Feuillage assez menu et léger, lyré, découpé, d'un vert foncé.

Le N. jaune de Malte est une bonne variété demi-hâtive, mais le goût en est quelquefois un peu fort. C'est la variété la plus franchement plate de tous les navets à chair jaune ; elle correspond, parmi eux, aux navets plats hâtifs blanc et rouge dans les races à chair blanche.

Navet jaune de Hollande.　　　Navet jaune de Finlande.　　　Navet jaune de Malte.
réd. au cinquième.　　　　　réd. au cinquième.　　　　　réd. au cinquième.

NAVET JAUNE DE FINLANDE.

Noms étrangers : Angl. Yellow Finland turnip. All. Finländische gelbe Rübe.

Racine complètement aplatie et même concave en dessous, de telle façon que le pivot qui s'enfonce en terre paraît partir du centre d'une espèce de dépression ou de fossette ; elle est au contraire assez renflée et pour ainsi dire conique en dessus. Les dimensions de la racine sont rarement considérables, et ne dépassent pas habituellement 0^m,08 à 0^m,10 de diamètre sur 0^m,04 à 0^m,05 d'épaisseur. Peau très lisse, d'un beau jaune d'or, ainsi que la chair. Feuillage très court, ramassé, peu découpé, quelquefois tout à fait entier dans les races importées directement de Finlande.

Cette variété est extrêmement rustique, assez hâtive, et convient bien pour les semis d'arrière-saison. Quand les racines sont jeunes, la chair en est fine et très agréable ; plus tard elle prend un goût un peu fort et devient d'une amertume désagréable.

NAVET JAUNE DE MONTMAGNY.

Très belle racine déprimée, à demi-enterrée, jaune foncé dans la partie
en terre, d'un rouge violacé foncé à la partie
supérieure, atteignant facilement 0^m,12 à
0^m,15 de diamètre sur 0^m,07 à 0^m,08 d'épaisseur. Chair jaune, assez ferme, tendre, de
très bonne qualité. Feuillage moyen, lyré,
généralement étalé et presque appliqué sur
le sol, d'un vert foncé.

Cette très belle variété, d'obtention récente,
est déjà très estimée et très recherchée aux
environs de Paris et même en Angleterre.
Elle est productive, demi-hâtive et de bonne
conservation. Le contraste très marqué de
la partie jaune et de la partie rouge de la
racine lui donne un aspect très caractéristique et très agréable. La beauté de cette race
et sa précocité doivent la faire rechercher,
ainsi que la qualité tout à fait supérieure
de sa chair : c'est un des plus agréables
au goût de tous les navets potagers, surtout quand il est pris encore jeune, un peu
avant d'avoir atteint tout son développement.

Navet jaune de Montmagny.
réd. au cinquième.

NAVET NOIR ROND OU PLAT.

NOM ÉTRANGER : ALL. Schwarze plattrunde Rübe.

Racine arrondie, déprimée, d'un diamètre à peu près double de l'épaisseur,
atteignant facilement 0^m,10 à 0^m,12 de
longueur transversale sur 0^m,05 à 0^m,06
mesurés dans l'axe de la racine. Peau
d'un noir assez intense ou d'un gris très
foncé, unie. Chair blanche, ferme, serrée, demi-sèche, sucrée et de très bon
goût. Feuillage lyré, très léger, demi-
étalé, d'un vert intense.

Cette variété est hâtive et d'une qualité
remarquable ; son aspect se rapproche
d'une façon étonnante de celui du radis
noir rond.

Les variations sensibles que ce navet
présente souvent dans sa forme tiennent
surtout au degré de développement qu'il
a atteint. La racine cesse promptement
de s'allonger et, suivant qu'elle grossit
plus ou moins, elle reste presque sphérique ou devient plus ou moins plate.

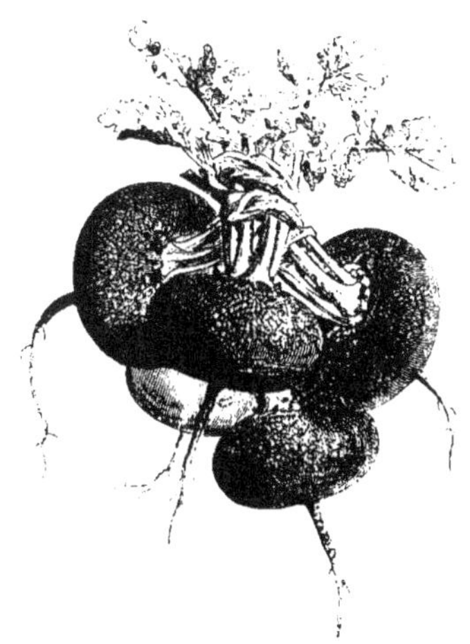

Navet noir rond ou plat.
réd. au cinquième.

Nous citerons encore les variétés suivantes :

N. *amber globe* (Am.). Presque rond ou le plus souvent en forme de toupie ; jaune pâle, à collet vert ; feuilles entières, longues et blondes. Chair pâle, sucrée. Cette variété est estimée aux États-Unis.

N. *boule de neige*. Race hâtive, à racine globuleuse ou légèrement déprimée, d'un blanc pur. Elle diffère du N. turnep par l'absence de coloration verte au collet.

N. *de Briollay*. Originaire de l'Anjou, il se rapproche passablement du N. long d'Alsace, mais il est un peu moins volumineux, plus court, relativement plus renflé et plus enterré. Il est aussi de meilleure qualité et convient mieux pour la consommation. C'est un vrai légume et non pas un navet fourrager, bien qu'on l'emploie quelquefois, comme tous les navets, quand ils sont devenus gros, pour la nourriture des animaux.

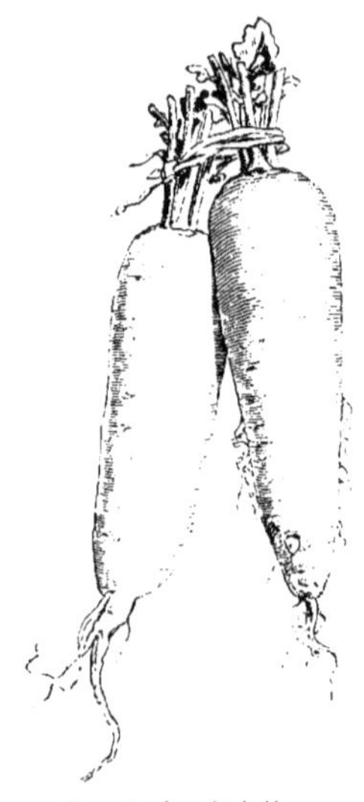

Navet de Briollay.
réd. au cinquième.

N. *de Chantenay hâtif*. Ce navet présente de grandes analogies avec le N. noir rond ou plat ; il a comme lui la racine passablement déprimée, mais il est moins coloré et plutôt gris que noir.

N. *Chirk-Castle black stone*. Ce navet ressemble beaucoup aussi au N. noir rond ; la chair en est blanche, ferme, et se conserve bien.

N. *gris de Luc*. Petit navet sec, à racine allongée, passablement voisin du N. de Freneuse, mais un peu plus rugueux et grisâtre à la surface.

N. *gris plat de Russie*. Racine passablement aplatie, d'un bon tiers plus large qu'épaisse, à écorce gris de fer sillonné de lignes transversales blanchâtres. Variété rustique, mais sans avantage sur le N. noir rond.

N. *hybride de Wolton*. Racine à peu près exactement sphérique, quelquefois un peu piriforme, complètement blanche dans la partie enterrée, et rouge au-dessus de terre. Chair blanche, tendre, de saveur douce ; feuilles amples. Maturité demi-hâtive.

N. *jaune d'Écosse*. Variété hâtive, assez voisine du N. jaune de Hollande, mais un peu plus pâle et quelquefois teintée de vert au collet. Racine très nette, presque complètement enterrée ; chair jaune pâle, tendre, sucrée.

N. *jaune long de Bortsfeld*. Il diffère du N. jaune long ordinaire par sa forme plus effilée, par son collet moins enterré et de couleur verdâtre. La qualité en est bonne, et il se conserve bien.

N. *large yellow globe* (Am.). Variété assez voisine du N. jaune de Hollande, de couleur un peu plus pâle et de forme plus sphérique.

N. *de Malteau*. Racine allongée, longuement ovoïde, plus courte et plus renflée que celle du N. de Freneuse, dont il se rapproche par son feuillage et par la consistance de sa chair, qui est très sèche et ferme. C'est une bonne variété encore assez cultivée aux environs de Paris.

Navet rave de Cruzy. Race extrêmement distincte. C'est le seul navet à chair sèche et à racine tout à fait aplatie. L'écorce en est d'un blanc un peu grisâtre ; la racine presque deux fois aussi large qu'épaisse. La forme en est souvent irrégulière.

N. rond sec à collet vert. Racine globuleuse, légèrement déprimée, ressemblant assez au N. rond des Vertus ou de Croissy, mais caractérisée par la teinte verte de son collet et sa chair ferme et sèche comme celle du N. de Freneuse. Le feuillage en est profondément lobé, demi-étalé sur terre et d'un vert clair. Race demi-hâtive et de bonne conservation.

Navet rond sec à collet vert.
réd. au cinquième.

N. rouge de Nancy. Jolie variété du N. rouge plat hâtif, remarquable par sa précocité, la régularité de sa forme et la coloration très intense de la partie supérieure de sa racine. Il diffère à peine du N. de Munich, qui lui est encore supérieur en précocité.

N. des Sablons. Racine ovoïde, d'un tiers plus longue que large, se rapprochant passablement par tous ses caractères, excepté par sa forme, du N. rond de Croissy. Chair blanche, serrée, sucrée et demi-sèche.

N. de Saulieu. Racine fusiforme ressemblant à celle d'une carotte demi-longue pointue, quatre fois aussi longue que large ; à peau grise, un peu rugueuse ; à chair ferme, sèche, sucrée, légèrement jaunâtre.

N. Scaribritsch. Racine déprimée, nette et régulière, d'un quart plus large qu'épaisse ; à collet fin, coloré de vert, le reste de la racine jaune. Chair blanc jaunâtre, tendre, serrée et sucrée ; feuillage bien blond.

N. de Schaarbeck. On cultive aux environs de Bruxelles cette variété, qui y est fort appréciée. C'est un navet blanc plat à collet vert, précoce et de petit volume, à chair fine et d'excellente qualité.

N. de six semaines à collet vert (angl. : *Green-top six weeks T.*). Racine déprimée, d'un bon tiers plus large qu'épaisse, pouvant devenir assez volumineuse, blanche dans la partie enterrée, verte au collet. Chair blanche, tendre, sucrée, assez serrée. Maturité hâtive.

N. violet de Petrosowoodsk. Variété violette du N. de Finlande, de même forme, ayant comme lui une dépression assez marquée à la partie inférieure de la racine, autour du pivot. Les feuilles sont quelquefois lyrées, quelquefois entières.

N. white egg. Racine ovoïde, d'un tiers plus longue que large ; peau très blanche et très lisse ; chair blanche, ferme. Cette variété est très estimée aux États-Unis, où elle est apportée en grande quantité sur les marchés.

N. yellow Tankard. Variété anglaise à racine allongée, fusiforme, deux fois aussi longue que large, d'un jaune pâle, sauf au collet, qui est légèrement hors de terre et de couleur verdâtre. Chair jaune pâle, serrée, de saveur douce. Maturité hâtive.

NIGELLE AROMATIQUE

Nigella sativa L.

Fam. des *Renonculacées*.

SYNONYMES : Cumin noir, Épicerie, Gith, Graine noire, Nielle, Quatre-épices, Senonge, Toute-épice.

NOMS ÉTRANGERS : ALL. Schwarz-Kümmel, Köhm. FLAM. et HOLL. Narduszaad. ESP. Nigela aromatica, Neguilla.

Orient. — Annuelle. — Plante dressée, à tige raide, un peu velue, ramifiée ; feuilles très profondément divisées en lanières linéaires, d'un vert

Nigelle aromatique.
Fleur et capsule, demi-grandeur.

grisâtre ; fleurs terminales d'un bleu pâle ou grisâtre, faisant place à des capsules à cinq dents, remplies de graines presque triangulaires, à surface chagrinée, noires, d'un goût aromatique assez relevé. Ces graines sont au nombre d'environ 220 dans un gramme, et pèsent 550 grammes par litre ; durée germinative, trois ans.

Il en existe une variété à graine jaunâtre, complètement semblable au type par tous ses autres caractères.

Culture. — La nigelle aromatique se sème au printemps, en avril ou mai, de préférence dans une terre légère et chaude. La graine mûrit vers le mois d'août, sans que la plante ait exigé aucun soin d'entretien.

Usage. — On emploie la graine mûre comme assaisonnement dans diverses préparations culinaires.

En Allemagne, le nom de *Schwarz-Kümmel* s'applique aussi à la graine de la nigelle de Damas à fleur simple.

OGNON

Allium Cepa L.

Fam. des *Liliacées*.

SYNONYMES : Oignon, Ognon des cuisines.

NOMS ÉTRANGERS : ANGL. Onion. ALL. Zwiebel. FLAM. Ajuin. HOLL. Uijen. DAN. Rodlog. ITAL. Cipolla. ESP. Cebolla. PORT. Cebola.

Asie centrale ou occidentale. — Bisannuel, parfois vivace. — Le pays d'origine de l'ognon n'est pas connu d'une façon absolument certaine ; cependant, dans ces dernières années, M. Regel fils a récolté au sud de Kouldja, en Dzoungarie, une plante qui paraît bien être l'*Allium Cepa* à l'état spontané. On croit aussi que l'ognon sauvage a été trouvé dans l'Himalaya.

Tige nulle ou plutôt réduite à un plateau qui donne naissance, inférieurement à des racines nombreuses, blanches, épaisses et simples, et supérieurement à des feuilles dont la base charnue, renflée et embrassante, constitue un bulbe. La forme, la couleur et les dimensions de ce bulbe présentent de grandes différences suivant les variétés. La portion libre des feuilles est allongée, fistuleuse, et se termine en pointe ; les hampes florales, qui dépassent de beaucoup les feuilles, sont dressées, creuses et fortement renflées vers le tiers inférieur de leur longueur. Les fleurs, blanches ou violacées, sont portées chacune sur un pédicelle très délié ; leur agglomération forme au sommet de chaque hampe florale une tête arrondie et très fournie. — Quelquefois, en place de fleurs, les hampes florales portent des bulbilles : cet accident, qui s'observe exceptionnellement dans toutes les variétés, se produit d'une façon constante dans l'ognon rocambole, appelé aussi ognon bulbifère. — Aux fleurs succèdent des capsules obscurément triangulaires, remplies de graines noires, anguleuses et aplaties. Ces graines sont au nombre d'environ 250 dans un gramme, et pèsent à peu près 500 grammes par litre ; leur durée germinative est de deux années.

En général, la plante, après avoir grené, périt entièrement : cependant on trouve quelquefois des caïeux sur des ognons qui ont porté graine : la plante, dans ce cas, peut être considérée comme vivace. Cette qualité ne peut être refusée à l'ognon patate, variété qui ne donne pas de graines et qui ne se multiplie que par le fractionnement de ses bulbes.

L'ognon est un des légumes dont l'usage et la culture remontent à l'époque la plus reculée. L'odeur et la saveur prononcée de toutes ses parties ont dû le faire rechercher de bonne heure comme assaisonnement, et la facilité de sa culture est cause que l'homme l'a transporté avec lui dans les climats les plus divers. De là sont résultées des variations très nombreuses, dont les plus intéressantes ont été fixées et constituent les variétés actuellement cultivées.

Culture. — L'ognon, considéré seulement au point de vue de la production des bulbes destinés à la consommation, se cultive généralement comme plante annuelle, soit estivale, soit automnale.

La culture estivale est celle qui consiste à semer les graines au printemps pour récolter les bulbes à la fin de l'été ou en automne ; tout le développement de la plante se produit alors dans le cours d'un seul été : c'est le mode de culture qui est généralement employé dans le centre et dans le nord de la France, là où l'ognon est produit en quantités importantes et, pour ainsi dire, en grande culture. Le semis se fait dès la fin de février ou dans le courant de mars en bonne terre fraîche, mais saine, bien fumée et bien pulvérisée à la surface, tout en étant un peu ferme et tassée au fond. La graine, étant assez fine, doit être peu enterrée : dans les jardins, on se contente souvent de recouvrir les planches d'ognon, après le semis, de terreau de feuilles ou de marc de raisin. Quand la levée est complète et que le plant a pris une certaine force, on éclaircit plus ou moins, selon le volume des variétés, et l'on n'a plus qu'à attendre la maturité des ognons. Les arrosages ne sont indispensables que dans le cas de sécheresse exceptionnelle.

La culture automnale est celle dans laquelle la végétation des ognons se partage entre deux saisons : elle est pratiquée le plus généralement dans les climats où l'hiver est doux, comme dans l'ouest de la France et dans tout le Midi. On sème alors les graines depuis le mois d'août jusqu'au mois d'octobre, et l'on en obtient du plant qu'on met en place, soit dès l'automne même, soit à la fin de l'hiver. Cette méthode de culture n'a pas la simplicité de la précédente, mais elle permet d'obtenir des produits plus beaux et plus précoces : elle est généralement suivie, comme nous l'avons dit, dans les pays méridionaux, et c'est par son moyen que sont obtenus ces énormes ognons d'Espagne, d'Italie, ou d'Afrique qui sont apportés l'hiver sur nos marchés. A Paris même, la culture automnale est à peu près la seule qu'on emploie pour l'O. blanc hâtif : on le sème en août et septembre, on le repique généralement en octobre, en raccourcissant les racines et les feuilles ; on l'abrite légèrement pendant l'hiver dans les cas de très fortes gelées, et l'on obtient ainsi des bulbes propres à la consommation dès le mois de mai. Avec le petit O. blanc de la reine, on en aurait sans nul doute dès le mois d'avril.

Quelquefois la culture de l'ognon est tout à fait bisannuelle, c'est-à-dire qu'elle remplit deux années presque entières ; dans ce cas, la végétation subit un temps d'arrêt, et l'on se sert pour la replantation, non point de jeunes plants herbacés, mais de petits ognons obtenus l'année précédente au moyen d'un semis très serré fait au printemps et traité, à l'éclaircissage près, comme il a été dit à propos de la culture estivale. Ces petits ognons, d'un volume égal à celui d'une noisette, se conservent assez facilement pendant l'hiver, et, mis en terre au printemps, grossissent rapidement et donnent en quelques mois des bulbes aussi beaux que ceux qu'on obtient de plants enracinés. Cette méthode de culture a été recommandée, il y a fort longtemps déjà, par MM. Lebrun et Nouvellon, qui l'appliquaient à toutes les variétés. Aujourd'hui elle est généralement adoptée, surtout dans l'est de la France, pour une espèce d'ognon jaune dont les petits bulbes font, sous le nom d'*ognons de Mulhouse*, l'objet d'un commerce assez important. Quand cette variété a pris tout son développement, il est très difficile de la distinguer de l'O. jaune de Cambrai. L'O. jaune des Vertus peut être employé au même usage.

Usage. — L'ognon est un des légumes les plus usités, soit cuit, soit cru ou confit au vinaigre.

OGNON BLANC TRÈS HATIF DE LA REINE.

Synonyme : Ognon petit de Portici.

Nom étranger : angl. New queen onion.

O. blanc très hâtif de la reine.
réd. au tiers.

Bulbe petit, très déprimé, d'un blanc argenté, de 0^m,03 à 0^m,04 de diamètre sur 0^m,015 à 0^m,02 d'épaisseur; à collet fin, devenant promptement vert, si l'on cherche à le conserver : feuilles très courtes, d'un vert foncé et légèrement glauques, au nombre de trois ou quatre, ou de cinq au plus, quand le bulbe est complètement formé.

Il n'est pas extrêmement rare de voir dans les semis faits au printemps des bulbes se former et devenir gros comme des noix, puis mûrir sans que la plante ait développé plus de deux feuilles.

Cette variété est d'une extrême précocité : semée au mois de mars, elle commence déjà à tourner dans le courant de mai; mais, par contre, elle est peu productive et ne se conserve pas bien.

OGNON BLANC HATIF DE NOCERA.

SYNONYME : Ognon de Florence.

NOMS ÉTRANGERS : ANGL. Early white Nocera onion. ALL. Früheste
Nocera Zwiebel.

Cette variété pourrait bien ne pas être autre chose que la précédente,
devenue plus grosse et un peu moins hâtive par l'effet de la culture prolongée
dans un climat moins chaud que
celui de son pays d'origine. Bulbe
blanc argenté, déprimé, plus large
et relativement plus aplati que celui
de l'O. blanc très hâtif de la reine,
le diamètre mesurant de 0ᵐ,05 à
0ᵐ,08 sur 0ᵐ,02 à 0ᵐ,025 d'épaisseur ; collet fin; feuillage peu abondant, d'un vert foncé.

Un caractère assez constant de
cette variété, c'est que, malgré tous

Ognon blanc hâtif de Nocera.
réd. au tiers.

les soins apportés au choix des porte-graines, il s'y trouve presque toujours
une petite proportion de bulbes d'un roux clair ou de couleur chamois.

L'O. de Nocera est très précoce ; mais il est cependant devancé de trois
semaines au moins par l'O. de la reine. Comme ce dernier, il se conserve mal.

OGNON BLANC HATIF DE PARIS.

SYNONYME : Ognon d'août.

NOMS ÉTRANGERS : ANGL. Early white silver-skinned onion. ALL. Silberweisse frühe
kleine Pariser Zwiebel.

Bulbe blanc argenté, déprimé, à peu près de même diamètre que l'O. de
Nocera, c'est-à-dire variant de 0ᵐ,05 à 0ᵐ,08, mais plus épais, et revêtu
d'enveloppes plus serrées et
plus nombreuses. Le collet est
fin; le feuillage, d'un vert assez
foncé, légèrement glauque, n'est
pas très abondant.

L'O. blanc hâtif de Paris est
un peu moins hâtif que l'O. de
Nocera, mais il se conserve
mieux ; cependant il est presque toujours employé à l'état
frais, et, le plus souvent, avant
d'avoir atteint tout son volume.

C'est un des plus recommandables parmi les ognons préco-

Ognon blanc hâtif de Paris.
réd. au tiers.

ces. Très probablement, il a pour origine première une des races hâtives de
l'Italie méridionale : ces races, cultivées sous notre climat, tendent visiblement à devenir identiques à l'O. blanc hâtif de Paris.

OGNON BLANC HATIF DE VALENCE.

Bulbe moins large, mais plus gros et plus épais que celui de l'O. blanc

Ognon blanc hâtif de Valence.
réd. au tiers.

hâtif de Paris, ne dépassant guère 0ᵐ,06 à 0ᵐ,07 de diamètre sur 0ᵐ,04 à 0ᵐ,05 d'épaisseur ; feuillage assez abondant, d'un vert un peu blond. C'est une variété assez hâtive, productive, tendre, mais ne se conservant pas bien.

L'O. blanc hâtif de Valence convient mieux pour les provinces du Midi que pour le nord de la France. Comme origine, il paraît dériver plutôt de l'O. blanc gros, dont il serait une variété moins volumineuse et plus précoce, que d'un des ognons précédemment décrits.

OGNON BLANC ROND DUR DE HOLLANDE.

Noms étrangers : angl. White round hard dutch onion ; (Am.) White Portugal O. all. Runde harte weisse Holländische Zwiebel. holl. Zilverwitte winter uijen.

Bulbe d'un blanc mat, moyen, très ferme, à enveloppes épaisses et résis-

Ognon blanc rond dur de Hollande.
réd. au tiers.

tantes, variant ordinairement de 0ᵐ,05 à 0ᵐ,07 de diamètre sur 0ᵐ,03 à 0ᵐ,04 d'épaisseur. Il est moins aplati que les ognons blancs de Nocera ou de Paris ; il est aussi un peu moins hâtif, mais, en revanche, se conserve remarquablement bien. Il peut se comparer, sous ce rapport, aux bonnes variétés d'ognons jaunes ou rouges.

L'O. blanc rond dur de Hollande se distingue nettement des ognons blancs dont nous avons parlé jusqu'ici, par la consistance de ses enveloppes extérieures, qui sont épaisses, dures et resistantes, au lieu d'être fines, fragiles et presque transparentes ; il résulte de cette particularité que non seulement cette variété se conserve beaucoup mieux, mais qu'elle ne prend pas, sous l'influence de la lumière, la teinte verte qui dépare souvent les variétés très hâtives d'ognons blancs.

OGNON BLANC DE JUIN.

Synonyme : Ognon blanc plat de mai-juin.

Variété hâtive et très volumineuse. Bulbe blanc argenté, atteignant de 0ᵐ,10 à 0ᵐ,12 de diamètre sur 0ᵐ,04 ou 0ᵐ,05 d'épaisseur. Chair tendre ;

collet un peu fort; feuillage abondant, d'une teinte blonde caractéristique.

Cette variété a été nommée O. de juin, parce qu'en Italie elle a acquis tout son volume dès cette époque; mais en France elle n'est complétement formée qu'au mois d'août. C'est cependant une race relativement précoce, si l'on tient compte de son fort volume et de son grand produit. Elle ne se conserve pas.

On en cultive, sous le nom d'*O. blanc gros plat d'Italie*, une forme plus tardive et encore un peu plus volumineuse.

Ognon blanc de juin.
réd. au tiers.

OGNON BLANC GROS.

Synonyme : Ognon blanc d'Espagne.

Noms étrangers : angl. White Lisbon onion, Florence O. all. Lissaboner weisse grosse runde Zwiebel, Französische *oder* Spanische weisse Z.

Bulbe arrondi, plus ou moins déprimé, de forme quelquefois irrégulière, mesurant de 0ᵐ,08 à 0ᵐ,10 de diamètre, quand il est bien venu, sur 0ᵐ,06 à 0ᵐ,08 d'épaisseur ; souvent un peu en poire à la partie inférieure : collet assez gros ; feuillage abondant et d'un vert blond. La chair n'en est pas très ferme, et, quoique assez tardive, cette variété ne se conserve pas très bien.

On l'emploie le plus souvent à l'état frais, même dans le Midi. En Angleterre, il est cultivé en immenses quantités pour être consommé tout jeune, à peine tourné, lorsque les bulbes n'ont guère plus que la grosseur d'une noix.

Ognon blanc gros (réd. au tiers).

Ognon blanc globe (réd. au tiers).

OGNON BLANC GLOBE.

Bulbe blanc argenté, à peu près exactement sphérique, atteignant un diamètre de 0ᵐ,06 à 0ᵐ,08 en tous sens, très ferme, à collet fin, et se conservant remarquablement bien : feuillage d'un vert foncé, effilé, assez abondant. La précocité de cet ognon est à peu près la même que celle de l'O. blanc gros.

OGNON JAUNE DE DANVERS.

Noms étrangers : (Am.) Yellow Danvers onion, Large yellow globe O.

Bulbe sphérique ou légèrement déprimé, de couleur jaune cuivré, un peu plus rougeâtre que l'O. jaune des Vertus,

Ognon jaune de Danvers.

réd. au tiers.

atteignant ordinairement un diamètre de $0^m,06$ à $0^m,08$, avec une épaisseur presque égale; enveloppes nombreuses et serrées; collet très fin, ainsi que le disque d'où partent les racines; feuillage moyen, d'un vert franc.

L'O. jaune de Danvers est une excellente variété, précoce, et surtout se conservant admirablement; il convient aussi bien à la grande culture qu'à la culture potagère, mais toujours à condition d'être fait de printemps. Semé à l'automne, nous l'avons toujours vu monter à fleur dès le printemps suivant, presque sans former de bulbes.

Il est d'origine américaine. Quand il a été importé pour la première fois, vers 1850, il était complètement sphérique; aujourd'hui on le trouve presque toujours plus ou moins aplati, et cela aussi bien dans son pays d'origine que dans les cultures européennes.

OGNON JAUNE DES VERTUS.

Synonymes : Ognon jaune-paille, O. blond.

Noms étrangers : angl. Brown spanish onion, Brown Portugal O., Oporto O., Straw-coloured O. all. Gelbe plattrunde harte Zwiebel.

Ognon jaune des Vertus.

réd. au tiers.

Bulbe très déprimé, atteignant de $0^m,08$ à $0^m,10$ de diamètre sur $0^m,04$ à $0^m,05$ d'épaisseur, d'un jaune cuivré, à enveloppes fermes et assez épaisses, ne se détachant pas facilement et plus colorées dans la partie enterrée du bulbe que dans la partie qui est exposée à l'air. Collet assez fin; feuillage abondant, bien développé, d'un vert foncé.

Cette variété est assez précoce et extrêmement productive; elle se conserve parfaitement bien : c'est la plus répandue dans les environs de Paris pour la culture en grand. Elle est produite aux environs de Saint-Denis et jusqu'en Normandie par quantités très considérables. La consommation d'hiver, à Paris et dans une grande partie de l'Europe, est surtout alimentée par cet ognon, que l'on voit souvent conservé dans les ménages en longs chapelets formés par l'entrelacement des fanes sèches et tressées.

OGNON DE CAMBRAI.

Synonymes : Ognon de Mulhouse, O. jaune de Laon, O. jaune-paille plat de Flandre, O. suisse.

Noms étrangers : angl. Strasbourg onion, Flander's O., Essea O., Deptford O. all. Bamberger gelbe plattrunde Zwiebel.

Cette variété est extrêmement voisine de l'O. jaune des Vertus ; la couleur en est un peu plus rougeâtre et le diamètre en général un peu moindre. L'O. de Cambrai est productif, assez précoce et se conserve bien.

Cet ognon se sème habituellement au printemps ; souvent, au lieu de graines, on emploie comme semence de petits ognons obtenus l'année précédente au moyen d'une culture très serrée.

Ognon de Cambrai.
Petits bulbes à replanter, de grosseur naturelle.

Ces petits ognons font l'objet d'un commerce important sous le nom d'*ognons de Mulhouse*. On en fait aussi assez fréquemment avec l'O. jaune des Vertus.

OGNON JAUNE-SOUFRE D'ESPAGNE.

Noms étrangers : angl. White spanish onion, Banbury O., Cambridge O., Portugal O., Reading O. all. Schwefelgelbe Zwiebel.

Bulbe franchement aplati, de 0^m,08 à 0^m,10 de diamètre sur 0^m,04 à 0^m,05 d'épaisseur, ressemblant assez exactement à celui de l'O. jaune des Vertus, mais en différant par sa couleur beaucoup moins cuivrée et par son épaisseur sensiblement moindre, eu égard au diamètre des bulbes. Dans l'O. jaune-soufre d'Espagne, les enveloppes sont fermes, assez épaisses, très adhérentes, d'un jaune vif légèrement verdâtre, rappelant à peu près la couleur du laiton. Feuillage d'un vert franc, assez développé, allongé.

C'est une belle variété de moyenne

Ognon jaune-soufre d'Espagne.
réd. au tiers.

saison, très rustique, productive, et se conservant remarquablement bien.

OGNON JAUNE DE TRÉBONS.

Bulbe ordinairement piriforme, plus ou moins allongé, de longueur à peu près égale à son diamètre, aminci vers le collet et souvent aussi à la partie inférieure, atteignant ordinairement de 0^m,08 à 0^m,10 en tous sens ; les enveloppes intérieures d'un jaune vif, les plus extérieures légèrement cuivrées. Feuillage abondant mais fin, d'un vert foncé ; collet étroit. Chair tendre, sucrée, d'une saveur douce et agréable.

Ognon jaune de Trébons (réd. au tiers).

L'O. de Trébons est demi-tardif ; la qualité en est remarquablement bonne, mais il se conserve assez difficilement. Il se prête également bien à la culture d'automne et à celle de printemps. Il est originaire des environs de Tarbes, dans les Hautes-Pyrénées, mais c'est une race mal fixée, même dans son pays, où on le trouve sur les marchés avec les formes les plus variables. Il a déjà gagné en régularité depuis que nous l'avons introduit dans nos cultures.

OGNON GÉANT DE ZITTAU.

Bulbe large, assez déprimé, de 0^m,10 à 0^m,12 de diamètre sur 0^m,06 environ d'épaisseur ; pellicule extérieure très lisse et comme soyeuse, de couleur saumonée pâle, formant exactement la transition entre les ognons jaunes et les ognons rouge pâle. Feuillage assez abondant, d'un vert clair légèrement blond. Collet fin, de même que le disque inférieur, d'où partent les racines.

Ognon géant de Zittau (réd. au tiers).

L'O. géant de Zittau est une belle race de demi-saison, productive et de très bonne garde. Il réussit de préférence dans les terres saines et légères, en même temps que fertiles et bien amendées.

OGNON ROUGE PALE ORDINAIRE.

Bulbe moyen, aplati, mesurant de 0m,05 à 0m,07 de diamètre sur 0m,02 à 0m,04 d'épaisseur, de forme un peu irrégulière. Enveloppes extérieures d'un rose cuivré, les intérieures d'une nuance plus foncée et tournant au violet; collet assez gros. Feuillage assez abondant, mais court, d'un vert franc.

L'O. rouge pâle ordinaire est une variété rustique et très répandue dans la culture; il est demi-hâtif et se conserve assez bien, quoiqu'il se dépouille facilement, comme font les variétés trop promptes à entrer en végétation. Il ne convient qu'à la culture de printemps.

Il existe un assez grand nombre de races locales de l'O. rouge pâle, différant à peine les unes des autres. La forme qui se rencontre le plus souvent dans le commerce est celle qui se cultive en Touraine, dans les environs de Bourgueil.

Ognon rouge pâle ordinaire.
réd. au tiers.

L'O. *rouge pâle de Strasbourg*, très voisin du rouge pâle ordinaire, n'en diffère que par sa teinte un peu plus cuivrée et ses bulbes moins aplatis.

OGNON ROUGE PALE DE NIORT.

Bulbe large, aplati, mesurant de 0m,08 à 0m,10 de diamètre, et parfois davantage, sur 0m,03 à 0m,04 d'épaisseur, d'une couleur rose pâle légèrement cuivrée, un peu violacée sur les enveloppes intérieures. Feuillage abondant, dressé, ample, d'un vert franc; collet assez fin. Les enveloppes extérieures du bulbe sont minces et fragiles, mais malgré cela il se conserve bien.

L'O. de Niort est une excellente variété hâtive et très productive, en grande faveur dans l'ouest de la France. Il se prête bien à la culture de printemps, mais réussit surtout, dans son pays, semé à l'automne et repiqué au commencement ou à la fin de l'hiver. Grâce à la douceur des hivers, cette culture réussit parfaitement en Bretagne, en Vendée et en Poitou, pays où il est le plus cultivé.

Ognon rouge pâle de Niort.
réd. au tiers.

L'O. *de Lencloître*, dont on fait grand cas en Poitou, n'est qu'une sous-variété de l'O. rouge pâle de Niort, à bulbe un peu plus aplati et plus dur.

L'O. *rouge de Saint-Brieuc* diffère de celui de Niort par sa forme moins aplatie, sa couleur plus jaune et moins rose, et par un moindre degré de rusticité. A tous les points de vue, l'O. de Niort est préférable, et il a à peu près complètement remplacé celui de Saint-Brieuc, même en Bretagne.

OGNON ROUGE VIF DE MÉZIÈRES.

Synonyme : Ognon rouge large de Metz.

Bulbe aplati, très large, atteignant facilement 0m,10 à 0m,12 de diamètre
sur 0m,04 à 0m,05 d'épaisseur, d'une
belle couleur rouge intense, un
peu violacée sur les enveloppes intérieures ; collet un peu fort. Feuillage ample, abondant, dressé, de
couleur vert foncé.

C'est une très belle variété, extrêmement productive et méritant
d'être davantage cultivée ; elle se
conserve bien et convient surtout à
la culture de printemps. C'est une
des bonnes races locales du nord de
la France, où elle est anciennement

Ognon rouge vif de Mézières.
réd. au tiers.

cultivée ; son nom lui vient de Mézières, village des environs de Pontoise.

OGNON ROUGE VIF D'AOUT.

Cette belle variété n'est pas sans analogie avec l'O. de Mézières ; cependant
elle s'en distingue par les dimen-
sions un peu moindres de son bulbe,
qui dépasse rarement 0m,10 de diamètre sur 0m,04 d'épaisseur. Il est
en général un peu plus épais, relativement à sa longueur, que l'O. de
Mézières et moins aplati sur les
deux faces ; la teinte en est aussi
un peu plus foncée sur les enveloppes extérieures et d'un rouge
violacé à l'intérieur. Mais ce qui
fait la différence essentielle, c'est
que l'O. rouge vif d'août convient
surtout à la culture d'automne.

Dans l'est et le sud-est de la
France, où cet ognon est le plus en
faveur, on le sème au mois d'août

Ognon rouge vif d'août.
réd. au tiers.

et on le repique au mois d'octobre, pour le récolter dans le courant de l'été
suivant. C'est une belle variété productive et de bonne garde.

OGNON ROUGE FONCÉ.

Synonymes : Ognon rouge de Hollande, O. rouge de Zélande, O. violet d'Auxonne.

Noms étrangers : Angl. Dutch blood red onion, St-Thomas' O. All. Blutrothe harte
Holländische Zwiebel. Holl. Platte bloedroode uijen.

Bulbe très aplati, moyen, ne dépassant guère 0m,06 à 0m,08 de diamètre
sur 0m,02 à 0m,03 d'épaisseur ; enveloppes serrées, fermes, d'un rouge foncé,

vineux à l'extérieur, et d'une belle couleur rouge intense, brillante, à l'intérieur. Collet fin. Feuillage assez raide, compacte, d'un vert foncé.

L'O. rouge foncé est une variété de demi-saison, pas extrêmement productive, mais de très bonne garde. Il est rustique, facile à cultiver, et surtout apprécié dans les pays du Nord.

On rencontre quelquefois dans le sud-ouest de la France, et notamment à Bordeaux, un très bel ognon qui est désigné par la simple appellation d'*ognon rouge*. Il a les bul-

Ognon rouge foncé.
réd. au tiers.

bes aussi colorés que l'O. rouge foncé, mais sa forme et ses dimensions le rapprochent plutôt de l'O. de Madère plat. Sa largeur atteint et même dépasse quelquefois 0^m,12, et il est avec cela très aplati sur les deux faces. La chair en est tendre et d'une saveur douce; il ne se conserve pas facilement.

Il est à remarquer que dans tous les ognons rouges que nous avons décrits jusqu'ici, la coloration est surtout superficielle. Quand on coupe les bulbes en travers, on trouve que les deux ou trois tuniques extérieures sont assez fortement colorées, mais que tout l'intérieur est à peine rosé. La coloration est bien plus intense et s'étend plus profondément dans la variété suivante.

OGNON ROUGE NOIR DE BRUNSWICK.

Nom étranger : ALL. Braunschweiger schwarzrothe Zwiebel.

Bulbe très aplati, assez petit, ne dépassant pas 0^m,05 à 0^m,07 de diamètre sur 0^m,02 à 0^m,025 d'épaisseur, dur et ferme, d'une teinte rouge tellement intense, qu'elle tire sur le noir. Collet fin. Feuillage court, assez menu, d'un vert foncé légèrement glauque.

L'O. de Brunswick est médiocrement productif, mais d'une excellente conservation.

OGNON ROUGE DE WETHERSFIELD.

Nom étranger : ANGL. Wethersfield onion (Am.).

Très jolie variété d'origine américaine, à bulbe très net, très lisse, presque sphérique ou légèrement déprimé. Il se rapproche beaucoup, comme forme et comme volume, de l'O. jaune de Danvers, et il a, comme lui, le collet extrêmement fin; mais il en diffère complètement par sa couleur, qui est d'un rouge vif et analogue à celle de l'O. de Mézières. Le feuillage de l'O. de Wethersfield est d'un vert franc; il est fin et allongé. C'est une variété demi-hâtive et de très bonne conservation.

Dans l'origine, cet ognon était complètement sphérique; aujourd'hui on ne le trouve plus guère, même en Amérique, qu'avec une forme passablement aplatie, et la race ancienne, là où elle se rencontre encore, est désignée par le nom de *Large red globe onion*.

25

OGNON DE MADÈRE ROND.

Synonymes : Ognon de Bellegarde. O. romain, O. gros brun.

Noms étr. : Angl. Globe Tripoli onion. All. Madeira grösste runde Riesen-Zwiebel.

Cette variété est la plus volumineuse de toutes; les bulbes en sont à peu près sphériques, et il n'est pas rare d'en voir qui mesurent 0^m,15 et même 0^m,18 de diamètre. Les enveloppes extérieures en sont fines et fragiles, d'un rose saumoné, les intérieures présentent une teinte lilacée. La chair est très tendre, sucrée et d'une saveur très douce. Le collet est assez fin, eu égard à la grosseur des bulbes; le feuillage fort, abondant et d'un vert franc.

L'O. de Madère réussit surtout dans les climats chauds ; il est estimé dans le Midi à cause de son volume et de sa saveur sucrée. Il n'atteint tout son développement que dans les cultures automnales; sous le climat de Paris, il est sensible au froid, et se garde assez difficilement.

Ognon de Madère rond.
réd. au tiers.

OGNON DE MADÈRE PLAT.

Synonymes : Ognon de Tripoli, O. de Montfrin.

Noms étrang.: Angl. Flat Tripoli onion. All. Madeira grösste platte Riesen-Zwiebel.

Très grand et large bulbe, fortement déprimé, atteignant jusqu'à 0^m,16 et quelquefois 0^m,20 de diamètre sur 0^m,05 ou 0^m,06 d'épaisseur, de même couleur que l'O. de Madère rond, ou légèrement plus rougeâtre ; comme lui, il a la chair très tendre et se conserve difficilement. Il demande le même genre de culture.

Pour obtenir les gigantesques spécimens d'O. de Madère qu'exposent certains marchands de produits du Midi, on sème au mois d'août, on transplante en octobre ou novembre, et l'on pousse pendant toute la saison suivante les ognons à l'eau et à l'engrais. Vers le mois de juillet ou d'août, on cesse les arrosements, et l'on récolte un mois après les bulbes, qui pèsent parfois un kilogramme et même davantage.

Ognon de Madère plat.
réd. au tiers.

OGNON ROUGE GROS PLAT D'ITALIE.

SYNONYME : Ognon de Pélissane.

NOMS ÉTRANGERS : ANGL. Blood red flat italian *or* Tripoli onion. ALL. Rothe grosse platte Italienische Zwiebel.

Bulbe déprimé, assez épais, mesurant de 0^m,12 à 0^m,14 dans son grand diamètre, sur 0^m,06 environ d'épaisseur. Enveloppes extérieures assez épaisses, d'un rouge terne, les intérieures d'une nuance plus vive et légèrement violacée. Chair tendre, peu serrée ; feuillage abondant, fort, d'un vert foncé.

Cette variété est demi-tardive et d'une conservation assez difficile : elle réussit mieux semée à l'automne qu'au printemps, et convient particulièrement pour les pays chauds. Cultivée dans le Nord, elle se modifie rapidement, perd beaucoup de son

Ognon rouge gros plat d'Italie.
réd. au tiers.

volume, et en même temps acquiert une contexture plus serrée et une saveur plus âcre. Pour l'avoir tout à fait franche, il faut la tirer chaque année du Midi.

OGNON GÉANT DE ROCCA.

NOMS ÉTRANGERS : ANGL. Giant Rocca onion, Large brown globe O. ALL. Rocca Riesen-Zwiebel.

Très belle et très bonne race d'ognon d'origine italienne. Un peu moins volumineux que l'O. de Madère, celui-ci s'en distingue encore par sa teinte plutôt chamois que franchement rose, et par sa forme assez sensiblement déprimée et aplatie en dessus. Il a le collet fin, eu égard à sa grosseur, et les enveloppes extérieures en sont plus fermes et plus résistantes que celles des ognons de Madère. Le feuillage en est vigoureux sans excès, raide et d'un vert franc. Les dimensions d'un bulbe bien développé sont d'environ 0^m,12 de diamètre sur 0^m,08 ou 0^m,09 d'épaisseur.

Cette variété est demi-tardive, très productive, de bonne conservation, et, pour un ognon d'origine méridionale, ne s'accommode pas mal de la culture de printemps, sans toutefois se développer aussi bien que dans les cultures d'automne.

Ognon géant de Rocca.
réd. au tiers.

C'est une des meilleures introductions de ces quinze dernières années.

OGNON PIRIFORME.

Synonyme : Ognon poire.

Noms étrangers : Angl. Pearshaped onion. All. Birn-Zwiebel, Fränkische lange Z.

Il existe un grand nombre de variétés d'ognons de forme allongée, différant les unes des autres par la couleur et la précocité. La partie la plus élargie du

Ognon piriforme.
réd. au tiers.

bulbe se trouve, en général, au-dessus de la moitié de la hauteur totale, de telle sorte que le bulbe s'amincit plus rapidement du côté du collet qu'à la partie inférieure, et représente assez bien une poire renversée.

On cultive en Espagne un *O. piriforme blanc*, tardif et de grandes dimensions, dont la hauteur atteint aisément $0^m,12$ sur $0^m,07$ ou $0^m,08$ de large en travers de la racine.

Il existe en France et en Allemagne plusieurs autres variétés d'ognons piriformes, à peau *jaune* ou *rouge*, dont l'un même est tellement allongé, qu'on l'a nommé *O. corne de bœuf* ou *O. fusiforme*. Ces différentes races sont plus curieuses que recommandables.

On pourrait rapprocher des ognons piriformes la variété que les Anglais cultivent sous le nom d'*O. de conserve de James* (*James' keeping onion*). C'est un ognon à peu près aussi haut que large, mais non sphérique, presque plat sur le dessus et s'amincissant graduellement jusqu'à la partie inférieure d'où partent les racines. Les bulbes sont petits ou moyens, dépassant rarement $0^m,06$ de longueur; ils sont d'un rouge cuivré, ont le collet extrêmement fin, et se conservent en effet d'une façon remarquable.

OGNON D'ÉGYPTE.

Synonymes : O. Rocambole, O. bulbifère.

Noms étrangers : Angl. Tree onion, Egyptian O., Bulb-bearing O. All. Egyptische Luftzwiebel, Schlangenlauch, Roggenbolle.

Bulbe assez déprimé, d'un rouge cuivré, produisant au sommet de la tige, au lieu de graines, des bulbilles ou petits ognons d'un rouge brun, gros comme des noisettes, qui servent à la reproduction de la plante. Mis en terre au printemps, ces bulbilles donnent à la fin de la saison de beaux bulbes qui ne produisent eux-mêmes des bulbilles que l'année suivante. L'O. d'Égypte a la chair assez sucrée, mais peu fine. Il pourrit assez facilement; la conservation des bulbilles, par contre, ne présente aucune difficulté.

On a introduit il y a quelques années, d'Amérique, sous le nom d'*O. Catawissa*, une plante qui nous paraît n'être qu'une modification légère de l'O.

d'Égypte ; elle s'en distingue par la grande vigueur de sa croissance et par
la rapidité avec laquelle les bulbilles entrent en végétation sans être détachés
de la tige qui les porte. A peine ces bulbilles ont-ils atteint toute leur grosseur, qu'ils émettent à leur tour des tiges portant elles-mêmes des bulbilles

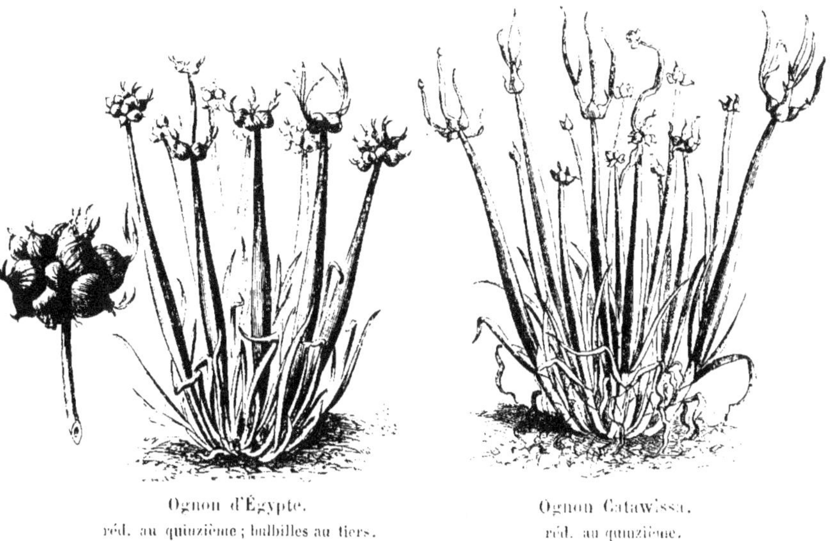

Ognon d'Égypte.
réd. au quinzième ; bulbilles au tiers.

Ognon Catawissa.
réd. au quinzième.

plus petits, et, quand la saison est favorable, ce second étage de bulbilles
produit encore des pousses vertes, feuilles ou tiges stériles, qui portent à 0ᵐ,80
au moins la hauteur des touffes. Un petit nombre seulement de bulbilles,
deux ou trois par tige, deviennent ainsi prolifères ; le reste n'entre pas en
végétation la première année, et peut servir pour la reproduction.

OGNON PATATE.

Synonyme : Ognon sous-terre.

Noms étrangers : angl. Potato onion. all. Kartoffelzwiebel. holl. Aardappel Uie.

Bulbe assez gros, pouvant atteindre de 0ᵐ,06 à 0ᵐ,08 de diamètre sur 0ᵐ,04
à 0ᵐ,05 d'épaisseur ; peau assez épaisse, d'un jaune cuivré. L'O. patate forme
plus souvent un paquet de bulbes de forme irrégulière qu'un seul bulbe
arrondi. Il ne produit ni graines ni bulbilles, et se multiplie uniquement par
les caïeux qu'il développe en terre.

Quand on en plante à la sortie de l'hiver un bulbe un peu fort, on peut
arracher et récolter dès le mois de juin des ognons nouveaux et déjà bien
formés. Si on laisse la plante en place jusqu'à la maturité complète, on trouve,
au lieu d'un seul ognon, sept ou huit bulbes, en général de grosseur variable,
dont les plus forts peuvent donner à leur tour un grand nombre de caïeux,
tandis que les petits ne font souvent que se développer en un gros et large
bulbe unique. La chair de l'O. patate est très sucrée et de bonne qualité. Ces
ognons se conservent d'autant moins bien qu'ils sont plus gros.

Parmi les très nombreuses variétés d'ognons non décrites dans l'énumération qui précède, nous citerons celles qui suivent comme étant les plus intéressantes :

O. d'Aigre. C'est une race locale cultivée dans le département de la Charente ; on peut la considérer comme une sous-variété de l'O. rouge pâle de Niort, mais elle a le bulbe moins aplati.

O. Bedfordshire Champion. Belle race d'origine anglaise. Bulbe presque sphérique, de la couleur de l'O. soufre d'Espagne. Il est encore un peu plus épais que l'O. Nasby Mammoth et ses similaires dont il est question plus loin.

O. Cabosse. Bulbe très plat, assez ferme, à enveloppe très fine, satinée, d'un rose légèrement cuivré ou saumoné. Le collet est très fin, et le plateau, d'où partent les racines, remarquablement peu développé. Cette jolie variété convient bien à la culture d'automne.

O. Cantello's prize. Intermédiaire entre l'O. soufre d'Espagne et l'O. de Cambrai ; il se rapproche des nombreuses variétés anglaises qu'on rapporte à l'O. de Deptford. (*Voy.* Ognon de Cambrai.)

O. chamois glatter Wiener. Belle variété rose cuivré, à collet fin, un peu irrégulière de forme. L'O. de Zittau semble en être une race améliorée.

O. double tige (angl. : *Two-bladed O.*). Petit ognon très précoce, rouge cuivré, à collet fin et presque enfoncé. Quand cette variété est bien franche, la plupart des bulbes n'ont que deux ou trois feuilles ; c'est de cette particularité qu'elle tire son nom.

O. dur de Russie, O. russe. Extrêmement distinct. C'est un ognon à bulbes assez petits, épais, ayant le défaut de se diviser fréquemment, mais, en revanche, se conservant mieux qu'aucune autre variété. Nous avons vu les bulbes récoltés à l'automne rester propres à la consommation jusqu'au mois de septembre de l'année suivante. Les enveloppes extérieures en sont très coriaces ; elles ont la couleur cuivrée de l'O. de Cambrai et, en vieillissant, deviennent brunes comme celles d'un ognon de tulipe.

O. extra early flat red (Am.). Très plat, de la dimension et de la précocité de l'O. blanc de Paris, mais d'une couleur rouge foncé un peu violacée. C'est une race très distincte, remarquablement prompte à tourner.

O. de Gênes. Ognon rouge, de dimension moyenne, se divisant assez souvent en plusieurs bulbes. Il est plus hâtif et moins gros que l'O. rouge plat d'Italie.

O. jaune de Lescure. Belle variété assez répandue aux environs de Toulouse et dans tout le Languedoc ; elle convient surtout à la culture d'automne. Le bulbe ressemble un peu à l'O. rouge pâle de Niort, mais il est moins plat et d'une couleur beaucoup plus jaune ou plus cuivrée.

O. large yellow dutch (Am.). C'est un ognon jaune, moyen, à peu près de la forme de l'O. paille des Vertus, mais d'une teinte un peu plus cuivrée, rappelant plutôt celle de l'O. de Danvers.

O. Monteragone. Variété italienne, à bulbe moyen assez épais, à peau rouge cuivré, se rapprochant assez, comme apparence, de l'O. de Cambrai.

O. Nasby Mammoth, O. Nuneham park, O. improved reading. Ces trois variétés présentent entre elles tellement d'analogie, qu'on pourrait les considérer comme n'étant qu'une seule et même chose. C'est une race d'O. soufre d'Espagne à bulbe plus épais et un peu plus foncé de couleur que celui de la race ordinaire.

O. Nürnberger Zwiebel. Race allemande de l'O. rouge pâle ordinaire : elle se distingue de la nôtre par la petitesse des bulbes, qui sont en même temps un peu plus fermes et mieux formés.

O. paille gros de Bâle. Assez jolie variété à bulbe aplati, bien fait, à collet très fin, de couleur intermédiaire entre celle de l'O. soufre d'Espagne et celle de l'O. de Cambrai. Maturité demi-hâtive.

O. paille de Château-Renard. Cet ognon est plutôt cuivré ou saumoné que réellement jaune, comme son nom semblerait l'indiquer ; il présente une analogie assez grande avec l'O. de Lescure.

O. de Puyrégner ou *O. rouge rosé d'Angers.* Cette race est considérée, dans l'Anjou, comme différente de l'O. rouge pâle de Niort ; nous la mentionnons ici pour ce motif, bien que, dans tous les essais comparatifs que nous en avons faits, elle nous ait paru lui être identique.

O. red globe ou *Large red globe O.* Race américaine qui paraît n'être que la forme tout à fait sphérique de l'O. rouge de Wethersfield.

O. rouge de Castillon. C'est un bel ognon rouge, aplati, de grande taille, qu'on apporte à Bordeaux vers l'automne, par chargements considérables. Il rappelle passablement l'O. rouge vif de Mézières, mais il atteint souvent de plus grandes dimensions, se rapprochant presque de celles de l'O. de Madère plat. Comme la plupart des gros ognons tendres, il a le défaut de se conserver difficilement.

O. rouge monstre. Sorte d'O. de Madère, intermédiaire par sa forme entre le plat et le rond, et d'une couleur rouge assez prononcée.

O. rouge pâle d'Alais. Variété méridionale convenant à la culture d'automne. Ressemble passablement à l'O. rouge pâle de Niort, mais s'en distingue par ses bulbes plus épais.

O. rouge pâle de Tournon. Très bel ognon jaune rosé, assez gros, plat et hâtif. Il se rapproche beaucoup de l'O. jaune de Lescure mentionné plus haut.

O. rouge petit de Côme. Petite variété italienne bien distincte, mais plutôt jaune cuivré que rouge ; les bulbes en sont petits et très aplatis. Cet ognon est précoce et de bonne conservation, mais peu productif. Il est originaire de Côme, en Lombardie.

O. rouge de Salon (angl. : *Large blood-red O.*). Race méridionale, à bulbe gros, mais un peu mou, comme celui des ognons de Madère. Par sa couleur, l'O. de Salon se rapproche tout à fait de l'O. rouge gros plat d'Italie, mais il est sensiblement plus épais.

O. de Ténériffe. Petite race bien distincte, à bulbe très aplati, d'un rose grisâtre. C'est le plus hâtif de tous les ognons après l'O. de la reine ; il devance de quelques jours l'O. de Nocera lui-même. Remarquons, du reste, que dans ce dernier ognon on rencontre presque toujours quelques bulbes colorés qui ont une grande ressemblance avec l'O. de Ténériffe.

O. de Vaugirard. On désigne parfois sous ce nom une sous-variété un peu plus précoce de l'O. blanc hâtif de Paris, mais c'est une race qui n'est ni bien fixée ni bien constante.

O. de Villefranche. Joli ognon de grosseur moyenne, bien plat, à collet fin, d'un rose jaunâtre ou saumoné. C'est une variété précoce et d'assez bonne garde, qui n'est pas sans analogie avec l'O. de Lescure.

O. white globe. On désigne, en Angleterre, sous ce nom, un ognon sphérique, de la couleur de l'O. soufre d'Espagne, c'est-à-dire jaune pâle un peu verdâtre. Il est important de ne pas confondre cette variété avec l'O. blanc globe, qui est véritablement blanc.

OLLUCO

Ullucus tuberosus Lozano.

Fam. des *Portulacées*.

NOMS ÉTRANGERS : ESP. (Am.) Ulluco, Melloco, Papa lisa.

Chili. — Vivace. — Plante à tige ramifiée, rampante, prenant racine à chaque point où elle touche la terre : feuilles alternes, épaisses, spatulées, luisantes et d'un vert vif, munies d'un pétiole rougeâtre assez long ; fleurs axillaires, petites, verdâtres. La plante ne donne pas de graines à Paris. Tubercules se développant sur des coulants qui prennent naissance à la base des tiges, obronds, très lisses, d'un jaune vif, ne dépassant guère, sous notre climat, le volume d'une grosse noix. Comme dans la pomme de terre, ces tubercules paraissent être des tiges souterraines renflées. La chair en est jaune, mucilagineuse, féculente, lorsque le tubercule a atteint sa complète maturité.

Culture. - - On plante les tubercules à peu près en même temps que les pommes de terre, dans la seconde moitié d'avril, car l'olluco est sensible au froid. Il aime une terre riche et légère, et réussit particulièrement bien dans le terreau de feuilles. Il est bon, quand les tiges sont bien développées, de les recouvrir de terre ou de terreau à la partie inférieure où se développent les tubercules. La récolte se fait au mois d'octobre ou de novembre, quand les tiges sont atteintes par les gelées.

Usage. — Au Chili, on mange les racines de l'olluco ; en France, la culture de cette plante n'a jamais donné de bons résultats.

ONAGRE BISANNUELLE. — Voy. ENOTHÈRE.

OSEILLE

Rumex L.

Fam. des *Polygonées*.

On cultive dans les jardins un assez grand nombre d'espèces différentes appartenant au genre *Rumex* ; toutes sont des plantes vivaces et caractérisées par l'acidité de leurs feuilles. Les principales races cultivées dérivent des : *Rumex Acetosa, R. montanus, R. scutatus, R. Patientia*, qui sont tous des plantes indigènes. On peut compter les diverses oseilles cultivées parmi les plantes qui ont été le moins profondément modifiées par suite de leur introduction dans les jardins, car la plupart se distinguent à peine de leurs similaires sauvages, lorsque celles-ci se sont développées dans des conditions favorables.

OSEILLE COMMUNE

Rumex Acetosa L.

SYNONYMES : Aigrette, Oseille longue, Surelle, Surette, Vinette.

NOMS ÉTRANGERS : ANGL. Sorrel. ALL. Sauerampfer, Sauerling. FLAM. et HOLL. Zuring. DAN. Almindelig syre. ITAL. Acetosa, Acetina, Erba perpetua. ESP. Acedera, Agrella. PORT. Azedas.

Indigène. — Vivace. — Feuilles oblongues, hastées à la base, à oreillettes longuement acuminées et dirigées en bas, presque parallèlement au pétiole, qui est assez long, canaliculé ; tige fistuleuse, striée, souvent rougeâtre ; fleurs en grappes terminales et latérales, dioïques. Graine petite, triangulaire, brune, luisante. Un gramme en contient environ 1000, et le litre pèse 650 grammes ; sa durée germinative est de quatre années.

Culture. — On peut multiplier l'oseille par division des touffes, au mois de mars ou d'avril ; ce procédé est adopté quand on veut, par exemple, former des bordures simplement avec des pieds à fleurs mâles pour éviter la production de la graine, qui fatigue toujours la plante. Le plus souvent on propage l'oseille par semis faits au printemps, en rayons, et de préférence dans une bonne terre profonde et fraîche. On éclaircit dès que le plant a pris un peu de force, laissant les pieds à 0^m,15 ou 0^m,20 de distance sur les rangs. Deux mois après le semis, on peut commencer à cueillir quelques feuilles. On récolte parfois l'oseille en la coupant au couteau ; les maraîchers de Paris, très experts dans cette culture, préfèrent cueillir feuille à feuille, en ne prenant que celles qui sont développées ; la production est ainsi plus abondante et plus soutenue que si l'on avait coupé les toutes jeunes feuilles avec les autres.

Une plantation peut durer trois ou quatre ans ; dès que la production se ralentit, il faut avoir recours à un nouveau semis ou à la division des touffes.

Usage. — On emploie beaucoup les feuilles cuites.

OSEILLE DE BELLEVILLE.

SYNONYMES : Oseille large de Belleville, O. blonde.

NOMS ÉTRANG. : ANGL. Broad-leaved french sorrel. ALL. Breitblättriger Belleville S.

L'oseille de Belleville, ou O. blonde, est la variété la plus cultivée de l'O. commune. C'est à peu près la seule que plantent les cultivateurs des environs de Paris. Elle diffère de l'O. sauvage par la plus grande ampleur de ses feuilles et par leur teinte d'un vert plus pâle. Elle se reproduit bien par le semis.

Les maraîchers des alentours de Paris en font souvent des champs entiers. Au moyen de

Oseille de Belleville (réd. au sixième).

châssis, ils en obtiennent des feuilles fraîches durant presque toute l'année.

On a encore recommandé :

L'*O. de Virieu*, à feuilles larges, et passant pour un peu plus hâtive que l'oseille de Belleville.

L'*O. à feuille de laitue*, à feuilles amples, arrondies et d'un vert très blond.

L'*O. blonde de Sarcelles*, se distinguant de celle de Belleville par sa feuille plus allongée et son pétiole complètement vert, sans teinte rouge.

Toutes ces variétés, en somme, diffèrent fort peu les unes des autres, et par le semis reviennent plus ou moins complètement à l'O. de Belleville.

OSEILLE VIERGE

Rumex montanus Desf. — **R. arifolius** All.

Synonyme : Oseille stérile.

Noms étrangers : Angl. Maiden sorrel. ital. Acetosa vergine.

Indigène. — Vivace. — Feuilles ovales-oblongues, hastées à la base, presque lisses, d'un vert assez intense, à oreillettes courtes, presque arrondies-obtuses ou brièvement acuminées et dirigées en dehors ; pétioles colorés de rose à la base ; tige semblable à celle de l'O. commune ; fleurs dioïques, ordinairement stériles.

Cette espèce donne des feuilles un peu plus grandes que celles de l'O. commune et moins acides; elle est lente à monter. Comme les fleurs en sont dioïques, on peut, de même qu'avec l'O. commune, en faire des bordures tout à fait stériles, en ayant soin de ne planter que des pieds à fleurs mâles.

On distingue deux races de cette oseille : l'*O. vierge commune* ou *à feuilles vertes*, et celle *à feuilles cloquées*, dont les feuilles sont plus grandes, minces, très cloquées, et marquées de petites taches rouges sur la nervure médiane et les nervures principales, à la face inférieure des tiges.

Le type sauvage de l'oseille vierge, le *Rumex arifolius*, se rencontre fréquemment en France à l'état sauvage. Il est surtout commun dans les forêts de sapins des régions montagneuses élevées du Centre et de l'Est, depuis les Vosges jusqu'aux Alpes.

OSEILLE RONDE

Rumex scutatus L.

Synonyme : Petite oseille.

Noms étrangers : Angl. French sorrel. All. Römischer Sauerampfer. ital. Acetosa romana, A. tonda.

Indigène. — Vivace. — Plante d'un aspect très particulier, qui ne peut se confondre avec aucune autre oseille. Tiges grêles, le plus souvent couchées, garnies de petites feuilles d'un vert glauque ou grisâtre, ordinairement arrondies ou en cœur, munies à la base d'oreillettes étroites, divergentes ; fleurs hermaphrodites et unisexuées réunies sur la même plante, en épis.

Les feuilles de l'O. ronde sont extrêmement acides; le principal mérite de la plante est de résister très bien à la sécheresse. On la cultive principalement comme oseille d'été.

OSEILLE ÉPINARD

Rumex Patientia L.

SYNONYMES : Patience, Parelle, Épinard immortel, Choux de Paris, Doche, Dogue.

NOMS ÉTRANGERS : ANGL. Patience, Dock, Herb patience. ALL. Englischer Spinat,
Winter-S. FLAM. Blijvende spinazie. DAN. Engelsk spinat. ITAL. Lapazio, Rombice.
ESP. Romaza, Acedera espinaca, Espinaca perpetua. PORT. Labaça.

Indigène ou subspontanée. — Vivace. — Feuilles minces, planes, ovales-
lancéolées, acuminées, contractées brusque-
ment en un pétiole long et canaliculé en
dessus. Tige de 1ᵐ,50 à 2 mètres, dressée,
cannelée, à rameaux ascendants; fleurs en
groupes fournis, formant au sommet de la
tige une panicule rameuse assez serrée. La
graine est triangulaire, d'un brun pâle,
beaucoup plus grosse que celle de l'O. commune. Un gramme en contient 450, et le
litre pèse 620 grammes; sa durée germinative est de quatre années.

L'O. épinard est moins acide que les
autres espèces; mais, par contre, elle est
extrèmement productive, et a l'avantage de
commencer à donner des feuilles à la sortie de l'hiver, au moins huit à dix jours

Oseille épinard.
réd. au trentième.

avant toutes les autres. Elle se cultive exactement comme l'O. commune.

En outre de ces quatre espèces, on cultive encore quelquefois dans les
jardins, sous le nom d'*O. des Alpes* ou *O. des Pyrénées*, le *Rumex alpinus* L.,
espèce à feuilles molles, ridées, réticulées, et caractérisée surtout par l'ampleur de la gaine des feuilles. Cette plante ne parait présenter, comme légume,
aucune qualité que l'O. épinard ne possède encore à un plus haut degré.

OXALIS CRÉNELÉE

Oxalis crenata JACQ.

Fam. des *Oxalidées.*

SYNONYMES : Oxalide, Oxis, Surelle tubéreuse.

NOMS ÉTRANGERS : ANGL. Oxalis. FLAM. Zuerklaver. ESP. (Am.) Oka, Oxalida.

Pérou. — Vivace, mais annuelle dans la culture. — Tige charnue, rougeâtre, couchée sur terre, garnie de feuilles très nombreuses, composées de
trois folioles triangulaires-arrondies, assez épaisses; fleurs axillaires, à cinq
pétales jaunes, striés de pourpre à la base. Tubercules renflés, ovoïdes-allongés, marqués de dépressions et de renflements comme certaines variétés
de pommes de terre, notamment la vitelotte. Ces tubercules sont amincis du
côté de leur insertion sur la tige; ils ont la peau très lisse, jaune, blanche
ou rouge.

Culture. — L'O. crénelée se multiplie aisément par ses tubercules, qu'on plante au mois de mai dans une terre légère et riche, et en rangs espacés d'un mètre l'un de l'autre à cause du grand développement que prennent les tiges. Comme la végétation de la plante est assez prolongée, et qu'elle est très sensible au froid, il vaut mieux, quand on le peut, mettre les tubercules en végétation sur couche, en mars, pour les planter en pleine terre, déjà avancés, au mois de mai. A mesure que les tiges s'allongent, il faut les couvrir de terre légère ou de terreau pour favoriser la formation des tubercules, en ayant soin de laisser toujours hors de terre l'extrémité de la tige, sur une longueur de 0^m,15 à 0^m,20. Les tubercules ne commencent à grossir qu'assez tard dans la saison ; on n'en fait la récolte que lorsque l'extrémité des tiges a été détruite par les gelées. Il est rare qu'en France le volume de ces tubercules arrive à égaler celui d'un œuf.

Oxalis crénelée.
réd. au tiers.

Usage. — Les tubercules de l'O. crénelée sont très estimés au Pérou et en Bolivie, où l'on en fait une grande consommation. Quand ils viennent d'être recueillis, le goût en est très acide, et par conséquent peu agréable. Dans l'Amérique du Sud, on fait disparaître cette acidité en exposant à l'action du soleil les tubercules, renfermés dans des sacs d'étoffe de laine. Au bout de quelques jours, ils deviennent farineux et sucrés. Si ce même traitement leur est appliqué pendant plusieurs semaines, ils se dessèchent, se rident, et prennent une saveur un peu analogue à celle des figues sèches ; dans cet état, on les nomme *caui.* Outre le tubercule, on peut aussi utiliser les feuilles et les jeunes pousses comme salade, ou à la manière de l'oseille.

On a introduit en France deux variétés d'O. crénelée, la *jaune* et la *rouge*, qui ne diffèrent que par la couleur de leur tubercule. La variété jaune a donné spontanément naissance à une sous-variété dont les tubercules sont d'un *blanc pur.* Cette nouvelle race se reproduit exactement, mais elle paraît inférieure aux deux autres pour la vigueur et les qualités culinaires.

OXALIS DEPPEI Lodd.

Mexique. — *Vivace.* — Racines charnues, blanches, demi-transparentes, ressemblant à de petits navets ; feuilles très longuement pétiolées, à quatre folioles arrondies, d'un vert très blond, et marquées chacune d'une tache brune ; fleurs grandes, d'un rose carmin, verdâtres à la base des pétales.

Culture. — L'O. *Deppei* se multiplie facilement par les bulbilles, qui se forment en grand nombre vers le collet des racines ; on les plante au mois d'avril, en bonne terre légère, soit en bordure, soit en rangs espacés de 0^m,30 à 0^m,40. La végétation se continue jusqu'à l'arrière-saison, sans demander aucun autre soin que quelques arrosements en cas de grandes sécheresses.

Il est bon d'arracher les racines avant les gelées; si l'on peut protéger quelques pieds au moyen de châssis et en prolonger ainsi la végétation jusqu'au mois de novembre, on obtient des racines beaucoup plus belles et plus grosses.

Usage. — On peut manger les racines, qui sont tendres, aqueuses, mais très fades. Les feuilles, employées à la manière de l'oseille, paraissent être un meilleur légume que les racines. Elles sont tendres, d'un goût acidulé agréable, et après qu'elles ont été coupées, il s'en produit rapidement de nouvelles qu'on peut récolter encore au bout de quinze jours ou trois semaines.

OXALIS OSEILLE
Oxalis Acetosella L.
Synonymes : Alleluia, Pain-de-coucou, Surelle.

Noms étrangers : angl. Wood sorrel. ital. Acetosella. esp. Acederilla.

Indigène. — *Vivace.* — L'*O. Acetosella*, qui croît spontanément dans les bois et les endroits frais, est quelquefois récolté et mangé en salade. Les feuilles en sont acides et d'un goût analogue à celui de l'oseille. Il est très rare que cette plante soit cultivée ; si l'on désire en avoir quelques touffes dans un jardin, le meilleur moyen est de les y transporter des endroits où la plante croît spontanément, et de les planter dans un endroit frais et ombragé. En les tondant fréquemment, on obtient une succession de feuilles toujours tendres, et l'on empêche la production des graines, par lesquelles la plante se propage quelquefois au point de devenir une véritable mauvaise herbe.

PAK-CHOI
Brassica chinensis L. var.
Fam. des *Crucifères.*
Synonyme : Chou de Chine.

Chine. — *Annuel.* — Quoique cette plante soit certainement un chou, son aspect la rapproche plutôt des bettes ou poirées. Ses feuilles sont oblongues ou ovales, d'un vert foncé luisant, et s'atténuent en un long pétiole très blanc, renflé et charnu. Le Pak-choi monte vite à graine, et ses tiges florales ressemblent à celles d'un chou; les siliques sont cependant un peu plus courtes et plus renflées que celles des choux d'Europe. Graines rondes, petites, d'un rouge brun ou noirâtre. Un gramme en contient en moyenne 300, et le litre pèse 700 grammes; leur durée germinative est de cinq années.

Pak-choi (réd. au dixième).

Culture. — Le Pak-choi se développe rapidement et peut être semé presque toute l'année. Cependant les semis faits au printemps ou en été ont l'inconvénient de monter vite à graine. Aussi le cultive-t-on habituellement comme les navets, c'est-à-dire qu'on le sème à la fin de juillet ou au mois d'août pour le récolter en automne et au commencement de l'hiver. On le sème en rayons espacés de 0^m,40 à 0^m,50, et l'on éclaircit à deux ou trois reprises. Quand la plante est bien développée, les feuilles, avec leur pétiole, peuvent atteindre 0^m,50 de longueur.

Usage. — Les feuilles s'emploient cuites, à la manière des choux verts ; les côtes sont utilisées comme les brocolis asperges ou les cardes des poirées.

PANAIS

Pastinaca sativa L.

Fam. des *Ombellifères.*

Synonymes : Grand chervis cultivé, Pastenade blanche, Patenais, Racine blanche.

Noms étrangers : angl. Parsnip. all. Pastinake. flam. et holl. Pastenaak. holl. Pinkster nakel. dan. Pastinak. ital. Pastinaca. esp. Chirivia. port. Pastinaga.

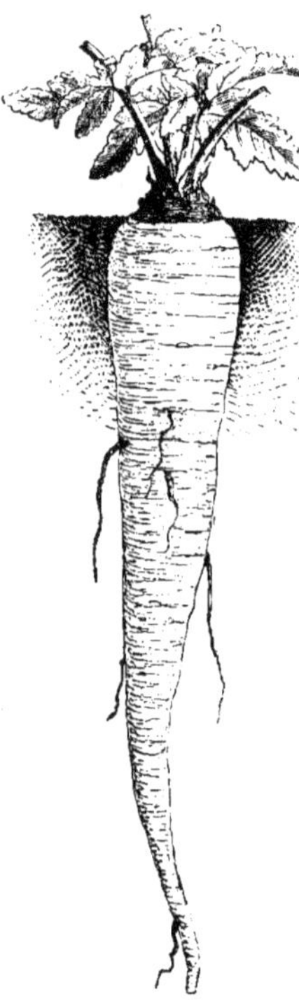

Panais long.
réd. au cinquième.

Indigène. — Bisannuel. — Racine très pivotante, blanche, renflée, charnue ; feuilles radicales découpées jusqu'à la nervure médiane, divisées en segments irréguliers, dentés ; pétioles embrassants, souvent violacés à la base ; tige creuse, sillonnée, rameuse, terminée par de larges ombelles de fleurs verdâtres qui font place à des graines très aplaties, presque orbiculaires, ailées sur les bords, d'un brun clair, et marquées de cinq nervures. Un gramme contient 220 graines, et le litre pèse 200 grammes ; la durée germinative est de deux années.

Culture. — Le panais se cultive comme les carottes ; il peut seulement se semer plus tôt au printemps, dès la fin de février ou de mars. La graine en est toujours d'une levée capricieuse, et les semis manquent assez souvent dans les climats secs, faute d'humidité atmosphérique. Le panais étant très rustique, la récolte peut s'en faire tard à l'automne, ou même seulement pendant l'hiver, au fur et à mesure des besoins.

Usage. — On mange la racine cuite, et on l'emploie comme assaisonnement, sans la manger : par exemple, pour donner du goût au bouillon. Le panais est aussi une très bonne nourriture pour les chevaux et très usitée dans les pays où le panais vient bien et facilement, comme en Bretagne.

PANAIS LONG.

Cette forme, qui se rapproche le plus du panais sauvage, est actuellement peu cultivée. Elle est caractérisée par sa racine très longue, atteignant facilement 0^m,10, pénétrant profondément en terre : à collet allongé, pour ainsi dire pyramidal.

Le **P. amélioré de Brest** est une race plus renflée et moins longue de l'ancien P. long ; il a de même le collet conique et la peau rugueuse. Il a l'avantage d'être productif et d'un arrachage moins difficile que l'ancienne variété ; néanmoins la variété suivante lui est bien préférable.

PANAIS LONG DE GUERNESEY.

Noms étrangers : Angl. Hollow crown parsnip, Student P.; (Am.) Long smooth P. All. Grosse lange Pastinake.

Belle racine, longue, renflée, très nette, à collet fin, entourée d'une dépression circulaire ou sorte de gouttière, du centre de laquelle sortent les feuilles, tandis que la racine se renfle à l'entour. Ce panais n'est guère que trois à quatre fois aussi long que large ; il a la peau blanche, lisse, et non pas rugueuse et sillonnée de rides comme le P. long ordinaire. Le feuillage en est aussi beaucoup moins développé et moins abondant, relativement aux dimensions de la racine. Il y a, entre cette variété et le P. long commun, toute la différence d'une race améliorée et façonnée par la culture à une race presque sauvage.

Le P. de Guernesey est le plus productif et le plus recommandable des panais longs. La variété anglaise *Sutton's student* n'en est guère qu'une bonne race locale.

Bien qu'il soit assez volumineux et assez rustique pour faire une excellente plante fourragère, le panais long de Guernesey est avant tout un légume, et on le cultive principalement comme tel. Il est un peu moins hâtif que le P. rond, mais plus productif.

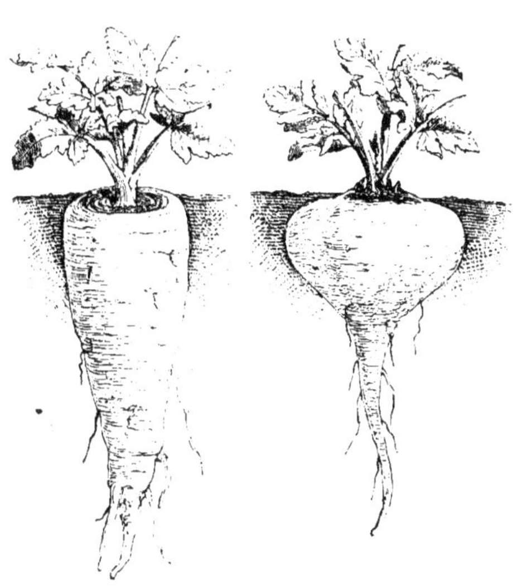

Panais long de Guernesey.
réd. au cinquième.

Panais rond.
réd. au cinquième.

PANAIS ROND.

Synonymes : Panais court, P. royal, P. de Metz, P. de Siam.

Noms étrangers : Angl. Round parsnip. All. Runde Pastinake.

Racine en forme de toupie, plus large qu'épaisse, mesurant facilement de 0^m,12 à 0^m,15 en travers, sur 0^m,08 à 0^m,10 dans l'axe de la racine. Cette variété a le feuillage plus léger et moins abondant que celui des panais longs ; elle se développe aussi beaucoup plus promptement.

C'est le panais qui convient le mieux à la culture potagère.

PASTÈQUE. — Voy. Melon d'eau Pastèque.

PATATE DOUCE

Convolvulus Batatas L.

Fam. des Convolvulacées.

SYNONYMES : Batate, Artichaut des Indes, Truffe douce.

NOMS ÉTRANGERS : ANGL. Sweet potato ; (Am.) Spanish P., Carolina P.
ITAL. Patata. ESP. et PORT. Batata.

Amérique méridionale. — Vivace, mais annuelle dans la culture. —
Tiges rampantes, longues souvent de 2 à 3 mètres et au delà, garnies de
feuilles nombreuses, cordiformes, d'un vert foncé et parfois luisant. Fleurs
axillaires, ressemblant à celles d'un liseron, mais se montrant rarement sous
le climat de Paris. Racines abondantes, très ramifiées, produisant des tubercules de forme plus ou moins arrondie ou allongée, suivant les variétés ;
à chair tendre, farineuse, sucrée et, dans la plupart, assez parfumée. Ces
racines renflées en tubercules constituent la partie comestible de la plante ;
elles sont produites en très grande abondance dans les pays chauds, où la
patate joue en une certaine mesure, dans l'alimentation, le rôle qui appartient chez nous à la pomme de terre.

Culture. — La végétation de la patate, occupant une période assez longue,
peut difficilement se faire sous le climat de Paris sans la chaleur artificielle ;
et comme, d'autre part, la conservation des tubercules est assez difficile dans
les pays du Nord, la plupart des jardiniers ont l'habitude d'en mettre quelques-uns en végétation, dès le milieu ou la fin de l'hiver, soit en serre, soit
sur une couche chaude. Quand les pousses ont pris un peu de force, on les
détache du tubercule et on les plante chacune dans un godet où elles atten-
dent le moment d'être mises en place. La plantation se fait depuis le mois de
mars jusqu'à la fin de mai, selon qu'on a l'intention de hâter plus ou moins
la végétation des patates. Les plantations faites en mars ou en avril sur
couches doivent être protégées par des châssis. Au mois de mai, ceux-ci
deviennent inutiles, et l'on peut, à cette époque, planter simplement sur des
couches de feuilles sèches recouvertes de 0^m,12 à 0^m,15 de terre légère ou de
terreau. Des arrosements abondants sont nécessaires dès que la température
commence à devenir chaude, et les tiges ont bientôt couvert toute la couche
et s'étendent même souvent au delà. Dans le Midi seulement, on peut planter
les patates en pleine terre, sur des ados de bonne terre riche et meuble, et
on les arrose au moyen de rigoles établies dans l'intervalle des ados, qui
doivent être distants d'au moins 2 mètres l'un de l'autre.

Les tubercules sont bien développés au bout de quatre à cinq mois. La
récolte s'en fait le plus tard possible sous le climat de Paris ; mais il faut
avoir soin de les arracher aussitôt que les tiges et les feuilles ont été atteintes
par la gelée, parce que la terre n'étant plus recouverte par les fanes de la
plante, la gelée pourrait pénétrer facilement jusqu'aux tubercules, qui se
trouvent souvent à fleur de terre et sont très sensibles au froid. La conservation des tubercules est extrêmement difficile : le froid et l'humidité leur
sont également nuisibles ; il faut donc les tenir dans un endroit très sain,
dont la température soit aussi égale que possible et ne descende pas au-
dessous de 5 ou 6 degrés au-dessus de zéro. On se trouve bien quelquefois

de les déposer dans des caisses qu'on remplit ensuite de sable sec, de terre de bruyère ou de sciure de bois. Il faut éviter que les tubercules soient en contact les uns avec les autres, et examiner de temps en temps les caisses pour enlever ceux qui commenceraient à se gâter. Comme la pomme de terre, la patate peut se multiplier de graines, mais le semis ne reproduit pas les variétés avec leurs caractères, et l'on n'en fait guère usage que quand on cherche à en obtenir de nouvelles. Du reste, la plante ne produit jamais de graines sous le climat de Paris.

Usage. — On mange les tubercules comme les pommes de terre, accommodés de différentes façons. La chair en est sucrée, très tendre, et possède, dans la plupart des variétés, un parfum qui rappelle un peu celui de la violette.

On cultive un nombre presque infini de variétés de patates : nous citerons ici seulement les plus hâtives, et celles qui réussissent le mieux en France :

La *P. igname*, à tubercules très gros, ovales ou obronds, obtus aux extrémités, souvent cannelés ; à peau d'un blanc grisâtre ; à chair blanche, peu fine, assez farineuse et médiocrement sucrée. Cette variété est une des plus productives. Le poids de ses tubercules atteint quelquefois 4 kilogrammes.

La *P. jaune*, appelée aussi *jaune de Malaga* ou *jaune des Indes*, est un peu tardive, mais d'une qualité excellente ; les tubercules en sont longs et minces, très effilés, atteignant 0ᵐ,10 de long sur 0ᵐ,04 à 0ᵐ,05 de diamètre. La peau en est jaune, lisse ; la chair, d'un beau jaune, très fine et très sucrée.

Patate violette ou rouge.
réd. au huitième.

Patate rose de Malaga.
réd. au huitième.

La *P. rose de Malaga* a les tubercules oblongs, de forme un peu variable, souvent marqués de sillons longitudinaux et plus renflés à une extrémité qu'à l'autre. La peau en est d'un rose un peu grisâtre ; la chair, jaune, très fine et modérément sucrée. C'est une des variétés les plus hâtives et les plus productives.

La *P. violette* ou *rouge* est la plus sucrée, la plus parfumée et la moins farineuse de toutes. Les tubercules en sont très longs et très minces, atteignant 0^m,50 de longueur sur 0^m,04 à 0^m,05 de diamètre dans leur portion la plus épaisse, mais beaucoup plus effilés aux deux extrémités ; ils sont presque toujours sinueux ou ondulés. La peau en est lisse, d'un rouge un peu violacé, la chair blanche à l'intérieur, légèrement rosée sous la peau. Cette variété est celle que cultivent le plus généralement les jardiniers des environs de Paris.

On cultive bien d'autres variétés de patates en Algérie, aux colonies et même aux États-Unis, où ce légume fait l'objet d'un commerce important.

PATIENCE. — Voy. Oseille épinard.

PATISSON. — Voy. Courge patisson.

PERCE-PIERRE

Crithmum maritimum L.

Fam. des *Ombellifères*.

Synonymes : Bacile, Christe marine, Crête marine, Fenouil des marais, Fenouil marin, Herbe de Saint-Pierre, Passe-pierre, Saxifrage maritime.

Noms étrangers : angl. Samphire, Sea fennel. all. Meer-Fenchel, Steinbrech. flam. et holl. Zeevenkel. ital. Bacicci, Erba San-Pietro, Sassifraga. esp. Hinojo marino, Pasa piedra. port. Funcho marino.

Indigène. — Vivace. — La perce-pierre croît ordinairement dans les rochers ou sur l'escarpement des falaises au voisinage de la mer, mais hors de

Perce-pierre.
réd. au dixième.

l'atteinte des plus hautes marées. C'est une plante à souche rampante ; à tiges courtes et fortes, finement striées, souvent branchues, à rameaux très divariqués ; feuilles deux et trois fois divisées, à segments linéaires, épais, renflés, charnus. Ombelles terminales de petites fleurs blanchâtres. Graines oblongues, elliptiques, jaunâtres, aplaties d'un côté, convexes et marquées de trois côtes saillantes de l'autre côté.

Elles sont remarquablement légères, malgré leur volume assez fort : un gramme en contient 350, et le litre ne pèse guère plus de 120 grammes. Leur faculté germinative se perd presque complètement après la première année.

Culture. — Sur les côtes, on se contente de récolter la perce-pierre, qui croît naturellement. On peut la cultiver dans les jardins en la semant à l'automne, dès que la graine est mûre, dans une bonne terre légère et saine. Il est bon de couvrir le semis au moins pendant le premier hiver, pour le protéger des grands froids, auxquels la plante est assez sensible. Elle réussit mieux encore quand on peut l'implanter dans le pied d'un mur, entre les joints des pierres, à bonne exposition.

Usage. — On emploie comme assaisonnement les feuilles confites au vinaigre.

PERSIL

Apium Petroselinum L. — **Petroselinum sativum** Hoffm.

Fam. des *Ombellifères*.

Noms étrangers : Angl. Parsley. All. Petersilie. Flam. et Holl. Peterselie. Holl. Pieterselie. Dan. Petersilje. Ital. Prezzemolo, Petroncino (à Naples), Erbetta (à Rome). Esp. Perejil. Port. Selsa.

Sardaigne. — *Bisannuel.* — Pendant la première année de végétation, le persil forme seulement une rosette plus ou moins fournie de feuilles pétiolées, deux ou trois fois divisées, d'un vert foncé, à divisions dentées, plus ou moins entières ou, au contraire, fendues et laciniées. Tige florale ne se montrant que la seconde année, dressée, rameuse, striée, haute de 0^m,60 à 0^m,80; fleurs petites, d'un bleu verdâtre, en ombelles terminales. Graines trigones, grisâtres ou brun clair, plates sur deux faces et convexes sur la troisième, où elles sont marquées de cinq côtes saillantes : elles sont fortement aromatiques, comme toutes les parties de la plante. Un gramme de graines en contient 350, et le litre pèse un peu plus de 500 grammes : leur durée germinative est de trois années au moins.

Culture. — Le persil peut se semer en pleine terre pendant toute la belle saison, depuis le mois de mars jusqu'en août ou septembre. On en fait, soit des bordures, soit des planches composées de rayons espacés de 0^m,25 à 0^m,30. La levée de la graine de persil est en général assez lente. Il est rare que la germination mette moins d'un mois à se faire. Moyennant quelques soins donnés à l'éclaircissage et à l'entretien des planches, avec des arrosements fréquents, on peut commencer à récolter environ trois mois après le semis. Il est bon de cueillir une à une les feuilles les plus développées, comme on fait pour l'oseille : la production est ainsi plus soutenue que quand on coupe au couteau les touffes tout entières. Le persil est un peu sensible au froid; aussi est-il bon, pour n'en pas manquer en hiver, de couvrir de châssis une planche en plein rapport, et de préférence composée de jeunes pieds semés vers le mois d'août. On peut aussi arracher de vieux pieds bien établis, et les chauffer en serre ou sur couche, comme on fait pour les griffes d'asperges.

Usage. — La feuille, qui est aromatique, s'emploie beaucoup crue ou cuite, en assaisonnement.

PERSIL COMMUN.

Noms étrangers : Angl. Common *or* Plain parsley. All. Gemeine Petersilie.

Les caractères de ce persil sont exactement ceux de l'espèce type, nous n'avons donc pas à les répéter. Nous ferons seulement une réflexion au sujet de cette

Persil commun.
réd. au cinquième.

forme de persil : c'est qu'elle est la seule avec laquelle puisse assez facilement se confondre la petite ciguë (*Æthusa Cynapium* L.), plante indigène et poison violent. La similitude des feuilles est telle dans les deux plantes, que même un jardinier exercé n'est pas certain de les distinguer, s'il n'appelle le goût et l'odorat à son aide. Or, quand on cultive le persil pour la consommation, il est fort important de prendre toutes les précautions possibles pour ne pas le confondre avec une plante vénéneuse. Rien n'est plus facile, si l'on se fait une règle de ne cultiver que les races à feuilles frisées, qui sont aussi bonnes que le persil commun en tant qu'assaisonnement et préférables comme garniture. Comme elles grènent un peu moins et demandent quelques soins pour être conservées pures, la semence en est ordinairement un peu plus chère que celle du P. commun, mais il en faut si peu pour un jardin, et la sécurité parfaite que donne leur emploi est si précieuse, qu'il n'y a vraiment pas lieu de s'arrêter à cette considération.

PERSIL GRAND DE NAPLES.

SYNONYME : Persil à feuille de céleri.

NOMS ÉTRANGERS : ANGL. Neapolitan *or* Celery-leaved parsley. ALL. Italienische Riesen-Petersilie. ITAL. Prezzemolo di Spagna.

Cette variété diffère du P. commun par les grandes dimensions que prennent ses feuilles et leurs pétioles, qui sont gros et forts en proportion de leur longueur.

On peut employer le P. grand de Naples comme le P. ordinaire; mais, en outre, on peut en faire blanchir les côtes, et les employer à la manière du céleri. On cultive dans ce cas la plante exactement comme le céleri, repiquant le plant dans des tranchées que l'on comble graduellement à l'automne pour faire blanchir les côtes. Leur goût se rapproche, dit-on, de celui du céleri, et elles sont plus faciles à obtenir, le P. grand de Naples exigeant moins d'arrosements et étant moins que le céleri exposé à prendre la rouille. Cet emploi du P. de Naples n'est toutefois pas répandu en France, et nous devons convenir que nous en parlons par ouï-dire et non par expérience.

PERSIL FRISÉ.

NOMS ÉTRANGERS : ANGL. Curled parsley. ALL. Gefüllte Petersilie, Krause P. HOLL. Fijne krul pieterselie. DAN. Kruns petersilje. ITAL. Prezzemolo ricciuto.

Dans cette variété, les divisions des feuilles sont assez profondément incisées, et chacun des petits segments ainsi formés se replie plus ou moins en dessus. Il en résulte pour l'ensemble de la feuille une apparence crépue ou frisée d'un assez joli effet.

Il existe certaines races de P. frisé où les segments de la feuille se recourbent au point de montrer presque tous leur surface inférieure, qui est d'un vert plus pâle et plus grisâtre que la face supérieure : telle est la variété connue sous le nom de *P. frisé de Windsor* ou de *Smith's curled parsley*. Cette race est moins jolie que le P. frisé ordinaire, les feuilles ayant toujours un peu l'apparence d'être tachées ou malades.

PERSIL NAIN TRÈS FRISÉ.

Nom étranger : all. Spanische Zwerg-Petersilie.

Sous-variété du P. frisé, remarquable par la finesse de la découpure des feuilles et par le grand nombre des divisions, qui se touchent les unes les autres et font ressembler la feuille à une plaque de mousse bien touffue. Les pétioles sont remarquablement courts dans cette variété, de sorte que les feuilles sont presque appliquées sur terre et forment une touffe très basse et bien garnie.

C'est le meilleur de tous les persils pour la décoration et la garniture des plats. Il est tout aussi parfumé que les autres.

Persil nain très frisé.
réd. au cinquième.

Persil à feuille de fougère.
réd. au cinquième.

PERSIL A FEUILLE DE FOUGÉRE.

Noms étrangers : angl. Fern-leaved parsley. all. Farrnblättrige Petersilie.
holl. Varen-bladige pieterselie.

Dans cette variété, les feuilles ne sont pas frisées, mais divisées en un très grand nombre de petites lanières filiformes, qui donnent à l'ensemble une apparence très légère et très gracieuse. Le P. à feuille de fougère est aussi caractérisé par la couleur très foncée de ses feuilles, qui sont d'un vert presque noir. C'est une des variétés les plus difficiles à maintenir complètement pures.

PERSIL A GROSSE RACINE.

Noms étrangers : angl. Hamburg parsley, Turnip-rooted P. all. Petersilienwurzel.
holl. Wortel-pieterselie. dan. Rod petersilje.

Dans cette race de persil, ce ne sont plus les feuilles, mais les racines, charnues et renflées, qui forment la partie utile de la plante. Ces racines, qui sont d'un blanc sale, à peu près comme celles du panais, peuvent facilement atteindre 0^m,15 de longueur sur 0^m,04 à 0^m,05 de diamètre dans la partie la plus renflée, qui se trouve habituellement au voisinage du collet. La chair en est blanche, un peu sèche; le goût se rapproche, mais avec moins de finesse, de celui du céleri-rave. Le feuillage ressemble tout à fait à celui du persil ordinaire.

En Allemagne, où la culture de ce légume est assez répandue, on en distingue deux variétés : l'une, plus tardive, à racines longues et minces; l'autre, plus précoce, dont les racines sont plus courtes et plus renflées. Ces deux races nous ont paru peu fixes et la différence de rendement entre elles assez légère.

Culture. — Le P. à grosse racine se cultive comme les panais. On le sème à la sortie de l'hiver dans une terre bien défoncée, mais on peut commencer à le récolter dès le mois de septembre; il ne craint pas le froid et peut être laissé en terre jusqu'aux gelées.

Le persil à grosse racine n'est pas un légume ancien; comme le cerfeuil bulbeux, il a été obtenu et introduit dans les cultures à une époque relativement récente. Il est fort probable que, parmi les plantes non

Persil à grosse racine hâtif.
réd. au cinquième.

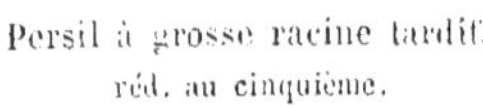

Persil à grosse racine tardif.
réd. au cinquième.

encore cultivées et spécialement parmi les *ombellifères bisannuelles*, il serait possible d'en amener d'autres à former des racines charnues suffisamment renflées pour être utilisées comme légume. Les résultats d'une expérience entreprise par nous, dans un but purement scientifique, nous confirment dans cette opinion. L'*Anthriscus silvestris* L., plante sauvage de nos bois, nous a donné, au bout d'une dizaine d'années de semis répétés et de sélection méthodique, une proportion allant, dans certains lots, jusqu'à la moitié et plus de racines simples, nettes, fusiformes, aussi régulières de forme que celles du meilleur persil à grosse racine. Or, à l'état sauvage, la racine est aussi divisée et fourchue que celle d'un céleri à côtes. Le chemin parcouru est donc considérable, et il y a lieu de remarquer que les plantes améliorées en question ne représentent que la cinquième génération à compter de la forme sauvage, puisque l'*Anthriscus*, étant bisannuel, ne grène que la seconde année.

PE-TSAI

Brassica chinensis L.
Fam. des *Crucifères*.
Synonyme : Chou de Shangton.

Chine. — *Annuel.* — Le pe-tsai, comme le pak-choi, diffère complètement, par l'aspect, de nos choux d'Europe. Il ressemble plutôt, comme apparence, aux laitues romaines ; comme elles, il forme tantôt une pomme allongée, assez pleine et assez compacte, d'autres fois un simple bouquet de feuilles demi-dressées et s'évasant en forme d'entonnoir. Les côtes sont d'un blanc moins pur que celles du pak-choi ; elles sont assez grosses et charnues, et le limbe de la feuille, quoique plus étroit vers la base, les accompagne dans toute leur longueur. Les feuilles sont un peu cloquées, ondulées sur les bords et d'un vert pâle ou blond. La graine ressemble beaucoup à celle du pak-choi : un gramme en contient environ 300, et le litre pèse 700 grammes ; sa durée germinative est de cinq années.

Les parties florales de la plante sont tout à fait semblables à celles du pak-choi ; la culture des deux plantes est aussi parfaitement identique, ainsi que leur emploi.

Il a encore été importé de Chine, ces années passées, une forme de *Brassica chinensis* à feuilles presque complètement arrondies, d'un vert foncé, rétrécies en pétiole à la base, formant des touffes ou rosettes extrêmement ramassées ; les tiges florales elles-mêmes sont beaucoup plus courtes que celles du pe-tsai ou du pak-choi. Cette forme ne paraît pas avoir grand intérêt au point de vue de la culture. Botaniquement, elle présente à l'excès les caractères qui distinguent le *Br. chinensis* du *Br. oleracea.*

PICRIDIE CULTIVÉE

Picridium vulgare Desf.
Fam. des *Composées*.
Synonymes : Cousteline, Terre crépie.
Noms étrangers : ital. Caccialepre, Terra crepolo.

Indigène. — *Annuelle.* — Feuilles radicales sinuées ou même découpées, à lobes entiers ou dentés, généralement obtus, formant une rosette assez garnie, de 0ᵐ,25 à 0ᵐ,30 de diamètre ; tiges nombreuses, ramifiées, glabres, garnies de quelques feuilles allongées, étroites, amplexicaules à la base, ordinairement dentées ; capitules terminaux assez gros, renflés à la base, à fleurons jaunes. Graine brune, petite, allongée, marquée de quatre sillons et de quatre arêtes saillantes crénelées transversalement. Un gramme contient 1200 graines, et le litre pèse 220 grammes ; durée germinative, cinq ans.

Culture. — On sème la picridie cultivée en rayons, comme le persil ou la chicorée sauvage, et on la coupe pour petite salade en vert, comme cette dernière plante. Elle repousse après avoir été tondue, et peut donner plusieurs récoltes dans la saison. Des arrosements fréquents sont utiles pendant les chaleurs.

Usage. — On mange les jeunes feuilles en salade ; c'est surtout en Italie que ce légume est usité.

PIMENT

Capsicum L.

Fam. des *Solanées*.

Syn. : Carive, Corail des jardins, Courats, Poivre de Calicut, Poivre d'Espagne,
Poivre de Guinée, Poivre de Portugal, Poivre d'Inde, Poivre du Brésil, Poivron.

Noms étrangers : angl. Capsicum, Chili pepper. all. Pfeffer. flam. et holl. Spaansche peper. ital. Peperone. esp. Pimiento. port. Pimento, Pimentão.

Amérique du Sud. — Annuel dans la culture, bien que plusieurs
espèces de ce genre puissent devenir vivaces dans les pays chauds. Tous
les piments ont les tiges dressées, ramifiées, devenant presque ligneuses.
Feuilles lancéolées ou plus ou moins élargies, terminées en pointe et rétrécies
à la base en un pétiole plus ou moins allongé. Fleurs blanches, étoilées,
solitaires dans les aisselles des feuilles, faisant place à des fruits de formes
très diverses, à enveloppe un peu charnue, d'abord d'un vert foncé, devenant rouge, jaune ou violet noir à la maturité, toujours creux et portant des
graines blanches, aplaties, réniformes, de $0^m,003$ à $0^m,005$ de longueur, attachées en grand nombre à une sorte de cordon charnu, contenant, ainsi que
le tissu intérieur du fruit, un suc âcre et d'un goût extrèmement brûlant dans
la plupart des variétés. Un gramme de graines en contient environ 150, et le
litre pèse 450 grammes ; leur durée germinative est de quatre années.

Culture. — La culture des piments est à peu près exactement la même que
celle des aubergines ; nous n'entrerons donc pas ici dans des détails que nous
avons déjà donnés à cet article. Sous le climat de Paris, le semis sur couche
est indispensable pour toutes les variétés de piments. Dans le Midi même,
on y a généralement recours, au moins pour les variétés à gros fruit. En
Espagne, où la culture des gros piments est très répandue, on les avance
presque toujours en les semant dès le mois de février sous châssis, pour être
mis en pleine terre vers la fin d'avril.

Usage. — On emploie beaucoup, surtout dans les pays chauds, les fruits,
verts ou mûrs, comme assaisonnement ; on les confit également au vinaigre.
Séchés et broyés, on en fait le poivre de Cayenne ou poivre rouge. Enfin les
fruits des grosses variétés, qui sont très charnus et dépourvus de saveur brûlante, s'emploient comme légumes un peu à la manière des aubergines.

PIMENT COMMUN.

Capsicum annuum L.

Une grande partie des races cultivées de piments, sinon toutes, paraissent
dériver de cette espèce, qui se cultive parfaitement comme plante annuelle
sous le climat de Paris avec l'aide d'un peu de chaleur artificielle au début
de la végétation.

Ce piment a les tiges assez hautes, les feuilles plus longues que larges,
les fleurs blanches et assez petites, les fruits généralement allongés.

Il semble que la saveur âcre et brûlante des fruits soit, dans cette espèce, en
raison inverse de leur volume. Les grosses variétés ont d'ordinaire le fruit doux,
les moyennes tantôt doux et tantôt fort, les petites invariablement très fort.

PIMENT ROUGE LONG.

Synonyme : Poivre long.

Noms étrangers : Angl. Spanish *or* Guinea pepper. All. Spanischer langer rother
Pfeffer. Holl. Lange roode peper.

Cette variété, la plus répandue de toutes dans les cultures, présente tous
les caractères de végétation que nous venons de décrire. Les fruits en sont
pendants, effilés, très longuement coniques, souvent courbés et tortueux,
surtout vers la pointe, atteignant parfois 0^m,10 à 0^m,12 de long sur 0^m,02
à 0^m,03 de diamètre à la base. Ils sont d'une très belle couleur rouge vif à la
maturité, et d'une saveur ordinairement assez brûlante ; mais on rencontre,
sous ce rapport, de très grandes différences d'un pied à l'autre, sans qu'aucun caractère extérieur puisse permettre de reconnaître sûrement les plantes
à saveur forte de celles qui ont le fruit doux.

Piment rouge long.
Fruits réd. au tiers.

Piment jaune long.
Fruits réd. au tiers.

Piment de Cayenne.
Fruits réd. au tiers.

On désigne quelquefois sous le nom de *P. de Cayenne* une sous-variété
du P. rouge long, à fruits plus étroits, légèrement courbés à l'extrémité,
ne dépassant guère 0^m,01 de diamètre sur 0^m,07 à 0^m,08 de long, pendants,
et d'un goût toujours très brûlant et très âcre.

Cette désignation peut créer de la confusion avec le véritable piment de
Cayenne, qui est vivace et appartient à une autre espèce botanique trop délicate pour vivre sous le climat de la France.

PIMENT JAUNE LONG.

Noms étrangers : Angl. Long yellow pepper. All. Spanischer langer gelber
Pfeffer. Holl. Lange gele peper.

Cette variété ne diffère du P. rouge long que par la couleur de ses fruits,
qui sont d'un beau jaune vif et luisant. Ils sont en général de saveur très
forte. Leur longueur dépasse rarement 0^m,10 ; ils sont minces et souvent
un peu courbés.

PIMENT VIOLET.

Synonyme : Piment noir.

Nom étranger : all. Violetter schmaler Pfeffer.

Plante vigoureuse, atteignant souvent un mètre de hauteur ; tiges fréquemment colorées de violet, surtout au point d'insertion des rameaux et des feuilles, un peu plus étalées et plus ramifiées que celles du P. rouge long. Feuilles petites, courtes et étroites, portées sur de longs pétioles; fleurs blanches, souvent teintées de violet sur l'extrémité des divisions de la corolle; pédoncules très longs. Fruits pendants, horizontaux ou dressés, de forme assez variable, parfois courtement coniques, le plus souvent trois ou quatre fois aussi longs que larges et atteignant jusqu'à 0ᵐ,06 ou 0ᵐ,08 de longueur, d'abord d'un vert foncé très abondamment lavé de violet noirâtre, devenant rouge violacé foncé à la maturité complète.

La saveur du fruit est extrêmement forte dans cette variété.

PIMENT DU CHILI.

Noms étrangers : angl. Chili pepper *or* Chilis. all. Chilenischer scharfer Pfeffer.

Race d'apparence très distincte, à tige très ramifiée, assez basse, à ramifications étalées, formant un petit buisson élargi ne dépassant guère 0ᵐ,40 à 0ᵐ,50 de hauteur. Feuilles petites, étroites, nombreuses. Fleurs blanches,

Piment du Chili.
Fruits réd. au tiers.
Piment du Chili.
Plante réd. au huitième.

petites, remplacées par des fruits minces et pointus, de 0ᵐ,04 à 0ᵐ,05 de long sur 0ᵐ,01 à peine de diamètre, très souvent dressés, d'un rouge écarlate très vif à la maturité et d'un goût très brûlant : ils sont produits en très grande abondance et paraissent quelquefois aussi nombreux que les feuilles.

Le P. du Chili est une des races les plus précoces et les plus productives; c'est celle qui convient le plus particulièrement pour les jardins du nord de la France.

En outre de ses qualités comme plante potagère, cette variété présente aussi un assez grand intérêt comme plante d'ornement; ses nombreux fruits rouge éclatant, se détachant au milieu du feuillage, lui donnent un véritable mérite décoratif.

PIMENT CERISE.

NOMS ÉTRANGERS : ANGL. Cherry pepper. ALL. Kirschförmiger Pfeffer.

Quelques botanistes font de cette race une espèce différente, sous le nom
de *Capsicum cerasiforme* L. Il semble pourtant que ses caractères de végétation la rapprochent bien des variétés sorties du *C. annuum*. Elle se distingue du P. rouge long par la forme de ses fruits, qui sont presque sphériques, avec un diamètre d'environ 0^m,02 en tous sens. La saveur en est extrêmement forte et la maturité assez tardive.

Ce qui paraît appuyer l'opinion de ceux qui voient dans ce piment une simple variété du *Capsicum annuum*, c'est qu'on y rencontre assez souvent des fruits de forme plus ou moins allongée qui paraissent retourner au P. rouge long ordinaire.

Piment cerise.
Rameau réd. au dixième ; fruit, de moitié.

Il en existe une sous-variété à fruit jaune, qui se rencontre assez rarement dans les cultures. Ses caractères sont, à l'exception de la couleur, exactement les mêmes que ceux du P. cerise ordinaire.

PIMENT GROS CARRÉ DOUX.

SYNONYME : Piment cloche.

NOMS ÉTRANGERS : ANGL. Bell pepper, Large bell P. ; (Am.) Sweet mountain P.,
Bullnose P.

Plante assez ramassée, à feuilles assez grandes, d'un vert franc ; ramifications courtes et raides ; fleurs grandes, souvent de forme irrégulière. Fruits obtus, pour ainsi dire carrés, marqués de quatre sillons assez profonds, séparés par quatre renflements prononcés, presque tronqués à l'extrémité. La chair en est assez épaisse ; les graines relativement peu abondantes, et la saveur complètement douce.

Piment gros carré doux.
Fruits réd. au tiers.

La variété habituellement cultivée donne des fruits mesurant environ 0^m,05 de long avec un diamètre égal.

On en cultive, dans le Midi et en Espagne, une forme à fruit beaucoup plus gros, un peu plus arrondi, mais avec les sillons très prononcés, surtout vers l'extrémité du fruit. Il n'est pas rare, dans cette race, de voir des fruits mesurant 0^m,08 à 0^m,10 en tous sens.

Cette variété à gros fruit est très tardive. La conservation en est difficile

PIMENT MONSTRUEUX.

Noms étrangers : angl. Monstrous *or* Grossum pepper. all. Sehr grosser milder monströser Pfeffer.

Les fruits de cette variété sont, jusqu'à un certain point, intermédiaires par leur forme entre ceux du P. rouge long et ceux du P. gros carré doux; mais ils les dépassent de beaucoup par leur volume. Ils sont irrégulièrement ovoïdes ou coniques, renflés dans la portion la plus rapprochée du pédoncule, s'amincissant dans l'autre partie, et d'ordinaire plus rapidement d'un côté que de l'autre, pour se terminer en pointe obtuse; de sorte qu'un côté du fruit est complètement convexe, tandis que l'autre est habituellement plus ou moins concave. L'aspect du fruit est assez bien décrit par le nom de *P. tête de mouton* qu'on lui donne quelquefois. Il mesure, quand il est bien développé, environ 0^m,15 de longueur sur 0^m,08 de diamètre dans la portion la plus renflée. Il est, à la maturité, d'un très beau rouge intense et d'une saveur tout à fait douce.

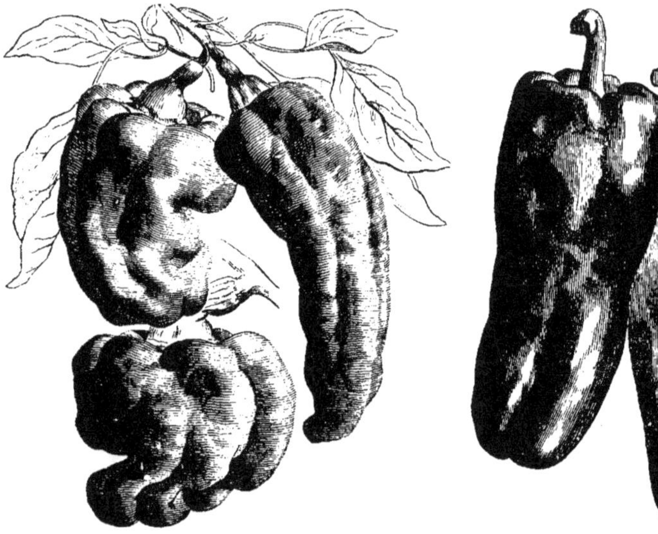

<table>
<tr><td>Piment monstrueux.
Fruits réd. au tiers.</td><td>Piment doux d'Espagne.
Fruits réd. au tiers.</td></tr>
</table>

PIMENT DOUX D'ESPAGNE.

Synonyme : Piment sucré d'Espagne.

Noms étrangers : angl. Large sweet spanish pepper, Spanish Mammoth P., Mountain P. all. Rother milder Spanischer Pfeffer.

Les fruits de cette variété se rapprochent par leurs dimensions de ceux du P. monstrueux; mais ils ont la forme d'un cône ou plutôt d'un prisme à quatre angles arrondis, tronqué vers l'extrémité; leur longueur atteint 0^m,15 à 0^m,18, avec un diamètre de 0^m,06 à 0^m,07 à la base et de 0^m,03 environ à l'extrémité. Les fruits de ce piment sont très beaux et très doux.

On en distingue deux variétés, qui diffèrent l'une de l'autre seulement par la couleur. L'une a les fruits d'un *rouge vif*, l'autre les a d'un beau *jaune*.

Le P. doux d'Espagne exige un climat très chaud pour amener son fruit à tout son développement. On en voit de très beaux à Paris chez les marchands de produits du Midi, qui les font venir de Valence ou d'Algérie ; mais il est à peu près impossible de les obtenir semblables sous notre climat.

PIMENT TOMATE.

Noms étr. : Angl. Red tomato capsicum, American bonnet pepper, Red squash P.

Ce piment a quelque analogie avec le P. gros carré doux, mais les fruits en sont beaucoup plus courts et marqués d'un assez grand nombre de sillons et de côtes, comme certaines tomates. Ils sont, à la maturité, d'un beau rouge vif et mesurent environ 0^m,05 à 0^m,06 de diamètre transversal, sur 0^m,02 à 0^m,03 seulement du point d'attache à l'extrémité du fruit.

Cette race n'est pas très productive ; elle est plus curieuse que recommandable.

Piment tomate.
Fruits réd. au tiers.

Le fruit en est ordinairement de saveur douce ; quelquefois, mais par exception, il est fort et brûlant ; la chair en est toujours assez sèche et peu épaisse.

Il en existe une sous-variété *à fruit jaune*.

On donne quelquefois le nom de *P. bec d'oiseau* et de *P. enragé* aux fruits des plus petites variétés du *C. annuum*, dont la saveur est remarquablement brûlante ; mais, à proprement parler, ces noms doivent s'appliquer aux fruits du *C. frutescens* L., qui ne prospère que dans les climats tropicaux.

PIMPRENELLE PETITE

Poterium Sanguisorba L.

Fam. des *Rosacées*.

Synonyme : Bipinelle.

Noms étrangers : Angl. Burnet. All. Garten-Pimpinelle. Flam. et Holl. Pimpernel. Ital. Pimpinella, Selvastrella. Esp. Pimpinela. Port. Pimpinella.

Indigène. — Vivace. — Feuilles radicales pennées avec impaire, composées de folioles ovales-arrondies, très dentées ; tiges ordinairement dressées, hautes de 0^m,40 à 0^m,60, anguleuses, ramifiées, terminées par des épis de fleurs femelles au sommet, mâles ou hermaphrodites à la base. Graine ovale, tétragone, à angles munis de crêtes plus ou moins prononcées et à face réticulée. Un gramme en contient 150, et le litre pèse 280 grammes ; sa durée germinative est de trois années.

La pimprenelle est une plante extrêmement rustique et durable ; elle est spontanée dans la plus grande partie de la France.

Culture. — La pimprenelle se sème en place au printemps ou à la fin de l'été, habituellement en rayons espacés de 0^m,25 à 0^m,30. On en fait souvent des bordures ; on peut également la cultiver en planches. Elle ne demande aucun soin d'entretien. La récolte se fait en coupant les feuilles avec un couteau ou une faucille, de temps en temps, pour en avoir toujours de jeunes et fraîches. La production des feuilles est plus abondante et plus soutenue quand on a soin d'empêcher les plantes de fleurir.

Pimprenelle petite.
réd. au dixième.

Usage. — On emploie les feuilles, jeunes et tendres, dans les salades ; elles ont un goût particulier et analogue à celui du concombre vert.

PISSENLIT

Leontodon Taraxacum L. — **L. Dens-leonis** Desf. — **Taraxacum officinale** Will.

Fam. des *Composées.*

Synonyme : Dent-de-lion.

Noms étrangers : angl. Dandelion. all. Löwenzahn. flam. Molsalaad. dan. Mœlkebltte. ital. Dente di leone, Virasole dei prati. esp. Diente de leon, Amargon.

Indigène. — *Vivace.* — Feuilles toutes radicales, étalées en rosette, glabres, oblongues, roncinées, à lobes lancéolés-triangulaires et entiers vers l'extrémité, les plus jeunes souvent brunâtres avant d'être développées. Pédoncule uniflore, fistuleux ; capitule large, à fleurons d'un jaune d'or. Graine comprimée, oblongue, épineuse au sommet, rude ou écailleuse ; au nombre de 1200 à 1500 dans un gramme, et pesant en moyenne 270 grammes par litre ; sa durée germinative est de deux années.

Anciennement, on se contentait de récolter le pissenlit dans les prés ou dans les champs où il poussait naturellement. Ce produit étant devenu l'objet d'un commerce important à la halle de Paris, on a pensé, il y a une quinzaine d'années, à cultiver la plante et à l'améliorer par le choix des porte-graines. On est parvenu à la modifier d'une manière remarquable, ce dont on peut aisément se convaincre en comparant les produits de graines récoltées d'une part sur les plantes sauvages, et d'autre part sur des plantes cultivées.

Culture. — Le pissenlit peut se semer, soit en place, soit en pépinière, pour être repiqué en lignes espacées de 0^m,35 à 0^m,40. Le semis se fait au printemps, en mars ou avril, et la plantation peut avoir lieu en mai ou juin.

La plante est extrêmement rustique et ne réclame que quelques binages
et quelques arrosements. A l'automne, les plantes pourront déjà donner un
bon produit, qui se continuera, avec quelques soins, pendant tout l'hiver.

Le pissenlit gagne beaucoup en qualité quand on a le soin de le faire blanchir, soit au moyen d'une couche de sable étendu sur la planche, soit au
moyen de pots de jardin dont on recouvre chaque pied après en avoir réuni
les feuilles, mais sans les serrer. Pendant le cours de l'hiver, les pissenlits
perdent la plupart de leurs feuilles ; mais au printemps il en pousse de nouvelles en grande abondance, et les pieds qui n'ont pas été utilisés la première année donnent un très bon produit au printemps de la seconde.

Usage. — On emploie la plante entière en salade, de préférence blanchie.

PISSENLIT AMÉLIORÉ A CŒUR PLEIN.

Nom étranger : all. Verbesserter vollherziger Löwenzahn.

Race bien distincte, obtenue par la culture et l'emportant sur la race sauvage moins par l'ampleur que par le très grand nombre de ses feuilles, qui
forment une véritable touffe plutôt qu'une simple rosette. Cette variété donne
un très grand produit sans occuper beaucoup de place. Elle se blanchit très
facilement, presque naturellement, et nous paraît la plus recommandable de
toutes celles qui ont été obtenues jusqu'à présent.

Pissenlit amélioré à cœur plein.
réd. au cinquième.

Pissenlit amélioré très hâtif.
réd. au cinquième.

On en distingue une sous-variété un peu plus prompte à se former et à re-
prendre ses feuilles après l'hiver : on la nomme *P. amélioré très hâtif.*

Il existe une variété, également obtenue par le semis, qu'on appelle *P. amélioré à très large feuille.* La plante se compose d'une simple rosette de
feuilles qui sont en effet très grandes et très amples, et, en été, presque entières. Le diamètre de cette rosette peut atteindre environ 0^m,50. Cependant
le produit de la plante n'est pas en proportion avec le grand espace qu'elle
occupe, et la variété à cœur plein paraît de tous points préférable à celle-ci.

Le *P. frisé,* au contraire, forme des touffes très serrées et de très petite
dimension. Les feuilles en sont contournées et comme enchevêtrées ; le limbe
de la feuille est réduit à assez peu de chose, et les divisions en sont un peu
contournées et tourmentées. Assez bonne petite variété, mais peu productive.

POIREAU

Allium Porrum L.

Fam. des *Liliacées.*

SYNONYMES : Poirée, Poirette, Porreau.

NOMS ÉTRANGERS : ANGL. Leek. ALL. Lauch, Porree. FLAM. et HOLL. Prei.
DAN. Porre. ITAL. Porro. ESP. Puerro. PORT. Alho porro.

Indiqué par les auteurs comme originaire de la Suisse. — Bisannuel. —
Malgré les noms différents qui ont été donnés aux deux plantes par les botanistes, il paraît extrèmement probable que le poireau et l'ail d'Orient sont
une seule et même chose, différant seulement en ce que dans l'un la culture
s'est attachée à développer la production des caïeux, tandis que dans l'autre
on s'est efforcé d'obtenir surtout des feuilles abondantes et se recouvrant les
unes les autres par leur base sur la plus grande longueur possible.

Dans le poireau, comme dans l'ognon, la tige est réduite, pendant la première année, à un simple plateau ou cône très aplati, d'où partent inférieurement les racines, et supérieurement les feuilles, emboîtées les unes dans
les autres par leur partie inférieure fermée en forme de gaine, et étalées ensuite en une longue lame généralement pliée dans le sens de la longueur et
se rétrécissant jusqu'à la pointe. Ces feuilles, plus ou moins larges et plus ou
moins longues, suivant les variétés, paraissent disposées en deux séries opposées, de sorte qu'elles s'étalent les unes au-dessus des autres de deux côtés,
symétriquement par rapport à l'axe de la plante, et formant pour ainsi dire
un éventail. La tige florale, qui ne se développe que la seconde année, s'élève
au centre des feuilles et juste entre les deux moitiés de l'éventail. Elle est
lisse, pleine, de grosseur à peu près égale sur toute sa hauteur, et non renflée comme celle de l'ognon. Les fleurs, blanches, rosées ou lilacées, forment
en haut de la tige un gros bouquet simple à peu près sphérique. Aux fleurs
succèdent des capsules à trois valves, trigones-arrondies, remplies de graines
noires, aplaties, ridées, ressemblant beaucoup à celles de l'ognon. Ces graines
sont au nombre de 400 dans un gramme, et le litre en pèse 550 grammes;
leur durée germinative est habituellement de trois années.

Culture. — Le poireau est une plante très franchement bisannuelle, c'est-
à-dire qu'il lui faut presque une année complète pour se préparer à fleurir
et à mûrir ses graines, ce qu'il fait dans le cours de la seconde année. On
sème ordinairement le poireau au mois de mars en pépinière; au mois de
mai ou au commencement de juin, quand le plant (qu'on a dû éclaircir si le
semis était trop dru, et arroser au besoin) a acquis la grosseur d'un bon
tuyau de plume, on le met en place dans une bonne terre, fraîche et riche,
fumée d'avance, et autant que possible avec du fumier bien consommé. La
plantation doit se faire de préférence par un temps frais et couvert, sinon on
doit avoir eu la précaution de bien mouiller la terre quelques jours d'avance.
On plante habituellement en rayons espacés de 0^m,40 à 0^m,50 et à 0^m,25
ou 0^m,30 sur les rangs. On peut mettre les plants tout simplement en place, en
ayant soin de ne pas les enterrer plus profondément qu'ils ne l'étaient avant
la transplantation; on recharge ensuite la planche pour faire blanchir les

poireaux sur une plus grande longueur. Un autre procédé consiste à ouvrir sur les rangs et à la place que doit occuper chaque plant un petit trou circulaire, d'une dizaine de centimètres de diamètre sur une profondeur égale : c'est au fond de ce trou que l'on repique le jeune plant, et les pluies ainsi que les arrosements comblent peu à peu le trou en y entraînant la terre qu'on en avait tirée et qu'on avait laissée sur les bords.

Les poireaux repiqués au mois de mai commencent à donner vers le mois de septembre. On peut en obtenir un peu plus tôt en semant dès le mois de février pour repiquer à la fin d'avril. Quelques maraîchers des environs de Paris peuvent même en vendre dès le mois de juillet au moyen de semis faits sur couche au mois de décembre. Si l'on cherche au contraire à prolonger la production à la fin de l'hiver ou au printemps, époque où les poireaux déjà faits commencent à monter à graine, on a recours à des semis tardifs faits vers la fin d'avril ou en mai et mis en place seulement en août.

Usage. — On fait grand usage, en cuisine, de la partie inférieure et blanchie des feuilles du poireau, partie qu'on appelle improprement la tige de la plante.

POIREAU LONG D'HIVER DE PARIS.

Noms étrangers : angl. Common leek. all. Dicker langer Winter-Lauch.

Cette variété est extrêmement distincte. Les feuilles en sont réunies sur une très grande longueur, et là où elles sont libres, se montrent plus longues et plus étroites que celles d'aucun autre poireau ; elles sont aussi d'une teinte plus pâle et plus grisâtre. La portion inférieure des feuilles, où elles se recouvrent les unes les autres, partie que nous appellerons le *pied*, mesure dans les plantes bien développées environ 0ᵐ,30 de long sur 0ᵐ,025 de diamètre.

Cette variété résiste bien à l'hiver. Elle convient surtout pour les plantations d'arrière-saison. C'est la seule dont on puisse obtenir ces beaux poireaux très hauts et très minces qui sont apportés en longues bottes à la halle de Paris. Il est vrai d'ajouter aussi que les maraîchers aident un peu la nature en rechaussant les poireaux au cours de leur végétation.

Poireau long d'hiver de Paris.
réd. au sixième.

POIREAU GROS COURT.

Noms étrangers : Angl. Broad flag leek. All. Dickpolliger Sommer-Lauch.
Holl. Dikke fransche zomer prei.

Cette race mériterait mieux d'être appelée P. gros long, car elle a le pied
fort élevé, en même temps que d'un diamètre relativement considérable.
Elle atteint souvent en effet 0ᵐ,25 de long sur 0ᵐ,04 ou même 0ᵐ,05 de diamètre. Les feuilles sont amples, souples, souvent retombantes, de couleur
un peu variable, mais généralement assez foncée et d'un vert franc

C'est une très belle et très bonne variété, assez hâtive, très productive,
mais sensible au froid. Sous le climat de Paris, on ne peut l'employer que
pour les plantations destinées à produire à l'automne. Elle ne supporte en
effet, sans en souffrir, que les hivers exceptionnellement doux.

POIREAU JAUNE DU POITOU.

Synonyme : Poireau jaune très gros court.

Cette variété, comme son nom l'indique, est originaire de l'ouest de la
France; l'influence de cette origine se manifeste dans le tempérament de
la plante, qui est un peu déli-
cate et ne supporte pas toujours sans en souffrir les hivers du climat de Paris. C'est,
très probablement, une variation locale du P. gros court
du Midi, mais elle s'en distingue bien nettement par plusieurs de ses caractères. Elle
a le pied plus court, mais au
moins aussi gros, atteignant
facilement un diamètre de
0ᵐ,04 à 0ᵐ,06 sur une longueur
totale de 0ᵐ,20 à 0ᵐ,25. Le
feuillage est plus ample, et
affecte la disposition en éventail d'une manière plus marquée que dans le P. gros
court ; en outre, les feuilles
sont plus longues, plus molles
et souvent elles sont pendantes sur la moitié à peu
près de leur longueur, de sorte
qu'elles retombent parfois jusqu'à terre. La couleur en est
très distincte : c'est un vert

Poireau jaune du Poitou.
réd. au sixième.

blond, presque jaunâtre, qui diffère complètement de la couleur glauque ou
grisâtre, qui est celle de presque toutes les autres variétés de poireaux.

Le P. jaune du Poitou, comme nous l'avons dit, n'est pas extrêmement rustique; il est précoce et grossit rapidement, ce qui le rend très convenable surtout pour produire à l'automne.

POIREAU TRÈS GROS DE ROUEN.

Nom étranger : angl. Large Rouen leek.

Pied court, très gros, ne dépassant guère 0^m,15 à 0^m,20 de longueur sur 0^m,05 ou 0^m,06 de diamètre, presque complétement enterré. Feuilles commençant à se séparer, pour former l'éventail, presque au niveau du sol; nombreuses, étroitement imbriquées les unes sur les autres, pliées en gouttière, raides et de médiocre longueur, ordinairement pendantes vers l'extrémité. Le limbe des feuilles est large, d'un vert foncé grisâtre ou légèrement glauque.

Le P. très gros de Rouen est une belle variété, productive, convenant aussi bien pour l'hiver que pour l'automne, grossissant moins rapidement que le P. gros court, mais, par contre, très lente à monter à graine au

Poireau très gros de Rouen.
réd. au sixième.

printemps, et par conséquent restant plus longtemps propre à la consommation.

POIREAU MONSTRUEUX DE CARENTAN.

Les caractères de cette variété sont à peu près exactement les mêmes que ceux du P. de Rouen, dont celui-ci n'est très probablement qu'une race améliorée, mais réellement très distincte par les dimensions beaucoup plus fortes qu'elle acquiert et par la couleur très foncée de son feuillage. La longueur du pied ne dépasse guère, dans le P. de Carentan, 0^m,15 à 0^m,20 : mais le diamètre en peut atteindre aisément 0^m,07 à 0^m,08, quand la plante a été bien cultivée. On en a vu souvent de dimensions encore supérieures. Comme le P. de Rouen, celui-ci est bien rustique et supporte parfaitement les hivers sous le climat de Paris.

Nous citerons encore les variétés suivantes :

P. gros court de Brabant (syn. *P. froid* ; all. : *Grosser dicker Brabanter Lauch*). Poireau vraiment très court et très rustique, mais petit, le diamètre du pied ne dépassant guère 0^m,03. Par son aspect, la couleur et la disposition de ses feuilles, il ressemble passablement au P. de Rouen, mais lui est très inférieur par le volume.

P. London flag. C'est le P. commun des Anglais. Le pied en est assez long et le feuillage dressé, d'un vert glauque et grisâtre. C'est une race passablement rustique, mais un peu variable d'apparence.

P. de Müsselbourg (syn. angl. : *Scotch flay leek*). Originaire des environs d'Édimbourg. C'est une variété améliorée du précédent, à pied plus haut et plus épais, et à large feuille.

P. petit de montagne. Race à demi sauvage, répandue dans le midi et le centre de la France. C'est un poireau à feuilles étroites, pliées en long, d'un vert glauque foncé, à pied très court et très petit, et souvent drageonnant. Son seul mérite est d'être très rustique.

POIRÉE

Beta vulgaris L.

Fam. des *Chénopodées.*

Noms étrangers : ANGL. Leaf-beet. ALL. Beisskohl, Beete, Mangold. FLAM. et HOLL. Snij beet, Warmoes. DAN. Blad bede. ITAL. Bieta, Bietola. ESP. Bleda, Acelga. PORT. Acelga.

Indigène. — Bisannuelle. — La poirée paraît être exactement la même plante que la betterave, à cela près que la culture y a développé les feuilles et non pas les racines. Les caractères botaniques, ceux surtout qui sont tirés des organes de la floraison et de la fructification, sont exactement les mêmes dans les deux plantes ; seulement la racine de la poirée est rameuse et peu charnue, tandis que les feuilles en sont amples, nombreuses, et ont, dans certaines variétés, le pétiole et la nervure médiane qui y fait suite remarquablement développés. La graine est semblable à celle de la betterave, mais cependant d'ordinaire un peu plus petite. Un gramme en contient 60, et le litre pèse 250 grammes; sa durée germinative est de six ans et plus.

Culture. — Les poirées se cultivent absolument comme les betteraves, à part qu'elles n'exigent pas une terre aussi profondément travaillée. On les sème en avril ou mai, en rayons espacés de 0^m,40 à 0^m,50. Une fois le plant éclairci et écarté sur les rangs de 0^m,35 à 0^m,40, les poirées n'ont plus besoin que de quelques arrosements; dès la fin de l'été on peut commencer la récolte des P. à carde, en prenant seulement les feuilles les mieux développées. On peut commencer même plus tôt à couper la P. blonde commune.

Les poirées sont assez rustiques, et la récolte peut s'en continuer, en pleine terre, assez avant dans la saison. Cependant, pour être sûr d'en avoir tout l'hiver, il sera bon d'en rentrer un certain nombre de pieds dans la serre à légumes, où on les traite comme les cardons ou les céleris-raves.

Usage. — Les feuilles de la P. blonde s'emploient comme celles de l'épinard ou de l'arroche, cuites et hachées ; on s'en sert assez souvent pour les mélanger à l'oseille et en adoucir le goût.

Dans les poirées à carde, outre la partie verte de la feuille, qui peut être utilisée de la même manière, on mange les pétioles et les côtes, qui sont très larges, tendres, charnus, et qui fournissent un légume agréable et d'un goût tout particulier.

POIRÉE BLONDE OU COMMUNE.

Synonyme : Bette.

Noms étrangers : angl. White *or* silver leaf-beet, Perpetual *or* Spinach-beet.
all. Gelbe gewöhnliche Beisskohl. ital. Bieta bionda, Bieta da erbace.

Les feuilles de cette variété sont très abondantes, larges, un peu ondulées,
et d'une couleur verte très
blonde ou jaunàtre. Les pétioles, un peu plus développés que ceux des feuilles de
betterave, sont verts, mais
d'une nuance plus pâle que
le limbe de la feuille.

La P. blonde se cultive
surtout dans l'est de la
France, où elle est fort estimée comme légume vert
d'été et d'automne. C'est le
limbe même de la feuille
qui s'emploie, cuit et haché,
comme les épinards. On le
mélange aussi avec l'oseille
pour en adoucir l'acidité.

Poirée blonde ou commune.
réd. au dixième.

POIRÉE A CARDE BLANCHE.

Synonyme : Bette à carde.

Noms étrangers : angl. Swiss chard, Sea-kale beet. all. Breitrippige
Silberbeete.

Feuilles larges, courtes et raides, d'un vert assez foncé, plutôt étalées que
dressées, à pétiole très blanc, large de $0^m,03$ à $0^m,04$, se continuant au milieu
du limbe de la feuille par une côte médiane également blanche et se rétrécissant assez rapidement.

Cette variété est rustique. On la cultive surtout dans les pays du Nord. On
peut lui reprocher la saveur terreuse que ses cardes présentent à peu près
constamment. Dans cette race, c'est la côte ou carde de la feuille qui est la
partie utile de la plante.

POIRÉE BLONDE A CARDE BLANCHE.

Synonyme : Poirée à carde de Lyon.

Noms étr. : all. Silber weissrippiger Beete, Gelbe breitrippige Silberbeete.
flam. Witte karden, Zomer-karden. ital. Bieta da cardi bianca. esp. Acelga cardo.

Très belle et bonne variété, à feuilles grandes et larges, très ondulées,
demi-dressées, remarquables par l'ampleur de leurs pétioles et de leurs côtes,
qui atteignent et dépassent fréquemment $0^m,10$ de largeur.

La P. blonde à carde blanche est un peu moins rustique que la variété
ordinaire ; mais elle est beaucoup plus productive, et les cardes en sont de

meilleure qualité, étant exemptes de tout goût de terre, et très délicates, avec une légère saveur acidulée. De plus, dans cette variété, le limbe même des feuilles peut être utilisé, comme celui de la P. blonde commune, à la manière des feuilles d'oseille ou d'arroche. Il semble que dans les bettes la couleur blonde et pâle des feuilles soit liée à une saveur douce, tandis que la couleur vert foncé est l'indice d'un goût fort et âcre.

Il y a peu de légumes qui demandent moins de soins et dont la production soit plus assurée. Dès le mois de juillet on peut cueillir des cardes bien développées, et la production se soutient tout l'été et tout l'automne, et peut même se prolonger en hiver si l'on a la précaution de rentrer quelques pieds de poirée dans la serre à légumes. En France, cet excellent légume n'est guère usité que dans quelques départements du Nord et de l'Est.

Poirée blonde à carde blanche.
réd. au dixième.

Poirée à carde blanche frisée.
réd au dixième..

POIRÉE A CARDE BLANCHE FRISÉE.

Noms étrangers : Angl. Curled swiss chard. All. Krause breitrippige Silberbeete.

Plante à peu près aussi vigoureuse et aussi productive que la précédente ; à feuilles également très blondes, remarquablement cloquées et frisées. Les côtes, ainsi que les pétioles, sont moins larges dans cette variété que dans la P. blonde à carde blanche. La qualité en est du reste la même.

POIRÉE A CARDE DU CHILI.

Noms étrangers : Angl. (Red or yellow) stalked swiss chard, Chilian beet.

Très grande variété, à pétioles longs, raides, presque dressés, de 0ᵐ,05 à 0ᵐ,08 de largeur, portant des feuilles assez amples, à limbe ondulé, presque frisé, d'un vert foncé à reflet métallique, atteignant 0ᵐ,60 à 0ᵐ,70 de longueur, mesurée depuis le sol.

Cette variété est beaucoup moins employée comme légume que comme plante ornementale. Il en existe deux formes : l'une à pétioles *rouge vif*, l'autre à pétioles *jaune foncé*.

POIS

Pisum sativum.

Fam. des *Légumineuses.*

Noms étrangers : Angl. Pea. All. Erbse. Flam. et Holl. Erwt. Dan. Havecært.
Ital. Pisello. Esp. Guisante. Port. Ervilha.

Annuel. — D'origine incertaine, mais vraisemblablement spontané dans l'Europe moyenne ou dans la partie montagneuse de l'Asie occidentale, puisqu'il est assez rustique pour résister habituellement aux hivers du climat de Paris. Le pois cultivé est une plante à tiges grêles, creuses, ayant besoin, pour s'élever, de l'appui d'un soutien étranger. Les feuilles sont composées, ailées sans impaire ; le pétiole se termine par plusieurs vrilles qui tiennent la place des dernières folioles et qui servent à la plante pour s'attacher et prendre un point d'appui sur tous les objets à sa portée. L'insertion de la feuille sur la tige est enveloppée d'une très large stipule embrassante plus ample que ne sont les folioles elles-mêmes. Les fleurs naissent aux aisselles des feuilles, à partir d'un certain niveau à peu près constant dans chaque variété, et au nombre de deux, très rarement de trois, et souvent solitaires, à chaque nœud de la tige. Les cultivateurs des environs de Paris appellent *mailles* chacun des nœuds fertiles de la tige des pois, et de là vient que pour exprimer qu'une variété est uniflore ou biflore, ils disent qu'elle prend une ou deux fleurs à la maille. Ces fleurs sont tantôt blanches, tantôt violacées, avec les ailes et la carène d'une couleur plus foncée que l'étendard. Les variétés à fleurs colorées se reconnaissent, bien avant la floraison, à un petit cercle rougeâtre qui entoure la tige à l'endroit où elle est embrassée par les stipules.

Le grain des pois à fleur violette est toujours plus ou moins coloré ou moucheté de brun ; il prend en cuisant une couleur grisâtre peu agréable, il a en outre un goût assez fort et âpre : aussi ne cultive-t-on pas ces sortes de pois pour les écosser. Les variétés de pois gris, à cosses parcheminées, ne sont cultivées que comme fourrage, et les races potagères sont sans parchemin.

La plupart des variétés de pois usitées comme légume ont la fleur blanche, et le grain blanc ou vert quand il est mûr. Le volume et le poids du grain présentent une trop grande différence d'une variété à l'autre, pour que nous puissions donner ici des indications générales à ce sujet ; nous les réserverons pour l'article particulier consacré à chaque variété. Nous dirons seulement que la faculté germinative des pois se conserve bonne pendant trois ans ; elle faiblit ensuite assez rapidement, quoiqu'il ne soit pas rare d'en voir germer encore fort bien au bout de sept ou huit ans. Les pois à grain ridé germent d'ordinaire moins bien et moins longtemps que ceux à grain rond.

On distingue, parmi les très nombreuses variétés de pois, celles dont on ne mange que le grain, soit vert, soit sec, et qu'on appelle *pois à écosser*, et celles dont on consomme, au contraire, la cosse tout entière lorsque le grain est à peine formé ; on appelle ces derniers : *pois sans parchemin, pois mange-tout, ou pois gourmands.*

Parmi les pois à écosser, on distingue ceux *à grain rond* et ceux *à grain ridé,* qui forment aujourd'hui une classe presque aussi nombreuse que l'autre. Enfin, aussi bien dans les pois sans parchemin que dans les pois à écosser, on doit faire la distinction des variétés *à rames*, des *demi-naines* et des *naines*; ce qui donne pour les pois cultivés, et sans tenir compte de la couleur verte ou blanche des grains, plusieurs classes ou subdivisions dont nous allons passer en revue successivement les différentes variétés.

Culture. — La culture des pois ne présente pas de grandes difficultés, et elle se pratique en grand et en plein champ dans les environs de Paris et des grandes villes, avec des résultats généralement très rémunérateurs. On choisit autant que possible pour cette culture des terres saines, fertiles et de consistance moyenne.

Le semis se fait en lignes, depuis la seconde moitié de novembre jusqu'au mois de mars. Le *P. Michaux ordinaire* est celui qu'on emploie de préférence, aux environs de Paris, pour les semis d'automne, ce qui lui a valu le nom de *P. de Sainte-Catherine.* Ces semis de novembre peuvent se faire aussi très avantageusement dans les jardins potagers. On y consacre alors d'ordinaire une plate-bande bien exposée et abritée par un mur, et l'on y emploie les variétés les plus précoces de toutes, telles que le *P. prince Albert*, le *Caractacus* ou le *P. nain très hâtif à châssis*. Ce dernier, comme son nom l'indique, est celui qui convient le mieux pour la culture sur couches ; il est extrêmement précoce, très nain, tient très peu de place, et l'on n'est pas obligé d'en courber les tiges au moyen de lattes ou de traverses de bois, comme on devait le faire autrefois, quand, avant son introduction, on cultivait sous châssis des variétés à rames ou à demi-rames.

L'époque des semis en pleine terre se prolonge pendant toute la durée du printemps, pour assurer la continuité de la production pendant toute la belle saison. Après les variétés précoces, on sème les grands pois à rames, plus tardifs, plus productifs et moins sujets que les autres à souffrir du *blanc* pendant les chaleurs de l'été. Le *P. de Clamart* et les grandes variétés de pois ridés ont un mérite tout particulier pour les semis tardifs, destinés à produire à la fin de l'été et en automne.

Dans les cultures potagères, on soutient les pois de grande taille au moyen de rames, ordinairement de châtaignier ; dans la culture en plein champ, on se dispense le plus souvent d'employer les rames, qui seraient trop coûteuses et dont la pose exigerait trop de main-d'œuvre. On pince alors la tige des pois à rames au-dessus de la troisième ou de la quatrième maille ; elle devient ainsi assez ferme pour se soutenir. Cependant ce traitement, qui s'applique avec succès aux variétés de taille moyenne, comme les pois Michaux, ne réussirait pas pour les variétés de grande taille, comme les pois ridés à rames : aussi ces derniers n'ont-ils pas encore pris place dans la grande culture proprement dite. Une fois bien levés et pourvus de rames, si leur taille en exige, les pois ne réclament plus aucun soin en dehors de quelques arrosements en cas de sécheresse. La transplantation n'est pratiquée que comme moyen d'augmenter la précocité des pois de première saison, qu'on peut faire lever en pots sous châssis ou en serre, pour les mettre en place à la sortie de l'hiver, et encore les avantages de cette pratique ne sont-ils pas absolument certains.

Usage. — Le grain des pois à écosser se mange cuit, soit vert, soit sec ; on emploie de même les cosses jeunes des pois sans parchemin.

POIS A ÉCOSSER.

Noms étrangers : angl. Shelling peas. all. Schal-Erbsen. flam. et holl. Dop
erwten. dan. Skalœrte. ital. Piselli da sgranare, P. da sgusciare. esp. Guisantes
para desgranar. port. Ervilhas de grão.

I. POIS A GRAIN ROND.

A. Variétés à rames.

Noms étrangers : angl. Pole *or* tall peas. all. Kneifel-Erbsen, Pfahl-E.,
Ausläufere E. ital. Piselli da frasca. esp. Guisantes enredaderos.

POIS A GRAIN ROND BLANC (*à rames*).

POIS PRINCE ALBERT.

Synonymes : Pois hâtif de Plainpalais, P. de Régneville, P. brésilien, P. hâtif
uniflore de Gendbrugge.

Noms étrangers : angl. Saugster's N° 1 improved pea, Ringleader P.

Tige grêle, de 0ᵐ,60 à 0ᵐ,80, simple, commençant à fleurir au cinquième
ou au sixième nœud et portant de six à huit étages de cosses ; fleurs généra-

Pois prince Albert.
Plante réd. au dixième.

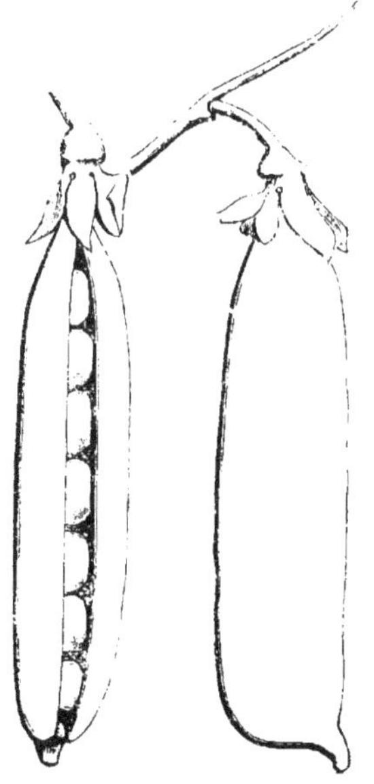

Pois prince Albert.
Cosses de grandeur naturelle.

lement solitaires, blanches, moyennes. Cosses droites, de 0ᵐ,04 à 0ᵐ,05, un
peu carrées du bout, contenant de cinq à sept grains très ronds, restant assez
souvent un peu verdâtres, ou prenant une teinte saumonée à la maturité. En
moyenne, le litre pèse 780 grammes, et 10 gram. contiennent 50 grains.

Une particularité remarquable de ce pois, c'est que la fleur qui paraît au nœud fertile le plus bas sur la tige se dessèche souvent sans s'ouvrir, ou parfois, quand elle s'ouvre bien, ne le fait qu'après la fleur qui a paru au second nœud.

Le P. prince Albert est le plus précoce de tous ceux qui se cultivent usuellement en France. Les Anglais en possèdent une sous-variété appelée *Dillistone's early*, qui est plus hâtive de trois ou quatre jours, mais qui est encore plus grêle et moins productive. Le P. prince Albert est celui qui convient le mieux pour la culture de primeur en pleine terre.

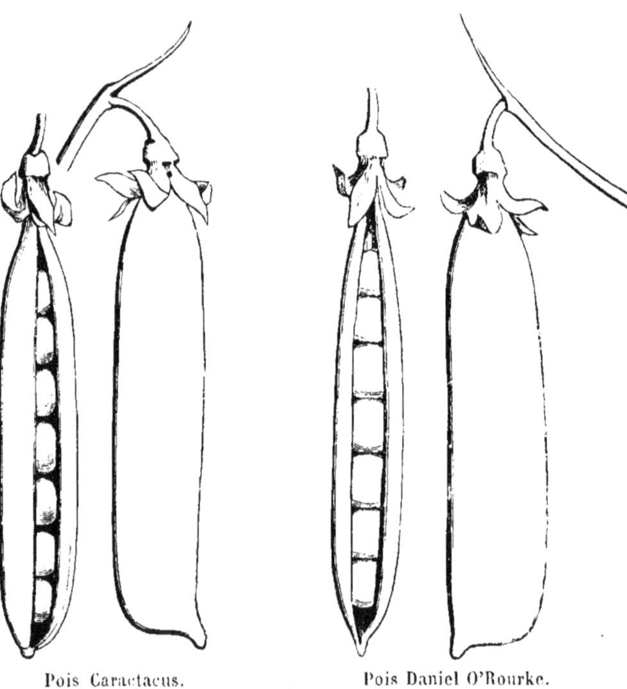

Pois Caractacus.
Cosses de grandeur naturelle.

Pois Daniel O'Rourke.
Cosses de grandeur naturelle.

POIS CARACTACUS.

Noms étrangers : ANGL. Dickson's first and best pea, Improved early champion P., Washington P., Tabeis perfection P., Sangster's N° 1 P.

Variété probablement sortie du P. prince Albert, un peu plus grande et plus productive que lui, mais aussi un peu moins précoce. Le P. Caractacus fleurit deux jours plus tard en moyenne que le Prince Albert ; il prend assez souvent deux cosses à la maille, et ses cosses sont un peu plus longues et plus larges que celles du P. prince Albert. Les grains, qui sont blancs et ronds, pèsent 780 grammes par litre, et 10 grammes en contiennent environ 45.

C'est une variété un peu sujette à dégénérer et qu'il faut épurer avec soin pour la conserver bien franche.

Ce pois a pris une place assez importante dans les cultures faites aux environs de Paris pour l'approvisionnement du marché ; il est moins productif que le P. Michaux de Hollande, mais, d'un autre côté, il a l'avantage de donner quatre ou cinq jours plus tôt que lui.

POIS DANIEL O'ROURKE.

Synonyme : Pois Daniel.

Nom étranger : angl. (Am.) Ferry's first and best pea.

Tige de 0ᵐ,60 à 0ᵐ,75 ; feuillage un peu plus ample, plus arrondi et plus blond que celui du P. prince Albert ; fleurs blanches, assez grandes, solitaires, commençant à paraître au sixième nœud. Cosses un peu plus longues et plus larges que celles du P. prince Albert. Grain assez gros, devenant à la maturité d'un blanc verdâtre ou saumoné. En moyenne, le litre pèse 790 grammes, et 10 grammes contiennent 45 grains.

Le P. Daniel O'Rourke est exactement de la même précocité que le Caractacus et présente, à peu de chose près, les mêmes avantages. Ces deux variétés sont du reste assez voisines et parfois confondues l'une avec l'autre, bien qu'elles présentent des différences assez marquées pour qui les étudie avec soin. On peut reconnaître assez sûrement le P. Daniel O'Rourke à ce que ses tiges se terminent brusquement au sommet, au-dessus d'une feuille presque aussi grande que les autres, au lieu de s'effiler et de porter une ou deux feuilles réduites, comme c'est ordinairement le cas dans le Prince Albert et dans le Caractacus.

POIS MICHAUX DE HOLLANDE.

Synonymes : Pois prime, P. à la reine, P. le plus hâtif, P. bergère.

Noms étrangers : angl. Early emperor pea. all. Frühe weisse Holländische Erbse, Frühe Brockel E., Wohltragende Englische gelbe Maierbse, Frühe weisse Maikspferbse, Holländische Michaurerbse, Frühe Spaliererbse.

Tige d'un mètre de hauteur en moyenne ; feuilles et stipules plus amples que celles du P. prince Albert, et surtout d'un vert beaucoup plus foncé et plus glauque ; fleurs blanches, de grandeur moyenne, presque toujours réunies par deux commençant à paraître vers le huitième nœud : la tige en porte habituellement de six à huit étages. Cosses un peu courtes, ne dépassant guère 0ᵐ,05 à 0ᵐ,06, mais bien pleines et contenant jusqu'à huit et neuf grains, moyens, presque ronds, devenant bien blancs à la maturité. En moyenne, le litre pèse 820 grammes, et 10 grammes contiennent environ 50 grains.

Le P. Michaux de Hollande est une des variétés qui conviennent le mieux aux cultures faites en plein champ pour l'approvisionnement des marchés. Il est relativement précoce, très productif et très rustique.

Dans les environs de Paris, les cultivateurs qui le produisent en grand n'ont pas l'habitude de le ramer. Ils le sèment en rangs espacés de 0ᵐ,50 environ et le laissent à lui-même. Les vrilles des feuilles s'entrelacent et le rang tout entier se comporte comme une seule plante ; il verse à droite ou à gauche : les tiges alors se recourbent et se redressent, s'appuyant toujours les unes sur les autres. Les fleurs ne tardent pas à se montrer, et les cultivateurs pincent les tiges au-dessus de la troisième fleur, ce qui hâte le développement des premières cosses et en augmente le volume.

Ce mode de culture pourrait également être employé dans les potagers, quand on est à court de rames.

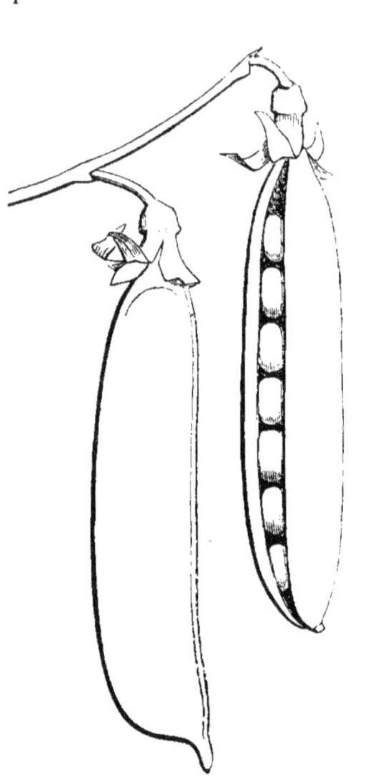

Pois Michaux de Hollande.
Cosses de grandeur naturelle.

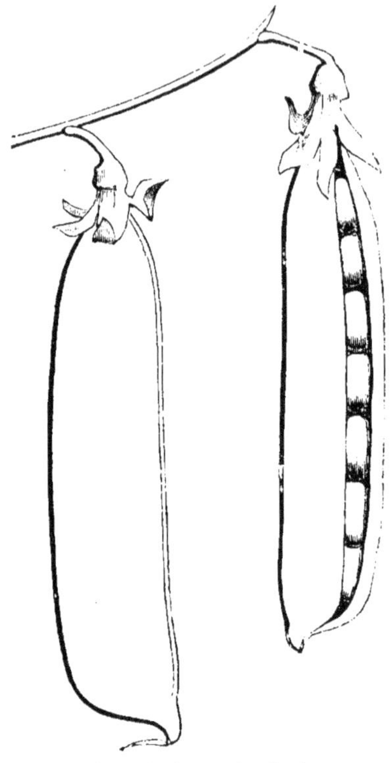

Pois Michaux de Ruelle.
Cosses de grandeur naturelle.

POIS MICHAUX DE RUELLE.

Tige généralement simple, assez grosse, s'élevant de 1 mètre à 1^m,25. Le feuillage et les stipules en sont beaucoup plus amples que ceux du P. Michaux de Hollande et d'un vert plus blond ; les fleurs sont très blanches, grandes, assez souvent solitaires ; elles commencent à paraître au neuvième ou dixième nœud, et la tige en porte jusqu'à dix étages. La cosse est droite, large, un peu obtuse à l'extrémité, et contient sept ou huit grains blancs, ronds et assez gros. Le litre pèse en moyenne 810 grammes, et 10 grammes contiennent 42 grains.

Le P. Michaux de Ruelle est un peu plus exigeant que le P. Michaux de Hollande. Il donne un grain plus gros et plus beau, mais par contre il est un peu moins hâtif.

POIS MICHAUX ORDINAIRE.

Synonymes : Pois de la Sainte-Catherine, Petit pois de Paris.

Noms étrangers : angl. Early frame pea. all. Weisse frühe Pariser Erbse.
ital. Pisello piccolo di Parigi.

Le P. Michaux ordinaire diffère peu, à première vue, du Michaux de
Hollande ; on pourrait même dire qu'il n'en est qu'une sous-variété, se distinguant par une rusticité plus grande, un
peu moins de précocité et une production plus soutenue. Le feuillage, à part
un peu plus d'ampleur, ressemble tout à
fait à celui du P. Michaux de Hollande ;
mais les fleurs, toujours réunies par
deux, ne commencent à paraître que vers
le dixième nœud, et la tige en porte huit
à douze étages. Les cosses sont droites,
assez étroites et un peu petites, mais
très pleines. Les grains sont bien ronds,
d'un blanc légèrement saumoné et de
grosseur moyenne. Le litre pèse 810
grammes, et 10 grammes contiennent
environ 45 grains.

Le P. Michaux ordinaire est à peu près
constamment ramifié, c'est-à-dire que
de l'aisselle des feuilles situées immédiatement au-dessous de celles qui portent les premières fleurs, partent des
pousses qui elles-mêmes ne tardent pas
à fleurir. Ces ramifications ou tiges secondaires prennent surtout de la force
lorsque, pour une raison ou une autre,
la tige principale vient à être détruite
entièrement ou en partie ; elles portent
toujours un moins grand nombre de cosses
que la tige principale.

On a beaucoup cultivé, ces années passées, et l'on conserve encore dans certaines localités, sous le nom de *P. remontant blanc* ou *P. Gaudin*, une race
très voisine, par tous ses caractères, du

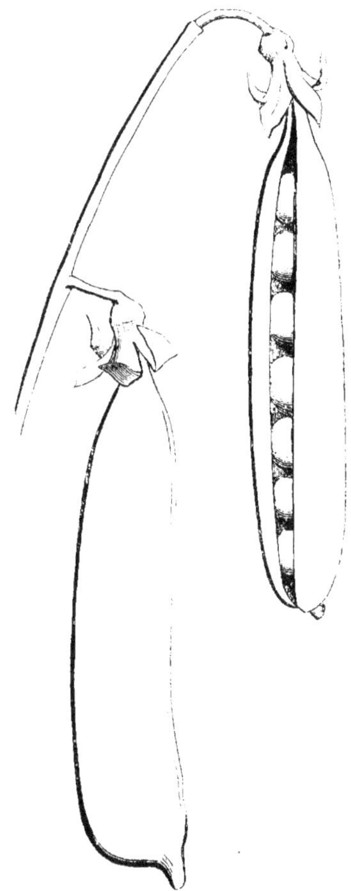

Pois Michaux ordinaire.
Cosses de grandeur naturelle.

P. Michaux ordinaire, mais se faisant surtout remarquer par la vigueur de
ses pousses secondaires et par la production abondante et soutenue qui en
est la conséquence. En semant le P. Michaux ordinaire un peu clair et en
en cueillant les cosses au fur et à mesure qu'elles sont bonnes à utiliser,
on peut en obtenir une récolte à peu près aussi abondante et aussi prolongée
que du P. remontant.

POIS LÉOPOLD II.

Tige habituellement simple, haute d'un mètre; folioles et stipules vert
pâle, finement maculées de grisâtre, ovales, assez allongées; fleurs blanches,
presque toujours réunies par deux, ne paraissant guère avant le douzième
nœud. La tige en porte rarement plus de six ou sept étages. Cosses longues,

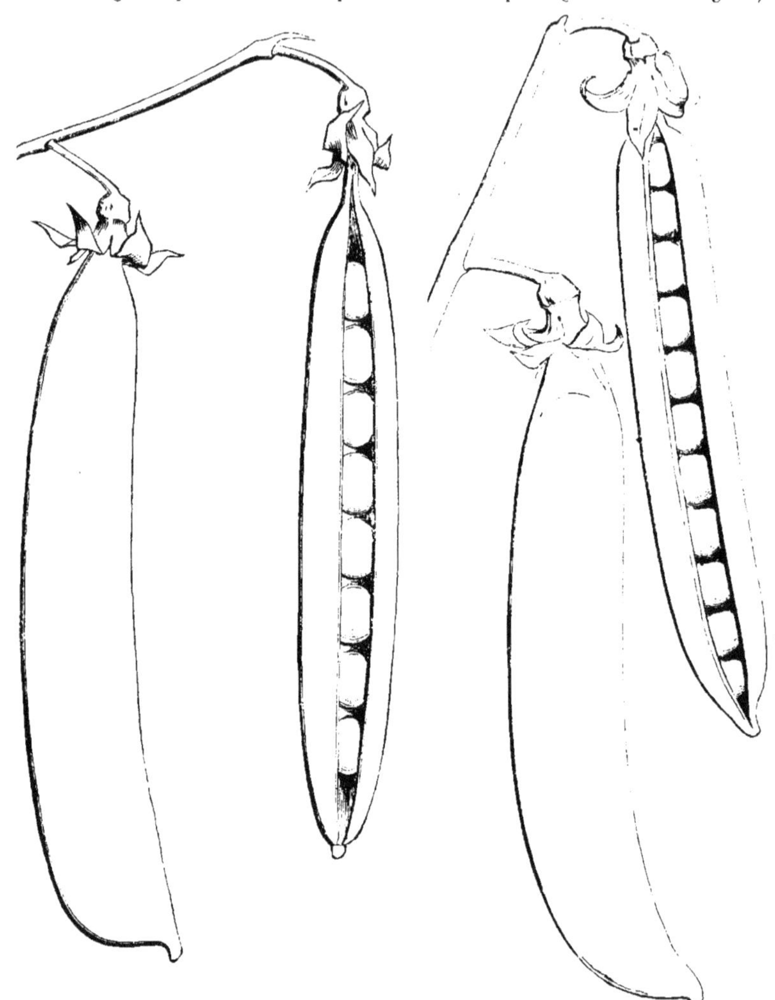

Pois Léopold II.

Cosses de grandeur naturelle.

Pois merveille d'Étampes.

Cosses de grandeur naturelle.

droites, d'un vert pâle, contenant sept ou huit grains blancs, très ronds,
moyens. Le litre pèse 780 grammes, et 10 grammes contiennent 42 grains.

Le P. Léopold II commence à fleurir cinq ou six jours plus tard que le
P. Michaux de Hollande; une de ses particularités les plus remarquables, c'est

la rapidité avec laquelle ses cosses se forment et se remplissent. La floraison
de cette variété ne dure guère plus d'une quinzaine de jours ; la récolte dure
à peu près le même temps ; après quoi, la plantation peut être détruite et
remplacée par autre chose : c'est là un avantage considérable pour la culture maraîchère.

POIS MERVEILLE D'ÉTAMPES.

Tige ordinairement simple, à nœuds espacés ; feuillage assez ample, d'un
vert très blond ; stipules extrêmement grandes et larges. L'aspect général de
la plante rappelle beaucoup le P. serpette vert, avec une taille un peu moindre.
Fleurs ordinairement réunies par deux, commençant à paraître au dixième
nœud, blanches, grandes, à étendard souvent festonné ou denté sur les bords.
Aux fleurs succèdent des cosses qui s'allongent très rapidement, et deviennent
en peu de jours longues, larges et légèrement courbées vers l'extrémité :
elles se renflent passablement avant que les
grains aient pris tout leur développement,
et, sous ce rapport encore, le P. merveille
d'Étampes ressemble beaucoup au P. serpette vert ; mais les deux variétés diffèrent
complètement par le grain, qui, au lieu
d'être gros et vert, est, dans le P. merveille
d'Étampes, blanc et de grosseur moyenne.
Les cosses sont très pleines ; elles contiennent habituellement de dix à douze grains
qui deviennent bien ronds et blancs à la
maturité. Les tiges en portent en moyenne
de sept à douze étages. Le litre de grains
pèse 735 grammes, et 10 grammes en contiennent environ 46.

Cette variété est toute nouvelle ; elle a été
trouvée dans un semis fait par M. Bonnemain, d'Étampes, à qui l'on doit déjà l'obtention de beaucoup de bonnes plantes
potagères. L'ensemble de ses caractères
la place bien entre le P. Léopold II et le
P. d'Auvergne ; car, avec une cosse qui
rappelle celle du second, elle a la taille et
la précocité du premier ; elle offre aussi,
comme lui, la particularité de donner tout
son produit en très peu de jours.

POIS D'AUVERGNE.

Syn. : Pois serpette, P. cosaque, P. crochu.

Noms étrangers : Angl. White sabre pea,
White scimitar P.

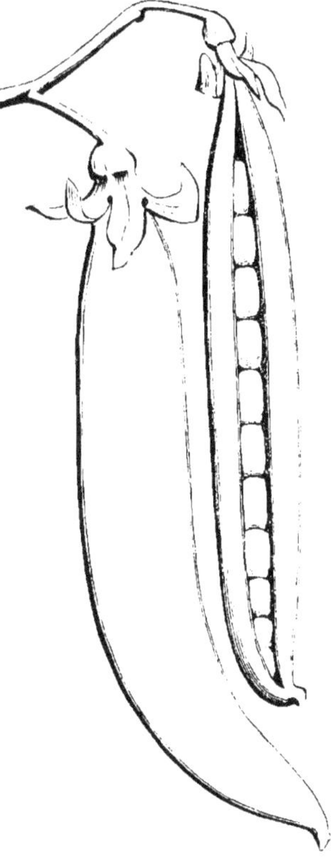

Pois d'Auvergne.
Cosses de grandeur naturelle.

Tige presque toujours ramifiée, s'élevant en moyenne à 1ᵐ,30 ; stipules et
folioles ovales, assez pointues, d'un vert franc ou légèrement blond. Fleurs

presque toujours réunies par deux, blanches, de grandeur moyenne, commençant à paraître vers le douzième nœud, et faisant place à des cosses longues, minces, d'abord légèrement courbées en arrière, puis se redressant, et finalement se recourbant en avant en forme de lame de serpette. La ligne courbe, concave, qui correspond au tranchant de la lame, est celle le long de laquelle les grains sont attachés à l'intérieur de la cosse : on la considère comme la partie antérieure ; le côté opposé est appelé le *dos*, il ne porte jamais de grains. La cosse du P. d'Auvergne est très pleine ; elle contient de neuf à onze et quelquefois douze grains, de grosseur moyenne, remarquablement ronds, rarement déprimés, prenant à la maturité une couleur blanche un peu saumonée. Le litre de ces grains pèse en moyenne 790 grammes, et 10 grammes en contiennent environ 48.

Le P. d'Auvergne fleurit huit à dix jours après le Michaux de Hollande ; la production en est très soutenue et dure pendant plus d'un mois. C'est une très bonne race, remarquable par la finesse de son grain et peu exigeante sur la richesse du terrain.

POIS SABRE.

Tige forte, assez souvent ramifiée, s'élevant de 1^m,30 à 1^m,40 ; stipules et folioles très amples, assez arrondies, un peu obtuses, d'un vert glauque et grisâtre ; fleurs indifféremment solitaires ou réunies par deux, blanches, grandes, ne paraissant habituellement que du douzième au quatorzième nœud : elles commencent à s'ouvrir en même temps que celles du P. d'Auvergne. Cosses larges, d'un vert pâle, recourbées dans le sens opposé à celles du P. d'Auvergne, c'est-à-dire ayant les grains rangés à l'intérieur de la ligne convexe formée par le devant de la cosse, tandis que le dos de cette cosse forme une ligne concave.

La production du P. sabre est moins prolongée que celle du P. d'Auvergne : elle peut durer environ trois semaines. La tige porte jusqu'à dix étages de cosses et au delà. Le grain est blanc, gros, un peu oblong. Le litre pèse 790 grammes, et 10 grammes contiennent 35 grains.

Cette variété a été pendant quelques années très recherchée à la halle de Paris ; elle semble maintenant n'être plus autant en faveur.

POIS DE MARLY.

SYNONYME : Pois gros blanc de Silésie.

Plante vigoureuse, souvent ramifiée, ressemblant assez, par l'aspect général, au P. Michaux de Ruelle, mais presque toujours biflore et ne commençant à fleurir que vers le douzième nœud. Cosses droites, longues d'environ 0^m,07, renfermant sept ou huit gros grains, arrondis, blancs, légèrement oblongs, ressemblant assez à ceux du P. sabre. Le litre de grains pèse 780 grammes, et 10 grammes en contiennent 30 environ.

Cette variété, de fertilité et de précocité moyennes, se distingue surtout par la grosseur de ses grains.

Il en est de même de plusieurs autres variétés assez voisines du P. de Marly et qui se rencontrent aujourd'hui rarement dans la culture :

Le *P. de Gouvigny*, à cosses un peu plus longues et plus étroites que celles du P. de Marly.

Le *P. doigt de dame*, dont la cosse est marquée extérieurement par la saillie des grains.

Enfin, le *P. carré blanc*, dont les grains, serrés les uns contre les autres, s'aplatissent généralement sur deux faces, comme ceux du P. de Clamart.

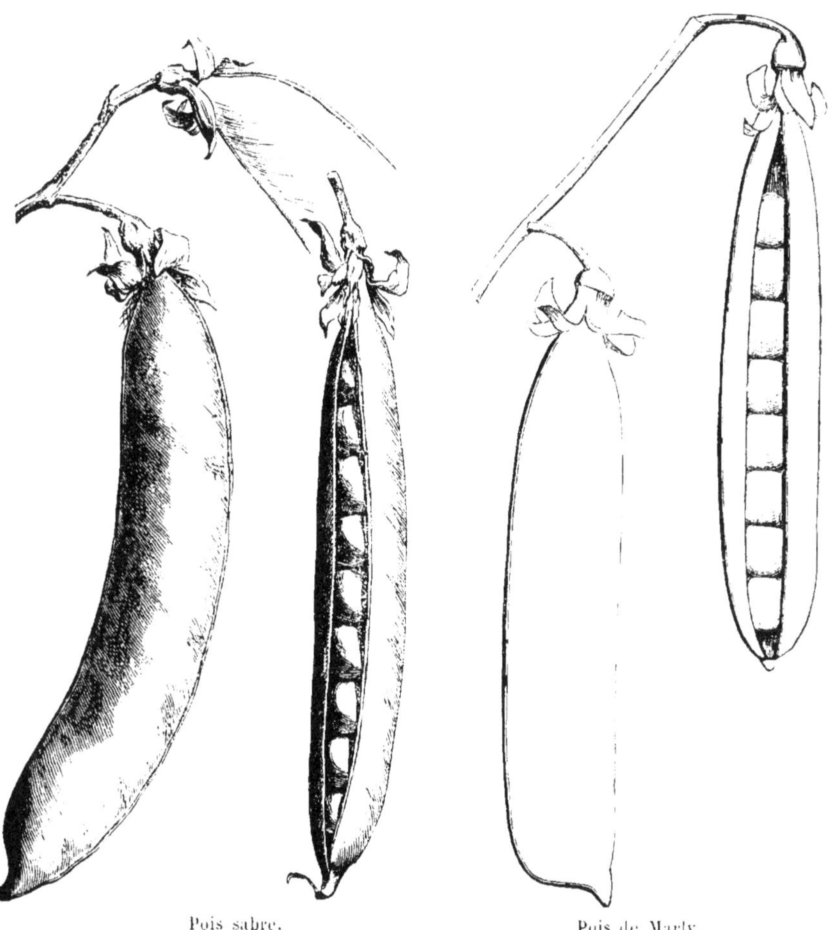

Pois sabre.
Cosses de grandeur naturelle.

Pois de Marly.
Cosses de grandeur naturelle.

Par leurs caractères de végétation, les trois variétés mentionnées plus haut se rapprochent beaucoup du P. de Marly. Elles ont les tiges grosses et fortes, les feuilles et les stipules très amples. Leur époque de production est à peu près celle du P. d'Auvergne, c'est-à-dire demi-tardive.

Des quatre variétés dont il est question dans cet article, c'est le P. de Marly qui est le plus précoce.

POIS DE CLAMART.

Synonyme : Pois carré fin.

Plante haute, touffue, ramifiée, atteignant 1ᵐ,50 à 1ᵐ,80 de hauteur ; feuillage moyen, d'un vert clair, moins glauque que celui de la plupart des autres variétés. Fleurs blanches, moyennes, presque toujours réunies par deux, et faisant place à des cosses droites ou très légèrement courbées, de

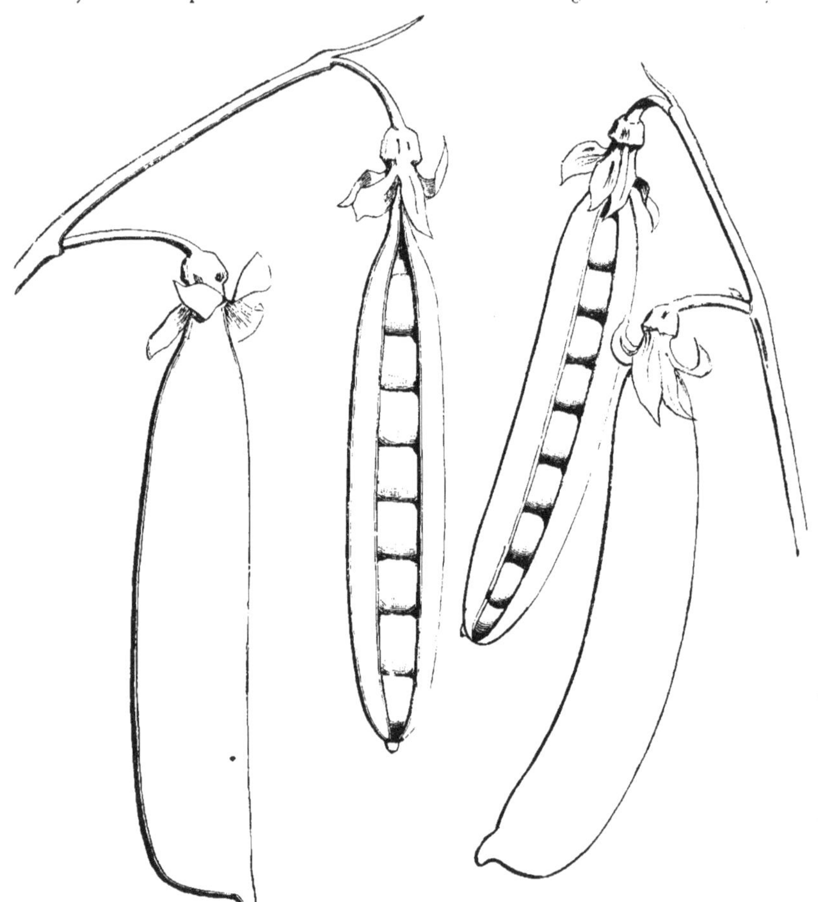

<table>
<tr><td>Pois de Clamart.</td><td>Pois de Clamart hâtif.</td></tr>
<tr><td>Cosses de grandeur naturelle.</td><td>Cosses de grandeur naturelle.</td></tr>
</table>

largeur uniforme, brusquement rétrécies aux deux extrémités. La tige est simple jusqu'au quatorzième ou quinzième nœud ; elle porte ensuite deux ou trois, très rarement quatre ramifications, puis les fleurs commencent à paraître vers le seizième ou le dix-huitième nœud. Les cosses ne dépassent guère 0ᵐ,05 à 0ᵐ,06 de longueur ; elles sont habituellement très pleines, et les grains y sont si serrés, qu'ils s'aplatissent tout à fait sur deux faces ; ils restent carrés à la maturité et prennent une teinte blanche ou légèrement verdâtre. La cosse en contient habituellement de cinq à huit. Le litre pèse 800 grammes, et 100 grammes contiennent 32 grains. La tige principale porte de sept à neuf étages de cosses, les ramifications rarement plus de quatre.

POIS DE CLAMART HATIF.

Tige haute de 1^m,30 à 1^m,50, ordinairement ramifiée en dessus des premières cosses, qui commencent à paraître du dixième au douzième nœud. Elles sont généralement réunies par deux et succèdent à des fleurs bien blanches et de taille moyenne. Elles se distinguent des cosses du P. de Clamart ordinaire parce qu'elles sont un peu plus longues, de couleur plus pâle et assez fortement courbées : la tige en porte dix étages en moyenne. Elles sont très pleines, contenant de sept à neuf grains qui arrivent très vite à se toucher et a s'aplatir les uns contre les autres ; à la maturité, ils sont carrés et presque ridés, de couleur blanche très légèrement verdâtre. Le P. de Clamart hâtif commence à donner presque en même temps que le P. Michaux ordinaire, et la production en est à peu près aussi soutenue ; la forme de sa cosse et l'aspect de son grain permettent de l'en distinguer très aisément.

POIS VICTORIA MARROW.

Noms étrangers : angl. Giant marrow pea, Tall marrow P., Wellington P., Royal Victoria P.

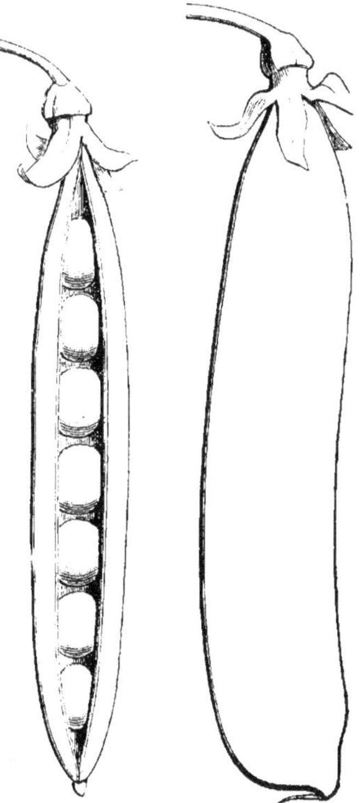

Pois Victoria marrow.
Cosses de grandeur naturelle.

Très grande variété, atteignant 1^m,50 à 2 mètres de haut ; tiges grosses et fortes ; feuillage ample, abondant, d'un vert clair : fleurs blanches, grandes, presque toujours réunies par deux. Cosses commençant habituellement à paraître vers le quinzième nœud, assez grandes, larges, carrées du bout et très légèrement courbées. La tige porte environ dix étages de cosses ; elle ne se ramifie pas habituellement. Nombre de grains par cosse : cinq à sept ; ils sont un peu allongés, blancs, et s'aplatissent ou se creusent plus ou moins à la maturité, comme s'ils tendaient à se rapprocher un peu, par la forme, de ceux des pois ridés. Le litre pèse 800 grammes, et 10 grammes contiennent 20 grains.

Le P. Victoria marrow est un des plus tardifs ; il commence à fleurir en même temps que le P. de Clamart.

En Angleterre, on appelle marrow peas (pois moelle), toutes les variétés dont le grain est très gros et tendre. Cette désignation est appliquée aussi bien aux pois ridés qu'aux races à grain plein.

POIS A GRAIN ROND VERT (*à rames*).

POIS WILLIAM.

Nom étranger : Angl. Laxton's William the first P.

Pois à rames, assez grêle, à feuillage vert blond, léger ; tiges minces, à entrenœuds assez écartés, presque toujours simples, commençant à fleurir dès le septième ou le huitième nœud et portant de sept à dix étages de cosses presque toujours solitaires, d'un vert foncé, longues de 0^m,05 à 0^m,07, étroites, courbées en serpette et ordinairement très pleines, portées sur des pédoncules très allongés. Grains au nombre de sept à dix par cosse, d'un vert foncé, très serrés les uns

Pois William.
Plante réd. au dixième.

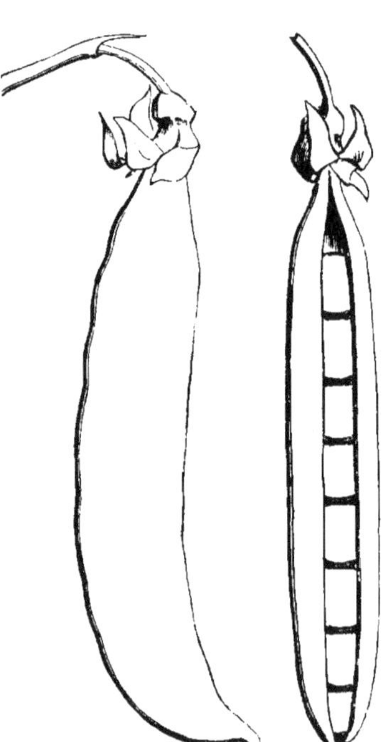

Pois William.
Cosses de grandeur naturelle.

contre les autres, restant à la maturité aplatis et d'un vert franc. Le litre pèse en moyenne 800 grammes, et 10 grammes contiennent 42 grains.

La précocité du P. William est moins grande que celle du P. prince Albert, mais elle est supérieure à celle du Michaux de Hollande. La production en est remarquablement soutenue. Le grain frais est d'une belle couleur et d'un goût excellent. C'est un des pois hâtifs les plus estimés en Angleterre.

POIS SERPETTE VERT.

Nom étranger : angl. Laxton's supreme pea.

Cette variété est un des premiers gains de M. Laxton et est restée l'un des meilleurs. C'est une race rustique, assez productive, et remarquable par la beauté de ses cosses et de son grain. Elle a rapidement pris faveur aux environs de Paris peu de temps après son introduction, qui date de 1869. Tige de 1ᵐ,40 environ, généralement simple, de couleur glauque ; stipules et folioles assez amples, d'un vert pâle et très blond ; fleurs généralement solitaires, d'abord verdâtres, puis blanches : elles commencent à paraître vers le douzième nœud : la tige en porte habituellement de six à huit étages. Cosses longues de 0ᵐ,07 à 0ᵐ,09, d'un vert foncé, droites avec une pointe courte et brusquement recourbée. Grains gros, un peu oblongs, parfois déformés à cause de la compression qu'ils subissent dans les gousses, restant d'un vert foncé à la maturité. Le litre pèse en moyenne 760 grammes, et 10 grammes contiennent 34 grains.

Le P. serpette vert commence à fleurir un jour ou deux avant le P. d'Auvergne, mais la production en est moins prolongée ; elle n'excède pas ordinairement trois semaines. Un caractère bien particulier à cette variété de pois, c'est la façon remarquable dont les cosses se renflent, non pas sous l'influence du grossissement du

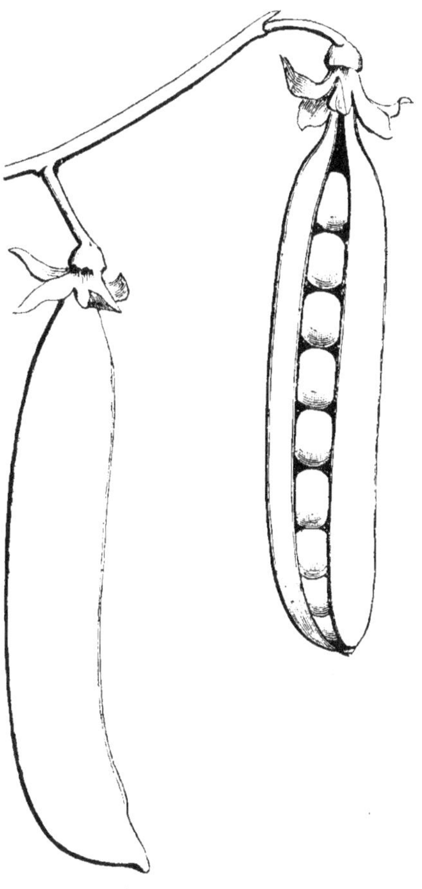

Pois serpette vert.
Cosses de grandeur naturelle.

grain, mais bien avant que le grain les remplisse. Il est encore tout petit, que la cosse, ballonnée pour ainsi dire, est déjà plus large que profonde.

POIS PRIZETAKER.

Noms étrangers : angl. Bellamy's early green marrow pea, Prizetaker green marrow P., Leicester defiance P., Rising sun P.

Pois à rames, ass z grêle ; feuillage moyen, d'un vert glauque ; stipules très larges, d'un vert foncé, très distinctement maculées de vert grisâtre ; tige mince, à nœuds passablement écartés, quelquefois simple, quelquefois portant une ou deux ramifications. Fleurs presque toujours solitaires, commençant habituellement à se montrer au douzième nœud, et faisant place à des cosses d'un vert foncé, longues de 0ᵐ,07 à 0ᵐ,09, faiblement courbées en serpette, tout à fait carrées du bout, et contenant de huit à onze grains ronds, verts, qui la remplissent complétement, et qui se déforment ordinairement par suite de la pression qu'ils exercent les uns sur les autres ; ils sont à la maturité d'un vert franc, un peu oblongs ou irrégulièrement aplatis, rarement bien ronds. Le litre pèse 785 grammes, et 10 grammes contiennent 40 grains. La tige principale porte jusqu'à dix et douze étages de cosses, les ramifications rarement plus de deux ou trois.

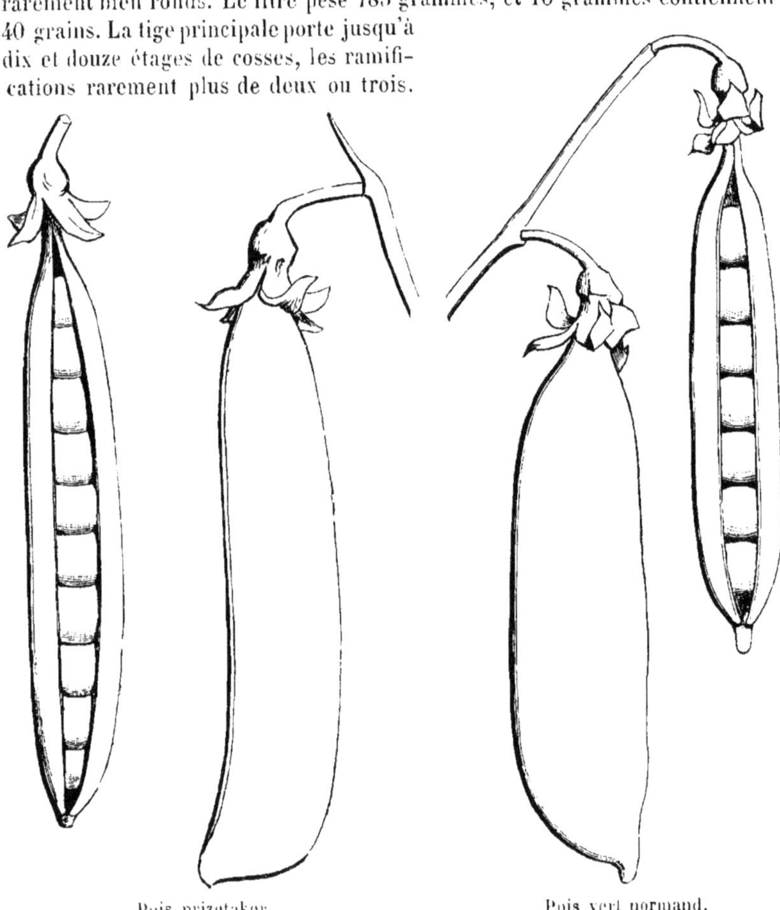

Pois prizetaker.
Cosses de grandeur naturelle.

Pois vert normand.
Cosses de grandeur naturelle.

POIS VERT NORMAND.

SYNONYME : Pois carré vert.

NOMS ÉTRANGERS : ALL. Grosse grüne Normanderbse. HOLL. Groene erwten.

Tiges grosses, très fortes, presque toujours ramifiées, atteignant 1ᵐ,50 à 2 mètres de haut, à feuilles amples et assez rapprochées ; stipules très grandes et arrondies ; feuillage moyen, d'un vert foncé un peu glauque ; fleurs assez grandes, d'un blanc un peu verdâtre, toujours réunies par deux. Cosses très larges, longues de 0ᵐ,06 à 0ᵐ,07, très légèrement courbées, se rétrécissant depuis le milieu jusqu'aux deux extrémités. Les cosses ne commencent à paraître que du dix-huitième au vingtième nœud ; chaque rameau en porte rarement plus de cinq ou six étages, mais la plante, étant très ramifiée, ne laisse pas que d'être productive. Le nombre de ramifications que porte une tige est ordinairement de trois ou quatre. Les cosses ne contiennent guère plus de quatre à six grains, qui sont gros, très aplatis, un peu ridés et vert grisâtre à la maturité. Le litre pèse 790 grammes, et 10 grammes contiennent 36 grains.

B. Variétés demi-naines.

POIS A GRAIN ROND BLANC (*demi-nains*).

POIS NAIN HATIF.

SYNONYME : Pois Lévêque, P. tous les nœuds.

NOM ÉTRANGER : ANGL. Bishop's early pea.

Variété naine, mais non très naine, s'élevant à 0ᵐ,50 ou 0ᵐ,60 de hauteur :

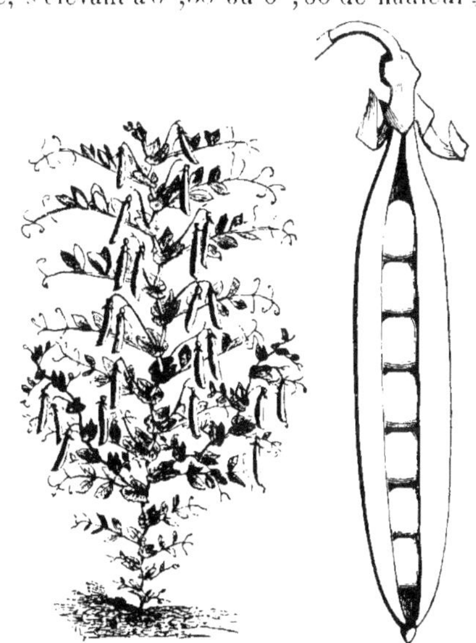

tiges assez trapues, minces à la base et un peu contournées en zigzag ; feuillage moyen, d'un vert assez foncé ; stipules plutôt petites que grandes et très dentées à la base ; fleurs blanches, moyennes, tantôt solitaires et tantôt réunies par deux, commençant à paraître vers le dixième ou le onzième nœud. Cosses relativement grandes et larges, de 0ᵐ,06 à 0ᵐ,08 de long et légèrement recourbées, contenant ordinairement de cinq à sept grains, blancs, quelquefois verdâtres, gros et légèrement carrés. Ces grains pèsent en moyenne 800 grammes par litre, et 10 grammes en contiennent 36. La tige porte ordinairement sept ou huit étages de cosses ; elle a quelquefois une ou deux ramifications qui restent souvent stériles.

Pois nain hâtif.
Plante réd. au dixième.

Pois nain hâtif.
Cosse de grandeur nat.

POIS NAIN HATIF ANGLAIS.

Il diffère du P. nain hâtif ordinaire par la teinte un peu plus blonde de son feuillage, ses tiges un peu plus hautes, ses fleurs presque toujours réunies par deux, et par ses cosses un peu moins allongées et plus pointues. Les tiges se ramifient très rarement, mais il en sort ordinairement plusieurs du même collet, la tige principale avortant de très bonne heure et donnant naissance, de ses nœuds inférieurs, à deux ou trois tiges à peu près égales entre elles et portant chacune de six à huit étages de cosses. Il convient aux mêmes usages que le P. nain hâtif ordinaire. Les grains pèsent en moyenne 780 grammes par litre, et 10 grammes en contiennent 34 environ.

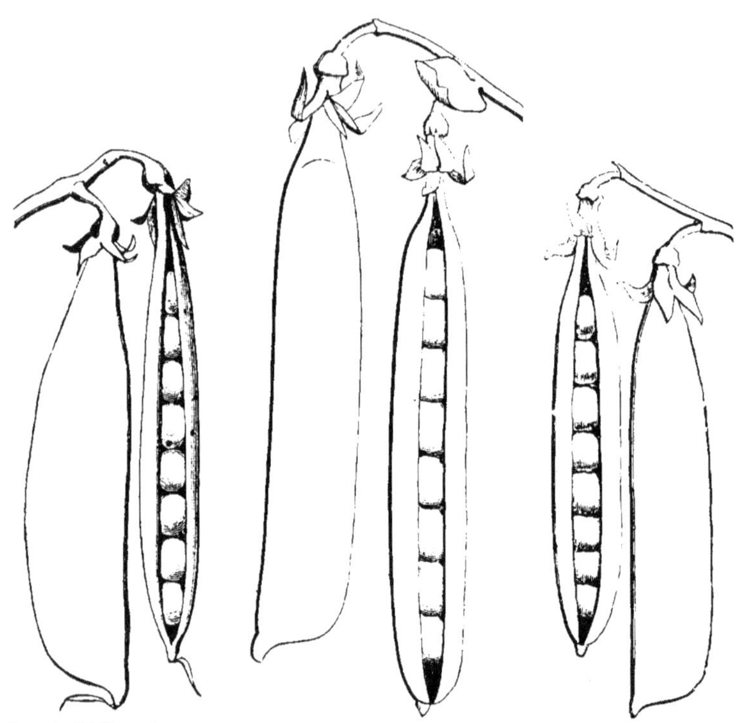

<table>
<tr><td>P. nain hâtif anglais.
Cosses de grandeur naturelle.</td><td>P. nain Bishop à longues cosses.
Cosses de grandeur naturelle.</td><td>P. nain ordinaire.
Cosses de grandeur naturelle.</td></tr>
</table>

POIS NAIN BISHOP A LONGUES COSSES.

Noms étrangers : angl. Bishop's long-podded pea, Bishop's improved P.

Pois nain s'élevant à 0ᵐ,50 ou 0ᵐ,60, rarement plus; tiges portant une ou deux ramifications, situées immédiatement au-dessous du douzième nœud, qui est celui où la floraison commence habituellement; fleurs blanches, moyennes, ne s'ouvrant pas très bien, à peu près aussi souvent solitaires que réunies par deux. Cosses assez longues, atteignant 0ᵐ,06 ou 0ᵐ,07, droites, un peu pointues, et contenant six à huit grains, presque ronds, d'un vert pâle, devenant, à la maturité, blancs et ronds, de grosseur moyenne. Les grains pèsent 790 grammes par litre, et 10 grammes en contiennent 36.

La précocité du P. nain Bishop à longues cosses est à peu près la même que celle du P. nain hâtif anglais, dont il diffère assez peu. Ce sont deux très bonnes variétés pour la culture de saison en pleine terre.

POIS NAIN ORDINAIRE.

SYNONYMES : Pois de Hollande, P. à bouquet, P. à la reine.

Pois nain, ramassé, ne dépassant guère 0^m,50 à 0^m,60 de hauteur ; tiges assez minces, coudées en zigzag, à nœuds nombreux et rapprochés, ordinairement ramifiées ; feuillage abondant et petit, roide et un peu contourné. Les fleurs sont à peu près constamment réunies par deux ; elles commencent à paraître vers le douzième nœud. Les cosses ne dépassent guère 0^m,05 ; elles sont minces, carrées du bout, très légèrement arquées et contiennent de six à huit grains, très serrés les uns contre les autres, et, par suite, aplatis sur deux faces à la maturité ; ils sont remarquablement petits, un peu anguleux et d'une teinte légèrement verdâtre. Le litre pèse 800 grammes, et 10 grammes contiennent 54 grains. La tige principale porte environ huit étages de cosses, et les ramifications de deux à quatre.

La plante a un aspect remarquablement compacte ; les fleurs, blanches et très nombreuses, se détachent bien sur le feuillage très vert et très touffu.

POIS A GRAIN ROND VERT (*demi-nains*).

POIS NAIN VERT IMPÉRIAL.

SYNONYMES : Pois bleu à courte tige, P. vert nain champêtre de seconde saison,
P. à la reine.

Pois demi-nain, de 0^m,60 à 0^m,75 de hauteur ; tige grosse, assez ramassée, en zigzag, surtout à la base ; feuillage assez fin, à folioles ovales-pointues, d'un vert franc, presque entièrement dépourvu de teinte glauque et de marbrures grisâtres ; fleurs généralement réunies par deux, presque vertes, commençant à paraître vers le douzième nœud, et au-dessus d'une ou deux ramifications qui prennent rarement beaucoup de développement. Cosses longues de 0^m,06 environ, assez étroites, bien pleines et faiblement courbées en serpette, contenant six ou sept grains, gros et très serrés les uns contre les autres à la maturité ; ils restent franchement verts, ordinairement bien pleins, mais légèrement carrés ou anguleux. Le litre pèse 800 grammes, et 10 grammes contiennent 32 grains. La tige principale porte de six à huit étages de cosses, les ramifications rarement plus de trois.

Le P. nain vert impérial peut se distinguer à coup sûr de tous les autres, au moment de la floraison, par la teinte particulière de ses fleurs qui sont presque vertes ; même complètement épanouies, elles restent veinées et teintées de

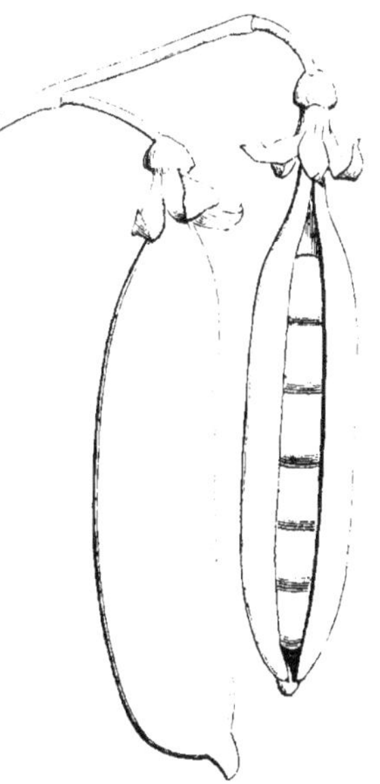

Pois nain vert impérial.
Cosses de grandeur naturelle.

vert comme le sont les fleurs de tous les pois à l'état de jeunes boutons.

POIS NAIN VERT GROS.

SYNONYME : Pois bleu.

NOM ÉTRANGER : ANGL. Blue prussian pea.

Pois demi-nain, s'élevant de 0^m,60 à 0^m,70, trapu, très ramifié ; à feuillage assez ample, arrondi, glauque ; stipules fortement maculées de gris ; tige forte, ondulée en zigzag, à nœuds très rapprochés, commençant à se ramifier dès le quatrième ou le cinquième nœud et montrant vers le dixième les premières fleurs, qui sont blanches et de grandeur moyenne, tantôt solitaires, tantôt et plus souvent réunies par deux. Cosses longues de 0^m,06 à 0^m,07, larges, un peu pointues à l'extrémité et rarement très pleines, ne contenant pas habituellement plus de cinq ou six grains, qui sont gros, très aplatis, de forme un peu irrégulière et d'un vert pâle devenant bluâtre à la maturité. Le litre pèse 800 grammes, et 10 grammes contiennent 30 grains. La tige porte habituellement sept ou huit étages de cosses ; les principales ramifications en produisent quatre ou cinq.

Le P. nain vert gros est très rustique et très productif, mais plutôt tardif que précoce. Il est cultivé en grand pour la production des pois secs, et ce qu'on rencontre dans le commerce sous le nom de *P. vert de Noyon* n'est ordinairement que du P. nain vert gros.

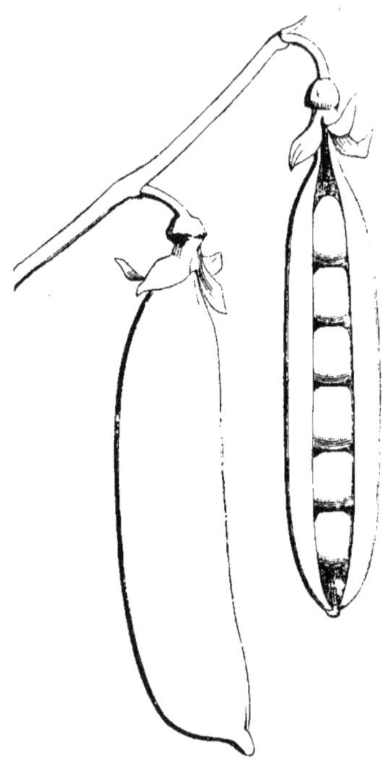

Pois nain vert gros.
Cosses de grandeur naturelle.

POIS FILLBASKET.

SYNONYME : Pois plein-le-panier.

NOM ÉTRANGER : ANGL. Laxton's fillbasket pea.

Pois demi-nain, de 0^m,75 à 0^m,90 de hauteur ; tige assez ramassée, à entre-nœuds peu écartés, donnant souvent naissance à deux ou trois ramifications presque aussi hautes que la tige principale et qui se développent habituellement du dixième au douzième nœud ; vers le treizième ou le quatorzième, commencent à paraître les fleurs, qui sont d'un blanc verdâtre, assez fréquemment solitaires. La tige principale en porte six ou sept étages, et les ramifications seulement de trois à cinq. Les cosses sont longues de 0^m,08 environ, assez étroites, passablement courbées en serpette, bien pointues à l'extrémité, et presque toujours extrêmement pleines. Elles renferment de sept à dix grains vert foncé, gros, un peu carrés et devenant, à la maturité, d'un vert franc, assez pâle. Le litre pèse en moyenne 785 grammes, et 10 grammes contiennent 32 grains.

Le P. *fillbasket* est assez facile à reconnaître à son feuillage d'un vert blond, étroit, léger, très ondulé sur les bords, surtout au sommet des tiges.

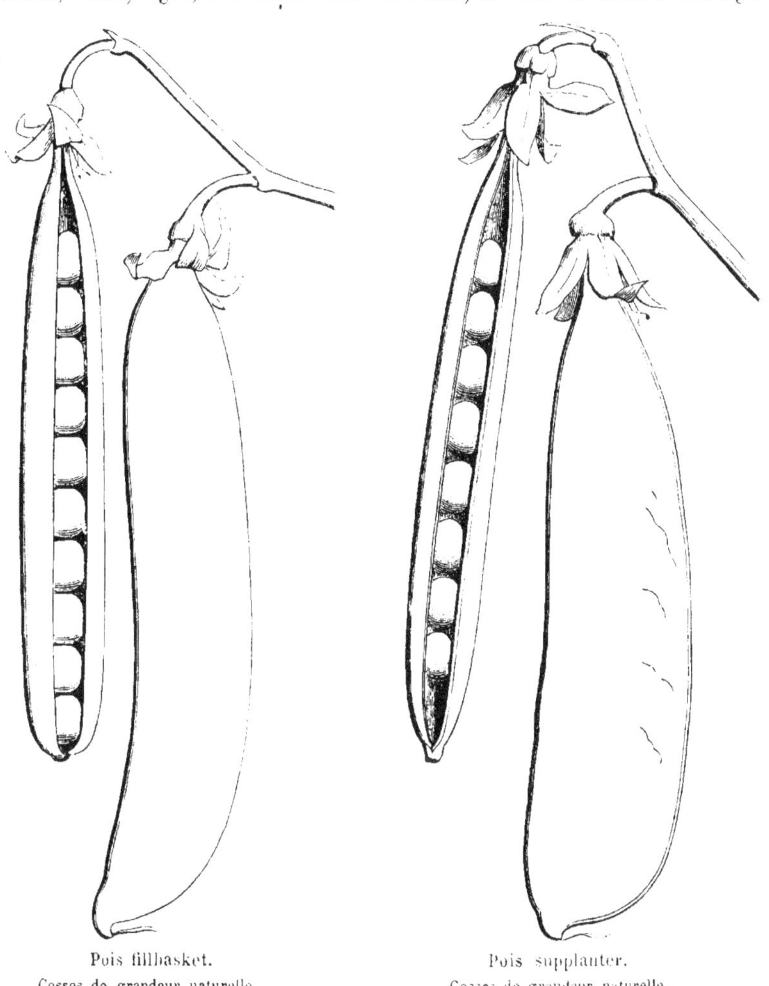

Pois fillbasket.
Cosses de grandeur naturelle.

Pois supplanter.
Cosses de grandeur naturelle.

POIS SUPPLANTER.

NOM ÉTRANGER : ANGL. Laxton's supplanter pea.

Pois demi-nain, à feuillage d'un vert assez foncé, mais très glauque, ample ; tige habituellement simple, commençant à fleurir dès le septième ou le huitième nœud ; fleurs blanches, ne s'ouvrant presque pas, le plus souvent réunies par deux, et faisant place à des cosses de 0^m.07 à 0^m,08 de long, d'un vert foncé, remarquablement larges, surtout à l'extrémité inférieure, contenant de six à huit grains très verts, comprimés et un peu carrés, qui conservent à la maturité une coloration verte assez intense, en devenant plats, un peu anguleux et parfois légèrement évidés sur les faces. Le litre pèse 780 grammes, et 10 grammes contiennent 36 grains. La tige porte de huit à douze étages de cosses. C'est une variété à production abondante et soutenue.

Le nombre d'étages qu'on obtient en cueillant les cosses au fur et à mesure de leur développement dépasse celui que nous indiquons ici, et qui a été observé sur des plantes cultivées pour étude et dont on ne cueillait pas les cosses.

C. Variétés naines.

POIS A GRAIN ROND BLANC (*nains*).

POIS NAIN TRÈS HATIF A CHASSIS.

Tige extrêmement courte, ne dépassant guère 0^m,20 à 0^m,25; nœuds très rapprochés, portant des stipules et des folioles arrondies, d'un vert foncé finement marbré de grisâtre; fleurs blanches, très petites, ordinairement solitaires, commençant à paraître au septième nœud, s'ouvrant à peine et fleurissant souvent dans le feuillage. Cosses longues de 0^m,05 environ, droites, assez minces, presque carrées à l'extrémité, tout à fait semblables à celles du P. prince Albert et contenant sept ou huit grains blancs, ronds, de grosseur moyenne. Le litre pèse 790 grammes, et 10 grammes contiennent 42 grains.

Malgré sa petite taille, cette variété est assez productive; elle convient parfaitement à la culture sous châssis, et n'est seulement que de deux ou trois jours moins hâtive que le P. prince Albert.

Pois très nain de Bretagne.
Cosses de grandeur naturelle.

Pois nain très hâtif à châssis.
Plante réd. au dixième.

POIS TRÈS NAIN DE BRETAGNE.

SYNONYME : Pois nain de Keroulas.

Pois très nain, à feuillage fin, d'un vert assez foncé; nœuds très rapprochés. La tige, courte, en zigzag, commence à porter des fleurs vers le douzième nœud. Les deux nœuds immédiatement inférieurs donnent ordinairement naissance à des ramifications qui restent assez souvent stériles. Les fleurs sont réunies par deux; elles sont blanches, bien ouvertes, mais très petites. Les cosses ne dépassent guère 0^m,04 à 0^m,05 de longueur; elles sont d'un vert foncé, très minces et légèrement en serpette; elles contiennent de cinq à sept grains, carrés par compression, qui les remplissent complètement. Le litre pèse 810 grammes, et 10 grammes contiennent 80 grains. La tige principale porte de six à dix étages de cosses, les ramifications rarement plus de deux.

L'époque de production du P. très nain de Bretagne est à peu près la même que celle du P. Michaux ordinaire. Le grain, à la maturité, est petit, un peu carré, légèrement saumoné et quelquefois verdâtre.

POIS A GRAIN ROND VERT (*nains*).

POIS MAC LEAN'S BLUE PETER.

Pois très nain, quoique moins ramassé que le P. nain très hâtif à châssis; les entrenœuds sont plus allongés et sensiblement égaux à la longueur des stipules; feuillage d'un vert très foncé, glauque. Les feuilles de l'extrémité des tiges sont de dimensions très réduites, serrées les unes sur les autres et d'un vert très foncé. Les fleurs, assez petites et légèrement verdâtres, sont tantôt solitaires et tantôt réunies par deux; elles commencent à paraître au septième ou au huitième nœud. La floraison de cette variété suit celle du P. nain très hâtif à châssis à un intervalle de deux ou trois jours. Cosses assez larges, longues de 0^m,06 environ et contenant de cinq à huit grains un

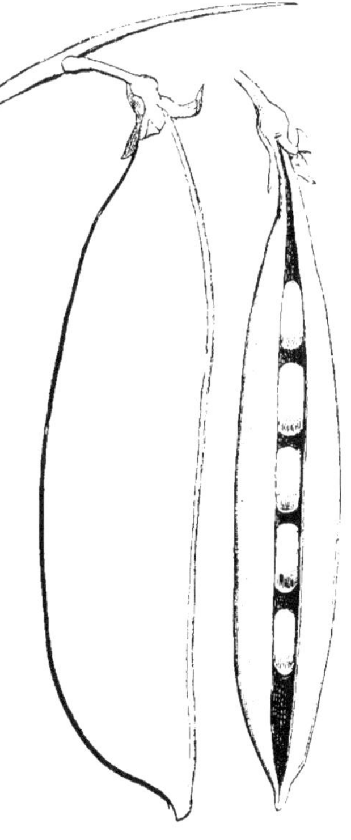

Pois Mac Lean's blue Peter.
Plante réd. au dixième.

Pois Mac Lean's blue Peter.
Cosses de grandeur naturelle.

peu oblongs, très gros, et conservant à la maturité une teinte vert pâle un peu bleuâtre. Le litre pèse 780 grammes, et 10 grammes contiennent 34 grains.

POIS TURC.

Synonymes : Pois à ombelles, P. couronné, P. Pâquet.

Noms étrangers : angl. Crown pea, Bunch P., Cluster P., Mummy P.

Plante de 1ᵐ,20 à 1ᵐ,30 de hauteur ; tige ordinairement simple, garnie de feuilles moyennes, d'un vert assez pâle, un peu espacées vers le bas de la tige, et se rapprochant les unes des autres vers le sommet, où les fleurs apparaissent non pas en étages superposés régulièrement, comme dans les autres pois, mais en une sorte de bouquet : la tige, élargie et généralement fasciée, portant l'une auprès de l'autre de nombreuses feuilles de l'aisselle desquelles partent les fleurs. Grain arrondi, régulier, jaune blond. Le litre pèse 800 grammes, et 10 grammes contiennent environ 40 grains.

On appelle aussi le P. turc : *P. couronné*, et ce nom décrit assez bien son apparence. Il en existe deux variétés, l'une à fleur blanche, l'autre à fleur bicolore. Ni l'une ni l'autre n'offrent d'intérêt comme plantes potagères.

POIS A COSSE VIOLETTE.

Nom étranger : angl. Purple-podded pea.

Cette variété ressemble beaucoup au P. de Marly par ses caractères de végétation ; mais elle s'en distingue, ainsi que de tous les autres pois cultivés, par la couleur violette très intense de ses cosses, couleur qu'elles conservent même quand elles sont sèches. Fleurs violet bleuâtre, moins colorées sur l'étendard que sur les ailes. Le grain est d'un gris verdâtre, gros, irrégulier de forme. Le litre pèse 700 grammes, et 10 grammes contiennent 42 grains.

Comme le P. turc, cette variété est plutôt curieuse que réellement intéressante. Elle a un grand défaut, c'est que son grain prend en cuisant une couleur brunâtre semblable à celle du grain des pois fourragers et de toutes les variétés à fleurs violettes. Ce défaut lui ôte toute valeur comme légume. Les cosses, par contre, perdent plutôt leur couleur en cuisant et deviennent presque vertes ; mais elles ne peuvent guère être utilisées de cette façon que toutes jeunes, car avant d'avoir pris tout leur développement elles deviennent coriaces et parcheminées, et cessent d'être bonnes à manger.

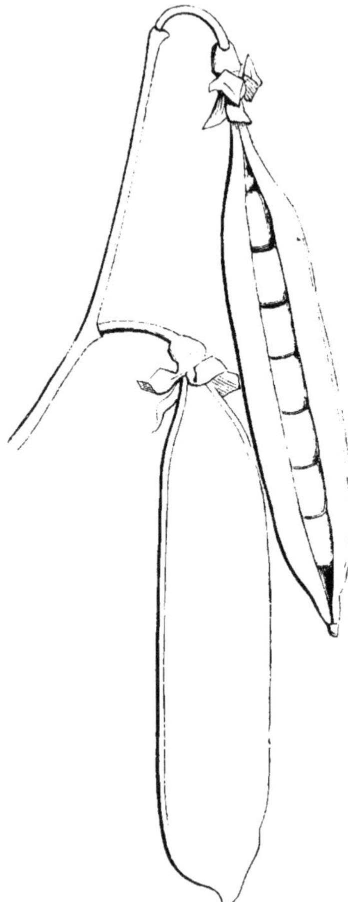

Pois à cosse violette.
Cosses de grandeur naturelle.

II. POIS A GRAIN RIDÉ.

A. Variétés à rames.

POIS A GRAIN RIDÉ BLANC (*à rames*).

POIS SHAH DE PERSE.

Nom étranger : ANGL. Laxton's the Shah pea.

Pois à rames à tige très grêle, presque toujours simple, ou portant une ou deux petites ramifications ; entrenœuds assez écartés ; feuillage léger,

d'un vert franc, légèrement grisâtre ; stipules un peu plus foncées que le reste du feuillage et distinctement marquées de taches grisâtres. Fleurs blanches, moyennes, solitaires, ou rarement réunies par deux, commençant à paraître au sixième ou au septième nœud, et faisant place à des cosses d'abord très minces, longues de 0^m,05 à 0^m,06, tout à fait carrées du bout, se renflant beaucoup avant la maturité, et contenant de cinq à sept grains très serrés et aplatis les uns contre les autres. A la maturité, les grains sont carrés, très ridés et d'un blanc pur. Le litre pèse 740 grammes, et 10 grammes contiennent 48 grains. La tige porte ordinairement six ou sept cosses.

Par tous ses caractères de végétation, son port, son feuillage, sa précocité, ce pois se rapproche beaucoup du P. prince Albert, mais il en diffère complètement par l'aspect de son grain. C'est un gain assez récent de M. Laxton : il a été obtenu vers 1875.

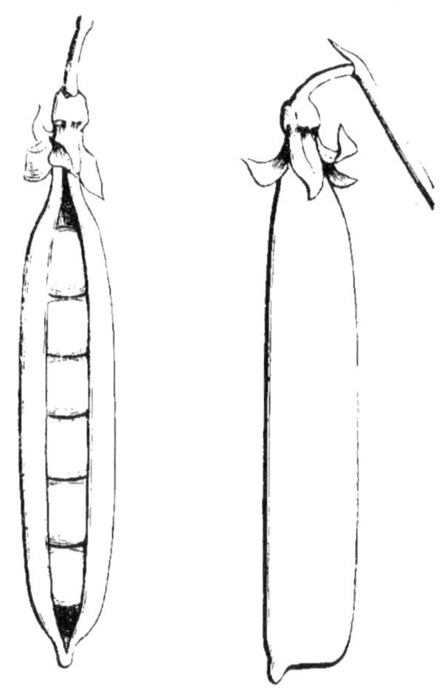

Pois shah de Perse.
Cosses de grandeur naturelle.

POIS TÉLÉPHONE.

Nom étranger : ANGL. Carter's telephone pea.

Pois à rames s'élevant de 1 mètre à 1^m,20 ; feuillage pâle, très ample, d'un vert blond, veiné et marbré de blanc ; les stipules en particulier sont d'une largeur tout à fait remarquable ; tige généralement simple, mais portant quelquefois une ou deux ramifications, à nœuds assez écartés, commençant à fleurir vers le douzième nœud. Fleurs blanches, assez grandes, souvent solitaires, faisant place à de très grandes et très larges cosses, atteignant jusqu'à 0^m,10 de longueur, droites et très légèrement recourbées en serpette vers l'extrémité, assez renflées et contenant huit à dix très gros grains verts et un peu carrés, devenant, à la maturité, tout à fait blancs ou restant plus ou moins verdâtres. Le litre pèse 710 grammes, et 10 gram. contiennent 30 grains.

La précocité du P. téléphone est un peu moindre que celle du P. serpette vert; le nombre des cosses dépasse très rarement huit par pied.

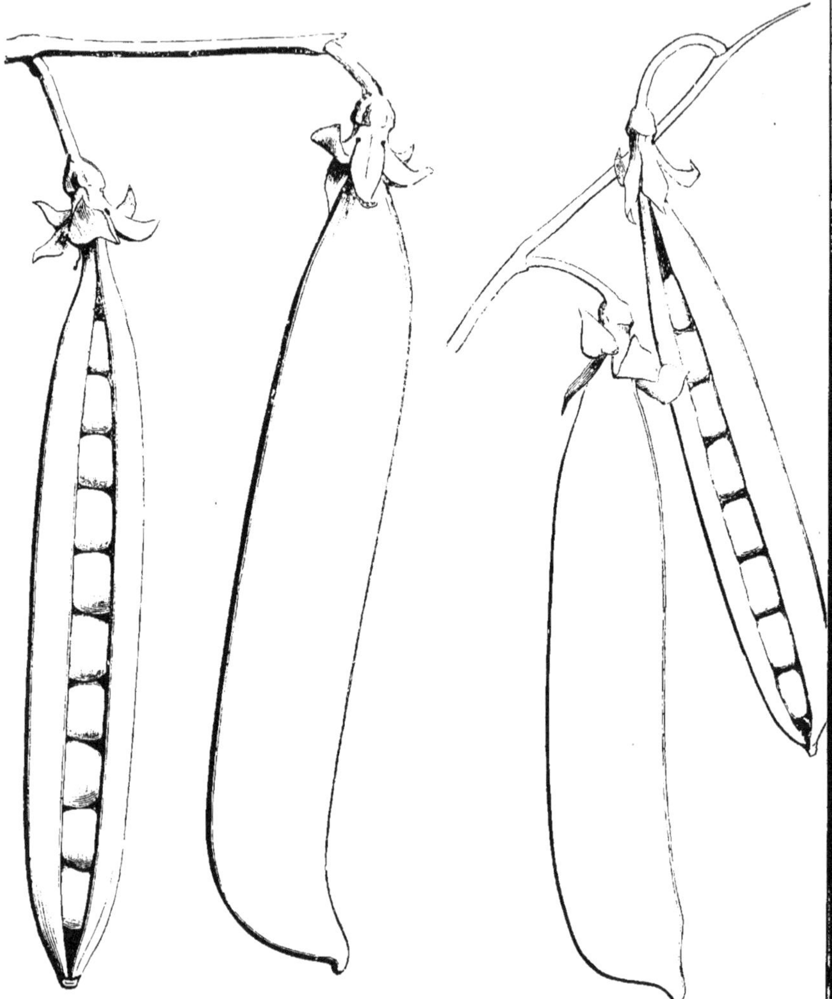

Pois téléphone.
Cosses de grandeur naturelle.

Pois de Knight.
Cosses de grandeur naturelle.

POIS DE KNIGHT.

Synonymes : Pois ridé de Knight sucré, P. du Brésil.

Nom étranger : Angl. Knight's tall marrow pea.

Grande variété tardive, atteignant et dépassant quelquefois 2 mètres de hauteur; tiges assez fortes, mais élancées, à nœuds écartés, restant simples jusqu'au douzième nœud, et commençant vers le seizième à porter des fleurs blanches, très grandes, presque toujours réunies par deux. Les cosses qui leur succèdent sont longuement pédonculées, grandes, larges, sensiblement courbées, et atteignent une longueur de 0ᵐ,06 à 0ᵐ,08 ; la tige principale en porte de huit à dix étages, les ramifications de trois à cinq. Il est à remarquer que les nœuds situés immédiatement au-dessous de la première fleur ne donnent pas tous naissance à des rameaux, et qu'une même tige n'en porte pas ordinairement plus de deux. Les cosses contiennent de six à huit grains, gros, allongés, devenant à la maturité extrêmement ridés, presque plats et prenant une couleur blanche ordinairement un peu verdâtre. Le litre pèse 730 grammes, et 10 grammes contiennent 26 grains.

Dans cette variété, l'une ou l'autre des deux fleurs est souvent accompagnée à sa base d'une petite bractée foliacée arrondie.

POIS A GRAIN RIDÉ VERT (à rames).

POIS LAXTON'S ALPHA.

Cette variété se rapproche beaucoup du P. prince Albert par la taille, le port et la précocité ; mais elle s'en distingue par la teinte plus pâle et plus blonde de son feuillage. Les fleurs sont généralement solitaires, mais quelquefois réunies par deux ; elles commencent à paraître au septième ou au huitième nœud, et sont remplacées par des cosses très longuement pédonculées, assez pointues et très légèrement courbées, longues de 0ᵐ,05 à 0ᵐ,06, et contenant de six à huit grains, petits, très ridés, restant verdâtres à la maturité. Le litre pèse 690 grammes, et 10 grammes contiennent 40 grains. Chaque tige porte de cinq à sept étages de cosses.

Ce pois est un des plus connus et des plus cultivés parmi les nombreux gains de M. Laxton, le fameux semeur dont nous avons eu déjà plusieurs fois l'occasion de citer le nom. M. Laxton, pour obtenir des formes nouvelles, s'est servi du croisement raisonné des races anciennes, et il a dû ses succès en grande partie au bon choix des porte-graines et à la sévérité intelligente avec laquelle il a limité ses efforts à la propagation des races tout à fait distinctes et vraiment méritantes parmi les très nombreuses formes nouvelles que lui ont données ses semis ; évitant ainsi les

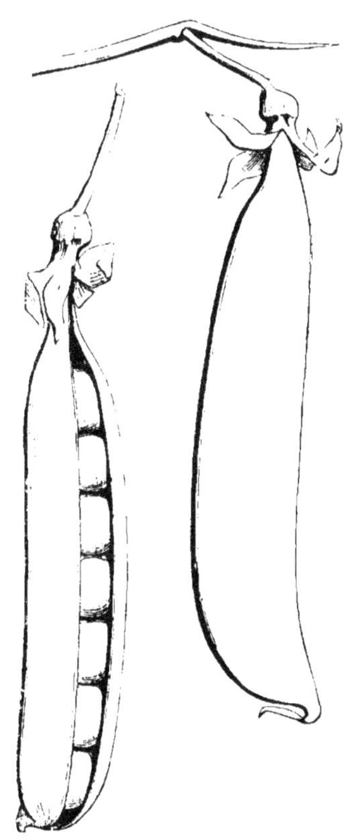

P. Laxton's alpha (grandeur naturelle).

inconvénients occasionnés par l'extrême multiplicité des noms et des variétés.

29

POIS CRITERION.

Nom étranger : angl. Standish's Criterion pea.

Pois à rames, haut de 1ᵐ,15 à 1ᵐ,30, assez grêle ; feuillage d'un vert franc ou blond, presque entièrement dépourvu de teinte glauque ; tige blanchâtre,

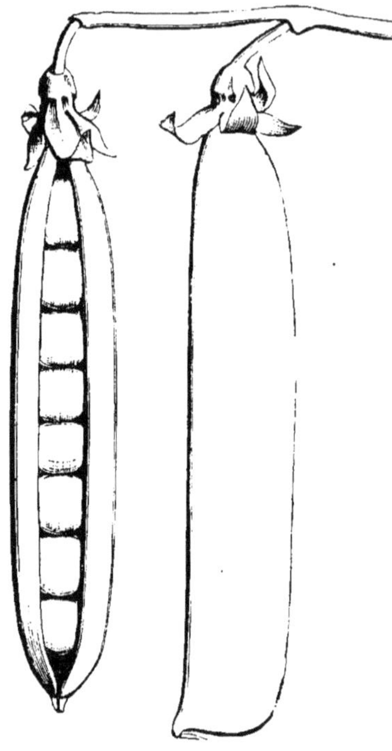

Pois Criterion.
Cosses de grandeur naturelle.

mince, simple jusque vers le dixième nœud, commençant vers le douzième à porter des fleurs généralement solitaires, de grandeur moyenne et d'un blanc verdâtre. Il s'en détache, au-dessous de la première fleur, une ou deux ramifications grêles et minces, qui, quelquefois, atteignent presque la hauteur de la tige principale. Les cosses, d'un vert foncé, sont très droites, carrées au bout et de largeur uniforme ; elles sont très pleines, et contiennent de six à huit grains très verts, gros et pressés les uns contre les autres, devenant à la maturité carrés, ridés et d'un vert pâle grisâtre. Le litre pèse 680 grammes, et 10 grammes contiennent 40 grains. La tige principale porte sept ou huit étages de cosses, les ramifications seulement de trois à cinq.

La précocité de cette variété est à peu près celle du P. serpette vert ; mais la production en est notablement plus prolongée. Bien que le P. Criterion soit d'introduction encore récente, il est déjà très recherché et très estimé en Angleterre. Il est d'une réussite facile presque en tout terrain, et ses cosses, tout en étant assez étroites, sont extrêmement remplies.

POIS RIDÉ VERT A RAMES.

Variété de haute taille, mais à tige relativement grêle ; feuilles espacées, moyennes, d'un vert franc. La tige commence à se ramifier au onzième ou douzième nœud, et à fleurir au quatorzième. Les fleurs sont blanches, moyennes, portées sur des pédoncules grêles et allongés, généralement par deux, mais assez fréquemment solitaires. Cosses longues de 0ᵐ,07 à 0ᵐ,08 au moins, assez étroites, mais obtuses à l'extrémité, contenant sept ou huit grains moyens, un peu espacés, devenant à la maturité ridés et d'un vert légèrement bleuâtre. Le litre pèse en moyenne 670 grammes, et 10 grammes contiennent 30 grains.

Cette variété est assez précoce ; elle devance le P. ridé de Knight de quatre ou cinq jours au moins. Elle est assez productive, la tige portant ordinairement de huit à dix étages de cosses. Le grain est de très bonne qualité.

L'origine du P. ridé vert à rames ne nous est pas connue ; il est cultivé en France depuis fort longtemps, et nous n'avons pu l'assimiler exactement à aucune des variétés anglaises. Celle qui s'en rapproche le plus est le P. Criterion, très bonne nouveauté de ces dernières années.

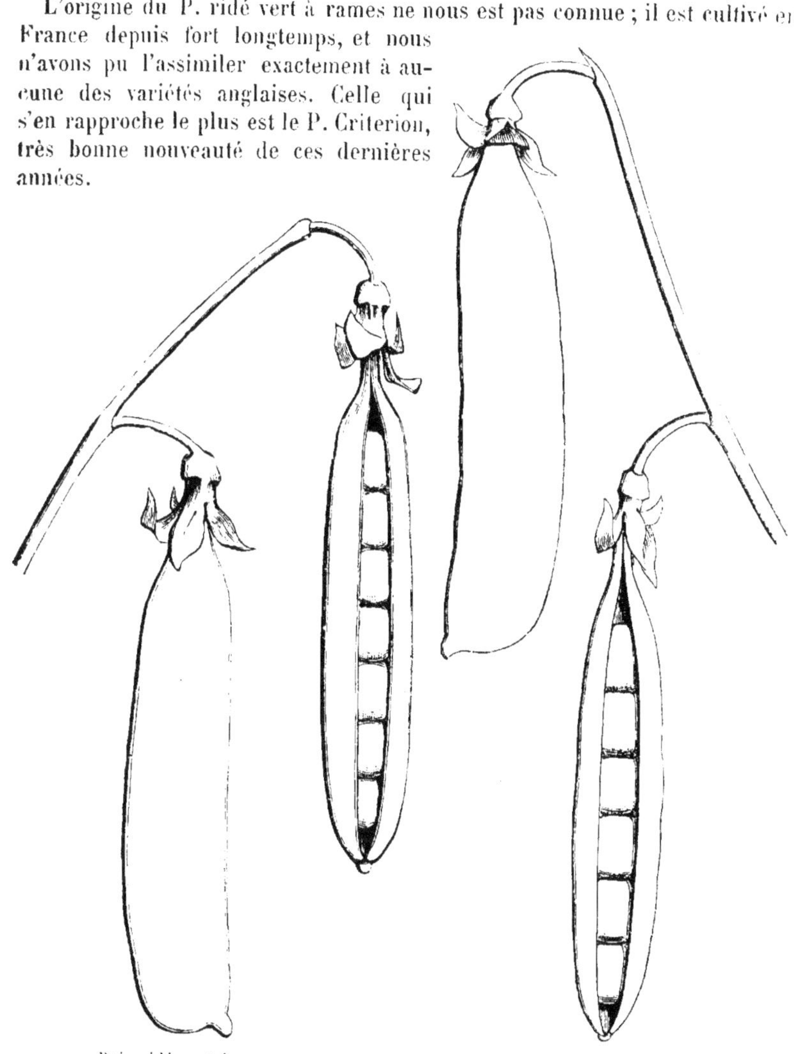

Pois ridé vert à rames.
Cosses de grandeur naturelle.

Pois champion d'Angleterre.
Cosses de grandeur naturelle.

POIS CHAMPION D'ANGLETERRE.

NOM ÉTRANGER : ANGL. Champion of England pea.

Pois à rames, de taille moyenne, ne dépassant guère 1^m,25 à 1^m,50 ; feuillage d'un vert pâle, glauque ; tige assez forte, blanchâtre, restant simple jusque vers le douzième nœud, et ne commençant guère à donner des cosses que vers le quinzième ou le seizième. Les nœuds intermédiaires donnent naissance à deux, trois ou quatre ramifications devenant quelquefois presque aussi importantes que la tige principale. Fleurs plutôt petites que grandes, souvent solitaires, mais généralement réunies par deux, quelquefois même, mais très exceptionnellement, au nombre de trois, faisant place à des cosses moyennes, de 0^m,05 à 0^m,07 de longueur, dont les inférieures ne contiennent parfois que trois ou quatre grains, petits, très ridés, d'un vert pâle bleuâtre, tandis que les autres en renferment jusqu'à neuf. Le litre pèse 700 grammes, et 10 grammes contiennent 36 grains. La tige principale porte six ou sept étages de cosses, les ramifications de deux à cinq.

POIS RIDÉ GRAND VERT MAMMOTH.

Noms étrangers : angl. Tall green Mammoth pea, Monarch P., Strathmore hero P., King of the marrows P., Green tall square Mammoth P.

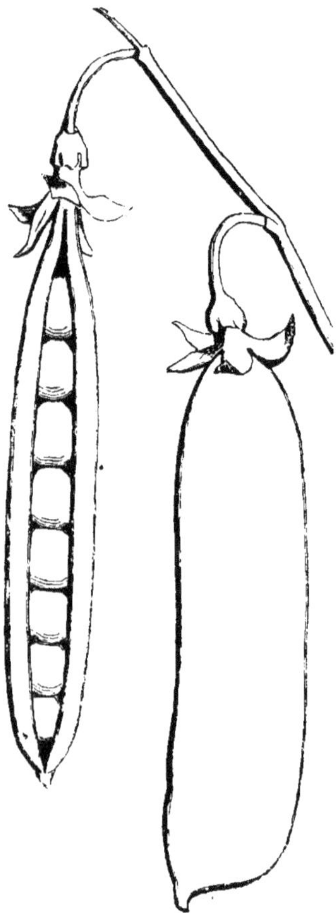

Pois ridé grand vert Mammoth.
Cosses de grandeur naturelle.

Grande variété tardive, pouvant s'élever jusqu'à 2 mètres de hauteur ; grosses et fortes tiges, à nœuds assez rapprochés vers la base; feuillage grand, ample, d'un vert franc, à stipules glauques; fleurs blanches, moyennes, commençant à paraître du seizième au dix-huitième nœud. Les deux ou trois nœuds situés au-dessous de celui qui porte la première fleur donnent habituellement naissance à des ramifications assez longues. Les cosses sont en général réunies par deux; elles sont très larges, longues de 0^m,06 à 0^m,07, et arrondies-obtuses vers la pointe. La tige principale en porte de huit à dix étages, les ramifications de deux à cinq; elles contiennent de cinq à huit grains gros, un peu oblongs, d'un vert clair. Le litre pèse 750 grammes, et 10 grammes contiennent environ 30 grains.

Comme dans le P. ridé de Knight, les fleurs sont souvent accompagnées à la base d'une petite bractée foliacée.

Le P. ridé grand vert Mammoth est un des plus tardifs de tous les pois cultivés. Il lui faut, pour bien réussir, un climat frais et tempéré. En France, les grandes chaleurs en suspendent parfois prématurément la végétation et en réduisent beaucoup la production, qui dans des conditions favorables est très abondante. Il faut néanmoins reconnaître que dans notre pays les semis successifs de pois précoces donnent généralement de meilleurs résultats que l'emploi des variétés tardives.

B. Variétés demi-naines.

POIS A GRAIN RIDÉ BLANC (*demi-nains*).

POIS RIDÉ NAIN BLANC HATIF.

SYNONYMES : Pois Eugénie, P. alliance.

Variété demi-naine, atteignant 0^m,60 à 0^m,80 ; tige assez grêle, presque toujours simple, commençant à fleurir extrêmement bas, souvent dès le cinquième nœud ; fleurs blanches, moyennes, toujours solitaires vers la base des tiges, souvent réunies par deux un peu plus haut. Cosses de dimensions assez variables, de 0^m,05 à 0^m,08 de long, pointues vers l'extrémité et légèrement courbées en serpette, très inégalement remplies : celles du bas des tiges ne renferment souvent qu'un seul grain, rarement plus de trois ou quatre ; celles qui se développent plus tard en contiennent jusqu'à sept ou huit. A l'état vert, ils sont gros, carrés et un peu aplatis ; à la maturité, ils deviennent très ridés, de grosseur un peu inégale et d'un blanc faiblement saumoné.

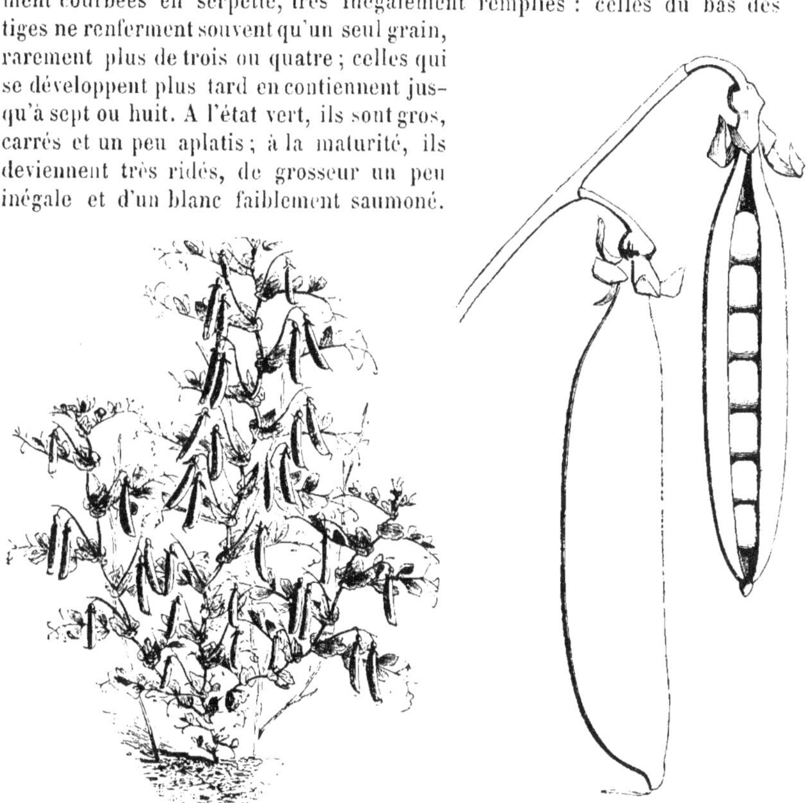

Pois ridé nain blanc hâtif.
Plante réd. au dixième.

Pois ridé nain blanc hâtif.
Cosses de grandeur naturelle.

La tige porte de douze à quinze étages de cosses. Les grains pèsent 670 grammes par litre, et sont au nombre de 36 dans 10 grammes. Ce serait une des variétés précoces les plus productives, si les premières gousses étaient mieux remplies. La production peut se prolonger pendant six semaines et plus, lorsque les cosses sont cueillies à mesure de leur développement.

POIS PRODIGE DE LAXTON.

Nom étranger : Laxton's marvel pea.

Pois demi-nain, à tige dépassant rarement 0^m,60 à 0^m,75, souvent ramifiée ;

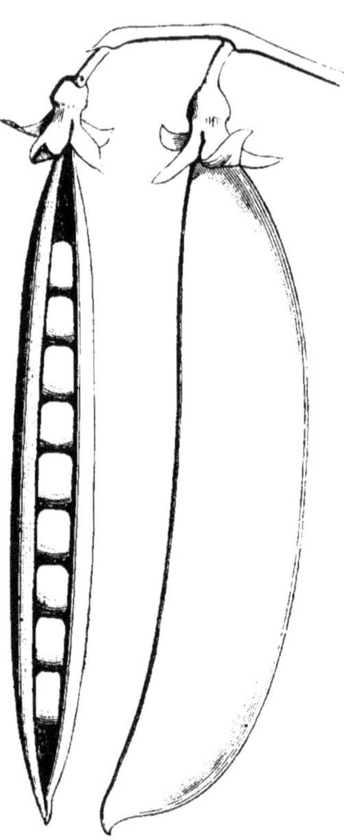

à feuillage ample, d'un vert foncé extrêmement peu maculé de gris ; fleurs blanches, assez grandes, mais s'ouvrant presque toujours incomplètement, naissant à peu près aussi souvent solitaires que réunies par deux et commençant à se montrer vers le dixième nœud. Cosses d'un vert foncé, longues de 0^m,07 à 0^m,09, assez larges, un peu courbées en forme de serpette, pointues du bout, et contenant de sept à neuf grains bien verts, gros et aplatis les uns contre les autres ; ils deviennent, à la maturité, un peu anguleux, mais bien pleins et d'un vert très pâle et jaunâtre. Le litre pèse en moyenne 750 grammes, et 10 grammes contiennent 36 grains. La tige principale ne porte pas habituellement plus de quatre ou cinq étages de cosses, les fleurs avortant de temps en temps ou ne nouant pas toujours.

En somme, malgré de réelles qualités, ce pois ne peut être considéré comme un des meilleurs gains de M. Laxton. D'abord, comme nous l'avons dit, les fleurs ne font pas toujours place à des cosses, et, d'un autre côté, la vigueur de la végétation ainsi que l'abondance du feuillage sont un peu hors de proportion avec le produit réel de la plante.

Pois prodige de Laxton.
Cosses de grandeur naturelle.

POIS A GRAIN RIDÉ VERT (*demi-nains*).

POIS RIDÉ NAIN VERT HATIF.

Synonymes : Pois Napoléon, P. climax.

Ce pois ne diffère du P. ridé nain blanc hâtif, à part son feuillage un peu marbré et ondulé, que par la couleur vert pâle de son grain. Il a exactement les mêmes caractères de végétation, et présente notamment, comme lui, cette particularité de produire presque au sortir de terre des cosses qui sont en général petites et mal remplies, tandis que celles du milieu des tiges sont beaucoup plus grandes et plus pleines. Les grains pèsent 700 grammes par litre, et 10 grammes en contiennent 34 environ.

Il est assez difficile aujourd'hui de se procurer cette variété bien franche et bien pure, et cependant, parmi les nombreuses variétés qui s'en rapprochent et qui souvent sont vendues sous son nom, il n'en est peut-être aucune qui présente le même ensemble de qualités et notamment la même précocité réunis à une fertilité très grande et très prolongée.

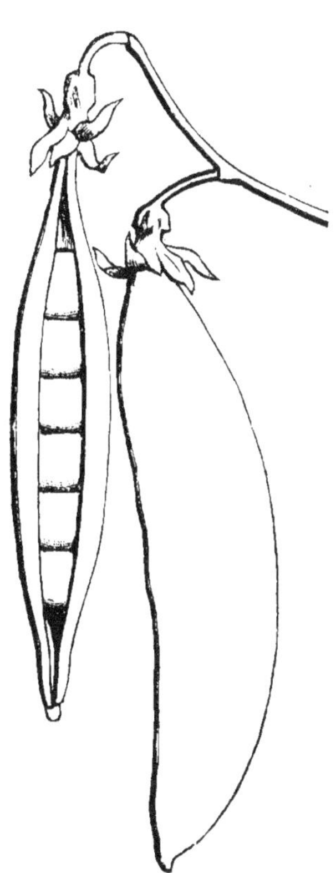

Pois ridé nain vert hâtif.
Cosses de grandeur naturelle.

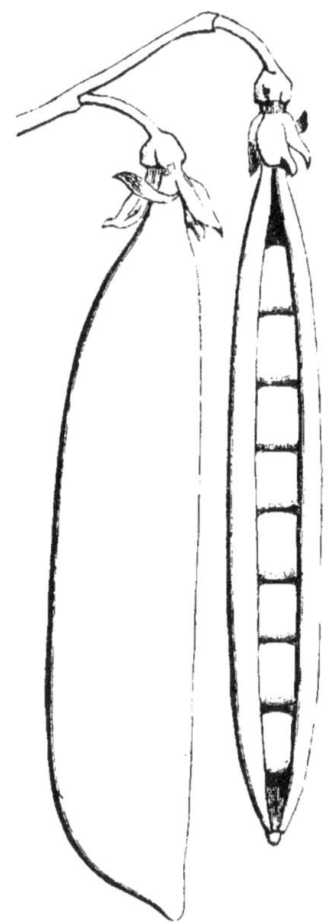

Pois Mac Lean's best of all.
Cosses de grandeur naturelle.

POIS MAC LEAN'S BEST OF ALL.

Plante demi-naine, s'élevant de 0^m,75 à 0^m,80, très trapue, à nœuds rapprochés ; feuillage raide, moyen, d'un vert glauque très foncé ; fleurs moyennes, blanches, réunies par deux. Cosses larges, longues de 0^m,07 à 0^m,09, assez longuement amincies aux deux extrémités, le plus souvent incomplètement remplies. Tiges simples jusque vers le huitième ou le neuvième nœud, donnant ensuite naissance à trois ou quatre ramifications, et commençant à porter des cosses vers le douzième nœud. Le nombre des étages de cosses sur la tige principale est de cinq à sept ; il ne dépasse guère deux ou trois sur les ramifications. Chaque cosse contient de trois à huit grains très gros, un peu ovales, devenant à la maturité très ridés, très aplatis et d'une couleur vert pâle grisâtre. Le litre pèse en moyenne 690 grammes, et 10 grammes contiennent environ 30 grains. Ce pois est fertile et de bonne qualité ; il est demi-tardif.

POIS DOCTEUR MAC LEAN.

Nom étranger : angl. Turner's Dr Mac Lean pea.

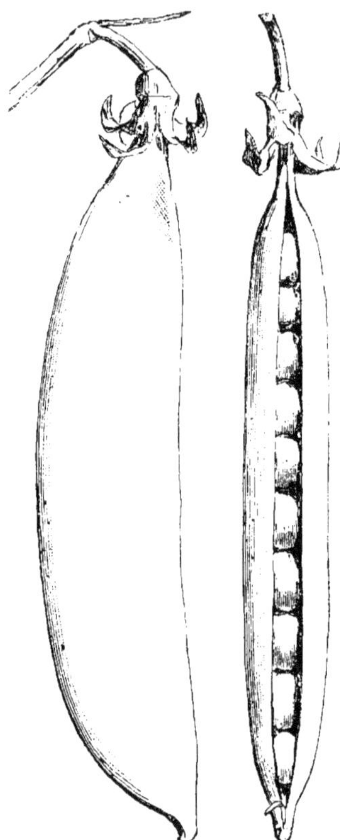

Pois Dr Mac Lean.
Cosses de grandeur naturelle.

Pois demi-nain, ramassé, à feuillage large et abondant, d'un vert foncé assez glauque ; il est très ample vers la base et le milieu des tiges, beaucoup plus petit et denté vers leur sommet ; nœuds rapprochés. Tige trapue, simple jusque vers le huitième nœud, donnant naissance à trois ou quatre ramifications assez inégales et commençant à porter, vers le douzième nœud, des fleurs blanches assez grandes, faisant place à de très longues et larges cosses, habituellement solitaires, atteignant jusqu'à 0ᵐ,08 ou 0ᵐ,09 de longueur. La tige principale en porte de cinq à sept étages, les ramifications seulement deux ou trois. Les cosses sont ordinairement aussi bien remplies qu'elles sont belles ; elles contiennent de sept à dix grains très gros, un peu carrés, devenant à la maturité très ridés, aplatis et d'un vert pâle tirant plutôt sur le jaune que sur le bleu. Le litre pèse en moyenne 700 grammes, et 10 grammes contiennent 48 grains.

Ce pois est notablement plus hâtif que le précédent ; la production, par contre, en est moins soutenue. Bien que parfaitement distinct, il présente cependant une analogie marquée, surtout dans la végétation, avec le P. prodige de Laxton, mais il noue plus régulièrement que celui-ci.

POIS WILSON.

Nom étranger : angl. G. F. Wilson pea.

Pois demi-nain, s'élevant de 0ᵐ,60 à 0ᵐ,75 de hauteur ; tige forte, grosse ; feuillage très ample, d'un vert glauque, remarquable surtout par le très grand développement des stipules et l'absence de macules grisâtres ; fleurs blanches, assez grandes, généralement réunies par deux, mais souvent aussi solitaires, commençant à paraître vers le dixième nœud. Cosses longues de 0ᵐ,06 à 0ᵐ,08, d'abord très plates et extrêmement larges, puis se rétrécissant un peu à mesure qu'elles se gonflent. La tige en porte de six à huit étages ; elles sont rarement très pleines, ne contenant pas ordinairement plus de cinq à sept grains : ceux-ci, il est vrai, sont presque aussi gros que des féveroles, oblongs et un peu aplatis. A la maturité, ils deviennent extrèmement ridés, plats et d'une teinte vert pâle. Le litre pèse 720 grammes, et 10 grammes contiennent 26 grains.

La vigueur et l'épaisseur des pédoncules qui portent les cosses sont un caractère particulièrement distinctif de cette variété.

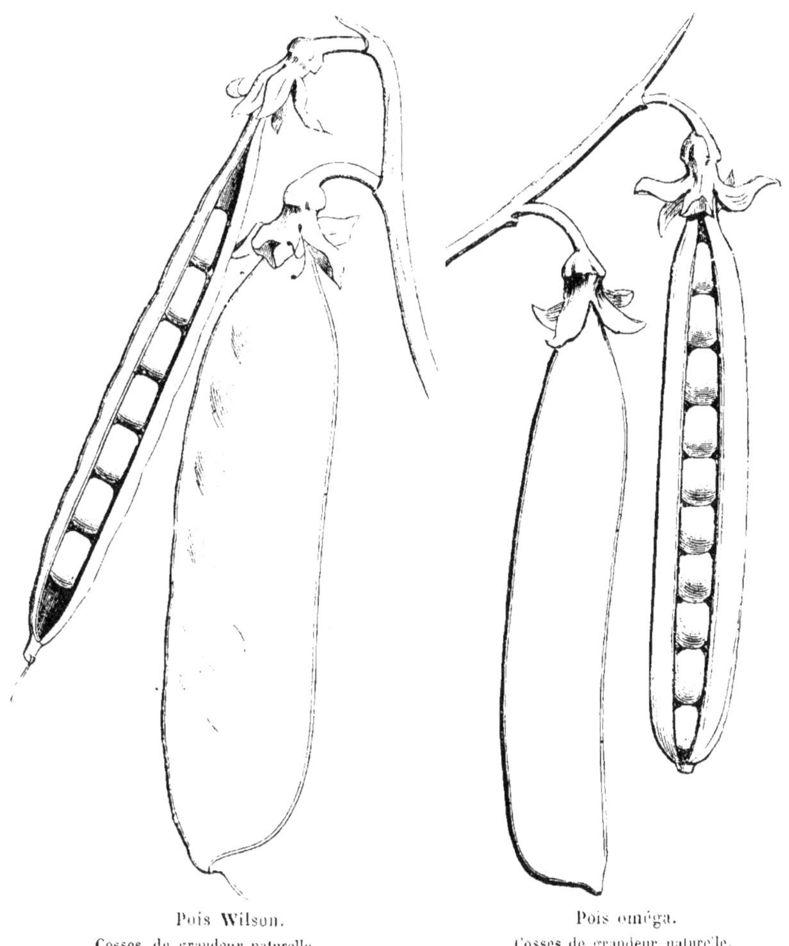

Pois Wilson.

Cosses de grandeur naturelle.

Pois oméga.

Cosses de grandeur naturelle.

POIS OMÉGA.

NOM ÉTRANGER : ANGL. Laxton's omega pea.

Pois demi-nain, dépassant rarement 0ᵐ,70 à 0ᵐ,80 de hauteur ; feuillage vert foncé, de couleur unie, sauf les nervures qui sont blanchâtres et très apparentes, assez abondant et touffu ; tige grosse, ramassée, à nœuds rapprochés, portant habituellement deux ramifications au-dessous de la première fleur, qui se montre en général au treizième ou au quatorzième nœud. Les fleurs sont d'un blanc verdâtre, assez grandes, et très fréquemment s'ouvrent mal ; elles sont presque toujours réunies par deux, et font place à des cosses assez étroites, longues de 0^m,06 à 0^m,08, d'un vert foncé et extrêmement pleines. La tige principale en porte de cinq à huit étages, les ramifications un ou deux seulement, quand elles ne sont pas entièrement stériles. Les grains, d'un vert assez foncé et très serrés dans les cosses, en remplissent complètement l'intérieur ; ils sont généralement au nombre de huit ou neuf. A la maturité, ils ne sont pas extrêmement ridés, mais plutôt carrés et évidés sur les faces ; ils sont d'une teinte vert clair remarquablement vive et franche. Le litre pèse en moyenne 725 grammes, et 10 grammes contiennent environ 36 grains.

Le P. Laxton's oméga est une bonne variété, bien distincte, obtenue, comme son nom l'indique, par M. Laxton, et digne d'être rangée parmi les meilleures créations de cet habile semeur. C'est un pois tardif, mais plutôt relativement aux autres pois verts demi-nains à grain ridé, que d'une façon absolue. Il ne donne pas son produit beaucoup plus tard que le P. *Mac Lean's best of all*, et il s'en faut de beaucoup qu'il produise aussi tard en saison que certains pois à rames, tels que le P. vert normand ou le P. ridé grand vert Mammoth. Ces derniers sont des pois tardifs dans toute la force du terme.

C. Variétés naines.

POIS A GRAIN RIDÉ (*nains*).

POIS MERVEILLE D'AMÉRIQUE.

Plante extrêmement naine, ne dépassant guère 0^m,25 de hauteur ; à tige courte, raide, garnie de feuilles assez amples, arrondies et d'un vert foncé moins glauque que celui du P. ridé très nain à bordures ; tige le plus souvent simple, ou ramifiée seulement au collet. Les cosses, qui succèdent à des fleurs blanches et petites, sont quelquefois réunies par deux, mais le plus souvent solitaires ; elles paraissent au septième ou au huitième nœud, et la tige en porte rarement plus de cinq étages. Elles sont droites, très renflées, longues de 5 à 6 centimètres, relativement larges et extrêmement pleines, contenant de six à huit grains, gros, aplatis, devenant, à la maturité, bien ridés, assez aplatis, et d'un vert pâle bleuâtre. Le litre pèse en moyenne 720 grammes, et 10 grammes contiennent 42 grains.

La précocité de ce pois est de huit jours environ plus hâtive que celle du P. ridé très nain à bordures, mais la production n'en est pas aussi prolongée.

POIS RIDÉ TRÈS NAIN A BORDURES.

Pois très nain, ne dépassant guère 0^m,25 à 0^m,30 de hauteur ; tiges très ramassées, commençant à fleurir vers le septième nœud et portant plus bas une ou deux ramifications. Les fleurs sont petites, blanches, ordinairement solitaires ; le feuillage est très ramassé, petit, raide et d'un vert foncé. Les cosses, au nombre de six à huit sur la tige principale et deux ou trois sur les ramifications, sont droites, carrées du bout, longues de 0ᵐ,05 à 0ᵐ,06 et ordinairement très pleines; elles contiennent de cinq à huit grains, verts, assez gros, très aplatis par la pression qu'ils exercent les uns contre les autres; à la maturité, ils deviennent carrés, passablement ridés et d'un vert pâle bleuâtre. Le litre pèse 700 grammes, et 10 grammes contiennent 45 grains.

Ce pois convient parfaitement pour la culture forcée et pour les bordures.

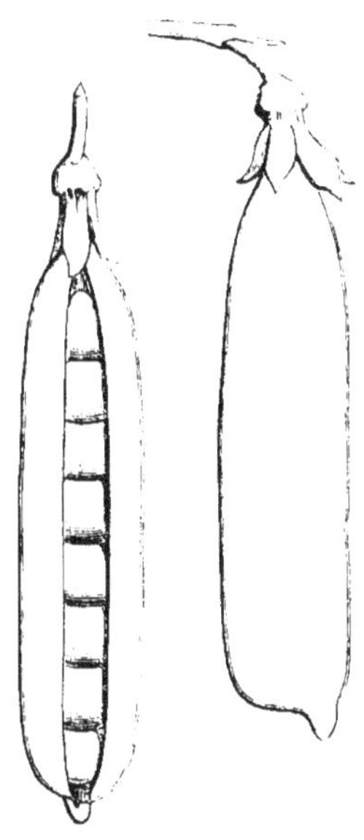

Pois ridé très nain à bordures.
Plante réd. au dixième.

Pois ridé très nain à bordures.
Cosses de grandeur naturelle.

POIS SANS PARCHEMIN.

SYNONYMES : Pois mange-tout, P. goulus.

NOMS ÉTRANGERS : ANGL. Edible podded peas, Sugar P. ALL. Zucker-Erbsen. HOLL. Peulen. ITAL. Piselli di guscio tenero, P. mangia-tutto. PORT. Ervilhas de casca, E. come lhe tudo.

Dans toutes les variétés de pois dont nous avons parlé jusqu'à présent, la cosse est pourvue et pour ainsi dire doublée à l'intérieur d'une membrane mince, mais dure et tenace, qui lui donne sa solidité, et, en se contractant par la dessiccation, fait qu'elle s'ouvre en deux moitiés qui se tordent en spirale et souvent projettent les grains à une certaine distance. Nous allons maintenant passer en revue une série de variétés dans lesquelles cette membrane n'existe pas, dont la cosse par conséquent est toujours tendre et molle et ne s'ouvre pas à la maturité. Il en résulte qu'on peut manger la cosse de ces pois tout entière, et cela d'autant mieux, que la partie tendre et charnue semble s'y développer en raison même de la disparition de la portion parcheminée.

A. Variétés à rames.

POIS SANS PARCHEMIN DE QUARANTE JOURS.

Pois à rames, s'élevant de 1 mètre à 1ᵐ,30; tiges minces, à nœuds assez écartés, commençant à fleurir dès le cinquième ou le sixième nœud; fleurs généralement réunies par deux, blanches, assez grandes. Cosses droites, minces, un peu pointues vers l'extrémité, bien franchement sans parchemin, et contenant de six à huit grains moyens, arrondis ou légèrement comprimés, ronds et blancs à la maturité. Le litre pèse 790 grammes, et 10 grammes contiennent 34 grains. Ce pois se ramifie très rarement, mais il porte jusqu'à quinze ou dix-huit étages de cosses qui se développent successivement, de sorte qu'il y en a déjà de mûres et sèches au bas de la tige, tandis que les fleurs continuent à paraître au sommet. Souvent la floraison continue ainsi pendant plus de deux mois.

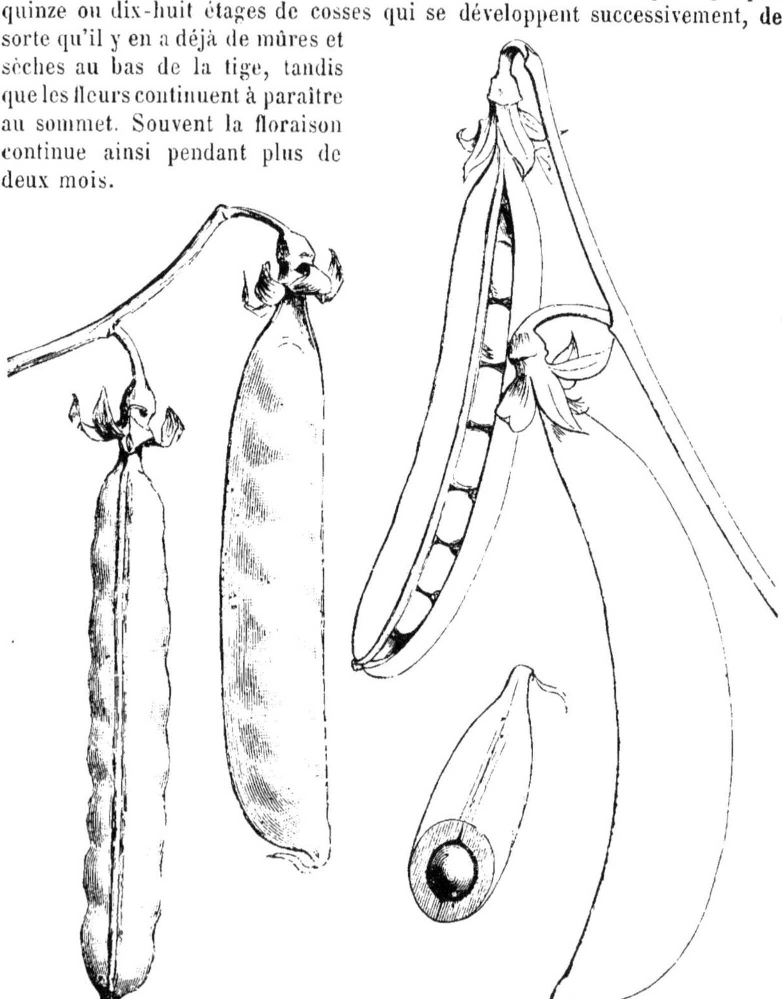

Pois sans parchemin de quarante jours.
Cosses de grandeur naturelle.

Pois beurre.
Cosses de grandeur naturelle.

POIS BEURRE.

Ce pois se distingue bien nettement de tous les autres pois sans parchemin par le renflement et l'épaisseur de sa cosse, qui arrive promptement à être plus épaisse que large. Elle a 0^m,05 à 0^m,07 de longueur environ, et ses parois, tout à fait charnues et succulentes, atteignent une épaisseur de près d'un demi-centimètre. Les cosses sont assez fortement courbées, tantôt solitaires, tantôt et plus souvent réunies par deux. Les tiges s'élèvent de 1 mètre à 1^m,20 ; elles sont assez minces, à nœuds espacés ; le feuillage est d'un vert assez foncé, à nervures blanchâtres, presque sans macules. Les fleurs, blanches et grandes, ne sont solitaires que tout à fait à la base et tout à fait au sommet des tiges. Les pédoncules qui portent les cosses sont minces, très raides et de longueur moyenne ; la grande épaisseur des parois des cosses fait qu'elles restent unies à l'extérieur et ne sont pas bosselées par la saillie des grains, comme c'est le cas dans la plupart des autres variétés sans parchemin. Le grain est blanc, bien rond, assez gros. Le litre pèse en moyenne 800 grammes, et 10 grammes contiennent 30 grains. La précocité de cette variété est à peu près celle du P. Michaux de Ruelle.

Il paraît se passer dans la végétation du P. beurre ce que nous avons dit au sujet des pois sans parchemin en général, c'est-à-dire que la partie molle, le parenchyme de la cosse, semble se développer aux dépens de la membrane parcheminée qui en est absente, comme si les éléments ou les sucs nourriciers destinés à former cette membrane se reportaient sur les parties les plus voisines. Il y a toutefois cette différence entre le P. beurre et les autres pois sans parchemin, c'est que, chez lui, c'est l'épaisseur de la cosse dans toutes ses parties qui s'exagère, tandis que dans les autres, dans le P. corne de bélier et le P. géant sans parchemin surtout, c'est plutôt la largeur de la cosse qui prend des proportions inusitées.

POIS CORNE DE BÉLIER.

SYNONYMES : Pois gourmand blanc à large cosse, P. Saint-Quentin, P. sans parchemin grand à fleur blanche, P. géant de Beaulieu, P. lyonnais à rames, P. sans parchemin de de Brauère, P. crochu à large cosse.

NOM ÉTRANGER : ANGL. Large crooked sugar pea.

Grande variété à rames, s'élevant de 1^m,20 à 1^m,40 ; à tige de grosseur moyenne, ordinairement ramifiée, à nœuds espacés ; feuillage assez ample, d'un vert pâle un peu blond ; fleurs blanches, très grandes, bien ouvertes, commençant à paraître au douzième ou au treizième nœud, presque toujours solitaires, et faisant place à des cosses très grandes, blanchâtres, complète-ment sans parchemin, souvent contournées, ce qui a fait donner à la variété le nom qu'elle porte. Ces cosses atteignent quelquefois de 0^m,10 à 0^m,12 de longueur sur une largeur de 0^m,025 à 0^m,03 ; elles contiennent habituelle-ment de cinq à huit grains assez gros, arrondis, espacés, d'un vert très pâle, devenant, à la maturité, blancs et parfaitement ronds. Le litre pèse en moyenne 780 grammes, et 10 grammes contiennent 26 grains. La tige prin-cipale porte ordinairement de huit à dix étages de cosses, et les ramifica-tions seulement de trois à cinq.

Cette variété est extrêmement productive. Elle est de moyenne saison, commençant à donner bien après le P. sans parchemin de quarante jours ; mais elle reste productive plus longtemps, et la grandeur et la beauté de ses cosses la font toujours rechercher par-dessus toutes les autres. C'est, de tous

les pois sans parchemin, celui dont la culture est la plus répandue ; il est surtout connu et apprécié dans l'est de la France et en Suisse. On a lieu d'être
surpris quand on voit comment les
pois sans parchemin sont relativement
peu estimés dans les environs de Paris.

Pois corne de bélier.
Plante réd. au dixième.

Pois corne de bélier.
Cosses de grandeur naturelle.

En y regardant de près, on pourrait dire que deux races différentes sont
réunies sous le nom de P. corne de bélier. La plus répandue est celle que
nous avons décrite. L'autre, qu'on désigne parfois sous le nom de *race de
Lyon*, est un peu moins élevée, de cinq ou six jours plus précoce, et les cosses
y sont ordinairement solitaires, tout en étant grandes et bien charnues.

POIS GÉANT SANS PARCHEMIN.

Synonymes : Pois Bisalto d'Espagne, P. d'Alger.

Noms étrangers : all. Kapuziner Erbse, Riesen Kapuziner E.

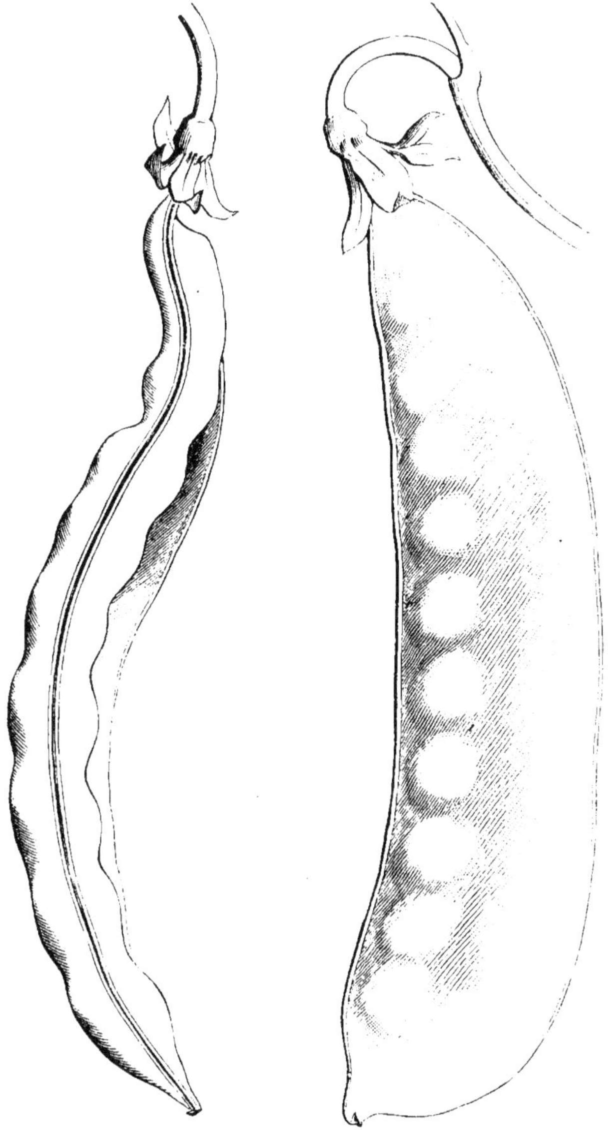

Pois géant sans parchemin (cosses de grandeur naturelle).

Pois à rames, à grand feuillage ample et blond ; tiges teintées de violet, s'élevant habituellement de 1ᵐ,10 à 1ᵐ,40 ; fleurs violettes, tantôt solitaires et tantôt réunies par deux. Cosses très grandes, d'un vert pâle, très contournées, dépassant quelquefois 0^m,15 de longueur et 0^m,03 de largeur. Habituellement les deux moitiés de la cosse restent pour ainsi dire soudées ensemble ; elles ne s'écartent l'une de l'autre que juste assez pour faire place aux grains, dont le relief se voit ainsi parfaitement à l'extérieur. Ces grains sont au nombre de six à dix dans chaque cosse, gros, un peu anguleux ou aplatis, d'un vert franc ; à la maturité, ils deviennent grisâtres et finement maculés de rouge brun. Le litre pèse 760 grammes, et 10 grammes contiennent 24 grains. La tige principale porte de six à huit étages de cosses ; les ramifications, habituellement au nombre de deux ou trois, en portent à peu près moitié moins.

Il est bon de cueillir et de consommer jeunes les cosses de ce pois, car elles prennent, ainsi que le grain, en approchant de la maturité, le goût un peu fort et âcre qui caractérise les pois à fleur violette. Le grain, même jeune et tendre, qui est à l'état cru parfaitement vert, devient en cuisant gris ou brunâtre.

On distingue deux races bien tranchées dans le P. géant sans parchemin. L'une, plus grande, plus vigoureuse, est en même temps plus tardive ; elle produit presque toujours deux cosses à la maille. L'autre, moins haute et plus hâtive, donne des cosses sensiblement plus grandes, mais le plus souvent solitaires.

On cultive, surtout en Allemagne, sous le nom de *P. sans parchemin à fleur et cosse blanches*, une variété très tardive, très ramifiée, à tiges de 1^m,50 à 1^m,80 de hauteur, presque blanches ou jaune de cire, garnies de feuilles grandes, amples, d'un vert franc ; les stipules sont marquées, à l'endroit où elles embrassent la tige, d'un cercle de même couleur que celle-ci. Les fleurs, réunies par deux, sont d'un blanc pur ; elles ne commencent à se montrer que vers le seizième nœud et sont remplacées par des cosses droites, pointues à l'extrémité, de 0^m,07 à 0^m,08 de long, d'un jaune pâle, imitant à peu près la couleur du beurre frais ; elles contiennent sept ou huit grains qui deviennent blancs et arrondis à la maturité. C'est une variété assez productive, mais très tardive et de qualité médiocre. Elle dégénère facilement, et donne alors des tiges et des cosses verdâtres.

B. Variétés demi-naines.

POIS SANS PARCHEMIN NAIN HATIF BRETON.

Pois demi-nain, s'élevant de 0^m,60 à 0^m,75 de hauteur ; feuillage assez léger, petit, d'un vert grisâtre et glauque ; nœuds assez rapprochés, seulement vers le bas des tiges ; fleurs blanches, moyennes, ordinairement réunies par deux, commençant à paraître vers le douzième nœud. Juste en dessous naissent ordinairement deux ramifications peu développées, portant de deux à quatre étages de cosses ordinairement solitaires. La tige principale en porte habituellement de sept à dix étages. Ces cosses, réunies par deux, d'un vert pâle un peu grisâtre, ne dépassent guère 0^m,06 de long ; elles sont étroites, passablement renflées et charnues, bien complètement sans parchemin, et renferment de cinq à sept grains blancs, un peu carrés, devenant, à la maturité,

d'un blanc grisâtre et de forme irrégulière, mais plutôt ronds. Le litre pèse
en moyenne 800 grammes, et 10 grammes contiennent 54 grains.

Les tiges du P. sans parchemin nain hâtif breton sont très raides; comme,
en outre, elles sont nombreuses et à nœuds rapprochés, il en résulte que les
vrilles des feuilles relient aisément
les différents montants les uns avec
les autres, de sorte que la plante se
tient debout sans avoir besoin du secours de rames, bien qu'elle s'élève
à une certaine hauteur. Cette qualité

Pois sans parchemin nain hâtif breton.
Plante réd. au dixième.

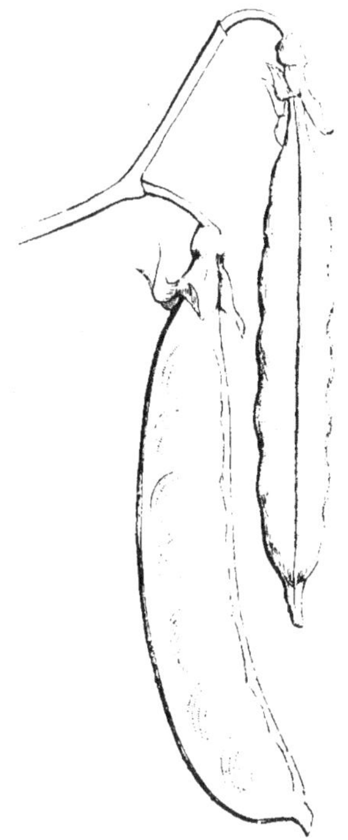

Pois sans parchemin nain hâtif breton.
Cosses de grandeur naturelle.

mérite d'être notée, parce que beaucoup de pois, même plus nains que le
P. sans parchemin hâtif breton, sont loin de se tenir aussi bien que lui.

C. Variétés naines.

POIS SANS PARCHEMIN TRÈS NAIN HATIF, A CHASSIS.

NOMS ÉTRANGERS : ANGL. Dwarf dutch pea. Dwarf crooked sugar P.
ALL. Zwerg-Erbse.

Pois très nain, à tige extrèmement courte, ne dépassant pas 0^m,20 à 0^m,25
de hauteur, en zigzag, à nœuds si rapprochés, qu'on peut à peine les compter exactement, commençant d'ordinaire à se ramifier vers le septième
nœud et à fleurir du huitième au dixième; fleurs moyennes, bien blanches,
assez souvent solitaires. Cosses au nombre de cinq à sept étages sur la tige
principale et de deux à quatre sur les ramifications, d'un vert pâle, blanchâtre,

assez étroites, bien remplies par les grains, qui sont au nombre de cinq

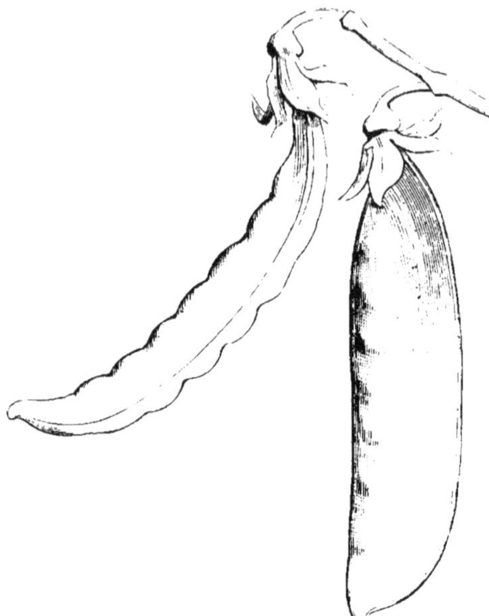

à sept, blancs et assez gros. A part les filets, qui sont assez résistants, la cosse est épaisse, charnue et complètement sans parchemin. Les grains pèsent 750 grammes par litre, et sont au nombre de 48 dans 10 grammes.

Cette variété est presque aussi hâtive que le P. nain très hâtif à châssis; comme lui, elle convient tout particulièrement à la culture forcée.

P. sans parch. très nain hâtif, à châssis.
Cosses de grandeur naturelle.

P. sans parch. très nain hâtif, à châssis.
Plante réd. au dixième.

Il en existe une sous-variété à cosses le plus souvent solitaires, un peu plus larges que celles de la race commune, à feuillage un peu plus ample et d'un vert plus foncé. En somme, elle ne présente aucun mérite spécial qui doive la faire préférer à celle que nous venons de décrire.

AUTRES VARIÉTÉS FRANÇAISES.

A. Pois à écosser.

P. Bivort. C'est un pois à rames, de hauteur médiocre, précoce, à grain rond, blanc. Il se distingue à peine du P. Michaux de Hollande.

P. blanc d'Auvergne. Variété tardive, à tige haute, très ramifiée; fleurs blanches. Cosses très petites et très étroites, bien pleines; grain blanc, un peu carré. C'est un bon pois pour fourrage, mais il est trop tardif pour avoir de l'intérêt comme plante potagère.

P. café (du Canada). Espèce de pois fourrager, grand et tardif, à fleur rouge et grain brun, un peu allongé et déprimé.

P. de Cérons hâtif. Pois à rames à écosser, assez hâtif. Il se rapproche du P. Michaux de Hollande par sa précocité, et du Michaux ordinaire par sa vigueur et sa grande production.

P. de Commenchon. Bon pois hâtif à écosser, devançant de plusieurs jours le P. Michaux de Hollande, mais cependant bien moins précoce que le P. prince Albert. Il a le feuillage assez ample, les cosses larges, aussi souvent solitaires que réunies par deux ; le grain rond, blanc et gros.

P. *Dominé*. Sous-variété, plus tardive et plus productive, du P. Michaux ordinaire. Il est à peu près complètement abandonné aujourd'hui.

P. *doré*. Pois à écosser à rames, à peu près de même saison que le P. d'Auvergne, à feuillage ample, très blond ; fleurs blanches. Cosses réunies par deux, longues et droites, d'un vert jaunâtre, ainsi que les grains.

P. *fève*. Par ses caractères de végétation, le P. fève se rapproche passablement du P. de Marly et de ses similaires ; il s'en distingue par la forme de son grain, qui est un peu oblong et marqué d'une tache noire à l'ombilic.

P. *géant*. Grand pois tardif à tige très élevée ; fleurs violettes. Cosses grandes, réunies par deux. Grain un peu carré, grisâtre ou légèrement moucheté de noir ; ombilic noir.

P. *le plus hâtif biflore, de Gendbrugge*. Pois à écosser hâtif, très voisin du P. Michaux de Hollande, dont il se distingue par un peu plus de précocité et un peu moins de vigueur.

P. *gros jaune*. Variété assez distincte, d'un vert très blond, presque jaunâtre dans toutes ses parties, souvent uniflore. La cosse et le grain ressemblent à ceux du P. carré blanc.

P. *gros quarantain de Cahors*. A rames, très voisin du P. de Marly, mais un peu plus précoce. Grain blanc, gros.

P. *de Lorraine*. C'est plutôt un pois fourrager qu'une variété potagère ; il est très tardif et a de très petites cosses.

P. *de Madère*. Pois à rames, assez voisin du P. de Marly par ses caractères de végétation, mais s'en distinguant par une tache noire que ses grains portent à l'ombilic. Il diffère du P. fève par la blancheur et la forme bien ronde de son grain.

P. *Michaux à œil noir* (angl. : *Black eye P.* ; all. : *Asterbse, Spanische Marotte E.* ; ital. : *P. dall'occhio nero* ; esp. : *G. de Careta*). Variété bien nettement caractérisée par la tache noire que ses grains présentent à l'ombilic. Il est à peu près de la même précocité que le P. Michaux de Ruelle, productif, et passe pour réussir très bien dans les pays à climats chauds.

P. *Michaux de Nanterre*. C'est une sous-variété du P. Michaux ordinaire, un peu plus tardive que la race commune, mais un peu moins que le P. Dominé cité plus haut.

P. *Michemolette* (syn. : *P. sans pareil*). Pois à écosser à rames, demi-tardif, à grosses et longues cosses, mais médiocrement productif. Il se rapproche beaucoup du P. de Gouvigny.

P. *Migron*. Bon pois à écosser, à rames, très hâtif et fertile. Il est extrêmement voisin des variétés anglaises Caractacus et Daniel O'Rourke.

P. *nain gros blanc de Bordeaux*. Variété estimée dans son pays pour la culture maraîchère en grand. Il est demi-nain, biflore, un peu plus tardif que le P. nain ordinaire, mais il donne des cosses plus grandes et des grains un peu plus gros.

P. *nain gros sucré*. Pois très nain, à peine aussi haut que le P. très nain de Bretagne, à feuillage étroit, d'un vert blond ; biflore. Cosses courtes et assez étroites, contenant de six à huit grains un peu pâles, ronds, très réguliers. Cette race paraît aujourd'hui perdue.

P. nain de Joseph. Pois à écosser franchement nain, ne dépassant pas 0^m,35 à 0^m,40 de hauteur. Cosses moyennes, bien pleines ; grain rond, blanc. Il se rapproche beaucoup du P. nain hâtif, dont on peut le considérer comme une simple sous-variété de taille un peu plus basse.

P. nain vert petit. Race demi-naine, bien distincte, atteignant à peu près 0^m,80 de haut, à tige ramifiée ; feuillage assez fin, d'un vert foncé ; fleurs bien blanches. Cosses étroites, légèrement courbées ; grain petit, vert, et très rond. Il est légèrement plus tardif que le P. nain vert gros et le P. nain vert impérial.

P. quarantain. Variété assez cultivée aux environs de Paris, surtout du côté de Saint-Denis. C'est un pois à écosser très hâtif, à rames, généralement uniflore, peu différent, au point de vue de la précocité, du pois anglais Caractacus.

P. quarante-deux. Cultivé dans les mêmes localités que le P. quarantain, et pour se récolter après lui. C'est un bon pois à cosses courtes, mais bien pleines ; les tiges en sont assez grêles ; la précocité, un peu plus grande que celle du P. Michaux de Hollande.

Certains cultivateurs en distinguent deux variétés, dont l'une a la précocité du P. Michaux de Hollande, avec une production moins soutenue ; l'autre est presque aussi précoce que le P. prince Albert. Cette dernière paraît se confondre avec le P. quarantain.

P. remontant vert à rames. Pois à écosser assez grêle et assez haut de tige, à peu près de la précocité du P. d'Auvergne, assez souvent uniflore. Cosses longues et minces, contenant de sept à huit grains ronds, d'un vert foncé.

P. remontant vert à demi-rames. Demi-nain, très ramifié, à production soutenue, assez voisin du P. nain vert petit, mais s'en distinguant par son grain un peu plus gros.

P. vert nain du Cap. Plutôt demi-nain que véritablement nain. Plante ramifiée, à tiges assez raides, biflore, présentant une assez grande analogie avec le P. nain vert gros. Le grain en est cependant un peu plus petit et un peu moins bleuâtre. C'est une variété peu productive.

B. Pois sans parchemin.

P. de Commenchon sans parchemin. Pois à rames, mais ne dépassant pas 1^m,10 à 1^m,20 de hauteur ; à peu près aussi précoce que le P. Michaux de Hollande. Fleurs blanches, grandes. Cosses moyennes, blanchâtres.

P. friolet sans parchemin. Pois à rames, ressemblant beaucoup au P. Michaux de Ruelle, mais franchement sans parchemin. La cosse en est droite, un peu renflée, de couleur pâle.

P. mange-tout demi-nain à œil noir. Variété demi-naine, précoce, devançant de quelques jours le P. sans parchemin nain hâtif breton ; fleurs violettes. Cosses un peu petites, légèrement contournées ; grain gris non moucheté, à ombilic noir.

P. sans parchemin à cosse jaune. Variété à rames, demi-hâtive ; feuillage ample, d'un vert blond ; fleurs blanches teintées de jaune, réunies par deux. Cosses longues, assez larges, franchement sans parchemin, de couleur jaune verdâtre. Le grain est un peu allongé, jaune blond.

P. sans parchemin à fleur rouge. Grand pois tardif, à tige généralement ramifiée ; fleurs rouge pâle et non violettes, réunies par deux. Cosses moyennes, relativement étroites, un peu arquées et quelquefois légèrement contournées. Grain brun pâle, marbré de roux.

P. sans parchemin très hâtif à fleur rouge. Pois à rames presque aussi précoce que le P. prince Albert ; tige grêle, fine, ne dépassant pas un mètre de haut ; fleurs violettes, à carène rouge, commençant à paraître très bas sur la tige. Cosses petites, blanchâtres, bien franchement sans parchemin.

P. sans parchemin nain gris. Race distincte, demi-naine, ramifiée ; à fleurs violettes et à cosses un peu petites et très nombreuses. L'adoption des variétés hâtives à fleur blanche l'a fait généralement abandonner.

P. sans parchemin nain hâtif de Hollande. Variété naine, de 0ᵐ,50 à 0ᵐ,60 de hauteur, vraiment précoce, fleurissant à peu près en même temps que le P. Michaux de Ruelle. Cosses assez petites, de 0ᵐ,06 à 0ᵐ,07 de long, sur 0ᵐ,015 de large, un peu courbées, franchement sans parchemin.

P. sans parchemin nain ordinaire (syn. : *P. mange-tout sans rames, P. capucin double*). Cette variété diffère fort peu de la précédente ; elle est d'un jour ou deux moins hâtive, mais plus rustique et passablement plus productive. Le P. sans parchemin nain breton les a remplacées toutes deux dans les cultures.

P. sans parchemin ridé nain (syn. : *P. sans parch. ridé à demi-rames*). Ce pois est plutôt demi-nain que franchement nain. La tige atteint environ 0ᵐ,80 à 1 mètre de hauteur. Fleurs blanches, réunies par deux. Cosses petites, ordinairement courbées, très franchement sans parchemin, nombreuses. Grain tout à fait ridé, petit, carré ou aplati. C'est une variété bien distincte, mais elle a le défaut d'être un peu tardive. Le caractère particulier du grain n'ajoute rien à son mérite comme pois sans parchemin.

VARIÉTÉS ANGLAISES.

A. Pois à grain rond.

Batt's wonder. Demi-nain, assez trapu ; feuillage ample et d'un vert foncé ; biflore. Cosses longues et minces, légèrement arquées et pointues ; grain rond, quelquefois carré par compression, d'un vert foncé. Variété productive, rustique, un peu tardive.

Beck's gem. Nain, dépassant rarement 0ᵐ,30 ; tige raide, souvent ramifiée ; fleurs blanches, réunies par deux. Cosses assez courtes, relativement larges ; grain gros, un peu pâle. Variété demi-hâtive, assez productive, malgré sa petite taille.

Bedman's imperial. Pois à rames, de 1ᵐ,20 de hauteur environ, tantôt uniflore, tantôt biflore. Cosses longues, très légèrement arquées, mais obtuses à l'extrémité ; grain gros, un peu oblong, vert. Maturité demi-hâtive.

Blue prussian. Pois demi-nain, s'élevant de 0ᵐ,80 à 1 mètre. Cosses généralement réunies par deux, rarement solitaires, presque droites, carrées du bout; grain gros, rond, bien vert, devenant bleuâtre à la maturité. C'est une des variétés les plus cultivées par les maraîchers.

Blue scimitar. Pois demi-nain, ne dépassant guère $0^m,80$, très vigoureux. Cosses assez fréquemment solitaires, longues, minces, très arquées et pointues à l'extrémité; elles sont très pleines et contiennent de huit à dix grains assez gros et bien verts. Cette variété est très cultivée par les maraîchers.

Charlton. Variété aujourd'hui à peu près perdue, mais extrêmement cultivée et appréciée autrefois; paraît avoir été, en Angleterre, à peu près l'équivalent de notre P. Michaux de Hollande en France. C'était un pois à rames, à grain blanc, rond, qui se cultivait pour primeur.

Dickson's favourite. Pois à écosser à rames, extrêmement voisin du P. d'Auvergne par ses caractères de végétation, sa précocité, et l'apparence de sa cosse et de son grain. On pourrait presque considérer les deux variétés comme synonymes.

Early emperor. Pois à rames, à grain blanc, rond, ressemblant presque exactement au P. Michaux de Hollande. Il en diffère seulement parce qu'il est assez fréquemment uniflore.

Early Kent. C'est à peu près la même chose que le pois anciennement cultivé en France sous le nom de P. prince Albert; aujourd'hui on donne ce dernier nom à une variété sensiblement plus hâtive, qui correspond à peu près au *Dillistone's early P*.

Fairbeard's surprise. Pois à rames, haut de $1^m,50$ environ; fleurs blanches, grandes, le plus souvent solitaires. Les cosses sont longues, assez larges, très faiblement arquées, et arrondies vers l'extrémité ; les grains sont gros, bien verts, légèrement ovales. C'est une variété bien précoce.

Flack's imperial. Pois demi-nain, de taille ordinairement inférieure à un mètre. Les cosses sont assez souvent solitaires, mais généralement réunies par deux, longues, assez larges, un peu courbées et carrées du bout. Les grains sont gros, un peu ovales; ils deviennent bleuâtres à la maturité.

Harbinger. Le plus précoce de tous les pois à écosser. C'est un petit pois à rames, extrêmement grêle, tout à fait analogue au *Dillistone's early*, qu'il surpasse même de deux ou trois jours en précocité. Les fleurs sont solitaires; les cosses courtes et très minces ; le grain est petit, rond et vert à la maturité.

Kentish invicta (East's Kentish invicta). On peut le décrire comme étant un pois Daniel O'Rourke à grain vert; il atteint à peu près la même taille; il est de la même précocité et à peu près aussi productif. Les premières fleurs avortent souvent.

Laxton's evergreen. Après avoir joui d'une certaine faveur, ce gain de M. Laxton paraît être aujourd'hui à peu près complètement délaissé. C'est un grand pois à rames, haut de tige, mais assez grêle, très ramifié, donnant des cosses minces, un peu courbées, étroites, de longueur moyenne. Les grains sont ronds, petits, et ont à la maturité une teinte vert-olive particulière, qui les rend très facilement reconnaissables.

Laxton's prolific long pod. Grand pois à rames, atteignant $1^m,50$ de hauteur et plus ; feuillage très ample et remarquablement blond ; fleurs réunies par deux. Cosses à peu près semblables de forme à celles du P. d'Auvergne, d'un bon tiers plus longues et plus grosses, mais beaucoup moins nombreuses.

Le grain est blanc, un peu irrégulier de forme ; il n'est pas tout à fait rond, sans être cependant franchement ridé.

Laxton's superlative. Grand pois à rames, à grosse tige ; feuillage large et ample, sans être touffu. Cosses presque toujours réunies par deux, mesurant fréquemment plus de 0ᵐ,12 de longueur, fortement arquées, pointues et extrêmement renflées à la maturité. Elles sont du reste très peu remplies, ne contenant que six à huit grains ronds, petits, qui deviennent, à la maturité, d'un vert pâle.

Laxton's unique. Variété très naine, de 0ᵐ,30 à 0ᵐ,40 de haut ; la tige est ordinairement ramifiée. Les cosses sont réunies par deux, assez larges, passablement arquées, de longueur moyenne et pointues à l'extrémité. Le grain est rond, assez petit et mi-parti blanc et vert pâle à la maturité.

Paradise marrow (Champion of Paris, Excelsior marrow, Stuart's paradise). Pois à rames, vigoureux, s'élevant de 1ᵐ,50 à 1ᵐ,80, ordinairement ramifié. Cosses quelquefois réunies par deux, mais généralement solitaires, de 0ᵐ,10 de long au moins, larges, carrées du bout et très légèrement arquées, bien pleines. Grains au nombre de sept à neuf, gros et sucrés ; ils deviennent ronds et blancs à la maturité.

Peruvian black eye marrow fat (Am.). C'est une variété analogue au P. de Madère. Il se rapproche aussi beaucoup des pois de Marly ou de Gouvigny ; mais il s'en distingue par la tache noire de son ombilic.

Philadelphia extra early (Am.). C'est un joli pois à rames à écosser, à grain blanc et très hâtif. Il se rapproche beaucoup du P. Daniel O'Rourke.

Royal dwarf (White Russian, Dwarf prolific). Pois demi-nain, s'élevant environ à 0ᵐ,80 de hauteur, branchu. Cosses ordinairement solitaires, assez larges, très faiblement arquées, contenant cinq ou six grains gros, un peu ovales, bien blancs à la maturité.

Shilling's grotto. Pois à rames, de 1ᵐ,30 de hauteur environ ; il ne se ramifie pas. Les cosses sont longues, relativement étroites et un peu arquées ; elles contiennent sept ou huit grains qui deviennent blancs et ronds à la maturité.

Sutton's emerald gem (Danecroft rival, Girling's pea, Glass pea). Pois à rames très hâtif, très distinct à cause de la couleur vert franc et complètement dépourvue de teinte glauque de son feuillage. Sous tous les rapports, il ressemble tout à fait au P. prince Albert.

Woodford marrow. Pois demi-nain à tige forte, souvent branchue, s'élevant à un mètre environ ; feuillage d'un vert foncé, glauque. Cosses tantôt solitaires, tantôt réunies par deux, longues, assez minces, d'un vert foncé. Les grains sont au nombre de sept ou huit dans chaque cosse, serrés les uns contre les autres et prenant une forme un peu carrée ; ils sont, à la maturité, d'un vert olive, comme ceux du *Laxton's evergreen P.*

B. Pois à grain ridé.

British queen (Hair's defiance, Erin's queen, Thorn's royal Britain, Rollisson's Victoria, Shanley marrow, Wonder of the world). Grand pois à rames, atteignant 1ᵐ,50 et même plus de hauteur ; tige ramifiée, feuillage ample. Cosses généralement réunies par deux, très longues, larges et presque droites ; grains gros, tendres, devenant blancs et ridés à la maturité.

Connaisseur. Pois vigoureux, assez tardif, mais fertile et passant pour être d'une qualité exceptionnellement fine. Malgré ses mérites, il ne semble pas qu'il ait été adopté par la culture.

Dr Hogg. Excellente variété hâtive et passablement productive. Pois à rames, grêle, ne dépassant guère 1 mètre à 1^m,20 de hauteur, à feuillage léger. Cosses le plus souvent solitaires, longues, très courbées, extrêmement pleines. Les grains sont gros, carrés, et restent verts à la maturité. Ce pois est au moins aussi hâtif que le Michaux de Hollande.

Early maple. Petite variété grêle, à fleur violette, n'ayant de remarquable que son extrême précocité. Elle fleurit à peu près en même temps que le P. prince Albert.

Giant emerald marrow. Variété assez voisine du P. ridé à rames ou de Knight ; elle s'en distingue par la teinte vert franc de son feuillage, qui est luisant comme celui du P. vert-émeraude (*Sutton's emerald gem*). C'est une variété assez tardive, à gros grain blanc ridé.

Hair's dwarf Mammoth. Pois demi-nain, extrêmement vigoureux ; tige grosse, robuste, de 0^m,80 environ de hauteur, souvent ramifiée. Cosses réunies par deux, longues et larges, très légèrement arquées et bien pleines ; grains verts, ridés.

Hay's Mammoth (Tall white Mammoth, Ward's incomparable, Willwatch, Champion of Scotland). Vigoureux pois à rames, atteignant jusqu'à 2 mètres de hauteur ; tige grosse et forte, habituellement ramifiée. Cosses ordinairement réunies par deux, longues, larges, presque carrées du bout, mais très amincies au voisinage du pédicelle ; grain blanc, ridé. Cette variété est tardive, mais la production en est très soutenue, et se prolonge souvent très tard à l'arrière-saison.

John Bull. Très beau pois demi-nain, ridé, à longues et belles cosses ; grain vert. Il est un peu moins tardif que le *Mac Lean's best of all P.*

Little gem. Petit pois très nain, de 0^m,30 à 0^m,40 de haut, vigoureux et ordinairement très ramifié. Les cosses sont assez petites, mais larges, droites, bien pleines ; le grain mûr est pâle, bleuâtre et ridé.

Minimum. Pois extrêmement nain, à grain blanc, ridé. Bonne petite variété.

Multum in parvo. Petite variété très naine, de 0^m,30 environ de hauteur, ramassée et trapue ; feuillage large, assez ample, d'un vert foncé et bleuâtre. Cosses ordinairement solitaires, courtes et assez larges, amincies vers l'extrémité ; grain vert pâle ou blanc verdâtre à la maturité. Variété assez hâtive.

Nec plus ultra (Payne's conqueror, Cullingford's champion, Champion of the world, Late wrinkled green). Très grand pois tardif, dépassant quelquefois 2 mètres de hauteur. Cosses nombreuses, étagées à partir du tiers de la hauteur de la plante, habituellement réunies par deux, longues, larges, assez sensiblement arquées et très amincies du côté de l'insertion du pédicelle. Grain très gros, un peu ovale, vert et ridé à la maturité.

Nelson's vanguard. Pois ridé demi-nain ; feuillage assez ample. Cosses réunies par deux, de longueur moyenne, mais larges. Variété de même saison que le P. ridé nain blanc hâtif, mais d'apparence un peu plus trapue et plus ramassée.

Nutting's N° 1. Plante ramifiée et franchement naine, assez vigoureuse. Tige raide, de 0^m,50 environ, portant des cosses nombreuses réunies par deux, de longueur médiocre, mais bien pleines ; elles sont à peu près droites et un peu obtuses à l'extrémité. Grain blanc ridé. Race très hâtive ; un des meilleurs pois ridés blancs nains.

Pioneer. Petite variété de pois à rames, grêle et menue comme le P. prince Albert. Cosses moyennes, ordinairement solitaires, droites, un peu pâles, contenant cinq ou six grains qui deviennent blancs et ridés à la maturité.

Pride of the market. Demi-nain ; feuillage très ample, d'un vert blond. Cosses énormes, presque semblables à celles du P. téléphone, mais peu nombreuses. Les fleurs nouent très irrégulièrement et la plante est délicate. Grain ridé, vert.

Princess of Wales. Pois demi-nain, ne dépassant guère 0^m,75 ; feuillage pâle, assez ample. Cosses un peu courtes, larges, obtuses, blanchâtres, très rapprochées les unes des autres au sommet de la tige, à cause du peu de longueur des entrenœuds. Grain ridé, vert pâle, quelquefois presque blanc.

Standard. Demi-nain, haut de 0^m,80 environ ; tige vigoureuse, très feuillée ; feuillage vert pâle. Cosses longues, pointues, fortement arquées, assez renflées, contenant une dizaine de grains gros et ronds, qui deviennent ridés à la maturité, et dont les uns restent verts, tandis que les autres blanchissent complètement.

Stratagem. Diffère du *Pride of the market P.* par la teinte foncée de son feuillage, mais lui ressemble parfaitement sous tous les autres rapports. Grain ridé, vert pâle.

VARIÉTÉS ALLEMANDES.

Buschbaum-Erbse. Pois à écosser très nain, ressemblant assez à notre P. très nain de Bretagne, mais un peu moins tardif, et à cosses un peu moins petites. On donne également ce nom à un pois sans parchemin très nain et très trapu.

Grosse graue Florentiner Z.-E. C'est à peu près exactement la même plante que l'ancien P. géant sans parchemin. Il est ordinairement biflore, très grand et un peu tardif. Les cosses sont à peu près de la dimension de celles du P. corne de bélier, et ordinairement plus droites que celles de la variété de P. géant qu'on cultive actuellement et que nous avons décrite plus haut.

P. jaune d'or de Blocksberg. Pois à écosser, assez analogue au P. d'Auvergne, mais plus grêle, un peu plus hâtif et moins grand. Il se distingue surtout par la teinte jaune cire de ses cosses et de ses grains frais. Comme en général on apprécie dans les pois une belle couleur verte, cette particularité est plutôt un défaut qu'une qualité.

Kapuziner-E. En Allemagne, et surtout en Hollande, on donne ce nom à tous les pois potagers à fleur rouge. Il s'applique surtout aux pois sans parchemin, car ce n'est guère que dans cette catégorie de pois que l'on cul-

tive des variétés à fleur colorée. Il y a donc des pois *Kapuziner* à rames
et aussi des nains.

Ruhm von Cassel E. Variété extrêmement voisine du P. d'Auvergne; on
pourrait même l'en considérer comme synonyme, si les cosses n'étaient sensiblement plus droites et moins arquées que dans ce dernier.

P. sans parchemin de Henri (*Frühe Heinrich's Z.-E.*). Pois sans parchemin à rames, de taille médiocre, ressemblant assez au P. Michaux de
Ruelle; souvent uniflore. C'est une bonne variété assez hâtive, mais moins
productive que les bonnes races semi-naines, telles que le P. sans parchemin
breton.

P. sans parchemin grand de Hollande (*Holländische grünbleibende
späte Z.-E.*). Très grande variété tardive, à fleurs blanches réunies par deux.
Cosses de dimension moyenne, beaucoup moins grandes que celles du
P. corne de bélier. Ce pois ne commence à donner que tard dans la saison,
mais la production en est très soutenue. Il demande de très grandes rames.

P. sans parchemin très nain de Grâce. Petit pois très nain, à feuillage
fin, grisâtre, un peu grêle et maigre. Il n'est pas toujours très franchement
sans parchemin.

P. très hâtif à châssis de Grâce. On peut tout au plus considérer ce pois
comme une sous-variété du P. très nain à châssis ordinaire; il est un peu
plus grêle et très légèrement plus élevé. C'est une race peu productive, mais
très précoce et extraordinairement naine.

POIS GRIS

Pisum sativum L. var. **arvense.** — **Pisum arvense** L.?

SYNONYMES : Bisaille, Pisaille, Pois à fourrage, P. de brebis, P. des champs.

NOMS ÉTRANGERS : ANGL. Field grey peas. ALL. Feld graue Erbsen. ITAL. Piselli
grigi da foraggio. ESP. Guisantes pardos, Chicharos.

Malgré l'autorité de Linné, nous avons bien de la peine à considérer les
pois à fleur violette, communément cultivés pour fourrage, comme appartenant à une autre espèce botanique que les pois à fleur blanche des cultures
potagères : ou plutôt nous doutons que la plante uniflore rencontrée sauvage
dans les terres cultivées soit bien le pois gris, que tous ses caractères rapprochent si visiblement du pois cultivé. Il présente, en effet, toutes les mêmes
particularités de végétation, de la levée à la maturité, varie sous tous les
rapports parallèlement aux autres pois, et ne s'en distingue en somme que
par la couleur de sa fleur, dont les ailes sont rougeâtres et l'étendard violacé.
Or, une différence de couleur dans la fleur, surtout si l'une des formes considérées est à fleur blanche, ne saurait être regardée comme spécifique. Des
modifications de cette sorte s'observent tous les jours dans la plupart des
plantes cultivées, et, pour ne pas chercher d'exemples en dehors des légumineuses, les haricots et les fèves présentent constamment des variations analogues dans la couleur de leurs fleurs et de leurs graines.

Les pois à fleur violette présentent, comme les autres, des variétés à rames
et des variétés naines, de hâtives et de tardives, d'uniflores et de biflores;

enfin les unes sont pourvues et les autres dénuées de membrane parcheminée à l'intérieur de la cosse. La couleur du grain est variable : tantôt il est verdâtre ou roux et de teinte uniforme, tantôt moucheté de rouge ou de brun sur un fond plus clair.

Comme pois fourragers, ce sont les formes les plus grandes, les plus vigoureuses et les plus ramifiées qui sont recherchées de préférence aux autres. On en cultive surtout trois variétés : le *P. gris de printemps* et le *P. perdrix*, qui se sèment après l'hiver ; et le *P. gris d'hiver*, qu'on peut semer dès l'automne. Il va de soi qu'on ne peut penser à soutenir au moyen de rames des pois fourragers. On leur fournit ordinairement un point d'appui en semant en même temps qu'eux du seigle ou des variétés d'avoine à forte tige, en choisissant, bien entendu, des variétés supportant l'hiver, quand le semis se fait à l'automne.

La durée germinative des pois à fleur violette est la même que celle des pois à fleur blanche, c'est-à-dire de trois ans au moins.

POIS GRIS DE PRINTEMPS.

Plante très vigoureuse, très ramifiée, à tiges longues et minces, d'un vert pâle, pouvant s'élever jusqu'à 2 mètres de hauteur, garnies de feuilles nombreuses, de grandeur médiocre, abondamment maculées de gris clair. Les fleurs, violettes à étendard gris violacé, sont toujours réunies par deux ; elles sont petites et deviennent verdâtres en se fanant. Les premières apparaissent vers le dix-huitième ou le vingtième nœud, juste au-dessus du point de départ des ramifications, qui sont au nombre de trois ou de quatre et parfois presque aussi hautes que la tige principale. Un seul pied, bien venu, peut porter jusqu'à soixante ou quatre-vingts cosses, qui sont petites et étroites et s'ouvrent souvent d'elles-mêmes à la maturité. Elles contiennent de cinq à sept grains un peu anguleux, rougeâtres ou légèrement bronzés. Les grains secs pèsent 790 grammes par litre, et 10 grammes en contiennent 70 en moyenne.

Nous en avons observé, en Auvergne, une sous-variété dont les fleurs sont assez souvent réunies par trois, mais qui ne présente, en dehors de cette particularité, aucun caractère remarquable.

POIX PERDRIX.

Noms étrangers : angl. Partridge pea, Maple P., Marlborough P.

Cette variété est complètement distincte du P. gris de printemps, bien qu'on l'emploie à peu près dans les mêmes conditions. La taille en est presque la même, mais les tiges sont beaucoup plus grosses et plus épaisses dans le P. perdrix ; le feuillage et surtout les stipules sont très amples et les nœuds sont plus espacés que dans le P. gris de printemps ; les tiges sont aussi moins ramifiées. Les fleurs, à ailes violet clair et à étendard gris bleu veiné de violet foncé, sont grandes et quelquefois, quoique rarement, solitaires. Elles commencent à paraître vers le quinzième ou le seizième nœud, sensiblement plus tôt, par conséquent, que dans le P. gris de printemps. Elles font place à des cosses plus longues et plus larges que celles de ce dernier pois et contenant des grains larges, aplatis, un peu carrés, abondamment mouchetés de rouge brun sur fond chamois. Un litre de grains secs pèse 680 grammes, et 10 grammes ne contiennent que 50 grains.

Le P. perdrix est un peu plus productif en fourrage que le P. gris de printemps, mais il est plus délicat et demande une terre plus riche et un climat plus égal. On le cultive surtout en Angleterre et dans l'ouest de la France.

POIS GRIS D'HIVER.

Observé au moment de la floraison, quand il a pris tout son développement, ce pois ne paraît pas différer du P. gris de printemps : il a la même taille, le même port et tous les mêmes caractères. Mais, examiné au début de la végétation, il présente des particularités qui lui sont propres et qui permettent de le distinguer sûrement de tous les autres pois. La jeune tige, en effet, au lieu de se dresser dès sa sortie de terre, s'applique et s'étend sur le sol et donne immédiatement naissance à des ramifications qui s'étalent également sur terre. Toutes ces jeunes pousses sont garnies de stipules situées à la base de feuilles rudimentaires, stipules très rapprochées les unes des autres et si petites, qu'il est difficile, à première vue, de se persuader qu'elles appartiennent à un pois. La plante reste dans cet état pendant toute la durée des grands froids, et ce n'est qu'au mois de mars que les tiges commencent à grossir, à se redresser et à se garnir de feuilles développées d'une façon normale. Il arrive souvent que la tige principale s'atrophie complètement et que les ramifications partant du pied de la plante prennent seules de l'accroissement. A partir de ce moment, les caractères de la plante sont entièrement les mêmes que ceux du P. gris de printemps, pourtant le grain est d'ordinaire plus petit, plus rond et d'une teinte plus verdâtre dans le P. gris d'hiver.

Semé au printemps, le P. gris d'hiver commence aussi par s'étaler sur terre et par produire des tiges toutes minces et portant de petites stipules ; mais ce premier état dure peu, et bientôt le pois se développe comme les pois de printemps ; il reste néanmoins plus tardif que toutes les autres variétés. Un litre de grains secs pèse 810 grammes, et 10 grammes contiennent en moyenne 80 grains.

En France, on ne distingue guère que les trois variétés de pois fourragers dont nous venons de parler ; tout au plus en existe-t-il quelques races locales dont les caractères s'écartent très légèrement de ceux de l'une ou de l'autre des précédentes. En Angleterre, au contraire, il en existe quelques variétés bien distinctes, dont les suivantes sont les principales :

Hastings grey pea. Variété aujourd'hui peu répandue, ressemblant au P. *Warwick grey*, mais notablement plus tardive.

Rounceval grey pea. Le plus grand et le plus tardif des pois fourragers, mais en même temps le plus productif après le P. perdrix. Il a le grain déprimé et presque ridé, de couleur chamois, avec l'ombilic noir.

Warwick early grey pea. Sous-variété du P. gris de printemps, plus hâtif que lui d'environ trois semaines, et en même temps bien productif, quoique de petite taille. Le grain en est rougeâtre moucheté de brun.

POIS CHICHE

Cicer arietinum L.

Fam. des *Légumineuses*.

SYNONYMES : Garvance, Café français, Ceseron, Cicerolle, Ciseron, Garvane, Pisette, Pois bécu, P. blanc, P. ciche, P. cornu, P. de brebis, P. gris, P. pointu, P. de Malaga, Tête de bélier.

NOMS ÉTRANGERS : Chick pea, Egyptian pea, Horse gram (dans l'Inde). ALL. Kicher-Erbse. ITAL. Cece. ESP. Garbanzos. PORT. Chicaro, Grão de bico.

Europe méridionale. — Annuel. — Plante à tige rude, presque toujours ramifiée très près de terre, atteignant 0^m,50 à 0^m,60 de hauteur, velue, ainsi que les feuilles, qui sont composées, pennées avec impaire, à folioles petites, arrondies, dentées ; fleurs axillaires, petites, solitaires, blanches dans la variété ordinaire, rougeâtres dans les races à grain coloré. Gousses courtes, très renflées, contenant deux grains, dont l'un avorte quelquefois, velues comme tout le reste de la plante, et à parois dures et parcheminées. Grain arrondi, mais déprimé et aplati sur les côtés, et présentant une sorte de bec formé par le relief de la radicelle. Son aspect rappelle celui d'une tête de bélier flanquée de ses cornes enroulées ; ce qui a fait donner à la plante son nom spécifique. Le litre pèse 780 grammes, et 10 grammes contiennent 30 grains. La durée germinative est, comme pour tous les autres pois, de trois années au moins.

Culture. — Le pois chiche se sème au printemps, quand la terre est déjà échauffée, et se cultive à peu près exactement de la même manière que les haricots nains. On le sème de préférence en lignes espacées de 0^m,40 à 0^m,50, et on laisse les plants à 0^m,20 ou 0^m,25 l'un de l'autre sur la ligne. Il ne demande pas d'autres soins que quelques binages ; c'est de toutes les légumineuses une de celles qui résistent le mieux à la sécheresse. Dans le Midi, le semis peut se faire à partir du mois de février.

Usage. — On mange le grain mûr, soit entier, soit en purée ; on l'emploie aussi torréfié en guise de café.

POIS CHICHE BLANC.

C'est la variété qui se cultive le plus généralement, et, à vrai dire, la seule qui mérite d'être considérée comme un légume. Il en existe un très grand nombre de races qui diffèrent légèrement les unes des autres par leur précocité plus ou moins grande et le volume de leur grain. On cultive en Espagne des pois chiches d'une grosseur et d'une beauté remarquables.

On connaît une variété de pois chiche *à grain rouge* et une autre *à grain noir*. La première est très répandue dans l'Inde anglaise, où elle se cultive à la fois comme légume et comme plante fourragère. Son grain est un de ceux que l'on désigne sous le nom de *horse gram* : il est employé à la nourriture des chevaux. Le pois chiche à grain noir n'a qu'un intérêt de curiosité.

POIS DE TERRE. — Voy. ARACHIDE.

POIS OLÉAGINEUX DE CHINE. — Voy. SOJA.

POMME DE TERRE

Solanum tuberosum L.

Fam. des *Solanées.*

SYNONYMES : Parmentière, Patate des jardins, P. de la Manche, P. de Virginie,
Tartaufe, Tartufle, Trufelle, Morelle truffe.

NOMS ÉTRANGERS : ANGL. Potato. ALL. Kartoffel. FLAM. et HOLL. Aardappel.
DAN. Jordepeeren. ITAL. Patata. ESP. et PORT. Patatas. ESP. (Am.) Papa.

*Des hautes montagnes de l'Amérique méridionale. — Annuelle, vivace
par ses tubercules.* — L'histoire de la découverte et de l'introduction de la
pomme de terre en Europe est assez obscure. Il paraît certain cependant que
c'est vers la fin du XVIᵉ siècle que la plante a commencé à se répandre et
à être employée comme légume.

La culture en a été adoptée d'abord dans les Pays-Bas, en Lorraine, en
Suisse, dans le Dauphiné, s'est même répandue en Espagne et en Italie avant
de devenir usuelle dans le centre et le nord de la France. Ce n'est, en effet,
qu'après les travaux et les publications de Parmentier que la pomme de terre
a été appréciée à sa juste valeur dans les environs de Paris et dans les
régions avoisinantes. C'est à peu près à la même époque que la culture en a
pris de l'importance en Angleterre. L'extension en a été depuis cette époque
extrêmement rapide, et malgré l'invasion de la maladie qui a pu, vers le
milieu du siècle, faire craindre la ruine complète de cette culture, la pomme
de terre conserve le premier rang parmi les tubercules alimentaires.

Le nombre des variétés de la pomme de terre est prodigieux. On en comp-
terait plusieurs milliers, si l'on voulait enregistrer toutes celles qui ont été
obtenues et recommandées depuis cent ans dans les différents pays. Cette
extrème multiplicité de variétés nous a obligés d'en écarter un très grand
nombre, et nous nous bornerons, pour ne pas rendre cet ouvrage trop volumineux, à décrire une quarantaine de variétés qui nous paraissent des plus
distinctes en même temps que des plus recommandables.

La tige de la pomme de terre est habituellement pleine, plus ou moins
carrée, souvent relevée d'ailes membraneuses sur les angles. Les feuilles
sont composées, formées de folioles ovales, entre lesquelles se trouvent le plus
souvent de petites expansions foliacées ressemblant à d'autres folioles plus
petites. Les fleurs sont en bouquets axillaires et terminaux ; la corolle en
est entière, étalée en roue, à cinq pointes ; elle varie du blanc pur au violet.

Beaucoup de variétés ne fleurissent pas, et, parmi celles qui fleurissent,
un grand nombre ne donnent jamais de fruits. Ceux-ci consistent en baies
arrondies ou très courtement ovoïdes ; elles sont vertes, ou rarement teintées de brun violacé, de 0ᵐ,02 à 0ᵐ,03 de diamètre. Elles contiennent, au
milieu d'une pulpe verte et très âcre, de petites graines blanches, aplaties,
réniformes. On ne s'en sert que pour obtenir de nouvelles variétés.

Les tubercules, qui ne sont que des rameaux souterrains renflés et remplis
de fécule, présentent, suivant les variétés, de très grandes différences de
forme et de couleur. On les distingue habituellement en tubercules *ronds,
oblongs, longs-entaillés* et *longs-lisses.* À ces caractères et à ceux qu'on
tire de la couleur, on peut ajouter encore ceux que fournissent les germes

développés par les tubercules dans l'obscurité : leur apparence et leur couleur sont très constantes, et permettent de reconnaître assez sûrement les variétés les unes des autres. Nous croyons que peu de caractères ont autant d'importance que celui-là pour la détermination des variétés, et nous en parlions en ces termes dans un ouvrage publié récemment (1) :

« Que les tubercules aient pris tout leur accroissement, ou au contraire qu'ils soient restés petits et chétifs à l'excès ; qu'ils aient ou non atteint leur complète maturité; qu'ils soient même sains ou malades, pourvu qu'il leur reste assez de vie pour commencer à végéter, les germes se développent toujours semblables à eux-mêmes avec la même apparence et la même couleur dans une même variété. »

A condition, bien entendu, que le tubercule n'ait été exposé, ni avant, ni pendant la croissance du germe, à l'influence prolongée de la lumière.

Culture. — Pour la culture en pleine terre, les pommes de terre se plantent ordinairement dans le courant du mois d'avril en poquets espacés en tous sens de 0^m,40 à 1^m,20, selon le développement que prennent les différentes variétés. Les tubercules entiers, mais de dimensions moyennes, sont les plus avantageux à employer comme semence. Ils doivent être recouverts, au moment de la plantation, d'environ 0^m,10 à 0^m,12 de terre. On est dans l'usage de les butter lorsque les tiges sont sorties de terre d'environ 0^m,15 à 0^m,20, en même temps qu'on donne le second binage. Le buttage n'est pas indispensable, mais il a l'avantage de faire que les tubercules sont mieux ramassés au pied de la plante, et que l'arrachage devient plus facile. Les pommes de terre mûrissent, ou du moins deviennent bonnes à consommer, suivant les variétés, depuis le commencement de juin jusqu'à la fin d'octobre.

Quand les tubercules destinés à la plantation ont pu être exposés d'avance à l'influence de l'air et de la lumière, la végétation en est ordinairement d'autant plus vigoureuse et plus hâtive. Mais il faut, dans ce cas, beaucoup d'attention au moment de la plantation, pour ne pas briser les germes qui ont commencé à se développer.

La plantation des pommes de terre à l'automne présente quelques avantages; les cultures ainsi faites donnent généralement un rendement un peu plus fort, à égalité de surface et de semence employée, que les plantations de printemps. Par contre, la semence est parfois exposée à périr en terre dans les hivers très froids ou trop humides, et en outre la plantation doit se faire en octobre ou novembre, c'est-à-dire à une saison où il y a presque toujours beaucoup à faire dans les jardins ou dans les champs.

La culture forcée des pommes de terre se fait sous châssis et sur couche plus ou moins chaude. On peut la commencer dès le mois de décembre ou de janvier, et continuer les plantations de mois en mois, jusque dans le courant de mars. On emploie surtout pour cette culture la *P. de terre Marjolin hâtive*, dont les fanes sont très peu développées. On peut commencer à arracher des tubercules deux mois et demi ou trois mois après la plantation.

Usage. — On mange les tubercules, jeunes ou mûrs. Ils sont aussi employés à l'alimentation des animaux et à la fabrication de la fécule.

(1) *Essai d'un catalogue méthodique et synonymique des principales variétés de pomme de terre*, par Henry Vilmorin. Paris, 1881.

I. Variétés jaunes rondes.

POMME DE TERRE BONNE WILHELMINE.

SYNONYMES : Pomme de terre tige couchée, P. ronde de Caracas, P. ronde d'Alger,
P. de neuf semaines, P. Louis d'or.

Tubercule arrondi, jaune vif, lisse; yeux peu marqués; diamètre dépassant rarement 0^m,04 à 0^m,05; chair très jaune; germe d'un violet intense.

Tige moyenne, ne dépassant guère 0^m,50 à 0^m,60 de longueur, plutôt étalée que dressée, légèrement teintée de brun, très rarement ramifiée; feuilles inférieures d'un vert foncé, à folioles ovales, assez régulières, presque planes, celles du bout des tiges plus blondes, plus étroites, beaucoup plus frisées; fleurs violet rougeâtre, grandes, en bouquets de six à dix; graines assez abondantes.

Cette variété convient particulièrement pour la culture de primeur; les tubercules, nombreux, réguliers, se forment et se colorent promptement. Plantée en avril, elle peut être récoltée dès le commencement de juillet.

POMME DE TERRE MODÈLE.

NOM ÉTRANGER : ANGL. Model potato.

Tubercule jaune pâle, très régulièrement arrondi, légèrement méplat; yeux peu marqués; peau lisse ou rugueuse, suivant le terrain; chair jaune pâle; germe violet.

Pomme de terre modèle (de grosseur naturelle).

Tiges raides, dressées, teintées de brun violacé, dépassant rarement 0^m,50 de hauteur; feuilles courtes, raides, composées de folioles presque arrondies, très fortement réticulées, d'un vert très foncé et terne; fleurs ne se montrant que très rarement.

Cette variété est remarquable par la forme extrêmement régulière et la beauté de ses tubercules ; elle nous a aussi paru intéressante parce qu'elle résiste mieux qu'aucune autre que nous connaissions à l'action de la maladie.

POMME DE TERRE SHAW.

Synonymes : Pomme de terre chave, P. Madeleine, P. patraque jaune.

Noms étrangers : Angl. Shaw potato, Regent P.

Tubercule rond, jaune, à peau lisse ou rugueuse, suivant la nature du terrain ; yeux assez enfoncés ; chair jaune très farineuse ; germe d'un jaune de cire, violet à la base et à l'extrémité. Quand la végétation de cette pomme de terre a repris après avoir été suspendue ou retardée par la sécheresse, il n'est pas rare que les tubercules s'allongent très notablement ; mais ces mêmes tubercules employés comme semence donnent, l'année suivante, des tubercules parfaitement ronds, si la végétation, cette fois, s'est faite dans des conditions favorables.

Pomme de terre Shaw.
de grosseur naturelle

Tiges assez longues, atteignant jusqu'à un mètre, souples, presque toujours tombantes, complétement vertes ou très légèrement lavées de brun, faiblement ailées, presque toujours ramifiées ; feuilles courtes, nombreuses, d'un vert foncé un peu terne ; folioles serrées, réticulées, toujours frisées et ondulées ; fleurs ne s'épanouissant que très exceptionnellement, tombant presque

31

toujours à l'état de boutons encore petits : quand elles s'ouvrent, elles sont d'une couleur lilas pâle bleuâtre.

Cette variété est la plus cultivée des pommes de terre jaunes rondes, aux environs de Paris; elle est très productive, farineuse et d'excellente qualité. Plantée en avril, elle mûrit dans le courant du mois d'août.

POMME DE TERRE JAUNE RONDE HATIVE.

Synonyme : Pomme de terre de trois mois.

Cette variété peut être considérée comme une race un peu plus précoce de la Shaw ; les tubercules en sont habituellement plus ronds, avec des yeux un peu moins nombreux.

Elle diffère à peine de la pomme de terre Shaw par ses caractères de végétation ; les tiges, cependant, ne dépassent guère $0^m,60$ à $0^m,70$; les feuilles sont moins nombreuses et d'un vert un peu plus clair, celles du bout des tiges plus pâles et plus blondes que celles d ela base. Les fleurs tombent à l'état de boutons.

Très jolie et excellente variété. Plantée en avril, elle est bonne à récolter dès les derniers jours de juillet.

POMME DE TERRE SEGONZAC.

Synonymes : Pomme de terre de la Saint-Jean, P. Saint-Jean.

Tubercule parfaitement semblable à celui de la P. de terre Shaw ; la légère différence qui existe entre ces deux variétés réside entièrement dans les caractères de végétation.

Tiges un peu plus fortes, à ramifications plus dressées et plus abondantes ; les folioles plus crispées et plus contournées. Un des caractères les plus constants de la P. de terre Segonzac, c'est qu'elle fleurit assez fréquemment. Les fleurs en sont assez petites et d'un gris bleuâtre.

Cette variété est extrêmement cultivée en France sous différents noms qui varient avec les provinces ; elle est fréquemment appelée *P. de terre Saint-Jean* ou *de la Saint-Jean*, quoiqu'elle ne soit réellement mûre que dans le courant du mois d'août.

Un des caractères les plus intéressants de cette pomme de terre, c'est son ancienneté dans les cultures et la persistance de sa fertilité et de sa vigueur malgré l'époque déjà ancienne de son introduction. C'est une opinion très répandue et probablement une idée juste en somme, que les variétés de pommes de terre, comme la plupart des autres formes obtenues par la culture, n'ont qu'une durée limitée ; qu'au bout de quinze, vingt ou trente ans au plus, elles s'affaiblissent, cessent d'être productives, et finalement s'éteignent d'elles-mêmes. Dans l'enquête ouverte en 1880 par le Parlement anglais sur la maladie des pommes de terre, cette opinion a été soutenue par des hommes d'une compétence incontestable. Nous croyons qu'il y a du vrai dans cette manière de voir ; cependant il faut reconnaître que les P. de terre Shaw et Segonzac, vieilles l'une et l'autre de plus de soixante ans, forment à cette règle une exception remarquable, et une exception qui n'est pas unique.

POMME DE TERRE SÉGUIN.

Synonyme : Pomme de terre Sainte-Hélène tardive.

Tubercule arrondi, moyen, d'un jaune un peu grisàtre; peau habituellement rugueuse; yeux peu profonds; chair jaune. Le diamètre des tubercules varie habituellement entre 0^m,05 et 0^m,06.

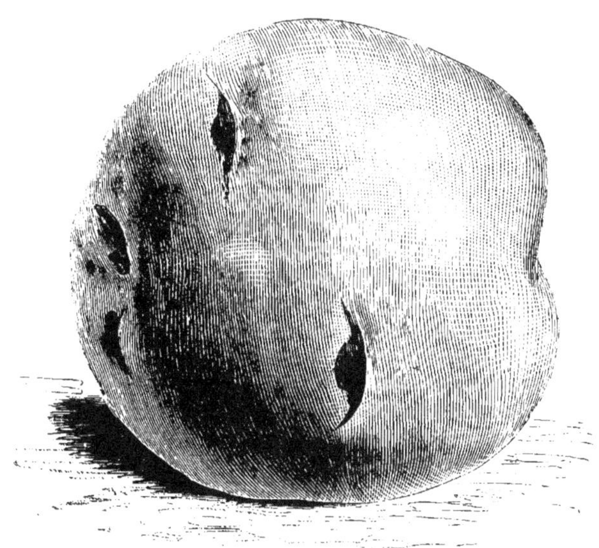

Pomme de terre Séguin.
de grosseur naturelle.

Tiges dressées, vigoureuses, atteignant 0^m,60 à 0^m,75 de hauteur, carrées, fortement ailées, marquées de brun au-dessus des nœuds, généralement ramifiées; feuilles assez espacées, grandes, composées de folioles ovales, pétiolées, grandes et planes, et de petites folioles sessiles, arrondies; fleurs nombreuses, grandes, d'un lilas bleu, réunies en forts bouquets et se succédant pendant longtemps.

Cette variété est très productive, farineuse et de bonne conservation. Elle ne mûrit qu'au mois de septembre.

POMME DE TERRE CHAMPION.

Nom étranger : angl. Scotch champion potato.

Tubercules très nombreux, arrondis, parfois déprimés; peau jaune pâle, ainsi que la chair; yeux profonds, mais assez peu nombreux; germe violet. Le diamètre des tubercules ne dépasse guère 0^m,06 à 0^m,07; ils sont souvent moins longs que larges.

Tiges très vigoureuses, très dressées, atteignant un mètre de hauteur, carrées, ailées, pointillées de brun noir et relativement minces; feuillage

abondant, presque dressé; feuilles moyennes, à nervures maculées de violet;
folioles allongées, très acuminées, fortement réticulées et couvertes de petits
poils rudes; fleurs d'un violet foncé, à pointe blanche, en bouquets assez
nombreux, qui se succèdent pendant longtemps; graines très rares.

Cette pomme de terre est extrêmement vigoureuse et productive; on en
a fait beaucoup de bruit en Angleterre, ces années dernières, à cause de sa

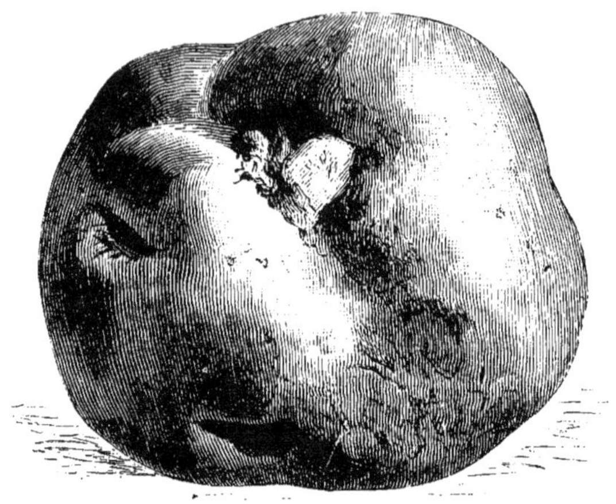

Pomme de terre champion.
de grosseur naturelle.

résistance à la maladie: ce n'est pas qu'elle en soit complètement exempte;
mais, comme la P. de terre Chardon, elle continue à végéter quoique malade,
et achève de mûrir ses tubercules à l'arrière-saison, alors que la maladie
perd beaucoup de son intensité.

POMME DE TERRE JEANCÉ.

Synonymes : Pomme de terre Jeuxy, P. Juxière, P. vosgienne, P. grosse d'Amérique,
P. brise-mottes, P. lorraine.

Tubercules arrondis, un peu irréguliers par suite de la grande profondeur
des yeux; peau d'un jaune un peu grisâtre, lisse ou rugueuse, suivant les terrains; chair jaune; germe rose. Le diamètre des tubercules atteint fréquemment 0^m,08 et parfois davantage.

Tiges vigoureuses, atteignant de 0^m,75 à 1 mètre, carrées, assez fortement
ailées, souvent retombantes, et très ramifiées; feuilles moyennes, à folioles
courtes, ovales-arrondies ou en cœur, presque planes aux feuilles inférieures.
crispées et pliées à celles du bout des tiges; fleurs assez abondantes, d'un
lilas rosé, ne nouant que très rarement. La teinte générale du feuillage est
d'un vert assez pâle et grisâtre.

Cette pomme de terre, plus connue aux environs de Paris sous le nom de
P. de terre vosgienne, est une des plus productives et des meilleures; elle
est très farineuse et de bonne conservation. Plantée en avril, elle mûrit dans
le courant de septembre.

POMME DE TERRE CHARDON.

Synonymes : Pomme de terre de Saxe, P. épinard, P. américaine blanche.

Nom étranger : all. Riesen Marmont Kartoffel.

Tubercules très gros, arrondis et souvent allongés, pour ainsi dire couverts de creux et de bosses par le fait de la grande profondeur des yeux. Peau ordinairement lisse, d'un jaune pâle ; chair presque blanche ; germe rose. Les

Pomme de terre Chardon.
de grosseur naturelle.

tubercules de la P. de terre Chardon peuvent, en général, se reconnaître de ceux de toute autre variété ; cependant les plus arrondis et les plus jaunes sont quelquefois difficiles à distinguer d'avec la P. de terre Jeancé.

Tiges très vigoureuses, atteignant jusqu'à un mètre de hauteur, très dressées, carrées, fortement ailées, teintées de rouge brun, ainsi que les pétioles des feuilles et surtout les pédoncules des fleurs ; feuilles assez grandes, à folioles longues et aiguës, assez réticulées et légèrement vernissées ; fleurs très abondantes, en bouquets de quinze à trente, d'un lilas rougeâtre, se succédant pendant presque toute la saison, mais ne nouant presque jamais.

C'est la plus répandue des pommes de terre de grande culture, parce que c'est à la fois la plus productive et une de celles qui souffrent le moins des attaques de la maladie. Elle est habituellement cultivée surtout pour la féculerie et pour la nourriture du bétail ; cependant elle n'est pas mauvaise à manger vers la fin de l'hiver : la chair en est alors moins aqueuse qu'immédiatement après l'arrachage, et elle reste ferme et farineuse à cause de la lenteur des germes à se développer.

POMME DE TERRE VAN DER VEER.

Tubercules arrondis ou légèrement allongés, de 0^m,07 à 0^m,10 de long sur environ 0^m,07 de diamètre ; peau lisse ou légèrement rugueuse ; yeux assez enfoncés ; chair jaune pâle ; germe rose.

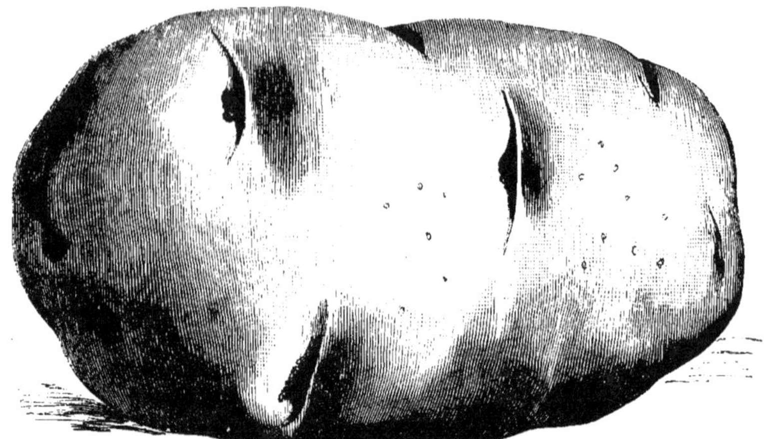

Pomme de terre Van der Veer.
de grosseur naturelle.

Tiges très dressées, vigoureuses, carrées, raides, abondamment garnies de feuilles amples, à folioles ovales-acuminées, d'un vert pâle un peu blond ou grisâtre ; fleurs blanches assez grandes, ne donnant habituellement pas de graines.

Cette variété est assez tardive, mais extrêmement productive ; elle convient particulièrement à la grande culture, soit pour la nourriture du bétail, soit pour la féculerie.

On en distingue une race à fortes tiges, plus vigoureuse et plus productive que la forme ordinaire. Cette race améliorée est la seule à propager.

POMME DE TERRE PATERSON'S VICTORIA.

Tubercules oblongs ou de contours arrondis, mais toujours sensiblement aplatis ; yeux à peine prononcés ; peau jaune légèrement saumonée ; chair jaune ; germe violet.

Tiges fortes, carrées, très légèrement teintées de brun auprès des nœuds, complètement dressées, atteignant jusqu'à 0^m,80 de hauteur ; feuilles assez espacées, à folioles grandes, ovales-arrondies et acuminées, assez planes, très réticulées et d'un vert grisâtre ; fleurs en bouquets assez serrés, d'un violet un peu rougeâtre, tombant le plus souvent sans nouer. La floraison en est assez tardive.

Excellente pomme de terre de consommation, extrêmement farineuse et d'une conservation parfaite. Plantée en avril, elle mûrit vers la fin d'août. Elle nous a toujours semblé peu atteinte par la maladie, au moins dans les environs de Paris.

POMME DE TERRE ALPHA.

Tubercules à contours arrondis, rarement oblongs, un peu aplatis ; peau lisse, jaune pâle ; chair blanche ; yeux médiocrement marqués ; germe rose.

Tiges moyennes, ne dépassant guère 0^m,50, demi-dressées, complètement vertes, diminuant rapidement de grosseur ; feuilles assez longues et amples, à folioles allongées-aiguës, d'un vert clair, passablement vernissées ; fleurs blanches, avortant presque toujours.

Bonne variété hâtive et en même temps productive. Chair blanche, farineuse, légère. Plantée en avril, elle mûrit au mois de juillet.

POMME DE TERRE FLOCON DE NEIGE.

NOM ÉTRANGER : ANGL. Snow-flake potato.

Tubercule ovale, d'une netteté et d'une régularité de forme extrêmement remarquables, toujours aplati ; peau jaune pâle ou blanc grisâtre, quelquefois lisse, le plus souvent rugueuse ; chair blanche, très farineuse et légère ; yeux à peine marqués ; germe rose pâle.

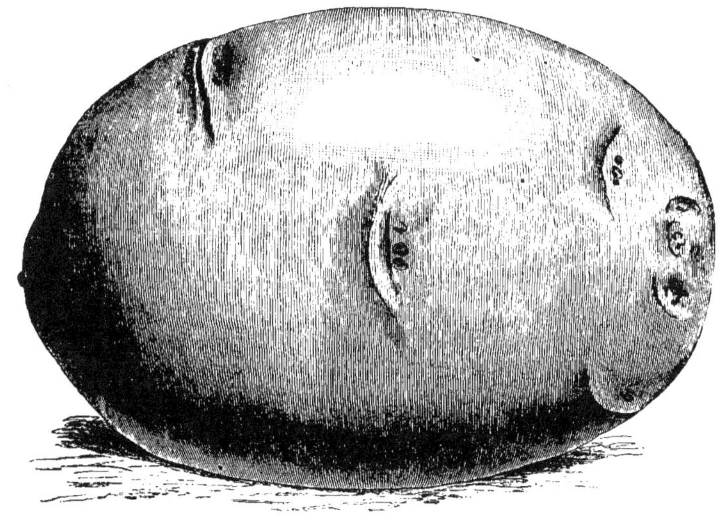

Pomme de terre flocon de neige.
de grosseur naturelle.

Tiges assez dressées, dépassant rarement 0^m,60 de haut, plutôt arrondies que carrées, renflées aux nœuds, entièrement vertes ; feuillage assez abondant et ample, d'un vert très pâle et très blond ; les feuilles du bas des tiges sont plus amples et plus planes que celles de l'extrémité ; fleurs blanches, grandes, avortant très fréquemment.

La P. de terre flocon de neige est une des meilleures variétés d'origine américaine : elle est productive ; la chair en est d'excellente qualité et la précocité assez grande. Plantée en avril, elle mûrit au milieu de juillet.

POMME DE TERRE PROLIFIQUE DE BRESEE.

Nom étranger : Angl. Bresee's prolific potato.

Très joli tubercule, aplati, oblong, quelquefois presque carré aux deux extrémités; peau lisse, d'un jaune pâle plus ou moins saumoné; chair blanche; yeux peu marqués; germe rose.

Tiges demi-dressées, de 0ᵐ,60 de hauteur, un peu contournées, carrées, ailées, teintées de rouge pâle cuivré, ainsi que les pétioles des feuilles; feuillage d'un vert pâle, un peu grisâtre, légèrement réticulé; fleurs blanches, avortant très fréquemment.

Cette variété est peut-être la meilleure de toutes celles qui sont venues d'Amérique jusqu'à présent; elle produit autant que la P. de terre rose hâtive, se garde mieux, et la qualité en est plus fine.

II. Variétés jaunes longues.

POMME DE TERRE MARJOLIN.

Syn. : Pomme de terre kidney, P. deux fois l'an, P. quarantaine, P. marjolaine.
Noms étrangers : Angl. Walnut-leaved kidney potato, Sandringham early kidney P. All. Nieren Kartoffel, Sechswochen K., Pfluckmans K.

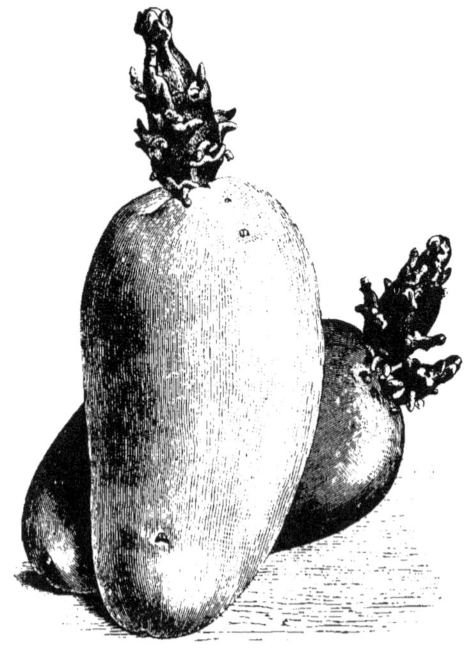

Pomme de terre Marjolin.
Tubercules germés, de grosseur naturelle.

Tubercules allongés, souvent un peu courbés, plus gros et plus arrondis au sommet, amincis en pointe vers la base; souvent marqués de renflements à l'endroit des yeux; peau jaune, lisse; chair très jaune; germe développé à l'obscurité blanc jaunâtre, développé au jour violacé et verdâtre. Dans cette variété, les tubercules sont tout à fait réunis au pied de la tige.

Tiges courtes, dépassant rarement 0ᵐ,40 à 0ᵐ,50 de long, généralement tombantes, non ramifiées, légèrement ailées; feuilles moyennes, à folioles arrondies, d'un vert foncé en dessus, très vernissées, et presque toujours en forme de cuiller; fleurs blanches, assez grandes, avortant d'ordinaire quand la variété est bien franche.

C'est la plus connue et la plus répandue des pommes de terre hâtives; aucune autre variété ne se forme plus rapidement que celle-ci : plantée en avril, en pleine terre, elle donne son produit dès le mois de juin. C'est celle qui convient le mieux et celle qu'on emploie le plus pour la culture de primeur sous châssis.

On en rencontre parfois une forme à tiges plus hautes, à feuillage un peu réticulé et à fleurs blanches abondantes. Cette sous-variété, moins précoce, est beaucoup plus productive ; on la cultive en pleine terre.

Aux environs de Paris, l'usage de faire développer les germes avant la plantation est très répandu. On range pour cela les tubercules sur des claies, en ayant soin de placer en haut l'extrémité où doit se développer le germe et on les conserve ainsi dans un endroit sain et à l'abri du froid jusqu'au moment de la plantation. Quand arrive l'époque, on transporte les claies sur le terrain, et les tubercules sont pris un à un et déposés avec précaution dans le trou destiné à les recevoir. Les pommes de terre ainsi préparées devancent de dix à quinze jours au moins celles qui ont été plantées sans germes. En outre, on évite presque sûrement par ce moyen un accident plus fréquent chez la P. de terre Marjolin que dans toute autre race, accident qui consiste dans l'avortement complet des tiges aériennes. Dans ce cas, rien ne se développe à la surface du sol, le tubercule pousse seulement quelques tiges souterraines terminées par de petits tubercules qui, tous ensemble, pèsent moins que le tubercule qui les a produits.

POMME DE TERRE MARJOLIN TÉTARD.

Tubercules grands, aplatis, oblongs ou en amande ; peau lisse ou faiblement rugueuse, d'un jaune foncé un peu cuivré, prenant après l'arrachage

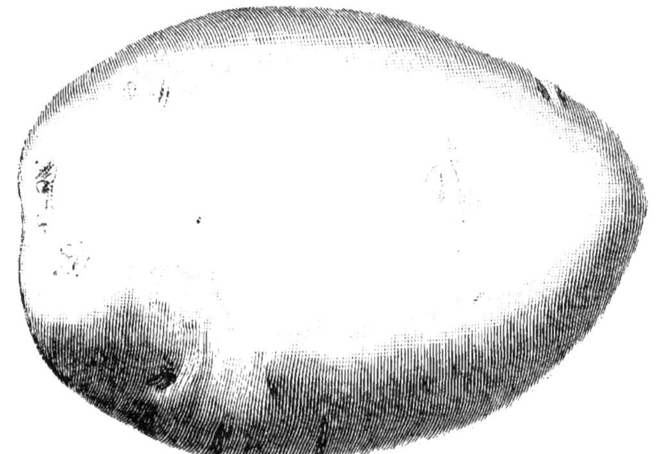

Pomme de terre Marjolin Tétard.
de grosseur naturelle.

une teinte particulière et bien reconnaissable ; chair jaune, très fine et très délicate ; germe blanc jaunâtre. Les tubercules sont quelquefois renflés à la place des yeux comme la pomme de terre Marjolin hâtive.

Tiges dressées, carrées, légèrement ailées, très rarement ramifiées, complètement vertes, de 0ᵐ,50 à 0ᵐ,75 de hauteur; feuillage assez frisé et ondulé, d'un vert franc, un peu blond et luisant; fleurs blanches, assez abondantes, mais ne donnant presque jamais de graines.

Variété bien productive en même temps que précoce, d'une finesse extrême et d'une qualité tout à fait hors ligne pour la consommation. Plantée en avril, elle peut être récoltée dans la seconde moitié de juillet.

La P. de terre Marjolin Tétard a été obtenue de semis vers 1873, par M. Tétard, de Groslay (Seine-et-Oise).

POMME DE TERRE A FEUILLE D'ORTIE.

Synonyme : Pomme de terre fouilleuse.

Noms étrangers : Angl. Early Bedfond kidney potato, Sutton's early race-horse P.

Tubercules ressemblant beaucoup à ceux de la Marjolin hâtive, mais s'en distinguant dès le commencement de la végétation par leurs germes roses, velus et garnis de feuilles; chair jaune.

Tiges minces, généralement étalées et simples, longues de 0ᵐ,50 à 0ᵐ,60, carrées, légèrement ailées; feuilles assez espacées, courtes, composées de folioles peu nombreuses, ovales-arrondies, très réticulées et d'un vert foncé; fleurs blanches, paraissant de très bonne heure, réunies en bouquets peu nombreux et donnant quelquefois de la graine.

Très bonne variété de primeur, à peu près aussi hâtive que la P. de terre Marjolin et aussi productive; elle se conserve difficilement. On en fait grand usage aux environs de Paris pour la culture de primeur en plein champ.

POMME DE TERRE QUARANTAINE DE NOISY.

Synonymes : Pomme de terre quarantaine de la halle, P. Marjolin tardive,
P. belle de Vincennes, P. jaune longue d'Auvergne.

Nom étranger : Angl. Yorkshire hybrid potato.

Tubercules moyens, dépassant rarement 0ᵐ,08 à 0ᵐ,10 de long sur 0ᵐ,04

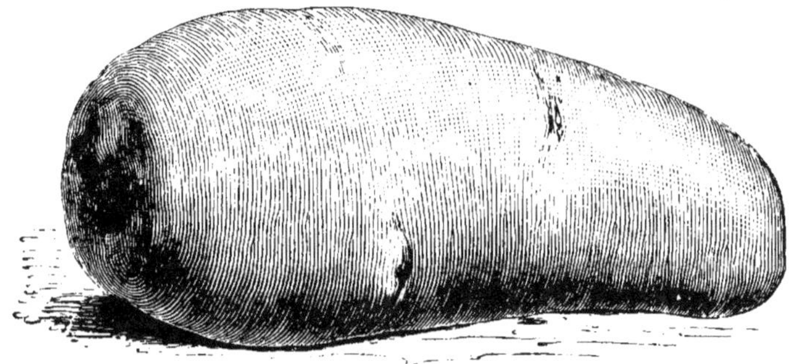

Pomme de terre quarantaine de Noisy.
de grosseur naturelle.

à 0ᵐ,05 de large, oblongs ou en amande; peau jaune, habituellement lisse; yeux à peine visibles; chair très jaune, d'excellente qualité; germe rose, un peu velu, lent à se développer.

Tiges demi-dressées, carrées, ailées, quelquefois ramifiées, atteignant
0ᵐ,60 à 0ᵐ,80 de longueur ; feuilles grandes, amples, composées de folioles
nombreuses et de dimensions très variables : amples, planes et presque vernissées aux feuilles inférieures, plus étroites, réticulées et crispées à celles
du bout des tiges ; fleurs abondantes, grandes, rose violacé, nouant en assez
forte proportion. C'est une des variétés qui donnent le plus de graine.

Elle compte parmi les plus estimées sur le marché de Paris, où elle a complètement remplacé l'ancienne P. de terre jaune longue de Hollande. Elle est
productive, d'excellente qualité, de très bonne garde, mais malheureusement très sujette à prendre la maladie. Plantée en avril, elle peut se récolter
dans le courant d'août.

La *P. de terre jaune longue de Brie* est une sous-variété de la quarantaine
de Noisy, qui n'en diffère par aucun caractère essentiel. Les tubercules en
sont ordinairement un peu plus longs, plus jaunes, et mûrissent un peu plus
tard ; mais cela tient surtout à ce qu'on la cultive dans des terres plus riches,
plus profondes et plus froides que celles dans lesquelles se récolte ordinairement la quarantaine de Noisy. Les traits caractéristiques de la variété, c'est-
à-dire la couleur et la disposition des fleurs, et surtout l'aspect et l'époque
de croissance des germes, sont en effet complètement identiques dans l'une
et dans l'autre de ces deux formes.

POMME DE TERRE PRINCESSE.

Tubercule très allongé, à peu près aussi épais que large, ordinairement
courbé, et plus gros au sommet qu'à la base ; peau d'un jaune vif, lisse ; yeux
plutôt saillants qu'enfoncés ; chair très jaune ; germe glabre, rouge cuivré.

Pomme de terre princesse.
de grosseur naturelle.

Tiges demi-dressées, de 0ᵐ,50 à 0ᵐ,60, complètement vertes, grosses et
carrées, ailées ; feuilles longues, très garnies de folioles grandes et petites ;
feuillage abondant, d'un vert assez pâle, un peu blond ; fleurs très grandes,
lilas rougeâtre, en bouquets peu nombreux, nouant rarement.

Cette variété convient particulièrement pour frire ou pour salades ; la chair
en est très ferme, compacte. Elle est de précocité moyenne. Plantée en avril,
elle peut se récolter à la fin d'août.

POMME DE TERRE MAGNUM BONUM.

Grand tubercule oblong, un peu aplati, de forme parfois irrégulière ; peau jaune pâle, lisse ou rugueuse, suivant le terrain ; chair jaune ; yeux assez marqués, plutôt saillants qu'enfoncés ; germe rose.

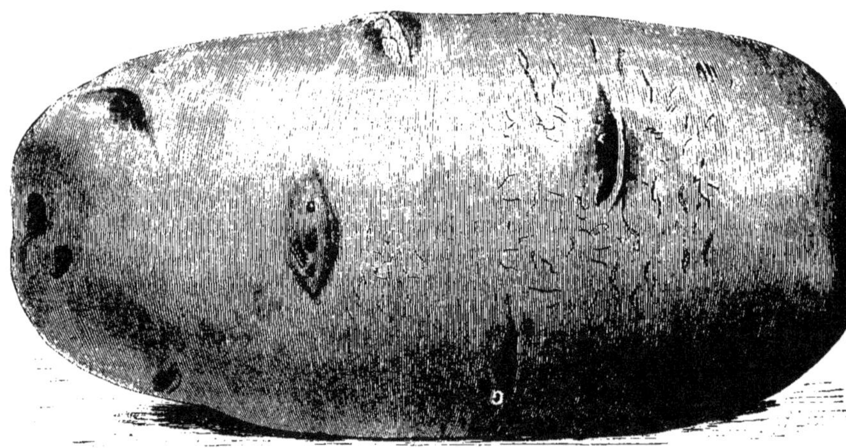

Pomme de terre magnum bonum (de grosseur naturelle).

Tiges très dressées, vigoureuses, carrées, ailées, teintées de rouge cuivré au-dessus des nœuds, atteignant de 0ᵐ,80 à 1 mètre de haut ; feuilles assez espacées, composées de folioles très amples, surtout vers le bas des tiges, ovales-arrondies, pas très nombreuses, presque planes et largement réticulées : la teinte générale du feuillage est d'un vert assez pâle, presque grisâtre ; fleurs lilas rougeâtre, avortant le plus souvent.

Variété extrêmement productive, de moyenne saison, mûrissant vers la mi-septembre. Elle passe, en Angleterre, pour résister très bien à la maladie ; elle ne nous a pas semblé, en France, remarquable sous ce rapport. Il est vrai que, tout d'abord, elle reste assez verte pendant que d'autres variétés sont atteintes ; mais quand elle arrive au point de sa végétation où les tubercules commencent à se former, elle prend à son tour la maladie et dépérit promptement.

POMME DE TERRE CAILLOU BLANC.

SYNONYMES : Pomme de terre anglaise, P. boulangère.

NOMS ÉTRANGERS : ANGL. Lapstone potato, Pebble white P., Ash-top fluke P., Yorkshire hero P., Rixton's pippin P., Perfection kidney P.

Tubercules très réguliers, en forme d'amande, parfois courts, parfois très allongés, très lisses ; yeux à peine marqués ; peau jaune pâle, un peu grisâtre, devenant violacée sous l'influence prolongée de la lumière ; chair jaune pâle, très fine ; germe violet.

Tiges demi-dressées, de 0ᵐ,50 à 0ᵐ,60 de hauteur, grosses à la base, mais s'amincissant rapidement, carrées, un peu ailées, très faiblement cuivrées auprès des nœuds ; feuilles amples, d'un vert franc, presque planes, un peu vernissées, d'un aspect particulier et facile à reconnaître ; fleurs abondantes, grandes, d'un blanc pur, nouant assez rarement.

Pomme de terre caillou blanc.
de grosseur naturelle.

Très jolie variété à chair fine, légère, d'excellente qualité. Plantée au moi–d'avril, elle peut se récolter vers la fin de juillet.

POMME DE TERRE ROYALE.

Synonyme : Pomme de terre anglaise hâtive.

Noms étrangers : angl. Royal ash-leaved kidney potato, Early Alma kidney P., Carter's early race-horse P., Harry kidney P., Royal ash top P., Myatt's ash leaved kidney P., Veitch's ash-leaved kidney P., Rivers' ash-leaved kidney P.

Tubercule allongé, très lisse, en forme de rognon ou de cornichon, à peu près comme la P. de terre Marjolin hâtive ; peau jaune ; yeux peu marqués ; chair jaune ; germe violet.

Pomme de terre royale.
de grosseur naturelle.

Tiges habituellement tombantes, de 0^m,50 à 0^m,60 de long, assez grêles, carrées, fortement teintées de violet brunâtre, surtout près des angles ; feuillage d'un vert foncé ; feuilles inférieures amples, presque planes, passablement réticulées, celles du bout des tiges beaucoup plus contournées et gaufrées, à folioles plus pointues; fleurs grandes, d'un lilas bleuâtre, ne se développant que très rarement.

Excellente variété de primeur, convenant mieux pour la pleine terre que pour la culture sous châssis; elle est à peu près aussi hâtive que la Marjolin, mais les tubercules en sont moins ramassés au pied de la plante et les fanes plus développées. La chair en est très fine et d'excellente qualité.

POMME DE TERRE KING OF FLUKES.

Noms étrangers : angl. King of potatoes, King potato.

Tubercules oblongs, souvent assez courts, peu aplatis; peau d'un beau jaune d'or; yeux peu marqués; chair très jaune, fine, d'excellente qualité; germe violet.

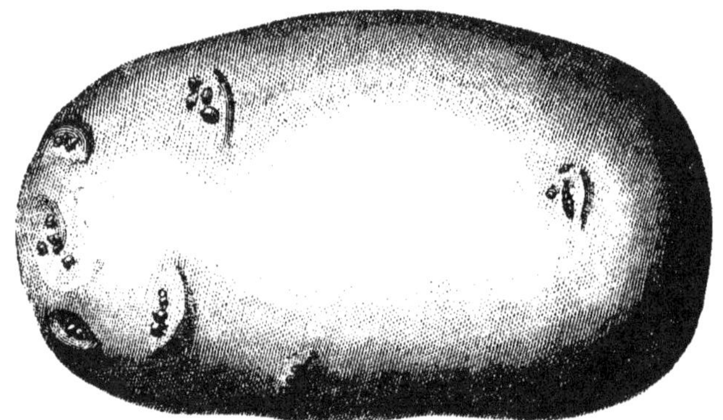

Pomme de terre king of flukes.
de grosseur naturelle.

Tiges habituellement tombantes, dépassant rarement 0^m,60 de longueur, souvent contournées, ailées, sillonnées, habituellement simples, portant un grand nombre de feuilles courtes, composées de folioles ovales-arrondies, serrées, un peu ondulées, très réticulées, d'un vert grisâtre; fleurs très petites, chiffonnées, lilas rougeâtre, en bouquets peu nombreux, nouant très rarement.

Assez productive et de moyenne saison, mûrissant vers la fin d'août; chair jaune, extrêmement fine et de qualité tout à fait supérieure. Plantée en avril, elle peut se récolter vers la fin d'août.

POMME DE TERRE MARCEAU.

Synonymes : Pomme de terre confédérée, P. islandaise, P. Genest.

Nom étranger : all. Weisse späte Rosen Kartoffel.

Tubercules aplatis, oblongs, souvent énormes, atteignant aisément 0^m,15 à 0^m,18 de long sur 0^m,07 à 0^m,08 de large; peau jaune pâle, un peu rugueuse; chair jaune; germe violet.

Tiges très vigoureuses, très trapues et très courtes, dépassant rarement 0^m,60 de longueur, très ramifiées, complétement vertes, carrées et ailées; feuilles inférieures grandes, amples, d'un vert assez foncé, planes et réticulées, celles du milieu et du bout des tiges d'un vert plus pâle, très frisées et ondulées; fleurs grandes, lilas rougeâtre, en bouquets peu nombreux, nouant quelquefois.

Cette variété est surtout remarquable par la très grande dimension de ses tubercules; elle peut se récolter vers le commencement de septembre.

III. Variétés jaunes longues panachées.

POMME DE TERRE RUBANÉE.

SYNONYMES : Pomme de terre Calico, P. ruban rouge.

NOMS ÉTRANGERS : ANGL. Gleason's late potato, New hundredfold fluke P.

Tubercules oblongs ou arrondis, mais toujours aplatis; peau très lisse, d'un jaune vif, marquée d'une large bande rouge qui tranche très vivement avec la couleur du reste du tubercule; yeux à peine marqués; chair jaune; germe rouge.

Tiges vigoureuses, dressées, atteignant souvent 0^m,80 de hauteur, souvent ramifiées, d'un brun cuivré, ainsi que les pétioles et les nervures des feuilles; feuillage assez abondant et ample; folioles arrondies, acuminées, assez réticulées; fleurs violet rougeâtre, assez rares et ne donnant presque jamais de graines.

Race productive et demi-tardive; plantée en avril, elle ne peut guère se récolter que dans le courant de septembre. La chair en est ferme et assez compacte; elle se garde bien.

POMME DE TERRE SAUCISSE BLANCHE.

Tubercules aplatis, oblongs, souvent plus larges à la base qu'au sommet, presque entièrement blancs ou jaune pâle, à l'exception de quelques taches rouges situées à la base et autour du point d'attache; chair jaune; yeux peu marqués; germe rose.

Tiges vigoureuses, atteignant 0^m,80 à 1 mètre, dressées, ramifiées, fortement teintées de rouge cuivré, carrées et généralement non ailées; feuilles assez espacées, moyennes, composées de folioles peu nombreuses, ovales-arrondies, très réticulées et d'un vert grisâtre; fleurs en bouquets très nombreux généralement entremêlés de feuilles, avortant très souvent, assez petites, chiffonnées, et violettes quand elles s'épanouissent: graines très rares.

Pomme de terre très productive et de très bonne garde; elle ne se récolte qu'en septembre ou octobre pour être consommée pendant l'hiver. Sa couleur blanche lui donne un avantage sur l'ancienne P. de terre saucisse, à laquelle elle ressemble bien sous tous les autres rapports. Obtenue vers 1869, aux environs de Montlhéry, près de Paris, elle a commencé immédiatement à se répandre chez les cultivateurs, qui la font en grande quantité pour l'approvisionnement de la halle.

IV. Variétés rouges rondes.

POMME DE TERRE DE ZÉLANDE.

S**YNONYMES** : Pomme de terre de Hollande, P. tricolore.

N**OMS ÉTRANGERS** : **ANGL.** Red Regent's potato, Gosforth seedling P.

Tubercules ronds, moyens, de 0^m,06 à 0^m,07 de diamètre ; peau d'un rouge vif, un peu rugueuse ; yeux peu marqués ; chair jaune ; germe rouge.

Pomme de terre de Zélande.
de grosseur naturelle.

Tiges dressées, très grosses et très vigoureuses, carrées, ailées, rameuses, atteignant jusqu'à 0^m,80 ou 1 mètre de hauteur, largement teintées de rouge cuivré ; feuilles très grandes, paraissant doublement composées, c'est-à-dire portant de petites folioles non-seulement sur le pétiole principal, mais sur ceux des grandes folioles, qui sont ovales-arrondies, assez pointues et réticulées : la teinte générale du feuillage est d'un vert assez pâle et grisâtre ; fleurs blanches, en forts bouquets longuement pédonculés, donnant très rarement des graines.

Belle et bonne variété demi-tardive ; elle est de très bonne garde, et la qualité en est meilleure à la fin de l'hiver qu'au commencement. Elle peut s'arracher vers la fin de septembre.

Il a été remarqué à plusieurs reprises, et récemment encore nous avons eu occasion de l'observer dans nos cultures, que, d'une plantation faite avec des tubercules de P. de terre de Zélande bien francs, exempts de tout mélange et provenant de plantes à fleurs blanches, il est sorti une certaine proportion de plantes à fleurs plus grandes et d'un violet bleuâtre. C'est un de ces cas de dimorphisme qu'on observe fréquemment dans les végétaux ; nous l'avons cité seulement à cause de son retour plusieurs fois constaté.

POMME DE TERRE FARINEUSE ROUGE.

Synonymes : Pomme de terre boule de farine, P. de l'Amérique, P. Washington.

Noms étrangers : angl. Red skinned flour ball potato, Garnet Chili P., Brinkworth challenger P.

Tubercules gros, profondément marqués par l'enfoncement des yeux, atteignant souvent et dépassant parfois 0^m,10 de diamètre; peau ordinairement rugueuse, d'un rouge un peu pâle; chair blanche; germe blanchâtre à pointe et base rouges.

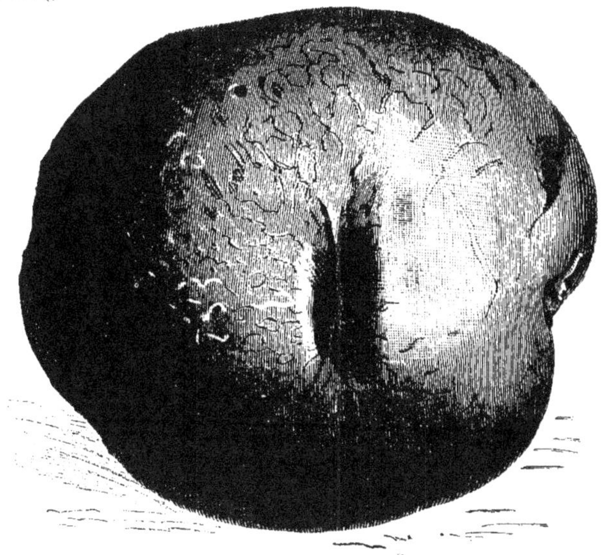

Pomme de terre farineuse rouge.
de grosseur naturelle.

Tiges dressées, carrées, ailées, d'un rouge cuivré, s'élevant de 0^m,80 à un mètre de hauteur, quelquefois ramifiées, portant des feuilles moyennes, composées presque uniquement de grandes folioles ovales-acuminées, presque toujours pliées en gouttière, d'un vert assez blond; le pétiole principal est assez fortement teinté de brun, surtout vers l'extrémité; fleurs très abondantes, d'un rose légèrement lilacé, réunies en bouquets nombreux et se succédant pendant longtemps; graines très rares.

La P. de terre farineuse rouge est une des bonnes variétés de grande culture, et bien que l'introduction n'en remonte pas à plus d'une douzaine d'années, elle a déjà pris une place importante parmi les races cultivées pour la féculerie et pour la consommation. La production en est assez constante, parce qu'elle souffre relativement peu de la maladie. L'époque de maturité n'en est pas trop tardive : aux environs de Paris, on peut en général l'arracher en septembre. Pour la consommation, on lui reproche d'avoir la chair trop blanche et manquant un peu de finesse.

POMME DE TERRE MERVEILLE D'AMÉRIQUE.

SYNONYME : Pomme de terre rouge d'Amérique.

NOMS ÉTRANGERS : American wonder potato, Wood's scarlet prolific P.

Tubercules arrondis, un peu irréguliers; yeux profondément enfoncés; peau assez lisse, d'un rouge violacé ; chair blanche; germe rouge.

Pomme de terre merveille d'Amérique.
de grosseur naturelle.

Tige dressée, carrée, vigoureuse; feuilles amples, à folioles d'un vert foncé; fleurs abondantes, en forts bouquets, grandes, d'un rouge violacé assez intense. Variété demi-tardive ; bien productive, mais de qualité ordinaire.

V. Variétés roses ou rouges aplaties.

POMME DE TERRE ROSE HATIVE.

NOM ÉTRANGER : ANGL. Early rose potato.

Tubercules oblongs, assez aplatis, souvent plus pointus au sommet qu'à la base; yeux peu profonds, mais accompagnés d'une ride assez prononcée; peau lisse, d'un rose un peu saumoné; chair blanche; germe rose remarquablement prompt à se développer.

Tiges moyennes, dressées, atteignant 0^m,60 à 0^m,75 de hauteur, assez grosses à la base et s'amincissant rapidement, parfois rameuses, légèrement teintées de rouge cuivré, surtout auprès des nœuds; feuilles planes et lisses, presque uniquement composées de grandes folioles ovales-acuminées, unies,

un peu luisantes et d'un vert clair; fleurs blanches, grandes, en bouquets
peu nombreux et tombant en général sans nouer.

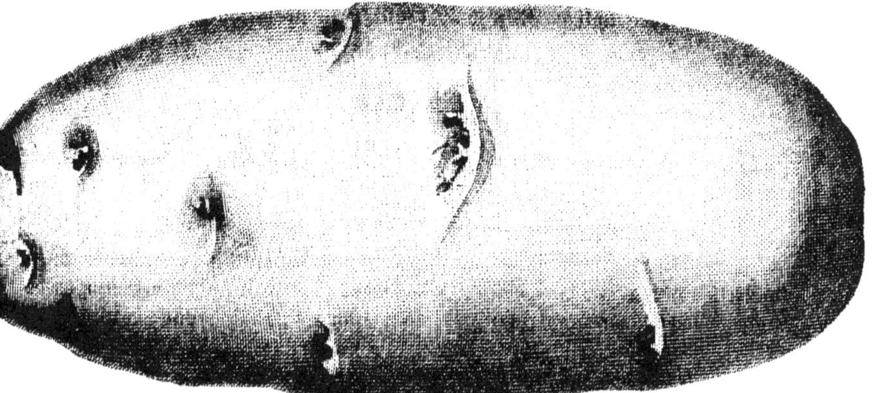

Pomme de terre rose hâtive.
de grosseur naturelle.

Race très productive, précoce, pouvant s'arracher dans le courant d'août ;
chair légère, de qualité extrêmement variable suivant les terrains. Les tubercules sont trop prompts à entrer en végétation pour se bien conserver.

POMME DE TERRE ROSETTE.

Tubercules très aplatis, de forme ronde ou oblongue, à peine plus longs
que larges et remarquablement plats sur les deux faces, à contours et surface

Pomme de terre rosette.
de grosseur naturelle.

très lisses et pour ainsi dire polis; yeux très peu marqués; peau de couleur
rose vif; chair blanche, parfois légèrement veinée de rose; germes roses.

Tiges de hauteur médiocre, dépassant rarement 0ᵐ,60 à 0ᵐ,70 ; feuilles assez grandes, arrondies, d'un vert un peu grisâtre.

Cette variété a été obtenue dans nos cultures, au moyen d'un semis de la P. de terre rose hâtive. Elle a été conservée préférablement à un grand nombre d'autres, à cause de sa très grande production et de la régularité remarquable de ses tubercules.

POMME DE TERRE SAUCISSE.

Synonymes : Pomme de terre généreuse, P. rouge tardive, P. savonnette, P. vitelotte belge.

Nom étranger : angl. Cottager's red potato.

Tubercules aplatis, oblongs, de forme généralement bien régulière, longs de 0ᵐ,08 à 0ᵐ,12 sur environ 0ᵐ,05 de largeur ; peau lisse, d'un rouge assez intense ; yeux légèrement marqués, non enfoncés ; chair jaune ; germe rose.

Pomme de terre saucisse.
de grosseur naturelle.

Tiges hautes, dressées, très vigoureuses, presque toujours rameuses, atteignant aisément un mètre de hauteur, carrées, légèrement ailées et très fortement teintées de rouge brun ; feuilles grandes, composées de folioles très inégales, toutes ovales-arrondies, très réticulées, d'un vert foncé un peu grisâtre et terne ; fleurs violet pâle, en bouquets très nombreux et généralement entremêlés de feuilles ; graines très rares.

Une des meilleures variétés pour la consommation d'hiver et des plus employées à Paris à l'arrière-saison. La chair en est un peu compacte et d'autant plus farineuse que la saison est plus avancée.

La P. de terre saucisse résiste assez bien à la maladie proprement dite, mais souffre fréquemment de l'accident appelé la *frisolée*, qui racornit le feuillage et les tiges au début de la végétation. C'est là son seul défaut.

VI. Variétés rouges longues lisses.

POMME DE TERRE KIDNEY ROUGE HATIVE.

Noms étrangers : angl. Wonderful red kidney potato, Red ash leaf P.

Tubercules aplatis, oblongs ou légèrement en rognon, assez obtus aux deux extrémités, de 0m,06 à 0m,08 de long sur 0m,03 à 0m,04 de large au bout le plus renflé ; peau rouge très lisse ; yeux à peine marqués ; chair jaune pâle ; germe rouge.

Tiges demi-dressées, arrondies, d'un rouge cuivré, dépassant rarement 0m,50 de hauteur ; feuillage beaucoup plus ramassé que celui de la P. de terre rouge longue de Hollande, d'un vert plus luisant et moins grisâtre ; feuilles composées, du haut en bas des tiges, de folioles pointues, assez arrondies et réticulées ; fleurs blanches, en bouquets très peu nombreux.

Très jolie pomme de terre demi-hâtive, à chair farineuse et de bonne qualité. Elle mûrit dans le courant d'août.

POMME DE TERRE ROUGE LONGUE DE HOLLANDE.

Synonymes : Pomme de terre cornichon rouge, P. cornette rose.

Nom étranger : angl. Robertson's giant kidney potato.

Tubercules très reconnaissables, aplatis, en forme de rognon ou d'amande, ordinairement très allongés, avec la base du tubercule très amincie et souvent recourbée en crochet ; peau lisse, d'un rouge assez foncé, un peu violacée ; chair jaune, fine et de bonne qualité ; germe rouge.

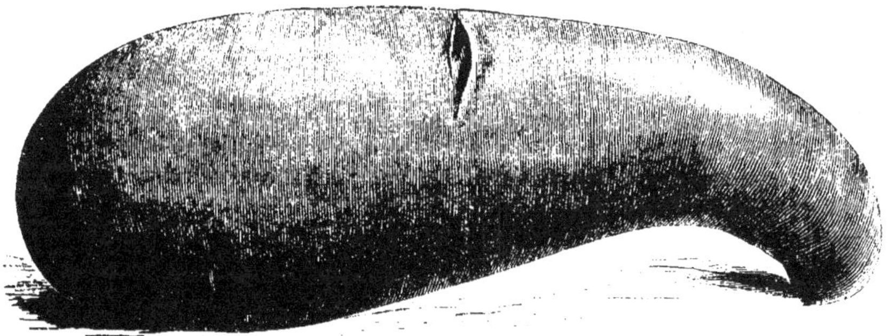

Pomme de terre rouge longue de Hollande.
de grosseur naturelle.

Tiges dressées, raides, arrondies plutôt que carrées, d'un rouge cuivré, s'élevant de 0m,60 à 0m,75 ; feuillage assez léger, d'un vert pâle et grisâtre. Aux feuilles inférieures, les folioles sont fréquemment soudées en un large limbe arrondi ; celles du sommet des tiges sont assez frisées et ondulées, à folioles pointues et gaufrées sur les bords. Fleurs blanches, abondantes, en bouquets assez forts, ne donnant presque jamais de graines. Les fanes de cette pomme de terre sont remarquablement grêles et légères dans leur ensemble et ne couvrent pas le sol.

Cette variété est extrêmement distincte. Elle a été autrefois en grande
faveur, mais des races plus productives l'ont aujourd'hui en grande partie
remplacée ; elle a cependant toujours l'avantage d'être d'une qualité tout
à fait supérieure et d'une excellente conservation. Plantée au mois d'avril,
elle peut se récolter vers la fin d'août. Dans les environs de Cherbourg, où
la culture en est assez répandue, on peut, grâce à la douceur du climat,
la planter en décembre et la récolter en juin ou en juillet.

POMME DE TERRE POUSSE DEBOUT.

SYNONYME : Pomme de terre Saint-André de Suède.

Tubercules presque cylindriques, amincis aux extrémités, de 0^m,08 à
0^m,12 de long sur 0^m,03 à 0^m,04 de diamètre. Peau rouge pâle, assez lisse ;
yeux peu marqués, plutôt saillants qu'enfoncés ; chair jaune ; germe rose.

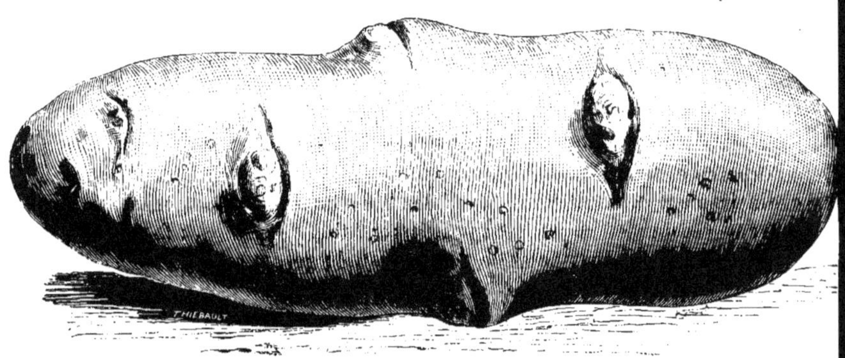

Pomme de terre pousse debout.
de grosseur naturelle.

Tiges vigoureuses, dressées, ramifiées, en général courtes et ne dépassant
guère 0^m,50 à 0^m,60, teintées de rouge cuivré ainsi que les pétioles des feuilles,
qui sont larges, amples, d'un vert foncé, composées de folioles larges, arrondies et acuminées ; fleurs blanches, grandes, en bouquets assez nombreux et
compactes. Ne grène pas habituellement.

Productive, se gardant bien ; chair plus compacte et moins **farineuse** que
celle de la P. de terre rouge de Hollande. Elle mûrit au mois de septembre.

POMME DE TERRE ROGNON ROSE.

SYNONYMES : Pomme de terre cornichon de la Moselle, P. bec-de-cane,
P. rose de Jersey, P. de Vigny, P. Wolff.

NOMS ÉTRANGERS : ANGL. Belgian kidney potato, Napoleon P.

Tubercules aplatis, généralement en forme d'amande ou de rognon, très
lisses ; peau d'un rose pâle jaunâtre ou saumoné ; yeux peu marqués ; chair
jaune ; germe rose.

Tiges assez grêles, teintées de brun, très souvent couchées et souvent ramifiées, atteignant 0^m,60 à 0^m,80 de longueur; feuilles assez petites, composées de folioles peu nombreuses, réticulées, souvent plissées et d'un vert

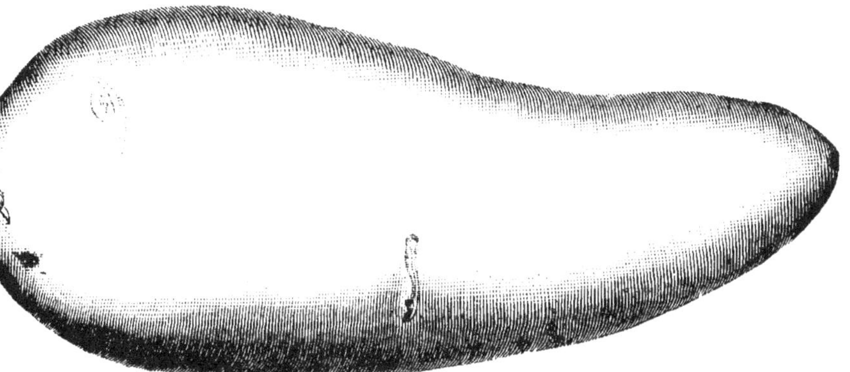

Pomme de terre rognon rose.
de grosseur naturelle.

assez pâle et grisâtre; fleurs blanches, assez abondantes, en bouquets peu nombreux, ne donnant presque jamais de graines.

Très bonne pomme de terre de consommation, productive, de moyenne saison et de bonne garde; chair assez ferme. Elle mûrit vers la fin d'août.

VII. Variété rouge longue entaillée.

POMME DE TERRE VITELOTTE.

Nom étranger : ALL. Rothe Tannenzapfen Kartoffel.

Tubercules presque cylindriques, un peu plus renflés vers le sommet qu'à la base; yeux nombreux et situés chacun au fond d'une ride profonde; peau

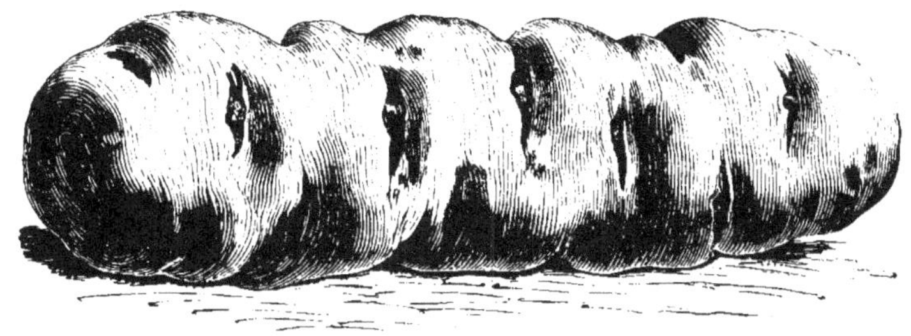

Pomme de terre vitelotte.
de grosseur naturelle.

rouge, assez lisse; chair blanche, quelquefois légèrement zonée de rouge, surtout à l'extrémité opposée au point d'attache; germe rouge.

Tiges dressées, très raides, vigoureuses, carrées et ailées, teintées de brun, souvent ramifiées, ne s'élevant guère au-dessus de 0^m,50 à 0^m,60, très trapues et très garnies de feuilles courtes, d'un vert un peu grisâtre ; folioles ovales-arrondies, assez acuminées, surtout vers le haut des tiges, très réticulées, souvent pliées en deux ; fleurs blanches, grenant très rarement.

Cette variété est moins appréciée actuellement qu'elle ne l'était autrefois ; elle a pourtant l'avantage de se garder très bien, la qualité en est excellente, et elle est assez productive. Il est vrai qu'elle a l'inconvénient d'être difficile à peler et de donner beaucoup de perte dans cette opération ; car, pour enlever la peau qui garnit l'intérieur des yeux, très profonds dans cette variété, il faut en même temps détacher une assez grande épaisseur de chair. On la récolte dans le courant de septembre.

VIII. Variétés violettes ou panachées violettes.

POMME DE TERRE BLANCHARD.

NOM ÉTRANGER : ANGL. Peake's first early potato.

Tubercules ronds et parfois déprimés, jaunes, largement panachés de violet, surtout vers le sommet du tubercule et autour des yeux ; peau lisse ; chair jaune : germe violet.

Pomme de terre Blanchard.
de grosseur naturelle.

Tiges fortes, habituellement couchées, presque toujours ramifiées, atteignant 0m,80 à 1 mètre de longueur, teintées de brun, surtout vers la base ; feuilles moyennes, à folioles ovales-acuminées, assez réticulées, d'un vert franc ; fleurs très abondantes, grandes, d'un lilas bleuâtre, nouant dans une forte proportion.

La P. de terre Blanchard est peut-être, de toutes les variétés usuelles, celle qui grène le plus abondamment. C'est une bonne variété précoce, productive et se gardant bien : la chair en est farineuse et bien jaune. La récolte peut s'en faire vers la fin de juillet. Les tubercules ne sont jamais très gros, mais ils sont très nombreux et assez égaux entre eux.

POMME DE TERRE VIOLETTE.

Nom étranger : ANGL. Hundred-fold potato.

Tubercules arrondis, souvent carrés à la base et au sommet, assez profondément entaillés par l'enfoncement des yeux ; peau d'un violet intense ; chair jaune ; germe violet.

Pomme de terre violette.
de grosseur naturelle.

Tiges dressées, très ramifiées, d'un brun foncé, atteignant 0ᵐ,60 à 0ᵐ,75 de hauteur ; feuillage assez léger ; feuilles moyennes, composées presque uniquement de grandes folioles ovales-acuminées, un peu réticulées, d'un vert franc ; fleurs violettes, abondantes, en bouquets assez nombreux, mais légers, avec le bout des divisions de la corolle blanc. Elles donnent souvent des graines, mais en petite quantité.

Bonne variété productive et de bonne garde ; la qualité en est excellente, la chair farineuse et assez ferme. On la récolte dans le courant de septembre.

C'est, de toutes les pommes de terre violettes, celle qui se voit le plus fréquemment à la halle de Paris. Elle y est fort connue et appréciée, et c'est une de ces variétés qui, comme la Shaw et la Segonzac, paraissent se conserver vigoureuses et productives, malgré leur ancienneté dans les cultures.

POMME DE TERRE COMPTON'S SURPRISE.

Tubercules aplatis, oblongs, rétrécis aux deux extrémités ; peau assez lisse, violette ; yeux peu enfoncés, mais accompagnés d'une longue ride comme dans la P. de terre rose hâtive ; chair blanche ; germe violet.

Tiges plutôt étalées que dressées, assez fortes, carrées et ailées, souvent ramifiées, ne dépassant guère 0ᵐ,60 à 0ᵐ,75 de hauteur ; feuilles grandes, composées de folioles très amples, ovales-acuminées, largement réticulées, d'un vert un peu pâle ; fleurs blanches, grandes, peu abondantes, donnant rarement des graines.

C'est une variété américaine très productive, assez précoce, se récoltant à la fin d'août ; la chair en est blanche, farineuse, très légère.

POMME DE TERRE CHANDERNAGOR.

Synonymes : Pomme de terre Lankmann, P. noire des Indes, P. à cœur noir.

Noms étrangers : all. Neger Kartoffel, Schwarzer Salat-K.

Tubercules arrondis ou légèrement allongés, aussi épais que larges, un peu entaillés, violet noirâtre; chair fortement teintée de violet ; germe violet foncé.

Tiges dressées, vigoureuses, d'un brun violacé, carrées et ailées, atteignant environ 0ᵐ,60 de hauteur; feuilles assez courtes et compactes, celles de la base des tiges à folioles terminales très grandes et très amples, les autres à folioles frisées, gaufrées, quelquefois d'un vert un peu grisâtre : l'ensemble du feuillage est compact et foncé ; fleurs blanches, assez grandes, tombant le plus souvent à l'état de bouton et produisant rarement de la graine.

Variété productive, demi-tardive, se récoltant en septembre. La couleur violacée de sa chair lui donne un aspect peu agréable; mais la qualité en est excellente et la saveur des plus fines.

POMME DE TERRE QUARANTAINE VIOLETTE.

Synonyme : Pomme de terre rognon violet.

Tubercules aplatis, lisses, en forme de rognon ou d'amande, atteignant souvent 0ᵐ,12 à 0ᵐ,15 de long sur 0ᵐ,05 à 0ᵐ,06 au bout le plus large ; peau extrêmement fine et mince, violette, lisse; chair jaune ; germe violet.

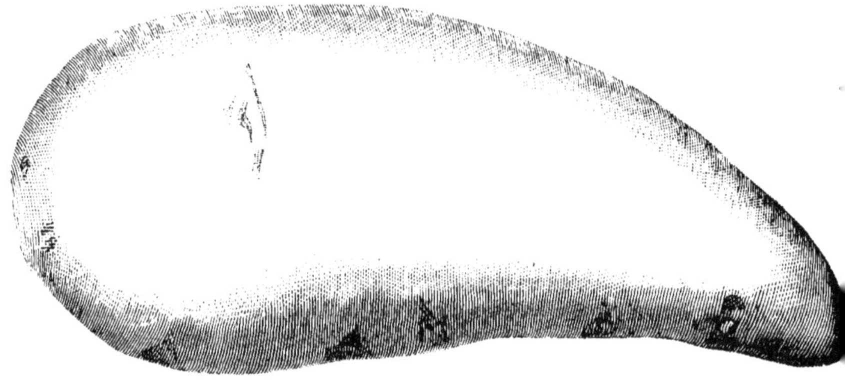

Pomme de terre quarantaine violette.
de grosseur naturelle.

Tiges assez grêles, brunâtres, ordinairement tombantes, ne dépassant guère 0ᵐ,60 à 0ᵐ,75 de longueur, garnies de feuilles moyennes ou petites, à folioles arrondies, grisâtres, très réticulées ; fleurs blanches, se montrant assez rarement et ne donnant pas de graines.

Cette variété est de précocité moyenne. Elle n'est pas extrêmement productive, mais elle est de très bonne qualité; elle a surtout l'avantage de se conserver très bien et sans pousser. C'est peut-être la meilleure de toutes pour consommer au printemps. Elle devient de plus en plus farineuse et gagne en qualité à mesure que la saison s'avance.

On remplirait presque un volume entier avec l'énumération de toutes les variétés de pommes de terre qui ont été obtenues et préconisées depuis le commencement de ce siècle ; nous nous bornerons à citer, en outre de celles qui ont été décrites ci-dessus, quelques-unes des plus connues ou des plus recommandables parmi les races françaises et les races étrangères.

I. VARIÉTÉS FRANÇAISES.

Achille Lémon. Tubercule mince et allongé, ordinairement arqué et beaucoup plus mince à une extrémité qu'à l'autre ; peau très lisse, jaune d'or, marquée de larges taches violet foncé, surtout à l'extrémité et au voisinage des yeux, qui sont très peu enfoncés ; chair jaune foncé assez ferme et très fine. Maturité demi-hâtive ; production modérée.

Artichaut jaune. Tubercule long, mince, presque cylindrique, très entaillé, ressemblant à celui de la P. de terre vitelotte ; seulement il est jaune au lieu d'être rouge. Variété farineuse, demi-tardive, presque abandonnée aujourd'hui.

Belle Augustine (Augustine d'Étampes). Tubercule jaune pâle, oblong, aplati, généralement un peu en rognon ; peau lisse ; yeux peu marqués ; chair jaune ; germe violet. Plante assez naine, hâtive, productive, pouvant se récolter huit à dix jours avant la P. de terre quarantaine de Noisy. Elle est passablement cultivée aux environs de Paris pour la production des pommes de terre fraîches.

Belle de Vincennes. Tubercules oblongs, aplatis, lisses, presque sans yeux, remarquablement beaux et bien faits et rappelant l'aspect de la P. de terre flocon de neige ; germes violacés. Tiges fortes, teintées de brun, ordinairement contournées ; feuillage ample, abondant, d'un vert foncé ; fleurs violettes, en bouquets assez serrés. Cette variété grène abondamment. Malgré son nom, qui semblerait indiquer une origine française, cette pomme de terre nous semble être identique à la variété anglaise *Woodstock kidney*.

Caillaud. Tubercules ronds, moyens ou gros, d'un jaune un peu saumoné ; germe rose ; peau ordinairement rugueuse. Plante forte, productive, demi-tardive ; fleurs blanches. C'est une bonne variété de grande culture, ressemblant, sauf la fleur, à la P. de terre Jeancé, mais moins productive qu'elle.

Comice d'Amiens (flam. : *Sand aardappel*). Très jolie petite race hâtive à tubercules ronds, petits ou moyens, jaune panaché de rose ; germe rose ; fleurs blanches. Variété très précoce, mais peu productive ; peut convenir à la culture forcée.

Des Cordillères. Tubercules jaunes, ronds, très lisses, petits et très nombreux, à chair jaune et germe violet. Plante touffue à tiges nombreuses ; feuillage léger. Variété très distincte, mais sans grand mérite horticole.

Descroizilles. Tubercules arrondis ou légèrement oblongs, de forme un peu irrégulière ; yeux assez enfoncés ; peau rose ou rouge très pâle, un peu rugueuse ; chair jaune. Variété tardive, assez peu productive, mais de bonne qualité ; fleurs blanches.

Excellente naine. Très jolie et très bonne variété, se rapprochant passablement des formes les plus précoces de la P. de terre royale. Les tiges sont à peine plus longues que celles de la P. de terre Marjolin, que celle-ci peut suppléer pour la culture sous châssis. Elle est au moins aussi productive qu'elle et tout aussi hâtive.

Grosse jaune deuxième hâtive (syn. : *Docteur Bretonneau*). Cette pomme de terre est assez répandue dans la grande culture des environs de Paris. Ce n'est, à proprement parler, qu'une sous-variété de la P. de terre Shaw, à tubercules un peu plus gros et mûrissant à peu près huit à dix jours plus tard.

Hâtive de Bourbon-Lancy (*Bleue hâtive*). Tubercules moyens, parfaitement ronds ou très légèrement déprimés, panachés de jaune et de violet foncé plutôt par bandes que par marbrures arrondies. Plante de vigueur moyenne, de maturité précoce, à fleurs lilas, avortant le plus souvent.

Jaune longue de Hollande (*Parmentière, Cornichon tardif*). Autrefois la plus répandue et la plus estimée des pommes de terre de table. Depuis l'invasion de la maladie, elle a été remplacée à peu près complètement par la P. de terre quarantaine de Noisy et ses sous-variétés. Ses caractères étaient les suivants : Tubercules allongés, presque toujours fortement courbés, beaucoup plus renflés à une extrémité qu'à l'autre ; peau jaune grisâtre, un peu rugueuse ; chair jaune, très farineuse et très fine ; germe rose. Tiges assez courtes, tortillées ; feuillage crispé, réticulé ; fleurs lilas rougeâtre. Cette variété est assez tardive ; elle n'a jamais été très productive.

De Malte. Tubercules très gros, ronds ; yeux profondément enfoncés, assez semblables d'apparence à ceux de la P. de terre Jeancé ; germes roses. Tiges ordinairement traînantes, vertes, longues de 0ᵐ,80 à 1 mètre ; feuillage d'un vert franc, frisé et réticulé. Les fleurs avortent constamment.

Naine hâtive. Tubercules petits ou moyens, ronds ; yeux peu marqués ; peau jaune, assez lisse ; germe violet ; chair jaune ; fleurs lilas. Tiges courtes, faibles, ne dépassant guère 0ᵐ,40 à 0ᵐ,50 de longueur. Variété hâtive, mais d'un très faible rendement.

Noisette Sainville. Pomme de terre miniature, fort bien nommée, car le volume des tubercules est presque celui d'une noisette et dépasse très rarement celui d'une belle amande. Ils sont ovoïdes, un peu aplatis, jaune grisâtre, à peau légèrement rugueuse ; les yeux sont à peine visibles ; germe violet. Fanes très petites, faibles ; feuillage grisâtre ; fleurs blanches. Cette variété a été recommandée à cause de la grande finesse de sa chair ; mais elle produit si peu, qu'elle mérite à peine d'être cultivée.

Oblongue de Malabry. Très productive. Tubercules ovales, jaune pâle, non entaillés, à germes blancs, faiblement teintés de violet ; chair blanche. Précocité moyenne.

Patraque blanche. Variété extrêmement productive, à tubercules blanc grisâtre, légèrement rosés, oblongs, un peu carrés aux deux extrémités et passablement entaillés ; chair blanche ; germe rose. Fanes très longues et très vigoureuses ; feuillage grisâtre ; fleurs roses, abondantes. Cette variété produit un nombre considérable de tubercules de grosseur moyenne ; elle est assez tardive et se cultive plutôt pour la nourriture du bétail que pour la consommation.

Quarantaine à tête rose. Tubercules oblongs ou en forme d'amande, à peau lisse, jaune, panachée de rouge auprès des yeux et surtout à l'extrémité ; chair jaune. Fanes courtes, dressées ; feuillage grisâtre. Maturité demi-hâtive ; production assez considérable. Dans les terres légères, les tubercules de cette pomme de terre sont extrêmement jolis et d'une apparence tout à fait distincte.

Reine blanche. Belle variété assez tardive, à tubercules moyens ou gros, très ronds, blancs, avec une tache rouge autour de chacun des yeux, qui sont assez profondément enfoncés ; germe rose. Tige dressée, vigoureuse, portant un feuillage abondant, de couleur foncée ; fleurs violet rougeâtre en larges bouquets. Les tubercules de cette variété sont très beaux, mais de qualité médiocre.

Reine de mai. Tubercules oblongs ou en amande, aplatis, très lisses et presque blancs ; germe rose. Tiges assez grêles, peu garnies de feuillage ; fleurs blanches. Cette variété est précoce, et très jolie quand elle réussit bien ; mais elle est extrêmement délicate, et les tubercules en sont très souvent tachés.

Rohan. Très voisine de la P. de terre patraque blanche, celle-ci ne s'en distingue que par la couleur plus rougeâtre de ses tubercules. Elle est productive et convient bien pour la grande culture.

Rosée de Conflans (Rosace de Villiers-le-Bel, Cueilleuse, Saucisse blonde). Tubercules longs, presque cylindriques, très peu entaillés, ordinairement roses vers l'extrémité et jaune saumoné à la base ; germe rose. Tiges assez courtes, raides, portant des feuilles foncées et nombreuses ; fleurs blanches. Cette variété est demi-tardive et assez productive ; la chair en est jaune, ferme, et s'écrase difficilement.

Rouge ronde de Strasbourg (Wéry). Tubercules moyens, à peau ordinairement un peu rugueuse, d'un rouge assez foncé ; germe rouge ; chair jaune. Tiges très raides, fortes, brunes ; feuillage vert foncé ; fleurs lilas rougeâtre. Cette pomme de terre est productive, de moyenne saison. C'est une bonne variété commune.

Sainte-Hélène. Beaux tubercules jaunes, très lisses, oblongs, aplatis, légèrement courbés en rognon ; yeux très peu marqués ; chair jaune. Fanes assez courtes, souples ; feuillage ample, vert foncé ; fleurs violettes, peu nombreuses, mais très grandes. Maturité demi-hâtive. C'est une belle variété potagère.

Tanguy. Race assez répandue en Bretagne. Elle se rapproche beaucoup de la P. de terre Segonzac ou Saint-Jean ; mais les tubercules en sont d'un jaune un peu plus pâle, plus arrondis, les tiges plus grosses et le feuillage d'un vert plus pâle. Cultivée dans les terres sablonneuses ou granitiques des côtes de Bretagne, la P. de terre Tanguy devient très belle et très farineuse. Il s'en exporte des quantités considérables en Angleterre.

Tardive d'Irlande. Tubercules arrondis ou oblongs, assez entaillés, jaune panaché de rouge ; chair blanche ; germe rose. Fanes peu développées ; feuillage assez léger, grisâtre ; fleurs lilas, petites. Cette variété est tardive et peu fertile ; son principal avantage est de se conserver longtemps sans germer.

Truffe d'août (*Hâtive de Pontarlier*, *Printanière*, *Rouge de Bavière*; angl. : *White pink*). Tubercules moyens, rouge vif, arrondis; yeux modérément enfoncés; germe rouge; chair jaune. Tiges dressées, assez raides; feuillage vert foncé, grisâtre; fleurs blanches. Variété de moyenne saison, assez productive, très anciennement connue et appréciée.

Xavier (*Patte blanche*). Tubercules oblongs, presque cylindriques, rose pâle, un peu entaillés; chair blanc jaunâtre; germe rose. Fanes assez longues; feuillage grisâtre; fleurs blanches. Cette variété est recommandable par sa bonne qualité, mais elle est très sujette à la maladie.

Yam ou *Igname*. Comme la P. de terre Xavier, celle-ci est très éprouvée par la maladie, et il est difficile actuellement de la rencontrer bien saine et vigoureuse. Les tubercules en sont oblongs, assez gros, presque cylindriques, un peu entaillés, la peau rouge pâle et lisse; germe rouge.

II. VARIÉTÉS ANGLAISES.

Alice Fenn. Tubercules oblongs, en rognon, de forme très régulière; peau jaune, lisse; chair jaune pâle; germe violet. Fanes très peu développées, minces, souples; feuillage menu et léger; fleurs violettes. Jolie variété assez hâtive, peu productive.

Bovinia. Très gros tubercules, longs, larges, aplatis, assez fortement entaillés, jaune panaché de rouge, surtout vers l'extrémité et au voisinage des yeux; chair blanc jaunâtre. Fanes vigoureuses; feuillage ample. C'est une variété très tardive, dont les tubercules pèsent quelquefois plus d'un kilogramme. Ils sont peu nombreux; la chair en est aqueuse et de qualité médiocre. Cette variété n'a guère qu'un mérite de curiosité.

Coldstream (*Hogg's Coldstream*). Tubercules ronds, petits ou moyens, jaunes de peau et de chair; germe violet, ainsi que les fleurs. Tiges petites et souples, ordinairement couchées; feuillage arrondi, d'un vert grisâtre. Très bonne variété rustique et hâtive, très farineuse, mais modérément productive.

Dalmahoy. Tubercule rond, petit ou moyen, bien jaune; yeux assez marqués, mais peu enfoncés; germe violet. Tiges dressées, courtes, ne dépassant guère 0ᵐ,60; feuillage grisâtre, assez chiffonné, à folioles larges, pointues. Les fleurs tombent sans s'ouvrir.

Dawe's matchless (*Excelsior kidney*, *Webb's imperial*, *Early Bryanstone kidney*, *Manning's kidney*, *England's fair beauty*, *Chagford kidney*, *Wormley kidney*, *Champion kidney*). Très belle pomme de terre, de moyenne saison, productive et donnant des tubercules d'une beauté remarquable, oblongs, quelquefois aplatis, quelquefois courbés en rognon, extrêmement lisses, presque blancs et mesurant souvent jusqu'à 0ᵐ,12 à 0ᵐ,15 de longueur sur 0ᵐ,05 à 0ᵐ,06 de large; yeux à peine marqués; chair blanche; germe violet. Les tiges sont assez vigoureuses, dressées; le feuillage arrondi, réticulé, d'un vert presque noir; fleurs blanches. Cette variété est peu répandue en France; nous l'avons quelque temps cultivée sous le nom de *P. confédérée*, mais à tort, car la véritable Confédérée, synonyme de la P. de terre Marceau, a les fleurs violettes et les tubercules plus larges et plus jaunes.

Early emperor Napoleon. Tubercules rouges, presque complètement sphériques ou légèrement déprimés, tout à fait sans yeux, à peau un peu rugueuse et exceptionnellement marbrée de jaune; germe rouge; chair blanc jaunâtre. Tiges minces, le plus souvent traînantes, portant un feuillage extrêmement grêle, tout à fait grisâtre; fleurs rougeâtres, en bouquets légers. Cette pomme de terre est demi-hâtive; elle n'est pas très productive, mais elle est remarquable par la beauté et la régularité de ses tubercules.

Fenn's early market. Tubercules ronds, petits ou moyens, passablement déprimés, à peau jaune, lisse; yeux peu enfoncés; germe rose; chair presque blanche. Fanes très peu développées, faibles et souples; feuillage d'un vert pâle; fleurs blanches, peu nombreuses. Cette excellente petite variété est une des plus précoces de toutes les jaunes rondes; elle est remarquable par le peu de développement de ses tiges.

Golden eagle, Radstock beauty. Il est très difficile de distinguer ces deux variétés l'une de l'autre; il pourrait très bien se faire qu'elles ne fussent qu'une seule et même chose. Ce sont des pommes de terre à tubercule jaune panaché de rouge, arrondi et légèrement méplat, à peau très lisse et d'un aspect très joli et très particulier. Les germes sont rouges, les fanes de grandeur médiocre, le feuillage vert foncé et les fleurs rougeâtres. Maturité assez tardive, production médiocre.

Grampian. Cette variété présente beaucoup d'analogie avec la P. de terre *early emperor,* décrite ci-dessus; elle a le feuillage un peu plus foncé et plus abondant, et les fleurs plus rouges. Les tubercules ne présentent pas de différence bien accentuée.

International kidney. Cette variété dérive incontestablement de la P. de terre *Lapstone.* Elle s'en distingue par sa plus grande vigueur, sa maturité plus tardive et la forme de ses tubercules, qui sont plus gros et passablement plus allongés; elle présente aussi la particularité de devenir violette sous l'influence de la lumière. C'est une des meilleures variétés d'exposition.

Lady Webster. Tubercules ronds, bien lisses, un peu aplatis, jaunes et assez fortement panachés de rouge; germes roses. Tiges courtes et tombantes, vertes, garnies de feuilles peu abondantes et à folioles très luisantes, rappelant l'aspect du feuillage de la P. de terre Marjolin hâtive.

Milky white. Tubercules blancs, très légèrement saumonés, très lisses, méplats, oblongs, sans yeux ni entailles; germe rose. Fanes peu développées; feuillage léger, vert pâle; fleurs blanches. C'est une jolie variété demi-hâtive, à tubercules très nets; mais plusieurs des races américaines lui sont encore supérieures comme apparence, tout en étant plus productives.

Mona's pride. Variété très voisine de la Marjolin hâtive par les caractères de végétation; elle en diffère tout à fait par la forme du tubercule, qui est très court ou même rond et aplati. Elle est aussi un peu moins précoce et un peu plus productive que la Marjolin.

Porter's excelsior. Une des pommes de terre les plus parfaites, au point de vue de la forme, qui existent jusqu'à présent. Les tubercules sont tout à fait arrondis, quoique plats comme des galets, à peu près deux fois aussi larges qu'épais; peau jaune, lisse; chair jaune pâle; germe rose. Fanes traînant sur le sol; feuillage peu abondant, vert foncé; fleurs blanches. Cette variété est demi-tardive ; elle n'est pas très fertile, et son principal mérite réside dans la beauté de ses tubercules.

Prince of Wales. Cette pomme de terre semble être une variation de la *Royal ash-leaved kidney;* elle est beaucoup plus productive, sans être beaucoup moins précoce. On ne peut lui reprocher que l'irrégularité de forme de ses tubercules, qui sont tantôt en amande, tantôt en forme de poire, tantôt presque complètement ronds. La qualité en est fort bonne.

Purple ash-leaved kidney (Jersey purple, Black kidney, Black prince, Select blue ash leaf, Paterson's long blue). Tubercules longs ou très longs, aplatis, plus ou moins courbés en rognon, très lisses ; peau d'un violet foncé, unie, sans rides ni cavités à l'endroit des yeux. Tiges assez grêles, brunâtres ; feuillage peu abondant, vert gris foncé ; fleurs lilas. Cette variété est assez précoce, passablement productive et de bonne qualité. Beaucoup de personnes n'en aiment pas la couleur violet foncé.

Rector of Woodstock. Tubercules extrèmement réguliers, d'un blanc grisâtre, faiblement teintés de jaune, tout à fait arrondis, mais passablement déprimés ; peau un peu rugueuse ; yeux à peine marqués ; chair blanche, très farineuse et très fine ; germe violet. Tiges très courtes, portant un feuillage léger, fin, peu abondant ; fleurs violettes se développant rarement. Cette petite variété est médiocrement productive, mais d'une finesse et d'une beauté exceptionnelles. C'est un des meilleurs gains du Rév. R. Fenn.

Saint-Patrick. Race productive, vigoureuse ; tubercules blancs ou jaune pâle, oblongs, non aplatis, de forme assez irrégulière ; chair blanche.

Schoolmaster. Pomme de terre très voisine de la *Porter's excelsior*, d'une végétation un peu plus vigoureuse et plus hâtive. La forme des tubercules est la même ; les germes sont roses et les fleurs blanches.

Scotch blue. Tubercules arrondis, méplats, lisses ; yeux peu marqués ; peau fine, d'un violet foncé presque noir ; chair blanche ; germe violet foncé. Fanes assez courtes, mais vigoureuses ; feuillage assez ample, grisâtre ; fleurs violettes. Cette variété est demi-tardive ; elle est assez productive et très rustique.

Turner's union. Tubercules jaunes, ronds, petits ou moyens, de forme assez régulière ; yeux un peu enfoncés ; chair jaune pâle ; germe blanc jaunâtre à pointe violette. Fanes peu développées ; feuilles assez grandes, mais peu nombreuses ; fleurs lilas, avortant le plus souvent. C'est une bonne petite variété hâtive ; mais il y en a beaucoup de plus intéressantes.

Vicar of Laleham. Extrèmement distincte. Tubercules d'un violet clair, gros, oblongs, faiblement déprimés ; germes violets. Variété assez précoce et productive.

White emperor. Plante assez vigoureuse, mais à tiges courtes ; feuillage réticulé, d'un vert terne. Tubercules très lisses, presque blancs, ronds et légèrement aplatis, ressemblant beaucoup à ceux de la P. de terre modèle et de *Schoolmaster;* germes lilas.

Woodstock kidney. Belle et vigoureuse variété, à tubercules blancs, oblongs, lisses et bien faits ; germes violets. Tiges fortes, brunâtres ; feuillage ample, d'un vert franc ; fleurs violettes, en forts bouquets, grenant abondamment.

III. VARIÉTÉS AMÉRICAINES.

Depuis une vingtaine d'années, les Américains se sont occupés très activement de semer les pommes de terre en vue d'obtenir des variétés nouvelles, et les succès qu'ils ont obtenus peuvent rivaliser avec ceux des semeurs anglais. Un grand nombre de leurs gains ont été adoptés immédiatement par les cultivateurs, aussi bien en Europe qu'en Amérique. De ce nombre sont les pommes de terre *Early rose*, *Flocon de neige*, *Bresee's prolific*, etc. Ces variétés sont décrites plus haut, parmi celles que nous mettons au premier rang ; nous citerons encore les variétés suivantes, auxquelles il ne manque peut-être que d'être mieux connues pour qu'elles soient également bien appréciées.

Adirondack. Race vigoureuse, de moyenne saison. Tubercules ronds ou un peu déprimés, bien lisses, rouge pâle ; chair blanche ; germe rose. Plante assez vigoureuse, à feuilles larges ; tiges dressées ; fleurs violet rougeâtre.

Bresee's peerless. Beaux tubercules, très aplatis, presque aussi larges que longs, oblongs ou quelquefois en forme de cœur, presque toujours échancrés à la base ; peau et chair blanches ; germe rose. Feuillage vert pâle, ample, un peu frisé ; fleurs blanches. Cette variété est demi-hâtive ; elle est extrêmement productive.

Brownell's beauty (*Vermont beauty*). Tubercules oblongs, assez aplatis, généralement très larges ; peau un peu rugueuse, d'un rouge assez foncé, un peu vineux ; chair blanche ; germe rose. Tiges dressées, vigoureuses ; feuillage assez ample, d'un vert un peu blond ; fleurs lilas rougeâtre. Cette variété est très productive, de moyenne saison ; les tubercules en sont très beaux, ordinairement de forme très régulière. C'est une race de grand mérite.

Centennial. Tubercules rouge vif, sphériques ou légèrement aplatis, très lisses ; yeux à peine marqués ; germe rouge. Fanes moyennes ; feuillage ample, vert pâle ; fleurs rougeâtres. Cette variété est demi-hâtive ; elle est assez fertile ; les tubercules se conservent bien pour une variété américaine.

Early cottage. Race très productive. Tubercules gros ou très gros, arrondis, épais ; yeux assez profonds ; peau souvent rugueuse, d'un jaune très pâle ; chair blanche. Fanes assez peu développées, en comparaison du rendement de la plante en tubercules ; feuillage d'un vert grisâtre, assez crispé ; fleurs lilas, avortant le plus souvent.

Early Gooderich. Tubercules oblongs, épais, peu aplatis, souvent presque pointus à l'extrémité ; chair et peau blanches ; germe rose. Feuillage d'un vert très blond, presque jaunâtre ; fleurs blanches. Belle variété, productive, mais trop sujette à la maladie.

Early Ohio. Tubercules roses, lisses, oblongs ; yeux très peu marqués ; germes rouges. Tiges dressées, raides, légèrement cuivrées ; feuilles très amples, planes, à folioles extrêmement grandes, d'un vert blond un peu grisâtre. Ne fleurit pas.

Eurêka. Tubercules longs, assez aplatis, souvent carrés aux extrémités et quelquefois un peu entaillés ; peau blanche, à peine jaunâtre, très légèrement rugueuse ; chair blanche ; germe rose. Fanes peu développées ; feuillage d'un vert blond ; fleurs blanches. La P. de terre Eurêka est très productive et assez précoce ; la forme en est un peu irrégulière et quelquefois tout à fait défectueuse.

Extra early Vermont. Il n'y a qu'une nuance extrêmement légère entre cette pomme de terre et la rose hâtive (*Early rose*), au point qu'elles sont souvent confondues l'une avec l'autre. L'*Extra early Vermont* doit avoir le tubercule un peu plus large et plus aplati ; elle mûrit aussi deux ou trois jours plus tôt que l'*Early rose.*

King of the early. Tubercules un peu anguleux et irréguliers, arrondis et légèrement déprimés dans l'ensemble, avec les yeux assez enfoncés ; peau lisse mais terne, d'un rose saumoné un peu grisâtre ; germe rose. Fanes très peu développées ; feuillage ample, d'un vert pâle grisâtre, séchant de très bonne heure sans que les fleurs se soient développées ; chair blanche, farineuse. C'est réellement une des plus précoces de toutes les pommes de terre.

Late rose. Sous beaucoup de rapports, cette variété ressemble extrêmement à l'*Early rose*, et même la différence de précocité qui existe entre les deux races ne dépasse pas une dizaine de jours. Cependant la rose tardive (*Late rose*) se distingue par le volume beaucoup plus fort de ses tubercules, qui sont, en revanche, moins nombreux ; la couleur en est aussi plus franchement rose et moins saumonée.

Manhattan. Tubercules ronds, légèrement aplatis, panachés de jaune et de violet ; germes roses tachés de violet. Tiges courtes, raides, de 0^m,60 environ ; feuillage assez abondant, ample, arrondi, d'un vert grisâtre, très fortement plissé et réticulé ; fleurs ordinairement nulles.

Peach blow. Tubercules arrondis, extrêmement lisses et d'un beau blanc légèrement teinté de rose autour des yeux ; germes roses. Tiges dressées, raides, vigoureuses, tachées de brun ; feuillage abondant, assez léger, d'un vert franc ; folioles ovales-aiguës ; fleurs nombreuses, d'un rouge violacé, ne nouant presque jamais. Il en existe, sous le nom de *White peach blow*, une sous-variété dont les yeux ne sont pas teintés de rose.

Queen of the valley. Très beaux tubercules oblongs, gros, un peu déprimés, très lisses, avec les yeux peu nombreux et peu marqués, d'un rouge très pâle. Ils rappellent, avec une teinte moins foncée, ceux de la *P. Brownell's beauty.* Germes roses.

Ruby. Tubercules oblongs, passablement aplatis, lisses et de forme régulière, de couleur rouge vif ; chair blanche. Fanes moyennes, assez vigoureuses ; feuillage vert pâle un peu grisâtre. Maturité demi-tardive.

Triumph. Tubercules ronds, d'un rouge assez vif, à yeux un peu marqués et un peu profonds. Germes roses. Variété demi-hâtive, fertile.

White elephant. Grande variété tardive, extrêmement vigoureuse, à tubercules monstrueux, très longs, aplatis, blanc panaché de rose, ordinairement entaillés ; chair blanche.

Willard (Red fluke). Tubercules oblongs ou piriformes, presque pointus à l'extrémité et renflés à la base ; peau assez lisse, d'un rouge vif quelquefois marbré de jaune ; germe rose. Tiges dressées, raides ; feuillage vert blond ; fleurs lilas rougeâtre. Cette pomme de terre est très distincte et assez belle, mais elle est très sujette à prendre la maladie.

IV. VARIÉTÉS ALLEMANDES.

Achilles. Tubercules gros, arrondis ; yeux un peu enfoncés. Tiges très vigoureuses, hautes d'un mètre, carrées, ailées, tachées de brun ; feuilles nombreuses, mais petites, extrèmement réticulées, frisées, vert noir ; fleurs en nombreux bouquets, lilas, donnant des graines.

Alkohol. Tubercules ronds, un peu aplatis, yeux assez nombreux et bien marqués. Tiges de 0^m,70 à 0^m,80, fortes, vertes, carrées, dressées ; feuilles amples, vert franc, un peu cloquées ; fleurs blanches, ne nouant pas.

Aurora. Tubercules ovales, aplatis ; yeux nombreux et assez marqués. Tiges grosses, cuivrées, souvent traînantes, de 0^m,80 ; feuillage très ample ; feuilles planes, vert franc un peu grisâtre ; fleurs blanches, ne nouant pas.

Ces trois variétés sont des gains de M. Paulsen, qui s'est occupé, en Allemagne, de la production de races nouvelles de pommes de terre, comme M. Fenn en Angleterre et M. Bresee en Amérique.

Biscuit. Variété vigoureuse, assez productive, à tubercules petits et très nombreux, jaunes, arrondis, un peu entaillés ; germe rose. Fanes assez longues, grèles ; feuillage léger, vert pâle. Maturité demi-hâtive.

Euphyllos. Tubercules blancs ou faiblement rosés, ronds ou obronds ; yeux modérément enfoncés. C'est une variété vigoureuse, productive, demi-tardive et caractérisée surtout par l'ampleur et la belle apparence de son feuillage, qui est lisse, uni et d'un vert franc ; de là son nom. C'est encore un gain de M. Paulsen.

Feinste kleine weisse Mandel. Tubercules ovoïdes, petits, très nombreux, presque blancs, lissés et sans yeux ; germe violet. Fanes relativement assez développées ; fleurs blanches. La qualité des tubercules est bonne, mais leur volume un peu trop petit.

Frühe rothe Märkische (Dabers'che, de Poméranie). Bonne variété rustique et productive de grande culture. Tubercules rouges, presque ronds, assez lisses ; germe rouge ; chair jaune. Fanes vigoureuses, souvent traînantes ; feuillage d'un vert gris ; fleurs rougeâtres. Maturité demi-tardive.

Kaiser-Kartoffel. Belle variété vigoureuse, assez hâtive, présentant de l'analogie avec certaines variétés américaines, et particulièrement avec la *Bresee's prolific* ; elle est cependant passablement plus tardive et donne des tuberculesplus gros. Les caractéres de végétation sont sensiblement les mêmes.

Kopsell's frühe weisse Rosen-Kartoffel. Comme la précédente, cette variété se rapproche beaucoup de la *P. Bresee's prolific*, mais elle en diffère par une précocité un peu plus grande et par la couleur un peu plus jaunâtre et moins rose de ses tubercules ; la nuance est toutefois excessivement légère, et l'on serait en droit de considérer les deux noms comme étant tout à fait synonymes.

Lerchen-Kartoffel. Tubercules jaunes, ronds, assez petits, mais nombreux ; yeux un peu enfoncés ; peau très lisse ; germe blanc. Fanes moyennes mais assez vigoureuses ; feuillage d'un vert franc ; fleurs blanches. Cette jolie petite variété est bien distincte ; elle est de bonne qualité, mais médiocrement productive.

Mangel-Wurzel (*Doigt de dame, Constance Péraut, Catawhisa, Bush potato*). Tubercules longs, larges, aplatis, oblongs et le plus souvent entaillés, complètement rouges ou panachés de rouge et de jaune, ordinairement très gros et pesant parfois plus d'un kilogramme. Ils mûrissent ordinairement d'une manière inégale et se conservent difficilement. C'est une variété tardive, qui ne convient guère qu'à la nourriture du bétail.

Richter's Imperator. Tubercules gros, oblongs, légèrement aplatis, mais encore assez épais, de forme ovale, légèrement entaillés; peau jaune pâle un peu saumoné; chair presque blanche; germe violet. Tiges vigoureuses, dressées, raides, élevées; feuilles assez espacées, à folioles arrondies, plissées; fleurs lilas. Cette pomme de terre est demi-tardive; elle se rapproche passablement de la variété anglaise *Paterson's Victoria*, mais les tubercules en sont plus gros et de forme moins régulière.

Richter's Schneerose. Tubercules grands et gros, oblongs, blancs; yeux peu marqués; germes roses. Tiges vigoureuses, dressées, de 0ᵐ,70 à 0ᵐ,80; feuillage raide, ample, arrondi, d'un vert foncé un peu grisâtre; fleurs rosées, s'ouvrant bien, mais tombant sans nouer.

Riesen Sand Kartoffel. Tubercules longs, plats, jaunes, panachés de rouge, surtout vers l'extrémité; yeux assez enfoncés; germes roses. Tiges courtes, très raides, grosses, vertes; feuillage extrêmement frisé et réticulé, assez ample, d'un vert foncé; fleurs roses ne nouant pas.

Rothe unvergleichliche Salat-Kartoffel. Tubercules presque cylindriques, une fois et demie ou deux fois aussi longs que larges, très entaillés, à peau rouge. Ils sont faciles à distinguer de toutes les autres pommes de terre par l'aspect de leur chair, qui est marbrée de rouge et de jaune. Les fanes de cette variété sont assez ramassées, vigoureuses, très feuillues. Maturité un peu tardive, mais excellente conservation.

Sächsische Zwiebel-Kartoffel weissfleischige. Tubercules arrondis, un peu aplatis, moyens et de grosseur très uniforme; yeux un peu enfoncés; peau lisse, rouge; chair blanche; germe rose. Fanes très développées, longues, assez minces, ordinairement traînantes et ramifiées; feuillage d'un vert foncé un peu grisâtre. Les fleurs avortent habituellement.

Sächsische Zwiebel-Kartoffel gelbfleischige (*Rouge de Bohême, Rothe Böhmische*). Tubercules ronds ou un peu allongés, nullement aplatis, assez entaillés, à peau rouge unie ou rouge marbré de jaune; germe rose; chair franchement jaune. Fanes très vigoureuses, ramifiées, atteignant quelquefois près de 2 mètres de long; feuillage très abondant, d'un vert foncé; fleurs violet rougeâtre. Cette variété est tardive, mais très vigoureuse et très productive; elle se garde bien et contient une proportion de fécule considérable.

Spargel-Kartoffel (*P. de terre asperge*). Tubercules petits, presque cylindriques, mais courts, seulement deux fois au plus aussi longs que larges; peau et chair jaunes; germe rose. Fanes moyennes, assez grêles; feuillage d'un vert franc; fleurs blanches. Maturité demi-tardive. Cette petite variété est bien distincte; on l'estime à cause de la fermeté de sa chair, qui s'écrase difficilement, même quand elle est cuite.

POTIRON. — Voy. COURGE POTIRON.

POURPIER

Portulaca oleracea L.

Fam. des *Portulacées*.

SYNONYMES : Porcelin, Porcellane, Porchailles.

NOMS ÉTRANGERS : ANGL. Purslane. ALL. Portulak, Kreusel. FLAM. et HOLL. Postelein, Posteliju, Porcelein. DAN. Portulak. ITAL. Porcellana. ESP. Verdolaga. PORT. Beldroega.

Inde. — *Annuel.* — Le pourpier, dont l'origine indienne ne paraît pas douteuse, s'est naturalisé chez nous au point d'être devenu une mauvaise herbe. C'est une plante à tige épaisse, charnue, s'étalant sur le sol quand la plante est isolée, simple et dressée lorsqu'elle est cultivée serrée, garnie de feuilles épaisses, courtement spatulées, à l'aisselle desquelles naissent de très petites fleurs jaunes qui font place à des capsules arrondies, légèrement comprimées, remplies de graines noires, très petites et luisantes. Ces graines sont au nombre d'environ 2500 dans un gramme, et le litre pèse en moyenne 610 grammes ; leur durée germinative est de sept années au moins.

Culture. — Le pourpier se sème en rayons ou à la volée, en terre légère, depuis le mois de mai jusqu'au mois d'août. La récolte des tiges et des feuilles peut commencer environ deux mois après le semis, et se renouveler deux ou trois fois sur les mêmes plantes, à condition d'arroser souvent.

On sème fréquemment le pourpier sous châssis ou sur couche, pour en obtenir pendant l'hiver ou au printemps. Les semis se font de décembre en mars sur couches, car le pourpier a besoin d'une température assez élevée pour végéter vigoureusement. On récolte deux mois ou deux mois et demi après le semis.

Usage. — On mange les feuilles cuites, ou aussi crues, en salade.

Pourpier vert.

Plante réd. au huitième, rameau au tiers.

POURPIER VERT.

NOMS ÉTR. : ANGL. Green purslane. ALL. Grüner Portulak. HOLL. Groene postelein.

C'est la plante sauvage développée et amplifiée par la culture et par la sélection des individus à larges feuilles. Même à l'état sauvage, il se rencontre dans le pourpier des plantes qui ont une tendance plus marquée que les autres à produire des tiges dressées et non appliquées sur le sol. Il est naturel qu'on ait cherché à produire de préférence la forme dressée, plus productive sur une même surface et plus facile à récolter.

POURPIER DORÉ.

Noms étr.: angl. Golden purslane. all. Goldgelber Portulak. holl. Gele posteleiu.

Cette variété se distingue facilement du P. vert par la teinte blonde et presque jaune de son feuillage ; elle se cultive et s'emploie exactement de la même manière. Sa teinte particulière paraît tenir moins à une coloration plus faible du parenchyme de la feuille qu'à l'épaisseur plus grande de l'épiderme, qui est d'une teinte jaunâtre. Cuites, les feuilles ne sont pas très différentes, comme couleur, de celles du pourpier ordinaire.

Pourpier doré à large feuille.
Plante réd. au huitième, rameau au tiers.

POURPIER DORÉ A LARGE FEUILLE.

Nom étranger : all. Goldgelber breitblättriger Portulak.

Cette race se distingue bien nettement par l'ampleur de ses feuilles, qui sont plus rapprochées les unes des autres sur la tige, et au moins du double plus grandes que celles du P. vert et du P. doré ordinaire. La végétation en est un peu moins rapide, mais le produit tout aussi grand, la plante étant plus trapue et plus ramassée.

QUINOA. — Voy. Ansérine quinoa.

RADIS

Raphanus sativus L.

Fam. des *Crucifères*.

Synonymes : Petite rave, Rave.

Noms étrangers : angl. Radish. all. Radies. flam. et holl. Radijs. dan. Haveroeddike. ital. Ravanello, Radice. esp. Rabanito. port. Rabao, Rabanete.

De l'Asie méridionale?. — Annuel. — L'origine primitive des radis cultivés n'est pas exactement connue, elle a donné et donnera vraisemblablement encore lieu à beaucoup de recherches et de discussions, car les plus hautes autorités et les plus compétentes hésitent à trancher la question d'une façon tout à fait positive. On n'a pas trouvé en effet, jusqu'ici, de plante sauvage dont les caractères permettent de la considérer sûrement comme la souche de nos radis cultivés. L'opinion suivant laquelle les radis proviendraient du *Raphanus Raphanistrum* de nos champs peut être soutenue, mais des indices sérieux nous semblent la combattre. Outre les différences dans la couleur des fleurs, souvent jaunes dans le *R. Raphanistrum*, jamais dans les radis cultivés, et dans la conformation des siliques, articulées dans le premier et non dans les autres, on doit remarquer que les radis cultivés sont bien plus sensibles au froid que le *R. Raphanistrum*, plante indigène, ce qui semblerait indiquer une origine plus méridionale; la tige y est aussi dressée et non oblique ou presque couchée, comme c'est souvent le cas dans le radis sauvage. Deux formes de radis à siliques non articulées, charnues et comestibles, sont d'origine asiatique : le *radis de madras* et le *mougri de Java* ou *radis serpent*. C'est, croyons-nous, vers les pays où se sont montrées ces formes, voisines, par la structure de leurs cosses et tous leurs caractères de végétation, du radis cultivé, qu'il faut chercher l'origine de la plante qui doit être leur ancêtre commun.

Les radis cultivés sont considérés comme annuels parce que le développement des tiges florales n'est pas précédé d'un intervalle de repos dans la végétation de la plante. Cependant les grosses variétés tardives devraient plutôt être considérées comme bisannuelles. Les radis cultivés ont les feuilles oblongues ; les tiges florales sont rameuses; les fleurs, blanches ou lilas, jamais jaunes. Les graines sont rougeâtres, arrondies ou un peu allongées, à faces ordinairement un peu aplaties. Un gramme en contient 120, et le litre pèse 700 grammes; leur durée germinative est de cinq années.

Les variétés de radis sont très nombreuses; nous les diviserons, d'après la place qu'on leur donne dans la culture, en *radis de tous les mois*, *radis d'été* ou *d'automne*, et *radis d'hiver*, la culture qui convient à chacune de ces sections étant très différente de celle qu'on doit appliquer aux autres.

Usage. — Les racines des radis se servent crues, comme hors-d'œuvre.

I. RADIS DE TOUS LES MOIS.

Synonyme : Petits radis.

Noms étrangers : angl. Small *or* forcing radish. all. Monats-Radies.

Ces radis se sèment en pleine terre, depuis le mois de février jusqu'au mois de novembre, habituellement à la volée et en planches. Après la levée, on éclaircit le semis de manière à permettre aux jeunes plantes de se développer d'une façon égale. On arrache à la main les mauvaises herbes, et l'on donne des arrosages fréquents si le temps est chaud et sec. Au bout de seize à dix-huit jours, si le temps est très favorable, de vingt à vingt-cinq, s'il l'est moins, les radis les plus hâtifs sont bons à arracher; pour les autres, il faut compter, suivant la saison, quatre, cinq ou six semaines avant de faire la récolte. Au printemps ou à l'arrière-saison, on choisit une exposition chaude et abritée; dans l'été, au contraire, un emplacement frais et ombragé doit être préféré. On répète les semis tous les quinze et même tous les dix jours, pour avoir constamment des radis jeunes et tendres. Pendant les mois de décembre, janvier et février, on sème des radis sur couches, sous châssis ou sous cloches. Les maraîchers de Paris cultivent des radis en plein hiver sur des couches de fumier recouvertes de terreau, sans autre abri que des paillassons qu'on laisse sur le semis la nuit et lorsqu'il gèle, et qu'on enlève toutes les fois que la température de la journée n'est pas trop rude. Les radis sont en général bons à arracher au bout de cinq à six semaines.

A. Variétés à racine ronde.

RADIS ROND ROSE OU SAUMONÉ.

NOMS ÉTRANGERS : ANGL. Turnip-rooted scarlet french radish, Scarlet turnip-rooted R. ALL. Rosenrothe runde Monats-Radies. HOLL. Ronde rose roode radijs. PORT. Rabao redondo roso.

Radis rond rose ou saumoné.
réd. au tiers.

Racine presque sphérique, légèrement en toupie quand elle est toute jeune ; peau d'un rouge un peu vineux ; chair blanche légèrement teintée de rose. Feuillage assez arrondi, découpé, d'un vert un peu glauque ; pétioles très faiblement bronzés.

En bonne saison, c'est-à-dire au mois de mai, ce radis se forme environ en vingt-cinq jours ; il est rustique et ne devient pas creux trop rapidement. Il réussit bien en terre ordinaire.

RADIS ROND ROSE HATIF.

NOM ÉTR. : ANGL. Early turnip-rooted scarlet radish.

Racine plus aplatie que celle du R. rond rose ordinaire, bien pincée en dessous, n'ayant qu'une petite racine pivotante très fine, semblable au R. rond rose par la couleur de la peau ; chair bien blanche ; feuillage court et ramassé.

Le R. rond rose hâtif se forme en vingt jours environ ; il devient creux plus promptement que la variété précédente. Il peut réussir en terre ordinaire, mais le terreau lui convient beaucoup mieux.

RADIS ROND ROSE A BOUT BLANC.

NOM ÉTRANGER : ANGL. Early white-tipped scarlet radish.

Jolie variété extrêmement précoce. Racine arrondie, d'un rose carmin très vif, avec le quart inférieur de la racine complètement blanc. C'est le seul des radis potagers qui soit véritablement rose, le R. rond rose et le R. rond rose hâtif étant plutôt d'un rouge carmin. Dans celui-ci, la partie supérieure de la racine est d'un véritable rose vif, qui contraste agréablement avec le reste.

Radis rond rose à bout blanc.
réd. au tiers.

Cette variété est la plus prompte à se former de toutes ; mais, par contre, elle se creuse rapidement et doit être arrachée et consommée aussitôt qu'elle est formée. Elle ne réussit vraiment bien que dans le terreau. On peut quelquefois récolter ce radis seize à dix-huit jours après le semis. C'est celui que les maraîchers des environs de Paris emploient de préférence à tout autre pour la culture de primeur.

RADIS ROND ÉCARLATE.

Noms étr. : angl. Deep scarlet radish. all. Runde scharlachrothe Monats-Radies.

Racine de même forme que celle du R. rond rose, mais à peau d'un rouge beaucoup plus vif, sans aucune teinte violacée ; la chair en est très blanche. Le feuillage est bien vert, moyen, assez arrondi.

Ce radis est aussi prompt à se former que le R. rond rose ordinaire et il se cultive de la même façon ; il n'en diffère donc bien que par sa couleur particulière, qui le fait rechercher dans certains pays, en Belgique par exemple, et rejeter dans d'autres. Il y a là, comme en bien des choses, une question de mode. Il est précoce et a l'avantage de ne pas devenir creux trop promptement quand on tarde un peu à l'arracher. La saveur en est assez forte et assez piquante.

Radis rond écarlate.
réd. au tiers.

RADIS ROND ÉCARLATE HATIF.

Très jolie race, à racine bien ronde et même un peu déprimée, d'une couleur extrêmement vive ; chair blanche, ferme, croquante, très agréable. Feuillage ressemblant beaucoup à celui de la variété précédente, d'un vert un peu plus blond que celui des radis roses.

Cette variété peut se former en vingt jours environ. Elle réussit bien en pleine terre et mieux encore dans le terreau.

RADIS ROND BLANC PETIT HATIF.

Synonyme : Radis blanc petit hâtif de Hollande.

Noms étrangers : angl. Early white radish. all. Plattrunde allerfrüheste kurzlaubigste weisse Monats-Radies. holl. Witte radijs om te broeien.

Racine de contour arrondi, ordinairement aplatie en dessus et en dessous, souvent deux fois plus large qu'épaisse. Feuillage court, assez étalé, très découpé, un peu grisâtre, teinté de brun sur les nervures et dans le cœur.

Cette variété n'est pas très prompte à se former ; il lui faut au moins de vingt à vingt-cinq jours avant de pouvoir être récoltée. On l'emploie néanmoins pour la culture forcée, particulièrement dans les pays du Nord. Même quand il est tout petit, ce radis est déjà remarquablement piquant, et il arrive quel-

Radis rond blanc petit hâtif.
réd. au tiers.

quefois que la saveur en devient assez forte pour être à peine supportable.

RADIS ROND BLANC.

Noms étrangers : angl. White turnip-rooted radish. all. Plattrunde sehr frühe weisse Monats-Radies. holl. Ronde witte radijs. port. Rabao redondo branco.

Jolie variété à racine presque ronde, moins aplatie que celle de la précédente, à feuillage plus vert, plus ample et plus dressé. La précocité n'en est que de deux ou trois jours moins grande. Celle-ci convient mieux à la pleine terre qu'à la culture de primeur; la chair en est ferme et très piquante.

RADIS ROND VIOLET.

Noms étrangers : angl. Early purple turnip-rooted radish. all. Violet-rothe Treib-Radies. holl. Ronde violette radijs. port. Rabao redondo violeta.

Racine légèrement en toupie, d'un beau violet franc ; chair blanche, presque transparente. Feuilles assez grandes, découpées, dressées, d'un vert franc.

Ce radis met environ un mois à se former, mais il se conserve longtemps sans devenir creux. C'est un véritable radis de tous les mois.

RADIS ROND VIOLET A BOUT BLANC.

Jolie petite race à racine presque sphérique, colorée de violet foncé auprès du collet et devenant de plus en plus pâle jusqu'à l'extrémité inférieure, qui est d'un blanc pur. Les pétioles et les nervures des feuilles sont violets ou brunâtres, le feuillage assez léger.

Comme les radis rose et blanc hâtifs, celui-ci doit être semé tous les quinze jours environ, car il se creuse assez promptement.

RADIS JAUNE HATIF DE TOUS LES MOIS.

Noms étrangers : angl. Early yellow radish. all. Runde gelbe Wiener Treib-Radies. holl. Ronde gele radijs. port. Rabao redondo amarello.

Racine arrondie ou légèrement allongée, se prolongeant quelquefois en une racine pivotante d'une certaine épaisseur ; peau assez lisse, d'un jaune un peu terne ; chair fine et serrée, assez piquante. Feuillage demi-dressé, distinctement lyré.

Ce radis met environ un mois à se former. Quoique précoce et petit, il n'a pas la finesse des autres radis de tous les mois.

Radis rond jaune d'or.
réd. au tiers.

Une variété nouvelle, appelée *R. rond jaune d'or*, tend depuis quelques années à remplacer dans les cultures le R. jaune hâtif de tous les mois. C'est une forme préférable en effet à celui-ci; à la fois plus hâtive et à racine mieux faite, très lisse, bien ronde, à collet fin, et d'une couleur jaune plus vive et plus franche que celle de l'ancienne variété. C'est, de tous les radis jaunes, celui qui se rapproche le plus des petits radis hâtifs blancs ou roses.

B. Variétés à racine demi-longue.

RADIS DEMI-LONG ROSE.

Racine ovoïde, un peu allongée, ordinairement en forme d'olive, quelquefois presque cylindrique sur une bonne partie de sa longueur et arrondie aux deux bouts, d'un rouge carminé très intense; chair blanche, ferme, croquante. Feuillage arrondi, d'un vert franc, assez ample, un peu plus développé que celui du R. rond rose.

Ce radis est un des plus cultivés dans les potagers et pour les marchés. Il réussit bien en pleine terre et se conserve assez longtemps sans devenir creux. Les maraîchers de Paris cherchent souvent à en obtenir des racines longues et minces plutôt qu'ovoïdes; ils y arrivent en rechargeant les planches avec du terreau après que les radis sont bien levés.

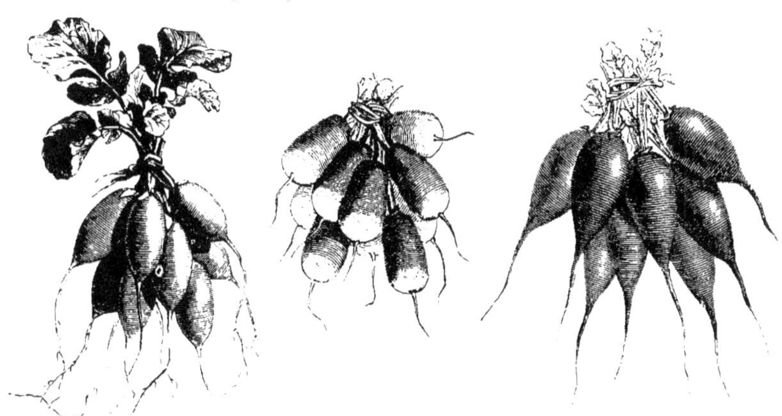

Radis demi-long rose.	R. demi-long rose à bout blanc.	Radis demi-long écarlate.
réd. au tiers.	réd. au tiers.	réd. au tiers.

RADIS DEMI-LONG ROSE A BOUT BLANC.

Synonyme : Radis demi-long rose de Vaugirard.

Nom étranger : Angl. French breakfast radish.

Très jolie variété, de même forme ou un peu moins allongée que la précédente; peau d'un rose frais et assez vif dans les trois quarts supérieurs de la racine et d'un blanc pur à l'extrémité.

Comme le R. rond rose à bout blanc, celui-ci est extrêmement précoce, mais il devient promptement creux, si on ne l'arrache pas dès qu'il est formé. Il réussit beaucoup mieux sur couches ou dans le terreau qu'en terre ordinaire. C'est essentiellement un radis pour la culture maraîchère.

RADIS DEMI-LONG ÉCARLATE.

Noms étr. : Angl. Deep scarlet half-long radish. All. Ovale scharlachrothe Radies.

Cette variété est aussi distincte par la couleur de sa peau que par sa forme plus allongée et finissant à la base de la racine par une pointe plus longue et plus aiguë que celle des autres radis demi-longs. Le feuillage en est d'un vert franc, assez grand et dressé. La chair est très blanche, ferme, croquante, très aqueuse et d'une saveur passablement forte et piquante.

Le R. demi-long écarlate est assez rustique et convient bien à la pleine terre ; il peut attendre sans devenir creux trop rapidement. Il met environ vingt-cinq jours à se former.

RADIS DEMI-LONG ÉCARLATE HATIF.

Syn.: Radis demi-long écarlate de Vitry-le-François, R. écarlate à quatre feuilles.
Nom étranger : Angl. Early deep scarlet olive-shaped radish.

Ce radis est un des plus jolis et des meilleurs à tous les points de vue, des radis de tous les mois. La racine en est régulièrement en forme d'olive, très nette, à peau très lisse ; la chair blanche, ferme. Le feuillage est court, raide, extrêmement peu abondant, eu égard au volume des racines.

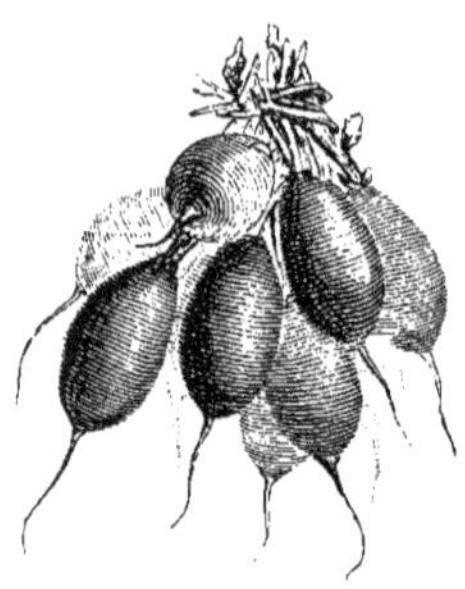

Radis demi-long écarlate hâtif.
réd. au tiers

Le R. demi-long écarlate hâtif réussit parfaitement en pleine terre ; il met environ vingt à vingt-deux jours à se former ; sa précocité et le peu d'abondance de son feuillage le rendent également très convenable pour la culture forcée.

On distingue facilement ce radis du précédent à sa racine plus courte et se terminant plus brusquement à la base, au lieu de s'atténuer graduellement en une pointe allongée. Il a la chair tendre et d'une saveur douce et fraîche, à peine piquante.

RADIS DEMI-LONG BLANC.

Noms étrangers : Angl. White olive-shaped radish, Oblong white R.
All. Ovale weisse Radies.

Quand il est bien franc, ce radis est très joli et très régulier. La racine est en forme d'olive, d'un blanc pur très frais ; la chair, très blanche et croquante, n'a pas une saveur trop forte. Le feuillage est moyen, assez dressé, d'un vert clair.

Radis demi-long blanc.
réd. au tiers.

Ce radis peut se cultiver indifféremment sur couche et en pleine terre ; il met environ vingt-cinq jours à se former. Sa couleur contraste agréablement avec celle des autres radis demi-longs. Il n'y a pas longtemps qu'on est parvenu à le fixer complètement avec la forme d'olive que représente la figure ci-contre. Il avait précédemment, et a encore quelquefois, quand il n'est pas bien pur, le défaut de s'allonger à la partie inférieure, presque comme une rave.

RADIS DEMI-LONG VIOLET A BOUT BLANC.

Noms étrangers : angl. Violet olive-shaped white-tipped radish. all. Ovale violette Radies untenweiss.

Radis ovoïde presque piriforme, la portion la plus épaisse de la racine se trouvant près de l'extrémité. La moitié supérieure est d'un violet presque noir ; dans la moitié inférieure, cette teinte devient de plus en plus pâle, pour passer au blanc pur à l'extrémité. Le feuillage est peu développé, assez découpé et d'un vert teinté de brun violacé sur le pétiole, les nervures et même parfois sur le limbe. L'aspect en est assez agréable ; la chair en est blanche, un peu dure et de goût fort. Il met environ un mois à se former.

Cette variété convient surtout à la pleine terre, mais on peut également la cultiver en primeur.

C. Variétés à racine longue, ou raves.

Malgré l'inconvénient que présente l'application à certains radis du nom de *rave*, plus habituellement donné à des navets, l'usage ayant consacré cette désignation, nous sommes obligés de décrire quelques-unes des variétés qui vont suivre sous le nom de « *raves* », qui leur est généralement donné, bien que ce soient de véritables radis ne différant des autres que par la longueur un peu plus grande de leur racine.

RAVE ROSE LONGUE OU SAUMONÉE.

Noms étrangers : angl. Long scarlet radish, Salmon R. all. Lange rosenrothe Radies. ital. Ramolaccio rosso.

Racine extrêmement longue et mince, atteignant souvent 0ᵐ,12 à 0ᵐ,15 de long sur 0ᵐ,01 seulement de diamètre ; sommet de la racine longuement conique, s'amincissant jusqu'à la naissance des feuilles ; peau lisse, d'un rouge vineux ; chair presque transparente et légèrement rosée ou lilacée. Cette apparence particulière de la chair permet de reconnaître facilement la rave rose saumonée de toutes les variétés analogues.

On sème le plus habituellement la rave rose longue en pleine terre, dans un sol bien défoncé et bien ameubli. Elle est très peu usitée pour la culture forcée à cause de la grande longueur de sa racine, qui obligerait à recouvrir les couches d'une trop grande épaisseur de terreau. Il lui faut environ un mois pour se bien former. La chair en est tendre, fraîche, croquante, mais elle n'a pas le goût piquant des radis ronds ou demi-longs.

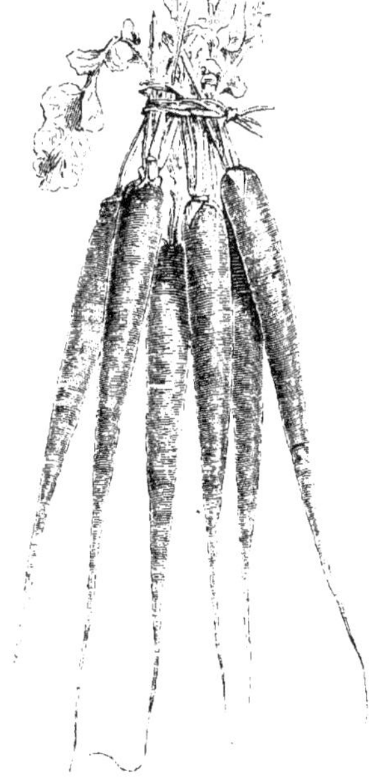

Rave rose longue ou saumonée.
réd. au tiers.

RAVE ROSE A COLLET ROND.

NOM ÉTRANGER : ANGL. Short-top radish.

Racine un peu plus renflée et d'un tiers moins longue que celle de la rave saumonée ; couleur rouge carminé, analogue à celle du R. demi-long rose ; chair blanche. Feuillage assez développé, demi-dressé, vert franc.

Cette variété convient mieux que la précédente pour la culture sur couches ; cependant on lui préfère généralement la suivante pour cet usage.

RADIS LONG ROSE.

SYNONYME : Rave rose hâtive à châssis.

NOMS ÉTRANGERS : ANGL. Wood's early frame radish, Early frame scarlet R.

On pourrait dire que cette variété est intermédiaire entre les radis longs et les demi-longs. Ses racines, très longuement ovoïdes, mesurent en général $0^m,06$ à $0^m,07$ de longueur sur près de $0^m,02$ de largeur dans la portion la plus renflée, qui se trouve à peu de distance au-dessous de l'insertion des feuilles. La peau en est d'un rouge carminé très vif, devenant un peu plus pâle et plus rose vers l'extrémité inférieure de la racine. La chair en est bien blanche, ferme, aqueuse, très croquante, fraîche et agréable au goût, avec une légère saveur piquante analogue à celle du R. demi-long rose. Le feuillage est ample, mais assez court, ramassé, arrondi ; les pétioles et les nervures des feuilles sont teintés de rouge cuivré.

Cette variété, qui peut aussi très bien se cultiver en pleine terre, est spécialement réservée, surtout en Angleterre, pour la culture sous châssis ; une épaisseur de $0^m,10$ de terreau sur la couche suffit pour sa végétation. C'est de tous les radis hâtifs celui qui, dans le même temps, donne le produit le plus consi-

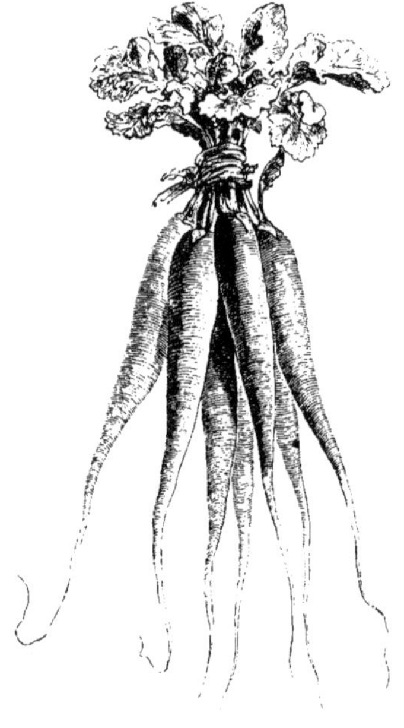

Radis long rose.
réd. au tiers.

dérable. Il lui faut de vingt à vingt-deux jours pour se former.

RAVE VIOLETTE.

NOMS ÉTRANGERS : ANGL. Long purple radish. ALL. Lange violette Radies.
ITAL. Ramolaccio violette.

Racine très longue et très effilée, ressemblant à celle de la rave saumonée ; sommet de la racine long et conique, d'un violet presque noir, teinte qui devient plus pâle dans la portion enterrée ; chair presque transparente, lilacée. Feuillage dressé, assez long et ample ; pétioles et nervures bruns. La rave violette ne se cultive qu'en pleine terre ; il lui faut un mois environ pour se développer.

RAVE BLANCHE.

Noms étrangers : Angl. Long white radish, White transparent R., White italian R., Naples R. All. Lange weisse Radies. Ital. Ramolaccio bianco.

Racine longue, effilée, d'un blanc pur, ressemblant comme forme à celle de la rave saumonée, mais un peu plus grosse ; la partie supérieure de la racine est conique, effilée et teintée de vert pâle.

La rave blanche ne se cultive guère qu'en pleine terre ; elle met un mois à se former. On en rencontre quelquefois une variété à collet teinté de violet, qui, sauf cet unique caractère, est absolument semblable à la race commune.

RAVE DE VIENNE.

Synonyme : Radis long blanc de mai.

Noms étrangers : Angl. Long white Vienna radish. All. Lange weisse Treib-Radies.

Racine blanche, très lisse et très nette, droite, fusiforme, longue de $0^m,10$ à $0^m,12$ sur $0^m,02$ à $0^m,025$ de diamètre au sommet ; le collet est court, arrondi, teinté de vert et bien pincé à la naissance des feuilles, qui sont assez grandes, amples et d'un vert blond. Cette rave est précoce ; elle se forme en quatre ou cinq semaines. La chair en est très tendre, croquante et aqueuse.

Il existe, parmi les radis japonais dont nous aurons l'occasion de parler à la fin de cet article, une variété qui se rapproche passablement par son aspect de la rave de Vienne : les racines en sont longues, minces, d'abord enterrées complétement, puis se dégageant un peu du sol et se colorant en vert au collet. La chair en est très blanche, assez forte de goût et de très bonne qualité.

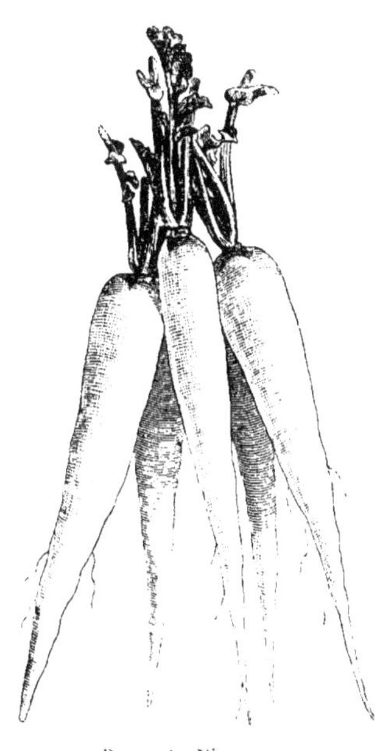

Rave de Vienne.
réd. au tiers.

RAVE DE MARAIS.

Variété très distincte, à racine longue, remarquable par la propension qu'elle a à sortir de terre et à se contourner à la manière de la betterave corne de bœuf. Elle est blanche dans la partie enterrée, et violette dans celle qui est exposée à la lumière.

La R. de marais se sème ordinairement en pleine terre, et on la consomme quand elle a environ $0^m,02$ de diamètre sur une dizaine de centimètres de longueur : elle est alors très tendre. Il lui faut à peine un mois pour atteindre cet état ; plus tard elle grossit rapidement, se contourne, et devient creuse.

RAVE TORTILLÉE DU MANS.

Variété extrèmement distincte, à racine très longue, cylindrique dans toute sa partie supérieure, acquérant un diamètre de 0^m,03 environ, avec une longueur qui dépasse souvent 0^m,30. Un quart ou un cinquième de la racine s'élève au-dessus du sol : cette portion est d'un blanc mat plus ou moins teinté de vert pâle ; la portion enterrée est d'un blanc pur, rarement droite, le plus souvent contournée en zigzag ou en tire-bouchon. Cette conformation est cause qu'on peut rarement arracher la racine sans qu'une partie se brise et reste en terre. La chair en est blanche, peu serrée, de saveur piquante. Le feuillage est très ample, et le collet souvent mal fait.

Comme légume, la rave tortillée du Mans doit être consommée au bout de six semaines environ ; plus tard elle n'a plus d'utilité que comme plante fourragère.

Le *raifort champêtre de l'Ardèche*, qui se cultive dans le midi de la France plutôt comme fourrage que comme légume, a quelque analogie avec la R. tortillée du Mans. C'est, de même, un radis très allongé, assez tardif, et il fournit plus de produit par ses feuilles que par sa racine. C'est une plante sans intérêt au point de vue de la culture potagère. Comme fourrage même ces deux plantes sont assez peu usitées. L'expérience a démontré cependant qu'elles ne sont pas sans mérite, et nous croyons que dans bien des cas il serait avantageux d'employer quelques-unes des grosses variétés de radis à la production fourragère ou d'en cultiver les racines, comme on fait les betteraves, les carottes et les navets, en vue de la nourriture du bétail. Nous reviendrons sur ce sujet à l'occasion de quelques-uns des radis d'hiver.

II. RADIS D'ÉTÉ OU D'AUTOMNE.

Noms étrangers : ANGL. Summer radish. ALL. Sommer-Rettig.

On réunit sous ce nom un certain nombre de variétés plus volumineuses que les radis de tous les mois, et qui demandent plus de temps que ceux-ci pour se former, mais dont la végétation est cependant rapide, de sorte qu'on en peut faire plusieurs semis successifs et avoir des racines fraîches pendant tout l'été et l'automne. Ce sont des variétés qui, ordinairement, ne sont pas de longue garde.

Les radis d'été se sèment en rayons espacés de 0^m,40 à 0^m,50 ; ils doivent être éclaircis, selon les variétés, à 0^m,15 ou 0^m,20 sur les rangs. Ils ne réclament pas d'autres soins que quelques arrosages. La plupart forment complètement leurs racines dans l'espace de six semaines à deux mois. Les semis peuvent se faire depuis le mois de mars jusqu'au mois d'août.

RADIS BLANC ROND D'ÉTÉ.

Nom étranger : ALL. Früher Wiener weisser Mai-Rettig.

Racine arrondie ou en forme de toupie, à peau et chair blanches, assez tendre, de saveur légèrement piquante. La racine, bien développée, atteint de 0^m,05 à 0^m,06 de diamètre et autant de longueur. Feuillage assez allongé, ample, demi-dressé, dépassant considérablement en abondance et en développement celui des radis de tous les mois, et, surtout, porté par des côtes ou nervures médianes plus fortes, qui forment à leur point d'insertion un collet assez élargi.

Le radis blanc rond d'été se forme assez promptement : trente-cinq à quarante jours après le semis, il est ordinairement assez développé pour pouvoir être consommé.

Radis blanc rond d'été.
réd. au tiers.

Radis blanc géant de Stuttgart.
réd. au tiers.

RADIS BLANC GÉANT DE STUTTGART.

Nom étranger : ALL. Stuttgarter weisser Riesen-Rettig.

Variété plus grosse que le radis blanc rond d'été et de forme un peu plus déprimée ; elle est franchement en toupie et atteint aisément $0^m,08$ à $0^m,10$ de diamètre sur 0,08 environ d'épaisseur. La peau en est blanche, ainsi que la chair. Le feuillage est un peu plus ample que celui du R. blanc rond d'été, il est aussi plus raide et moins dressé. Cinq semaines environ après le semis, on peut commencer à consommer les racines, qui continuent encore pendant quelque temps à grossir sans rien perdre de leur qualité. Parvenues à tout leur développement, elles sont trop volumineuses pour être servies entières ; on les coupe en tranches comme les radis d'hiver.

RADIS JAUNE OU ROUX D'ÉTÉ.

Synonyme : Radis de Russie.

Noms étrangers : ANGL. Yellow turnip radish. ALL. Früher gelber Wiener
Mai-Rettig.

Racine presque sphérique ou légèrement en toupie, quelquefois un peu plus longue que large, bonne à consommer quand elle a à peu près $0^m,04$ de diamètre, devenant souvent creuse quand elle dépasse cette taille : peau jaune foncé ou grisâtre, finement gercée longitudinalement, et alors veinée de petites

Radis jaune ou roux d'été.
réd. au tiers.

lignes blanches ; chair blanche, serrée, de saveur très piquante. Feuillage ample et allongé.

Le développement de ce radis est assez rapide ; il se forme en cinq semaines environ. A l'exception du R. noir rond d'hiver, il n'en est peut-être pas dont la saveur soit plus forte. Il convient de dire cependant que la saveur de la chair n'est pas constante dans les radis et que les circonstances de sol et de climat paraissent avoir une grande influence sur leur force plus ou moins grande.

RADIS GRIS D'ÉTÉ ROND.

Racine presque sphérique ou légèrement en toupie. A part la couleur, il se rapproche considérablement du R. jaune d'été, ayant le même volume, la peau gercée de la même façon et le même degré de précocité.

RADIS NOIR ROND D'ÉTÉ.

Nom étranger : ALL. Schwarzer runder Sommer-Rettig.

Variété assez voisine du R. gris d'été, mais plus colorée et de huit à dix jours plus tardive ; la peau en est noire, mais gercée et sillonnée de lignes blanchâtres ; la chair, très blanche et compacte, est d'un goût très piquant.

RADIS DEMI-LONG BLANC DE STRASBOURG.

Synonyme : Radis blanc de l'hôpital.

Radis demi-long blanc de Strasbourg.
réd. au tiers.

Variété relativement précoce et en même temps très productive. Racine demi-longue, pointue à l'extrémité inférieure, atteignant jusqu'à 0^m,10 à 0^m,12 de longueur sur 0^m,04 à 0^m,05 de largeur ; peau blanche ; chair blanche, assez tendre, d'un goût piquant sans être trop fort. Feuillage grand, ample, demi-dressé, profondément lobé, d'un vert franc.

On peut commencer à consommer ce radis au bout de six semaines environ, quand il est arrivé aux deux tiers de sa grosseur ; il continue ensuite à s'accroître sans rien perdre de sa qualité, et la production peut s'en prolonger ainsi pendant un mois ou plus.

III. RADIS D'HIVER.

NOMS ÉTRANGERS : ANGL. Winter radish. ALL. Winter-Rettig.
FLAM. et HOLL. Rammenas. ESP. Rabano.

Les radis d'hiver sont ceux que la nature particulièrement ferme et compacte de leur chair permet de conserver pendant une bonne partie de l'hiver sans qu'ils entrent en végétation et sans qu'ils deviennent creux. Ce sont ordinairement des variétés assez volumineuses, et dont la végétation demande, pour se faire complètement, l'espace de plusieurs mois.

Les radis d'hiver se sèment à partir du mois de mai ou de juin, quelques-uns jusqu'au commencement d'août; ils se récoltent au mois de novembre et peuvent se conserver plus ou moins avant dans l'hiver. Ordinairement on les sème en lignes et espacés de $0^m,40$ à $0^m,50$. Pour les conserver, on les range simplement dans une cave saine ou dans la serre à légumes.

RADIS NOIR GROS ROND D'HIVER.

SYNONYMES : Radis de Strasbourg, Raifort d'hiver, Raifort cultivé.

NOMS ÉTRANGERS : ANGL. Black spanish radish. ALL. Runder schwarzer Winter-Rettig, Runder grosser Mulhauser R. HOLL. Ronde zwarte rammenas.

Racine arrondie, ou plus souvent en toupie, atteignant $0^m,08$ ou même $0^m,10$ de diamètre sur $0^m,07$ à $0^m,08$ de longueur; peau noire, gercée en long; chair blanche très serrée et très ferme. Feuillage assez ample, très découpé, à lobes nombreux.

Ce radis n'est pas très tardif pour une variété d'hiver; on peut le semer jusque dans le courant du mois de juillet. Il est de bonne conservation. C'est le plus fort, comme saveur, de tous les radis.

Radis noir gros rond d'hiver.
réd. au cinquième.

Radis violet gros d'hiver.
réd. au cinquième.

On cultive sous le nom de *R. violet gros d'hiver* une sous-variété de l'espèce que nous venons de décrire, qui s'en distingue simplement par la teinte violacée de sa peau. Elle a même forme, même volume, même précocité.

RADIS NOIR LONG D'HIVER.

Racine cylindrique, très régulière, de 0ᵐ,18 à 0ᵐ,25 de long sur 0ᵐ,06 à 0ᵐ,07 de diamètre; peau très noire, un peu rugueuse; chair blanche, ferme, compacte. Feuillage vigoureux, ample, allongé.

On cultive deux variétés de R. noir long d'hiver : l'une a la racine brusquement terminée et arrondie à la partie inférieure, l'autre l'a pointue inférieurement. Cette dernière est un peu plus tardive et a la chair très piquante; la première est beaucoup plus nette, plus hâtive, et la chair en est souvent tout à fait douce.

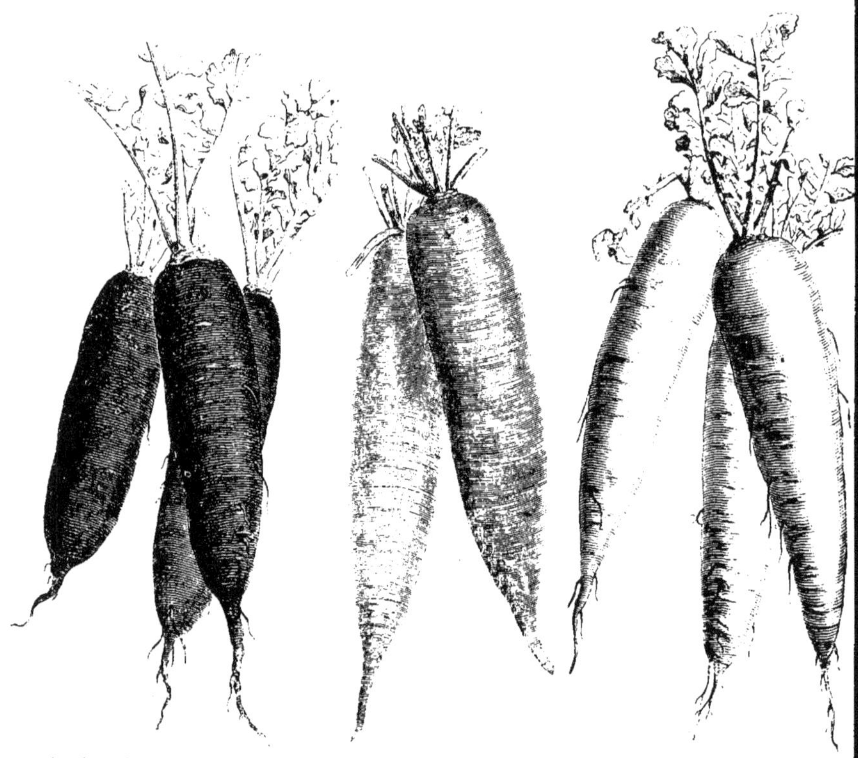

Radis noir long d'hiver.　　　R. violet d'hiver de Gournay.　　　R. gris d'hiver de Laon.
réd. au cinquième.　　　　　　réd. au cinquième.　　　　　　　réd. au cinquième.

Le *R. gris d'hiver de Laon* et le *R. violet d'hiver de Gournay* sont des variétés très voisines du R. noir long d'hiver. Elles s'en rapprochent par la forme et le volume de leurs racines, qui sont seulement un peu plus grosses par rapport à leur longueur; elles s'en distinguent par leur couleur, qui est gris de fer dans le R. de Laon et violacée dans le R. de Gournay. La culture et l'emploi de ces deux races sont les mêmes que ceux des R. noirs d'hiver.

RADIS GROS BLANC D'AUGSBOURG.

Synonymes : Radis blanc d'automne, R. de Desbent.

Noms étrangers : Angl. White spanish winter radish. All. Augsburger langer weisser Winter-Rettig, Zuckerhutförmiger weisser Baskiren R., Winter weisser langrunder R.

Racine fusiforme, presque cylindrique dans les deux tiers supérieurs et s'amincissant ensuite jusqu'à la pointe, atteignant 0^m,15 à 0^m,18 de longueur sur 0^m,07 de diamètre ; collet arrondi ; peau blanche ainsi que la chair, qui est assez serrée et d'une saveur très forte. Feuillage très ample.

Le R. gros blanc d'Augsbourg est un bon radis d'hiver, se conservant bien. La végétation en est cependant assez rapide pour qu'on puisse le cultiver comme radis d'été ou d'automne en le semant dès le mois de juin.

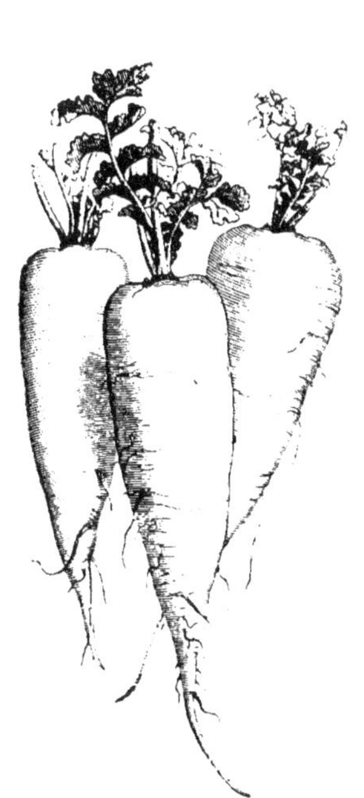

Radis gros blanc d'Augsbourg.
réd. au cinquième.

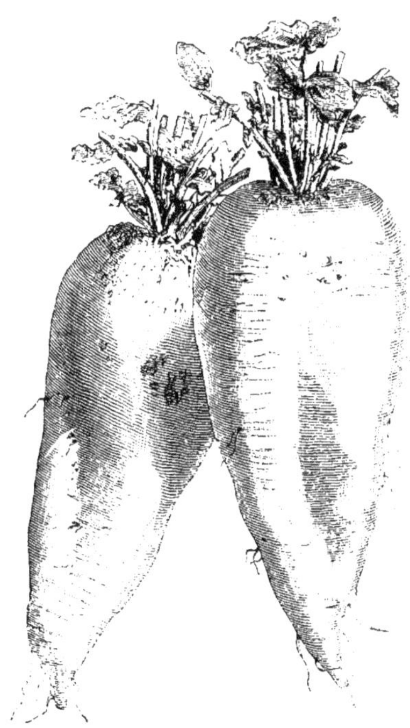

Radis blanc de Russie.
réd. au cinquième.

RADIS BLANC DE RUSSIE.

Racine ovoïde-allongée, extrêmement volumineuse, atteignant aisément 0^m,30 à 0^m,35 de longueur sur 0^m,12 à 0^m,15 de diamètre : peau assez rugueuse, d'un blanc grisâtre ; chair blanche, peu serrée, d'un goût assez fort. Feuillage abondant, assez ample, très découpé, formant des rosettes très fournies et étalées sur terre.

Ce radis est extrêmement productif ; mais quand on veut l'utiliser comme plante potagère, il faut l'arracher avant qu'il ait pris tout son développement.

Pour le conserver l'hiver, on doit le semer à la fin de juin ou au mois de juillet. Fait plus tôt, il devient souvent creux et n'est plus bon que pour la nourriture des animaux.

Pour ce dernier usage, les gros radis d'hiver, et spécialement le R. de Russie, pourraient être plus employés qu'ils ne le sont. En effet, dans le même espace de temps, les grosses variétés de radis produisent en feuilles et en racines plus de nourriture que les navets, et, à cause de la grosseur de leur graine, les jeunes plantes sont dès la germination bien plus fortes que les navets naissants et résistent bien mieux qu'eux aux attaques des insectes.

RADIS ROSE D'HIVER DE CHINE.

NOMS ÉTRANGERS : ANGL. Chinese rose-coloured winter radish ; (Am.) Rose China winter R. ALL. Chinesischer rosenrother Winter-Rettig.

Variété très distincte, à racine allongée, moins renflée au collet qu'à l'extrémité inférieure, obtuse aux deux bouts, et rappelant assez exactement la forme du navet des Vertus race marteau ; peau d'un rouge très vif, marquée de quelques petites lignes blanches demi-circulaires, embrassant ordinairement la moitié de la circonférence de la racine ; chair blanche, très ferme et très compacte, à saveur piquante et quelquefois un peu amère. Feuilles assez amples, étalées, découpées, à pétiole rose vif. Les racines sont de dimension médiocre ; elles mesurent ordinairement de 0^m,10 à 0^m,12 de longueur sur 0^m,04 de diamètre à la partie supérieure et 0^m,05 près de l'extrémité.

Le R. rose d'hiver de Chine se cultive surtout pour l'automne et pour la provision d'hiver. On peut le semer jusqu'au mois d'août, beaucoup plus serré que les autres radis d'hiver.

Il en existe une sous-variété *blanc pur* et une autre *violette*, qui sont semblables, sous tous les rapports autres que la couleur, à la forme rose que nous venons de décrire.

Si l'on devait admettre que quelqu'un des radis cultivés descend du *Raphanus Raphanistrum*, c'est plutôt pour le R. rose d'hiver de Chine que pour aucun autre que l'on serait disposé à croire à cette origine.

R. rose d'hiver de Chine.
réd. au cinquième.

Cette variété a dans le feuillage, dans la racine et dans tout son ensemble, un aspect particulier qui la distingue nettement de tous les autres radis.

RADIS BLANC DE CALIFORNIE.

NOMS ÉTRANGERS : ANGL. California radish, Mammoth white R., Japan winter R. ALL. Weisser Californischer Riesen-Rettig.

Ce radis rappelle encore beaucoup plus que le précédent le navet blanc des Vertus race marteau, car, outre la forme, il en reproduit aussi la couleur.

La racine, en effet, est d'un blanc pur, longue, cylindrique et renflée à l'extrémité inférieure ; elle atteint 0^m,15 à 0^m,20 de longueur sur 0^m,06 environ de diamètre dans la portion la plus renflée, et 0^m,05 dans tout le reste de la longueur. Elle sort de terre de 0^m,03 à 0^m,04. Le feuillage en est grand, ample, d'un vert pâle presque blond.

Cette variété est productive ; la chair en est douce, de saveur peu piquante. C'est un bon légume d'automne et d'hiver ; il se forme en deux ou trois mois de végétation.

Les Japonais cultivent un grand nombre de radis à racine blanche et longue, dont ils font grand cas comme légumes. Quelques-uns de ces radis, d'après des autorités qui semblent dignes de foi, atteindraient le poids fabuleux de 15 à 20 kilogr. La plupart se montrent, en Europe, très prompts à monter à graine, et par conséquent de fort peu d'intérêt.

Nous ferons exception pour la variété nommée au Japon *Ninengo daïkon*, qui est remarquable autant par la longueur et la netteté de sa racine que par sa lenteur à monter à graine. La racine, blanche, cylindrique, terminée à l'extrémité inférieure par une pointe obtuse et quelquefois légèrement renflée, atteint souvent 0^m,40 à 0^m,50 de long sur 0^m,08 à 0^m,10 de diamètre. Les feuilles sont grandes, fort longues, découpées en un très grand nombre de lobes presque triangulaires et d'un vert très foncé ; elles sont étalées sur terre et forment une large rosette aplatie. Ce radis, pour atteindre tout le développement dont il est susceptible, doit être semé dès le mois d'avril ; il demande une terre très profondément travaillée et abondamment fumée.

AUTRES VARIÉTÉS.

R. blanc demi-long de la Meurthe et de la Meuse (synon. : *R. blanc de Meurthe-et-Moselle*). Radis blanc d'été, de forme assez variable, presque toujours piriforme ou en toupie, mais inégalement allongé. Il peut atteindre un volume assez fort, mais se consomme habituellement à demi-grosseur, quand il ne dépasse guère le volume d'un œuf de poule. La chair en est blanche, ferme, de saveur assez piquante.

R. früher neuer Zwei-Monat (Rettig). Variété tardive du R. demi-long blanc ; il est, comme lui, ovoïde ou en forme d'olive. C'est une race intermédiaire entre les radis d'été et les radis de tous les mois.

R. gris d'été oblong. C'est une race piriforme ou ovoïde du R. gris d'été rond ; elle est moins régulière de forme et ne lui paraît préférable sous aucun rapport. La chair en est un peu plus piquante.

R. gros d'hiver de Ham (syn. : *R. gros gris d'août*). Véritable radis d'hiver, à racine longue, cylindrique, se terminant en pointe un peu obtuse, aussi grosse que celle du R. noir long d'hiver et de couleur blanc grisâtre. Il présente beaucoup d'analogie avec le R. gris d'hiver de Laon. Son nom vient de ce qu'on commence à l'arracher et à le consommer dès le mois d'août ; mais c'est surtout pour l'automne et l'hiver qu'il est recommandable.

R. de Mahon. Race extrêmement distincte, qui paraît particulière aux îles Baléares et à quelques points du midi de la France. C'est une espèce de rave rouge longue, à racine souvent anguleuse, surtout quand elle prend un grand développement, et s'élevant de moitié ou des deux tiers au-dessus du sol, à la manière des betteraves disette. Le développement en est remarquablement rapide. Le feuillage est ample, vigoureux; la chair, d'un blanc rosé, très aqueuse, ferme et bien pleine tant que la racine est jeune; elle ne commence à creuser que quand elle a atteint le volume d'une petite betterave.

R. rond rouge foncé. C'est une race spéciale du petit radis rond, dans laquelle la couleur de la peau est très foncée et presque violacée. Elle est assez appréciée dans les provinces méridionales de la France, où elle passe pour résister à la chaleur mieux que le R. rond rose ordinaire.

RADIS SERPENT

Raphanus caudatus L.

SYNONYME : Mougri de Java.

NOMS ÉTRANGERS : ANGL. Rat tailed radish. ALL. Mugri, Schlangen-Rettig. DAN. Slange Rœddike.

Asie méridionale. — *Annuel.* — La partie comestible de ce radis n'est pas la racine, mais bien la silique, prise avant son complet développement. Au lieu d'être courte et renflée, comme dans les autres radis, elle est dans celui-ci très allongée, souvent contournée, à peu près de la grosseur d'un crayon et peut atteindre 0^m,20 à 0^m,25 de long. Elle est souvent colorée de violet, et la saveur en est un peu piquante, comme celle de la racine des petits radis.

Culture. — Le R. serpent est extrêmement facile à cultiver : on le sème au mois de mai en place, de préférence à une exposition chaude, et au bout de trois mois environ il commence à fleurir et à donner des siliques.

Usage. — On mange les gousses ou siliques fraîches, à la manière des radis; on peut aussi les confire dans le vinaigre.

On cultive quelquefois dans les pays chauds une autre variété de radis, appelée *radis de Madras,* dont les siliques s'emploient comme celles du radis serpent, quoiqu'elles soient à peu près de la forme de celles des radis ordinaires; seulement elles sont beaucoup plus charnues et plus tendres.

RAIFORT SAUVAGE

Cochlearia Armoracia L.

Fam. des *Crucifères.*

SYNONYMES : Cran de Bretagne, C. des Anglais, Cranson de Bretagne, C. rustique, Faux raifort, Grand raifort, Médérick, Mérède, Moutarde des Allemands. M. des capucins, M. des moines, Moutardelle, Radis à cheval, Rave de campagne.

NOMS ÉTRANGERS : ANGL. Horse radish. ALL. Meerrettig. FLAM. Kapucienen mostaard. HOLL. Peperwortel. DAN. Peberrod. ITAL. Rafano. ESP. Taramago, Vagisco. PORT. Rabao de cavalho.

Indigène. — *Vivace.* — Racine cylindrique, très longue, s'enfonçant profondément en terre; à peau un peu rugueuse, d'un blanc jaunâtre; à chair blanche, un peu fibreuse, d'un goût très fort et brûlant, ressemblant un peu

à celui de la moutarde. Feuilles radicales pétiolées, ovales-oblongues, de 0^m,40
de long sur et 0^m,12 à 0^m,15 de large, dentées, d'un vert franc, luisant. Les
premières feuilles, qui paraissent à la fin de l'hiver, sont réduites aux nervures
et ressemblent à un petit peigne; à mesure que la saison s'avance, le limbe
se développe, et les feuilles prennent leur ap-
parence et leurs dimensions ordinaires. Tiges
florales de 0^m,50 à 0^m,60, rameuses au sommet,
glabres; fleurs blanches, petites, en longues
grappes. Silicules petites, arrondies, presque
constamment stériles.

Culture. — Le R. sauvage se plaît surtout
dans une bonne terre profonde et fraîche. On le
multiplie à la sortie de l'hiver par tronçons de
racines que l'on plante en rangs espacés de 0^m,50
à 0^m,60, et à 0^m,25 environ l'un de l'autre sur
les rangs. La terre doit être très profondément
défoncée et fumée avant la plantation; plus la
préparation du sol aura été parfaite, plus la production et la qualité des racines seront satisfai-
santes. On peut dès le premier automne arracher
le raifort qui a été planté au printemps; cependant le produit serait beaucoup plus considérable si on le laissait en place un an de plus. Il

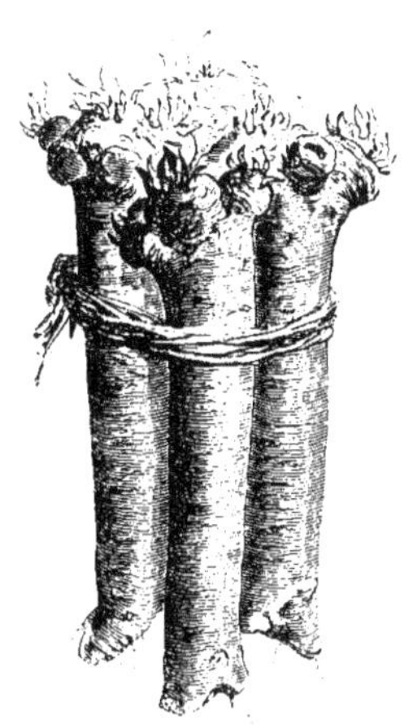

Raifort sauvage.
Racines réd. au cinquième

est bon de refaire tous les ans au moins une portion de plantation; mais
dans beaucoup de jardins on ne s'occupe jamais du raifort, si ce n'est pour
récolter chaque année une partie des racines: celles qu'on laisse en place
suffisent à entretenir la plantation, qui peut durer indéfiniment, mais qui
donne de moins bons résultats que là où elle est soignée.

Usage. — La racine râpée s'emploie comme condiment, à la manière de
la moutarde.

RAIPONCE

Campanula Rapunculus L.

Fam. des *Campanulacées*.

SYNONYMES : Bâton de Jacob, Cheveux d'évêque, Petite raiponce de carême,
Pied-de-sauterelle, Rampon, Rave sauvage.

NOMS ÉTRANGERS : ANGL. Rampion. ALL. Rapunzel. FLAM. et HOLL. Rapunsel.
ITAL. Raperonzolo, Raponzolo. ESP. Reponche, Raponchigo. PORT. Rapunculo.

Indigène. — *Bisannuelle*. — Racine blanche, fusiforme, à chair blanche
très ferme, mais croquante, renflée sur une longueur de 0^m,05 à 0^m,06, avec
un diamètre de 0^m,01 environ. Feuilles sessiles, assez nombreuses, longuement ovales-spatulées, rétrécies à la base, ressemblant un peu à celles de la
mâche commune, mais plus minces et d'un vert moins foncé. Tiges florales
minces, dures, un peu anguleuses, garnies de quelques feuilles linéaires,
parfois ramifiées, portant de longs épis de fleurs lilas, en clochettes, à cinq

dents aiguës. Capsules petites, turbinées, surmontées par les cinq dents du calice, contenant des graines oblongues, aplaties, d'un brun clair, extrêmement petites. Ce sont même les plus petites des graines de plantes potagères : elles sont au nombre de plus de 25 000 dans un gramme ; le litre en pèse 800 grammes, et leur durée germinative est de cinq années.

Raiponce.
réd. au tiers.

Culture. — La raiponce se sème en pleine terre à partir du mois de mai, soit à la volée, soit en rayons espacés de $0^m,20$ à $0^m,25$. Comme la graine est extrêmement fine, il est bon de la mélanger avec un peu de terre ou de sable fin pour éviter de semer trop serré ; il faut aussi donner les premiers arrosements avec beaucoup de précaution, de peur d'entraîner la graine, que l'on n'enterre pas, à cause de son extrême finesse, mais que l'on se contente d'appuyer fortement sur le sol. On doit éclaircir, si le semis est trop dru, et donner des arrosements fréquents pendant les chaleurs. Comme les semis faits au commencement de la saison sont exposés à monter à graine, il est bon d'en faire un nouveau dans le mois de juin, avec les mêmes précautions ; la récolte peut commencer au mois d'octobre ou de novembre, et se continuer pendant l'hiver. Pour ne pas manquer de raiponce pendant les grands froids, on peut arracher d'avance une certaine quantité de pieds que l'on conserve dans du sable en les rentrant dans une cave ou dans la serre à légumes.

Usage. — On mange en salade la racine et les feuilles.

RAVE. — Voy. NAVET-RAVE et RADIS-RAVE.

RHUBARBE

Rheum L.

Fam. des *Polygonées.*

NOMS ÉTRANGERS : ANGL. Rhubarb. ALL. Rhabarber. FLAM. et HOLL. Rabarber. DAN. Rhabarber. ITAL. Rabarbaro, Robarbaro. ESP. et PORT. Ruibarbo.

Les botanistes rapportent ordinairement les formes cultivées de la rhubarbe au *Rheum hybridum* Ait., plante originaire de la Mongolie. Il n'est pas certain que dans ces formes cultivées, qui sont loin de présenter des caractères fixes, il ne s'en trouve pas quelques-unes qui descendent, soit directement, soit par croisement, du *Rh. undulatum* de l'Amérique du Nord, ou même d'autres espèces.

La plante, telle qu'on la cultive dans les jardins, se fait remarquer par ses très grandes feuilles radicales, cordiformes, mesurant jusqu'à $0^m,80$ de long sur $0^m,60$ à $0^m,70$ de large, et portées par des pétioles arrondis en dessous, aplatis ou canaliculés en dessus, qui peuvent atteindre un diamètre de 0^m,04 à 0^m,05, avec une longueur de 0^m,30 à 0^m,40, que des soins particuliers de culture peuvent porter presque au double. Les tiges, grosses et cylindriques, sont creuses, sillonnées ; elles portent de petits rameaux peu développés, dressés, garnis de petites fleurs verdâtres, et ensuite de graines triangulaires relevées sur chaque angle d'une aile membraneuse. Ces graines, au nombre d'environ 50 dans un gramme, pèsent seulement, suivant les variétés, de 80 à 120 grammes par litre. Leur durée germinative est de trois années.

Rhubarbe hybride.
réd. au vingtième.

Rhubarbe.
Pétioles réd. au septième.

Culture.— Les rhubarbes peuvent se multiplier par le semis ; cependant, comme elles sont sujettes, dans ce cas, à présenter d'assez grandes variations dans leurs caractères de végétation, on préfère ordinairement multiplier par division de la souche les pieds qui produisent les plus gros et les plus longs pétioles. La plantation se fait à la sortie de l'hiver, en bonne terre fraîche et profonde, bien ameublie et bien fumée. Les plants sont mis à environ un mètre en tous sens. La récolte des feuilles ne commence qu'au printemps de l'année qui suit la plantation. Les mêmes pieds peuvent produire pendant quatre ans au moins, quelquefois pendant dix et plus, sans que la plantation soit renouvelée. On doit seulement tenir la terre propre de toute mauvaise herbe et donner une bonne fumure tous les deux ou trois ans. Pour augmenter la longueur des pétioles, on met quelquefois au printemps, sur les pieds de rhubarbe, au moment où les feuilles se développent, un grand pot de jardin sans fond, ou un cylindre de poterie, ou un petit baril défoncé. Les feuilles s'allongent naturellement pour arriver jusqu'à la lumière, et les pétioles en deviennent à la fois plus longs et plus tendres. Il est bon, pour empêcher l'épuisement des pieds de rhubarbe, de supprimer toutes les tiges florales aussitôt qu'elles se montrent.

Pour forcer la rhubarbe, on enlève les touffes en motte et on les soumet à l'influence de la chaleur artificielle, dans une serre ou dans une bâche, ou sur une couche chaude.

Usage. — On emploie les pétioles charnus de la plante pour faire des confitures ou des tartes. Ce légume est surtout estimé en Angleterre et en Hollande.

Les principales variétés de rhubarbes que l'on regarde comme dérivées du *Rheum hybridum* sont les suivantes :

Mitchell's royal Albert. Variété très hâtive, à pétioles gros et longs, d'un goût excellent, égalant, quand ils ne sont pas étiolés, les trois quarts de la longueur du limbe, fortement tachés de rouge sur toute leur surface, plutôt anguleux que cannelés. Feuilles en cœur, amples, à surface boursouflée, mais peu chiffonnées; limbe vert franc. Cette rhubarbe fleurit abondamment; la hampe florale est grosse, lisse, très ramifiée et d'un vert uni.

Victoria (*Myatt's*). Plus tardive que la précédente. Pétioles très gros et très longs, de bonne qualité. Feuilles plus larges que longues, en cœur ou arrondies, sans pointe, très ondulées sur les bords et très chiffonnées, d'un vert assez foncé et un peu glauque; pétioles rouges, notablement plus longs que le limbe, cannelés en dessous. Cette variété fleurit très peu.

Monarque (*Monarch*). Rhubarbe géante, à feuilles en cœur atteignant jusqu'à un mètre de long sur une largeur presque égale, à limbe vert foncé, uni; pétioles extrêmement gros, égalant à peine la moitié de la longueur du limbe, mais mesurant jusqu'à 0^m,08 à 0^m,10 de largeur, d'un vert un peu bronzé ou rougeâtre. Variété plutôt curieuse que vraiment recommandable.

Rouge hâtive de Tobolsk. Très hâtive, la plus prompte à pousser au printemps, et celle qui convient le mieux pour la culture forcée. Feuilles relativement petites, en cœur, à pointe obtuse et assez courte, largement ondulées sur les bords, très luisantes et d'un vert franc; pétioles courts, égalant seulement les deux tiers de la longueur du limbe, très lisses et très rouges. Cette rhubarbe fleurit abondamment; elle a les hampes vertes, minces, à ramifications très dressées.

On cultive encore quelquefois comme légume la *Rh. ondulée d'Amérique* (*Rh. undulatum* L.), espèce distincte qui est hâtive et d'un goût moins acide que les autres rhubarbes. Elle a les feuilles d'un vert clair, très ondulées sur les bords, en forme de cœur assez allongé, mais à pointe presque obtuse : pétioles minces, égalant à peu près ou complétement la longueur du limbe, lisses, verts, excepté à la base, qui est teintée de rouge sur une longueur de quelques centimètres. Hampes florales très nombreuses, d'un vert pâle uni, à ramifications dressées.

Les autres rhubarbes cultivées sont des plantes ornementales ou médicinales, mais non potagères. On les trouvera décrites dans notre ouvrage « *les Fleurs de pleine terre* ». Les plus belles sont : la *rhubarbe officinale vraie* (*Rheum officinale* H. Bn), la *Rh. du Nepaul* (*Rh. Emodi* Wall.), et la *Rh. palmée* (*Rh. palmatum* L.) avec sa variété *tanghuticum*.

ROCAMBOLE. — Voy. AIL ROCAMBOLE.

ROMARIN

Rosmarinus officinalis L.

Fam. des *Labiées*.

Synonymes : Encensoir, Herbe aux couronnes.

Noms étrangers : angl. Rosemary. all. Rosmarin. flam. et holl. Rozemarijn. dan. Rosmarin. ital. Rosmarino. esp. Romero. port. Alecrim.

Indigène. — Vivace. — Sous-arbrisseau commun sur les coteaux calcaires du Midi et jusqu'au voisinage des côtes. Tige ramifiée, ligneuse, à rameaux dressés, abondamment garnis de feuilles linéaires, obtuses, d'un vert gai en dessus, et grises argentées en dessous; fleurs axillaires, formant au sommet des tiges de longues grappes feuillées, à corolle labiée d'un bleu un peu grisâtre. Graine brun clair, ovale, marquée à l'une de ses extrémités par un ombilic volumineux et blanchâtre, au nombre d'environ 900 dans un gramme, et pesant 400 grammes par litre. Sa durée germinative est de quatre années.

Romarin.
réd. au quinzième ; rameau au tiers ; fleur isolée, de grandeur naturelle.

Culture. — Le romarin ne demande, pour ainsi dire, aucune culture. Quelques touffes plantées en bonne terre saine, et de préférence au pied d'un mur ou sur une pente au midi, peuvent y rester productives pendant de longues années sans exiger aucun soin.

Usage. — On emploie les feuilles comme assaisonnement.

ROQUETTE

Eruca sativa Lamk. — Brassica Eruca L.

Fam. des *Crucifères*.

Synonymes : Cresson de fontaine, Salade de vingt-quatre heures.

Noms étrangers : angl. Rocket. all. Rauke, Senfkohl. flam. Krapkool. holl. Rakette kruid. ital. Ricola, Ruca, Ruccola, Ruchetta, Rucola. esp. Jaramago, Oruga, Raqueta. port. Pinchão.

Indigène. — Annuelle. — Plante basse, à feuilles radicales un peu épaisses, oblongues, divisées, comme celles des radis ou des navets, en plusieurs segments, dont le terminal est grand et ovale et les autres petits. Tige dressée, lisse, rameuse ; fleurs assez grandes, blanches ou jaunes, veinées de violet. Siliques cylindriques, marquées de chaque côté de trois nervures peu saillantes. Graine brune, lisse, un peu comprimée, au nombre de 550 dans un gramme, et pesant 750 grammes par litre. Sa durée germinative est de quatre années.

Roquette
réd. au sixième.

Culture. — La roquette se sème en pleine terre depuis le mois d'avril jusqu'à la fin de l'été ; au bout de six semaines ou deux mois, on peut commencer à couper les feuilles, qui repoussent assez abondamment au printemps ou à l'automne. En été, la plante monte rapidement à graine. Des arrosements assez fréquents sont utiles pour conserver les feuilles tendres et en adoucir la saveur, qui est très forte et un peu analogue à celle du cochléaria.

Usage. — On mange les jeunes feuilles en salade.

RUE

Ruta graveolens L.

Fam. des *Rutacées.*

NOMS ÉTRANGERS : ANGL. Rue. ALL. Raute, Weinraute. HOLL. Wijnruit. ESP. Ruda.

Indigène. — *Vivace.* — Plante de 0^m,40 à 0^m,60 de haut, formant un petit buisson arrondi. Tige ligneuse, très ramifiée ; feuilles toutes pétiolées, deux ou trois fois divisées et ailées, à divisions presque triangulaires ou ovales-obtuses ; fleurs assez grandes, à quatre pétales, d'un jaune verdâtre, réunies en grappes courtes, corymbiformes, terminales. Capsules arrondies, à quatre ou cinq lobes. Graine noire, en forme de croissant ou de rognon ; un gramme en contient environ 500, et le litre pèse 580 grammes. La durée germinative est de deux années.

Culture. — La rue se propage facilement au printemps par semis ou par divisions, que l'on plante, une fois bien enracinées, à 0^m,50 en tous sens, dans une bonne terre saine plutôt que fraîche. La plante ne demande aucun soin et peut vivre de longues années ; il est bon de rabattre les plantes tous les deux ou trois ans, pour favoriser le développement de jeunes tiges.

Usage. — Les feuilles, dont l'odeur est extrêmement forte et regardée en général comme très désagréable, sont cependant quelquefois employées comme condiment ; elles ont un goût amer et très piquant. Dans les anciens livres de cuisine, la rue est fréquemment mentionnée parmi les assaisonnements en usage.

RUTABAGA. — Voy. CHOU-NAVET RUTABAGA.

SAFRAN

Crocus sativus L.

Fam. des *Iridées.*

Noms étrangers : ANGL. Saffron. ALL. Safranpflanze. ITAL. Zafferano. ESP. Azafran.

Orient. — *Vivace.* — Plante bulbeuse à feuilles longues, étroites, comme celles d'une graminée, d'un vert foncé luisant, avec une ligne médiane blanche : fleurs violettes, en forme d'œuf très allongé, peu ouvertes à la partie supérieure ; pistils excessivement développés, divisés en nombreuses lanières, et d'une belle couleur orangée ou safranée : leur pesanteur les fait déjeter au dehors de la fleur, produisant ainsi un effet assez singulier. Bulbes revêtus d'enveloppes brunâtres, rugueuses.

Safran.
réd. au tiers.

Culture. — Le safran ne se multiplie pas de graines, bien qu'il en produise quelquefois. On le propage toujours par ses bulbes. La plantation se fait de juin en août en bonne terre franche ou légère, de préférence dans celle où l'élément calcaire est abondant et à exposition bien éclairée et aérée. Les fleurs paraissent au mois de septembre ; on les cueille aussitôt qu'elles sont ouvertes et l'on détache les pistils à la main. La culture et la préparation du safran demandent énormément de main-d'œuvre ; aussi la plante est-elle très peu cultivée dans les jardins.

Usage. — Les pistils sont employés dans la cuisine pour assaisonner et en même temps colorer un certain nombre de mets. Ce produit devenant de plus en plus cher quand il est pur, on le falsifie souvent au moyen du *Curcuma*, produit qui s'obtient en pulvérisant les racines adultes du *Curcuma longa* L., zingibéracée de l'Inde, qui présente, comme le safran, une coloration jaune intense, avec une saveur légèrement poivrée et aromatique.

SALSIFIS

Tragopogon porrifolium L.

Fam. des *Composées.*

Synonymes : Cercifix, Salsifix blanc, Barberon.

Noms étrangers : ANGL. Salsify, Vegetable oyster. ALL. Haferwurzel. FLAM. Haverwortel. DAN. Havrerod. ITAL. Barba di becco, Salsefia. ESP. Salsifi blanco. PORT. Cercifi ; (Brésil) Cercefim.

Indigène. — *Bisannuel.* — Racine longue, pivotante, charnue, atteignant $0^m,15$ à $0^m,20$ de longueur sur $0^m,02$ à $0^m,025$ de diamètre ; peau jaunâtre assez lisse. Feuilles droites, très longues et étroites, demi-étalées, puis dressées, d'un vert un peu glauque et grisâtre, avec une ligne médiane blanche. Tige glabre, ramifiée, s'élevant à un mètre et quelquefois davantage ; capitules terminaux très allongés, renflés à la base et étranglés au sommet au moment de la floraison; fleurons violacés. Graine longue, ordinairement courbée, pointue aux deux extrémités, sillonnée et rugueuse sur toute la surface. Un gramme contient environ 100 graines nettes, et le litre en pèse 230 grammes. La faculté germinative se conserve sûrement pendant deux ans, et souvent elle se prolonge au delà.

Culture. — Le salsifis se sème au printemps en place, en rayons écartés de 0ᵐ,25 à 0ᵐ,30; il faut donner quelques arrosements en cas de sécheresse, pour assurer la levée, qui est toujours un peu capricieuse. On éclaircit de manière à laisser les plants à 0ᵐ,10 de distance environ sur les lignes; on sarcle et l'on arrose suivant le besoin. La récolte peut commencer vers le mois d'octobre et se prolonger pendant tout l'hiver. Les racines sont d'autant plus belles et plus lisses, que le terrain a été mieux préparé et défoncé.

Usage. — On mange les racines cuites; les feuilles les plus tendres sont très bonnes en salade.

On cultive dans un certain nombre de localités un salsifis à fleurs jaunes qui, probablement, dérive d'une espèce botanique autre que le *Tragopogon porrifolium:* soit du *Trag. pratensis* L., commun dans les prés de toute la France; soit du *Tr. orientalis* L., plus grand dans toutes ses parties et plus voisin par conséquent des dimensions que présente la plante cultivée; soit encore du *Tr. major* Jacq., que tous ses caractères de végétation, hormis la couleur de la fleur, rapprochent assez sensiblement du salsifis des jardins. Il paraît certain, au surplus, que le *Tragopogon porrifolium* lui-même est d'introduction relativement récente dans les cultures.

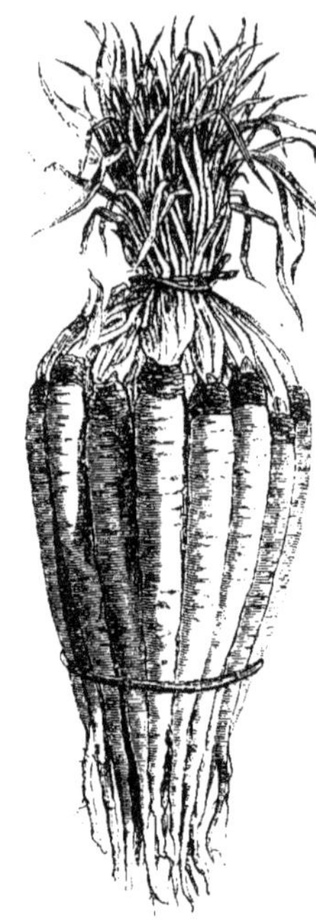

Salsifis.

réd. au tiers.

SALSIFIS NOIR. — Voy. SCORSONÈRE.

SARRIETTE ANNUELLE

Satureia hortensis L.

Fam. des *Labiées.*

SYNONYMES : Sarriette commune, Herbe de Saint-Julien, Sadrée, Savourée.

NOMS ÉTRANGERS : ANGL. Summer savory. ALL. Bohnenkraut, Pfefferkraut, Köllkraut. FLAM. et HOLL. Boonenkruid. DAN. Sar. ITAL. Santoreggia. ESP. Ajedrea comun, Sojulida. PORT. Segurelha.

Indigène. — *Annuelle.* — Petite plante de 0ᵐ,20 à 0ᵐ,25 de hauteur, à tige herbacée, dressée, rameuse; feuilles molles, linéaires, un peu obtuses, atténuées en un court pétiole; fleurs roses ou blanches, réunies en glomérules de deux à cinq. Graine brune, ovoïde, très finement chagrinée, au nombre d'environ 1500 dans un gramme et pesant 500 grammes par litre. Sa durée germinative est de trois années.

Toute la plante est fortement odorante.

Culture. — La sarriette annuelle se sème à la fin d'avril ou au mois de mai, en bonne terre chaude et légère; pour en avancer la production, on peut faire le semis sur couche dès la fin de mars, et repiquer en pleine terre vers la fin de mai. Dès le mois de juin on peut commencer à cueillir les extrémités des tiges; la plante se ramifie et produit de nouvelles pousses pendant plusieurs semaines.

Usage. — On emploie les feuilles et les jeunes pousses comme assaisonnement, surtout avec les fèves.

Sarriette annuelle.
Plante réd. au huitième.

SARRIETTE VIVACE

Satureia montana L.

Synonyme : Sarriette des montagnes.

Noms étrangers : angl. Winter savory. all. Winter Bohnen- *oder* Pfefferkraut. esp. Hisopillo.

Indigène. — *Vivace.* — Plante basse, étalée sur le sol; à tige ligneuse, au moins à la base, mince, très ramifiée, longue de $0^m,30$ à $0^m,40$; feuilles étroites, linéaires, très aiguës, légèrement canaliculées en dessus; fleurs blanches, rosées ou lilas pâle, réunies en petites grappes axillaires, lèvre inférieure à trois divisions. Graine brune, ovoïde-triangulaire, très finement chagrinée, au nombre de 2500 environ dans un gramme, et pesant 430 grammes par litre. Sa durée germinative moyenne est de trois années.

Sarriette vivace.
Plant réd. au huitième.

La sarriette vivace peut se semer au printemps ou à la fin de l'été, en bordures ou en rayons espacés de 0^m,35 à 0^m,40 ; elle est assez rustique pour résister aux hivers ordinaires du climat de Paris, pourvu qu'elle soit dans une terre saine, à l'abri de l'humidité stagnante. Elle ne demande aucun soin d'entretien ; mais, en rabattant les tiges au printemps jusqu'à 0^m,10 de la souche, on peut s'assurer une production beaucoup plus abondante de jeunes pousses vigoureuses.

Usage. — Les feuilles et les jeunes pousses s'emploient comme assaisonnement, de la même manière que celles de la sarriette annuelle.

SAUGE OFFICINALE
Salvia officinalis L.
Fam. des *Labiées*.

Synonymes : Grande sauge, Herbe sacrée.

Noms étrangers : angl. Sage. all. Salbei. flam. et holl. Salie. ital. Salvia. esp. Salvia. port. Molho.

Indigène. — *Vivace*. — Plante à tige presque ligneuse, au moins à la base, formant des touffes larges, dépassant rarement 0^m,35 à 0^m,40 de hauteur ; feuilles d'un vert blanchâtre, ovales, dentées, très finement réticulées, rugueuses, les inférieures rétrécies en pétiole, les caulinaires étroites, acuminées ; fleurs en grappes terminales, réunies par glomérules de trois ou quatre, ordinairement lilas bleuâtre, quelquefois blanches ou roses. Graine presque sphérique, d'un brun noir. Un gramme en contient environ 250, et le litre pèse 550 grammes. La durée germinative est de trois années.

Sauge officinale.
réd. au huitième.

Culture. — La sauge est aussi facile à cultiver que le thym. On la sème au printemps ou à l'automne, en lignes ou en bordures qui peuvent durer de longues années, sans que l'entretien en exige aucun soin. Il faut faire attention cependant que la plantation de sauge soit placée dans une position bien saine et plutôt sèche, car on ne doit pas oublier que cette plante est originaire du Midi, et qu'elle se trouve sur les coteaux secs et calcaires. Elle supporte néanmoins les hivers ordinaires sous le climat de Paris, mais à la condition de n'avoir pas à souffrir de l'humidité en même temps que du froid.

Usage. — Les feuilles sont employées comme condiment.

SAUGE SCLARÉE

Salvia Sclarea L.

Fam. des *Labiées*.

Synonymes : Sclarée, Toute-bonne, Orvale.

Noms étrangers : angl. Clary. all. Muscateller Salbei.

Indigène. — Vivace. — La sauge sclarée, quoique vivace, est annuelle ou au plus bisannuelle dans les cultures. C'est une plante herbacée, à feuilles radicales très amples, ovales-obtuses, largement sinuées ou crénelées, velues-laineuses, d'un vert grisâtre et cloquées à la manière de celles des choux de Milan. Tige très grande, carrée, rameuse au sommet, portant de longs épis de fleurs blanches et lilas, réunies par glomérules de deux ou trois. Graine brune ou marbrée, lisse et luisante. Un gramme en contient environ 200, et le litre pèse 650 grammes. La durée germinative moyenne est de trois années.

La S. sclarée ne monte à graine que dans le cours du second été après le semis. Lorsqu'elle a fleuri, il vaut

Sauge sclarée.
réd. au douzième, rameau au quart.

mieux détruire la plantation et la remplacer par de jeunes plantes.

Culture. — On sème au mois d'avril en lignes espacées de 0^m,40 à 0^m,50 ou en pépinière, et l'on repique alors en mai, à la distance indiquée ; on bine et l'on arrose pendant l'été. Dès le mois d'août, on peut cueillir quelques feuilles, et la production continue jusqu'au mois de juin ou de juillet de l'année suivante.

Usage. — On emploie les feuilles comme condiment.

SCAROLE. — Voy. Chicorée scarole.

SCOLYME D'ESPAGNE

Scolymus hispanicus L.

Fam. des *Composées*.

Synonymes : Cardouille, Cardousse, Épine jaune.

Noms étrangers : angl. Golden thistle. holl. Varkens distel. ital. Barba gentile, Cardo scolimo. esp. Escolimo, Cardillo.

Indigène. — Bisannuel. — Racine blanche, pivotante, assez charnue. Feuilles radicales oblongues, ordinairement marbrées de vert pâle sur fond vert foncé, très épineuses, rétrécies à la base en forme de pétiole ; tige très rameuse, atteignant environ 0ᵐ,60 à 0ᵐ,80 de hauteur, garnie de feuilles sessiles, décurrentes, très épineuses; fleurs en capitules sessiles réunis par deux ou trois, à fleurons jaune vif. Graine aplatie, jaunâtre, entourée d'un appendice scarieux blanchâtre. Un gramme en contient environ 200, et le litre pèse 125 grammes. La durée germinative est de trois années.

Culture. — On sème le scolyme d'Espagne au mois de mars ou d'avril en erre bien défoncée, de la même manière que le salsifis. Tous les soins de culture sont, du reste, exactement les mêmes que pour cette dernière plante. On peut commencer à arracher les racines au mois de septembre ou d'octobre, et continuer la récolte pendant l'hiver.

Usage. — On mange les racines, qui peuvent atteindre 0ᵐ,25 à 0ᵐ,30 de longueur sur 0ᵐ,02 environ de diamètre.

Scolyme d'Espagne.
Plante réd. au douzième, racine au tiers.

Scorsonère.
réd. au tiers.

SCORSONÈRE

Scorzonera hispanica L.

Fam. des *Composées.*

SYNONYMES : Scorsonère d'Espagne, Corcionnaire, Écorce noire, Salsifis noir.

NOMS ÉTRANGERS : ANGL. Scorsonera. ALL. Scorsoner, Schwarzwurzel. FLAM. et HOLL. Schorseneel. DAN. Schorsenerrod. ITAL. Scorzonera. ESP. Escorzonera, Salsifi nero. PORT. Escorcioneira.

Espagne. — *Vivace.* — La scorsonère est cultivée comme plante annuelle ou bisannuelle. La racine en est pivotante, charnue; elle ressemble à celle du salsifis par ses dimensions et sa saveur, mais elle s'en distingue par la

couleur noire de son écorce. Les feuilles de la scorsonère sont aussi beaucoup
plus amples que celles du salsifis ; elles sont oblongues-lancéolées, pointues
à l'extrémité ; celles qui garnissent les tiges sont sessiles et aussi d'une certaine largeur. Les fleurs sont d'un jaune vif. Les graines sont blanches, lisses,
très longues, obtuses à une extrémité et plus ou moins pointues à l'autre,
au nombre de 90 dans un gramme, et pesant 260 grammes par litre. Leur
durée germinative est de deux ans au moins.

Culture. — La scorsonère se cultive exactement comme le salsifis, avec
cette différence qu'il n'est pas absolument nécessaire d'arracher toutes les
plantes après la première année de végétation, parce qu'elles continuent
de grossir sans cesser d'être tendres et propres à la consommation, lors
même que les plantes développeraient quelques tiges et donneraient quelques
fleurs dans le cours de l'été.

Usage. — On mange les racines cuites de même que les salsifis ; on peut
aussi employer les feuilles en salade.

SOJA

Soja hispida Moench.

Fam. des *Légumineuses*.

Synonyme : Pois oléagineux de la Chine.

Nom étranger : All. Soja-Bohne.

Chine. — Annuel. — Les variétés de soja sont presque aussi nombreuses
en Chine que les variétés de
haricots en Europe. Il y en a
de naines et de grandes, qui,
si elles ne sont pas absolument
grimpantes, comme chez nous
les haricots à rames, traînent
au moins longuement sur le sol.

Jusqu'ici on ne cultive en
Europe, et l'on ne regarde
comme véritablement intéressantes au point de vue comestible, qu'une ou deux variétés
naines à maturité précoce, auxquelles nous limiterons les indications données ici.

Un des grands mérites de
cette plante, c'est qu'elle paraît jusqu'ici n'être attaquée
par aucun insecte ni par aucun champignon parasite. La
vigueur de sa végétation, sa
grande production et la richesse
de son grain en principes nu-

Soja.
Plante réd. au huitième, cosses au tiers.

tritifs la font justement apprécier comme plante agricole et économique.

Culture. — Le soja se cultive exactement à la manière des haricots. Il demande à peu près la même somme de chaleur, et mûrit en même temps que les variétés de demi-saison. Toutes les cosses que porte un même pied ne sont du reste pas mûres en même temps ; souvent celles qui ont noué les premières sont déjà renflées et presque mûres, que la floraison continue encore au sommet des tiges.

Usage. — Le grain se mange à la manière des haricots, frais ou sec. Dans ce dernier cas, il faut le faire tremper dans l'eau pendant un certain temps avant de le faire cuire ; autrement il reste très ferme et presque dur.

SOJA ORDINAIRE A GRAIN JAUNE.

Plante naine, trapue, formant de petites touffes compactes s'élevant de 0ᵐ,25 à 0ᵐ,50, suivant la richesse du sol et l'époque du semis ; fleurs extrêmement petites, verdâtres ou lilacées, en grappes axillaires, faisant place à des gousses velues contenant deux ou trois petits grains, jaune pâle à la maturité et à peine plus gros que ceux du haricot riz. Ces grains pèsent 720 grammes par litre, et 10 grammes en contiennent 80. Leur durée germinative est de deux années.

Cette variété de soja est la plus hâtive que l'on connaisse jusqu'ici ; elle mûrit dans l'espace de trois à quatre mois.

Soja d'Étampes.
Plante réd. au huitième, cosses au tiers.

SOJA D'ÉTAMPES.

Race moins hâtive, mais notablement plus productive que la précédente. Ce soja forme des touffes ramifiées qui peuvent s'élever de 0ᵐ,60 à 0ᵐ,80 de hauteur, et qui se chargent de cosses aux aisselles de toutes les feuilles. Le grain en est notablement plus gros que celui du S. ordinaire ; il atteint à peu près le volume de celui du H. jaune de la Chine, avec une forme quelquefois un peu plus allongée. Il pèse 725 grammes par litre, et 10 grammes en contiennent 70. Sa durée germinative est de deux années.

Il faut au moins quatre à cinq mois au S. d'Étampes pour se développer complètement et parvenir à maturité ; il mûrit cependant la plus grande partie de ses gousses sous le climat de Paris dans les années ordinaires.

SOUCHET COMESTIBLE

Cyperus esculentus Gouan.

Fam. des *Cypéracées*.

Synonymes : Amande de terre, Souchet sultan, S. tubéreux, Trasi.

Noms étrangers : angl. Rush-nut, Chufa. all. Erdmandel. flam. Aardmandel.
ital. Mandorla di terra, Dolcicchini. esp. Chufa, Cotufa.

Indigène. — *Vivace.* — Plante formant des touffes de feuilles raides,
aiguës, presque triangulaires,
comme celles de la plupart des
cypéracées. Racines brunâtres,
très nombreuses, enchevêtrées,
entremêlées de pousses souterraines se renflant en espèces
de petits tubercules écailleux,
bruns, remplis d'une chair blanche, farineuse et sucrée.

Culture. — On propage la
plante en avril ou mai, soit par
les tubercules, soit par division
des touffes ; celles-ci s'accroissent et s'étendent beaucoup
pendant l'été, et la récolte des
tubercules se fait au mois d'octobre ou de novembre. Ils se

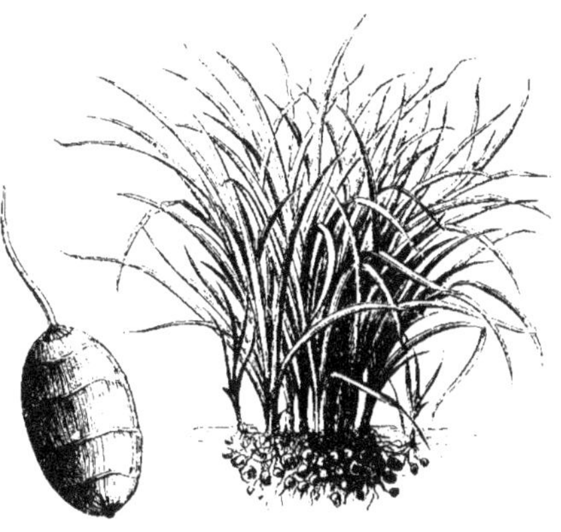

Souchet comestible.
Plante réd. au dixième ; racine de grandeur naturelle.

conservent aisément pendant l'hiver dans un endroit sec et à l'abri de la
gelée, et prennent en séchant un goût plus doux et plus agréable qu'à l'état frais.

Usage. — On mange les tubercules crus ou grillés.

SOUCI DES JARDINS

Calendula officinalis L.

Fam. des *Composées*.

Noms étrangers : angl. Pot marigold. all. Ringelblume.

Europe méridionale. — *Annuel.* — Feuilles oblongues-lancéolées, entières,
rudes, d'un vert un peu grisâtre ; tiges cour-
tes, branchues dès la base, portant de larges
capitules à fleurons d'un jaune orangé. Graine
grisâtre, très rugueuse, mamelonnée, presque épineuse, recourbée sur elle-même en
arc ou en anneau, au nombre de 150 dans un
gramme et pesant 180 grammes par litre.
Sa durée germinative est de trois années.

Culture. — On sème le souci en place,
au mois de mars ou d'avril, en rayons espacés de 0m,35 à 0m,40 ; on éclaircit, laissant
les plantes à 0m,25 ou 0m,30 sur les rangs. La floraison commence dès le

Souci des jardins.
réd. au vingtième.

mois de juillet; elle se prolonge pendant toute la fin de l'été et même très avant dans l'automne.

Usage. — On fait usage des fleurs dans quelques préparations culinaires ; pour cela on en récolte les pétales en été, et on les fait sécher à l'ombre pour les conserver jusqu'au moment de les employer. On s'en sert aussi pour colorer le beurre en jaune.

TANAISIE
Tanacetum vulgare L.
Fam. des *Composées.*

SYNONYMES : Barbotine, Herbe amère, H. aux vers, Tanacée.

NOMS ÉTRANGERS : ANGL. Tansy. ALL. Gemeiner Rainfarn, Revierblume, Wurmkraut. DAN. Reinfang. ITAL. Atanasia, Tanaceto, Erba Santa-Maria. ESP. Tanaceto.

Indigène. — *Vivace.* — Plante formant une touffe très durable. Tige annuelle, dressée, arrondie, ordinairement simple, s'élevant à un mètre environ de hauteur, garnie de feuilles extrêmement divisées, ovales-oblongues dans leur ensemble, mais très profondément découpées en segments étroits, divisés eux-mêmes en lobes extrêmement fins et dentés. Capitules petits, réunis en grand nombre en un corymbe composé, terminal, assez serré ; fleurons d'un jaune intense. Graine petite, allongée, presque conique, munie de cinq côtes saillantes de couleur grisâtre. Un gramme en contient 7000, et le litre pèse 300 grammes. La durée germinative est de deux années.

On cultive deux variétés de tanaisie : la *commune*, qui est la même que la plante sauvage, et une variété *frisée*, dont le feuillage, outre son emploi ordinaire, peut être utilisé comme garniture, à la manière de la mauve frisée.

Tanaisie.
réd. au vingtième.

Culture. — La tanaisie, comme l'absinthe, ne demande pas de soins de culture ; une seule touffe plantée dans un coin du jardin suffit d'ordinaire à tous les besoins. La plante se multiplie généralement par division au printemps ou en automne. En empêchant la plante de fleurir, on prolonge la production des feuilles pendant la fin de l'été et l'automne.

Usage. — Les feuilles sont employées comme condiment.

TÉTRAGONE CORNUE
Tetragonia expansa AIT.
Fam. des *Mésembrianthémées.*

SYNONYMES : Tétragone étalée, Épinard de la Nouvelle-Zélande.

NOMS ÉTRANGERS : ANGL. New-Zealand spinach. ALL. Neuseeländischer Spinat. FLAM. Vierhouk, Vierkant-vrugt. DAN. Nyseelandsk Spinat. ITAL. Tetragona.

Nouvelle-Zélande. — *Annuelle.* — Tiges étalées, ramifiées, longues de 0^m,60 à 1 mètre, garnies de feuilles nombreuses, alternes, d'une forme qui rappelle celle des feuilles d'arroche, épaisses et charnues. Fleurs axil-

laires, petites, verdâtres, sans pétales, faisant place à un fruit cornu, dur, un peu analogue comme forme à la macre ou châtaigne d'eau. Les graines sont renfermées dans l'intérieur presque ligneux du fruit. Un gramme de fruits en contient de 10 à 12, et le litre pèse 225 grammes. La durée germinative de la graine est de cinq années.

Culture. — La tétragone est cultivée pour remplacer l'épinard pendant les mois les plus chauds de l'été ou dans les localités sèches et arides où l'épinard réussit mal. On la sème en place au mois de mai, sur couche ou en pleine terre, et elle continue à produire pendant tout l'été, sans réclamer presque aucun soin.

Tétragone cornue.
Plante réd. au douzième, rameau au quart.

Usage. — Les feuilles se mangent hachées et cuites, de la même manière que les épinards.

THYM ORDINAIRE

Thymus vulgaris L.

Fam. des *Labiées.*

SYNONYMES : Faligoule, Farigoule, Frigoule, Mignotise du Génevois, Pote, Pouilleux.

NOMS ÉTRANGERS : ANGL. French thyme, Narrow-leaved T., Common T. ALL. Französischer Thymian. FLAM. Thijmus. HOLL. Tijm. DAN. Thimian. ITAL. Timo, Pepolino. ESP. Tomillo. PORT. Tomilho.

Indigène. — *Vivace.* — Très petit sous-arbrisseau à tiges grêles, raides, ligneuses, ramifiées, portant de petites feuilles triangulaires, grises en dessous et d'un vert plus ou moins foncé en dessus ; fleurs petites, labiées, d'un lilas rosé, réunies en bouquets terminaux, globuleux ou ovoïdes, s'allongeant après la floraison. Graine petite, arrondie, d'un brun rougeâtre ou foncé, au nombre d'environ 6000 dans un gramme, et pesant 680 grammes par litre. Sa durée germinative est de trois années.

Thym ordinaire.
réd. au huitième, rameau a moitié.

Culture. — Le thym se plante habituellement en bordures, en terre saine et à une exposition chaude. On peut le propager par division des touffes ou par boutures : mais en général on préfère le semis.

qui donne des plantes vigoureuses. Le semis se fait en avril, en place ou en pépinière; dans ce dernier cas, la transplantation se fait en juin ou juillet; les plants doivent être laissés ou repiqués à 0ᵐ,10 environ de distance. Il est bon de refaire les bordures de thym tous les trois ou quatre ans.

Usage. — On se sert très fréquemment des feuilles et des jeunes pousses de thym comme condiment.

On distingue dans les cultures deux variétés de thym commun : le *thym du Midi* ou *thym français*, qui a les feuilles petites, grisâtres, et dont le goût est très aromatique, et le *thym d'hiver* ou *thym allemand* (angl.: *German thyme, Broad-leaved T.*; all. : *Deutscher-* oder *Winter-Thymian*), plante un peu plus haute et plus forte, à feuilles plus grandes, et à saveur un peu plus amère; la graine en est aussi d'un tiers plus grosse.

On cultive encore quelquefois le *thym citronné* (*Thymus citriodorus* Pers.; angl. : *Lemon thyme*), petit sous-arbrisseau à tiges traînantes, dont le pays d'origine est inconnu. La saveur en est fine et très agréable. Quelquefois aussi on fait usage comme condiment, surtout à la campagne, du *serpolet* (*Thymus Serpyllum* L.; angl. : *Mother of thyme;* all. : *Quendel, Feld-Thymian;* ital. : *Serpillo, Sermollino*), plante vivace, indigène, à tige très grêle, rampante, garnie de petites feuilles ovales-arrondies, et portant des grappes terminales, redressées, de fleurs roses ou violettes.

TOMATE

Lycopersicum esculentum Dᴜɴ. — Solanum Lycopersicum ʟ.

Fam. des *Solanées.*

Sʏɴoɴʏᴍᴇs : Pomme d'amour, P. d'or, P. du Pérou.

Noᴍs ÉTRANGERS : ᴀɴɢʟ. Tomato, Love-apple. ᴀʟʟ. Tomate, Liebesapfel. ꜰʟᴀᴍ. et ʜoʟʟ. Tomaat. ɪᴛᴀʟ. Pomo d'oro. ᴇsᴘ. et ᴘoʀᴛ. Tomate.

Amérique méridionale. — Annuelle. — La tomate est une plante ramifiée, à tige sarmenteuse, se soutenant difficilement sans l'aide de supports artificiels. Les tiges en sont grosses, presque ligneuses, renflées, surtout aux nœuds et recouvertes d'une écorce verte, rude au toucher. Les feuilles sont ailées, à folioles ovales-acuminées, un peu dentées sur les bords, grisâtres à la surface inférieure, et souvent repliées en cuiller ou même à bords roulés en dessus; fleurs jaunâtres, en corymbes axillaires. Fruits en forme de grosses baies, charnus, de forme et de couleur variables. Graine blanche, réniforme, très aplatie, chagrinée sur les deux faces, au nombre de 300 à 400 dans un gramme, et pesant environ 300 grammes par litre. Sa durée germinative est de quatre années.

Culture. — Ce n'est que dans le midi de l'Europe que la tomate peut se développer complétement sans l'aide de la chaleur artificielle. Sous le climat de Paris, on sème habituellement les tomates, pour la culture ordinaire ou de saison, à la fin de mars, sur couche; au bout de trois semaines ou un mois, on les repique également sur couche, et on les met en place vers la fin de mai, en espaçant les plants de 0^m,50 à 0^m,80, suivant les variétés. Dès que les tomates ont 0^m,40 à 0^m,50 de hauteur, il faut les soutenir, soit au moyen d'un simple tuteur, soit par une série de piquets reliés entre eux et formant une sorte de treillage sur lequel on palisse les branches. Les variétés les plus tardives gagnent à être plantées au pied d'un mur ou d'un abri à bonne exposition. C'est surtout pour ces tomates qu'il est utile de limiter la production à un nombre restreint de fruits, en supprimant tous les bouquets qui se développent tardivement. Il est bon quelquefois aussi de supprimer une partie des pousses ; mais il faut le faire avec discernement et sans trop diminuer le nombre des feuilles que porte la plante.

Les tomates les plus précoces commenceront, par ce système de culture, à donner des fruits dans le courant du mois d'août ; la récolte se continue tout l'automne, et les fruits, parvenus à toute leur grosseur, mais non encore colorés à l'arrivée des froids, peuvent être rentrés avec leurs tiges dans une pièce saine et chaude, où ils achèvent de mûrir.

Par la culture forcée on peut obtenir des tomates à partir de la fin d'avril ; les plantes accomplissent alors leur végétation entière sur couches. Les premiers semis se font dès le mois de septembre ; mais le plus habituellement seulement en janvier. On repique sur couche, et enfin on plante définitivement, toujours dans les mêmes conditions, à raison de quatre pieds par panneau. Comme la plante demande beaucoup de chaleur, les couches doivent être entourées de réchauds que l'on renouvelle au besoin. On ne laisse habituellement aux tomates forcées sur couche que deux branches, qui s'étendent horizontalement et sont attachées à un fil de fer ou à une forte ficelle tendue d'une extrémité de la couche à l'autre, aussi près que possible des châssis. Jusqu'au moment où les fruits sont formés et approchent de la maturité, on associe habituellement d'autres cultures à celle des tomates, pour utiliser la chaleur des couches et l'espace qui n'est pas encore occupé par la culture principale.

Usage. — L'emploi des tomates dans la cuisine prend d'année en année plus d'importance. On prépare les fruits de bien des façons diverses, et la fabrication des conserves de tomates, en fruits ou en sauce, constitue dans le midi de la France une industrie très développée.

TOMATE ROUGE GROSSE.

Noms étrangers : angl. Large red tomato, Large red italian T., Orange field T., Mammoth T., Fidji island T. all. Grossfrüchtige rothe Tomate. holl. Groote roode tomaat.

Plante vigoureuse, à feuilles assez larges, d'un vert foncé, à folioles un peu gaufrées et repliées sur les bords. Fruits en grappes de deux à quatre, très gros, déprimés, irrégulièrement côtelés, larges de 0^m,07 à 0^m,10, épais de 0^m,04 à 0^m,05, et d'un beau rouge écarlate foncé.

Cette variété est très productive ; c'est la plus généralement cultivée dans le midi de la France, d'où l'on en expédie les fruits sur tous les marchés et où elle est d'un emploi considérable pour la fabrication des conserves. Elle est un peu tardive pour le climat des environs de Paris.

TOMATE ROUGE GROSSE HATIVE.

SYNONYMES : Tomate quarantillonne, T. hâtive à feuille crispée.

NOMS ÉTRANGERS : ANGL. Large early red tomato, Powell's early T.
HOLL. Vroege roode tomaat.

Tomate rouge grosse hâtive.
Plante réd. au douzième, fruit au tiers.

Plante assez grêle, caractérisée par ses feuilles presque toujours crispées et à folioles repliées en dessus, ce qui donne à la plante l'apparence d'être à demi desséchée. Fruits très nombreux, en grappes de trois à six, côtelés comme ceux de la T. rouge grosse, mais ne dépassant pas ordinairement $0^m,06$ à $0^m,08$ de diamètre sur $0^m,03$ à $0^m,04$ d'épaisseur.

Les fruits de cette variété mûrissent de quinze jours à trois semaines plus tôt que ceux de la T. rouge grosse. Elle convient parfaitement pour les climats analogues à celui des environs de Paris. C'est aussi, du reste, une des plus cultivées.

TOMATE ROUGE NAINE HATIVE.

NOMS ÉTRANGERS : ANGL. Early dwarf red tomato. ALL. Früheste rothe Zwerg-Tomate. HOLL. Roode vroege dwerg tomaat.

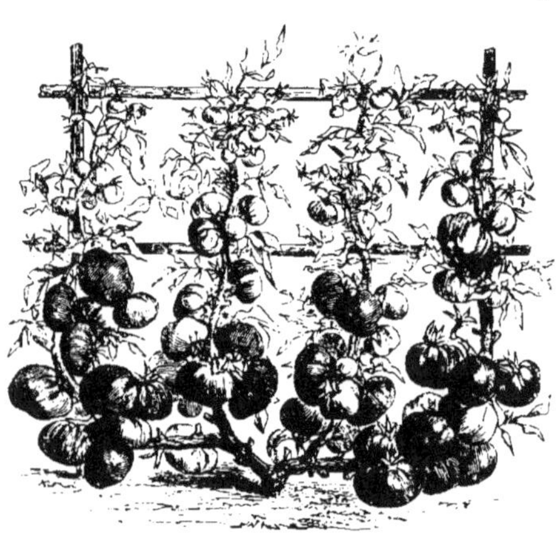

Tomate rouge naine hâtive.
réd. au douzième.

Sous-variété de la T. rouge hâtive. Elle en diffère par sa tige moins élevée, qui se ramifie et commence à porter des fruits plus près de terre. Les caractères de végétation sont, du reste, les mêmes que ceux de la rouge grosse hâtive ; mais la petite taille de celle-ci la rend plus facile à cultiver et surtout plus appropriée à la culture forcée. Cultivée dans les mêmes conditions que la T. rouge grosse hâtive, elle commence à mûrir ses fruits deux ou trois jours plus tôt : ceux-ci sont un peu plus aplatis, plus côtelés et moins gros, mais la différence est fort légère.

TOMATE ROUGE GROSSE LISSE.

Nom étranger : Angl. Trophy tomato.

Grande plante, haute et vigoureuse comme la T. rouge grosse, mais encore plus tardive. Fruit déprimé, à pourtour régulièrement arrondi ou faiblement sinué, de 0m,06 à 0m,10 de diamètre sur 0m,04 à 0m,06 d'épaisseur. Cette variété est difficile à conserver absolument pure ; les fruits tendent toujours à redevenir côtelés : on trouve, du reste, constamment sur la même plante des fruits lisses et des fruits à côtes plus ou moins prononcées.

Tomate rouge grosse lisse (fruits de grosseur naturelle).

La *T. de Stamford*, gain de M. Laxton, le célèbre semeur anglais, se rapproche beaucoup de cette variété. Les fruits en sont un peu moins volumineux, mais encore plus réguliers de forme et à chair plus épaisse. Elle est intermédiaire entre la T. rouge grosse lisse et la T. pomme rouge.

TOMATE A TIGE RAIDE DE LAYE.

Noms étrangers : Angl. Upright tomato ; (Am.) Tree-tomato.

Cette variété, obtenue chez M. le comte de Fleurieu, au château de Laye, près de Villefranche (Rhône), se distingue de toutes les autres par ses tiges très courtes, très raides, se soutenant parfaitement d'elles-mêmes, et garnies

Tomate à tige raide de Laye.
Plante réd. au douzième, fruit au tiers.

d'un feuillage très frisé, réticulé et d'un vert presque noir. Les fruits de cette variété ressemblent à ceux de la T. rouge grosse, et ils mûrissent à peu près aussi tardivement.

Il serait très intéressant, et ce ne serait sans doute pas impossible, d'obtenir diverses races de tomates possédant, en même temps que les caractères des races ordinaires au point de vue de la forme et de la précocité des fruits, le port trapu, raide et ferme de la tomate de Laye.

TOMATE POMME ROUGE.

Noms étrangers : Angl. Large smooth tomato ; (Am.) Hathaway's excelsior T.

Tomate pomme (fruits de grosseur naturelle).

Plante de vigueur moyenne, à peu près de la dimension de la T. rouge grosse hâtive, mais à feuilles moins crispées. Fruits presque exactement sphériques et complètement lisses, de 0^m,05 à 0^m,06 de diamètre. Ils sont réunis en grappes de trois à six et mûrissent un peu plus tôt que ceux de la T. rouge grosse, mais quelques jours après ceux de la T. rouge grosse hâtive. Cette variété a la chair plus pleine que les tomates à côtes ; les fruits s'en conservent bien, quand ils ne sont ni fendus ni blessés.

TOMATE POMME ROSE.

Cette très jolie variété ne diffère de la tomate pomme rouge que par la teinte de ses fruits, qui, d'abord rosés, deviennent, en mûrissant, d'un rouge vineux et presque violacé dans les années chaudes. Ils sont produits en très grande abondance, par grappes de trois à six; et, comme ceux de la T. pomme rouge, ils sont de forme presque exactement sphérique, très pleins et renfermant peu de graines.

TOMATE POMME VIOLETTE.

Synonyme : Tomate acme.

Nom étranger : Angl. Acme tomato.

Très belle variété, productive et un peu tardive, présentant quelque analogie avec la T. pomme rose par la couleur et la forme très régulière de son fruit, mais en différant nettement par le volume plus gros de celui-ci et par la teinte plus foncée et presque violette qu'il prend à la maturité. Ordinairement les bouquets ne contiennent que de deux à quatre fruits, de forme très arrondie, mais pourtant un peu plus larges qu'épais.

La variété américaine *Criterion tomato* diffère des deux précédentes, dont elle reproduit à peu près la couleur, par sa forme ovoïde un peu allongée. Les fruits ont environ 0^m,05 de long sur 0^m,04 de diamètre transversal.

TOMATE JAUNE RONDE.

Noms étrangers : Angl. Green-gage tomato, Yellow plum T.

Cette variété ressemble parfaitement aux tomates pommes, excepté par la couleur de son fruit, qui est d'un beau jaune d'or, presque sphérique, complètement lisse et extrêmement régulier. Les tomates à fruits jaunes sont peu appréciées, au moins en France; aussi nous bornons-nous à en citer cette seule variété, qui est du reste la plus recommandable.

TOMATE CERISE.

Noms étrangers : Angl. Cherry tomato, Red cherry T. All. Kirschförmige rothe Tomate.

Plante relativement rustique et très productive, vigoureuse, à tige de 1^m,20 environ, grosse et forte, très ramifiée, garnie d'un feuillage abondant, bien vert et nullement frisé, commençant à fleurir huit jours plus tard que la T. rouge grosse hâtive. Fruits sphériques ou légèrement déprimés, d'un rouge écarlate, de 0^m,02 à 0^m,03 de diamètre seulement, réunis en grappes de huit à douze. Une plante bien développée peut en porter plus de vingt grappes, surtout si on les cueille au fur et à mesure de leur maturité.

Cette variété est de moyenne saison; elle est très productive, malgré le petit volume de ses fruits.

Tomate cerise.
Rameau réd. au tiers.

TOMATE POIRE.

Noms étrangers : ANGL. Pear-shaped tomato ; (Am.) Fig tomato. ALL. Birnförmige
rothe Tomate.

Variété très vigoureuse et assez précoce. Tige s'élevant de 1ᵐ,20 à 1ᵐ,30 ;

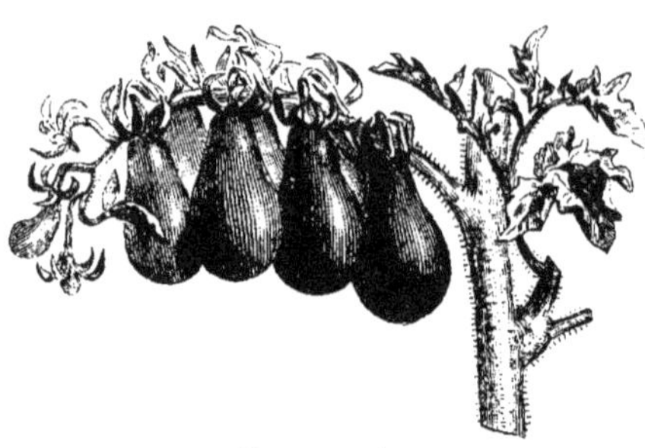

Tomate poire.
Rameau réd. au tiers.

feuillage abondant, peu crispé, assez ample et d'un vert foncé. Fruits écarlates, nombreux, piriformes, plus ou moins étranglés à la base, de 0ᵐ,04 à 0ᵐ,05 de longueur sur 0ᵐ,03 environ de diamètre dans la partie la plus renflée, réunis en grappes au nombre de six à dix. Une plante bien développée peut en porter aisément de vingt à vingt-cinq grappes.

Il existe dans le Midi, et particulièrement à Naples, un assez grand nombre de variétés de tomates à fruit piriforme. Nous nous sommes bornés à décrire celle qui nous paraît présenter le plus de mérite au point de vue de la précocité et du rendement.

Tomate groseille.
Rameau réd. au tiers ; fruit de grosseur naturelle.

Les tomates en forme de poire passent pour se conserver plus facilement que les autres.

On doit rapporter à la tomate poire, bien qu'elle en constitue une forme assez distincte, la variété anglaise nommée *Nisbett's Victoria*. C'est une tomate en forme d'œuf allongé plutôt que réellement en poire, plus large à l'extrémité que près du point d'attache. Les fruits sont réunis par grappes au nombre de quatre à huit. La plante, grande, forte, demi-tardive, est remarquable par l'ampleur de son feuillage.

On cultive quelquefois comme légume, mais plus souvent pour ornement, sous le nom de *tomate groseille*, le *Solanum racemiflorum* Dun. (angl.: *Red currant tomato* ; all. : *Johannisbeer Tomate*), dont les fruits, très petits, sphériques, écarlates, sont produits en longues grappes de douze, quinze et quelquefois davantage. Ils sont pleins d'une pulpe acidule qui peut s'employer comme celle de la tomate.

Parmi les nombreuses races de tomates qui n'ont pas été décrites ou citées plus haut, il convient de mentionner les suivantes :

T. belle de Leuville. Fruit de la forme de celui de la T. rouge grosse, à côtes peu marquées, lisse, bien fait, et remarquable par sa teinte rouge cramoisi, presque violacée à la maturité. Elle a été obtenue à Leuville, près d'Arpajon, aux environs de Paris. Les nouvelles variétés à fruit rond (T. pomme) lui sont actuellement préférées, mais son apparition avait devancé celle de toutes les races américaines et anglaises aujourd'hui si répandues.

T. jaune petite. C'est une variété jaune de la T. cerise. Les fruits sont nombreux, jaune d'or, parfaitement ronds.

T. grosse jaune (Am. : *large yellow T.*). De la forme et aussi à peu près de la grosseur de la T. rouge grosse. Le fruit est très côtelé. La T. jaune ronde lui est bien supérieure.

T. rouge grosse lisse à feuilles crispées. Les maraîchers de Paris cultivent sous ce nom une race demi-tardive, dont le fruit, assez lisse, est large et remarquablement aplati.

T. scharlachrother Türkenbund (T. bonnet turc). Variété curieuse, à fruit rouge, de dimensions au-dessous de la moyenne, caractérisé par le développement anormal d'une partie des carpelles, qui forment, au centre du fruit, une protubérance analogue à celle qui s'observe dans les giraumons turban. Cette race est de précocité moyenne et médiocrement productive.

T. poire jaune (Angl. : *Yellow pear-shaped T.*; Am. : *Yellow fig T.*). Simple variation de la T. poire, à fruit jaune vif. Comme dans la T. poire à fruit rouge, il en existe différentes races de volume et de précocité variables.

TOPINAMBOUR

Helianthus tuberosus L.

Fam. des *Composées.*

SYNONYMES : Artichaut du Canada, A. de Jérusalem, A. de terre, Crompire, Poire de terre, Soleil vivace, Tertifle, Topinamboux.

NOMS ÉTRANGERS : ANGL. Jerusalem artichoke. ALL. Erdapfel, Erdbirne. FLAM. Aardpeer. DAN. Jordskokken. ITAL. Girasole del Canada, Tartufoli. ESP. Namara, Pataca. PORT. Topinambor, Batata carvalha.

Amérique du Nord. — Vivace. — Grande plante à tiges annuelles, mais vivace par ses pousses souterraines renflées en véritables tubercules, introduite en Europe depuis plusieurs siècles et très répandue dans la grande culture. La tige en est dressée, très vigoureuse, dépassant parfois 2 mètres de hauteur, souvent ramifiée dans la partie inférieure, garnie de feuilles ovales-acuminées, pétiolées, très rudes au toucher. Capitules relativement petits, en panicule terminale, ne s'ouvrant, dans le nord de la France, qu'au mois d'octobre; fleurons jaunes. Tubercules d'un rouge violacé, minces à la base et renflés au sommet, où ils atteignent un diamètre de 0^m,04 à 0^m,05, marqués de dépressions et de renflements en forme d'écailles. Ils se forment très tardivement, et l'on ne doit les arracher que quand la végétation de la plante est à peu près suspendue. La chair en est un peu aqueuse et sucrée.

Culture. — On plante les tubercules en pleine terre au mois de mars ou d'avril, en lignes espacées de 0^m,80 à 1 mètre, et à 0^m,30 ou 0^m,40 de distance

Topinambour.
Tubercules réd. au cinquième.

sur la ligne ; la plante ne demande aucun soin, si ce n'est quelques binages. La récolte se fait au fur et à mesure des besoins. Les tubercules de topinambour, qui résistent parfaitement au froid tant qu'ils restent en terre, deviennent très sensibles à la gelée dès qu'ils sont arrachés.

Dans les pays chauds, le topinambour donne des graines au moyen desquelles on peut le multiplier. Des semis faits en vue d'obtenir de cette plante des variétés perfectionnées n'ont pas produit jusqu'ici de résultats bien satisfaisants. Il est sorti, chez nous, d'un de ces semis, une variété à tubercule jaune, de goût plus fin et plus agréable que le T. commun, mais aussi sensiblement moins productive. Cette variété pourrait avoir quelque intérêt comme plante potagère ; elle n'en a aucun pour la grande culture.

VALÉRIANE D'ALGER

Fedia cornucopiæ Gærtn.

Fam. des *Valérianées*.

Synonyme : Corne d'abondance.

Noms étrangers : all. Algerischer Baldrian. flam. Speenkruid. holl. Speerkruid.

Valériane d'Alger.
réd. au tiers.

Algérie. — Annuelle. — Tiges dressées, rameuses, glabres, de 0^m,30 à 0^m,40 de hauteur ; feuilles presque toutes radicales, ovales-oblongues, entières, obtusément dentées, d'un vert assez foncé, luisant ; fleurs roses, réunies en bouquets terminaux. Graine jaune ou grisâtre, oblongue, renflée, convexe d'un côté, marquée de l'autre d'une dépression longitudinale profonde, au nombre de 250 dans un gramme,

et pesant 110 grammes par litre. Sa durée germinative est de quatre années.

Culture. — La valériane d'Alger peut se semer en pleine terre, en rayons espacés de 0ᵐ,25 à 0ᵐ,30, depuis le mois d'avril jusqu'au mois d'août ; éclaircie et abondamment arrosée pendant les chaleurs, elle forme rapidement des rosettes de feuilles que l'on peut consommer environ deux mois après le semis. La plante est un peu sensible au froid, et convient moins bien que la mâche pour les semis d'automne. On la cultive aussi assez fréquemment comme plante d'ornement.

Usage. — On mange les feuilles en salade.

VERS

Astragalus hamosus L.

Fam. des *Légumineuses.*

Indigène. — *Annuel.* — Plante demi-étalée de 0ᵐ,30 à 0ᵐ,50, à tiges striées, diffuses ou demi-dressées ; feuilles légères, composées de huit à douze paires de folioles ovales-oblongues, obtuses. Fleurs blanchâtres, très petites, en courtes grappes globuleuses, faisant place à des gousses cylindriques, longues de 0ᵐ,02 environ, recourbées en forme d'hameçon, contenant des graines brunes, luisantes, réniformes et carrées aux deux extrémités. Un gramme contient 6 ou 7 fruits, et le litre en pèse 210 grammes. La durée germinative de la graine est de trois années.

Culture. — L'*Astragalus hamosus* se sème en pleine terre au mois d'avril et se cultive exactement comme les haricots nains. Les jeunes gousses commencent à se développer dès le mois de juin ou de juillet.

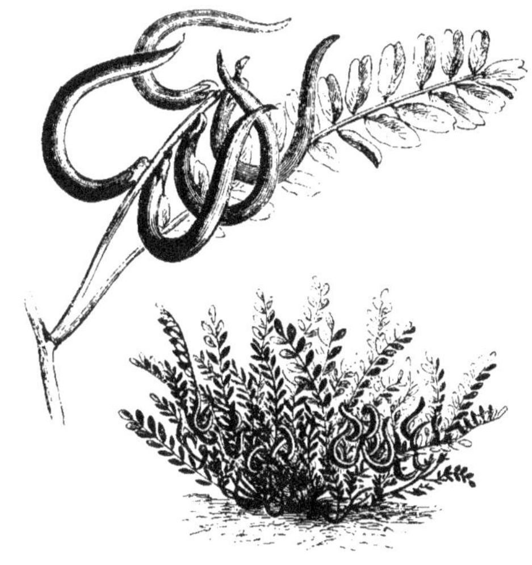

Vers.
Plante réd. au quart ; rameau de grandeur naturelle.

Usage. — La plante est cultivée surtout à cause de la singularité de ses fruits, qui, avant la maturité, ressemblent à certains vers. On les emploie, comme les fruits des différentes sortes de chenilles, en les mêlant à la salade, en vue de procurer des surprises innocentes, mais d'un goût assez médiocre.

TABLEAU-RÉSUMÉ

DES INDICATIONS CONCERNANT LES GRAINES

DE

PLANTES POTAGÈRES

Contenant des renseignements sur leur poids, leur volume comparatif
et leur durée germinative.

	POIDS DU LITRE de GRAINES	NOMBRE de GRAINES	DURÉE GERMINATIVE	
			MOYENNE	EXTRÊME
	grammes	dans 1 gramme	ans	ans
Absinthe..................	650	11 500	4	6
Ache de montagne..........	200	300	3	4
Alkékenge jaune doux.......	650	1000	8	10 *
Aneth....................	300	900	3	5
Angélique officinale........	150	170	1 ou 2	3
Anis.....................	300	200	3	5
Ansérine Bon-Henri........	625	430	3	5
— Quinoa blanc......	700	500	4	5
Arachide.................	400	2 ou 3	1	1
Armoise..................	600	8000	3	5
Arroche..................	140	250	6	7
Artichaut................	610	25	6	10 *
Asperge..................	800	50	5	8
Aubergine	500	250	6	10
Aulnée	440	530	5	6 *
Bardane géante...........	630	80	5	6
Baselle.....	460	35	5	6
Basilic grand.............	530	800	8	10 *
— fin................	500	900	8	10 *
— en arbre..........	580	1500	8	10 *
Benincasa................	300	21	10	10 *
Betterave................	250	50	6	10 *
Bourrache officinale........	480	65	8	10 *
Bunias d'Orient...........	500	35 à 40	3	6
Câprier..................	460	160	(?)	(?)
Capucine grande..........	340	7 ou 8	5	5
— petite...........	600	15	5	8
Cardon	630	25	7	9
Carotte *en barbes*..........	240	700	4 ou 5	10 *
— *persillée*	360	950		
Carvi...................	420	350	3	4
Céleri	480	2500	8	10 *

	POIDS DU LITRE de GRAINES	NOMBRE de GRAINES	DURÉE GERMINATIVE	
			MOYENNE	EXTRÊME
	grammes	dans 1 gramme	ans	ans
Cerfeuil	380	450	2 ou 3	6
— musqué	250	40	1	1
— tubéreux	510	450	1	1
Chenille grosse (gousses)	200	3	6	10 *
— les autres variétés	180	6	6	10 *
Chervis	400	600	3	4
Chicorée	340	600	10	10 *
— sauvage	400	700	8	10 *
Choux cabus		320		
— verts		300		
— -raves	700	300	5	10
— -navets		375		
— -fleurs		375		
Ciboule commune	480	300	2 ou 3	7
— blanche hâtive	520	500	3	8
Cirsium oleraceum	300	500	6	(?)
Claytone de Cuba	700	2200	5	7
Cochlearia	600	1500 à 1800	4	7
Concombre cultivé	500	35	10	10 *
— serpent	450	40	7 ou 8	10 *
— des Antilles	550	130	6	7 *
— des prophètes	500	100	6	(?)
Corette potagère	660	450	5	10
Coriandre	320	90	6	8
Corne de cerf	740	4000	4	9
Courges sorties du *C. maxima*	400	3	6	10 *
— — *C. moschata*	420	7	6	10 *
— — *C. Pepo*	425	6 à 8	6	10 *
— citrouille de Touraine	250	3	4 ou 5	9
— patissons	430	10	6	10 *
— coloquintes	450	20	6	10 *
Courge bouteille	360	8	6	10 *
Crambé maritime	210	15 à 18	1	7
Cresson alénois	730	450	5	9
— de fontaine	580	4000	5	9 *
— de terre	540	950	3	5
— des prés	580	1500	4	(?)
— de Para	200	3400	5	7 *
Cumin de Malte	350	250	1	5
Énothère bisannuelle	375	600	3	5
Épinard à graine piquante	375	90	5	7
— à graine ronde	510	110	5	7
Épinard-fraise	800	5000	(?)	(?)

	POIDS DU LITRE de GRAINES	NOMBRE de GRAINES	DURÉE GERMINATIVE MOYENNE	EXTRÊME
	grammes	dans 1 gramme	ans	ans
Fenouil amer..............	450	310	4	7
— doux..............	235	125	4	7
— de Florence........	300	200	4	5 *
		(dans 100 gram.)		
Fèves....................	620 à 750	40 à 115	6	10 *
		(dans 1 gram.)		
Ficoïde glaciale...........	760	5700	5	(?)
Fraisier.	600	800 à 2500	3	6
Gesse cultivée............	750	4	5	(?)
Gombo	620	15 à 18	5	10 *
		(dans 100 gram.)		
Haricots..................	625 à 850	75 à 800	3	8
— doliques..........	770	500 à 650	3	8
		(dans 1 gram.)		
Hérisson (*fruits*)..........	110	9	5	7
Houblon.................	250	200	2	4
Hyssope	575	850	3	5
Laitue...................	430	800	5	9
— vivace.............	260	800	3	5
Lavande.................	575	950	5	6
Lentille large........ ...	790	14		
— verte du Puy.......	850	40	4	9
— à la reine. L. de mars.	825	35		
— d'Auvergne........	800	15 à 20	3	8 *
Limaçon (*gousses*)..........	150	4	5	9
Lotier cultivé............	800	15 à 18	5	10 *
Mâche commune...........	280	1000	5	10
— à grosse graine.......	240	600 à 700	5	10 *
— d'Italie	280	1000	4	(?)
Maïs sucré...............	640	4 ou 5	2	4
Marjolaine vivace...........	675	12 000	5	7
— à coquille........	550	4000	3	7
Marrube blanc.............	680	1000	3	6
Martynia.................	290	20	1 ou 2	(?)
Mauve frisée.............	530	300	5	8
Mélisse citronnelle..........	550	2000	4	7
Melons..................	360	35	5	10 *
— d'eau. Pastèques......	460	5 ou 6	6	10 *
Menthe de chat............	680	1200	5	6 *
Morelle noire.............	600	800	5	8
Moutarde blanche..........	750	200	4	10 *
— noire................	675	700	4	9
— de Chine à feuille de chou.	660	650	4	8

	POIDS DU LITRE de GRAINES	NOMBRE de GRAINES	DURÉE GERMINATIVE	
			MOYENNE	EXTRÊME
	grammes	dans 1 gramme	ans	ans
Navet	670	450	5	10 *
Nigelle aromatique	550	220	3	(?)
Ognon	500	250	2	7
Oseille	650	1000	4	7
— épinard	620	450	4	7
Pak-choi	700	300	5	7
Panais	200	220	2	4
Perce-pierre	120	350	1	3
Persil	500	350	3	9
Pe-tsai	700	300	5	9
Picridie cultivée	220	1200	5	(?)
Piment	450	150	4	7
Pimprenelle	280	150	3	9
Pissenlit	270	1200 à 1500	2	5
Poireau	550	400	3	9
Poirée	250	60	6	10 *
		(dans 10 gram.)		
Pois	700 à 800	20 à 35		
— gris	680 à 800	50 à 80	3	8
— chiche	780	30		
		(dans 1 gram.)		
Pourpier	610	2500	7	10 *
Radis	700	120	5	10 *
Raiponce	800	25 000	5	10 *
Rhubarbe	80 à 120	50	3	8
Romarin	400	900	4	(?)
Roquette	750	550	4	9
Rue	580	500	2	5
Salsifis	230	100	2	8
Sarriette annuelle	500	1500	3	7
— vivace	430	2500	3	6
Sauge officinale	550	250	3	7
— sclarée	650	200	3	(?)
Scolyme d'Espagne	125	200	3	7
Scorsonère	260	90	2	7
Soja	725	7 ou 8	2	6
Souci des jardins	180	150	3	7
Tanaisie	300	7000	2	4
Tétragone	225	10 à 12	5	8
Thym	680	6000	3	7
Tomate	300	300 à 400	4	9
Valériane d'Alger	110	250	4	7
Vers	210	6 ou 7	3	8

Nous avons, dans la table qui suit, employé les lettres **égyptiennes** pour les variétés qui font l'objet d'un article distinct, les lettres ordinaires pour les variétés simplement mentionnées, et les *italiques* pour les synonymes, les noms botaniques et noms étrangers des variétés décrites.

Quant aux **CAPITALES ÉGYPTIENNES**, elles désignent les différentes espèces botaniques, et les **ANTIQUES** indiquent les groupes de variétés similaires formés dans une même espèce.

TABLE GÉNÉRALE ALPHABÉTIQUE

(Voyez la note ci-contre.)

FIN DE LA TABLE GÉNÉRALE ALPHABÉTIQUE

ERRATA

Page   5 ligne 32 Pina, *lisez :* Piña.
— 15 — 34 au-dessous du collet, *lisez :* au-dessus du collet.
— 23 — 8 Lieve vrouve-bedstroo, *lisez :* Lieve vrouw bedstroo.
— 81 — 5 Erdschwam, *lisez :* Erdschwamm.
— 102 — 11 *choux-raves laciniés de Naples*, lisez : *chou-rave iacinié de Naples*.
— 132 — 18 Garnishing, *lisez :* Garnishing kale.
— 135 — 3 Flandres kale, *lisez :* Flanders kale.
— 144 — 3 Carfiol, *lisez :* Carviol.
— 158 — (sous la figure Cochlearia) réd. au dixième, *lisez :* réd. au cinquième.
— 159 — 21 le litre en pèse, *lisez :* le litre pèse.
— 266 — 3 Indian chief, *lisez :* Indian chief B.
— 269 — 38 *long pale bean*, lisez : *long pole bean*.
— 270 — 16 *Giant red wax pale bean*, lisez : *Giant red wax pole bean*.
— 276 — 32 Tursche boon, *lisez :* Turksche boon.
— 278 — 4 Breitshottige Lima bohne, *lisez :* Breitschotige Lima bohne.
— 281 — 30 Feyas da India, *lisez :* Feijao da India.
— 290 — 27 (schwarze Korn), *lisez :* (schwarzes Korn).
— 291 — 20 (weisse Korn), *lisez :* (weisses Korn).
— 353 — 29 MENTHA PIPERATA, *lisez :* MENTHA PIPERITA.
— 360 — 3 Markische R., *lisez :* Märkische R.
— 390 — 15 *O. improved reading*, lisez : *O. improved Reading*.
— 416 — 22 et formant, *lisez :* et forment.
— 425 — 8 Ausläufere E., *lisez :* Ausläufer E.
— 427 — 27 Maikspferbse, *lisez :* Maikneifelerbse.
— 435 — 2 100 grammes contiennent, *lisez :* 10 grammes contiennent.
— 447 — 2 Runsliche Mark-Erbse, *lisez :* Runzlige Mark-Erbse.
— 473 — 28 *Buschbaum-Erbse*, lisez : *Buchsbaum-Erbse*.
— 526 — 10 Ramolaccio violette, *lisez :* Ramolaccio violetto.

Motteroz, Adm.-Direct. des Imprimeries réunies, A, rue Mignon, 2, Paris.